游泳及游乐休闲设施水环境技术手册

赵　昕　杨世兴　主编

中国建筑工业出版社

图书在版编目（CIP）数据

游泳及游乐休闲设施水环境技术手册/赵昕，杨世兴主编．—北京：中国建筑工业出版社，2019.9

ISBN 978-7-112-23871-2

Ⅰ.①游… Ⅱ.②赵… ②杨… Ⅲ.①游泳池-水环境-环境管理-技术手册 ②游乐场-设施-水环境-环境管理-技术手册 Ⅳ.①TU245.3-62 ②TS952.8-62

中国版本图书馆CIP数据核字(2019)第121095号

本书在原《游泳池给水排水工程技术手册》基础上进行了大量的修订和完善工作，着重从设计原理、设计方法、施工安装和运行管理要求等方面对游泳及游乐休闲设施进行了全面、系统、细致的论述。

书本内容紧扣新颁布的标准规范，结合游泳及游乐休闲设施设计、施工、运行的成功经验，增加了温泉、海水水疗设施内容；新型现场制备池水消毒方法，如过氧化氢羟基、盐氯发生器制氯消毒、次氯酸钠等；新型设备，如游泳池除湿热回收热泵、有机物降解尿素分解器、负压过滤器、可移动池板和可升降池底板、变频水泵、变速水泵；新型过滤介质，如玻璃珠滤料、沸石滤料，以及全过程水质监测监控等内容，为贯彻绿色、节能、环保国家发展战略具有重要意义。

本书可作为公用设备技术人员、机电设备施工安装人员、游泳及游乐休闲设施经营管理人员使用的工具书，也可供从事游泳池给水排水工程的建筑设计、体育工艺、水上游乐设施的设计和设备制造商、房地产开发商、科研单位和大专院校的相关人员参考。

责任编辑：孙玉珍
责任设计：王国羽
责任校对：王　瑞

游泳及游乐休闲设施水环境技术手册
赵　昕　杨世兴　主编
*
中国建筑工业出版社出版、发行（北京海淀三里河路9号）
各地新华书店、建筑书店经销
北京红光制版公司制版
天津安泰印刷有限公司印刷
*
开本：787×1092毫米　1/16　印张：31　字数：771千字
2019年8月第一版　2019年8月第一次印刷
定价：**78.00**元
ISBN 978-7-112-23871-2
(34183)

本书编委会名单

主 任 委 员：赵　锂

副主任委员：赵　昕　杨世兴　吕伯基

委　　　员：傅文华　周　蔚　李建业　施建鹏　陈征宇

主　　　编：赵　昕　杨世兴

主　　　审：赵　锂

总　　　校：周　蔚　李建业

编写组成员：（按姓氏笔画排序）

王庚亮　毛澍洲　方小华　叶俊松　申　静

史济峰　朱建巍　刘春生　李　霖　李茂林

李佳纯　李建业　李德斌　杨世兴　杨瀚宇

沈　晨　张　超　张毛毛　陈　雷　陈征宇

陈梅湘　周国辉　赵　伊　赵　昕　赵　锂

赵德天　郝　洁　郝杨杨　施建鹏　祝秀娟

袁树东　钱　梅　钱江锋　高　峰　黄向平

梁　岩　喻笑迎　蔡祖奇　霍新霖

本书主编及参编单位名单

主 编 单 位： 中国建筑设计研究院有限公司

副主编单位： 广东联盛水环境工程有限公司

参 编 单 位： 江苏恒泰泳池科技股份有限公司

北京恒动环境技术有限公司

运水高（广州）水处理设备有限公司

戴思乐科技集团有限公司

巨龙电机（宁德）有限公司

上海蓝宇水处理股份有限公司

天津太平洋机电技术及设备有限公司

陕西富锐泳池环境科技有限公司

中科佳洁（北京）水处理设备有限公司

前　言

本手册在原《游泳池给水排水工程技术手册》的基础上进行了大量的修订和完善工作，整体编写原则是：着重从设计原理、设计方法、施工安装和运行管理要求等方面出发，结合当今国内外有关规范和手册，吸收引进符合我国实际情况的新理论、新理念、新技术、新设备等；紧扣新颁布的标准规范，结合实际游泳场馆设计、施工、运行的成功经验，进行全面、系统、细致的论述；提供具有参考价值的信息和优秀案例。

我国游泳池行业的发展历经漫长岁月，在近几十年得到快速发展。1990 年中国举办的北京亚运会上的比赛游泳池跳水池和亚运村的游泳池桑拿等休闲设施体现了当时最先进的泳池理念，由此带动了我国泳池休闲行业的国际化和发展。一般认为游泳池水处理和相关装备真正能够被称为一个行业或产业就是从这届亚运会开始的，其标志就是在借鉴国外先进技术和经验的基础上，我国制定了《游泳池给水排水设计规范》CECS14：89。这本标准的颁布实施代表了我国游泳池给水排水工程的设计走入正规化和标准化，为提高和发展游泳池池水净化技术和管理水平奠定了基础。

我国游泳池产业发展的第二个里程碑是 2002 年，中国建筑设计研究院在 CECS14：89 的基础上修订颁布了《游泳池和游乐池给水排水设计规程》CECS14：2002，该规程在保留竞技类泳池场馆内容的同时，还增加了游乐池的内容和游泳池管理维护方面的内容，从此我国游泳池技术体系有了比较完善的基础框架，开始和国际先进技术水平接轨。

随着中国成功申办 2008 年北京奥运会，为了满足奥运会举办要求，必须提高游泳池水质标准和整个游泳池的建设标准。在总结以往产品、技术和工程经验的基础上，结合在奥运场馆设计建造过程中与国际最先进技术产品的交流信息，中国建筑设计研究院于 2005 年开始编制《游泳池水质标准》CJ/T 244、《游泳池给水排水工程技术规程》CJJ 122。这次标准的编制工作不仅将游泳池水处理的技术标准从协会标准升级到行业标准，而且建立起水质标准与技术规程对应的标准体系框架，将目标和措施进行了有机的统筹，使我国游泳池水处理领域的技术达到了国际先进水平。

2008 年奥运会后，国内大型游泳场馆建设得到了迅速发展。2010 年广州亚运会、2011 年深圳大运会、2014 年南京青奥会等大型国际体育赛事进一步推动了游泳场馆的建设和普及。这一阶段中国游泳池产业开始迅速发展壮大，游泳池设备和 SPA 产品也开始大量在国内研发、生产，技术水平迅速提高。

与此同时，随着我国经济实力的巨大提升，大型的温泉、SPA、水上乐园也得到了迅速的发展。中国建筑设计研究院先后编制了行业标准《公共浴池水质标准》CJ/T 325—2010、《公共浴场给水排水工程技术规程》CJJ 160—2011 和《游泳池用压力式过滤器》CJ/T 405—2012，以及国家标准图集《游泳池设计及附件安装》10S605，基本上建立起我国游泳池水处理标准体系。这个阶段我国游泳池休闲行业在总体上得到了长足的发展，同时行业内的企业更加注重游泳池设备的研发、生产以及品牌建设，国产的游泳池产品、设备的品种和质量逐步提高，开始大规模进入国际市场。国内的一些跨行业的游泳池专业设备，如空气源热泵、除湿热泵等开始发展。

2016 年至今，国内游泳池行业的先进企业为了进一步地发展壮大，顺应国家整体提质增效的战略，纷纷开始了转型升级的工作。大量新技术和新设备得到推广应用，温泉、水上乐园、表演水池等新型的水休闲项目迅速增长。企业对于新技术、新设备及新理念的掌握和应用的技术实力成为整个行业竞争的主要力量。行业内的大型工程公司和销售公司开始建立研发基地和新型工厂，向产品的生产制造转型升级。行业的转型升级逐渐将游泳池产业内的大型综合公司与一般中小型公司在业务模式和经验范围上区分开来，中国的游泳池产业发展进入了新阶段。

为了应对新技术和新工艺的需求，响应节能环保和绿色发展的国家战略，中国建筑设计研究院对《游泳池水质标准》CJ/T 244—2007、《游泳池给水排水工程技术规程》CJJ 122—2008 进行了修编，颁布实施了《游泳池水质标准》CJ/T 244—2016 和《游泳池给水排水工程技术规程》CJJ 122—2017。同时中国建筑设计研究院为完善游泳池标准体系，还针对主要的游泳池系统中主要的节能设备热泵和水泵，编制了行业产品标准《游泳池除湿热回收热泵》CJ/T 528—2018 和《游泳池及水疗池用循环水泵》CJ/T 538—2018。

通过 30 年的努力，乘着中国 40 年改革开放的东风，我国游泳池产业和技术经历从无到有，从简单到完整，从弱小到壮大的过程，我国游泳池行业“研发—制造—建造—运维”的产业链也已经基本形成，国内的有些企业已经逐渐具备了进军国际市场的实力。我国游泳池产业的技术标准也已经基本完善，成为由 2 部水质标准、2 部技术规程、3 部产品标准、1 部标准图集和 1 部设计手册组成的标准体系，完善程度和技术水平都达到了国际领先水平，为游泳池产业的进一步提升和国际拓展奠定了坚实的基础。

游泳池场馆建设中除了水处理系统，还涉及体育工艺、水上游乐工艺、建筑规划、结构工程、供热空调及电气等多个专业的协同合作，同时要处理好游泳安全、游泳保健、疾病预防、游泳池构造、设施配置、环境条件、空调照明、池水净化处理设施、池水循环、附属设施（更衣、淋浴、监护、急救等）、化学药品（运输、储存、使用等）防护、维护管理和运行成本等诸多方面的相互关系。

本手册总结和完善了游泳池行业发展的最新技术成果，力求在游泳场馆设计、施工安装、运行管理和设备制造等各方面为读者提供参考和帮助，成为从事游泳池给水排水的设计、施工安装、维护管理和设备制造等专业人员的实用工具书，同时也可作为教学、科研的辅助资料。

《游泳及游乐休闲设施水环境工程技术手册》编委会
2019 年 4 月

目　　录

第一篇　基　础　知　识

第二篇　工 程 设 计 篇

第三篇　施工及质量验收

第四篇　运行及维护管理

第五篇　工　程　案　例

第一篇 基 础 知 识

1 基 本 概 念

1.1 游泳池、游乐池类

1.1.1 游泳池 swimming pool

人工建造的供人们在水中进行游泳、健身、戏水、休闲等各种活动的不同形状、不同水深的水池，是竞赛游泳池、公共游泳池、专用游泳池、儿童游泳池、私人游泳池及健身池的总称。

1.1.2 竞赛游泳池 competition swimming pool

人工建造的用于竞技比赛的水池。其池子的尺寸、深度及设施均符合相应级别赛事的标准要求，并获得相应赛事体育主管部门或赛事组织者的认可。该类游泳池非竞赛期间可以向公众开放使用。

1.1.3 跳水池 diving pool

人工建造的供人们从规定高度的跳台、跳板向下跳时，并在空中完成各种规定造型动作姿态而安全入水的水池。

1.1.4 公共游泳池 public swimming pool

设置在社区、企业、学校、宾馆、会所、俱乐部等处的游泳池，以满足该区域、该单位人员使用，也可对社会其他公众开放使用或为业余比赛、游泳训练和教学服务。

1.1.5 热身游泳池 warmup pool

设置在国家级（含国家级）以上竞赛用游泳池附近的、供参加游泳竞赛的运动员赛前进行适应性准备活动的水池。其池子的尺寸、深度应符合相应级别赛事的标准要求，并获得赛事组织者的认可。

1.1.6 专用游泳池 special swimming pool

供运动员训练、专业教学、潜水员和特殊用途训练等定向群体使用，不向社会公众开放的游泳池。该类游泳池的平面尺寸、水深及形状均根据使用要求确定。

1.1.7 私人游泳池 private swimming pool

建造在别墅、住宅内非商业用途的水池。只供私人及其客人使用，水池大小和形状多样。

1.1.8 健身池 leisure swimming pool

在池内安装有各种形式的健身器械，供人们在水中进行健身锻炼的水池。

1.1.9 游乐池 recreational pool

以戏水、休闲、娱乐为主要目的人工建造的安装有各种水上娱乐设施和不同形状和水深的水池。是幼儿及成人戏水池、滑道跌落池、造浪池、环流河及文艺演出池的总称，亦称水上乐园、水上世界。

1.1.10 滑道跌落池 waterslide splashdown (entry pool)

保证人们安全地从高台通过各种类型滑道表面下滑到滑道板终端而建造的，为游乐的人们提供跌落缓冲和安全入水的水池。

1.1.11 造浪池 wave pool

人工建造的能在深端产生类似江海连续循环波浪，通过水池消散在浅滩区，供人们娱乐的水池。池子由深端按规定长度和坡度向另一端升高，直至池底与地面相平、深端端头设有安装造浪设施的机房。

1.1.12 环流河 rapids lazy river

人工建造的不规则环行弯曲闭合的河道。利用设在不同水道段的水泵使水连续不断地在环形河道内推动河水向前流动，游乐者通过专用娱乐设施沿河道漂流享受娱乐、休闲。亦称漂流河、动感河。

1.1.13 放松池 relax pool

人工制造或建造的，利用注入空气导入带有一定压力的喷射水流对跳水运动员身体不同部位进行冲击作局部肌肉放松和保持体温功能的水池。它是跳水池的配套设施。

1.1.14 拆装型游泳池 removable pool

由面板、结构支撑、溢流回水槽、专用连接件等部件按相应尺寸在混凝土基础上组成不同规格尺寸的游泳池池体和池岸，池体内表面粘有防水胶膜内衬，不使用时可以拆除的游泳池。

1.1.15 戏水池 paddling pool

在池内或池岸设置有水枪、水吊桶、水伞及卡通动物型的形态各异且逼真的喷水、戏水装置，具有较高趣味性和吸引力的娱乐水池。

1.1.16 室外游泳池 outdoor swimming pool

设在室外露天，供人们游泳、跳水的水池，分为竞赛级别和非竞赛级别用游泳池，并设有循环水处理设施。

1.1.17 多用途游泳池 multiple purpose swimming pool

在同一座水池内既能满足游泳、水球、花样游泳、跳水竞赛和训练要求的水池，且这些项目又不能同时进行使用的游泳池。

1.1.18 多功能游泳池 multiple function swimming pool

指设有移动分隔墙和可升降池底板，通过该设施可将游泳池调整为具有不同大小及不同水深的游泳区域。

1.1.19 齐沿游泳池 deck level swimming pool

游泳池的水面与游泳池两侧或四周的周边沿相齐平的游泳池。该型游泳池能很快平息池内水面水波和排除池水表面污染。

1.1.20 高沿游泳池 free board swimming pool

水面低于池岸边沿的游泳池。

1.1.21 文艺表演池 theatrical performances pool

在池内设有自动升降舞台，为文艺演出单位进行水中和水上舞台进行文艺表演的专用水池。它由舞台表演水池、缓冲水池和备用储水池等组成一体式水池。它可建造在建筑内，亦可建在室外，该池属于游乐池范畴。亦称水舞台、水秀间。

1.2 休闲设施池类

1.2.1 休闲设施池 massage bathtub

池内壁和池底安装有不同功能的喷水嘴或喷气嘴喷射出高压水柱或气流、气-水混合水流，以水为媒介，利用人与水的接触，对入浴者身体不同部位进行冲击按摩，使水中的一些成分渗入到人体，以达到消除疲劳、健身、养生的目的的水池。但不能在池内进行游泳和娱乐的水池。亦称水疗池、SPA。

1.2.2 冷水浴池 cold water spa pool

水源为城镇自来水，并将其水温降低到7～13℃供特殊浴人浴者使用的浴池。

1.2.3 温水浴池 warm water spa pool

水源为城镇自来水，并将其加热到35～38℃供入浴者使用的浴池。亦称水疗池。

1.2.4 热水浴池 hot water spa pool

水源为城镇自来水，并将其加热到40～42℃供入浴者使用的浴池。亦称水疗池。

1.2.5 二温浴池 spa pool with two different water temperatures

由温水浴池和冷水浴池组合的浴池。

1.2.6 三温浴池 spa pool with three different water temperatures

由温水浴池、冷水浴池和热水浴池组合的浴池。

1.2.7 温泉水浴池 nature water spa pool

利用温泉水作为保健、辅助医疗、康复的水池。亦称泡池。

1.2.8 药物浴池 herbal spa pool

在浴池的水中添加不同品种、对人体健康无任何副作用的药物、酒类及芳香精等溶剂，使入浴者达到全方位放松、减压、舒筋、活络和健身养生目的的水池。

1.2.9 成品型浴池 manufactured product spa pool

浴池循环水泵、过滤器、消毒装置、加热设备和控制系统与池体组装在一起成为产品的可供多人同时使用的整体性浴池。

1.2.10 土建型浴池 construction of spa pool

浴池池体为钢筋混凝土材质，内表面镶贴光洁、易清洁、不透水的装饰材料，且浴池循环水泵、过滤器、消毒装置、加热设备、控制系统等设于独立房间并与浴池分别建造，该型浴池可以同时容纳较多入浴者同时使用。

1.2.11 循环式浴池 circulating mode spa pool

将浴池内的水用水泵抽出，经过过滤、消毒、加热等处理后送回浴池，并可连续多日重复使用的浴池。

1.2.12 桑拿浴 sauna

入浴者在专用的木制房内，自行向特殊的被电加热的块石浇水，产生一定温度和湿度的高温、高湿的空气环境，使入浴者能消除疲劳、恢复精力的一种沐浴方式。

1.2.13 蒸汽浴 steam room

将专用的电蒸汽发生器所产生的高压蒸汽，利用管道送至专用的独立房间与其蒸汽进汽管相连接，对房间进行加热，使房内形成一定的高温、高湿环境，使入浴者迅速消除疲劳、恢复精力的一种沐浴方式。

1.3 水质及负荷类

1.3.1 原水 raw water

城镇供应的生活饮用水和直接开采的未经处理洁净无污染的地下井水、温泉水、矿泉水。

1.3.2 矿泉水 mineral water

长期在地下深层浸泡使丰富的矿物质溶解在水中，形成含有一种或多种对人体没有危害并具有保健功能及医疗效果的不同矿物质和微量化学元素且未受污染的泉水、地下水。

1.3.3 温泉水 thermal or mineral water

自然涌出或人为抽取的温度不低于34℃的矿泉水或有地热水汽混合流体的地下水。

1.3.4 游泳负荷 bathing load

在保证水质标准和游泳者舒适、安全的前提下，游泳池内允许同时容纳的人数。

1.3.5 洗浴负荷 maximum bathing load

在规定的时间和特定的时间段内，浴池中允许同时进行洗浴（水疗）的最多人数。

1.4 池水循环类

1.4.1 池水循环方式 pool water circulation patterns

为保证池水水流均匀分布在池内，并在池内不产生急流、涡流、短流和死水区，使池内各部位的水质、水温和消毒剂均匀一致而设计的池子进水与回水的水流组织方式。

1.4.2 顺流式池水循环方式 pool water series flow circulation

游泳池的全部循环水量，经设在池子端壁或侧壁水面以下的给水口送入池内，由设在池底的回水口取回，经净化处理后再送回池内继续使用的水流组织方式。

1.4.3 逆流式池水循环方式 pool water reverse circulation

游泳池的全部循环水量，经设在池底的给水口或给水槽送入池内，再经设在沿池壁外侧的溢流回水槽取回，进行净化消毒处理后再池底给水口送回池内继续使用的水流组织方式。

1.4.4 混流式池水循环方式 pool water combined circulation

游泳池全部循环水水量由池底给水口送入池内，而将循环水量的60%～70%，经设在沿池壁外侧的溢流回水槽（沟）取回；另外30%～40%的水量，经设在池底的回水口取回。将这两部分循环水量合并进行净化系统处理后，再经池底给水口送回池内继续使用的水流组织方式。

1.4.5 循环周期 circulation period

将游泳池、游乐池和休闲设施池内的全部水量经过过滤、消毒、加热等设备，按工艺程序净化处理一次所需要的时间。

1.4.6 循环流量 circulation flow

在规定的池水循环周期时间内，每小时通过池水净化处理设备进行净化处理的最小水流量。

1.4.7 功能性循环给水方式 sub-cycle water system

为满足游乐池游乐设施和休闲设施装置的运行，需要以所在水池池水作为水源而设置的独立于池水循环净化处理系统相应的循环给水系统。如漂流河推动水流和保证滑道戏水者安全设置的润滑水等循环给水系统。

1.4.8 水景循环给水系统 waterscape water system

为增加游乐池和文艺演出池演出背景效果的趣味性和景观环境，如瀑布、喷泉、水帘、水伞、水蘑菇、水刺猬等，利用池水作为水源，独立于池水循环净化处理系统而设置的给水系统。

1.4.9 均衡水池 balance pool

对采用逆流式、混合流式循环给水系统的游泳池、游乐池及休闲设施池，为保证循环水泵有效工作而设置的低于池水水面的供循环水泵吸水的水池，其作用是收集池岸溢流回水槽中的循环回水，调节系统水量平衡和储存过滤器反冲洗时的用水，以及间接向池内补水的水池。

1.4.10 平衡水池 balancing tank

对采用顺流式循环给水系统的游泳池，为保证池水有效循环和减小循环水泵阻力损失、平衡水池水面、调节水量和间接向池内补水而设置的与游泳池等水面相平供循环水泵吸水的水池。

1.4.11 补水水箱 supplement tank

不设置平衡水池，循环水泵直接从游泳池等池底回水口吸水的顺流式池水循环系统，为防止游泳池等池水回流污染补充水水管内的水质而设置的使补充水间接注入游泳池具有隔断作用的水箱。

1.4.12 给水口 inlet

安装在游泳池、游乐池及文艺演出池池壁或池底向池内送水的专用配件。给水口由格栅盖、流量调节装置、扩散喇叭口、球形给水口及连接短管组成。

1.4.13 回水口 outlet

安装在游泳池、游乐池及文艺演出池池底或池岸溢流回水槽内的设有格栅进水盖板的专用配件。亦称主回水口。

1.4.14 泄水口 main drain

安装在游泳池池底最低处，能将游泳池、游乐池及文艺演出池的池水彻底泄空的专用配件。

1.4.15 溢水沟 overflow gutter

设在顺流式游泳池岸上，并紧邻池壁外侧的水槽（沟），以溢流方式收集池内表面溢流水和吸收游泳及游乐时的水波溢流水。槽（沟）内设有回水口，槽（沟）顶设有组合式格栅盖板。亦称溢水槽。

1.4.16 溢流回水沟 overflow channel

设在逆流式、混合流式游泳池岸上，并紧邻游泳池池壁外侧的水槽（沟）。槽（沟）的尺寸和槽（沟）内回水口的数量按游泳池及游乐池的全部循环水量计算确定。亦称溢流回水槽。

1.4.17 空气系统 air inlet system

为浴池休闲设施气-水混合的喷嘴、气泡床等提供气源的供气气泵或空气进气孔帽、输气管道及控制供气量的系统。亦称喷气系统。

1.5 池水净化系统类

1.5.1 池水循环净化处理系统 circulation water treatment system

将使用过的池水通过管道用水泵按规定的流量从池内或与池子相连通的均（平）衡水池内抽出，利用泵的压力依次送入过滤、加药、消毒和加热等工艺工序设备单元，使池水经过澄清、消毒、温度调节达到卫生标准要求后，再送回相应的池内重复使用的水净化处理系统。亦称循环净化水系统。

1.5.2 预净化 pre-filtration

将使用过的游泳池、游乐池、休闲设施池及文艺演出池的池水经过专用的工序装置，除去池水中的固体杂质和毛发、树叶、纤维等杂物，使池水循环净化系统的循环水泵、过滤设备能够正常工作的过程。

1.5.3 过滤净化 filtration

将使用过的游泳池、游乐池及文艺演出池的池水，通过装在专用设备内过滤介质除去水中不溶解的悬浮物及胶体颗粒等杂质，使水得到澄清并达到洁净透明的过程。

1.5.4 循环过滤 recirculating filtration

用循环水泵将使用过的池水送入过滤器内，去除池水中微粒杂物，再经过其他后续工艺设备净化处理后送回游泳池内，如此反复循环，始终保持池水的清洁卫生的过程。

1.5.5 过滤介质 filtration medium

用于截流游泳池、游乐池及文艺演出池循环水中不溶解的悬浮物及胶体颗粒等的多孔、比表面积大的材料。常见的有石英砂、玻璃珠、沸石、铁砂、无烟煤、硅藻土、塑料纤维等。

1.5.6 硅藻土 diatomite

以蛋白石为主要矿物组分的硅质生物沉积岩，即单细胞水生植物硅藻的遗骸沉积物质经过科学加工成具有多孔、比表面积大及化学稳定性好的用作过滤介质的白色粉末物质。

1.5.7 预涂膜 pre-coat film

在池水每次循环过滤开始前，利用循环水泵将含有硅藻土的混合溶液，通过过滤器内的滤元，在其表面上积聚一层厚度均匀的硅藻土薄膜的操作过程，利用该薄膜对池水进行过滤。

1.5.8 滤元 filter septum

支撑硅藻土滤料的板框或骨架、滤布。

1.5.9 可再生硅藻土压力过滤机 candle diatomite pressure filter

将硅藻土涂在内部设置有多根像蜡烛形状的刚性或柔性骨架外包覆有纤维布组成的具有耐压功能的滤元上作为过滤池水的密闭容器。

1.5.10 可逆式硅藻土压力过滤机 reversible diatomaceous earth filter

由多个具有分配水流的过滤板及带有密封条的过滤滤元组成，过滤器的两端带有封头和拉紧杆。需要净化的水由板框组一侧通过预涂在板框纤维布上的硅藻土膜去除水中的杂质；并可由板框组另一侧通水冲洗掉板框纤维布上已脏污的硅藻土膜，同时在该侧能预涂新的硅藻土膜，通过去除水中杂质，如此可往复运行的设备。亦称板框式硅藻土过滤机。

1.5.11 压力式颗粒过滤器 pressure particulate filter

在设计压力下使被处理的水通过装有单层或多层颗粒过滤器介质能去除水中悬浮杂质达到净化水的密闭容器。

1.5.12 负压颗粒过滤器 negative pressure particulate filter

将需要处理的水自流送入装有颗粒过滤介质的容器，利用水泵通过设在过滤介质底部的集配水系统将过滤介质表面需要净化的水经水泵抽吸使其经过过滤介质达到去除水中杂质的水过滤器。亦称真空过滤器。

1.5.13 颗粒吸附过滤器 particleabsorptionfilter

在耐压密封的容器内只铺有单一具有吸附某些物质功能的活性炭的过滤设备，亦称活性炭吸附过滤器。

1.5.14 尿素有机物降解器 organic matter degradation device

将需要处理的池水送入铺装有活性炭、石英砂（或陶粒）作为载体，对池水中的尿素等有机物进行生物降解并予以去除的耐压密闭容器。

1.6 消 毒 类

1.6.1 消毒 disinfection

采用物理方法或投放化学药品溶液，用以杀灭水中病原微生物（细菌、病毒），防止水传染疾病的过程。

1.6.2 消毒剂 disinfectant

可以杀灭水中绝大多数病原微生物（细菌、病毒）的化学药品及物理射线。

1.6.3 紫外线消毒 UV disinfection

利用波长在200～400nm的电磁波的能量，对水中病原微生物进行照射，使其遗传物质（核酸）发生突变导致细胞不能分裂繁殖，达到杀灭细菌的目的，即为紫外线消毒。

1.6.4 冲击处理 shock dosing treatment

定期向游泳池、游乐池及休闲池的池水中投加大量的化学药品药剂溶液进行池水循环，以破坏浴池水中和系统中的氨氮、军团菌及有机污染物的过程。

1.6.5 臭氧反应罐 reaction tank

为确保臭氧能有效氧化杀灭经过过滤后循环水中的微生物、细菌及病毒而设置的具有耐臭氧腐蚀、水与臭氧能充分接触相互扩散反应的耐压密闭容器，反应罐必须设置自动排气阀。

1.6.6 尾气处理系统 exhaust gas treatment system

能自动将臭氧反应罐内未溶解的臭氧从水中分离排出并予以消除或减少到允许范围内，并排放到大气中的脱除臭氧的装置。

1.6.7 水质平衡 water balance

为使池水水质符合标准规定而向池中投加一定浓度的化学药品溶液，使池水保持既不析出沉淀结垢，又不产生腐蚀性和溶解水垢的中性状态。

1.6.8 化学清洗 chemical cleaning

利用化学药剂溶液对浴池水循环过滤系统内部的生物膜等粘着物进行冲刷，使其脱离设备、管道内壁所进行的消毒清洗工作的过程。

1.6.9 增压装置 pressurized equipment

独立于公共游泳池和休闲设施池循环的水过滤系统外的循环水泵，即用于臭氧消毒系统投加臭氧、补偿尿素有机物分解器和池水分流加热补偿板式换热器阻力损失及浴池水疗喷嘴输气用的水泵或气泵。

1.6.10 全流量臭氧消毒处理 full-flow ozone disinfection treatment

游泳池及游乐池的全部循环流量都经过游泳池池水处理系统中的臭氧消毒处理后再返回系统的过程。

1.6.11 分流量臭氧消毒处理 partial-flow ozone disinfection treatment

从经过过滤设备过滤后的循环流量中分流出一部分循环流量，使其经过池水净化处理系统中的臭氧消毒和加热工序处理、加热后与另一部分未经该工序处理的循环水量混合，再返回池内继续使用的过程。

1.6.12 全程式臭氧消毒 whole-process ozone disinfection

臭氧投加到游泳池池水处理系统后，不经过活性炭多余臭氧吸附工序，允许不超过标准的微量臭氧进入游泳池参与全部水循环过程的臭氧消毒方式。

1.6.13 半程式臭氧消毒 part-process ozone disinfection

臭氧投加到游泳池池水处理系统后，在进入游泳池之前应经过活性炭多余臭氧吸附工序脱除残留在水中的臭氧，不允许臭氧进入游泳池继续参与水循环过程的臭氧消毒方式。

1.7 加 热 设 备 类

1.7.1 除湿热回收热泵 multifunctional air source heat pump

将游泳池、水上及文艺演出池等游乐池湿热的空气吸入机组，经过滤、蒸发使温度下降、水汽凝结成冷凝水从空气中分离出来，使空气干爽、水汽凝结过程释放的热能被制冷剂吸收后经热交换器对池水和空气进行加热，实现空气除湿、恒温和加热三种功能达到平衡的设备。亦称“三集一体热泵”及“热回收热泵”等。

1.7.2 空气源热泵 air-source heat pump

吸收环境空气中的热量，把低位热能转换成高位热能进行加热的设备。

1.7.3 水源热泵 water-source heat pump

吸收流动于管道中的河水、江水、水库水、工业废水等水中的热量对池水进行加热的设备。

1.7.4 太阳能保证率 solar fraction

在水加热系统中，由太阳能提供的热量除以热水系统总负荷。

1.7.5 太阳辐射量 solar irradiation

接收到太阳能辐射能的密度。

1.8 洗 净 及 安 全 类

1.8.1 安全保护气浪 safety protection wave

为消除初学跳水运动员的畏惧心态和防止跳水人员动作失误在跳水池内碰伤，而在跳水池池底设置的空气喷射装置，它能使池水表面产生均匀的海绵状的泡沫空气浪层。亦称安全气垫。

1.8.2 跳水池水面制波 plunge pool surface wave

为使跳水人员在空中准确识别池水水面而采用专用的措施，使池水表面产生涟漪不断的小型波纹形的水浪。

1.8.3 浸脚消毒池 foot baths basin for disinfection

在进入游泳池的通道上设置的含有一定浓度消毒液，以强制每一个游泳者和游乐者对其脚部进行消毒的水池。

1.8.4 强制淋浴 pre-swim showers

为使每一游泳者和游乐者在进入游泳池之前的通道上强制对身体进行清洗，以减少对池水的污染而设置的淋浴装置。

1.8.5 移动池岸 mobile separate pond shore

采用机械或气动方式，将设有符合规定宽度的隔板池岸沿游泳池两侧岸自由移动，将一座游泳池分隔成两座不同使用要求的游泳池的装置。亦称浮桥。

1.8.6 可升降池底板 adjustable floor

由驱动单元、桁架、面板和专用连接件等部件按相应尺寸并通过可靠传动、控制和保护方式，以实现泳池全深度范围内调节不同区域和水深的装置。

2 游泳池、游乐池及休闲设施池分类

本手册所述游泳池、游乐池及休闲设施池均指人工建造的不同规格尺寸的水池。

2.1 游泳池分类

游泳是一种有意愿、有目的地在水中进行健身、锻炼运动和求生救护技能训练活动。由于运动的目的不同，其水池的规格、设施均有差异。这种运动是人们利用水的浮力使身体几乎不承受体重的一种全面的健身运动，不仅锻炼了人们的意志，提高了健身的效果，而且还调节了人们的心理感受。所以，游泳备受人们的欢迎。它的类型较多，本手册按运动形式、用途、建造方式等进行了分类。

2.1.1 按游泳运动形式分类

1. 游泳运动员训练池、竞赛池、竞赛热身池（此池亦可作为非竞赛期间运动员训练池或对社会公众开放游泳健身池使用）。
2. 水球运动员训练池、竞赛池。
3. 花样游泳运动员训练池、竞赛池（此池可与游泳运动员竞赛池合建合用）。
4. 残疾人游泳运动员训练池、竞赛池、竞赛热身池。
5. 跳水运动员训练池、竞赛池。
6. 潜水求生救护技能培养用游泳池。
7. 教学、初学游泳培训、训练池，亦称公共游泳池。
8. 儿童（年龄为6～12岁）游泳培训、练习池。
9. 幼儿（年龄为2～5岁）亲水、戏水池。
10. 水中器械健身池。

2.1.2 按用途分类

1. 竞赛游泳池：用于各类游泳、跳水、水球及花样游泳等专业竞赛的游泳池。该类游泳池的平面形状、尺寸、水深及附属设施等，均应符合国际游泳联合会（FINA）和中国游泳协会的相关规定。只有这样，各项比赛纪录才能得到承认。对于给水排水专业来说，这类游泳池应配置完善的池水净化处理系统。非比赛期间该类游泳池可对社会上游泳爱好者开放使用。

游泳、跳水、水球和花样游泳所用游泳池可分别单独建设，也可合并建设一座或两座游泳池。但合建时应按其中最大尺寸要求建造。我国大多采用游泳及花样游泳合建，跳水池、水球池各自单建的方式，称前者为多用途游泳池。

为了提高游泳池的使用率，发挥其社会效益。在建造时安装可以改变游泳长度的移动池岸和可以改变池水深度的升降式池底板。在满足竞赛要求的同时，也可以适应赛后不同人群同时游泳的要求。称它为多功能游泳池。

2. 训练游泳池：供游泳运动员、体育专业院校进行游泳、跳水、花样游泳、水球、潜水等训练、教学之用的游泳池。其游泳池的平面形状、尺寸、水深和附属设施与竞赛池基本相同。这类游泳池一般不对社会公众开放。

3. 公共游泳池：对社会所有游泳及游乐爱好者开放使用且没有人群限制的游泳池，其平面形状、尺寸可与竞赛游泳池相同，其水深可以浅一些；也可以为异形平面形状的一般尺寸。一般应配套池水净化处理系统，但因其使用对象不同会有一些差异。公共游泳池包括社区游泳池、度假村和旅馆（酒店）游泳池、度假村游泳池等。公共游泳池一般均为商业性运作。

4. 专用游泳池：供某一特定社会团体或特指群体（如学生、会员、航天员浮力训练游泳池、学校游泳池、潜水训练、会所游泳池及残疾无障碍游泳池等）人员使用，而不对社会上其他人员开放的游泳池。它的平面形状和尺寸基本与竞赛游泳池相同（也有较小尺寸、水深较浅一些的）。一般都有较完善的池水净化处理系统。

5. 私人游泳池：建设在独立别墅、住宅内的只供住户成员及客人使用的游泳池。平面形状多变，尺寸较小，水深较浅。池水净化处理设施较简单。

6. 医疗用游泳池：以医疗及康复为目的建设的物理或药物游泳池。如特殊的海水游泳池、温泉游泳池、药物类冷水或热水按摩池等。池子的形状、尺寸和所供给的水质都有些特殊要求。故设计时应与医疗工艺专业密切配合，不得搬用本手册所介绍的池水净化处理系统。

7. 潜水池：培养潜水救生人员的游泳池，水深不宜小于5.5m。目的是使潜水员了解和体会到不同水深的压力变化，并能适应这种变化。该池设有能够使摄影机对潜水员进行跟踪摄影的水下观察窗。

2.1.3 按建造方式分类

1. 人工游泳池：用不同建筑材料建造的不同尺寸和形状的供人们游泳、健身、休闲、游乐的水池。其主要特点就是都设有池水净化系统。

2. 天然游泳场：在海滨、湖泊、江河等远离污水排放和垃圾堆放点的水质符合卫生要求的天然流动的安全水域，利用安全网或水深标志围挡的一定面积的水域供人游泳的场所。一般夏季向公众开放。本手册未对此类游泳池进行论述。

3. 半天然游泳场：在天然水域边对游泳场的池底和岸边进行适当铺修，使场地和周围状况得到改善，并将符合卫生要求的江、河、湖、海水引入该池内供游泳之用。

2.1.4 按游泳池构造分类

1. 齐沿游泳池：游泳池的水表面与游泳池周边的池沿相平，具有以下优点：①能有效地使污染较严重的游泳池表面水迅速进入游泳池溢水沟或溢流回水沟；②可有效消除池水表面水波，减少水波对游泳者的阻力。竞赛游泳池均采用此种形式。

2. 高沿游泳池：游泳池的水面低于游泳池周边的池沿。我国在20世纪60年代以前的游泳池都采用这种形式，20年代70世纪以后已基本被淘汰，现在一般仅在游乐池及水疗池中采用这种形式。新型高沿游泳池一般设有撇沫器或池壁内嵌式溢水沟，国外较为常见。

2.1.5 按游泳池供水方式分类

1. 换水式游泳池：将游泳池充满水，经人工加热或太阳照射加热，水温达到要求后对公众开放使用，如此往复。这种游泳池不仅池水卫生不易保证，而且浪费大量水资源，泄水还污染环境，故已不再采用。

2. 半换水式游泳池：它是对换水式游泳池的改良。即当池水变脏时，仅泄掉一少部分池内脏水，再补满水量。虽然池水水质卫生条件有所改善，但还不能完全满足要求，同样还浪费水资源。在20世纪50年代我国个别地区有所采用，现已不再采用。

3. 溢水式游泳池：按照一定比例连续不断地向游泳池内供水，使其相应数量被使用过的脏水连续不断地从池水溢流排水，使池水水质始终保持在水质卫生标准要求限值内。其水源为：①符合水质标准的井水、泉水、水库水；②经过适当处理的江河水。在20世纪70年代初，我国南方地区采用较多。利用澄清池或普通快滤池将江水、河水处理后，连续不断送入游泳池使用，被使用过的水按比例排除掉。一般用于室外露天游泳，这在当时对推动我国游泳运动和满足游泳爱好者游泳需求具有积极作用，现已不再采用。

4. 循环给水式游泳池：将被使用过脏了的游泳池水，按一定比例从游泳池中抽出，经过净化过滤、消毒杀菌、加热（需要时）后，再送回游泳池中继续使用。如此往复循环，使池水始终保持在规定的水质卫生限值内。这种方式具有节约水资源和能源、保证池水水质卫生的特点，此种是目前国内外普遍采用的形式。

2.1.6 按设置场所分类

1. 室内游泳池：游泳池建造在建筑物内，不受阳光照射。一般设有完善的池水净化设备及消毒设施，可以全天候地对外开放使用，不受气候条件制约。

2. 室外全露天游泳池：游泳池建造在室外并完全暴露在阳光下，一般设有池水净化处理系统。开放使用时间受季节气温制约，只能在夏季及初秋季节对公众开放使用。池水易受落叶、尘埃、风沙、雨水污染。池水温度依靠太阳光照射和环境气温提升。

3. 室外半露天游泳池：游泳池仅有屋顶遮挡太阳光照射，而池子四周无维护遮挡墙体；或屋顶为可开启形式，即天气条件好的时候将屋面打开，它们的环境比完全露天游泳池好。池水加热可利用太阳能加热系统，也可打开屋面利用太阳能照射加热。这种游泳池国内尚无使用实例，在欧美也不多见。

2.1.7 按经营方式分类

1. 商业性质的游泳池：对游泳者进行有偿服务的游泳池，如会所游泳池、俱乐部游泳池、旅馆游泳池及各种游乐池等。该类游泳池一般不进行游泳比赛活动。

2. 兼顾型商业性质的游泳池：如竞赛游泳池、学校游泳池、社区游泳池，在没有游泳比赛或非教学期间，对社会公众或本校员工开放，收取保证满足经营成本，不以盈利为目的的费用。

3. 私用游泳池：指私人别墅（住宅）或社团内部附设的游泳池，不对社会公众开放使用。这类泳池在我国数量较少。

2.2 游乐池类型

游乐池包括水中游乐和岸上游乐设施两种形式。由于游乐设施种类繁多为其配套的水池类型各不相同。这种游乐池是在我国改革开放后引入的一种水上游乐活动。它的规模、内容由业主提出，游乐专业公司根据地块地形提出规划与建筑设计。游乐池因为具有不同年龄段人群的戏水游乐设施、探险性刺激性水上设施、休闲及亲水性水上设施，以及具有促进人们学习、锻炼水中救生的作用，加之它配套各种喷水水景景观，所以，具有极强的市场吸引力。

在我国各地已建成的游乐池中，如北京的水魔方、成都环球中心天堂岛、北京朝阳公园游乐池、广东珠海圆明园游乐池和珠海长隆海洋主题乐园、天津市奥林匹克水上运动中心、重庆市龙门阵水上乐园、北京水立方水上游乐中心等，在它们当中还掺进了一些体育、物理健身内容。如北京朝阳公园的沙滩排球，其他游乐池中的冲击浴池、泡泡浴池及水疗按摩池等。这些项目为人们度假、休闲放松、亲朋好友欢聚、丰富业余生活提供了场所，深受人们的欢迎。

2.2.1 游乐池的组成

据有关资料介绍：游乐池中陆地面积与水面面积之比多为6：4。所提供的游乐项目根据服务的人群，如儿童、初学游泳、休闲戏水、寻找乐趣等人群特点确定。

2.2.2 游乐池的规划

1. 从浅水区域向深水区域布置。这样有利于帮助儿童和初学游泳者获得亲水乐趣和培养他们的自信感，从而促进他们学习游泳的兴趣和进程。所以一般游乐池宜以浅水区域为主，并提供较大范围的安全区。

2. 从惊险性小的区域向惊险性大的区域过渡。当游乐者掌握初步游泳技术之后，就可以鼓励和激励游泳者寻求更具刺激的戏水场所，如人工造浪池；也有利于分流不同戏水人群。为了安全，这些区域一般为独立设置。

3. 从浅水区域向深水区域进行过渡。一般深水区域如成人的各种水滑道，由于设施对游乐者更具挑战性和刺激性，当然也具有较大的危险性。因此，这些设施应远离浅水区域，以防止相互干扰发生安全事故。

4. 休闲性游乐池与常规性游泳池允许在同一个建筑内，但应设在不同游泳大厅内，也可采用室内外相分隔的方式布置，即常规游泳池在室内，游乐池在室外。也可采用室内外相连的方式，即游泳者可以从室内池游向室外池，但过渡区的水深不宜过深，应保证游泳者从容通过。我国南方已有不少工程实例。

5. 休闲性矩形游泳池，可以在该游泳池内设置游乐设施，但应有划定的专门的休闲水域。

6. 不同的游乐池可以互相连通，以加强水的连贯性。

2.2.3 游乐池的类型和要求

1. 游乐池的消费人群组成比较广泛，既有成年人，也有青少年，还有儿童和幼儿。据国外资料介绍，游乐池的池水水质比游泳池的水质卫生标准、池水循环用期等参数均要求较高和较严格。设计时应按现行行业标准《游泳池水质标准》CJ 244 的规定执行。

2. 游乐池的池水净化处理系统应与游乐设备的功能给水系统和附设在游乐池的水伞、水蘑菇、水刺猬、水枪、卡通动物等水景给水系统分开设备。

3. 游乐池池水净化处理工艺流程的选定原则与游泳池相同，设置详见本手册第8章。

4. 游乐池的种类较多，下面仅就常见的集中游乐池做介绍：

1）戏水池

戏水池的服务对象是幼童和儿童。其功能以幼童和儿童在池内戏水为主，池的平面尺寸较小，形状一般为不规则的几何图形。

（1）幼童池水深一般不超过0.4m。戏水池建造不应出现棱角凸出物、直角转角，池底坡度不应超过2.0%，池底饰面材料应具有防滑功能。戏水池入口、出口应设较宽的踏步台阶和栏杆，池内宜设练习浮水用的扶杆。

（2）儿童池平面形状可为矩形、正方形或不规则几何形状，池水深度一般不超过0.9m，可供儿童游泳、戏水。池体建造要求与幼童戏水池相同。

（3）幼童池与儿童池允许合建，但必须采用栏杆将不同水深予以分开，以确保幼童不发生危险。

（4）儿童池一般均附设卡通戏水设施，如水伞、水帘、水轮、水滑梯、水刺猬、卡通动物喷水等，池水深度应满足上述设施的应用要求。

（5）戏水池水循环净化处理系统应与本条第4款的戏水设施的供水系统分开，各自独立设置。

2）滑道及跌落池

（1）滑道形式

① 儿童滑梯：滑梯倾角较小，高度较低，一般不超过3m，与儿童戏水池合建。如图2.2.3-1所示。滑梯应设独立的连续不断的供应润滑水。润滑水供应为独立系统，室外滑梯可采用自来水供给。

图2.2.3-1 儿童滑道池

② 家庭型滑板梯：坡度、高度润滑水供应等与儿童滑梯相同。宽度较宽，可供两人同时下滑，但它设在家庭亲水池内。

③ 成人常规直线滑道：

a. 滑道倾角一般为15°，长度为10～15m。

b. 滑道末端设有跌落水池，水深不小于0.9m。

c. 设有独立的滑道润滑水系统。

④ 高速直线型滑道：滑道倾角大于30°，极限角度45°，长度大于25m，设有长度不小于10m的缓冲跌落池和独立的滑道润滑水系统。如图2.2.3-2所示。

图2.2.3-2 高速直线滑道

⑤ 螺旋形滑道：该型滑道又分敞开型和封闭型（亦称索道式）两种形式。滑道倾角一般不大于15°，长度约为15m，并设独立的润滑水系统和滑道跌落池。如图2.2.3-3和图2.2.3-4所示。

（2）滑道润滑水水量与滑道的倾斜角有关，润滑水是保证游乐者皮肤不受擦伤的安全保障，在滑道开放使用过程中必须连续不断地供应。滑道润滑水系统与滑道净化池的池水净化系统应分开设置，而且滑道润滑水供水泵必须设置可自动切换的备用水泵。滑道平台起滑点应设专人管理。必须前一个滑落者落入水池并远离滑道末端后，方可允许后一个滑落者进入滑道，以确保游乐者的安全。

（3）给水排水要求

① 每条滑道均设置各自独立的滑道润滑水系统。每条滑道的润滑水供水水泵的性能参数等由专业公司计算确定。

② 滑道润滑水由专用水泵供应，并有确保开放使用时间内不间断供应的措施。

图 2.2.3-3 螺旋滑道及跌落池（一）

图 2.2.3-4 螺旋滑道及跌落池（二）

③ 滑道形式、类型、坡度、滑道安全尺寸和质量等，应根据建设业主要求，按照专业公司或生产厂商提供的技术资料和产品选用，并应符合现行国家标准《水上游乐设施通用技术条件》GB 18168 的有关规定。

④ 滑道的润滑水量应根据滑道的水层厚度、长度、宽度、坡度、形状和用途计算确定，由滑道专业公司提供。提升润滑水的水泵扬程，应根据滑道平台的高度、管道阻力等计算确定；水泵数量宜按不少于 2 台水泵同时工作确定，以方便润滑水流量的调节和保证滑道开放使用期间供水的不间断。

⑤ 滑道的润滑水供水管道应设置流量调节阀，以方便调节润滑水量。

⑥ 滑道的润滑水水源采用滑道跌落池池水。滑道跌落池一般为高沿水池，故宜采用混流或逆流式循环系统。

⑦ 滑道跌落池池水净化系统，允许与其水质、水温和循环周期相接近的其他游乐池共用一组净化过滤和消毒设备。

⑧ 滑道缓冲池形状、规格尺寸。

a. 单滑道长度不应小于 6.0m，宽度以滑道两边缘之间长度不应小于 2.0m。

b. 多条滑道时宽度按 a）项要求排列确定。

c. 池内水深按滑道末端边缘距水面高度确定。根据相关资料，本手册摘录于此，以供参考。

a）跌落高度小于 200mm 时，水深不应小于小 1.0m。

b）跌落高度为 200～600mm 时，水深不应小于 1.3m。

c）跌落高度大于 600mm 时，水深不应小于跌落高度的 3 倍。

（4）安全要求

① 滑道、滑板表面应平整、光滑，无任何不规则凸出物或锋利的直角，以防对滑行人造成伤害。

② 滑道润滑水不应出现断流，否则不应安排人下滑。

③ 滑道的顶端和终端均应配备服务人员，多条滑道时，每条滑道都应配备服务人员，并应有相互联系的有效措施。以保证前一位下滑人滑出后，方可允许后一位下滑人开始，不允许滑行人在跌落缓冲水池发生冲撞，所以，游乐者的下滑频率由上、下服务人员联系确定。

④ 每条道滑、滑梯一次只能安排一人滑下，待下滑人离开落入池水区域后，方可安排下一人滑下，不应有 2 人出现在滑道（梯）上，以防在末端落水池内发生碰撞造成人身伤害。

⑤ 教育下滑人只能采用坐式或背式形式下滑，且不应在下滑途中试图在滑道（梯）上停留。

⑥ 应按年龄和身高来管理下滑人。

3）环流河（漂流河）

（1）环流河是一条河道内水流呈闭合环流弯曲形状的河道。河道环形水流长度不宜小于 200m，河道宽度不应小于 2.5m，水流深度不应小于 1.0m。

（2）河道弯曲形状和数量、尺寸由专业公司根据现场条件确定。

（3）游人一般乘坐充气滑水筏在河水中滑行。

（4）环流河应根据河道弯曲状态、数量，可设置一座或多座推动河内水流流动的推流水泵站，以确保河内水的有效流动。多座推流水泵应联合同时运行。

① 环流河的最大人数负荷应按每人 4.0m^2 的水面计算。

② 环流河应设置河水推流水泵。推流水泵的数量和位置，应根据河道弯曲形状、长度和水流量确定。为了保证河道内的水以一定的速度循环流动，应根据河道的水容积、河道转弯状况，在相应的河道部位设置推流水泵。推流水泵站点的数量根据河道转弯情况和河道长度确定。

③ 推流水泵的吸水管应装设格栅，流速不宜超过 0.5m/s。水泵出水管在河道侧壁所设出水口的水流速度不宜小于 3.0m/s。出水口应避免设在进、出环流河的手扶梯附近。出水口应设格栅，以保证水流均匀进入环流河内，不产生急流、涡流现象。

④ 推流水泵房一般设在环流河道弯转处侧壁的地下室内，因此泵房应设排水和通风装置。

⑤ 河段应设置游乐者进、出及短暂休息的手扶梯，手扶梯装置应凹入河道壁，不得突出河道内壁，以免影响游乐者在水中漂流的安全。

（5）环流河应设置独立的河内水的循环净化处理系统。

环流河可根据不同河道段岸边条件，在河岸上设置一些吸引游人的水景。

4）造浪池

（1）利用不同的机械设备，人为地在水池较深的一端强制制造一种使水池水面产生连续不断的类似于海浪似的循环波浪，并将此波浪推向水池的浅水端水岸浅滩上的回水沟内，为人们提供在大浪中的漂浮感觉。

（2）造浪池平面一般为不对称扇形形状，总长度根据设置场所环境（室内、室外）确定。室外一般可在 30～60m 内选定。如图 2.2.3-5 所示。造浪池水深分为三个水域：①深水段 2.0m；②中水段 2.0～1.0m；③浅水段 1.0～0.0m，可满足不同人群需要。不同水深均以 6%～8%的坡度进行过渡，浪高、波长见图 2.2.3-6。

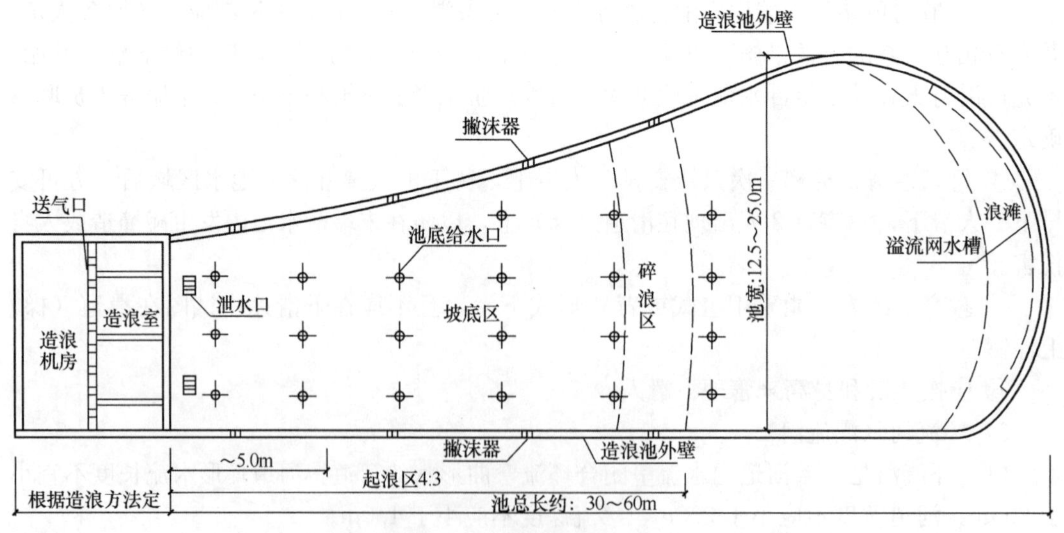

图 2.2.3-5　造浪池平面示意

（3）造浪机房设在水深端端头。深水区与长度不宜超过 5m，宽度以造浪机房设施及造浪方法确定。造浪区长度与池长的比例一般为 4∶3，最终仍以专业公司设计为准。

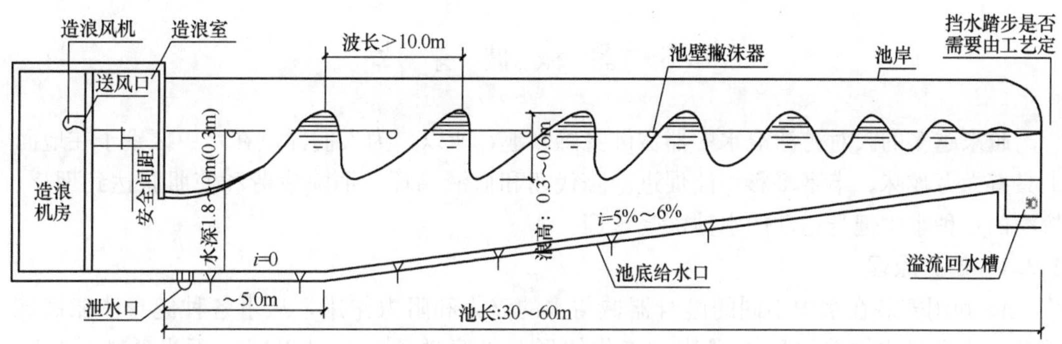

图 2.2.3-6 造浪池剖面示意

(4) 基本要求：

① 造浪池宜为梯形或扇形，其尺寸宜按表 2.2.3 的规定选用。

② 造浪池深水端池边的直线边长宜为池长的 1/3，并以一侧边或两侧边为准向外扩展至 15°角的梯形波浪区。

③ 造浪机房应设在造浪池的深端。造浪机大部分采用气（风）压式，可与池水隔开设置，有利于维修。为节约能源，造浪机一般采用间歇式工作，每 30min 工作一次，每次持续时间约 10min。波浪高度可为 0.6～1.2m，最高可达 2.0m。需要根据安全和使用人群情况，由业主与专业设计公司协商确定。池水水质应符合现行行业标准《游泳池水质标准》CJ/T 244 的要求。

④ 造浪池宜采用逆流式及混流式循环系统。

⑤ 造浪机运行时，池水循环系统应暂停工作。

⑥ 造浪池浅水区的末端设消浪排水沟，且排水沟内应有级配的砂石滤水层；如浅水区末端设有踏步池岸时，应在踏步底侧面设撇沫区。

⑦ 造浪机造浪室的构造应确保不出现池水回流到造浪机的现象。

⑧ 造浪池最大人数负荷，宜按每人 $2.5m^2$ 的水面面积计算，其规格尺寸可参考表 2.2.3。

造浪池的基本尺寸 **表 2.2.3**

序号	池长（m）	池宽（m）	水深（m）		池底坡度（%）
			深水端	浅水端	
1	34～36	12.50	1.8～2.0	0（有踏步部分不超过 0.3）	6～8（不大于 10）
2	36～45	16.66			
3	45～50	21.00			
4	50～60	25.00			

注：1 池子各段池底坡度由工艺设计决定。
2 最小池长为 33.0m。

2.2.4 水上游乐池因游乐设施不同而种类繁多，如水压冲浪、激流勇进、水上过山车、大水寨、急驰竞赛、大水环、大喇叭、双人冲浪模拟海啸池、飞碟滑道池、龙滑道池等等，在此不一一介绍。

2.3 器械健身池

越来越多的人对游泳池水中器械健身感兴趣，所以，为人们提供在水中区别于在地面上具有无穷趣味、丰富多彩、能促进新陈代谢和血液循环，消除疲劳和使肌肤达到理疗、按摩的一种水中健身运动的水池深受欢迎。

2.3.1 健身原理

1. 利用安装在水中不同的健身器械与水的浮力和阻力作用，从事各种健身体能锻炼活动，达到强化体能及肌肉锻炼、美化体形及健身功能，并可以减少不当的陆上运动伤害。

2. 水中健身器械为拆卸、活动式，可以适用于池内水深等于和大于1.2m的新旧游泳池。

2.3.2 水中健身器械种类

水中健身器械种类较多，下面仅就常见的水中健身器械、健身原理作一简要介绍。

1. 水中转轮机：为人们手臂和肩部肌肉提供锻炼的设备。

2. 水中推磨机：为人们全身各部位提供锻炼的设备。

3. 水中引身向上机：类似陆上单、双杠设备，保证人体获得锻炼的同时还能保护关节部位减少冲击。

4. 水中三维转腰机：人的下半身在池水中，运动时水轻轻经过人体腰腹部肌肉，可以起到按摩作用，达到健美体形目的。

5. 水中训练逆水器：它可以调节水的射流强度，使人们锻炼逆水游泳，提高游泳成绩。

6. 水中脚踏车：它可以锻炼人的腿部和躯干，具有强身健体功能。

7. 水中划桨机：利用仿真水的平滑阻力往复运动，可以锻炼人的全身肌肉，达到人体均衡发展和促进心肺功能的作用。

8. 水中行走机：利用垂直平面内全幅运动，达到锻炼腿部和臀部肌肉的目的。

9. 水中登山机：使用者可以选择在器械上不同握手位置，使人体上半身和下半身都能得到相同锻炼强度的效果。

10. 水中踏步机：利用水的浮力在该器械上运动，可以使腿部全部肌肉得到一个恒定强度的锻炼、避免在陆上慢跑及其他有氧运动所带来的碰撞伤害。

11. 水中自行车：人可以仰卧在背部置有浮垫的自行车上，利用两腿蹬自行车，进行腿部肌肉和力量锻炼。

12. 水中双臂屈伸机：在该设备上利用双臂屈伸，可有效地对人体上半身肌肉进行锻炼，操作平滑流畅，感觉舒适、安全。

13. 水中健腹机：利用水的浮力所提供的附加支持力，能有效地对腹部、腿部和膝盖进行锻炼，可以促进人的减腹瘦身、塑造形体。

14. 层流推进器：安装在池壁外或安装在小型游泳池内，在宽阔的出水口里，产生流速可调的层流（亦有资料称逆流训练器），泳者就可以在这种层流里进行各种泳姿的游泳训练和戏水活动，且能保持原地不动的连续游泳运动等。

2.3.3 水中健身器机设置原则

1. 不同健身器械一般宜设在同一个水池内，但根据功能可以设在池内的不同侧。

2. 同步健身器械设置的间距，以相互同时使用互不干扰为原则，但最小间距不宜小于2.50m。

2.3.4 健身池的形式

1. 健身池宜为矩形，器械双侧设置时，池宽不宜小于8.0m，池长根据安装器械数量确定，池水有效深度不应小于1.2m。

2. 池体应为钢筋混凝土结构，有利于健身器械的安装固定。

3. 池水应设置独立的循环水处理系统，池水水质应满足现行行业标准《游泳池水质标准》CJ/T 244的规定。

2.4 休闲设施池

休闲设施池在国内统称水疗按摩池（SPA），它的原理就是利用水的物理特性和温度，对人体各部位穴位进行充分接触，并辅以先进的水疗设备，达到利用活水养生的效果。它是一个独立的休闲、健身、养生行业，比游泳健身行业具有更高附加价值的行业。比如温泉浴在我国已有千年历史，由于它具有一定的辅助医疗作用，深受人们的欢迎。现在已出现且被推广的将淡水加热或加入各种药用植物，供人们健身、休闲的洗浴方式，改变了人们传统的洗澡健身方式。

水疗按摩池可分为：①在水中静置浸泡的温泉水浴池、药用植物浸泡的药物水浴池和添加各种酒的酒液浴池；②淡水经加热至适宜人的温度的按摩池，如在池水中利用喷水或喷气的按摩池及较高水压的水面上喷水的冲击水疗池；③人们在高热高湿的特制房间内，发汗排毒的桑拿蒸汽浴；④将食盐或特制泥浆涂抹在身体上的盐疗及泥疗等四大类型。

水疗按摩池可以独立建设运行，同时也可作为游泳池、游乐池等的标准配置设施。

2.4.1 水疗按摩池的工作原理

1. 水疗属于物理疗法一类，人们通常称水疗按摩。它是利用水的各种不同温度、不同压力、不同成分和浮力，以不同形式和方法，如浸、泡、冲、擦、淋、洗等，对人体的全身或局部进行按摩，促进人体内血管扩张，以达到排出体内废物的目的。

2. 利用安装在水疗池内水中、水下及水面上的不同水疗设施或装置，如安装在池壁、池底的各种喷水喷头，安装在池内的不同喷水形式的座椅，躺椅，池水面以上的各种喷水装置，制造出不同压力、不同形状的水柱，雨淋雨伞，气-水混合流的水柱或气泡等，对人体不同的穴位进行冲击、按摩，以及达到放松、理疗、保健、康复、养生的目的，消除疲劳，给人活力和健康。

3. 水的溶解能力很强，它能溶解各种物质、药物，而这些药物、物质，特别是温泉水中含有有益人体的矿物质及微量化学元素，它可以起到治疗某些疾病的作用。

4. 水疗可以单一应用，也可以综合利用，即集中医中药物理疗、水气按摩于一体，以达到消除疲劳、修身养性、强身健体、辅助浴疗疾病的目的，故深受群众欢迎。

2.4.2 休闲设施池的分类

1. 按池内水质分类

1）淡水型按摩池：水质为符合现行国家标准《生活饮用水卫生标准》GB 5749 规定的地面水及地下水。

2）温泉水浴池：水质为地下涌出或抽取出的水温超过 34℃，水中含有一种或多种对人体具有保健和辅助医疗效果的矿物质、微量化学元素，没有被污染的地下热水。池内水的卫生指标应符合现行行业标准《公共浴池水质标准》CJ/T 325 中“温泉浴池水质卫生”的规定。

3）药物型水疗池：人为地向符合本条第一项淡水型按摩浴池水中投加一定量的经过精制加工的香草、花瓣、芦荟、中草药（人参、当归、灵芝等）、盐、酒类等物质或溶剂，以达到养生、养颜、健身目的。投加量尚无相关标准规定。

4）海水型水疗池：将海水经过适当净化处理，去除其悬浮物、微生物等杂质而不破坏海水水质的水池。

2. 按使用水温分类

1）热水型水疗池：使用温度为 39～42℃，以达到人体肌肉更加放松，彻底放松身心。

2）温水型水疗池：使用温度为 35～38℃，与人体温度接近，适宜人在池内较长时间停留。

3）冷水型水疗池：使用温度为 7～13℃，它是配合桑拿浴、蒸汽浴而设置，人们使用过桑拿浴、蒸汽浴后，体表血脉处在极度扩张中，进入冷水池使体表温度急速降低，体表血脉急剧收缩，如此反复刺激体内毒素的排出。

3. 按水流形状分类

1）脉冲型水疗池；

2）气泡型水疗池；

3）气雾型水疗池。

4. 按水流形式分类

利用专用水泵从池内抽水加压向池内不同形式喷水嘴供给有压水制造出不同形式的冲击水柱，对人体不同部位进行水疗按摩。

1）浸泡型水疗池：在池内设有符合人体工学设计的座椅（台）、躺椅，将人体局部或大部分淹没在水中，一般温泉水采用此种形式。

2）冲淋型水疗池：在池岸或池内安装有水幕、雨伞、喷头、瀑布帘幕、维其浴、蘑菇泉及雨淋等器械喷出的针状水柱、水流，对头、颈、肩、背、腿部进行按摩，消除紧张，具有促进血液循环、细胞代谢，改善皮肤、头痛、血压及缓解肩周炎，消除工作压力等作用。

3）漩涡型水疗池：在池内壁安装专用喷嘴，通过水泵从池内吸水，加压后送入池内不断旋转形成漩涡状水流，可进行晕眩锻炼，缓解头晕恶心症状，具有促进肝脾功能的保健及瘦身作用。

5. 按充气形式分类

利用专用的气泵（亦称风泵）将洁净的空气送入池内水中或池内不同设施，扰动水池，使其形成气-水混合的水柱流束，对人体相关部位进行冲击按摩，以达到水疗、休闲、健身一体化的作用。按池内设施和功能可分为：

1）气泡躺椅：池内安装符合人体工学设计的水疗床，利用水疗床上喷嘴涌出强有力的有水-气混合水柱释放出超音波能量，振动冲击人体的肩、背、腰、腿及脚，达到放松身心、消除酸痛、缓解疲劳的效果。

2）气泡座椅：池内安装符合人体工学设计的水疗座椅，利用座椅上的喷嘴喷出强有力的水流打成气泡振动冲击，按摩人体腰部、臀部、腿部，可以达到减轻肌肉酸痛，消除疲劳的作用。

3）气泡涌泉水疗：在池底安装专用气泡盒，利用从该盒喷出的气泡振动和冲击力，对人体下半身的各筋脉进行按摩刺激，可以达到瘦身、美化肌肤、调节小脑平衡及恢复体力的作用。

4）休闲飘浮水疗：在池底安装专用的浮浴喷板或喷头，利用水的浮力和池底浮浴喷板喷出的气-水混合支撑身体，让人体在无负担的情况下轻松漂浮在水上，并可以在水中轻松地进行伸缩、回转的体能训练，放松筋骨和利用有氧的活力水气混合气泡增强浮力进行按摩，可以改善腰痛、坐骨神经痛、胀气、便秘、失眠及情绪不安等症状。

5）超声波水疗：向池底施加适当频率的超声波，通过水对人体内部产生物理效应的作用的水疗。

6. 按休闲设施功能分类

1）坐姿休闲设施池：在池壁或池内安装不同形状、不同功能的水疗按摩座椅、躺床，并安装不同水力造型的喷头达到水疗目的。

(1) 利用座位上及座椅上喷头喷射出来的有氧热水水流气泡，对人体背部、腰部、臀部、腿部或全身进行振动冲击或轻抚人体肌肤来消除疲劳，增加皮肤弹性及张力。

(2) 利用安装在池底的漩涡型喷头喷出的水在池内形成不断旋转的强力漩涡，达到缓解人体背部肌肉酸痛、头晕、恶心，促进肝脾功能等保健、瘦身等水疗目的。

(3) 利用安装在池内或池底的气泡盒喷出的气泡对人体臀部、脚部进行冲击按摩，达到加快新陈代谢、去除老化角质、活化肌肤、缓解酸疼、瘦身等水疗目的。

2）站姿休闲设施池：在浴池池内或池壁安装不同形式的喷头喷出较高压力的水柱、气-水混合水柱、水帘等对人体进行拍打，达到水疗按摩目的。

(1) 人体按摩器械有接气喷头、多孔嘴喷头、水帘喷头、不同动物型喷头等，能对人体头部、颈部、背部穴位进行冲击按摩，达到松弛神经、消除肌肉紧张、促进血液循环和细胞代谢、恢复体力的目的。

(2) 头部按摩器械有灌顶冲击泉、帘幕小瀑布、蘑菇泉、水伞等喷头，能对人体头部、颈部、肩部等部位进行按摩，对缓解头晕、眼花、头痛有缓释作用。

(3) 人体下半身按摩器有涌泉浴气泡盒（盘）、入浴者站在水中池底气泡盒上，利用气泡盒的冲击和振动，对人体下身及脚部各筋脉进行按摩刺激，能辅助达到瘦身美化肌肤、调节小脑平衡、恢复体力的目的。

3）感应开关

(1) 每种水疗器械（具）均独立设置感应开关。由入浴使用者自行开启，该开关具有延长时间设定、自动关闭功能。

(2) 感应开关为手触摸工作模式，光电隔离设计、防干扰能力强、防浪涌、寿命长、能适应 50～70℃环境。

(3) 使用电压 12V，且无电路隔离，防护等级 IP65，安全可靠。

7. 按池体材质分类

1) 成品休闲设施池：一般由无毒玻璃钢、亚克力等材质压制制造，形状有矩形、方形、圆形及多边形等，有多种样式和多种颜色可供选择。

(1) 单人型及双人型：一般称为按摩浴缸，安装在家庭、旅馆客房内和别墅内。

(2) 多人型：座位数为 3～8 人，安装在公共沐浴中心、温泉中心及体育场馆淋浴室内。

① 形式可分为地上安装型、半地上安装型及地面下安装型。

② 单人及多人型按摩浴池设有独立的循环水净化处理（循环水泵、膜或纸芯、纤维芯等过滤器、紫外线或臭氧消毒器、电加热器、不同功能喷嘴及管道和控制器等）系统和供气或高压水的功能循环水系统（按摩水泵、风泵等）。

③ 浴池水容积由座位数量确定，一般为 $V=1.6 \sim 8.0\text{m}^3$。

④ 浴池构造一般为躺卧型。安装方式可分为：地上型（带踏步、裙板和扶手栏杆）；半地上型（带裙板）；地下镶嵌型。

2) 土建型休闲设施池：一般为钢筋混凝土结构，在池内壁、座位和池底均粘贴瓷砖。

(1) 平面形状：圆形、矩形、方形，也可为异形。

(2) 允许和游乐池、休闲游泳池、健身池合建在同一个房间，但两者应有明确的分隔界面，不能互相影响和干扰各自的功能。

2.5 特殊休闲设施浴

2.5.1 桑拿浴

1. 人们在特制的木质房间内，由入浴者自行取水，用木勺将水一次一次的浇洒在设有电加热桑拿炉中专用的桑拿石上，能立即产生含有微量元素和红外线的高温高湿的蒸汽，使入浴者发汗达到排除体内毒素、滋养身体、恢复体力的功能。一般称此种沐浴为干蒸沐浴。

2. 桑拿房内配有木座台板、木质脚垫板、取水木桶、木勺、温湿度计、桑拿钟、时控器、桑拿炉及防爆照明器等沐浴所需装置。

3. 桑拿房内还应配置设置 *DN*20 取水龙头，地面设置不小于 *DN*50 的可开启型密闭式排水地漏。

4. 桑拿房分单人型、双人型、四人型等不同规格，所配桑拿电炉容量为 3.0～9.0kW。

2.5.2 蒸汽浴

1. 由设在蒸汽浴房外的专用桑拿蒸汽机产生的蒸汽，通过管道送至蒸汽浴房内，由顶部的专用蒸汽喷嘴喷出并扩散到整个房间，使整个房间处在高温高湿环境之中，同样使入浴者发汗，达到排除体内毒素、消除疲劳、恢复体力的入浴目的。一般称此种沐浴为湿蒸桑拿浴。

2. 蒸汽浴房体一般采用不发生裂缝的环保型亚克力材质或天然石材。房内座位材质与房体相同，座位大多为条用多座位，房间地面用格栅板铺设。

3. 桑拿蒸汽机房应独立设置在浴房附近不超过3.0m的地方，并应留有足够的操作和易于维修的空间。

4. 桑拿蒸汽机应配置下列配件：

1）外控器、调温器、压力表、电磁阀、探头及缺水自动停机装置；

2）给水管上应装设过滤器、信号阀及安全排气阀；安全排气阀的排水应引至无人逗留处的地漏；

3）蒸汽管、给水管及管道管件、附件等均应采用耐腐蚀的不锈钢管或铜管；

4）蒸汽管上不应设置阀门，且应悬吊敷设；

5）桑拿蒸汽机的供水水质和水温不应低于现行国家标准《生活饮用水卫生标准》GB 5749的规定。

5. 蒸汽浴房间内应根据房间座位数量或面积设置1个或多个可开启密闭型地回排水地漏。蒸汽机房应设地面排水地漏。

2.5.3 桑拿浴和蒸汽浴应设置下列配套设施

1. 按下列要求设置三种温度的浴池：

1）应设冷水浴池、温水浴池、热水浴池，每个浴池的水温按本手册第5.6.6条设计；

2）每个浴池均应设置各自独立的池水循环净化处理系统和水疗按摩系统；

3）每个浴池的池水循环周期应按手册7.7.2条的要求选用；

4）三种浴池的水质应符合本手册第5.5节的要求。

2. 设置温水及冷水淋浴喷头。

3. 三温浴池和淋浴喷头的位置应临近桑拿浴房及蒸汽浴房。

2.5.4 桑拿浴和蒸汽浴禁忌

桑拿浴和蒸汽浴是高温高湿环境，心跳加快心率增加，有可能发生脱水、热虚脱和昏厥，因此，儿童、患病者及老年人不宜使用。

2.5.5 光波浴

1. 光波浴是根据远红外线具有促进人体健康的特性研制的一种综合日光浴与桑拿浴优点为一体的新型沐浴设施。

2. 光波浴房体采用专用优质木材制造，房内配有音响系统。

3. 光波能量场以5.6～15μm的远红外线为主的能量被人体吸收，与人体深层细胞膜产生共振，活化细胞，使细胞有氧呼吸，从而加快体内新陈代谢和血液循环。

2.5.6 冰蒸浴

1. 入浴者人体置于排满真冰的房间内，寒冷使人体毛细血管收缩，刺激神经，可以促进人体的循环，达到提高免疫力的目的。

2. 冰蒸浴与热水浴交替使用，能起到强身健体的功效，效果极好。

3. 冰蒸浴在浴房外配有为冰房制冰的制冷机，

2.5.7 盐雾浴

1. 通过浴房内顶部设置的专用盐雾喷头，向房内喷出含有适量盐的含盐水雾，在房内到成一种烟雾朦胧的浓雾环境，造成人体视觉上的愉快感。

2. 盐雾浴可以达到舒缓工作压力、消除疲劳和爽洁肌肤的功放。

2.5.8 药物浴

1. 药物浴就是向浴池内投加对人体有理疗效果的中草药、香草、花瓣及酒水等滋养皮肤、消除疲劳的健康药剂等，以达到一定的医疗效果。

2. 药物种类：①中草药：当归、人参、灵芝类；②香草类：花瓣、香草、芦荟等；③酒水类：红酒、啤酒；④盐类：海盐。

3. 药物、酒、盐等在水中的浓度，目前均无相关标准。

2.5.9 鱼疗浴

1. 在浴池投入专用的吸食鱼类，该种鱼无牙齿，身长约 20～40mm，可以生长在 20～40℃温水中。

2. 入浴者进入鱼疗池后，这些灵活的小鱼会迅速与人体亲密接触，在人体表面吸食人体新陈代谢的老化死皮、人体表皮毛孔中的垃圾，在显微镜下才能看到的细菌和微生物也会被清理干净，使人的皮肤变得细腻光滑，从而消除人的疲劳。

3. 此种鱼生长速度极慢，生命周期长，一年后最大鱼体可达 120mm 左右，但它的工作状态和娱乐效果不受影响。

2.5.10 泥疗

1. 将富含矿物质、有机物和微量元素的泥与温泉水调和经加热敷在人体或直接浸泡在泥浆池内，可以促进人体血液循环，具有调节神经功能、消炎、镇痛和提高免疫力的功效。

2. 泥灸：根据入浴者病症对症配药，热敷于相应的穴位，可以浴疗多种疾病。

3 体育工艺及建筑基础知识

3.1 游泳池的组成及规模

3.1.1 规模

游泳池的规模一般根据游泳池的使用功能、服务对象、建设费用等因素确定。

1. 体育竞赛用游泳池的规模按行业标准《体育建筑设计规范》JGJ 31—2003 的规定，根据座位数按表 3.1.1 进行分类。

游泳池设施规模分类 **表 3.1.1**

分类	观众容量（座）	分类	观众容量（座）
特大型	6000 以上	中型	1500～3000
大型	3000～6000	小型	1500 以下

注：1. 特大型为举办奥运会、亚运会及世界级比赛。
2. 大型为举办全国性和单项国际比赛。
3. 中型为举办地区性和全国单项比赛。
4. 小型为举办地方性和群众性运动会比赛。

2. 非竞赛游泳池根据用途（单一教学、训练，还是休闲健身）、建设地点（社区还是附设在宾馆）不同而有较大区别。这类游泳池不设观众看台，但大多情况都在池岸上设休息座椅或躺椅。

3.1.2 游泳池的组成

游泳池的使用功能和组成内容，因用途不同而有所不同。其组成内容如表 3.1.2 所示。

游泳池的主要组成内容 **表 3.1.2**

设施名称	组成内容	国际、国家级游泳馆	省(区、市)级游泳馆	地(市、县)级游泳馆	专用游泳馆	社区游泳馆
游泳池	游泳池	●	●	●	●	●
	跳水池	●	○	○	△	△
	热身（训练）池	●	●	●	△	△
游泳池	儿童池、幼儿池	△	△	○	○	●
	水上游乐池	△	△	○	△	●
观众席	固定席	●	●	●	●	△
	活动席	○	○	○	●	○

续表

设施名称	组成内容	国际、国家级游泳馆	省(区、市)级游泳馆	地(市、县)级游泳馆	专用游泳馆	社区游泳馆
办公管理	办公、接待	●	●	●	●	○
	员工休息及更衣	●	●	●	●	○
	售票	●	●	●	●	●
服务设施	观众衣物存放	●	●	●	●	●
	饮料、茶点售卖	●	●	●	●	●
	泳衣售卖	●	●	●	●	●
	急救	●	●	●	●	●
	公共卫生间	●	●	●	●	●
配套设施	运动员休息	●	●	●	●	△
	裁判员休息	●	●	●	△	○
	计时计分及控制	●	●	○	△	△
	检录、药检	●	●	○	△	△
	运动员更衣	●	●	●	●	●
辅助设施	广播通信	●	●	○	○	△
	变配电	●	●	●	●	●
	空调通风	●	●	●	●	○
	水净化处理	●	●	●	●	●
	器材装备	●	●	●	●	●
	清洁工具储存	●	●	●	●	●
卫生设施	浸脚消毒池	●	●	●	●	●
	强制淋浴	○	○	○	×	○
	浸腰消毒池	○	○	○	×	○
	泳后淋浴	●	●	●	●	●
	游泳者更衣	●	●	●	●	●
	游泳者卫生间	●	●	●	●	●
训练设施	游泳与训练科学设备	●	○	△	○	△
	健身器械	●	○	△	○	△

注：1. 符号注明，●—基本所需，○—可选择，△—允许不设。
2. 表内所列项目内容并不完全，设计时应以体育工艺设计或业主要求为准。
3. 本表引自大连理工大学出版社《游泳馆与滑冰场设计手册》第5章。

3.1.3 游泳池等级划分

1. 世界级竞赛用游泳池，指以国际游泳联合会（FINA）、国际奥委会和各洲际分会等名义举办的运动会如世界游泳锦标赛（含各单项赛）、奥林匹克游泳竞赛、世界大学生游泳竞赛、亚运会游泳竞赛等。项目：游泳池、热身池、跳水池、水球池、花样泳池。

2. 国家级竞赛用游泳池：指以国家和以全国各单项级协会名义举行的运动会，如全运会、大学生运动会、城市运动会、农民运动、少数民族运动会等，包括各单项竞赛及残运会等。

3. 省市级竞赛用游泳池：指各省市运动会用游泳池，规模近似全运会。

4. 群众性健身用游泳池：指社团、社区、中小学校等用游泳池。

5. 专用游泳池：指教学用、潜水训练用、救护培训用、特殊培训用、航天员训练池等。

3.2 游乐池组成及规模

3.2.1 组成

1. 游乐池：指专为人们提供水上娱乐的公共场所，它设有适宜各种不同年龄的使用的游乐池和娱乐设施池：如适合青壮年人群的不同坡度、高度及不同形式的滑道及跌落池；适合所有人群众的游乐、戏水的造浪池，漂（环）流河、冲浪池；以及适合家庭的休闲池；运用老年人的按摩池、适合幼儿、儿童的幼儿池及戏水池等。

2. 附设在游泳场馆内的游乐池，因其建筑面积的限制娱乐池的类型就会受到限制，一般仅设儿童戏水池、幼儿亲水池等。

3.2.2 规模

1. 独立型游乐池（亦可称水上的游乐中心（园）水上世界等），游乐池种类较多，一般均配置造浪池、直线高坡度滑道及跌落缓冲池、封闭式及敞开式螺旋滑道及跌落池、环（漂）流河、家庭式休闲池，儿童戏水池、儿童游泳池、成人游泳池等。它同时配置有吸引游客的水景设施。

2. 附设型游乐池：如附建在游泳馆内者应配置造浪池、高坡度开敞式滑道及跌落池、儿童戏水池及水疗池，如附录在酒店内，则一般仅设儿童游泳戏水池。

3.3 游泳池及游乐池出入口

3.3.1 设置要求

1. 游泳、戏水者出入口、观众出入口及贵宾出入口应分开设置，工作人员出入口与货物运输出入口可合并设置。不同用途出入口应互不干扰并方便管理。

2. 如游泳馆设有多座游泳池、多种游乐池，为方便泳客选择及工作人员服务，其更衣、淋浴、卫生间、机电设备机房、器材库房等配套服务设施为方便使用，宜与相应游泳池或游乐池邻近设置。

3. 从保持池水卫生考虑，游泳者进入游泳池及游乐池的路径应符合如图 3.3.1 所示流程的要求。

4. 游泳池的浅水端应设在游泳者的人口一端，如为休闲游泳池，而且还设有幼儿戏水池、儿童游泳池时，该池也应设在游泳池入口端或入口端的一侧，以确保游泳者、戏水幼儿的安全分流。

3.3.2 游乐池出入口的设置

1. 游乐池基本上由水面和陆地两部分组成，其水面面积与陆地面积的比例，一般为

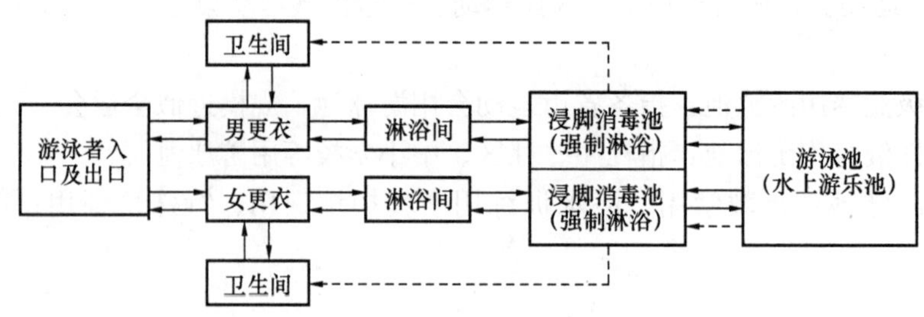

图 3.3.1 游泳者进出游泳池路线流程示意

说明：——游泳者出入路线 ----游泳者使用卫生间路线

4∶6。游乐池包括：造浪池（亦称冲浪池）、游泳池、潜水池、滑道池、环流河、探险池、逆流游泳池、儿童池、幼儿戏水池、水疗按摩池、卡通喷水、喷泉、瀑布等，其布置原则（以游泳者和游乐者人口为准）为：①从浅水区到深水区；②从低处到高处；③从惊险性小处到惊险性大处；④池子与池子应尽量相连，以加强池水的连贯性；⑤等候使用水上游乐设施的排队位不应设在深水区，否则应设护栏。

2. 游乐池的项目设计中涉及的内容和环节较多，故应与业主、专业设计公司、建筑师、设备制造供应商、施工安装单位密切配合，使其成为具有招揽、吸引众多爱好游泳及水上游乐者的场所。

3.4 游泳池、游乐池的规格及形状

3.4.1 形状

1. 竞赛、训练及教学用的游泳池，应为矩形，其长度、宽度、水深、周围空间、标识、标志、泳道标志线、泳道分隔线、仰泳标志线及预埋件位置等，应符合国际游泳联合会（FINA）《国际游泳竞赛规则》和中国游泳协会《游泳竞赛规则》、《水球规则》、《跳水规则裁判法和花样游泳裁判员手册》的要求，且游泳池岸边两侧应设有明显的水深标志。

2. 休闲健身游泳池应尽量采用矩形平面，但允许采用其他平面形状。

3. 室外游泳池的长轴方向应设计为南北方向。室外跳水池的跳台、跳板等跳水设备在我国应按照运动员面朝北设置。室内跳水池的跳水设施，应有遮挡自然光、照射光眩光的措施，以防止阳光干扰和分散跳水运动员的注意力。

4. 跳水池应与其他游泳池分开设置。跳水池不应该靠近初学游泳池或游泳池的浅水端，以防止儿童及初学游泳者掉入跳水池等意外情况发生。同时，跳水池跳水运动员的出池口应为台阶型，一般不少于 2 个台阶，其位置应设在跳水设施（台）的一侧，以防下跳者撞到已在水中的人。

3.4.2 规格尺寸

1. 奥林匹克运动会、世界锦标赛及洲际竞赛用游泳池、水球池、跳水池。

1）标准池：50m(长)×25m(宽)×2m(水深)，共设 10 条泳道，

2）标准短池：25m(长)×25m(宽)×2m(水深)，共设 10 条泳道。

3）要点说明

（1）长度指游泳池两端壁安装计时自动计时触板面，水面上 30cm，水面下 80cm 的长度。允许长度误差为 0.00～0.01m。如设有移动池岸，则应加上移动池岸的宽度。

（2）每条泳道宽度为 2.5m，比赛只用 8 条泳道、两侧边泳道为空道。目的为最外两侧的游泳者减少游泳带来水浪阻力的影响。

（3）花样游泳池与游泳池合建时，规定动作区域至少 12m×25m，则有效水深应不小于 3m，其余区域水深至少 2.5m。从 3.0m 水深向 2.5m 水深过渡的斜坡长度不应小于 8m。

4）水球竞赛用的游泳池：

（1）男子水球比赛，两端端门之间距离为 30m、宽度为 20m、水深为 2m 以上。

（2）女子水球比赛，两端端门之间距离为 25m、宽度为 20m、水深为 2m 以上。

（3）一般与游泳池合建。

5）跳水池

（1）国际级：25m(长)×25m(宽)×(5～6m)(水深)。

（2）省（市）级：25m(长)×21m(宽)×(5～6m)(水深)。

（3）跳水池应独立建造，以避免与游泳池合建时同时使用出现安全隐患。

（4）水深指有 10m 跳台时的水深要求。

2. 省（市）级游泳竞赛花样游泳，水球及专用、高等院校级用游泳池

1）宜与国际级相一致。

2）跳水池：25m(长)×21m(宽)×(5～6m)(水深，但可根据设置跳水装置减少)。

3. 地、县级及业余竞赛用游泳池宜与省（市）级相一致。

4. 社团级，社区级休闲级游泳池

1）社团用游泳池：一般池长不宜小于 25m，池宽为 10～16m，（4～6 条泳道）水深不宜小于 1.35m，以适应运动员在池端部翻滚转身要求。

2）社区级游泳池：池长 25m，池宽 10～12.5m（4～6 条泳道），水深 1.2～1.5m。亦适合中小学校规格尺寸，如有老年人游泳，宜在池端部一侧设进出泳池的踏步。

5. 私人游泳池池长不宜小于 15m、池宽不宜小于 4m、水深不宜小于 1.35m，亦可根据业主要求定。

6. 低龄儿童等少年儿童池的形状无限制，但对于少年儿童宜采用（15～20m）长，4m 宽的矩形平面为好，以适应他们学习游泳。

1）低龄儿童（指 2～5 岁）池的水深，一般为 0.3～0.4m。

2）少年儿童（指 6～11 岁）池的水深，一般为 0.6～0.9m。

3）低龄和少年儿童池一般在池侧宜设出入泳池的踏步。

3.4.3 游泳池的周边空间

1. 室内游泳池池岸宽度以保证各类人员行走方便为原则，具体要求如表 3.4.3。

游泳池池岸宽度 **表 3.4.3**

池岸分类名称	国际和国家级游泳池	省（市）级游泳池	专用游泳池	社区游泳池
起始端	≥5.0m	≥5.0m	≥4.0m	≥3.0m

续表

池岸分类名称	国际和国家级游泳池	省（市）级游泳池	专用游泳池	社区游泳池
折转端	≥4.0m	≥4.0m	≥3.0m	≥2.0m
主席台一侧	≥8.0m	≥5.0m	≥3.0m	≥2.0m
无主席台一侧	≥5.0m	≥4.0m	≥3.0m	≥2.0m

2. 游泳馆设有游泳池和跳水池时，游泳池与跳水池相邻的池岸宽度：国际及国家级竞赛池宜大于 8.0m；省（市）级竞赛池不应少于 5.0m。

3. 室外露天游泳池周边 5.0m 范围内不宜有裸露泥土、落叶树木，并应避开粉尘污染源。

4. 游泳馆的空间高度应符合《游泳、跳水、水球和花样游泳场馆使用要求和检验方法》TY/T 1003—2005 之规定。且游泳池水面上方不能有与泳道方向成角度的参照物。

3.4.4 游泳池纵向断面

1. 短轴、长轴方向均为矩形，如图 3.4.4-1 所示。水深不改变，无危险。但池底易积污，泄水较困难。一般适用于游泳、水球及花样游泳可在同一池内进行的多用途游泳池。目前国内比赛池大多采用这种形式，其中 $L=50$m，$B=21$m 或 25m，$h=2.0$m 或 3.0m，可根据用途采用。初学者和幼儿、儿童游泳池应采用这种平底形式。以免他们滑倒。但水深应根据用途减小。

2. 短轴为矩形，长轴为梯形，如图 3.4.4-2 所示。适用于 25m 长的短池游泳池，可允许在浅池端池壁布水，深池端池底回水的顺流式池水循环方式。目前国内各会所、俱乐部、旅馆、中小学校采用此种形式较多。如为竞赛用游泳池，h_1 为 2.0m，h_2 按池底坡度计算确定。如为非竞赛池：成人用：$h_1 \leqslant 1.4$m，$h_2 \leqslant 1.6$m；中学生用：$h_1=1.0$m，$h_2=1.5$m；儿童用：$h_1=0.6$m，$h_2=0.9 \sim 1.0$m。该种断面形式在国内也有用于 50m 长度的游泳池中。

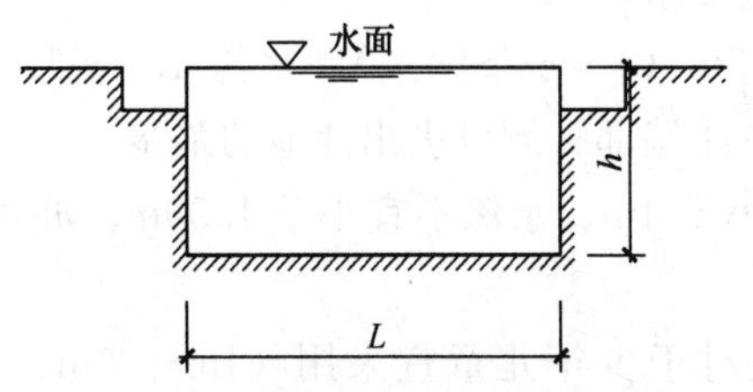

图 3.4.4-1 矩形游泳池断面示意

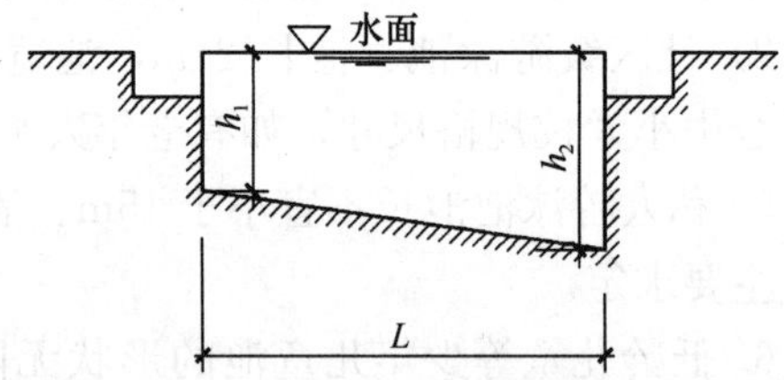

图 3.4.4-2 梯形游泳池断面示意

说明：L—池长；h—泳池水深；h_1—浅水端水深；h_2—深水端水深

3. 短轴为矩形，长轴为锥形，如图 3.4.4-3 所示。适用于训练、教学及社团等专用于游泳的游泳池。长度一般为 50m，宽度为 21～25m，水深：h_1 不小于 1.35～1.80m，h_2 宜为 2.0～2.2m，可根据游泳池用途采用。

4. 短轴为矩形、长轴为阶梯形，如图 3.4.4-4 所示。适用于游泳、跳水兼用的游泳池。在 20 世纪 70 年代我国曾采用过这种形式，现在基本不再采用。其中 h_1、h_2、h_3 及 L_3 根据跳台、跳板高度确定。L 一般采用 50m，宽度为 21～25m。如要采用这种形式，最好设移动池岸，以便游泳、跳水同时使用时将其分隔开，防游泳者误入跳水深水区域。

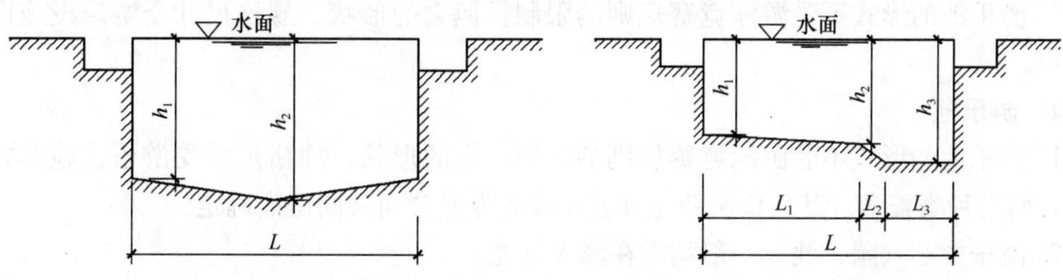

图 3.4.4-3 锥形游泳池断面示意　　图 3.4.4-4 阶梯形游泳池断面示意

说明：L_3—跳水池水深；其他同上图

3.4.5 游泳池长度方向池底坡度

1. 国际游泳联合会（FINA）对此无明确规定。

2. 一般应按方便排污，泄空池水的原则规定。

3. 根据国内外工程实践，宜按下列规定确定：

1）池内水深小于及等于 1.4m 时，可采用 2.5%～6%的坡度；

2）池内水深大于 1.4m 时，可采用 3%的坡度；

3）低龄和少年儿童池的坡度不宜超过 2%。

3.5 游泳池、游乐池的布局

3.5.1 游泳馆

1. 建筑内仅设单一游泳池：应设置配套的更衣、淋浴、卫生间、医疗急救室、物业管理等。

2. 该游泳池可作为中小学校、体育院校等专业教学、运动员训练、运动会、运动员练习、航天员浮力训练、社团休闲及私人游泳健身等用途。

3. 规模根据主要用途确定。

3.5.2 综合游泳馆

1. 建筑内应设有游泳池、跳水池和热身池。可作为各种运动会竞赛用途，非运动会期间，可作为专业运动员训练或对大众开放游泳等用途。

2. 各种配套设施齐全（包括设有观众厅及为观众服务的相关设施）。

3. 游泳池和跳水池一般合建在一个大厅内，以增加观众数量。

4. 热身池应另建在一个大厅内。以确保两者互不干扰。

3.5.3 综合游泳中心

1. 建筑内设有可供竞赛用途的游泳池，跳水池、热身池。

2. 建筑内还设有初学者游泳池、儿童的游泳池，以及游乐池等，这些池均与作为竞赛用的游泳、跳水和热身池是分别建设在另一个大厅内。当儿童池应与和成人池建设在同一大厅内时，应以栏杆予以分隔，并应有适当的距离确保儿童安全。

3. 我国深圳游泳跳水馆、北京国家游泳中心（即水立方）等就是这样实施的。

4. 这种建设模式为运动会赛后充分向社会不同群体开放使用，充分发挥了社会效益和经济效益，但两者应有严格的分割界面（墙）。

5. 游乐池的形式不受游泳竞赛规则的限制。但它的形状、规格尺寸受游乐设施形式的约束。

3.5.4 游乐池

1. 游乐池的形式不受游泳竞赛规则的限制。它的形状、规格尺寸受游乐设施形式的约束，而且种类繁多。其规模由业主和游乐设施专业公司共同协商确定。

2. 游乐中心（园、池）一般均设在露天场地。

3. 游乐中心设在建筑物内者。其规模及游乐设备品种均有所减少。

3.6 游泳池、游乐池的结构

游泳池、游乐池从结构上可分为人工建造的游泳池和天然游泳场，本手册仅就人工建造的游泳池、游乐池（含休闲设施池）作一简要叙述。

3.6.1 钢筋混凝土结构

1. 室内游泳池一般为架空或落地设置，如本手册图 17.1.5-1 及图 17.1.5-2 所示。

2. 室外露天游泳池一般为埋地设置。

3. 游泳池应由结构专业根据当地条件进行设计。

4. 适用于各种形状、形式及大小的游泳池，也是我国目前采用比较普遍的结构。不仅坚固耐用，而且还具有保证较好的防水构造，其建设造价比较适中，但施工周期较长。

3.6.2 可拆装游泳池

根据人们对游泳健身娱乐的需求而开发出来的投资少、见效快、适应环境强的一种临时性及半永久性的游泳池。这对普及游泳运动及开展水上休闲游乐活动提供了设施基础。

装配式游泳池由成套预制件如内衬板、外围板、型钢框架、溢水槽等组装而成，并配有水净化处理设施、进出游泳池的扶梯、行走平台、护栏等。也可根据需要预留安装泳道线和电动触板等适应竞赛要求的构件。既可安装于建筑物内，也可以安装于室外。

1. 金属结构

是以型钢支架作为支撑，以金属板作为池体内围板并衬胶膜或其他材料以承载池水。可以以模块进行拼装作为临时性泳池使用。如 2018 年杭州第五届 FINA 世界水上运动大会就是采用这种材质的拼装游泳池。比赛结束即可拆除，恢复原馆的使用功能。这种游泳池也可以长期使用。其重量轻，拼装拆除都比较方便。目前国内已有多家游泳池专业公司进行设计并推广应用，对普及全民游泳健身起到了积极作用。

2. 玻璃纤维结构

是以型钢支架作为支撑，以玻璃纤维板或塑料板作为池体内围板并衬胶膜或其他材料以承载池水。

3. 拆卸式游泳池我国自己已开发出该产品，已经在浙江省、福建省、广东省、山东省、山西省等有关学校、体育中心、妇幼医院及健身中心工程中应用，取得了良好的经济效益及社会效益。

3.6.3 整体式游泳池（无边际游泳池）

工厂制造的整体式游泳池也叫游泳机，自带逆流层流推进器（详见本手册第 2.3.2-14 条）和集成式池水循环、过滤、消毒、恒温系统。现场即插即用，无须土建。在较宽阔的流速可调的层流水面，泳者就可以进行各种泳姿的游泳训练和戏水活动，能保持无位移地连续的游泳运动。

3.7 游泳池、游乐池的饰面

游泳池的内壁的饰面材料，对游泳池的品质影响较大，目前国内外的饰面材料品种较多。按竞赛要求，应为白色瓷砖或白色饰面材料。但泳道标志线应为黑色或蓝色瓷砖或饰面材料。游泳池边缘材料应与池水颜色有明显区别，以便与池水颜色形成对比，确保人员安全。饰面构造要求如下：

1. 游泳池始发端及折转身端自水面以上 0.30m 至水面以下 0.80m 的范围内，幼儿戏水池、儿童游泳池、水深小于或等于 1.20m 的游泳池和游乐池的池底以及各类游泳池的池岸、进出游泳池的台阶等处，均应采用防滑瓷砖或饰面，以确保游泳者在有水流动的情况下，能够平稳站立或行走不发生意外跌倒或失误。

2. 游泳池边缘应有不同水深的明显标志。可以采用将池水深度的数字镶嵌在的游泳池边缘的瓷砖或饰面材料上，以告知游泳者选择适宜于自己水深的游泳或休闲游乐的区域，确保游泳者的安全。

主要饰面种类有瓷砖和陶瓷锦砖、胶膜、不锈钢金属板和涂料等。

3.8 休 闲 池 设 计

休闲设施池在国内习惯称水疗按摩池或水疗中心。它的原理是通过安装在池内或池外的水疗设备，如各种水力或气-水喷水等交替使用，使入浴的人体吸收水中的富养，各种水疗设备对人体不同部位的穴位进行冲击按摩达到治疗和保健的作用，给人们活力与健康。它的种类较多，不仅包含淡水加热的水疗按摩池、药物池，还包括温泉池等。

3.8.1 按摩池的健身作用

1. 水温作用

水能迅速改变人体皮肤的温度，根据此特征，可以通过水温高低不同的水疗池的浸泡，可以使过人体血管的扩张，刺激交感神经、排除体内废物，改善肌肉疲劳。

2. 机械作用

通过安装在休闲设施池水中、水面上及水下不同部位的水力喷头、气泡喷头及水气混合喷头喷出强、中、弱等不同冲击强度的水柱或气-水混合水柱，对人体不同部位进行冲击和按摩可以使人们的迅速恢复及缓解疲劳。

3. 生化作用

1）对城镇自来水进行深度处理后，对处理后的水加入不同功效的营养物质，如盐、酒类、中草药等可以对人们产生不同的保健效果。

2）利用温泉水的不同成分，渗入皮肤，可以起到医疗辅助治疗和保健作用。

3.8.2　水疗按摩池的设置及构造

1. 水疗按摩池是休闲游泳、水上活动、温泉度假、康复疗养和洗浴等中心的配套设施，而其中的二温和三温按摩池是桑拿浴房、蒸汽浴房的配套设施。

2. 水疗按摩池的材质分为：①玻璃纤维增强塑料制的整体式成品型；②钢筋混凝土池体并衬贴饰面层的土建型。

3. 水疗按摩池的池底一般为平底，并宜高出地面或楼板面，以便于管道连接和水泵启动。

4. 池子平面形状为圆形、矩形或其他不规则形状。池内设有坐台板，坐台板面高出池底一般为400～450mm，座位板面至池岸沿高度为500mm，座位板宽度为400mm。

5. 池壁一般高出地面或楼板面，池内水深不超过1.0m。沿池壁外侧应设有排水设施，如带格栅盖板的排水沟或排水地漏。

6. 水疗池的类型较多，下面就常见的类型作一简介。

1）水力按摩池

（1）系统设置原则：

① 成品型水力按摩池一般采用池水循环净化系统与水疗按摩池供水和供气系统合并设置。

② 土建型水力按摩池一般采用将池水循环净化系统、水疗按摩供水系统、供气系统分开设置。

③ 土建型水力按摩池与休闲游泳池合建在同一座池内时，两者应有明确的功能分区，并不得相互影响各自的使用。

④ 应重视安全措施的配置，详见本手册第7.11节。

（2）设计技术参数

① 水力按摩池的池水温度：冷水池一般为7～9℃（有资料为8～13℃）；温水池为35～38℃；热水池为39～42℃。

② 水力按摩池池水循环净化的周期：家庭及客房专用者为0.5～1.0h；公用型为0.15～0.50h。

③ 水力按摩池供水管内的水流速度不得大于3.0m/s；回水管内水流速度不得大于1.8m/s。

④ 水力按摩喷嘴宜采用气-水合用型，而且喷嘴流量应可调节。喷嘴供水压力一般为0.05～0.12MPa，以方便调节喷水效果。

⑤ 水疗按摩池的水质卫生标准应符合现行行业标准《公共浴池水质标准》CJ/T 325的规定。

（3）水力按摩池的设计应符合下列要求：

① 按摩喷嘴宜设在座位板之上200mm处，喷嘴间距不应小于800mm，且不得相对布置。

② 采用气泵供气时，气泵的设置应符合本手册第7.9.3条的规定。

③ 采用自然空气供气时，进气帽应为可调气量形式，并带有消声措施。进气帽应设置在空气环境较好的部位，并高出池水水面不小于100mm的高度。

④ 按摩喷嘴的供水管、供气管应分别采用环状布置，减小阻力，以保证各喷嘴的出

水流量和出水压力一致。

(4) 不同用途的按摩池、健身池，如冷水池、温水池、热水池、药液池等，均应各自设置独立的池水循环净化处理系统。

(5) 水疗按摩池应执行现行行业标准《公共浴场给水排水工程技术规程》CJJ 160 的规定。

2) 气泡水疗池

气泡水疗池实际是水气混合起泡的水疗池，它的池水净化处理系统应为独立的系统，设计参数应符合下列要求：

(1) 池水循环周期 2～4h。

(2) 池水温度为 28～30℃。

(3) 池水有效水深一般为 0.8～1.0m。

(4) 池水净化处理工艺流程与游泳池一致。

(5) 气泡气源由气泵提供，应符合下列要求：

① 供气量和供气压力根据池内设施数量和功能，如气泡躺椅、气泡座席、气泡站席、池底气泡等，由专业公司确定。

② 供气质量应为无油污、无气味的洁净气体。

③ 气泵设置位置宜高出池内水面 450mm。如气泵位置低于池水水面时，供气管应向上敷设并高出池水水面 450mm 后，再向下弯曲敷设，防止虹吸。也可采取在供气管上装设止水阀方法，防止池水回流到气泵。

④ 气泵容量一般由专业设计公司根据各类气泡席位数量确定，本专业配合气泵与池水净化处理设备的机房位置和面积的确定。

3) 桑拿浴

(1) 桑拿浴是一种在特制的房间内利用高温低湿空气对人体进行升温，排出汗液，消除疲劳，同时干热的空气随着人的呼吸能将人的肺腑里的浊物同排出，促进新陈代谢的健身设施。

(2) 桑拿房内的湿热空气由专用的电加热炉对专用石块加热，使用者用专用木勺向炉内被加热的石块上浇水，产生蒸汽而生成湿热空气。

(3) 由于桑拿浴设施至今都为引进国外产品，我国尚无该方面的产品标准，而且引进的不同国家的产品规格性能不尽相同。桑拿电加热炉应具有如下功能：

① 桑拿电加热炉应发热量大、耗电量低；

② 桑拿电加热炉具有达到危险温度时能自动熄灭，而不致引起火灾；

③ 桑拿电加热炉的外壳应有隔热层，保证外壳表面温度不超过 40℃，以防灼伤事故的发生；

④ 桑拿电加热炉具有桑拿房内温度达到指定温度时，其恒温器能自动调节，降低耗热量，以节约电能。

(4) 桑拿房应有良好的通风和气流组：

① 进风口与排风口一般为对角设置；

② 桑拿电加热炉应设在座位对面开门墙一侧；

③ 桑拿浴应装可调通风口，通风量一般为 6～8m^3/(人・h)；

(5) 桑拿房尺寸根据设置座位数不同而不同，一般由 2～18 人不等，所配置的电加热炉的耗电量为 3～18kW，电压为 380V；

(6) 桑拿房一般为白松木或香柏木制造，内设同样材质的坐板和脚踏板。

4) 蒸汽浴

(1) 蒸汽浴是一种利用高温高湿使入浴人在大量排出汗液的同时仍能保持皮肤的水分，从而达到迅速排除疲劳、舒筋活血、恢复精力的一种健身设施。亦可辅助治疗哮喘、支气管炎、关节炎、肌肉酸痛等病症。

(2) 蒸汽浴房是采用专用的电热蒸汽炉，将产生的蒸汽送至蒸汽浴房，对其进行加热，从而使房内形成高温高湿的环境，供入浴人享用。

(3) 电热蒸汽炉（亦称蒸汽发生器）与蒸汽浴房分开设置，但应满足如下要求：

① 电热蒸汽炉的容量应满足蒸汽浴房内座位所需热量要求；

② 电热蒸汽炉的位置可落地设置，也可架空设置，但应方便操作和易于维护检修；

③ 电热蒸汽炉与蒸汽浴房的距离不应超过 6.0m；

④ 电热蒸汽炉至蒸汽浴房的送气管一般采用铜管，管道上的所有相关配件均由生产厂家配套供应；蒸汽管道上不得设置阀门；

⑤ 蒸汽管道长度超过 6.0m、环境温度低于 4℃时，蒸汽管应进行保温；

⑥ 电热蒸汽炉的供水管人口处应装设过滤器和阀门，该阀门应为信号阀，以便紧急情况时切断水源和电源，以保护设备的安全；

⑦ 电热蒸汽炉的水源尽量采用热水，以达到最佳效果；

⑧ 电热蒸汽炉上的安全阀和排水管的排水（汽）口，应接至无人逗留的安全地方，避免引起烫伤；

⑨ 蒸汽炉水源应配置软水装置，以减少发热管结垢影响供热效果。

5) 温泉浴池

温泉浴池是以温泉水为源水的浴池，以浸泡浴为主，它是休闲设施的一种。

(1) 按使用人群分类

① 公共温泉浴池：以土建型浴池为主，男、女可以共用一个浴池的混合型温泉浴池。

② 专用温泉浴池：分女浴温泉浴区、男浴温泉浴区、情侣温泉浴区、家庭温泉浴区、贵宾温泉浴区等。

(2) 按水温分类，见表 3.8.2-1。

温泉水的水温分类表　　表 3.8.2-1

序号	名称	温度（℃）	序号	名称	温度（℃）
1	冷泉	<25	4	热泉	38～42
2	微温泉	25～33	5	高热泉	≥43
3	温泉	34～37	—	—	—

(3) 按泉水酸碱分类，见表 3.8.2-2。

温泉水的酸碱分类表 表 3.8.2-2

序号	名称	pH 值	序号	名称	pH 值
1	酸性泉	<3	4	弱碱性泉	7.6～8.5
2	弱酸性泉	3.1～6	5	碱性泉	>8.5
3	中性泉	6.1～7.5	—	—	—

(4) 按温泉水水质分类，见表 3.8.2-3。

温泉水的酸碱分类表 表 3.8.2-3

序号	温泉名称	序号	温泉名称
1	氡泉	7	砷泉
2	碳酸泉	8	硅酸泉
3	硫化氢泉	9	重碳酸泉
4	铁泉	10	硫酸盐泉
5	碘泉	11	氯化物泉
6	溴泉	12	淡泉

(5) 室外温泉布局，见图 3.8.2。

图 3.8.2 室外温泉池布局

6) 其他浴

(1) 冷水浴：冷水浴是专门配合桑拿浴、蒸汽浴的使用而设置，目的是利用两者反复交替进行能够促进人体皮肤的微循环，以消除疲劳，达到强身健体之目的。

所谓冷水浴就是入浴者浸泡在 7～9℃（亦有为 8～13℃）的冷水中，快速收缩人体内的毛细血管，刺激其神经，排除体内毒素从而达到恢复精力的目的。具体池水温度以专业公司数据为准。

（2）热水冲浪浴：就是入浴者浸泡在与人体温度接近的35～39℃的热水池内，并可以长时间停留，加之选配各种不同功能的直射式、脉冲式、旋转式、激流式水疗按摩喷嘴，对入浴者主要穴位进行冲击，使身体肌肉更加放松，可以达到彻底放松的目的。冲浪浴一般称水疗按摩池，亦称水疗池、SPA池。

（3）珍珠气泡浴：入浴者坐靠在热水池中，利用细密、寒冷的气泡从入浴者的腿部、股部沿着皮肤滚爬出水面，仿佛冰凉的珍珠密密地、轻轻地从人体上滑过，使浴者产生舒适快乐的享受。

（4）人参浴：在池中加入人参药物液体。由于人参能大补元气，这就使入浴者在沐浴过程中通过皮肤吸收人参而能产生奇特的健身效果。

（5）牛奶浴：在池中加人牛奶。牛奶具有美容润肤的特殊功效，自古就是贵妇人的特殊享受和美容美肤的秘方。

（6）木灰浴：利用温水冲刷木炭充分溶解活性炭成分，入浴者通过沐浴予以吸收，能有效地减少电磁波的影响。

（7）啤酒浴：啤酒具有舒筋活血功能。在池水中加入啤酒使入浴者能有效地改善皮肤的微循环，增加皮肤的营养。

（8）芳香草本浴：在水中投加芳香精油与中草药材纯植物的浓缩萃取而成的液体，长期使用无副作用，能健身和养生。

3.8.3 文艺表演水池

1. 文艺表演水池应为独立专用水池

1）规模由舞台工艺和演出公司以文艺演出内容确定。

2）大型表演水池池容积约为9000m^{3}以上，由演出池、缓冲池和后备储水池组成一体式水池。

3）演出池设有可升降池底板，与表演舞台组合一体。

4）为了满足文艺演出需要，设有不同形式的水景、水雾。

5）文艺演出池应设有完整的池水循环净化系统和满足演出背景需要的多种水景功能循环水系统。

2. 设置位置、池体材质及组成

1）文艺演出用水池设置在舞台下方。池体为钢筋混凝土结构。如为临时性演出使用，一般采用钢板组装或焊制。

2）室内文艺演出用水池由：①表演水池；②缓冲水池；③后备储水水地；④设备间；⑤管廊；⑥升降池底板；⑦水景（跳泉、水幕、水雾、雨淋等）设施等组成一体式水池。

3）池体内设备间为池水运行中相互转换时管道连接服务。详见本手册第22.1.1节所述。

3. 池水循环方式

1）文艺表演水池采用混合流池水循环净化方式

（1）池水溢流回水量为全部循环水的60%，溢流至缓冲水池；池底回水量为全部循环水量的40%。

（2）池内给水方式为池底给水及池壁给水相结合方式，以适应池水较深能有效更新池水的净化处理，确保地内水的卫生、健康。

2）后备储水水池

（1）功能为适应表演池需要更换池内设施、清洁池壁、池底时，排空表演水池池水之用，以有效节约水资源。

（2）储水水池采用顺流式池水循环方式以确保池水的水质卫生安全。

3）表演水池和出水水池可采用一套池水净化处理设备，和两种工作模式的管道系统及控制监测。

4. 表演水池的水质

1）按现行行业标准《游泳池水质标准》CJ/T 244 执行。

2）如消毒剂采用氯化物（二氯或三氯）的氰尿酸不得超过 200mg/L。

5. 功能循环系统

1）为文艺演出营造背景的喷泉、水幕、水雾、雨淋等均应设置独立循环水管道系统。

2）功能循环系统的用水均取自表演水池的池内水。

3）功能循环水系统的开启、关闭根据剧情需要确定，故应实行全自动控制。

6. 升降池底板

1）适应演出剧情需要达到干、湿舞台的转换。

2）池底板由演艺设备专业公司设计。

3.8.4 休闲池设计

1. 休闲设施池设施

1）水疗中心应根据设计规模、服务对象、休闲洗浴品种进行全面合理的规划分区。

（1）水疗池的规模应按每位入浴者使用浴池面不应小于 0.92m^2/人计算确定；

（2）单座水疗按摩池最小水容积不应小于 1.6m^3，最大水容积不宜超过 100m^3。

2）水疗池宜采用高堰池，并应符合下列规定：

（1）池内水深度宜按下列规定确定：

① 设有座位时，座位以上水深宜为 400mm，座位以下水深宜为 450mm，池内水面距池顶边缘宜为 100～150mm；

② 设有专用按摩设施（各种坐床、躺床等）时，池内有效水深不宜超过 1.0m，并宜设置扶手；

③ 水疗按摩池入浴者进口、出口处的有效水深超过 0.6m 时，该处应设置进、出水疗池的台阶和扶手。

（2）池内设施：

① 池内进水口应设在池水面以下的池壁上，并采用带格栅孔除的可调型进水口；

a. 给水口数量按池水循环流量计算确定；

b. 给水口与回水口的位置应满足循环水流均匀有序流动，不出现短流、旋涡流现象。

② 池内回水口不应小于 2 个，设置位置和构造分别见本手册第 7.11 节防负压吸附力措施要求；

③ 水疗按摩池的补充水和充水管应符合下列规定：

a. 热水水疗按摩池应位于池内水面以下不小于 100mm，且管道上应装设防池水倒流装置和流量计量装置；

b. 温泉水水疗池的补充水管应接至浴池，且管口应高于池内水面不小于100mm，并应采取跌流进水方式和防止水雾扩散飞溅措施。

2. 设置水疗按摩喷头的水疗池应符合下列规定：

1）水疗按摩喷头的喷头设置高度，根据人体部位由专业设计公司确定，应沿池壁布置，其间距不应小于800mm。

2）足部涌泉气泡盘应位于座位喷头前方的池底处。

3）池面积小于4.0m^2的方形池，按摩喷头不应相对布置。

4）按摩喷头的供水管和供气管应采用环状管道布置方式。

5）水疗按摩池应设置水位监测和自动补水调节装置。

6）按摩水泵的出水量应按下列规定确定：

（1）单个喷头的出水量，水压参数等应由专业公司根据喷头使用功能提供；

（2）按摩水泵容量应按池内全部喷头同时使用计算确定。

3. 设有喷气系统的水疗池应符合下列规定：

1）设有气泡床时，按气泡床位置布置。

2）设有足部气泡按摩盒位置布置。

3）喷气气体由专用气（风）泵供应，并满足下列规定：

（1）气（风）泵位置应高于水疗池最高水面450mm；

（2）条件满足不了450mm规定时，应在气（风）泵与池体之间的供气管道上安装虹吸破坏装置，以防止浴池内池水倒流至气（风）泵内。

4. 休闲设施池采用气-水混合喷头时，应符合下列规定：

1）气体应采用自然气体，自然进气管采用负压吸气方式，其进气管口应交于浴池水面100mm以上，且管口应设有防止杂物灰尘进入管内的进气帽。

2）气-水混合喷头是利用高速度水流将气体带入（即负压抽吸）喷头，使其在池内形成气-水混合的射流水柱对人体进行冲击按摩。

3）负压进气管管径应与喷头数量相匹配，否则会产生吸气噪声。

4）负压进气管的坡度不应小于0.2%，并坡向泄水装置。

3.8.5　休闲池设计单位配合设计要点

1. 配套设计专用的男、女更衣室、淋浴室和卫生间使用总人数由专业公司提供。

2. 淋浴室给排水设计：

1）淋浴喷头应按每20名顾客设一个计算确定，且喷头宜具有自动调温的节水型产品

2）淋浴用水温按38～40℃计，水温应恒定，水量应充沛；

3）淋浴室排水宜采用可开启带格栅盖板排水沟排水方式

（1）排水沟宽度不宜小于150mm；起点有效水深不应小于50mm；沟底坡度不应小于1%；

（2）排水沟末端应设集水坑和活动式毛发杂物收集格栅网，以及不小于150mm的水封装置；

（3）排水管管径应经计算确定，但不应小于*DN*100；

（4）格栅沟盖板应平整、光洁、不积污、无毛刺、防滑和易于清洗，格栅盖板表面应

与地面相平。盖板材质应坚固、耐冲击；格栅缝隙不应大于8m。

3. 休闲池区

1）休闲池一般宜采用高沿水池；

2）池周边应设排水沟，沟有效宽度和有效深度不应小于150mm，沟底坡度不应小于1%；

3）池周边地面应为表面光洁、不渗水、不变形及易于清洗材质、且地面应用不小于0.5%的坡度坡向排水沟；

4）池周边适当位置应设冲洗地面用直径不小于*DN*20的给水龙头；

5）排水沟应设可开启的格栅盖板。

4. 特殊浴

1）特殊浴的类型和相关要求，详见本手册第2.5节所述；

2）特殊浴是一种休闲、保健、养生的入浴方式，同时兼有辅助治疗某些疾病的作用；

3）应关注的要点详见本手册第2.5节所述。

4 游泳及休闲游乐设施池水环境体系基本内容

游泳池、按摩池及温泉池是供人们在水中进行健身、休闲、戏水及各种水上游乐设施游玩而人工建造的不同规格尺寸、不同形状、不同水深、不同水质要求的水池。由此可以看出它们的主体是水。这些水上和水中活动是与一种不同性别都极为喜欢的水上水中活动。它们可以建造在同一建筑物内，也可以建造室外露天环境，以及部分建造在室内，部分建造在室外，两者相结合的人员密集的综合性群众活动场所。这就不是单一的处理好池水水质的卫生安全问题，而是要处理好建筑物及为活动人群和各项水中竞技活动所需要的各项服务设施及安全设施。这就要求体育工艺、水上游乐设施工艺、建筑规划、工程结构、建筑供热空调、建筑电气、建筑给水排水等设计部门、建设主管部门和业主、质量监督部门（如消防、卫生、环保、市政等），以及相关设备设施制造供货商共同参与、配合协作。

从给水排水专业在此类工程中的作用看，本专业内容应包括如下三个部分：①建筑物内的给水、排水（含屋面雨水、生活污水）生活热水、饮水、消防等系统；②池水循环净化处理系统；③池水净化处理系统的配套设施。

4.1 建筑给水排水系统

4.1.1 基本内容

1. 确保建筑物安全运行设置的：建筑消防灭火系统（如消火栓灭火系统、自动喷水灭火系统、气体灭火系统、屋面或场地雨水排水系统）。

2. 游泳竞赛时，为前来观看竞赛的观众提供生活给水及饮水系统、生活污水排水系统及相关配套设备和设施。

3. 游泳竞赛时，为参赛运动员及官员、裁判员、贵宾和场馆工作人员、志愿服务人员、急救医务工作者提供的专用沐浴、卫生设施的给水、热水及排水系统。

4. 非竞赛期间为前来进行健身、戏水的群众提供生活给水、沐浴热水及排水可与竞赛时为参赛运动员相同的服务内容。

5. 游乐池、休闲池、温泉池等应为使用提供下列给水排水条件：

1）为贯彻节水、节能、环保、绿色政策而设置的屋面雨水、洗浴废水、游泳池池岸冲洗废水等回收利用处理系统等；

2）为戏水、健身人员提供入场前、退场后的淋浴、入厕卫生器具及配套的冷、热水管道系统；

3）为经营管理人员提供相应的淋浴、入厕卫生器具及配套的冷、热水管道系统外，尚应提供饮水设施及关闭场馆后的清洁卫生清洁系统或设施。

4.1.2 设计原则

1. 建筑给水排水各系统的设置原则、设计技术参数的确定、水力计算、设备材料的选用等，均应按现行国家标准《建筑给水排水设计规范》GB 50015 的相关规定执行。

2. 建筑排水的回收利用系统，应按现行国家标准《建筑中水设计标准》GB 50336 和《建筑与小区雨水控制及利用工程技术规范》GB 50400 的相关规定执行。

3. 游泳场馆的室外给水排水系统，应按现行国家标准《室外给水设计标准》GB 50013 和《室外排水设计规范》GB 50014 以及其他相关规范规定执行。

有关游泳场馆的建筑给水排水工程的设计、施工、维护管理，本手册不再阐述。

4.2 游泳及游乐休闲池水处理系统

游泳池等的主体是水，是指人们到游泳池等池水中来进行各种游泳健身、休闲娱乐活动都要在水中进行。其池水水质的好坏对保证游泳者、游乐者的健康至关重要。即要求池水不能对游泳及游乐者带来不适，更不能带来某种卫生上的伤害。同时，水质的优劣也是吸引游乐者及游泳者的有效手段之一，否则就失去了建造游泳池等水池的意义。

4.2.1 池水净化处理基本要求

游泳池、游乐池、休闲设施池、文艺表演水池和温泉水浴池等均应设置池水循环净化处理系统，并应满足下列基本要求：

1. 池水卫生、健康：①池水中、病原微生物均应保持在可控限值内；②不造成游泳者、戏水者交叉感染等卫生伤害。

2. 池水清澈、透明：①满足池岸安全救护人员能在波动的池内中鉴别池内所有人员在水中活动的姿态正常与否；②满足竞赛游泳池、池水、水下摄像清晰；③适合不同人群的水深。

3. 池水循环的水流组织良好：①无漩流、短流、池底无湍流、水面平稳无波动；②池内给水及回水均匀，无死水区。

4. 池水中残留化学药品残余浓度应无害化：①对游泳者、戏水者、文艺演出者无刺激；②无不良气味产生；③对设备、管道及附件无腐蚀；④对池体、设备、管道等不形成水垢；⑤适合不同人群；⑥不改变池水性质。

5. 确保池内水质、水温均匀：①水温稳定、无起伏；②舒适宜人。

6. 水净化系统经济、适用、绿色环保：①技术设备先进、节能、节水、高效；②投加化学药品选用绿色、不污染水质及环境；③系统运行稳定、可靠、成本低；④设备安装简便、维护管理等方便。

4.2.2 池水循环净化处理要素

池水循环净化处理就是将在使用中的游泳池、游乐池、文艺表演水池、休闲设施池、温泉浴池等池内全部水量通过水泵按规定的流量从池中抽出，依次对其进行过滤去除污染物质、消毒杀菌、加热等工艺工序之后，将处理后干净的水再均匀的分配送入池内各个部位，并迁移出尚未净化处理的池水，按上述程序在规定时间内，将全部池水净化处理一次。由于游泳、戏水及入浴人员数量的变化，池水的污染杂质（含悬浮物、细菌、藻类等）也在不断的变化。则所投加的各种化学药品同样在变化中。所以，池水的循环、过滤、消毒和污染等处于一个动态过程，池水的净化处理就是要在动态的条件下，使池水稳定在《游泳池水质标准》GJ/T244 规定。这就要求池水净化处理应为物理处理与化学处理同时进行。从上述可知，池水净化处理包括：池水循环及水分配、过滤、消毒和维护管理这四个关键要素，而四者缺一不可。

四个关键要素如下：

1）池水循环：它负责为池水净化处理提供水流动动力和池内水流组织的均匀分配。对于不规则形状、不同水深的游泳池，其分配系统应分区设计，确保各部位能均匀的得到处理后的洁净水。它要考虑的因素：①游泳、休闲入浴人员负荷的确定；②池水循环周期的确定；③循环流量、池水总容积、均（平）衡水池容积、不同分区及水深等部位循环系统水力条件等计算；④循环水泵容量及水泵形式的选定；⑤池水循环方式和池内水流组织的设计等。

2）过滤净化：它负责去除池水中各种污染杂质，提供洁净、透明、清澈的池水、确保水中可视距离不小于 25m 的最低限度。它要考虑的因素为：①预过滤器的选型；②过滤器的选型及数量计算；③辅助过滤装置（混凝剂的投加）设置与否；④过滤器的反冲洗等。

3）池水消毒：它负责为游泳池、游乐池、休闲设施池等提供卫生、健康、舒适的水质。保证游泳者、戏水者和入浴者不受任何疾病的感染。但是要做到池水完全无菌是不可能的。消毒的目的是要将池内水中的病原微生物数量降低到最低允许的数量，即要达到现行行业标准《游泳池水质标准》CJ/T 244 的限值规定。它要考虑的因素为：①消毒剂的选择；②消毒工艺的确定；③消毒设备的选型；④投加量的控制等。

4）维护管理：指池底、池壁和泳道线等清洁工作。

4.2.3 池水净化处理的辅助要素

1. 水质平衡：它是负责池水永远处于中性状态，即既不产生腐蚀性，又不产生结垢可能。它要考虑的因素为：①pH 值的控制；②池水碱度的控制；③池水钙硬度的控制；④池水总溶解物的控制；⑤池水温度的控制；⑥化学药品的投加装置的选定及设备选型等。

2. 池水水质和设备运行的监测监控：自动化程度的确定。

3. 池水加热能源的选定。

4. 设备机房：应包含循环水泵区、过滤设备区、消毒区（含化学药品储存库）、加热设备区、配电及控制区等。

4.2.4 配套要素

①浸脚消毒池；②强制自动冲洗淋浴；③浸腰消毒池（可选）；④跳水池水面制波、安全保护气浪、放松池及淋浴；⑤可移动池岸；⑥可升降池底板；⑦池岸冲洗及排水；⑧管道、附配件等。

4.2.5 以上关键要素、辅助要素及配套要素等，将在后续各相关章节内容中仔细论述。

4.3 游泳及游乐休闲池配套设施

游泳池除了池水循环净化处理系统之外，还有一些与池水净化处理系统或与池水水质卫生保持相关的配套设施，也应引起本专业的重视。如：①游泳池等的初次和泄空后的再次充水；②游泳池等正常使用过程的补水；③游泳池池岸清洗给水排水；④游泳池等泄水；⑤游泳者的洗净设施；⑥跳水池的水面制波及安全气浪等。这些内容将在以后的章节进行叙述。

4.3.1 游泳池等池的充水

游泳池建成后初次向池内灌水或者使用过程中因某些特殊原因，如水质异常、池子漏水等，需要将池水泄空进行处理和补救后再次向池内灌水，其灌满的时间当然是越短越好。但这样做就要加大供水管径，显然不够经济，而且大量短历时集中用水会影响周围其他用水户的水压和水量，给城市给水管道造成不利影响。因此，游泳池灌满水所需要的时间要根据当地城市给水管道供水条件，游泳池的类型和用途，一次灌满游泳池所需要的水量等因素综合考虑确定。

1. 对于竞赛、训练及某些专用类游泳池，一次充满水的时间不宜超过 48h，如当地水源紧缺、城市供水管径有限制，以及大量集中灌水会影响游泳池邻近建筑的正常用水，其充满水时间可适当延长至 72h。

2. 对于除游泳池外还包含有各种游乐池，因其池子数量较多或水面面积和一次充水量很大，为不影响周围其他建筑正常供水，可采用各种游乐池分别进行补水，可不按所有游乐池同时补水进行设计，对整个游乐池而言，其初次充水时间可以延长到 72h。

3. 充水方式可根据游泳池的具体位置和池水循环方式确定。顺流式池水循环方式可通过平衡水池向池内灌水，无平衡水池者可用软管从池岸向池内充水，逆流式和混流式池水循环方式，宜采用室外给水管通过游泳池循环水给水管向池内充水，以补充利用室外给水管或城市给水管的水压。但与池水循环给水管相连接的室外给水管或城市给水管上应装设倒流防止器。

4.3.2 游泳池补充水

1. 游泳池等在使用的过程中，由于如下原因损失了一部分水量：①池水表面蒸发；②游泳者从游泳池出来会带出一部分水量到池岸。据国外资料介绍，每位游泳者带出的水量约 10L；③过滤器反冲洗（用池水反冲洗时）损失的水量；④池水排污时会流失一部分水量；⑤池水中尿素和总溶解固体超标需要稀释的水量；⑥卫生防疫要求需要向游泳池补充新鲜水量，所有损失了的这些水量，都需要及时地予以补充，使游泳池等在使用过程中，其池水表面始终保持在规定的溢流水位上。

2. 由于游泳池等的使用性质不同，环境条件（如有无空调设施，建在室内还是室外露天等）不同、源水水质不同，要完全按上述各项原因详细计算出游泳池每天所需要补充的新鲜水量，目前尚无确切的计算方法。我国《游泳池给水排水工程技术规程》CJJ 122—2017，根据国内游泳池使用中的统计数据，参考国外有关资料，按游泳池水容积和游泳池的类型、用途等因素对补水量作了如表 4.3.2 的规定。

游泳池每日的补充水量 **表 4.3.2**

序号	游泳池类型	游泳池环境	补水量（占游泳池水容积的百分数）(%)
1	竞赛类和专用类游泳池	室内	3～5
		室外	5～10

续表

序号	游泳池类型	游泳池环境	补水量（占游泳池水容积的百分数）（%）
2	公共类和休闲类游泳池	室内	5～10
		室外	10～15
3	儿童游泳池幼儿戏水池	室内	不小于 15
		室外	不小于 20
4	私人游泳池	室内	3
		室外	3
5	放松池	室内	3～5

3. 据资料介绍：原西德规范就明确规定；根据国家保健法规定，一般游泳池每日的补给水量为池水容积的 5%，训练和学校用游泳池每日补给水量为池水容积的 10%；法国《水处理手册》一书介绍，法国卫生主管部门规定，游泳池的补供水量按将全部池水一个月内全部更新一次进行游泳池每日补水量计算；英国《游泳池水处理质量标准》规定按每一位游泳者补水 30L 计。

4. 儿童及幼儿游泳池的补水量主要从卫生防疫角度考虑。因为幼儿、儿童抗传染病的能力较差，自我约束能力较差，在池内排尿现象时有发生。因此，不断更新池水，保持池水洁净，使他们不因游泳、戏水发生交叉感染，而适当提高补充水量百分数是必要的。澳大利亚南威尔士州“游泳池设计指南”（1996 年版）中就明确规定：幼儿、儿童游泳池应采用直流式给水系统，以保证经常不断地补充新鲜水。在我国水资源缺乏的情况下，可采用在具体工程设计中，尝试将幼儿、儿童池的溢流回水排至成人游泳池的循环水净化处理系统，经净化处理后回用到成人游泳池重复使用，以达到减少成人游泳池补水量。

1）《游泳池给水排水工程技术规程》CJJ 122—2017 不推荐用直流式供水系统。因为这种系统不符合国家节约用水政策和环保要求，如直接排水至天然水体，其病原微生物给天然水体造成一定污染。当然在某些特殊情况下，如水源相当充沛、医疗或康复需要，而采用直流式游泳池给水系统时，经当地有关部门同意，也是可以采用这种系统。

2）补水方式推荐通过均衡水池或平衡水池向游泳池间接充水和补水。游泳池设置均衡水池或平衡水池时，应通过该池间接向游泳池补水。如游泳池采用循环水泵直接从游泳池池底回水口吸水，且当地水源很充沛，游泳池溢流水不回收的室外游泳池时，宜设置补水水箱间接补水。这种做法可以防止如下问题的发生：①防止补水管水源被游泳池水污染；②防止补水管因压力波动造成补水不均衡；③防止直接补入池内造成池内水温局部区域偏低现象。

3. 补水管通过池壁或池底给水口配水管直接向池内充水或补水时，《游泳池给水排水工程技术规程》CJJ 122—2017 第 3.4.4 条规定：“补水管上应采取防止游泳池池水回流污染补水水源的措施”。但这补水方法会使池水水温出现不均匀现象，一般不宜采用。

4. 游泳池充水管和补水管上应分别设计独立的水量计量仪表，《游泳池给水排水工程技术规程》CJJ 122—2017 第 3.4.3 条之规定。其作用：①节约用水；②便于运营成本的核算；③为正确制订出符合实际的补水量标准累积资料。

5. 补水水箱：单纯作为游泳池补水用途的补水水箱容积，不宜小于游泳池的小时补水量，同时不得小于 2.0m²。这种最小容积之规定是因为一些不规则的小型游泳池，如水面面积不足 300m²的游泳池按上述要求计算可能很小，但从安装各种附件及管理维修空间和过滤器反冲洗不因水箱排空引起水泵吸水管夹气，影响反洗水量等方面考虑，如有效容积小于 2.0m³ 就很不方便。

6. 补水水箱应配置如下附件：①补水进水管：其进水口应高出最高水位 2.5 倍进水管管径的空隙，并专设水位控制阀。补水进水管上还应装设计量水表。进水管管径按游泳池小时补水量计算确定；②补水出水管：该管从该箱底部接出，并装设当循环水泵停止运行时防止游泳池水倒流至该水箱的止回阀及检修用的控制阀门；③游泳池初次充水管：补水水箱如果还兼做游泳池初次补水或换水补水的隔断水箱时，应另行按充水时间计算所需管径，并装设控制阀门，同时对进水管管径也需进行调整；④通气管：各种附件的形式由设计人根据具体工程情况确定。

7. 补水水箱的材质应为表面光滑，易于清洗、耐腐蚀、坚固不变形、不透水、不二次污染池水水质的材料制造，并符合现行国家标准《生活用水输配水设备及防护材料的安全性能标准》GB/T 17219 的要求。

4.3.3 游泳池池岸清洗给水

1. 游泳池池岸的清洁卫生对保持池水卫生具有重要作用。池岸要经常保持湿润，防止尘埃、杂物飞扬进入池内影响水质卫生。对露天游泳池除前述卫生问题外，还有为防止太阳照射使池岸表面温度过高，使泳池者上岸后无烫脚的感觉，也要对池岸洒水以降低池岸表面温度。与此同时，每场次结束后，应对池岸地面进行拖擦和刷洗，以保持地面干净清洁，营造良好的游泳环境。所以游泳池池岸应设有清洗水嘴，其水源可为城市生活饮用水及游泳池水。

2. 池岸冲洗用水量可按每一场次冲洗一次计算。如为室内游泳池，则冲洗用水量标准可采用 1.0L/(m²·次)，如为室外游泳池冲洗，用水量标准宜采用 2.0L/(m²·次)。每次冲洗历时宜按 30min 计。冲洗水水质应符合现行国家标准《生活饮用水卫生标准》GB 5749 的规定。

3. 池岸冲洗水嘴直径宜为 *DN*25，并应尽量暗设在墙槽内，无看台的室外露天游泳池可设在阀门井内。其数量应根据游泳池的大小确定，一般设在泳池两侧的池岸上，其间距不宜大于 50m，以方便取用，供水管上应设检修阀门。

4. 据了解，欧美一些国家将池岸冲洗龙头改为花管暗设在观众看台底部墙内，冲洗花管每 10m 一段设置并用阀门控制。哪一段需要冲洗时，开启哪一段。这样灵活方便，省去皮带软管的人为移动，见图 4.3.3 所示。

4.3.4 观众及游泳者饮用水

1. 生活给水是指供给游泳者和工作人员的饮用、淋浴及如厕的用水。其中饮水及淋浴用水应符合现行国家标准《生活饮用水卫生标准》GB 5749 的规定，冲厕、浇洒草地等可采用杂用水（或中水），但两者的管道应分开设置，并有不同用途的明显标志。如采用中水，应符合现行国家标准《建筑中水设计标准》GB 50336 的规定。

2. 生活给水量的确定、管径计算、供水方式、管材选用及淋浴用水的热水制备，应按现行国家标准《建筑给水排水设计规范》GB 50015 的规定执行。

3. 游泳池如有需要也有条件时，在池岸上允许设置能直接饮用的饮水装置。如采用

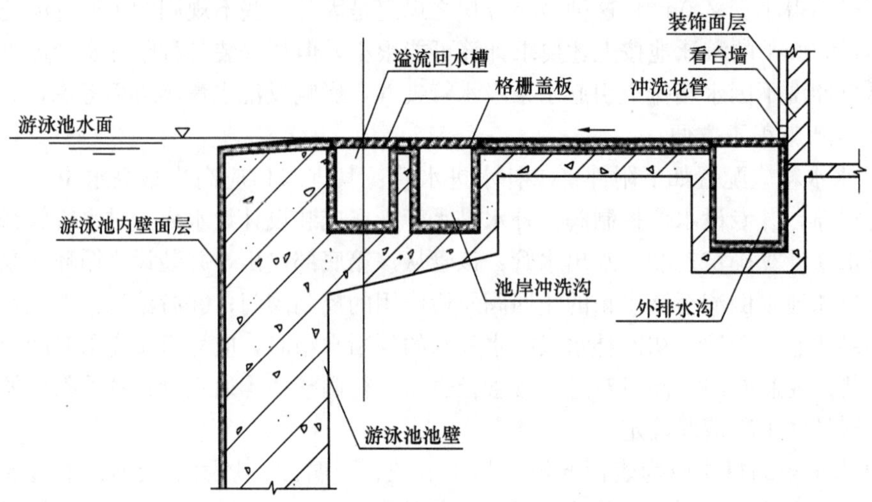

图 4.3.3 游泳池溢流回水槽池与岸排水槽并列示意

设小卖部销售饮料时，其容器不得采用玻璃、陶瓷等易碎的材质，以防碎渣掉在池岸清扫不彻底而扎伤游泳者的现象发生。

4.3.5 游泳池排水

1. 池岸地面排水

1）游泳池溢流回水槽为淹没式时，清洗池岸的排水不得排入游泳池的溢水槽内，而应在池岸四周外侧邻近看台或建筑墙的池岸地面另设排水沟或其他排水措施，如图 4.3.5 所示，以收集或排除冲洗池岸废水之用。池岸地面应有坡度坡向该排水槽，防止冲洗废水流入池内污染池水，池岸排水槽之排水管不得直接与排水管道连接。

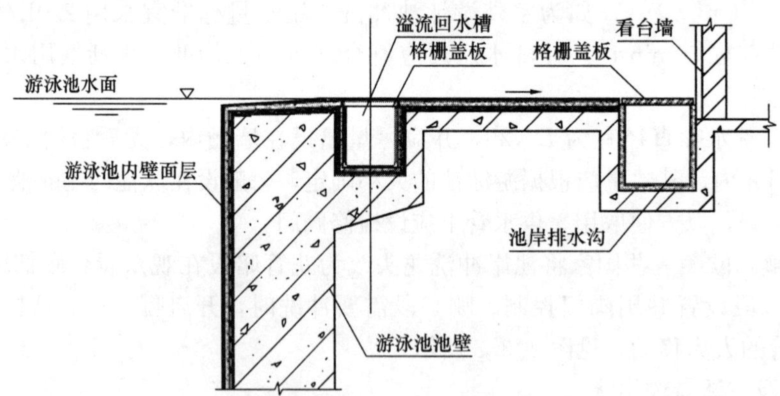

图 4.3.5 游泳池溢流回水槽与池岸排水槽分设示意

2）游泳池采用顺流式池水循环系统时，游泳池溢流水应与池水一样回收经净化处理后重复使用，以节约水资源。

3）室外露天游泳池的排水沟的断面尺寸和排水管管径应考虑雨水排水量。

4）如游泳池为高沿游泳池，当地水源充沛且溢流水不循环使用，冲洗池岸的废水允许排入游泳池溢水槽。

5）据了解，在欧美一些国家，为了保持游泳池岸的清洁和干燥，方便非游泳者在池岸行走不会弄湿鞋子，采用将游泳池溢流回水槽（或溢水槽）与池岸冲洗水排水槽相邻设置，如图 4.3.4 所示。排水槽靠近池岸一侧，槽上沿格栅面一般低于池岸 30～50mm，以防止游泳池溢流回水槽接收池内因水波溢出的池水不会进入池岸。而池岸从观众看台墙处地面开始坡向邻近池子的排水槽。

2. 游泳池泄水

1）游泳池采用重力流泄水方式时，不应与排水管道直接连接，而应采取防止排水管排水倒流污染的有效措施。泄水管管径按将池水全部泄空不超过 8h 确定。游泳池如采用压力流泄水时，应尽量采用循环水泵和设备机房内潜水排污泵兼作泄水排水泵，但应关闭池水循环净化处理设备上的有关阀门，使其泄水不再经过各有关设备。

2）如游泳池因出现传染性致病微生物而泄水时，首先应按当地卫生监督部门的要求，对池水先进行无害化处理，达到排入城市排水管道或天然水体的排放标准，并取得卫生监督和环保部门同意后，方可按上述方式将池内池水排至天然水体或城市排水管道。

3. 游泳池其他排水

池水过滤设备的反冲洗排水，化学药品容器的废液及冲洗废水，如达不到排放标准时，应进行回收、中和或用其他废水稀释确保安全，满足排放要求后再排放。

4. 生活排水和屋面雨水应按《建筑给水排水设计规范》GB 50015，《建筑中水设计标准》GB 50336 的相关规定执行。

5. 废水回收利用

1）过滤设备的反冲洗废水和初滤水排水，强制淋浴和跳水池池岸淋浴及泳后淋浴排水、应优先回收作为建筑中水的源水，经处理后用于建筑内冲厕及绿化等用水水源。

2）游泳池循环水净化处理系统采用臭氧消毒时，其臭氧发生器的冷却水，由于仅水温升高，而水质没有改变，应予以回收作为游泳池补充水水源。

4.4 深化设计审查要点

4.4.1 池水循环净化处理工艺流程

1. 二次深化设计的设计图纸、文件的完整性和与一次设计和招标文件的一致性。

2. 池水水质标准的使用与池水用途的匹配程度，与一次设计及招标文件的一致性。

3. 各工艺工序的设备、设施及装置配置质量标准与一次设计和招标文件要求是否一致和匹配。

1）审查水池循环系统与一次设计和招标文件的一致性：

（1）校核循环水泵容量及质量牌号等能否满足一次设计要求的循环水循环周期和适应使用负荷变化的能力；

（2）管道系统的材质、输送水参数的可靠性；

（3）溢流回水系统防噪声措施；

（4）儿童池与成人游泳池的接管是否符合卫生要求。

2）校核池水内配水方式均匀性。

3）审查池水过滤设备的数量及能效：①滤料品种、装填厚度、不均匀系数；②校核技术参数：过滤速度、出水浊度（含配套辅助装置）的保证性；③反冲洗各项参数可行性等。

4）审查池水消毒及水质平衡要素：①消毒剂及 pH 值调整剂的品种及匹配性；②消毒设备和投加设备容量计量的准确性；③材料使用环保安全措施的可靠性；④设备机房的分隔和安全性。

5）池水加热：①热源形式及可靠性；②节能效果。

6）水质监测监控：①检测监控与该水池使用要求的合理性；②监控系统的先进性、可靠性、准确性。

4.4.2 附属设施配置的合理性

1. 泳（浴）前后的洗净设施：浸脚消毒池、强制淋浴等的配置齐全性。
2. 可移动池岸对循环水流动的可行性。
3. 跳水池水面制波、安全气浪设施、设备的可靠性。
4. 升降池底板或池底垫层等对池水循环的可行性等。

4.4.3 对一次设计的优化内容评价

1. 优化内容及其可行性。
2. 是否认可优化设计的各项内容。

第二篇　工 程 设 计 篇

5　游泳及游乐休闲池池水特性

5.1　池水水质的重要性

游泳池、游乐池、公共休闲设施池及文艺表演池等是供运动员、演员等在水中进行竞技比赛、训练和供不同人群在水中划水或水上游乐、戏水、健身、辅助医疗、学习游泳及文艺表演等活动的场所。池水与人身是直接接触的。因此，可以说游泳池等池的主体就是水，水质的特性直接影响人们的健康，国家及行业的池水水质标准是池水净化处理系统的基本依据，所以池水的特性是应该引起设计和经营工作者优先关注的重点之一。

5.1.1　池水水质重要性

游泳池等池水水质的好坏关系到如下三个方面：

1. 游泳、戏水、表演者的舒适度：清澈湛蓝的池水，加上无异味的空气和优美舒适的环境，不仅能使游泳的人们感到清爽和赏心悦目，从而满足休闲、游乐或健身的享受。而且还可以吸引众多的游泳爱好者。这也是增加游泳池经营者收入的重要条件。

2. 游泳、戏水、表演者的健康：池水洁净固然很重要，但随着人们健康意识的提高和对生活质量的追求。池水卫生即池水中不含致病微生物，清除某些疾病在水中传播已引起游泳人们的高度重视。因此，将池水中的病原微生物、化学药品的残余量降低到对人体无害化程度，确保游泳者的卫生安全，也是决定游泳池经营者收入不可忽视的条件。

3. 建设及运营成本：由于人们在水中活动时会有皮肤分泌物，如汗液、皮屑、唾液、尿等产生；而且也会有毛发、泳衣纤维和颜色、化妆品残余脱落；以及空气中的尘埃、杂物的落入，都会对池水造成污染。所以，这就要设置池水循环净化处理系统，以持续保持池水的洁净、透明和卫生。故这些设备配置规模和运行中的能源消耗，都取决于池水的卫生标准的具体要求。

5.1.2　池水水质标准的作用

1. 池水的水质卫生标准并不是一成不变的，它是随着经济的发展、科学技术的进步、人们生活水平和生活质量不断的提高而在不断地进行修订和完善，以适应社会的发展和人们健康意识的提高。

2. 池水水质标准是确定池水循环净化处理方式设计的依据。因为游泳池在使用的过程中，池水是在不断地被污染，这就要求对池水进行不断的净化处理，使池水中的污染物始终维持在水质卫生标准规定的限值内。所以，它对净化处理工艺流程的选择、各净化处理单元设备的确定，起着决定性的作用。

5.1.3 水质标准应用原则

1. 水质标准是以人们健康为基础的目标要求；

2. 水质标准是以预防为主，加强水质管理，降低污染风险为出发点；

3. 水质标准中的限值是该项目的允许值，只能以“达标”“不达标”表述，不存在“优于”标准的字样表述。

5.2 游泳及游乐休闲池水质

5.2.1 游泳池等池水基本要求

游泳池、游乐池、休闲设施池及文艺表演池等均是人们在池水中进行各项活动的场所，人的身体与池水直接接触，所以池水的水质卫生、健康、安全至关重要。因此，人工游泳池等池水的水质，应满足下列要求：

1. 卫生健康：严格控制池水中病原微生物和化学药品浓度在对人体无害的范围内。由于水是传播致病菌、病毒、病原微生物的渠道。据资料介绍，人们在水中皮肤吸收的水，远远大于从鼻孔和口腔中吸入的量。因此，切断这个传播渠道是保证入水者健康不受危害的主要措施之一。

2. 清澈洁净：它是给予池岸安全救护人员观察和准确鉴别池中相关人员动作、姿态是否正常、有无溺水征兆和保障竞赛运动水下摄像清晰度的必备条件，故降低池水浑浊度不仅是维持池水透明度的基本措施，也是控制有害、有毒物质的重要措施。

3. 环境舒适：池水应清澈透明、无刺激性气味和明显的悬浮物，它们虽然不是危害人体健康的直接有害物质，但它们存在于水中或挥发到空气中，会引起人们的厌恶感，所以创造良好的感官性状，对入水者的亲水行为有积极意义。

4. 水质平衡：相对恒定的水温和中性的池水有助于保持游泳者竞技状态和吸引游泳、戏水者并保证池水不结垢和不产生腐蚀系统设备、管道、建筑结构，做好水质平衡，减少消毒剂及化学药品用量是不可缺少的措施。

5.2.2 游泳池原水水质要求

原水是就是指游泳池、游乐池、休闲设施池、文艺表演池等建成后初次向池内供水或因某些原因池水泄空后，重新向游泳池内充水，以及游泳池在使用过程中，因蒸发或游泳者带出池外及反冲洗过滤设备等原因损失而需要补充的水。

1. 游泳池的原水应符合现行国家标准《生活饮用水卫生标准》GB 5749 的要求。GB 5749 规定的水质指标在本手册中不再列入表 5.3.1-1 和表 5.3.1-2 中。

2. 如果就地采用井水、泉水、地热水甚至水库水作为游泳池的原水，则要对这些水进行必要的预净化处理，使其达到现行国家标准《生活饮用水卫生标准》GB 5749 的规定。

5.3 游泳池水质标准

5.3.1 行业标准《游泳池水质标准》CJ/T 244—2016 由两部分组成

1. 游泳池池水水质常规检验项目及限值，见表 5.3.1-1 所示，是对使用过程中的池内水的卫生要求。

游泳池池水水质常规检验项目及限值　　表 5.3.1-1

序号	项目	限值
1	浑浊度（散射浊度计单位：NTU）	≤0.5
2	pH 值	7.2～7.8
3	尿素（mg/L）	≤3.5
4	菌落总数（CFU/mL）	≤100
5	总大肠菌群（MPN/100mL 或 CFU/100mL）	不得检出
6	水温（℃）	20～30
7	游离性余氯（mg/L）	0.3～1.0
8	化合性余氯（mg/L）	<0.4
9	氰尿酸（$C_3H_3N_3O_3$）（使用含氰尿酸的氯化物消毒剂时）（mg/L）	<30（室内池）
		<100（室外池）
10	臭氧（采用臭氧消毒时）（mg/L）	<0.2mg/m³（池水面上 20cm 空气中）
		<0.05mg/L（池水中）
11	过氧化氢（mg/L）	60～100
12	氧化还原电位（mV）	≥700（采用氯和臭氧消毒时）
		200～300（采用过氧化氢消毒时）
注：第 7～12 项为根据使用的消毒剂确定的项目及限值。		

2. 游泳池池水非常检验项目及限值，见表 5.3.1-2 所示。

游泳池池水非常检验项目及限值　　表 5.3.1-2

序号	项目	限值
1	三氯甲烷（μg/L）	≤100
2	贾第鞭毛虫（个/10L）	不得检出
3	隐孢子虫（个/10L）	不得检出
4	三氯化氮（加氯消毒时测定）（mg/L）	<0.5（池水面上 30cm 空气中）
5	异养菌（CFU/mL）	≤200
6	嗜肺军团菌（CFU/200mL）	不得检出
7	总碱度（以 $CaCO_3$ 计）（mg/L）	60～180
8	钙硬度（以 $CaCO_3$ 计）（mg/L）	<450
9	溶解性总固体（mg/L）	与原水相比，增量不大于 1000

5.3.2 国际游泳联合会（FINA）规定

国际泳联一般定期对相关规定进行局部修订。因此，应用时应特别予以关注。《国际游泳联合会游泳设施的规定》（2017～2021），2017 年 9 月 22 日起实施，涉及池水水温的相关条文见附录D。

5.4 水质标准指标的意义

5.4.1 浑浊度

1. 浑浊度是反映游泳池水物理性状的一项指标，它可以直观地反映出池水中悬浮污染物（如尘埃、人体脂垢、附着物及消毒剂副产物等）颗粒含量的多少。

2. 池水中悬浮物含量的多少会影响水的能见度或透明度。如水中悬浮杂质含量多，则水的透明度差，浑浊度大。如水中悬浮杂质含量小，则水的透明度好，浑浊度小。我国采用散射浊度单位表示浑浊度的单位，符号为NTU。浑浊度过大，会带来如下困难及弊病：①不易看清池底，影响游泳者和池岸上安全救生员的视线，容易引起事故或延误急救工作；②池水中污染物颗粒可能会伤害游泳者的眼球；③水中所含各种微生物病菌较多，可能传染疾病；④需要较多的消毒剂量来提高杀菌效果。

3. 从保证消毒效果、安全和保证比赛水下摄影和电视转播效果等方面考虑，游泳池的池水浑浊度应该比生活饮用水的浑浊度低一些更好。

4. 正确理解标准中规定限值。“池水水质标准”是指游泳池在开放使用过程中对池内水的水质要求。目前只有德国和日本的规范不仅规定了池水水质标准，而且还规定了过滤设备出水水质标准，其规定更具有操作性。德国规定池水经过过滤设备后的限值为0.2NTU，池内水的限值为0.5NTU；日本2001年版《游泳池水质标准》要求浑浊度控制在2NTU以下，并规定循环过滤装置处理水出口应低于0.5NTU（希望控制在0.1NTU）。国际游泳联合会2002～2005年的建议值为过滤后进入泳池前水的浊度不大于0.1NTU。但在2017～2021年的规定要求“清澈、见底”。并无对池内水的浑浊度作量化规定。而我国和其他国家均只规定了池内水的浊度指标，没有规定过滤设备过滤后的出水浊度要求。这就要设计人员根据游泳池的使用性质自行确定。根据我国游泳池循环水净化系统的设备配置情况和实际运行情况，过滤设备过滤后的出水浊度均可达到不大于0.2NTU。所以，只要池水净化过滤系统正常合理运行，是完全可以达到世界卫生组织关于池内水浑浊度不大于0.5NTU的规定限值。

5.4.2 pH值

1. pH值是反映水的酸碱状况的一个控制指标。

2. 生活饮用水规定pH值允许范围在6.5～8.5之间，对人们饮用和健康均不受影响。

3. 游泳池水pH值在开放使用过程中是不断变化的。如随着游泳人数的增加，池水向碱性转化；如使用次氯酸盐消毒剂时，池水pH值会上升；如使用氯气时，池水pH值会下降。据资料介绍：如pH≥7.8时，会出现如下问题：①消毒速度变慢，则降低消毒效果，要达到预期目的就要增加消毒剂用量；②出现氯臭味，刺激眼睛和皮肤；③设备会结垢；④池水变浑浊；⑤过滤设备负荷增加，缩短过滤周期；⑥絮凝剂的功效降低。如pH≤7.2时，会出现如下问题：①设备被腐蚀；②池体瓷砖填缝砂浆被腐蚀；③水质平衡过稳；④池水变浑浊；⑤藻类繁殖；⑥刺激眼睛和皮肤。资料还介绍，为了保证氯消毒剂的消毒效果、游泳者的舒适、池水水质平衡，理想的pH值范围为7.2～7.4，可以接受的 pH 值范围为7.4～7.8。

5.4.3 尿素

1. 这是我国游泳池水质标准中一个特有的指标。

2. 池水中尿素主要来自人体的汗液、分泌物和排泄物，供水中的尿素含量最多。尿素是表明池水受人体污染程度的一项重要指标。

3. 其他国家的游泳池水质标准以“耗氧量”作为池水是否被污染的一项指标。所谓耗氧量就是由于池水中存在的能被氧化的有机物质，如人的脂肪、鼻涕、痰、化妆品、汗液、尿液以及空气中的灰尘等所消耗的氧化剂——高锰酸钾的量。

4. 尿素与耗氧量、氯消毒副产物等之间的关系。目前尚未有明确的说法。

5.4.4 细菌总数

1. 细菌总数这一项目是衡量池水循环净化处理系统运行质量的一个指标，为了解池水消毒是否彻底提供了一种有效方法，也是灭菌效率的一个重要指标。

2. 细菌总数是指 1mL 的水样，在营养琼脂培养基中，于 36℃±1℃的恒温箱内经 48h 培养后，所生成的细菌菌落总数，以每 mL 水样中有多少个表示，即 CFU/mL。菌落总数比较直观，菌落总数越少，说明水质越好。我国新的游泳池水质标准规定的限值虽有所提高，但仍不及发达国家水平。

3. 细菌总数较高并没有什么太大的卫生学意义。通过水传播的病原微生物很多，不可能直接测定各种病原微生物，而采用细菌总数和大肠菌群数这个指标，可以间接反映出水中病原微生物的密度或致病的可能程度，故应引起重视。

4. 池水中有足够的消毒剂余量，pH 值维持在规定限值范围，池水的循环周期合适，经常对过滤设备进行反冲洗，加强游泳池卫生管理，细菌总数是完全可以得到控制的。

5.4.5 总大肠菌群

1. 大肠菌群存在在人的肠道内，如果池水中的存在数量较多时，这就意味着池水已经受到了人的粪便污染，说明池水已被肠道病菌污染或有这种可能性，反映了系统运行中消毒或反洗不够，过滤器内可能有细菌繁殖。

2. 大肠杆菌是一群兼性厌氧的革兰氏阴性无芽孢杆菌，在 36℃±1℃情况下能发酵乳糖产生酸气。大肠菌群少时，说明病原菌不存在，而且大肠菌群的检测也比较方便。所以，将大肠菌群作为掌握池水可能受肠道致病菌污染状况和评估池水卫生质量的重要指标。

3. 总大肠菌群在国际上均以 100mL 水样中污染的总大肠菌群最大可能数量并以 MPN 表示。我国最新标准中要求 100mL 水样中不可检出。

4. 大肠菌群在清水中比其他肠道病原菌等抵抗能力强。所以认为大肠菌群被杀灭的时候，其他病原菌也被杀灭，所以，采用大肠菌群作为水被污染的指标。

5.4.6 游离性余氯

1. 游离性余氯值是指在池水中以次氯酸根（ClO^-）形态存在的氯消毒剂浓度。规定它的目的是用来保持池水的持续杀菌作用，以抑制水中残存的细菌再次繁殖，防止交叉感染和应付游泳负荷突然增加对池水水质带来的不利影响。也可以作为池水受到二次污染的指示性信号。游离性余氯也称自由性余氯。

2. 游离性余氯的规定限值只适用于氯制品消毒剂。

3. 新的游泳池水质标准中对游离性余氯限值规定的范围较大。是基于游泳池的使用特点，及以氯作为消毒剂情况时便于设计人员和消毒系统操作人员灵活掌握。一般以臭氧、紫外线等作为短期高效消毒剂时，氯消毒作为长效消毒剂可选用下限值；专用游泳池且游泳负荷较小时可选用中间值；游泳负荷较大的大型公共游泳池，室内阳光游泳池及室外露天游泳池可选用上限值。

4. 在满足细菌总数和总大肠菌群的指标条件下，游离性余氯应尽量保持在最低限度。据资料介绍：0.2mg/L 游离性余氯即可瞬时杀死大肠杆菌。

5.4.7 化合性余氯

1. 化合性余氯值是指在池水中以氯胺等化合状态存在的氯消毒剂浓度。它是氯与水中污染物发生反应生成的产物，其结果使氯的消毒杀菌能力降低。游泳池水中由于游泳者带入的汗液、尿液中的氨基有机物在池水中不断分解，分解出的氨与氯的反应产物就是氯胺。这就是标准中的化合性余氯。

2. 化合性余氯是一种具有强烈刺激性的化合物，会引起的室内游泳池的“异味”。化合氯会引起鼻黏膜炎和咽喉炎。因此，限制化合性余氯的浓度是很必要的。理想的浓度应为游离性余氯浓度的一半或更低。

5.4.8 臭氧

1. 臭氧是非常强的氧化剂和消毒剂，用 O_3 表示。O_3 在正常温度下是一种有毒的气体，密度比空气大。

2. O_3 在水中的溶解度较低，在水中很不稳定，其半衰期约 20～30min。O_3 在阳光下容易分解，在水中也容易挥发析出。新版游泳池水质标准中规定的浓度限值 0.1mg/m^3 摘自《室内空气中臭氧卫生标准》GB/T 18202—2000。

3. 世界各国对游泳池池水中 O_3 浓度的规定各不相同：德国 1997 年版 DIN19643-3 规定池水处理经吸附过滤工序后，水中的剩余 O_3 为 0.05mg/L；美国 ANSI/NSPI1911，1999b 消毒标准中规定水中 O_3 浓度最高为 0.2mg/L，并要求游泳池有足够的通风设施；欧洲规定水中 O_3 最大浓度为 0.15mg/L。

5.4.9 水温

1. 水温是指游泳池池水温度。

2. 池水温度过低，人会有冷的感觉，容易出现肌肉痉挛（俗称“抽筋”）和引起心脏疾患。据资料介绍，人体在水中时放出的热量要比在空气中时放出的热量多 60%～80%。水温在 24℃时，人在水中停留 1h，没有体温明显下降现象。如水温在 20℃以下时，人体体温则急剧下降。如水温为 15℃时，人在水中不到 30min 的时间内，体温下降到 34.5℃。并可能引起心脏疾患。

3. 水温过高，如高于 30℃则会有如下弊病：①加快游泳者的汗液和脂肪的分泌，会使池水污染也加快；②致使室内气温和湿度随之增高，氯胺等有害气体不易挥发，环境质量变差，闷热缺氧，人会感到不适；③使建筑结构及设备、设施锈蚀腐蚀加快；④会使池水中微生物繁殖加快；⑤能源消耗成本增加。

4. 由上可以看出，舒适的游泳水温应在 23～30℃范围内，不同游泳池的池水温度是不同的。这一问题我们将在本手册第 5.6 节叙述。

5.4.10 溶解性总固体（TDS）

1. 溶解性总固体值是指导池水是否需要稀释或更新的指标。

2. 总溶解性固体是指溶解在池水中的所有无机物、金属、盐及有机物的总和。但其中不包括悬浮在水中的物质。消毒剂及其他化学药品的使用都会使总溶解性固体的增加。

3. 溶解性总固体过多对池水的影响：①池水会变浑浊；②氯失效；③会使池水变色；④过滤周期缩短；⑤池水产生异味。

4. 溶解性总固体过少对池水的影响：①降低过滤效果；②使池水变色。

5. 该项目在新的游泳池水质标准中属于非常规检验项目。

5.4.11 氧化还原电位（ORP）

1. 氧化还原电位是借助电极测量的电化学电压，指出被监测液体内氧化势与还原势之比的大小，以表示出消毒剂杀死细菌的能力的指标，它已成为国际上水质标准的指标。ORP 表现消毒剂氧化能力的强弱，而不是测量消毒剂的含量。

2. 氧化还原电位（ORP）是由 Oxidation Reduction Potential 三个词的词头组成。它的单位是毫伏特（mV）。

3. 对于测量，影响 ORP 的外在因素为池水的 pH 值，化合氯和氰尿酸；影响 ORP 的内在因素为仪器电极的清洗和校正。因此，为维持游泳池的水质安全，限制池水 pH 值的范围应引起重视。实践中只要池水 pH 值在标准规定范围内，如 *ORP* 700mV，则池水中的含菌量应该是在允许值范围内的。

4. 它是表示池水中的氧化和还原的电动势，是水中氧化或还原能力的一个指标，主要特点是测定消毒剂的活性，即消毒剂氧化能力的强弱，其单位为 mV。

5. 用氧化还原电位可以测试活性炭的活性，即以池水进入活性炭吸附过滤器进水和出水的 ORP 的差值来判定。据资料介绍：进水与出水的差值大于 250mV，表示活性炭具有活性，反之，就提醒我们要更换活性炭或对活性炭进行再生。

5.4.12 氰尿酸

1. 二氯异氰脲酸钠（Dichlor、$C_3Cl_2N_3NaO_3$）和三氯异氰尿酸盐（Trichlor、$C_3Cl_3N_3NaO_3$）是一种有机化合物，故称有机消毒剂。它在水中分解成氰尿酸和氯，其中氰尿酸是稳定剂。它先控制次氯酸生成的数量，使药品中的氯逐渐释放出来，即使是在日光的照射下，也只有很少一部分次氯酸流失。

2. 氰尿酸在池水中会不断积累，它的剩余量太少的话会很快被阳光破坏，如它的剩余量太高有可能减少氯的生成，则会增加菌群，滋生藻类。所以，使用这两种消毒剂时，对氰尿酸必须进行监测和控制。

3. 我国已有相当数量的游泳池采用二氯异氰脲酸钠或三氯异氰脲酸盐作为消毒剂。也都不同程度出现过水质过稳现象，致使消毒作用不能充分发挥，其原因之一就是缺乏氰尿酸的控制指标。新的游泳池水质标准中的指标是参考国外规范数据规定的。

5.4.13 三卤甲烷（THMs）

1. 三卤甲烷是由于池水采用氯品化学药品消毒剂时而出现池水和水面上空空气中的副产物。它是具有致畸、致癌、致突变的潜在物质。游泳的人们会通过皮肤及口腔吸入体内。据资料介绍，人们在游泳从皮肤中吸入体内的物质占三分之二，从口腔中吸入仅占三分之一。因此，控制池水中三卤甲烷的含量不可忽视。

2. 在国际上，将三卤甲烷列入游泳池水质中的有：①德国及国际泳联（FINA）规定为不大于 20μg/L；②日本（2001 年）规定为 200μg/L；③英国 1999 年版本规范中规定为 100μg/L，其他国家尚未列入。

3. 为了防止滥用氯制品消毒剂，保护游泳者的健康，新的游泳池水质标准中这一指标是参考世界卫生组织和日本规定制定的。

5.4.14 清晰度

1. 关于池水清晰度，国际游泳联合会（FINA）2002～2005 年版规范中有规定："能够清晰看到整个游泳池池底"；2009～2013 年版规范中要求："池水应清澈见底"，这只是一个定性要求，没有具体操作检测的定量规定。

2. 其他国家的规范中无此项规定。

3. 据资料介绍：池水浑浊度与池水清晰度（亦称"能见度"、"透明度"）呈倒数关系。对此有两种解读：

1）以在池水中裸视能见度超过 25m 距离时，池水的浑浊度为 0.5NTU，即为池水透明；

2）以站在池岸边，在池水 3.0m 的水深条件下，裸视池底清晰，实际上相当于在水中裸视能见度达到 10m 的距离。

注：1. 水中裸视能见度，就人在游泳池的水中，以张开的双眼眼睛所能看见的距离长度。
2. 池水中悬浮微粒大部分为有机物，而光线会因为有机微粒间的反射光来而产生散射现象，从而会造成池水不亮丽的感觉，为改变此种现象，选择优质的池水过滤介质至关重要。

5.4.15 耗氧量

1. 高锰酸钾消耗量（以 $KMnO_4$ 计）又称耗氧量（以 O_2 计）。

2. 国际游泳联合会（FINA）在 2002 年～2005 年版规范中规定为"高锰酸钾消耗量"（以 $KMnO_4$ 计）：①补充水或处理原水的高锰酸钾法耗氧为 3.0mg/L 以下；②池水中最大总耗氧量为 10mg/L 以下。

3. 日本、德国、法国等国在"游泳池水质标准"中都有明确的规定值，一般为 10～12mg/L（以 $KMnO_4$ 计）范围内；如果以耗氧量（以 O_2 计），忽略测定条件的差异，均为 3.95mg/L 的高锰酸钾（$KMnO_4$）。

4. 高锰酸钾（$KMnO_4$）或耗氧量（O_2）的大小能说明池水中受有机物污染的程度。耗氧量超过限值说明池水中易被氧化的物质含量较多，则水中的细菌数会迅速增加。

5.5 游乐休闲池水质标准

休闲设施是以卫生、健康、养生、舒适为目的配有循环管道和水处理设备的设施，为人们提供保健、辅助医疗的水池，是热水浴池和温泉水浴池的总称。

1. 热水浴池（含药物水浴池）：是符合现行国家标准《生活饮用水卫生标准》GB 5749 规定的进行加热或向池内投加某些药物的水池。

2. 行业标准《公共浴池水质标准》CJ/T 325—2010 中关于热水浴池池水水质检验项

目及限值的规定，详见表 5.5 所示。

热水浴池池水水质检验项目及限值 **表 5.5**

序号	项目		限值
1	浑浊度（NTU）		≤1
2	pH 值		6.8～8.0
3	总碱度（mg/L）		80～120
4	钙硬度（以 $CaCO_3$ 计）（mg/L）		150～250
5	溶解性总固体（TDS）（mg/L）		原水 TDS+1500
6	氧化还原电位（ORP）（mV）		≥650
7	游离性余氯（使用氯类消毒时测定）（mg/L）		0.4～1.0
8	化合性余氯（使用氯类消毒剂时测定）（mg/L）		≤0.5
9	总溴（使用溴类消毒剂时测定）（mg/L）		1.0～3.0
10	氰尿酸（使用二氯或三氯消毒剂时测定）（mg/L）		≤100
11	二甲基海因（使用溴氯海因时测定）（mg/L）		≤200
12	臭氧（使用臭氧消毒时测定）	池水中（mg/L）	≤0.05
		池水水面上（mg/m^3）	≤0.2
13	菌落总数［(36±1)℃，48h］（CFU/mL）		≤100
14	总大肠菌群［(36±1)℃，48h］（MPN/100mL 或 CFU/100mL）		不得检出
15	嗜肺军团菌（CFU/200mL）		不得检出
16	铜绿假单胞菌（MPN/100mL 或 CFU/100mL）		不得检出
注：不适用于医疗类浴池。			

5.6 池 水 温 度

游泳池、休闲游乐池、文艺表演水池的水温是池水水质标准之一。但在标准中只规定了池水最低温度与最高温度的限值。在具体工程中，不同用途的游泳池、游乐池、休闲游乐池、文艺表演水池等如何选用，本节根据行业标准《游泳池给水排水工程技术规程》CJJ 122—2017 和《公共浴场给水排水工程技术规程》CJJ 160—2011，予以说明。

5.6.1 池水温度过低过高的弊病

这个问题我们将在本手册第 5.6.3 条作详细叙述。为了保证游泳者的健康安全和良好的环境状态，《游泳池给水排水工程技术规程》CJJ 122—2017 不仅规定的温水游泳池的最低水温，同时也规定的不同用途游泳池的最佳温度。

5.6.2 合理的池水温度

1. 池水温度与游泳池、游乐池的设置地点、所开展活动的种类、用途和服务对象有关。如竞赛用游泳池的池水温度，国际游泳联合会（FINA）有具体规定。游泳用游泳池与休闲游泳池不完全一样，幼儿、老年人及残疾人用游泳池因对水温较敏感，其池水温度与成人池水温度也不相同。

2. 游泳池的池水温度对于安全、舒适度、建筑结构及设施的维护、日常运行成本等方面都很重要。所以，为了保证游泳池高效运行，将池水温度和室内气温控制在合理范围内是很重要的。设计者应注意使其具有调节的可能。为此，对于不同游泳池的池水设计温度，宜按表 5.6.4～表 5.6.6 的要求确定，但应具有可调节的装置。

5.6.3 影响池水温度的因素

1. 平衡室内游泳池大厅内空气和池水的温度。如游泳池大厅的气温低于池水温度，则池水的蒸发量就会增大，能耗增加。而且游泳者出水面后有寒冷感觉；气温过高，游泳者入水会有闷热的感觉。因此空气温度应高于池水温度不宜超过 2℃。针对游泳池应尽量避免环境空气温度超过 30℃，否则环境质量就很差。

2. 游泳池大厅空气湿度低于 50％时，会增加池水的蒸发，不仅增加能源消耗，而且游泳者出水后蒸发快，有寒冷感觉；如空气湿度大于 70％时，则会产生冷凝水及游泳者有潮湿和闷热的不舒适感。设计中应与供暖空调专业密切配合。

3. 为去除池水产生的氯胺气味和其余消毒剂副产物和污染物，良好的通风是减少游泳者和工作人员呼吸不舒适的重要条件，但风速过大会使池水蒸发量增加。

4. 游泳池的用途在不断的增加，加之池水的体积较大，不可能在短时间内改变池水温度。因此，设计时要留有一定的余量，以适应使用中需调节的可能性。

5.6.4 室内人工游泳池的水温应符合表 5.6.4 的规定。

室内游泳池、游乐池的池水设计温度 **表 5.6.4**

序号	游泳池的用途和类型		池水设计温度（℃）	备　注
1	竞赛类	游泳池	26～28	含标准 50m 长池和 25m 短池
2		花样游泳池		
3		水球池		
4		热身池		
5		跳水池	27～29	—
6		放松池	36～40	与跳水池配套
7	专用类	教学池	26～28	含大专院校校泳池
8		训练池		指运动员训练
9		健身池		指水中有健身器
10		潜水池		专业培训
11		俱乐部	28～30	指成人泳池
12		冷水池	≤16	室内冬泳池
13		文艺演出池	30～32	以文艺演出要求选定

续表

序号	游泳池的用途和类型		池水设计温度（℃）	备　注
14	公共类	成人类	26～28	含大、中学校及社区泳池
15		儿童池	28～30	含小学校泳池
16		残疾人池	28～30	—
17	水上游乐类	成人戏水池	26～28	—
18		儿童戏水池	28～30	含青少年活动池、家庭亲水池
19		幼儿戏水池	30	—
20		造浪池	26～30	
21		环流河（漂流河）		
22		滑道跌落池（缓冲洗）		
23	其他类	多用途池	26～30	—
24		多功能池		
25		私人池		

5.6.5　室外游泳池、游乐池的池水温度应符合表 5.6.5 的规定。

室外游泳池、游乐池的池水温度　　表 5.6.5

序　号	类　型	池水温度（℃）
1	有加热装置	≥26
2	无加热装置	≥23

5.6.6　公共浴池和温泉浴池用水水温应符合表 5.6.6 的规定。

公共浴池和温泉浴池有关水温度　　表 5.6.6

序号	洗浴种类	水温（℃）	备　注
1	成人淋浴	37～40	浴前及浴后用
2	运动员淋浴	35	以冲洗为主
3	幼儿及儿童淋浴	35	—
4	热水浴池	40～42	包括温泉水浴池
5	温水浴池	35～38	
6	冷水浴池	7～13	桑拿浴配套之温池之一
7	药物水浴池	37～38	—
8	特殊浴池	按使用要求确定	—
9	温泉储热水箱	60	据温泉原水用
10	温泉调温水箱	40～45	据温泉补水用
11	烫脚池	45～50	—
12	洗脸盆、洗手盆	35～37	—

注：1. 浴池采用循环水系统时，补充水水温应与浴池使用水温一致。
2. 淋浴及洗脸盆、洗手盆采用双管供水时，配水点热水温度不宜低于 50℃，以防军团菌滋生。
3. 幼儿、儿童淋浴用应采用单管供给恒温热水，以防发生烫伤事故。

6 温泉水特性

温泉水是从地下自然涌出或人工抽取隐藏在地面以下深层位置受地温加热及长期浸泡，致使各种矿物质溶解在水中，使水中含有一种或多种具有一定医疗和养生效果的矿物质、微量化学元素和放射成分、温度不低于34℃未被污染的地下热水。它是受地域限制的一种地下热水，当把它用于洗浴、医疗，就成为人们所说的温泉水。

泡温泉是一种休闲、医疗防病、养生兼娱乐的沐浴方式。泡温泉是利用温泉水的浮力、水压和水温，让人体内的血液循环流畅，让人们在放松、无压力的情况下，帮助自律神经及脑血液的调整。同时，温泉水中所含的矿物质、微量元素可以调节人们皮肤皮脂的分泌，可以净化皮肤和改善瘙痒等问题。所以，人们喜欢泡温泉。然而随着人们生活水平的提高，人们对生活品质有更高的追求并崇尚天然温泉原汤。

温泉能辅助治疗部分疾病，有益健康。所以，全国各地都在大力发展温泉旅游，将泡温泉与文化、旅游相结合，使其成为深受欢迎的项目。为此，如何保证温泉的品质、丰富温泉养生文化、延续温泉产生健康发展、重视温泉水的消毒，是该行业开发、经营者应该重视的重要问题。

6.1 温泉命名及等级划分

温泉水的命名及其理疗水质标准，我国不同主管部门的标准均有所差别。

6.1.1 国家标准《天然矿泉水资源地质勘查规范》GB/T 13727—2016 表1的规定详见表6.1.1。

理疗天然矿泉水水质标准 **表6.1.1**

项　目	指　标	水的命名
溶解性总固体	＞1000mg/L	矿(泉)水
二氧化碳(CO_2)	＞500mg/L	碳酸水
总硫化氢(H_2S、HS^-)	＞2mg/L	硫化氢水
偏硅酸(H_2SiO_3)	＞50mg/L	硅酸水
偏硼酸(HBO_2)	＞35mg/L	硼酸水
溴(Br^-)	＞25mg/L	溴水
碘(I^-)	＞5mg/L	碘水
总铁($Fe^{2+}+Fe^{3+}$)	＞10mg/L	铁水
砷(As)	＞0.7mg/L	砷水
氡(^{222}Rn)/(Bq/L)	＞110mg/L	氡水
水温	＞36℃	温矿(泉)水

注：本表依据《天然矿泉水地质勘探规范》GB/T 13727—1992附录B医疗矿泉水水质标准略作修改，主要取消了锰、偏砷酸、镭、偏磷酸等4个意义不明或对人体有害的矿水类型。

6.1.2 国家标准《天然矿泉水资源地质勘查规范》GB/T 13727—2016 的规定详见表 6.1.2。

理疗天然矿泉水水质标准 **表 6.1.2**

序号	项　　目	指　　标	水的命名
1	溶解性总固体	>1000mg/L	矿（泉）水
2	二氧化碳（CO_2）	>500mg/L	碳酸水
3	总硫化氢（$H_2S \cdot HS^-$）	>2mg/L	硫化氢水
4	偏硅酸（H_2SiO_3）	>50mg/L	硅酸水
5	偏硼酸（HBO_2）	>35mg/L	硼酸水
6	溴（Br^-）	>25mg/L	溴水
7	碘（I^-）	>5mg/L	碘水
8	总铁（$Fe^{2+}+Fe^{3+}$）	>10mg/L	铁水
9	砷（As）	>0.7mg/L	砷水
10	氡（Rn^{222}）/（Bq/L）	mg/L	氡水
11	水温	>36℃	温矿（泉）水

6.1.3 行业标准《温泉旅游泉质等级划分》LB/T 070—2017 附录 A（规范性附录）的规定。

1. 温泉泉质等级划分，详见表 6.1.3-1。

温泉泉质等级划分 **表 6.1.3-1**

成　　分	医疗价值浓度（mg/L）	矿水浓度（mg/L）	命名矿水浓度（mg/L）	矿水名称
二氧化碳（CO_2）	250	250	1000	碳酸水
总硫化氢（H_2S）	1	1	2	硫化氢水
氟（F）	1	2	2	氟水
溴（Br）	5	5	25	溴水
碘（I）	1	1	5	碘水
锶（Sr^{+2}）	10	10	10	锶水
铁（Fe^{+2}、Fe^{+3}）	10	10	10	铁水
锂（Li^{+1}）	1	1	5	锂水
钡（Ba^{+2}）	5	5	5	钡水
偏硼酸	1.2	5	50	硼水
偏硅酸	2.5	25	50	硅水
氡（Bq/L）	37	47.14	129.5	氡水

2. 等级认定：该标准中还规定依据其化学成分和温度划分为三个等级。编者将其整理为如表 6.1.3-2 所示。

温泉等级认定标准 **表 6.1.3-2**

序号	认定要素		认定等级
	矿水温度	矿物质及微量元素含量	
1	≥25℃	符合表 6.1.3-1 中“医疗价值浓度”	温泉
2	>34℃	符合表 6.1.3-1 中“矿水浓度”	优质温泉
3	≥37℃	符合表 6.1.3-1 中“命名矿水浓度”	优质珍稀温泉
4	<25℃	符合表 6.1.3-1 中“医疗价值浓度”	冷泉
5		符合表 6.1.3-1 中“矿水浓度”	优质冷泉
6		符合表 6.1.3-1 中“命名矿水浓度”	优质珍稀冷泉
注：本表为编者对 LB/T 070—2017 第 4.3 条～第 4.8 条内容的整合。			

6.1.4 温泉泉质非特征性指标及其限值

行业标准《温泉水旅游泉质等级划分》LB/T 070—2017 附录 B（规范性附录）的规定，详见表 6.1.4。

温泉泉质非特征性指标及其限值 **表 6.1.4**

指标	限值（mg/L）	指标	限值（mg/L）
氰化物（以 CN^- 计）	≤0.2	滴滴涕	≤1.0
汞（Hg）	≤0.0001	六六六	≤0.06
砷（As）	≤0.05	四氯化碳	≤0.002
铅	≤0.05	挥发性酸类（以苯酚计）	≤0.005
镉	≤0.05	银离子合成洗涤剂	≤0.2

6.2 温 泉 水 的 分 类

6.2.1 按温泉水温分类，详见表 6.2.1。

温泉按水温分类 **表 6.2.1**

名称	中国（℃）	国际温泉学会（℃）	日本（℃）
冷泉	<25	<20	<25
微温泉	25～33	20～37	25～34
温泉	34～37	37～42	34～42
热泉	38～42	—	—
高热泉	>43	>42	>42

6.2.2 按温泉水酸碱度分类，详见表 6.2.2。

按温泉水酸碱度分类 **表 6.2.2**

序号	名称	氢离子浓度（pH）	序号	名称	氢离子浓度（pH）
1	酸性	<3	4	弱碱性	7.6～8.5
2	弱酸性	3.1～6.0	5	碱性	>8.5
3	中性	6.1～7.5	—	—	—
注：本表摘自日本资料。					

6.2.3 按温泉水质分类

1. 饮用天然矿泉水，水质应符合现行国家标准《饮用天然矿泉水》GB 8573 的规定。

2. 生活饮用矿泉水、水质应符合现行国家标准《生活饮用水卫生标准》GB 5749 的规定。

3. 农业灌溉用矿泉水应符合下列规定：

1）水质标准应符合现行国家标准《农田灌溉水质标准》GB 5084 的规定；

2）水温应为采暖供热等使用后的低温废弃的矿泉水。

4. 渔业用矿泉水应为低温矿泉水，水质应符合现行国家标准《水质标准》GB 11607 的规定。

6.2.4 按温泉水的颜色分类，详见表 6.2.4。

不同温泉成分温泉水的颜色　　表 6.2.4

颜　色	成　分	颜　色	成　分
淡褐色	硫酸钠	无色	放射性物质、弱盐化、硫酸钠、单出硫黄
淡绿色	硫酸铁		
赤褐色	铁	白色	硫磺、硫酸钙、酸性硫化氢、酸性硫黄泉
黄褐色	碳酸氢钠、碳酸氢钙镁		
灰色	硫化氢泉	青白色	酸性硫酸铝、酸性硫化氢、酸性硫黄泉
墨色	硫化氢泉		
黑	含碘或腐殖碳酸氢钠	青绿	强盐酸泉
青	硅酸盐	—	

注：本表引自“中国泳池温泉沐浴 SPA 行业资讯大全”2018 年总第 10 期《关于温泉开发和利用的综述》一文。

6.2.5 温泉水的医疗适应症详见附录 F。

6.3 浴用温泉水的卫生标准

6.3.1 行业标准《公共浴池水质标准》CJ/T 325—2010 中关于温泉水浴池水质标准的规定。

1. 温泉水浴池池水卫生检测项目和限值，详见表 6.3.1。

温泉水浴池水质卫生检测项目和限值　　表 6.3.1

序号	项　目	限　值
1	浑浊度（NTU）	≤1，原水与处理条件限值时为 5
2	耗氧量（mg/L，以高锰酸钾计）	≤25
3	总大肠菌群（MPN/100mL 或 CFU/100mL，36℃±1℃，24h）	不得检出
4	铜绿假单细胞菌（MPN/100mL 或 CFU/100mL）	不得检出
5	嗜肺军团菌（MPN/200mL 或 CFU/200mL）	不得检出

2. 温泉水浴池采用化学药品消毒剂对池水进行消毒时，应根据所采用消毒剂品种，按本手册第 5.5.1 条表 5.5.1 中相关消毒剂的限值检测其消毒剂的剩余浓度。

6.3.2　温泉水浴池系统水温应按表 6.3.2 要求确定

温泉水浴池系统水温　　表 6.3.2

序号	名称	温度要求（℃）	序号	名称	温度要求（℃）
1	温泉浴池	35～38	4	特殊浴池	按使用要求定
2	热水浴池	39～42	5	储热水箱	≥60
3	足浴池	40～50	6	调温水箱	40～45
注：特殊浴池指土耳其浴池、柏丝浴池、按摩浴池等。					

6.3.3　温泉浴入浴原则

1. 温泉浴能促进血液循环、加速新陈代谢、温泉水中的矿物质，微量元素可以透过表皮渗入人体肌肤。

2. 温泉浴入浴前应先淋浴，清洗人身表皮脏污，让干净的肌肤真正吸收温泉水中的矿物质、微量元素。使其进入到人的皮肤内，达到理疗目的。

3. 温泉水浴后也应淋浴清洗皮肤表层的温泉水残留，以防止干燥后的不舒适感。

6.4　温泉水的利用原则

6.4.1　矿（泉）水的利用应有天然矿（泉）水资源专门勘察报告，依法取得主管部门颁发的取水许可证，安全生产许可证等有效证件，并符合现行国家标准《天然矿泉水资源地质勘查规范》GB/T 13727 的规定。

6.4.2　温泉水应按照可持续性和科学发展的原则合理利用。

6.4.3　温泉水利用单位应设置计量仪表，检测水量和水温，计量仪表应按产品说明规定的使用周期进行标定或检定。

6.4.4　温泉水在不改变泉水成分的前提下，允许进行如下方式的利用：

1. 允许温泉水加温或降温应用。

2. 允许对温泉水进行科学处理后循环使用。

3. 温泉水浴池在对外开放使用时间段内，确保浴池内的温泉水符合相应泉质的水质标准。

6.4.5　温泉水不应作为淋浴、卫生冲洗及洗衣用水。

温泉水是具有较高的健身、水疗、康复等功能的稀少宝贵水资源，以淋浴、卫生、洗衣等仅作为洗净、冲洗等一次性用水、在人体上停留时间较短，达不到温泉水的辅助医疗功能，而且是一种资源浪费。

6.4.6　温泉水使用单位应按下列规定对温泉水质进行检验：

1. 温泉水水质检测单位应为国家法定单位。

2. 检验周期应遵守检验单位的规定。

3. 每次检验结果应在明显位置予以明示，使使用者及时了解温泉水水质。

7 池 水 循 环

池水循环是指游泳池、休闲游乐池应有良好的水力分配，保证经过净化处理后的水、补充的新鲜水，能够均匀地到达池子的每个部分和角落，同时有效地迁移出池内未被净化而受污染的池水，特别是游泳人员最多和污染最严重的地方。所以，世界卫生组织（WHO）建议“从池表面迁移出75%～80%（最严重污染的地方）的水量，其余的从池底迁移去除”，并做到池水表面平稳无波动，池内不出现短流、湍流、急流、漩涡流及死水区。

7.1 池水循环的意义

7.1.1 节约水资源

游泳池、休闲游乐池及文艺表演水池等池水容积较大，一个50m×25m×2m的标准泳池容积在2500m^3以上。如果不进行循环使用，为保证池水卫生、健康，而采用边补充新鲜水边排放部分被污染的池水，其水的消耗量难以承受。特别是稀缺的温泉水资源极为如此。这对我国匮乏的水资源来讲是不可取的。

7.1.2 减排环保

游泳池、休闲游乐池等在使用过程中，水中含有一定的污染微生物、细菌、化学药品残留副产物，如果排放天然水系统会造成天然水系统污染，对鱼类等水生生物的生长带来危害。

7.1.3 节约能源

游泳池、休闲游乐池等一般都是建造在室内的“恒温型”水池，为了保证池水的舒适度，对池水要进行加热（根据使用人群的体质不同，健身、活动形式不同，均有相应的温度要求，这一点我们在本手册第5章第5节已有详细规定）。如果不进行循环使用，而是一边排放一边对进水进行加热，就会造成巨大的能源浪费。

7.1.4 池水循环是池水循环净化处理系统中保证池水卫生达标的第一关键要素

1. 池水循环是保证人工游泳池等池能正常使用的支撑。它是利用水泵作为动力，使池水能在一个封闭的管道和各项设备内，与游泳池、休闲游乐池和文艺表演水池之间连续不断的流动。

2. 对游泳池等各种池内的进水合理分配，使池内的水流能达到有序而均匀的流动、不断流、无急流、无涡流、无死水区域。

3. 保证池水正常有序流动，在流动的过程中以达到将净化后的水均匀分配到池内每个部分，有序替换出池内尚未被净化的较脏的污水，使其进入池水净化处理系统的后续设备进行净化处理。

由以上所述三点可以看出：池水循环是保证池水卫生、健康、安全的第一个基本保证。所以，我们称它是池水循环净化处理系统的第一关键要素。

7.2 基 本 要 求

7.2.1 池水循环水力系统的组成

1. 动力和附属设施：循环水泵、游泳池给水口、回水口（溢流回水槽）、均（平）衡水池。

2. 池水净化设备：毛发聚集器、过滤器、辅助过滤装置。

3. 池水消毒设备：氯消毒设施、臭氧消毒设备、紫外线消毒设备等。

4. 池水加热设施：燃气热水器、电热水锅炉或热力网＋换热器、热泵、太阳能等。

5. 连接上述设备设施的管道及附配件。

6. 系统自动化运行及智能化监控设备。

7.2.2 池水循环系统应达到的目的

1. 确保池内水质卫生、健康，避免交叉感染。

2. 确保池内水质、水温均匀、舒适。

3. 确保池内水流平稳、通畅、均匀，不出现涡流、滞流和死水区。

4. 确保池内水溢流回水或溢流排水通畅均匀，不出现偏流、短流。

7.2.3 池水循环净化理论

池水净化处理是一个渐进过程，需要将池内的全部水量按照一定比例进行循环净化，经过若干个小时才能全部将其水中污染杂质清除一遍，从而使池水保持卫生、健康。所以，池水净化处理是建立在稀释原理的基础上的。

7.2.4 池水循环基本要求

1. 根据池子规模、用途、水质标准确定池水循环周期并计算循环水量。

2. 合理确定池子给水口、回水口位置，确保池内水流不出现短流、涡流及死水区，将净化后的洁净水均匀送入池内，有序更新迁移出尚未净化的池水。

3. 科学地确定池水循环方式，满足不同群体使用要求的水深，确保在使用过程中池水表面平稳、无波浪、池底无湍流和漩涡。

4. 池表面污染最严重的水，应能尽快予以溢流，并回收净化。为此池内水面应与池周边的溢流堰相平。并保证溢流水不溢流到池岸其他部位。

5. 池水给水口流量与回水口回水量应保持平衡。满足池水按规定循环速率正常运行。

6. 确保与循环水泵吸水管相接的回水口不发生游泳、入浴者被吸附伤害隐患。

7. 池内给水口、回水口、泄水口等应固定牢靠不出现任何松动。

8. 实现循环水泵自灌式吸水，并能进行水质设备运行的自动化或智能化控制。

7.2.5 上述 7.2.1～7.2.4 条的详细做法，将在后续各节中进行叙述和讨论。

7.3 系统分类及设置

7.3.1 按供水方式分类

1. 循环供水方式：将使用中被污染了的池水，连续不断地按设计规定的流量和流速，用循环水泵从池内或均（平）衡水池内抽出，依次送入降低水的浑浊度的过滤器，去除水中杂质；将过滤后的洁净池水送入加热设备然后再对池水进行加热；对加热后的池水进行水质平衡调整；对平衡后的池水进行消毒，杀菌，使循环水达到规定的水质卫生标准；最后再送回游泳池迁移出池内未被净化的污染水。按上述顺序进行净化处理，如此往复，使其全池内的水在规定时间内都经过一次净化处理的方式，称之为池水循环净化处理供水方式。

2. 直接供水方式：将天然原水经过净化处理后的成品水，按比例通过给水泵、管道从池内给水口送入池内，将池内被污染了的池水，按进入池内相应比例的水量，不断地排出池外，这种方式称为直流供水方式。这种供水方式在20世纪70年代前后，我国南方地区水源相对较丰沛的区域的露天游泳池有所应用。但由于排出的水中含有残余的化学药品及其副产物和一定的细菌，如排入天然水系会对其江、河、湖水造成污染不符合环保要求，本手册不推荐此种供水方式。

7.3.2 按供水系统分类

1. 净化循环系统：是一种既能保证供给符合水质标准的水，又能节约大量水资源、能源，减少排污，绿色环保可持续发展的系统，也是当今国内外普遍采用的游泳池给水系统。

2. 功能循环系统：为满足跳水池水面制波，按摩池水气喷射，文艺表演水池营造不同水景，游乐池中的游乐设施（如滑道、滑板润滑水及环流河推动河水流动等）及儿童池的卡通动物及玩具喷水等需要而设置的循环水系统，该系统的特点是直接从所在池内取水作为水源。

7.3.3 池水循环系统设置原则

1. 池水循环净化处理系统与池水功能循环水系统应分开各自独立设置，两者不应合并设置，以满足各自的功能要求。

2. 竞赛池、跳水池、热身池、训练池、专用池、大型公共游泳池、不同用途公共按摩池、文艺表演水池等，应分别设置各自独立的池水循环净化处理系统，以保证各自池水的有效循环、水温要求，互不干扰各自使用和方便管理。

7.3.4 休闲游乐池

造浪池、环流河、儿童池、戏水池、休闲池等大型池，应各自独立设置池水净化处理系统。由于游乐池、休闲池、温泉浴池等，种类和数量繁多。池子大小不等、使用对象和要求、池水循环周期、水温不尽一致，而且布局分散，因此建议设置独立的池水处理系统。

7.3.5 池水功能循环给水系统

功能循环水系统是为游乐设施的运行或游泳池特殊需要而设置的独立运行的专用系统，功能循环水泵是分别从各自的池中取水送至各自设施的供水入口处。功能循环水系有如下几种类型：

1. 跳水池池面制波系统，包括气制波和水制波两种系统。

1）池底喷气水面造波和安全保护气浪系统可以合并设置，但两者应分别设置各自的控制装置，以适应不同运行操作的要求。

2）池面喷水制波应与池底气制波系统分别设置。

2. 游乐池

1）各种形状滑道及滑板润滑水、造浪池的造浪水、环流河的推流水等，应设置各自独立的功能循环给水系统；

2）游乐池的卡通动物喷水、玩具水枪、水伞、水车叠流盘、翻斗跌水乐、水蘑菇、鸭嘴水幕及水帘等，应根据分布位置、数量、水量、水质等情况可组合成一个或数个独立的功能循环水给水系统；

3）游乐池设有瀑布、喷泉、水幕时，应各自独立设置功能循环给水系统；

4）文艺表演水池的背景水景，应根据表演剧情要求设置多个功能要求不同，如喷水、水帘、水幕、水滴、水泡等不同形式，各自独立运行的循环水系统。

3. 休闲设施池

1）大型公共休闲设施池设有多种功能系统，如水疗按摩喷头、气-水混合按摩喷头、各种水力冲击喷头等，每种功能系统的循环水管道应分开各自独立设置，以满足各自水压和流量的要求；

2）大型休闲设施池设有气泡浴时，其供气系统应独立设置；

3）旅馆客房、家庭浴房用按摩池（浴缸）的气-水混合按摩供应系统允许供气与池水净化循环给水系统合用，但供气管应独立设置。

7.4 池 水 循 环 方 式

池水循环方式是指池内进水（给水）与出水（回水）在池内流动的方式。科学地讲就是要解决好从池内什么部位取水（回水）进行净化处理，再将净化处理后的水从池子的什么部位均匀地送入池内。替换出池内尚未净化处理的水，使其进行净化处理后再送入池内如此往复的过程。

7.4.1 基本要求

经过净化处理后的池水应能均匀地被分配进入到池内各个部位，并使池内尚未净化的池水均匀有序的被替换、更新排出，进入池水净化处理系统，目的就是使池内的水全部获得交换，为此要做到如下几点：

1. 从水力学技术角度仔细分析，科学合理地布置好池内给水口和回水口位置，应确保满足下列要求：

1）进水口和回水口的水流量在规定流量下的平衡；

2）被净化处理后的池水能在池内分布均匀，有序流动，不出现短流、涡流和死水区；

3）防止一部分池水水流较快，另一部分池水水流较慢，造成池内水质不均匀。

2. 应满足池水循环水泵自灌式吸水，以利于池水循环净化处理系统的自动化运行。

3. 应保持水池周围环境卫生，避免池岸污染进入池内。

4. 方便池内给水口、回水口、泄水口及循环水管道及附配件的施工安装和使用过程中的维护与管理。

7.4.2 顺流式池水循环方式

这种方式就是将全部循环水量，经设在游泳池端壁或侧壁的池水面以下的给水口送入到游泳池内，再由设在游泳池底的回水口，经由循环水泵抽吸，送入过滤器去除回水中的杂质，降低回水的浑浊度，并对过滤后的循环水进行加热、水质平衡和消毒处理后，再送回游泳池内继续使用的一种水流组织方式。池底回水口不得少于 2 个，且回水口应有一定间距，以防止被游泳者或其他东西堵塞，减小循环水量影响池水水质。2 个回水口不得串联，以防止回水量不均匀。这种循环方式虽造价低，以及使大部分池水能得到有效循环，但仍有一小部分池水如进水口下部的池水不能有效循环，池内会有死水区产生，从而造成池内水质和水温不均匀。

1. 侧壁进水型，如图 7.4.2-1 所示：从游泳池的两个侧壁或一个侧壁上的给水口进水，给水口间距宜为 2.5～3.0m，给水口出水水流速度不应超过 1.0m/s。游泳池长度超过 50m，如为双侧壁给水，回水口数量以图 7.4.2-1 所示 4 个为佳，但不得少于 2 个，回水口居中设置。

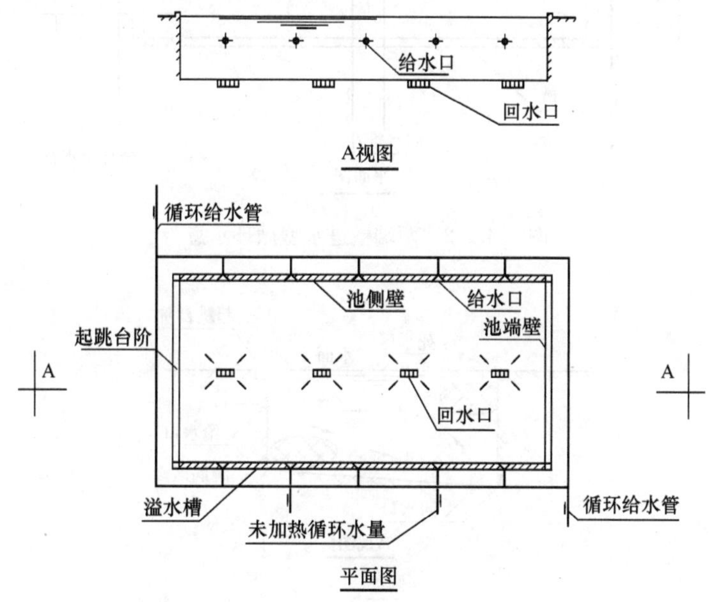

图 7.4.2-1 侧壁进水型循环示意

2. 端壁进水型，如图 7.4.2-2 所示。从游泳池两端壁上的给水口进水，由游泳池中间回水，以保证给水口至回水口的水流流程一致，一般适宜用于长度小于或等于 50m 的公共游泳池、休闲游泳池、露天及季节性拼装游泳池。

这种给水形式的游泳池，池底回水口不得少于 2 个。为了保证每个回水口的流量基本一致，两个回水口的接管不得串联，而应采用本手册第 7.10 节各种接管所示的并联方式。在以往的设计中，有采用在中间设置与两端壁相平行的排水沟，回水管仅从一端接出，在调试过程中则出现靠近接管端回水沟出现旋流现象，无接管端回水沟水面很平静，无水流波纹出现，证明此端回水极难进入回水管，造成回水出现短流和回水极不均衡。

3. 浅水端壁给水深水端回水型，如图 7.4.2-3 所示。从游泳池的浅水端壁上的给水口进水，由深水端池底或端壁底回水，回水口不得少于 2 个。这种形式一般适宜用于池子长度小于或等于 25m 中小型游泳池，如社区游泳池、中小学校游泳池或一般性社团游泳池。端边不设起跳台阶时，沿游泳池四周设溢水槽这种方式将浅端脏水经过深端回水，造成污染转移是不恰当的，布水同样存在死水区和回水区局部位置有死水区现象。

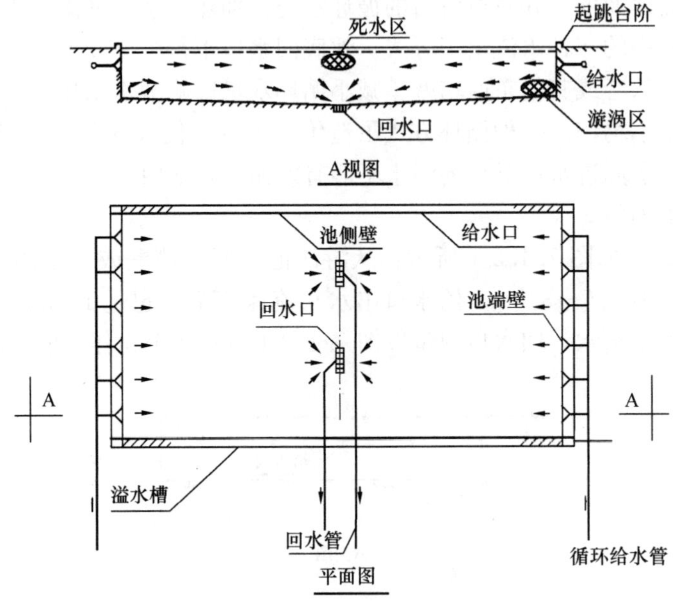

图 7.4.2-2　两端壁进水型循环示意

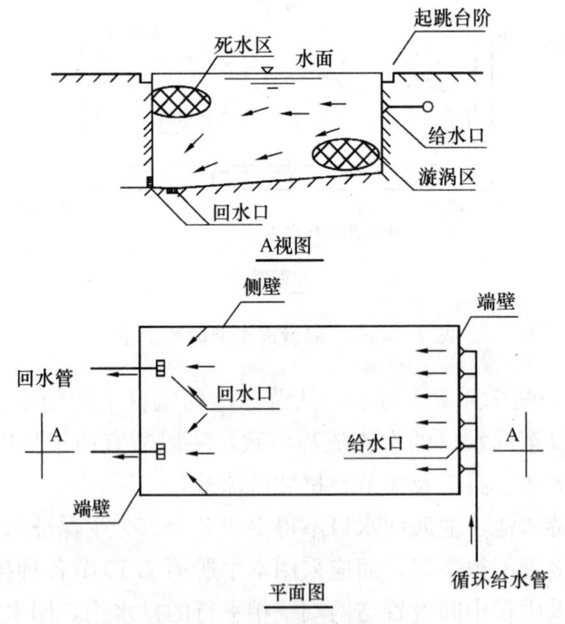

图 7.4.2-3　浅水端进水型循环示意

4. 池底端壁给水型，如图 7.4.2-4 所示。这种形式是从深水端靠近池底处的端壁上的给水口向池内进水，由浅水端的溢水槽回水，可以适应浅水端游泳人数多、池水受污染较严重，对于尽快去除池面漂浮污染杂质较有效。适宜短池（池长小于或等于 25m）采用这种形式在国内使用实例较少，据资料介绍，在欧美国家有采用实例。

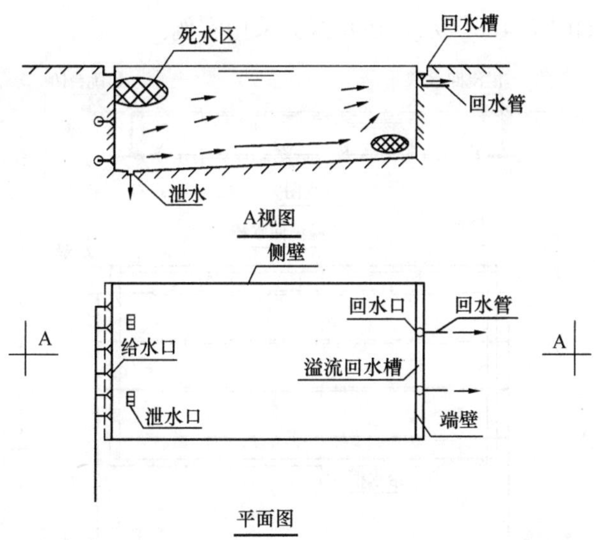

图 7.4.2-4　池底一端给水型循环示意

7.4.3　逆流式池水循环方式

游泳池的全部循环水量，经设在池底的给水口或给水槽送入游泳池内，池水回水经池壁溢流堰溢流进入设在紧邻池壁外侧的溢流回水槽，溢流回水通过设在槽底的溢流回水口，汇入回水管，重力流入均衡水池，循环水泵从均衡池吸水送入过滤器去除回水中的杂质，降低回水的浑浊度，并对滤后循环水进行加热，水质平衡和消毒等处理后，再由池底给水口或给水槽送回游泳池继续使用的一种水流组织方式。

1. 这种循环有如下优点：①能有效去除集聚在池水表面脏污杂质，能满足将净化过的水送到游泳池的每个部位和从他的表面排除受污染最严重的表面水 75%～80%的水量；②池底均匀布置给水口能满足池内水流均匀，防止出现涡流、短流和死水区等现象；③能均匀有效地使被净化处理的洁净水有序交换、更新池内尚未进行再次净化处理的水，提高池水净化处理效果；④保证不同水层、不同部位的池内水质（洁净度、消毒余量、pH 值和水温等）均匀；⑤能有效消除游泳池产生的波浪对游泳者的干扰。因此，竞赛游泳池、训练游泳、高档宾馆和俱乐部（会所）游泳池宜采用这种循环水流组织方式。但这种循环方式建设费用较高，管道施工安装和维护较困难。

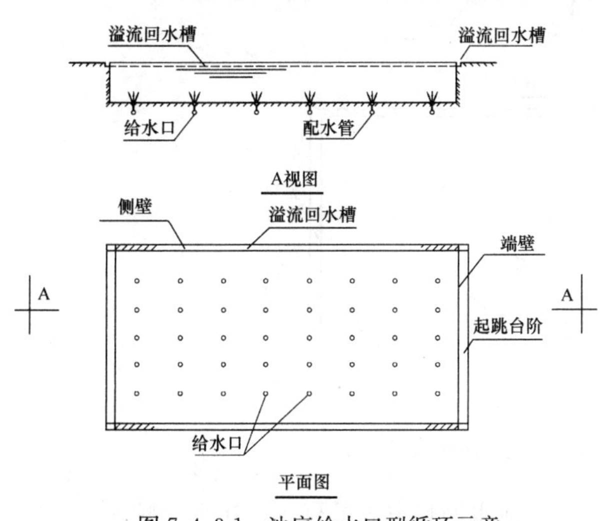

图 7.4.3-1　池底给水口型循环示意

2. 这种循环方式有如下缺点：①池底可能存在死水区；②造成池底有积污存在。

3. 池底给水方式。

1）池底给水口型如图 7.4.3-1 所示。这种方式在我国目前采用比较普遍。

2）池底给水槽如图 7.4.3-2 示，在我国无采用实例。

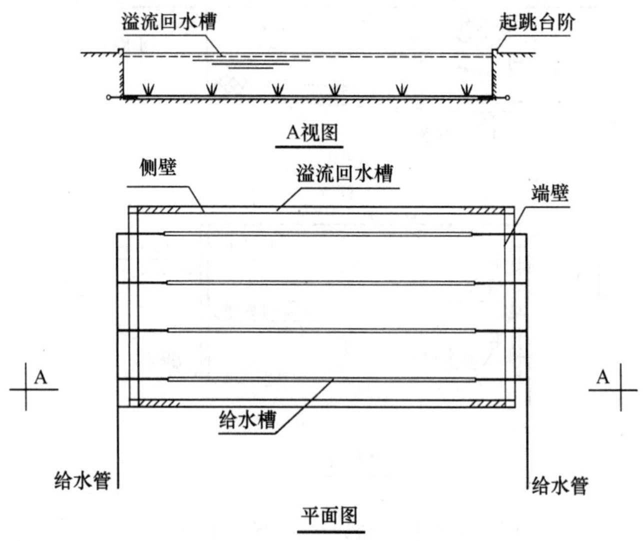

图 7.4.3-2 池底给水槽型循环示意

7.4.4 混流式池水循环方式

1. 混流式池水循环方式如图 7.4.4 所示。这种形式是将游泳池的全部循环水量，经设在游泳池底的给水口或给水槽送入游泳池内，而将 75%～80%的循环水量从紧邻游泳池侧壁外侧的溢流回水槽取回，另外 20%～25%的循环水量从游泳池底回水口取回，并将这两部分的循环水量合并在一起送入过滤器去除回水中的杂质，降低回水的浑浊度，并对过滤后的循环回水进行加热、水质平衡和消毒处理后，再经池底给水口或给水槽送回游泳池继续使用的循环水流组织方式。

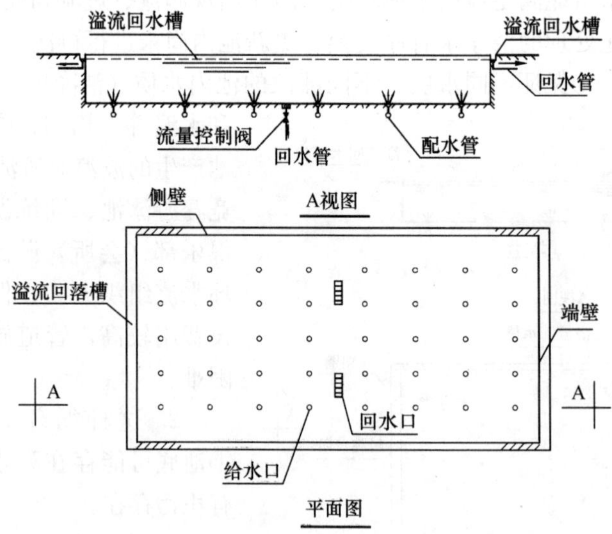

图 7.4.4 混流式池水循环示意

2. 这种池水循环方式优点：①具有逆流式池水循环方式的优点，还具有顺流式池底回水能依靠水流冲刷并带走池底部分沉积污物；②确保全部池水有序流动，不存在死水区；③是比较科学的池水循环方式，应在工程中推广采用。

为了保证水量的分配，一般从池底回水应采取对流量进行控制的措施，如在池底回水管上安装流量控制阀或专用回水泵等，以确保回水量符合设计要求。池底回水口也不应少于2个。总之，要确保给水口的流量与回水口的流量的相互平衡，并按设计的循环速率工作。

7.4.5　循环方式的选择

1. 游泳池的池水循环方式应优先选用混流式和逆流式，它既能确保池内水质和水位稳定，又能有效地保证池内水质卫生条件均匀。

2. 季节性室外露天游泳池宜采用顺流式池水循环方式，能节约建设及运行成本。

7.4.6　温泉水浴池池水循环方式

1. 特殊温泉浴池（如住宅、旅馆客房及医疗等）允许采用直给水直排水方式，并满足如下要求：

1）不设置独立的浴池水净化处理系统；

2）一次性使用温泉浴池，将符合使用温度要求的温泉水，直接送入温泉浴池，供入浴者使用。

2. 公共温泉浴池应优先采用混流式或逆流式循环供水方式。

3. 室外公共温泉浴池宜采用顺流式池水循环方式。

7.5　游泳、戏水及入浴负荷

游泳负荷就是指为了保证游泳者在游泳池内的活动达到既舒适又安全的前提，在开放使用的任何时间内允许在游泳池内容纳的最多人数。所以，游泳负荷是计算游泳池中游泳人数的方法。因此，管理经营者要掌握最大游泳负荷，使其在池内的人数不超过计算规定。但是在实际运营中，经营者出于回收投资和运营成本的需要，往往都会超负荷运行。这种状况在建设和谐社会、关注民生的当前应该予以限制。世界卫生组织（WHO）《游泳池、按摩池和类似水环境安全指导准则》2006年版本规定：“对于新建游泳池，在设计阶段应计算池子的游泳负荷”。

7.5.1　游泳负荷的确定因素

1. 应保证游泳者的游泳或健身活动所需要的最小空间和安全。

2. 池水深度越深，游泳的空间越大，游泳者所需要的面积也就越多。

3. 舒适程度，面积越大游泳不受他人干扰、活动自然少受限制，则就越舒适。

4. 游泳池的类型与活动内容。竞赛用、训练用、潜水用及特殊专用游泳池则应符合相关赛事或特殊要求之规定等。

我国上海市2005年7月发布的《上海市游泳场所开放服务规定》和北京市2006年10月发布的《北京市体育运动场所经营单位安全生产规定》及国家标准《水上游乐设施通用技术条件》GB 16168—2017等都对游泳池或水上游乐设施的使用人数作了具体规定。行业标准《游泳池给水排水工程技术规程》CJJ 122—2017按照上述规定，并参考美国、英国、澳大利亚及世界卫生组织（WHO）等国家及组织的规定和建议，提出了我国游泳池设计及运营时应遵守的游泳负荷指标。

7.5.2 游泳、戏水、入浴负荷

1. 游泳、戏水、入浴等负荷是指在游泳池、游乐池、公共浴池等池水中，允许同时容纳的人数。

2. 限定人数的目的：

1）确保游泳者、戏水者、入浴者在池内有足够的活动空间，以达到健身、戏水的目的；

2）确保人们的安全，防止出现不合理的碰撞而发生不必要的纠纷；

3）保证池内水质在开放期间能任何时刻符合规定的卫生标准；

4）能满足池岸上的安全救护员准确辨认人们在池水中的动作有无异常而需要进行救护。

7.5.3 游泳负荷

将行业标准《游泳池给水排水工程技术规程》CJJ 122—2017 关于游泳池游泳负荷之规定摘录如表 7.5.3 所示，供设计和使用经营者应用。

1. 游泳池的设计游泳负荷应根据水面积、水深、舒适程度、使用性质、安全卫生、水净化系统运行状况和当地条件等因素，宜按表 7.5.3 计算确定。

每位游泳者最小游泳水面面积定额 **表 7.5.3**

游泳池水深（m）	<1.0	1.0～1.5	1.5～2.0	>2.0（3.0）
人均游泳水面积（m^2/人）	2.0（2.2）	2.5（2.7）	3.5	4.0

注：1. 本表数据不适用于跳水池、潜水池。
2. 括号内数字是世界卫生组织的建议数据。

2. 按本手册第 7.5.3 条规定计算出的游泳负荷是指同时在游泳池内水中的人数的最大限值，池岸上的人数如何确定，由经营者根据池岸面积自行掌握。但据有关资料介绍，池岸上等待游泳和休息的人数不得超过允许池内最大容纳人数。即使是炎热的夏季和节假日游泳旺季也应遵循这一原则。

3. 跳水游泳池和滑道跌落池，为了防止跳水者碰撞危险的出现，应严格按同时使用人数进行限制。美国标准 ANSI/NSPI • 2003 中第 6 章表 3 中规定，每板不小于 27m^2。

4. 竞赛游泳池赛后对公众开放，如设池底垫层板或可升降池底板时，则按不同水深分别计算游泳负荷。

7.5.4 游乐池戏水负荷

1. 游乐池的种类繁多，每座游乐池所设置的戏水、游乐设施均不相同，游乐设施的惊险安全程度也不一致，如滑道设施分别有倾角 45°，高度达 20m 的直线型滑道；倾角较小的全封闭和敞开型螺旋滑道；高度较低的儿童，家庭型的滑板等，又如造浪池设有不同水深的浪高达 0.6～1.0m 的造浪深水急浪区和消浪的浅水区，其安全风险均不相同。为确保每位游乐者、戏水者的安全。根据现行国家标准《水上游乐设施通用技术条件》GB 18168 和世界卫生组织的建议，行业标准《游泳池给水排水工程技术规程》CJJ 122—2017 根据游乐设施的活动功能，趣味性和安全风险程度，规定了部分游乐池的人均活动所需最小水面面积，实践证明是可行的，安全的。

2. 游乐池的设计游泳负荷应根据设施的安全要求、活动功能及趣味性等因素，宜按表 7.5.4 计算确定。

游乐池人均最小水面面积定额 **表 7.5.4**

游乐池类型	造浪池	环流河	休闲池	按摩池	滑道跌落池
人均游泳水面积（m^2/人）	4.0	4.0	3.0	2.5	按滑道高度、坡度计算确定

7.5.5 休闲池入浴负荷

1. 公共浴池指热水浴池（按摩池）、药物浴池和温泉浴池三种类型。

1）公共热水浴池允许设置各种水疗按摩装置及气-水混合按摩装置；

2）温泉水浴池和药物水浴池是浸泡型浴池，不宜设置空气按摩装置；

3）如果设置空气按摩装置，应设置预防和抑制军团菌的措施，并定期检测。

2. 入浴者负荷

1）只设按摩喷头的浴池，每位入浴者最小占有水面面积，不应小于 1.0m^2；

2）设有浴床的浴池，按浴床数量确定。

7.5.6 文艺表演水池由舞台工艺专业公司和演出公司确定。

7.6 温泉休闲池供水方式

7.6.1 直接给水方式

1. 间断直流式：将符合入浴者要求的温泉水，一次性直接充满温泉浴池（缸），供入浴者泡汤一定时间结束后，予以直接或收后集中排放的方式。一般适用在住宅，旅馆客房及特殊要求的房间设置温泉浴池（缸）。

2. 连续直流式：将符合入浴者要求温度的泉水，一次性充满浴池，此后再按一定比例将温泉水连续向浴池供应，可按该比例将池内使用过的温泉水连续溢流排出的方式，确保池内温泉水成分、温度不受入浴者的使用而改变。这种方式适应于温泉水资源特别丰沛的地区的公共温泉浴池，但目前尚无此种供水比例的参数可供使用。

3. 适用条件：

1）温泉水资源丰富的地区；

2）温泉水洗浴中心有特殊要求的使用者；

3）应取得当地温泉水水资源主管部门的批准。

7.6.2 循环式给水方式

1. 温泉水资源有限的地区，为节约有限的温泉水资源和保护资源，本手册推荐在温泉浴池供水方式中采用循环净化供水方式。

2. 循环式温泉浴池温泉给水方式

1）循环式给水系统如图 7.6.2-1 所示。

2）温泉浴池循环式给水系统，如图 7.6.2-2 所示。

（1）温泉水调蓄水池（箱）

① 容积应根据温泉井的小时出水量和各种温泉水浴池的总容积计算确定。

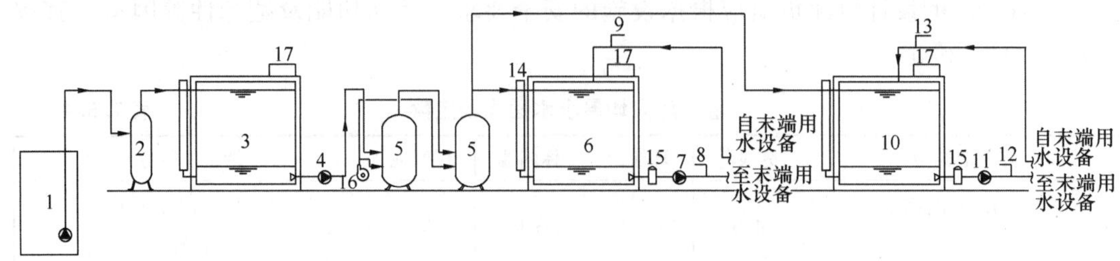

图 7.6.2-1 循环式给水系统组成示意

说明：1—温泉原水井；2—旋流除砂器；3—调节水箱；4—原水处理水泵；5—过滤器；6—高温水箱；7—高温水输送泵；8—高温水输送管；9—高温水输送回水管；10—低温水箱；11—低温水输送泵；12—低温水输送管；13—低温水输送回水管；14—水位计；15—毛发收集器；16—反冲洗气泵（可选）；17—人孔

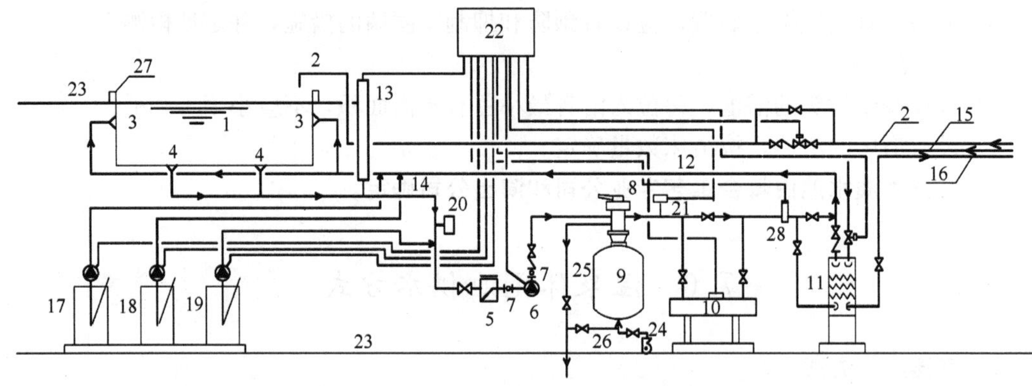

图 7.6.2-2 温泉浴池循环式给水系统组成示意

说明：1—温泉水浴池；2—温泉水补水管；3—温泉浴池给水口；4—温泉浴池回水口；5—毛发聚集器；6—循环水泵；7—软接头；8—多项控制阀；9—过滤器；10—紫外线消毒器；11—板式换热器；12—循环给水管；13—水位传感器；14—循环回水管；15—热媒给水管；16—热媒回水管至温泉调温池；17—长效消毒剂投加装置；18—pH 值调整剂投加装置；19—混凝剂投加装置；20—水质监测控制器；21—浊度计；22—集中控制盘；23—地面；24—风泵；25—反冲洗排水；26—泄空管；27—温泉浴池池堰；28—温控计

② 当温泉水原水水温高于 65℃时：

a. 应采用降温措施，但还应采取池内水温不低于 55℃的维温措施；

b. 降温的余热应充分予以回收，作为后续工序供水池的维温热源。

③ 当温泉水原水温度低于 45℃时：

a. 应采取加温措施，以确保池内水温不低于不滋生军团菌的 55℃；

b. 加温可采用辅助热源经板式换热器或空气源泵等方式进行。

④ 温泉水蓄水池不宜少于 2 座，以方便对蓄水池进行清洁，卫生处理。

⑤ 应设置转输水泵，为后续工序调温水箱转输温泉水。

（2）调温水池（箱）

① 容积按各种温泉浴池总容积确定。

② 池（箱）内水温一般宜为 45℃。

（3）温泉水供水水池（箱）

① 容积按高温温泉浴池总容积和中温温泉总容积分别计算确定。

② 高温温泉供水池（箱）内水温一般宜为 42～45℃；中温温泉供水池（箱）内水温宜按 37～39℃确定。

③ 高温及中温的供水箱池应分区各自独立设置。

（4）水池（箱）材质

① 采用钢筋混凝土材质时，应内衬 S31603 不锈钢。

② 采用不锈钢材质时，池外壁应有保温措施。

3. 温泉水浴池的池容积不超过 6.0m^3 时，其池水水质、水温、循环周期及使用功能相同时，允许不超过 3 座此类温泉水浴池共用一套池水净化处理系统，并应符合下列规定：

1）宜设置均（平）衡水箱，收集各座温泉水池回水，确保循环水泵吸水均衡；

2）各座温泉水浴池均应设置各自独立的循环水管道系统。

4. 每座温泉浴池、热水浴池、均应设置各自独立的池水循环净化处理系统，以确保水质卫生和方便维护管理。

5. 温泉浴池不宜设置具有各自按摩功能的气-水喷射系统。

温泉浴池内水温一般在 36～42℃范围内，是滋生军团菌的最佳范围，如设置气-水喷射系统，会使池内水中出现气泡，而该气泡上升到水面而破裂，造成军团菌四处飞溅，会使入浴者吸入体内，从而带来健康危害。

6. 温泉浴池循环水管道

1）池水循环管道应以不小于 0.2%的坡度坡向池水过滤设备，并确保坡度均匀和不出现起伏造成管内出现滞水；

2）管材、管件、阀门、附件及计量装置等应为耐温泉水、各种化学品药剂、耐高温耐低温和不对温泉水产生二次污染的材质。

7. 与温泉水浴池回水口直接连接的循环水泵吸水管上，应设置真空安全释放阀或防抽吸安全装置，以确保入浴者的安全。

7.6.3 休闲设施池池水循环净化处理系统，应与功能循环水系统分开设置，并应符合下列规定：

1. 设有多种功能系统，如水力喷头按摩系统、气泡按摩系统，气-水混合按摩系统、水力冲击按摩系统等时，各种功能系统均应分开各自独立设置。

2. 每种功能按摩系统，应在该处池岸上设置触摸型延迟控制开关，以供入浴者自行开关使用。

3. 水疗按摩喷头的按摩水泵的水源取自同一水疗池。

4. 池水循环净化处理系统，应在池水循环管上设置水质取样装置。

7.6.4 休闲设施池应设置下列安全防护装置：

1. 每座水疗池应在临近 1.5m 范围内明显位置处设置紧急停止循环水泵的电动按钮，以便安全巡视人员发现入浴者出现非正常状态时，能立即关闭循环水泵。

2. 各种水力、气体、喷水等按摩装置，均由入浴者本人操作使用，他们均浸没在池水中，是带水操作，为防止出现使用时的电击安全事故发生。所以，均应在设置处的池岸设置符合下列要求的触摸开关：

1）应有明显的识别标志；

2）应具有延时功能；

3）应使用12V的安全电压；

4）应具有IP68的防护等级。

3. 溢流式循环供水水疗池，为确保循环水泵安全运行，确保水疗池正常供水，防止池水水位过快下降，应采取下列措施：

1）采用撇沫器溢流式循环供水系统，应设置池水调节罐，调节罐的容量按每平方米池水面积100L计算确定；

2）采用溢流水槽循环供水系统时，应设置均衡水池，均衡水池的有效容积按工作循环水泵5min的流量计算确定，且不得小于系统设备、管道、设施等容积的总和；

3）顺流式循环供水系统的热水水疗池，应设置补水水箱，补水水箱容积不宜小于2.0m^3。

7.7 循 环 周 期

7.7.1 定义及重要性

1. 定义

池水循环周期就是每座游泳池、游乐池、休闲池及文艺表演池等池内全部设计容积的水量，通过水泵抽吸、经过水过滤净化、加热维温、消毒杀菌等工艺工序处理一次后，再送回相应池内，供游泳者、戏水者、入浴者及文艺表演者继续使用所需要的时间。

2. 重要性

1）池水循环周期的长短决定了池水循环流量的大小和每日需要进行循环净化处理的次数，池水循环流量的大小，决定了池水循环净化处理系统工艺各工序中设备的容量大小和设备投资的费用；

2）池水循环周期的长短决定了池水水质的卫生、健康与安全性。

3. 影响因素

1）池水洁净程度（即混浊度）要求和池水消毒方式；

2）池子的使用性质：竞赛用途、专业培训用、公共健身用、休闲娱乐用、私人用及专业和公共兼用等；

3）使用负荷：同时在池内活动的人数；

4）池水循环净化处理系统运行情况；

5）环境：即室内池还是室外露天池等。

7.7.2 游泳池、游乐池循环周期

1. 行业标准《游泳池给水排水工程技术规程》CJJ 122—2017对不同使用对象的游泳池的池水循环净化处理的周期作了较详细的规定，现摘录于表7.7.2供设计选用。

2. 在同一座游泳池有两种甚至两种以上不同用途、不同水深分区时，一般各分区水深的游泳负荷不同，浅水区游泳人数较多，池水被污染的较快。为保证池水水质卫生，不产生交叉感染，则应针对不同的池水水深区域分别按本条表7.7.2规定确定池水循环周期。

设有可升降池底板的游泳池，因池底升降可形成多个不同水深的游泳池，根据世界卫

生组织（WHO）《游泳池、按摩池及类似水环境用水卫生准则》（2006 年版）中特别指出：“设有升降活动底板的游泳池，池水循环净化的周期，应按泳池最浅深度进行计算”。这是为了保证底板上下的水质卫生均匀。

3. 据了解，自 2008 年北京奥运会后新建的游泳池（馆），如上海 2010 年世锦赛、广州的亚运会游泳赛、深圳的世界大运会游泳赛等游泳池等赛后运行实践证明，都在超负荷运行，特别是节假日超负荷较为严重。为了满足广大游泳者、戏水者的健身、休闲的要求和他们的卫生健康，行业标准《游泳池给水排水工程技术规程》CJJ 122—2017 对不同游泳池、游乐池的池水循环净化周期进行了细化和参数修改，但本手册建议在条件允许的情况，设计应尽量按表 7.7.2 规定的下限取值。

游泳池、游乐池池水循环周期 **表 7.7.2**

游泳池和游乐池类型			使用有效池水深度（m）	循环次数（次/d）	循环周期（h）
竞赛类	游泳竞赛池（L=50m；L=25m）		2.0	8～6	3～4
	花样游泳竞赛池（含训练池）		3.0	6～4.8	4～5
	水球竞赛池及竞赛用热身池		1.8～2.0	8～6	3～4
	跳水竞赛池（含训练池）		5.5～6.0	4～3	6～8
	跳水池配套用放松池		0.9～1.0	80～48	0.3～0.5
专用类	训练池、教学池、健身池		1.35～2.0	6～4.8	4～5
	潜水池		8.0～12.0	2.4～2.0	10～12
	残疾人池、社团池		1.35～2.0	6～4.5	4～5
	冬泳池		1.8～2.0	6～4	4～6
	私人泳池		1.2～1.4	4～3	6～8
公共类	成人池（含大学生泳池、休闲池）		1.35～2.0	8～6	3～4
	成人初学池、中学校池、社区池		1.2～1.6	8～6	3～4
	儿童池（含小学校池）		0.6～1.0	24～12	1～2
	多用途池、多功能池		2.0～3.0	8～6	3～4
游乐池类	成人戏水、休闲池		1.0～1.2	6	4
	儿童戏水池（含家庭戏水池）		0.6～0.9	48～24	0.5～1.0
	幼儿戏水池		0.3～0.4	＞48	＜0.5
	造浪池	深水区	＞2.0	6	4
		中深水区	2.0～1.0	8	3
		浅水区	1.0～0	24～12	1～2
	滑道跌落缓冲洗		1.0	12～8	2～3
	环流河（漂流河）		0.9～1.0	12～6	2～4
文艺表演水池				8～10	

注：1. 池水循环次数按游泳池和游乐池每日池水循环净化处理系统每日运行时间与循环周期的比值确定。
2. 多功能游泳池按最小使用水深要求确定循环周期。

7.7.3 休闲设施池循环周期

1. 休闲设施池包括热水池、温泉水池及药物水池等。其种类繁多，大约可达百种之多，因其服务对象不同，会使浴池的水容积不一致。加之水疗池的水温较游泳池、游乐池要高，故应分别予以确定。

2. 单座水疗池的池水循环周期，应根据服务对象、池水容积、池水温度、消毒方式及净化系统运行情况，按行业标准《公共浴场给水排水工程技术规程》CJJ 160—2011 中的下列规定确定。

1）池水容积小于及等于 6.0m^3 时，按 0.3h 计；

2）池水容积为 6.0～10.0m^3 时，按 0.5h 计；

3）池水容积为 10.0～15.0m^3 时，按 1.0h 计；

4）池水容积为 15.0～20.0m^3 时，按 1.5h 计。

3. 池水净化处理的理论基础是建立在稀释理论基础上。循环周期的长短影响着池水浑浊度的降低程度，即池水的透明度（也称清晰度）。而且要满足这一要求是需要系统连续不断地运行一个过程。这说明池水循环周期越短，池水净化处理越频繁，池水的透明度越有保证。这也充分说明循环周期的确定在工程设计中的关键作用。

4. 循环周期决定了池水的循环流量，而池水循环流量的大小直接影响了池水循环净化系统各工艺工序的设备容量，即均（平）衡水箱（可选）、循环水泵、过滤器、消毒设施、加热设备、管道及管件、控制设施及设备机房等。而当这些则会对投资费用产生影响。所以，循环周期是池水净化处理系统设计的重要参数，选用时一定要综合比较后确定。

5. 世界卫生组织（WHO）《游泳池、按摩池和类似水环境安全指导准则》（2006 年版）中要求游泳池池水浑浊度指导值为 0.5NTU。在实际工程设计中，应按下列原则确定池水循环周期：

1）过滤设备过滤介质为颗粒石英砂，并配有辅助混凝装置时，宜选用下限值；

2）过滤设备过滤介质为硅藻土时，因其过滤精度高，故可以选用上限值；

3）公共游泳池休闲设施池，游乐池等，因其人数负荷较大，因其水中人数较多，在旺季多有超负荷现象出现，故宜选用下限值；

4）专业类游泳池因其人数负荷相对稳定，可以选用上限值；

5）筒式（纤维、纸芯）过滤器，宜选用下限值；

6）在同一座游泳池内如有不同水深时，在较浅水区域由于游泳人数较多，水质污染快，故应取下限值。在深水区域，由于游泳人数相对较少，故可取上限值。即不同的水深采取不同的循环周期。

7.7.4 国际泳联（FINA）最新版关于赛时对池水循环、水温等涉水的规定，详见本手册附录 D。

7.8 循环水流量

7.8.1 池水净化循环流量

1. 循环流量就是将游泳池内全部水量按一定比例用水泵从池内抽出，经过全部管道和水净化设备处理系统到游泳池往返的水流量，也有称其为循环速率。

2. 循环流量与本手册第 7.7 节所述循环周期关系密切，它们共同为确定游泳池循环水系统循环水泵、过滤设备、配套设施和管道容量、规模和系统净化能力的依据。也关系到池水净化效果、工程造价和投入使用后运行成本。因此，设计一定要根据工程实际合理确定池水的循环周期和循环速率。

3. 循环流量的计算方法

1）行业标准《游泳池给水排水工程技术规程》CJJ 122—2017 第 4.5.1 条规定的计算公式为：

$$q_c = \frac{V_p \cdot \alpha_p}{T_p} \tag{7.8.1-1}$$

式中：q_c——游泳池的循环水流量（m^3/h）；

V_p——游泳池的水容积（m^3）；

α_p——游泳池的管道和设备的水容积附加系数，一般取 $\alpha_p = 1.05 \sim 1.10$；

T_p——游泳池的池水循环周期（h），按本手册表 7.7.2 的规定选用。

注：V_p的实际理论值应该为：①游泳池的水容积；②管道和设备内水量；③平衡水池（箱）或均衡水池的水量这三者之和。由于②和③两者水量之和约为①的 5%～10%，一般忽略不计，故可按①的水量进行计算。

2）英国《游泳池水处理和质量标准》（1999 年版）中规定的合适的循环速率计算公式：

$$循环速率(m^3/h) = 瞬时游泳负荷(人) \times 1.7 \tag{7.8.1-2}$$

注：该标准说：①1.7 这个数字并没有什么理论根据，但实践中证明是有效的；②有些游泳池，如跳水池和水深超过 2.0m 的游泳池，是不能用此式计算，而应以循环周期进行计算；③对设有升降池底的游泳池，按最浅的水深情况考虑。

3）前联邦德国《游泳池设计规范》关于游泳池循环水量的计算方法为：

$$q_c = XF \tag{7.8.1-3}$$

式中：q_c——游泳池循环水量（m^3/h）；

F——游泳池池水的水表面面积（m^2）；

X——负荷系数，详见表 7.8.1。

负荷系数 **表 7.8.1**

游泳池类型	负荷系数（X）	应用条件
室内游泳池	0.4	无浅水的竞赛游泳池
	0.5	浅水区域占 1/3 的多功能游泳池
	0.6	浅水区域占大部分的多功能游泳池
	0.7	公共游泳池、学校游泳池、训练游泳池
室外游泳池	0.2	各种游泳池的平均值
注：浅水区域是指游泳池水深 1.25m 以下供不会游泳的人使用的区域。		

4. 游乐池、休闲池设有下列游乐设施或按摩设施时，其用水量应计入池水循环净化系统流量内。

1）滑道、滑板润滑水量；吊桶喷水水量；

2）按摩池岸上各种形式的喷水冲击浴设施的水量；

3）游乐池所附设的各种水景（水帘、水伞、水枪等）用水量。

7.8.2 功能设施用水量

1. 游乐设施：滑道、滑板及附设水景等用水量，由游乐设施专业公司计算确定。

2. 按摩池各种喷水冲击浴用水量，由按摩池设施专业公司计算确定。

【例】 设计一座常规休闲游泳池，基本尺寸为50m×21m×(1.2～1.6)m，计算其循环水量是多少？

解：1. 按循环周期计算：

由于是休闲游泳池，平均水深为(1.2+1.6)/2=1.4m，则池水总容积$V_p=50\times21\times1.4=1470m^3$。

根据本手册第7.8.1条所摘录的行业标准《游泳池给水排水工程技术规程》CJJ 122—2017中游乐池设计，其循环周期取$T_p=4$，$\alpha_p=1.05$。

循环水流量 $$q_c=\frac{1470\times1.05}{4}=385.875m^3/h$$

2. 按游泳负荷（英国）计算：

由前述知，游泳池平均水深为1.4m，根据本手册第7.5.3条所摘录的行业标准《游泳池给水排水工程技术规程》CJJ 122—2017表7.5.3-1中水深1.0～1.5m时的游泳负荷指标为$2.5m^2$/人，则游泳负荷为：

$$1470m^2/2.5m^2\cdot 人=588人$$

$$q_c=588人\times1.7=999.6m^3/h$$

3. 按游泳负荷（前联邦德国）系数计算：

由题知，游泳池水面面积$F=50m\times21m=1050m^2$，休闲游泳池按公共游泳池对待，水深小于1.25m区域占游泳池总面积约为1/3，故取$X=0.5$，则

$$q_c=1050\times0.5=510m^3/h$$

4. 三种计算结果的评述：按游泳负荷（英国）计算出的结果是按循环周期法计算的结果的2.59倍，是按游泳负荷系数法（前联邦德国）计算结果的1.32倍。显然，游泳负荷计算结果所需的设备、设施容量大，当然水质有保证。但投资大、正常运营中的能耗也大，在我国当前的经济条件下，推广的难度较大，这就是行业标准《游泳池给水排水工程技术规程》CJJ 122—2017不采用的原因。实践证明，我国规程规定的循环水流量计算方法，是完全可行的。

5. 成人滑水道单独建设时，其循环水流量应按本手册第7.8.1条摘录的行业标准《游泳池给水排水工程技术规程》CJJ 122—2017的规定，按循环周期计算确定。

滑道跌水池的大小，滑道润滑水量（含儿童水滑梯）、滑水水道形式和数量，由专业公司提供。

6. 水上游乐所附设的水景，如瀑布、涌泉、水帘、喷泉、卡通动物、水炮、水枪等所需要的水量，应按其设置的品种、数量结合产品技术参数，以及专业设计公司提供游乐设施设计参数计算确定。

7.9 循 环 水 泵

7.9.1 建成工程中循环水泵运行状况

1. 对游泳池、游乐池、文艺演出水池及休闲设施池来讲，给水排水专业的能耗主要为：

1）池水循环水泵的电耗；

2）池水加热维温的热耗。

2. 在以往的工程设计中，循环水泵选用的扬程偏高，水泵的实际工作点远离高效区，常年在低效区工作，电耗存在着极大的浪费。据某公司在对国内9个游泳池（馆）的设计中，大多选用IS型离心水泵的额定扬程为20m水柱至32m水柱，在实际运行中的实际工作扬程处在6m水柱至10m水柱，远远偏离了工作点高效运行区，常年在低效区运行。水泵功率的有效利用率只有33%～68%，而67%～32%电能被浪费掉了，从节能角度看，这是一个触目惊心的数字。详见附录表E的调查。

3. 北京恒动环境技术有限公司在负责国家游泳中心（水立方）池水循环净化处理系统运行维护和管理工作中，发现了同样的问题，如热身池。

1）循环水泵设计扬程 $H=21\text{m}$，旺季2台同时运行，实际扬程为 $H'=12\text{m}$；淡季只开一台水泵，实际运行扬程 $H'=7\text{m}$。

2）改造后：

（1）每台水泵增加了变频器，由PLC进行控制；

（2）运行情况：①节能约30%；②消除了水锤现象。

4. 形成原因

1）业内无适用于游泳池池水循环的大流量、低扬程的专用水泵，造成设计人员以生活给水泵予以替代；

2）设计人对游泳池池水循环净化处理系统的总阻力计算偏大，有的甚至采用估算，未进行仔细的水力计算；

3）池水循环净化处理系统中各工序的设备、管材、管件、附件等，无相应的国家及行业标准，造成相应设备阻力不同，加之，该项内容为二次深化设计由供货商进行设计，他们未对系统进行仔细的二次水力计算，而设计单位的要求进行配置水泵，设计单位由于不了解二次深化设计单位的设备、部件、管材等详细资料，所提水泵性能参数为估算参数。因此，供货方一定要根据自己的产品特点进行优化设计。

7.9.2 水泵流量的确定

1. 循环水泵

1）水循环水泵的总流量不应小于本手册第7.7节及第7.8节规定的保证池水循环周期所计算的池水循环流量。

2）环流量是保证游泳池在使用过程中，要求后续工艺工序中过滤设备有效清除游泳池使用中所增加的污物杂质，应满足池水浑浊度的先决条件。

2. 相关设施的功能循环水泵

1）指游乐池中游乐设施、喷水装置等需要用水的供水泵，如滑道润滑用水泵；环流河推流水泵，水疗池的水疗喷水或喷气等水泵、气泵（风泵）。

2）功能水泵的性能参数，由专业公司根据游乐设施种类计算确定，本专业应予以配合。

3）功能循环水泵同样应配置毛发聚集器、真空压力表、压力表、流量计及相应的阀门等。

3. 扬程

1）游泳池、休闲游乐池及文艺演出池的池水循环水泵，刚开始运行时，因过滤设备内过滤介质层（含反冲洗后工况），内部各部件（布水器、集配水装置、连接各工艺工序中设备的管道、管件及附件等总阻力较小），其水泵出水量相对较大一些。当系统运行一段时间后，过滤设备内过滤介质层拦截了池水中的杂质，缩小了过滤介质的空隙，使系统总阻力不断增大，造成流量不断减小，从而影响池水的浊度，循环水泵要适应这种变化。

2）根据有关专业公司对以往设计的游泳池循环水泵实际运行过程中循环水泵扬程远远偏离了工作点的高效运行区。常年在低效区运行，实际有效利用率只有 33%～68%，即 67%～32%的电能被浪费掉了，具体实际有效利用率详见本手册附录 E 所示。

3）行业标准《游泳池给水排水工程技术规程》CJJ122－2017 规定“水泵扬程不应小于吸水池最低水位至游泳池给水口的几何高差＋循环水净化处理系统设备（阻力损失）＋系统管道阻力损失和游泳池给水口流出水头之和”。

（1）设备包括：①过滤器（含初期即反冲洗前及终期即反冲洗前）；②臭氧-反应罐；③活性炭吸附过滤器；④加热器等，这些设备不可忽视他们运行工作时所包括的阀门阻力损失。

（2）管道系统阻力损失应包括：①水泵吸水管长度、毛发聚集器、阀门、管件（弯头等）；如为顺流式池水循环方式还应包括池底回水口；②水泵出水管长度、阀门、止回阀、管件（弯头等）；③循环水给水管长度、阀门、管件（三通、弯头）、可调给水口等④循环水给水管长度、阀门、管件（三通、弯头及管道伸缩器）。

（3）送水几何高差是指水泵出水口至游泳池溢流水面的高度减去均衡水池的实际运行水位之差。

3）水泵扬程过大的弊病：

（1）水泵实际运行工作扬程明显低于额定工作扬程时，则水泵流量增加很大，造成水泵功率超过所配电动机的功率，会使电动机过热甚至被烧坏；

（2）流量增大后会使水过滤设备等运行参数超过设计规定，使滤后的出水水质得不到保证；

（3）泵扬程偏大会使水泵的吸水扬程相应增大，造成池内回水口产生吸入负压造成游泳者、戏水者等溺水隐患的动力源头；

（4）增加初次投资增大以及日常运营成本的增加，而且浪费能源。

7.9.3 水泵数量

1. 池水循环水泵

1）池水过滤设备为颗粒过滤器时，宜按下列原则确定水泵数量：

（1）采用多台同型号水泵并联运行确定，但同时工作的并联水泵不应超过 3 台。

（2）设置备用水泵、备用泵与工作泵可以互换工作。以保证其中一台水泵出现故障，备用泵能立即投入运行，确保设计要求的循环水量不受影响。

(3) 过滤器反冲洗用水泵，宜与循环水泵共用设计。

2) 池水过滤器为硅藻土过滤器和筒式过滤器时：

(1) 藻土过滤器是由过滤器、水泵和硅藻土溶液桶等组成为成套机组。循环水泵与硅藻土过滤器是一一对应、成套配置，其工作及反冲洗均为同一台性能相同的水泵，故不设备用泵。

(2) 筒式过滤器反冲洗为将过滤筒取出设备外，用水冲洗，故也不存在设备用水泵。

3) 奥运会和世界锦标赛用游泳池的池水循环水泵数量应考虑赛时池水循环周转率的要求。

2. 设施用水的功能循环水泵

1) 滑道、滑板等润滑水供水水泵，为保证滑道、滑板表面能有连续不断的润滑水，确保游乐者沿滑道、滑板下滑时，不能因无润滑水而发生擦伤皮肤等安全事故。不仅应设备用水泵，还应配备可自动切换投入运行的可靠措施。

2) 环流河推流水泵数量、位置设置、要求等，应由专业设计公司根据河道形状、河道长度、弯道位置等因素确定，但一般每个推流泵站宜按一用一备、互为备用配置确定。

3) 各种配套水景用水泵：

(1) 文艺演出池用水景给水泵宜设备用水泵；

(2) 游乐池用水景泵允许不设备用泵。

4) 按摩池用喷水、喷气等用水泵、气泵均应分开设置，是否设置备用泵，以专业公司设计为准。

7.9.4 水泵形式

1. 水循环水泵

1) 竞赛类游泳池（含游泳池、热身池、花样泳池、水球池及跳水池等）由于在非竞赛期间一般对社会公众开放使用。其游泳负荷在不断变化，池水的污染也在变化，所以竞赛类游泳池、公共游泳池、公共浴池等，本手册推荐选用离心型变频泵。

(1) 变频水泵内置数字智能技术、变频技术、控制器及密码保护，集过压、负压、过载、短路、断路等保护功能集于一体，通过集成电路将各功能模块化，将其封装在高防护等级的电动机壳体内，与电动机集成于一体，可以随着负荷的变化，有针对性的智能判断而控制水泵转速的变化，调节给水流量按给定需求平稳、可靠安全地运行，实现节约电能，减少二氧化碳排放。

(2) 变频水泵是在供水系统中的每台水泵上均独立配置一套数字集成的专用变频技术功能模块，不再另设变频控柜和二次编程。供水系统中各变频技术功能模块通过设置总线技术互相通信、联动控制和协调运行，实现多台水泵运行效率分摊均衡运行。即当一台水泵运行达到额定负荷时，它可以通过总线实现互相通信。并根据系统水量自动分配水量，使多台水泵同步升或降频，确保系统变频状态，确保供水压力稳定。

(3) 变频水泵可以通过电动机上专用变频技术模块装置上的显示屏进行人机对话实现泵组运行参数的调定与调整，其节能效果高达40%以上。

(4) 在游泳池、休闲游乐池及文艺演出池等池水循环净化处理中予以应用，不仅节能，而且系统工作压力稳定，可以延长设备的使用寿命，保证水过滤设备效率稳定，减少水泵抽吸入的危险隐患、减少机房面积和池水循环净化处理系统的自动化水泵的提高。

2）专用类游泳池（含训练池、教学池、俱乐部及会所游泳池、文艺演出池、航天员失重浮力训练池等），因其使用人数、使用时间段相对稳定。所以，本手册推荐选用变速水泵。

变速水泵是一种配有预先设定改变水泵运行速度、日期、时间段的水泵机组，使用者可以根据使用计划预设50%、80%和100%等三种水泵运行额定转速。以适应不同时间段的游泳、戏水负荷的变化，从而达到节约电能的目的。

3）用于游泳池等池的变频水泵、变速水泵、恒速水泵，已有行业标准《游泳池及水疗池用循环水泵》CJ/T 534—2018专用水泵可供选用。

2. 功能循环水泵

1）功能循环水泵或气泵是为达到游乐设施或池内某种设施的需要而设置的水泵，它是为游乐设施的运行而服务的，而且内容多种多样，惊险程度不一样。所以它的性能参数不受游泳、戏水、入浴等人数多少的影响，故以选用恒速水泵为佳。

2）不同的游乐设施、不同的水景等所用的水泵应各自分开设置。

3）池水循环水泵、池内外设施功能循环水泵和风泵等，由于它们的使用与设备运行、与使用人负荷无关，所以应根据使用特点，均应选用高效、节能、低噪声、操作方便、使用安全、便于维修和符合游泳池、游乐池、按摩池、温泉水浴池的恒速水泵及风泵。这是它与游泳池水处理循环水泵的主要不同点。

7.9.5 水泵材质

游泳池、休闲游乐池、文艺演出池等，应选用符合行业标准《游泳池及水疗池用循环水泵》CJ/T 534—2018的专用水泵（包括功能循环水泵）。

1. 游泳池、休闲游乐池、温泉水浴池等，因池水中含有各种化学药品及消毒剂的残余，其池水具有较强的腐蚀性，故宜优先选用专用的塑料水泵及不锈钢、青铜等材质的水泵。不锈钢水泵应进行纯化处理。

2. 温泉水水温超过50℃时，不应选用塑料材质的水泵。

3. 温泉水的pH值小于4时，应选用青铜、S31603牌号的不锈钢水泵。如选用铸铁水泵则铸铁水泵应内衬四聚氯乙烯塑料内衬层及对水泵叶轮进行包覆。

4. 游泳池、游乐池等选用铸铁水泵时，其水流通道表面应有牢固可靠地防腐蚀涂层。与池水与接触的密封垫也应采用具有较强抗腐蚀性的材料。

5. 对于游泳池、游乐池、温泉池等水泵的配套电动机均应符合行业标准《游泳池及水疗用循环水泵》CJ/T 534—2018的规定。

7.9.6 水泵装置设计

1. 多用途的游泳池特别是竞赛、训练和热身等用游泳池的循环水泵应分开设置，以方便管理。

2. 设施的功能性循环水泵、水景用水泵不得与游泳池水净化处理系统的循环水泵合用设置。

3. 水泵应设计成自灌式，以使水泵能经常处在随时可启动的状态。多台水泵时，自灌启泵水位的确定应能满足已运行水泵因故障切换备用水泵启泵时不发生气蚀及难以启动现象发生。

4. 位置应距游泳池的回水口或平衡水池、均衡水池的距离最短，从而减少水泵吸水管一侧的阻力损失，使水泵能高效的工作，并延长水泵的工作寿命。

5. 平衡水池或均衡水池吸水，每台水泵宜设置独立的吸水管。

6. 水泵吸水管内的水流速度以不超过 1.0m/s 为宜，如管径大于 250mm 时，最大流速不应超过 1.5m/s。水泵出水管内的水流速度可以高于吸水管内的水流速度，一般以 1.5～2.0m/s 为宜，如管径大于 250mm 时，最大流速不得超过 2.5m/s。

7. 水泵吸水喇叭口的直径不得小于吸水管管径 1.5 倍；吸水喇叭口边缘距吸水坑边缘的距离不小于 1.5 倍吸水管管径、距吸水坑底和最低水位不小于 0.4～0.5m。喇叭口应设支座。

8. 置在建筑物楼层上的游泳池，为了不给楼层下用房造成干扰，每台泵组以及管道应设置减振降噪措施。如设置减振泵基础、消声止回阀，水泵进、出水口加设可曲挠隔振橡胶短管，管道采用减振支吊架等。如选用蝶阀时，应有锁定装置。

9. 及时掌握和观察水泵运行情况，水泵吸水管应装设真空压力表，出水管上应装设压力表。表盘直径宜为 150mm，表盘刻度宜为 0.01MPa。

7.10 循环水管道

7.10.1 管径的确定

1. 游泳池、休闲游乐池及文艺演出池的池水循环给水管和循环水回水管的管径应根据池水在管内的水流状态，按池水循环流量计算确定。

2. 循环给水管均按有压水流状态进行管径仔细计算，以确保整个池水循环净化处理系统阻力损失的准确性，合理地选择循环水泵的扬程，防止出现本手册第 7.9.1 条所述的现象在工程中重演。

3. 循环水回水管

1）池水为顺流式循环方式，池水回水由循环水泵吸水管与池底回水口直接连接从回水口吸水时，池水回水管按压力水流状态计算管径。

2）池水为顺流式、逆流式及混合式池水循环方式时，池水溢流回水管及溢流水管按无压水流状态计算管径。

3）池水为溢流式及混流式池水循环方式时，溢流回水管总管至均衡水池时，应按无压非满管流水流状态计算管径，并应满足下列要求：

（1）溢流回水总管应以不小于 0.003～0.005 的坡度坡向均衡水池。

（2）溢流回水总管与均衡水池连接时，其管底标高应高出均衡水池内最高水面不应小于 300mm 的高度，如图 7.10.1 所示。

（3）实际工程中将溢流回水总管接入均衡水池最高水位以下时，易造成图 7.10.1 中 6 号～8 号回水口出现向外喷射水-气混合流水柱及噪声，影响游泳者的愉悦心情，出现此情况的原因分析：

由于溢流回水沟（槽）的回水口与大气相通和游泳人数负荷变化，溢流回水不是均匀流入溢流回水沟，致使每个回水口的回水量不均匀，有的回水口会出现夹气回水，有的回水口出现淹没回水，溢流回水总管会出现气塞，则在流动过程中就会在回水口回水量较小

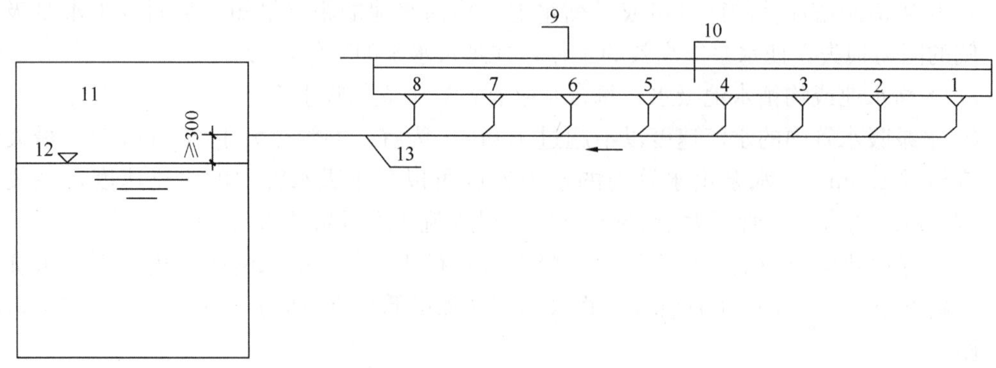

图 7.10.1 溢流回水口水流示意

说明：1～8—溢流回水口；9—溢流回沟（槽）格栅盖板；10—溢流回水沟（槽）；11—均衡水池；12—均衡水池最高水位；13—溢流回水总管

处出现向外喷射气-水混合水柱并伴随有嘟嘟的排气噪声，而对在边道正在游泳者造成惊吓及干扰。

（4）解决水流不均匀和噪声的措施

① 游泳池两侧溢流回水沟（槽）溢流回水总管应分别接入均衡水池，而且管底标高均应高出均衡水池内最高水面至少 300mm；

② 溢流回水口采用消声回水口；

③ 溢流回水沟末端设回水坑，在回水坑内设置大流量回水口。

7.10.2　流速的确定

1. 循环给水管内水流速度应不小于 1.5m/s，但也不应大于 2.5m/s。

2. 循环回水管内水流速度不应小于 1.0m/s，但也不应大于 1.5m/s。

3. 循环水泵吸水管内的水流速度不应小于 0.7m/s，但也不应大于 1.2m/s。

4. 限定管内水流速度的目的：①减少管道的水头损失，延长管道，阀门及附件的寿命；②降低循环水泵的消耗；③保证水泵的正常运行。

7.10.3　管道及附件材质

1. 要求

1）材质应卫生、无毒、耐腐蚀、耐高温，以适应池水中含有化学药品氯、酸、碱、溴、臭氧及不同温泉水水质的要求；

2）内表面光滑、不易结垢、不易生成生物膜，以确保不对池水产生二次污染和减小水流阻力损失；

3）管道应适应输送不同流体介质，不同温度状态下的工作压力的要求；

4）质量轻、坚固、方便运输、施工安装和日常维修方便；

5）管材、管件应相互匹配，以确保连接牢固可靠，严密不向外泄漏流体介质。

2. 管材及管件的选用

用于游泳池、休闲游乐池及文艺表演水池等循环供水及回水的管材，以及输送化学药品溶液的管材种类较多，一般可按下列要求选用：

1）游泳池、游乐池及文艺演出池等池水水温不超过 30℃，以选用给水塑料管为佳，如硬聚乙烯塑料管（PVC-U）、氯化聚氯乙烯塑料管（PVC-C）、聚乙烯塑料管（PE）及聚丙烯塑料管（PP）等；

2）热水休闲设施池、温泉水浴池等水温超过 40℃，以选用耐高温给水塑料管为佳，如氯化聚氯乙烯塑料管（PVC-C）、聚丙烯塑料管（PP）及聚丁烯塑料管（PB）等；

3）温泉水的 pH 值等于及小于 4.0 时，宜选用牌号不低于 S31603 奥氏体不锈钢、钛金属管及氯化聚氯乙烯塑料管（PVC-C）；

4）游泳池、休闲游乐池的位置与为它服务的池水循环净化处理机房的位置标高差不超过 4m 时，管道的耐压等级不应低于 1.0MPa 级的要求。当两者的位置标高差超过 4.0m 时，应根据水力计算和池水循环水泵的扬程确定。

3. 选用非金属管材时，应关注管材的适用温度范围及不同流体介质温度条件下，使用压力降低的影响这一不可忽视的折减因素。

7.10.4 给水管道布置

1. 逆流式池水循环方式

1）循环给水管应采用如图 7.10.4-1 所示环状管道布置方式，减小管道阻力损失，以利于池内给水口出水口出水量的调节。

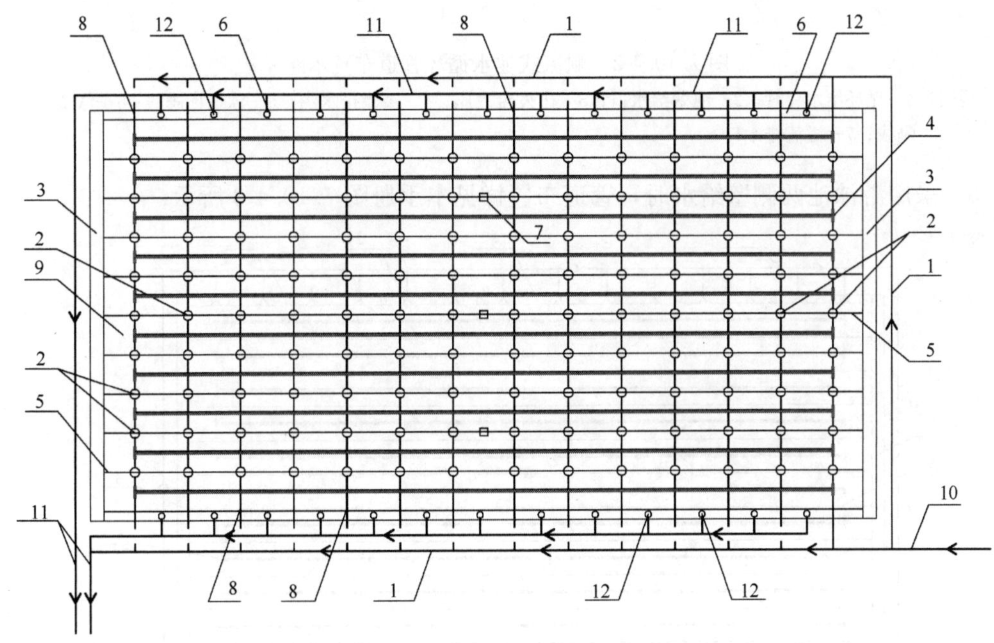

图 7.10.4-1 逆流式池水循环管道布置示意

说明：1—循环给水环管；2—池底给水口；3—出发台底座；4—泳道标志；5—泳道分隔线；6—溢流回水沟；7—池底泄水口；8—池底给水口配水管；9—游泳池底；10—泳池泄水管；11—泳池循环给水管；12—泳池溢流回水管；13—泳池溢流回水口

2）泄水管可以串联连接。

3）池水采用混流式池水循环时，池水循环给水管和溢流回水管的布置方式，与图 7.10.4-1 所示相同，池底回水口的位置如图 7.11.1-1 所示，确保回水均匀。

2. 顺流式池水循环方式

1）循环水管道布置宜采用环向给水方式；

2）采用游泳池两端壁给水时，管道布置详见本手册图 7.10.4-2 所示；

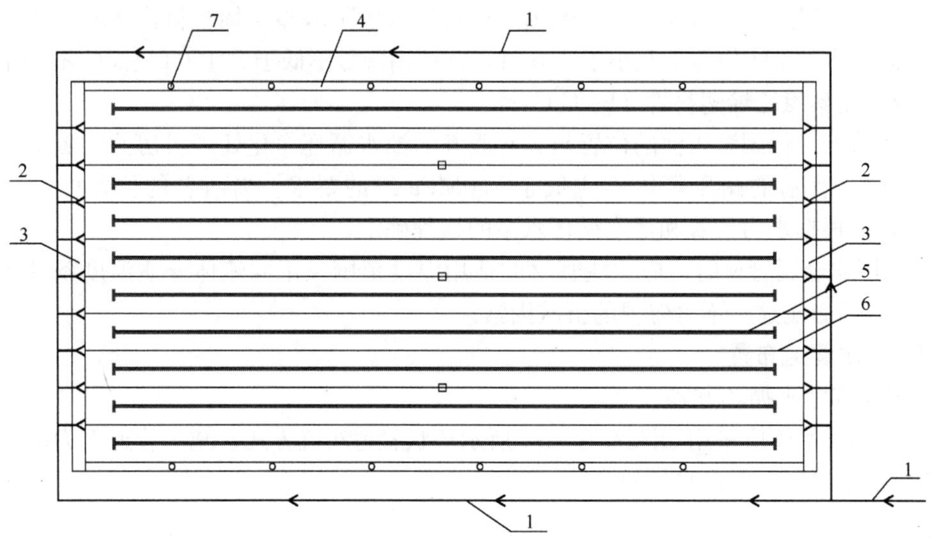

图 7.10.4-2 顺流式池水循环管道布置示意

说明：1—循环给水环管；2—池壁给水口；3—出发台底座；4—溢流排水沟；5—泳道标志线；6—泳道分隔线；7—溢流排水口

3）采用游泳池两侧壁给水时，管道布置详见本手册图 7.10.4-3 所示；

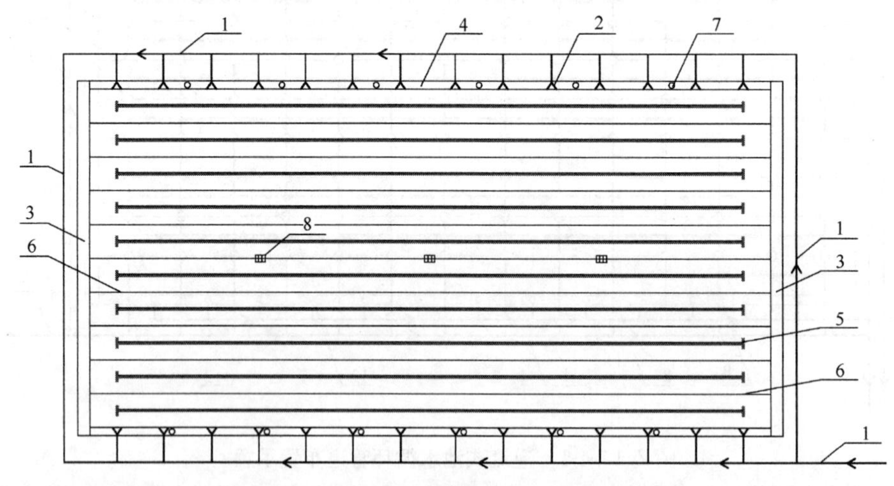

图 7.10.4-3 顺流式池水循环管道布置示意

说明：1—循环给水环管；2—池壁给水口；3—出发台底座；4—溢流排水沟；5—泳道标志线；6—泳道分隔线；7—溢流排水口；8—池底回水口

4）池底回水口的接管方式，应符合本手册图 7.11.1-1、图 7.11.1-4 的要求。

7.10.5 管道敷设

1. 游泳池、游乐池、休闲设施池及文艺演出池等设置在建筑物内时，其循环水管道，应采用与设备机房相通的管廊敷设，以方便管道的安装、检修、管廊设计应满足下列要求：

1）池底为架空设置时，管廊高度应按本手册图 17.1.5-1 和图 17.1.5-2 所示要求确定；

2）池底与建筑底板相平时，管廊高度为该建筑楼层高度确定，如本手册图 8.1.5-2 所示；

3）管廊宽度除满足各种管道安装要求宽度外，应另附加宽度不小于 0.6m 人行工作的通道；

4）管廊应设排水集水坑和与设备机房相连通可开闭的门；

5）管廊内应设有低压安全照明和必要的通风设施；

6）管道应有牢固可靠固定支吊架，防止运行时因内压而发生管道抖动。

2. 游泳池、休闲游乐池及文艺表演池等设在建筑物外露天场地时，池水循环管道宜采用管沟敷设，管沟尺寸应按下列要求确定：

1）竞赛类游泳池（含热身池、跳水池、水球池）的管沟应按可通管管沟要求设计；

2）公共类游泳池、休闲设施）池、游乐池等，应按半通行管沟设计。

3. 管道安装要求

1）管道标高、应符合设计要求，不应出现凹凸不均匀现象；

2）管道向下弯时应采用 45°缓弯，泄水口应位于集水坑处；

3）管道应根据材质特点设置必要的伸缩装置，补偿量应按产品说明书计算确定；

4）管道支吊架间距应按材质根据相应“管道技术规程”的规定确定，以确保管道运行中不发生抖动。管道支吊架的材质应与管道材质相兼容；

5）非金属管道可不进行保温，金属管道应进行保温，保温材料导热性能和吸水性能小、耐热性和耐久性好，施工方便。

4. 游泳池、休闲游乐池的池水循环水管道采用埋地敷设时，应满足下列要求：

1）各种管道应并列埋设时，各管道的净间距不应小于 500mm，以方便检修时互不影响；

2）管道阀门处应设阀门井，泄水口处、放气阀处，亦应设置井室；

3）管道坡度、管道基础、覆土要求等均应符合设计或相应材质管道的“技术规程”或供货产品说明书的要求；

4）埋地管道应进行保温，隔热，保温隔热材质应符合本手册本章本条第 3 款第 5 项要求。

7.11 防负压吸附措施

游泳池、休闲游乐池等采用顺流式池水循环方式，而且采用池水循环水泵与池底回水口直接连接吸水方式时，应采取有效地安全措施保护游泳者、戏水者、入浴者不受负压吸附带来的伤害隐患，设计者采取防负压吸附设计。在同一项目中应至少采用两项以上的相关措施。

7.11.1 每座水池的池底回水口不应小于2个，并应符合下列要求：

1. 回水口设置于同一底板面时，两个回水口的间距应大于1.0m。

2. 两个回水口串联相接时，应符合图7.11.1-1所示，以确保两个回水口的流量和扬程相一致。

3. 休闲设施池、温泉浴池等规格尺寸较小，不能满足本条第1款规定的回水口间距要求时，应将其中的一个回水口设在不同平面的池壁底部，设置位置及接受方式，详见图7.11.1-2所示。

4. 池底平面上设有2个以上回水口时，设置位置及相互接管方式，详见图7.11.1-3和图7.11.1-4所示。

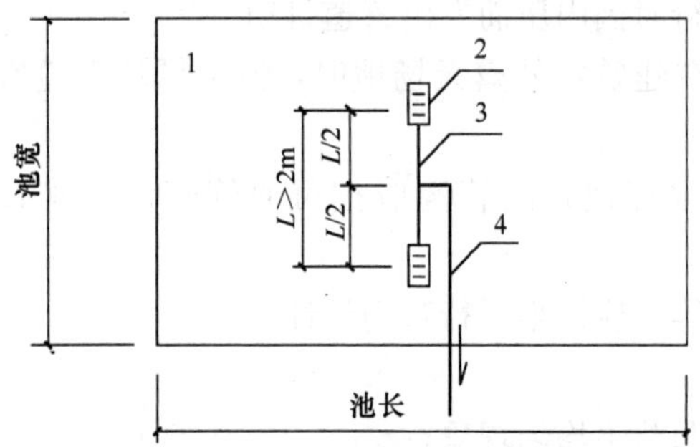

图7.11.1-1 回水口串联连接接管位置示意

说明：1—游泳池平面；2—池底回水口；3—池底回水口连接管；4—循环水泵吸水管

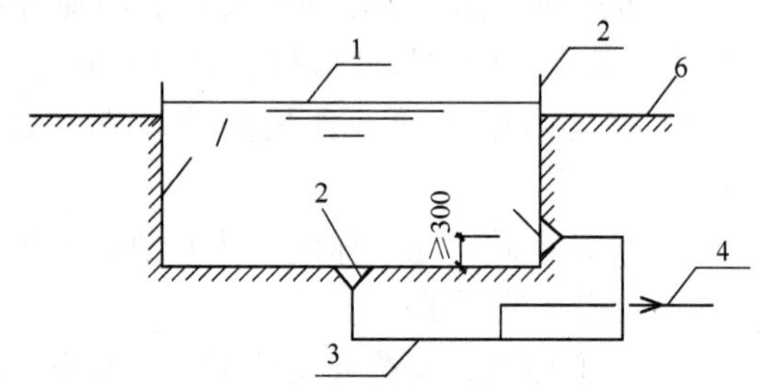

图7.11.1-2 不同平面2个回水口示意

说明：1—浴池水面；2—浴池回水口；3—浴池回水口连接管；4—水泵吸水管；5—浴池上沿；6—浴池池岸；7—浴池池壁

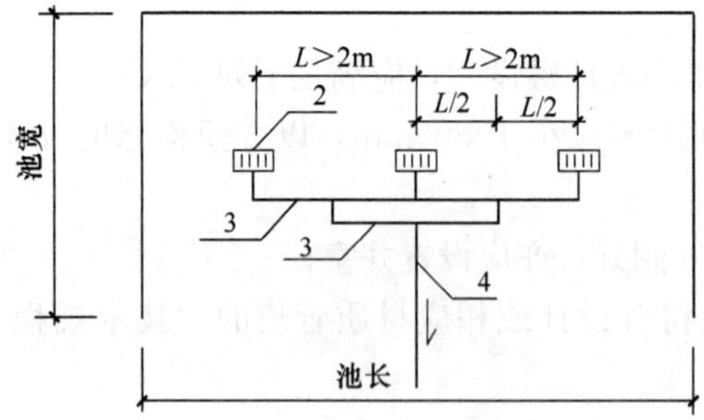

图7.11.1-3 同一平面3个池底回水口示意

说明：1—游泳池平面；2—池底回水口；3—回水口连接管；4—水泵吸水管

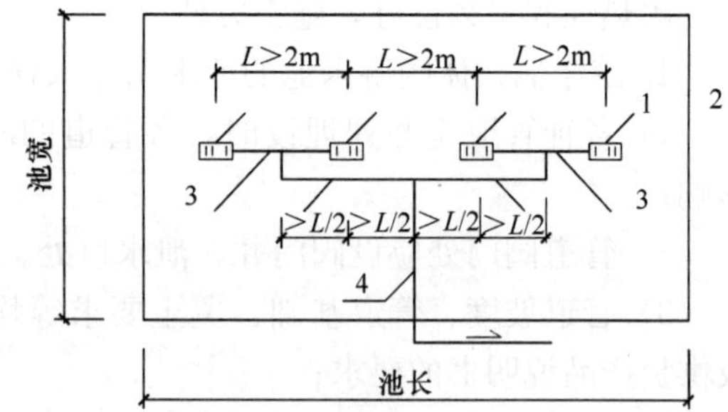

图7.11.1-4 同一平面4个池底回水口示意

说明：1—游泳池平面；2—池底回水口；3—回水口连接管；4—水泵吸水管

7.11.2 池底回水口最小流量及流速

1. 回水口流量应按淹没式出流计算；

2. 回水口最小流量宜按表7.11.2取用；

3. 回水口（含泄水口）的流速应不超过0.5m/s。

池底回水口（带格栅盖）流量确定　　表 7.11.2

每个系统回水口个数	每个回水口最小流量占系统最大流量百分数	每个系统回水口个数	每个回水口最小流量占系统最大流量百分数
1	100%	4	50%
2	100%	5	40%
3	66.7%	6	33.3%
注：本表摘自美国《游泳池、儿童池、按摩池、热水浴池和集水池避免吸取标准》ANSI/APSP—7 2006。			

7.11.3　循环水泵吸水管安装真空卸压阀

1. 卸压阀是安装在池水循环水泵吸水管上的一个专用阀件；

2. 它的功能是在入浴者的身体和四肢在池内陷入危险时可以解除真空，是保证入浴者安全的一个重要安全阀件，安装位置如图 7.11.3 所示。

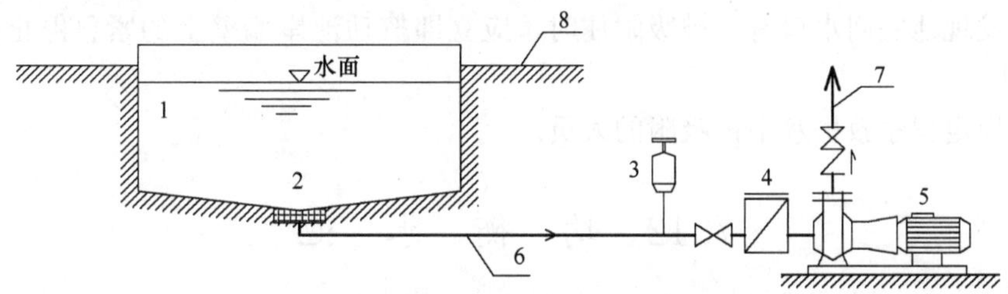

图 7.11.3　空卸压阀安装位置示意

说明：1—休闲池；2—池底回水口；3—真空卸压阀；4—毛发聚集器；5—循环水泵；6—循环回水管；7—循环给水管；8—池岸

7.11.4　在休闲池及温泉池附近明显位置处紧急停止循环水泵的按钮，以便发生安全事故时，方便巡视工作人员能快速停止水泵运行。

7.11.5　池底回水口构造

1. 成品型回水口应为喇叭口型，格栅盖板面积的 6 倍，为防止冲击损坏，其开孔（缝）面积不宜超过格栅盖板总面积的 50%。

2. 防止卡住人的脚趾，防止材料老化，格栅盖板开孔（缝）尺寸应符合下列规定：

（1）用于成人游泳池、戏水池、休闲池、温泉池等，不应大于 8mm；

（2）用于儿童及小学校游泳池、戏水池时，不应大于 6mm。

3. 池底回水口材质要求：

1）为保证安全，应采用耐冲击、耐老化、抗腐蚀，不变形的不锈钢、氯化聚氯乙烯（C-PVC）塑料等；

2）格栅盖板上表面应光洁，无毛刺。

4. 流速限制

1）回水口格栅盖板孔（缝）水流速度不应大于 0.2m/s；

2）回水口之间连接管（系统图 7.11.1-1～图 7.11.1-4 中的编号 2）水流速度不应超过 1.0m/s；

3）水泵吸水管（系统图 7.11.1-1～图 7.11.1-4 中的编号 4）水流速度不应超过 1.5m/s。

7.11.6 池底回水口采用防负压吸附及防夹发型

1. 防负压吸附型池底回水口

1）成品型详见本手册第17章图17.2.3-3所示。

2）土建型详见本手册第17章图17.2.3-4所示。

2. 防夹发池底回水口只有成品型，详见本手册第17章图17.2.3-5所示。

7.11.7 加强巡视管理

1. 每个开放场次开放前或结束后，应做好下列工作：

1）检查池底回水口有无松动，如有应进行重新固定；

2）检查池底回水口有无损坏，如有损坏应进行更换；

3）清除池底回水口表面附着的杂物，确保回水通畅。

2. 在游泳池、按摩池、游乐池等开放使用中应作好下列工作：

1）加强岸上安全巡视，仔细观察池内人员水中动作的规范性；

2）如发现池底回水口有人被吸附住时，应立即按动池岸墙壁上的紧急停止循环水泵运行的按钮；

3）按规定程序救护水中被吸附的人员。

7.12 均 衡 水 池

7.12.1 设置条件

游泳池、休闲游乐池、文艺表演池等采用逆流式或混流式池水循环净化供水方式时，为了回收溢流回水量、调节各种水池内的浮动水量、保证循环水泵自灌吸水而设置的低于各种水池水面的水池。

7.12.2 功能要求

1. 回收逆流式、混流式池水循环方式各种水池的溢流回水量及混流式池水循环方式的部分池底回水量。

2. 调节各种泳池内的浮动水量，保证循环水泵自灌吸水而低于各种水池水面的水池。

3. 容纳各种泳池、游乐池等停止运行后再次运行时的浮动水量。

4. 储存单个过滤器反冲洗水量。

5. 实现循环水泵自灌式吸水运行的自动化控制。

7.12.3 均衡水池容积的确定

1. 池容积按下式计算：

$$V_j = V_a + V_f + V_c + V_s + V_y \tag{7.12.3-1}$$

$$V_s = A_s \cdot h_s \tag{7.12.3-2}$$

$$V_a = N \cdot V_r \tag{7.12.3-3}$$

式中：V_j——均衡水池的有效容积（m^3）；

V_a——游泳池、游乐池、公共浴池等动态浮动水量（m^3）；

V_f——单个过滤器反冲洗所需的水量（m^3）；

V_c——充满循环净化处理系统设备及管道所需的水容量（m^3）；

V_s——池水循环净化处理系统运行时所需的水量（m^3）；

A_s——游泳池、游乐池、浴池的水表面面积（m^2）；

h_s——游泳池、游乐池、浴池等溢流回水时的溢流水层厚度（m），可取 0.005～0.01m；

N——游泳池人数；按本手册第 7.5 节的规定计算确定；

V_r——每位游泳者、戏水者及入浴者的人体体积（m^3），可按下列规定取值：成人池 $V_r=0.06m^3$；儿童池 $V_r=0.05m^3$；

V_y——游乐设施的用水量（m^3），由游乐设施专业公司提供。

2. 简易计算方法：

由于游泳池、游乐池、按摩浴池等均为公共性质，各池的使用人数是在不断变化的，而且每个人在池内的活动方式、活动量等均有所不同，用设计规定的使用人数也难以控制。所以，要准确计算出均衡水池的准确容积比较困难。

据国外资料介绍，可用如下两种方法进行估算：

1）按游泳池、游乐池、按摩浴池等循环水流量的 10%～20%确定均衡水池的最小有效容积。

(1) 池内水体容积与池内人数的比值越小，则取上限；

(2) 池内水体容积与池内人数的比值越大，则取下限。

2）按游泳池、休闲游乐池等池水水面积（4～5）$m^3/100\ m^2$。

7.12.4 技术要求

1. 游泳池、休闲游乐池等的溢流回水管管底应高出均衡水池溢流水位应不少于 300mm，以确保溢流回水管内的水流状态出流为重力流状态。如果溢流回水管淹没在均衡水池内最高溢流水位之下，则会产生如下弊病：

1）破坏了溢流回水管的重力流水流状态；

2）溢流回水沟的回水口有吸入气体的现象，水流中夹带气体，因均衡水池水面较高于溢流回水沟的水流水位，造成靠近溢流回水总管的溢流回水口产生吸气的噪声；远离溢流回水管总管的溢流回水口排气的噪声及向外喷出的气-水混合水柱，给游泳、戏水、入浴者造成惊吓危害，这在国内工程中有所发生。

2. 游泳池等初次及再次充水管与正常使用时的补水进水管应分开独立设置、控制阀门，防回流污染隔断装置和水表。且在池内均应高出均衡水池最高溢流水位不小于 150mm。

3. 均衡水池内的水位组成如图 7.12.4 所示。补水管应采用多水位程序电动水位控制装置。多水位控制阀的开路及关闭以图中 h_h 和 h_c 为准。

4. 均衡水池还应设溢流水管、通气管等，泄水可采用循环水泵抽吸泄空。

7.12.5 均衡水池接管要求

1. 接管方式如图 7.12.4 所示。

2. 游泳池的溢流回水管，宜采用游泳池两侧溢流回水沟各自独立设置溢流回水管，并分别接入均衡水池，以防止多个沟内回水口回水量不均匀出现带气，使个别回水口产生吸气或排气所带来的噪声影响游泳者竞技状态。

3. 游泳池的溢流回水管的管底应在均衡水池池内最高水面至少 300mm 以上位置接入，如图 7.12.4 所示，以防止溢流回水管夹气而出现本条第 2 款出现的弊病。

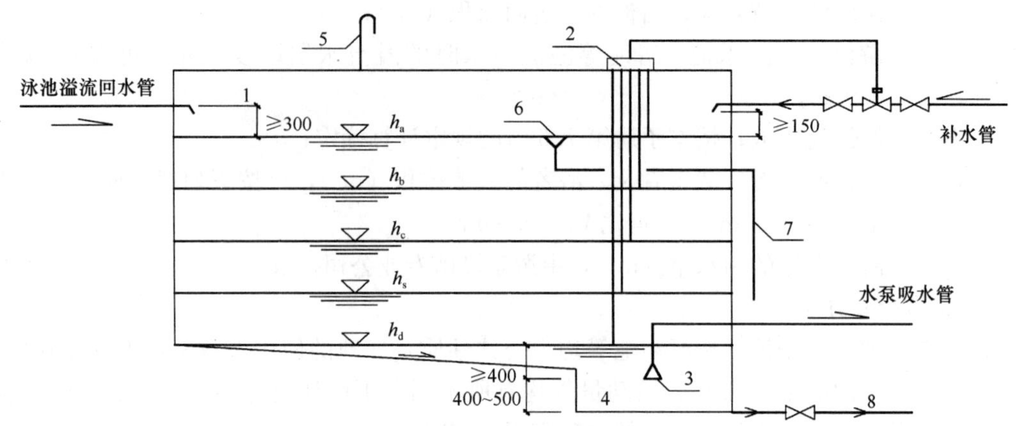

图 7.12.4 均衡水池水位构成及接管示意

说明：1—均衡水池；2—多水位控制阀；3—吸水喇叭口；4—吸水坑；5—通气管；6—溢流水口；7—溢流水管；8—泄空管；h_a—溢流水位；h_b—补水管阀门关闭水位；h_c—补水管阀门开启水位；h_s—系统运行所需水位；h_d—最低水位

4. 混流式池水循环方式的池底回水管应单独接入均衡水池，其回水方式应采用独立回水泵或回水管上安装流量调节阀，确保回水量不超过设计规定。

5. 游泳池、游乐池等初次充水、正常使用过程的补水管等均接入均衡水池，实现间接补水要求，充水管和补水管均应装置水量计量仪表。

6. 各种管道管径应计算确定。

7. 均衡水池的泄空采用池水循环水泵进行，当水位低于循环水泵不能正常工作时，则经泄水重力排至设备机房排水沟。

7.12.6 材质及构造

1. 标准型及大型游泳池宜采用钢筋混凝土建造，其池内壁应衬贴不二次污染池池水水质、耐腐蚀、不变形、牢固、易清洗的不锈钢钢板、瓷砖、胶膜或涂料层。

2. 小型游泳池、戏水池、休闲池等可采用不二次污染池水水质，并能确保耐热、坚固、不变形、不透水、寿命长等性能的玻璃钢、金属、板组装或焊制。

3. 均衡水池还应该设置检修人孔，进入池内的内外爬梯、带防虫网通气管及水泵吸水坑。池底应用不小于 0.5%的坡度坡向水泵吸水坑。

4. 各种水位的显示及最低、最高水位的报警装置。

5. 池体内所有交角均应采用圆弧形状、以防污染物的附着和方便洗刷清洁。

7.13 平衡水池（箱）

7.13.1 设置条件

1. 多个小型顺流式游泳池、休闲游乐池等共用一套池水循环净化处理设备。

2. 条件限制的单座游泳池、休闲游乐池等，池水净化处理设备机房较远，循环水泵吸水管很长影响循环水泵吸水管阻力。

3. 据有关资料介绍，如果池内水深小于 1.0m 时，应考虑设置平衡水池，以防循环水泵吸水时产生负压。

7.13.2　功能要求

1. 减少循环水泵的阻力损失和实现多座小型游泳池共用一套池水净化处理系统。

2. 保持游泳池、休闲游乐池等池内有效水位、水泵有效吸水安全和系统连续供水的稳定。

3. 克服幼儿、儿童游泳池、戏水池等循环水泵直接从池底吸水发生负压吸附现象造成的安全伤害弊病。

4. 实现循环水泵自灌式吸水和池水净化处理系统及功能循环水系统的自动化控制。

7.13.3　接管要求

平衡水池接管形式，如图 7.13.3 所示。

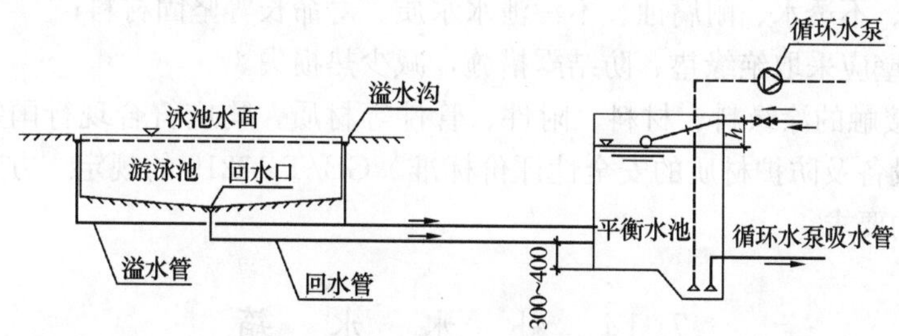

图 7.13.3　平衡水池接管示意

1. 游泳池、休闲游乐池等溢流水沟的溢流水管可直接接入平衡水池。

2. 游泳池等池底回水总管接入平衡水池，其管底标高应高于平衡水池池底标高以上至少 300mm，以防水流冲刷平衡水池池底沉积物和发生短流现象。

3. 游泳池等初次充水和正常使用过程中的补充水水管接至平衡水池，实现间充水和补水。

4. 多座小型游乐池共用一套池水净化处理系统时，其净化后的洁净水应分别设置循环供水和控制阀，确保相应池子的循环周期不受影响。

5. 可采用自吸式池水循环水泵在平衡水池池外顶部吸水，如图 7.13.3 中虚线所示。

7.13.4　平衡水池的容积和构造

1. 有效容积应按下式计算：

$$V_p = V_d + 0.08q_c \tag{7.13.4}$$

式中：V_p——平衡水池的有效容积（m^3）；

V_d——单个过滤器一次反冲洗所需水量（m^3）；

q_c——游泳池等池水的循环水量（m^3/h）。

注：1. 式中“0.08”这个参数是保证游泳池等池水无游泳人员时，循环净化处理系统能正常运行的必须水量，即循环水泵的 5min 的出水量，以防止游泳池开放，循环水系统无法正常运行。

2. 如设有用水游乐设施则应附加进去。

2. 平衡水池构造

1）水池内最高水位应与游泳池、游乐池等最高水位相平；

2）水池底表面应低于游泳池、游乐池等回水管底标高不得小于 400mm；

3）游泳池、游乐池的初次充水管、补水管的管底应高出池内最高水位至少150mm（即图中的 h 值），补水管应设多水位控制装置；

4）池顶应设检修人孔和带有防虫网的通气管，池内应设低于池底表面不小于800mm的水泵吸水坑、爬梯、溢流水管、泄水管等；

5）水池的有效尺寸除应按计算水量要求计，还应满足施工、各种附件安装和人员出入检修等空间要求。

7.13.5　平衡水池的材质

1. 采用钢筋混凝土材质时，则池内壁、池底等应涂刷或补贴胶膜、不锈钢板等，不二次污染水的耐腐蚀、不污染池水的涂料，涂刷表面应光洁及清洁。

2. 采用金属或玻璃钢材质时，应符合下列规定：

1）表面光滑、易于清洁、易于施工安装；

2）不变形、不透水、耐腐蚀、不污池水水质、寿命长等坚固材料；

3）池体外壁应采取绝缘垫、防结露措施，减少热损失。

3. 与池水接触的涂缘料、材料、附件、管件等材质，均应符合现行国家标准《生活饮用水输配水设备及防护材质的安全性评价标准》GB/T 17219的规定，方可达到不二次污染池水水质的要求。

7.14　补 水 水 箱

7.14.1　设置条件

1. 顺流式池水循环方式的小型游泳池和游乐池等，不设平衡水池（箱）回收池内溢流水的条件下，而设置的补水水箱。

2. 确保对游泳池、游乐池等实施间接补水。

7.14.2　水箱容积

1. 游泳池、游乐池小时补水量作为补水水箱的有效容积。

2. 从制造及内部接管等方面考虑，最小容积不得小于2.0m³。

7.14.3　接管要求

1. 接管方式如图7.14.3所示。

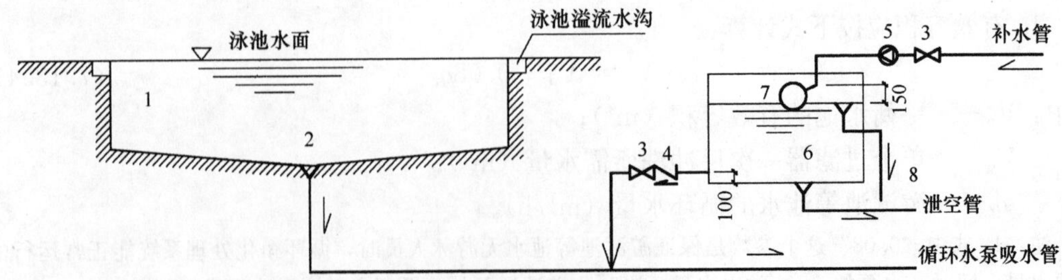

图7.14.3　补水箱接管示意

说明：1—游泳池；2—池底回水口；3—流量调节阀门；4—止回阀；5—水表；6—补水水箱；7—浮球控制阀；8—补水箱溢水管

2. 各种接管均应计算确定。

7.14.4 水箱材质及构造与本手册平衡水池（箱）（见 7.13.5-3）相同。

7.15 功 能 用 水 循 环

游泳池、休闲游乐池、文艺表演水池等，是一种以水为主体游乐、休闲戏水、养生及文艺表演所用的不同规格、形状及设有不同设施的水池。它的项目繁多，为了营造一个优美又颇具吸引力的休闲环境，在某些水池上配置不同形式游乐设施、水景及健身水疗按摩等装置。而这些游乐设施、水景需要配置专用的水循环系统及变频循环水泵，方能满足使用上的要求。如滑道（板）润滑水、环（漂）河的推流水流动的水泵，不同水景的供水等。这种专用的给水系统我们将其定义为功能循环水系统。这是与池水循环净化处理系统主要区别。它的循环水系统由游乐设施专业公司负责设计，提供设施和安装、调试及相关技术参数。给水排水设计人予以配合并配备相应的给水排水条件。而池水的净化处理这是给水排水设计人的本职业务范畴。本手册仅就几种常见的游乐设施的供水系统作为简要介绍。

7.15.1 水滑道（板）设施

1. 水滑道（板）设施设有滑道跌落缓冲池，其池子的大小形状，由专业公司根据滑道（板）形势、滑道高度、滑道坡度等提供，但应符合现行国家标准《水上游乐设施通用技术条件》GB18168 的有关规定。

1）不同形式的水滑道的跌落缓冲池宜分开设置，也可多条滑道合设一座共用跌落缓冲池，但应确保各滑道之间的滑落人入水时，不发生安全隐患。

2）滑道跌落缓冲水池的有效水深不应小于 1.0m。

3）公共游泳池附设水滑道时，为保证不影响游泳池的正常使用，应符合下列规定：

（1）每条滑道应增加 35%的水池容积；

（2）滑道区域与游泳区应有明确的分区，以确保互不干扰同时使用和安全。

2. 滑道（板）润滑水

1）滑道（板）润滑水量和供水水泵性能参数由滑道设计专业公司提供。

2）润滑水供水泵应设备用水泵，并与主工作泵能自动切换，以确保滑道表面的润滑水连续不断的流动，以防下滑游客因滑道表面无润滑水出现中途停滞，甚至出现擦伤皮肤的安全事故。

3）滑道润滑水的水源取自滑道跌落缓冲池。

7.15.2 环（漂）流河

1. 环（漂）流河是一条多个弯道环状的闭合的人造水流河道，其长度可视现场场地情况确定：

1）长度不宜小于 200m，宽度不应小于 2.5m，有效水深不应小于 1.0m；

2）河道内的水流速度不应小于 1.0m/s。

2. 弯道数量不应少于 2 处，每个弯道处应设一座推动河道内水流动的推流水泵站。推流水泵应为河底吸水，侧壁推水方式。推流水泵站设在地面下，并应确保房内有良好的通风换气、排水、照明及供电安全措施。

3. 河道应设河水循环净化处理站一处，河流水质、循环周期、循环水流量及河水循环净化处理等要求，详见本手册第5章、第7章、第10章有关规定。

4. 推流水泵及吸水口、出水口

1）水泵吸水口和出水口应设格栅，格栅孔（隙）不宜大于8mm；格栅孔隙水流速度不应大于0.5m/s，并确保在该处不产生漩流，为了保证河道内的水流速度和漂流效果，一般推流水泵的出水管的流速不应小于3.0m/s。

2）推流水泵应设备用泵，推流水泵的性能参数，应由环流河道设计专业公司提供。

5. 环（漂）河河道沿岸视附近环境条件，在适当部位允许设置在环境相协调的水景，水景设独立的循环水系统，水源取自河道内水。

6. 环河漂流游客的出入河道位置处，应符合下列要求：

1）出入河道的扶梯位置应远离河道水处理和推流水的进水口及吸水口。

2）出入河道的扶梯应凹入河道位置、不得影响漂流者的漂流。

7.15.3 造浪池

1. 造浪池的平面形状为不规则略带扇面形的梯形，其规格、尺寸、池深、浪高等详见本手册第2.2.3条所述。

2. 造浪方式：①鼓风压缩式，②机械推板式，③落锤冲击式等。其中鼓风压缩式即利用鼓风机间歇压缩水池水面使用形成波浪是现代普遍采用的造浪方式。

3. 鼓风机造浪，可根据所选定的波浪形式实行程序式自动控制造浪频率，作为对公众开放的戏水造浪池，根据国内工程实践证明，波浪的峰谷高度差以0.3～0.6m为好。

4. 造浪机造浪为间歇式运行，每次造浪时持续时间以15min为宜，时间间隔以不超过30min为宜。

7.15.4 戏水池

1. 在池内附设有趣味性和吸引力的各种水景或喷水设施的水力玩具，以供人们戏水时用。

2. 戏水池可分：成人戏水池、家庭及情侣戏水池、儿童戏水池及幼儿戏水池等。

1）成人戏水池：形状可为方形，圆形及不规则几何形，水深一般为1.0m，池内设有水车叠流、翻斗乐、探险水洞等

2）家庭戏水池：形状可为方形，圆形及不规则几何形，水深0.8～1.0m，池内设有滑梯、水中按摩车、水帘等。水滑设润滑系统，其润滑水量及设备由专业公司提供。

3）儿童戏水池：形状宜为圆形或椭圆形，水深不超过0.9m，池内设有跷跷板、水轮、水炮、水滑梯等水上玩具，以及水伞、水蘑菇、水刺猬、喷水卡通动物等。

4）幼儿戏水池：一般宜为圆形，水深不超过0.4m。

8　池水净化处理系统

游泳池、游乐池、休闲设施池、文艺表演池等人工水池在开放使用的过程中，为节约水资源均应采用循环池水净化重复利用。游泳者、戏水者、入浴者、表演者会不断将各种污染物质（详见本手册第 11.1 节所述）带入到池水中。为了去除这些污染杂质、确保池水卫生、健康、安全和良好的感官效果，就应采取必要而适当的措施对池水进行净化处理。池水净化的方式一般采取池水循环净化处理方式。

循环净化处理给水方式就是将使用中的池水，按规定的流量从游泳池、游乐池、休闲池内取出，经过过滤设备去除污染杂物使用获得澄清、并经过加热维温、消毒杀菌处理后，再送回游泳池继续使用的一种供水方式。

游泳池等采用循环净化给水方式具有以下特点：①节约水资源、能源；②确保池水符合卫生、健康要求；③符合游泳竞赛水质要求；④适用于各种游泳池、游乐池供水要求；⑤经济技术综合比较合理。故它是目前国内外各种游泳池普遍采用的供水方式。

游泳池等循环净化处理给水方式，因池内给水方式、回水方式、池水消毒方式和池水维温热源等的不同，则带来池水净化处理工艺流程中各处理工序的设备配置、组成等不尽相同。这个问题将在后续各节予以叙述。

8.1　工　艺　流　程

游泳池、游乐池、文艺表演水池等池水净化处理需要一个处理过程，以达到符合池水水质标准的要求，这说明池水净化处理的理论基础为不断稀释的过程。这个过程包括三个主要要素：①池水循环，包括循环水泵、循环管道、池内布水、回水等，此要素在本手册第 7 章和第 8 章已做了详细论述；②池水过滤净化，包括预过滤、精细过滤、絮凝辅助过滤等，这个要素将在本手册第 9 章进行论述；③池水消毒，包括水质平衡等，将在本手册第 10 章、第 11 章和第 12 章进行论述。

1. 颗粒（石英砂、沸石、玻璃珠等）过滤器＋全流量半程式臭氧消毒＋逆流式池水循环净化处理工艺流程，包括的工艺工序设备内容，如图 8.1-1 所示。

2. 颗粒（石英砂、沸石、玻璃珠等）过滤器＋全流量半程式臭氧消毒＋顺流式池水循环净化处理工艺流程，包括的工艺工序设备内容，如图 8.1-2 所示。

3. 臭氧消毒采用全流量半程式消毒工艺时，池水循环净化处理的工艺流程详见本手册图 10.5.4-1 和图 10.5.4-2 所示。

4. 臭氧消毒采用分流量全程式消毒工艺时，池水循环净化处理的工艺流程详见本手册图 10.5.2 所示。

5. 颗粒（石英砂、沸石、玻璃珠等）过滤器＋氯制品消毒＋逆流式池水循环净化处理工艺流程，包括的工艺工序设备，如图 8.1-3 所示。

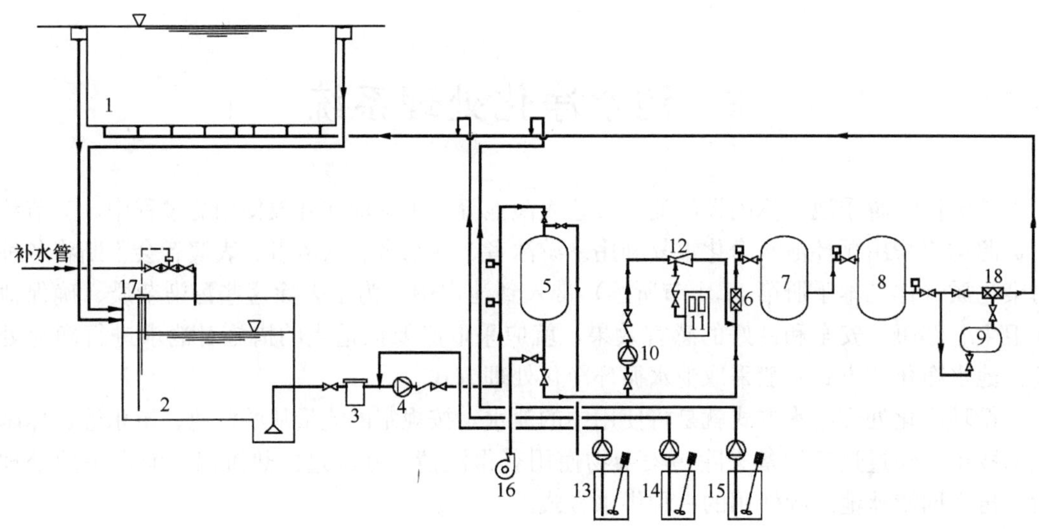

图 8.1-1 颗粒过滤器+臭氧消毒+逆流式池水循环净化处理工艺流程示意

说明：1—游泳池；2—均衡水池；3—毛发聚集器；4—循环水泵；5—过滤器；6—水臭氧在线混合器；7—臭氧—水反应罐；8—活性炭吸附罐；9—加热器；10—加压水泵；11—臭氧发生器；12—臭氧投加装置；13—絮凝剂投加装置；14—长效消毒剂投加装置；15—pH 值调整剂投加装置；16—风泵；17—水位控制器；18—混合器

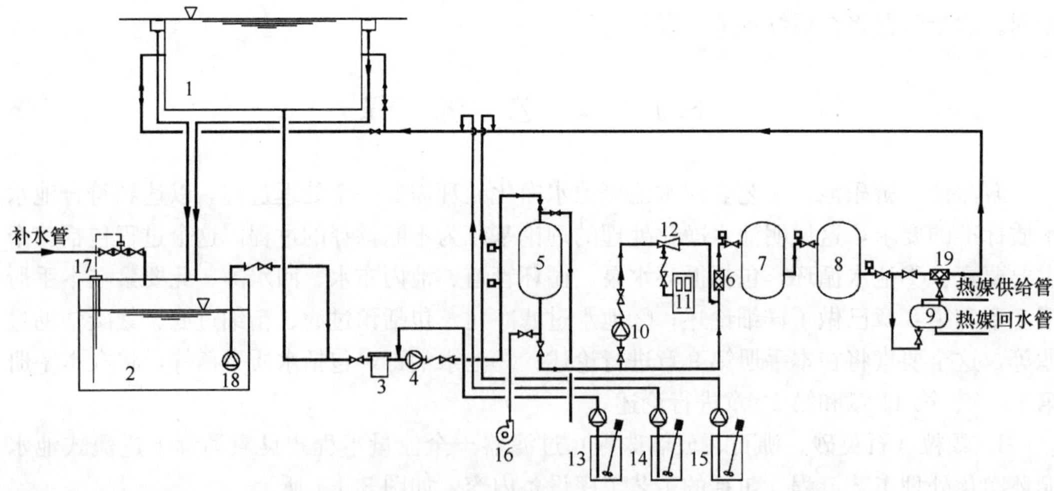

图 8.1-2 颗粒过滤器+臭氧消毒+顺流式池水循环净化处理工艺流程示意

说明：1—游泳池；2—均衡水池；3—毛发聚集器；4—循环水泵；5—过滤器；6—水臭氧在线混合器；7—臭氧—水反应罐；8—活性炭吸附罐；9—加热器；10—加压水泵；11—臭氧发生器；12—臭氧投加装置；13—絮凝剂投加装置；14—长效消毒剂投加装置；15—pH 值调整剂投加装置；16—风泵；17—水位控制器；18—水泵；19—混合器

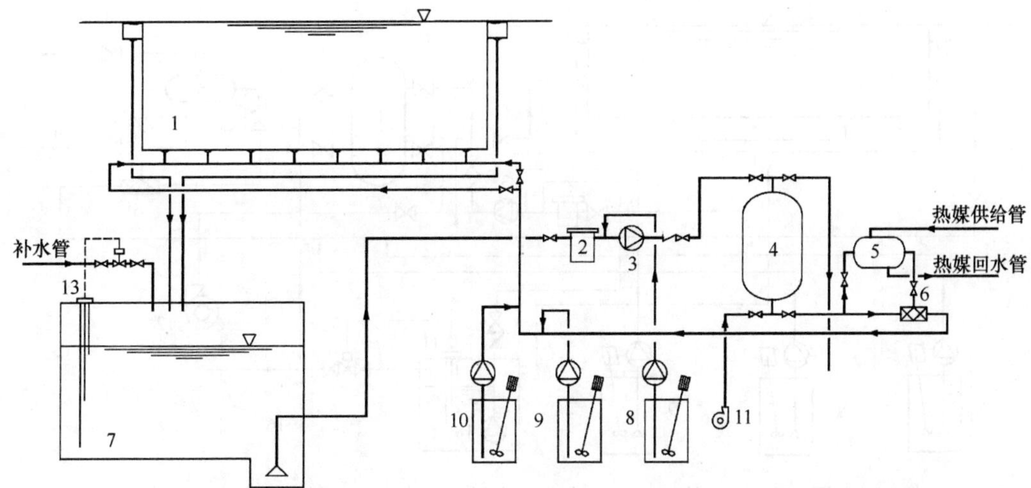

图 8.1-3 颗粒过滤器＋氯制品消毒＋逆流式池水循环净化处理工艺流程示意

说明：1—游泳池；2—毛发聚集器；3—循环水泵；4—过滤器；5—加热器；6—混合器；7—均衡水池；8—絮凝剂投加装置；9—pH 值调整剂投加装置；10—氯消毒剂投加器；11—风泵；12—水位控制器

6. 颗粒（石英砂、沸石、玻璃珠等）过滤器＋氯制品消毒＋顺流式池水循环净化处理工艺流程：

1）设有均（平）衡水池时，如图 8.1-4 所示。

2）无均（平）衡水池时，如图 8.1-5 所示。

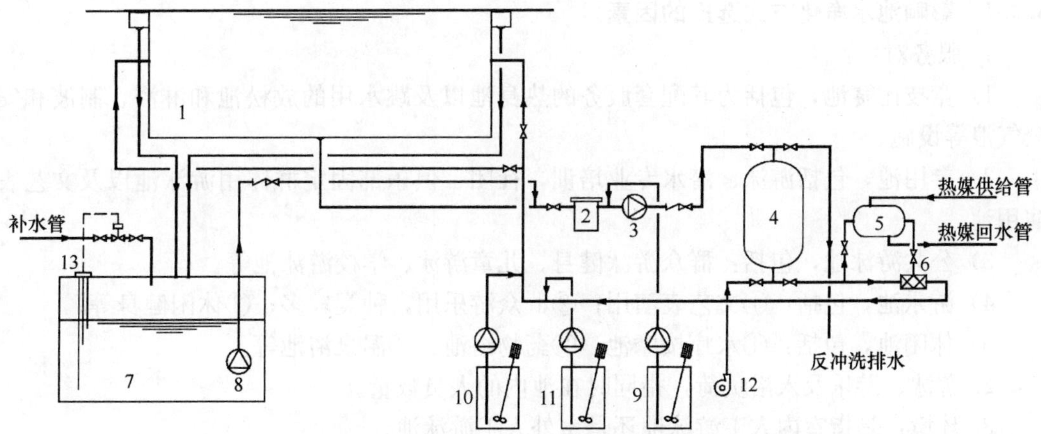

图 8.1-4 设有均（平）衡水池时池水循环净化处理工艺流程示意

说明：1—游泳池；2—毛发聚集器；3—循环水泵；4—过滤器；5—加热器；6—混合器；7—均衡水池；8—补水泵；9—絮凝剂投加装置；10—pH 值调整剂投加装置；11—氯消毒剂投加器；12—风泵；13—水位控制器

7. 当过滤介质为硅藻土或珍珠岩时，则本条图 8.1-1～图 8.1-2 工艺流程中应作如下调整：

1）取消工艺流程中“絮凝剂投加装置”这一工序设备单元；

2）将“循环水泵、过滤器”这两个工序单元合为一个工序设备，因为该设备为“循环水泵和过滤器”组合而成的一体化机组。

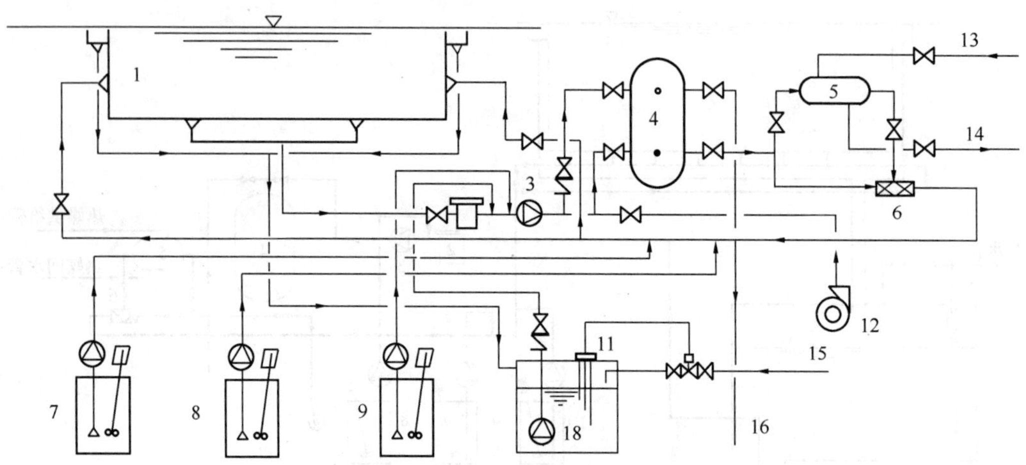

图 8.1-5 无均（平）衡水池池水循环净化处理工艺流程示意

说明：1—游泳池；2—毛发聚集器；3—循环水泵；4—过滤器；5—加热器；6—混合器；7—氯消毒投加装置；8—pH 值调整剂投加装置；9—混凝剂投加装置；10—补水水箱；11—水位控制器；12—风泵（可选）；13—热媒供给管；14—热媒回水管；15—补水管；16—反洗排水管；17—游泳池溢流排水管；18—补水水箱

8.2 池水循环净化处理工艺选择

8.2.1 影响池水净化方式选择的因素

1. 服务对象：

1）竞技比赛池，包括为其配套服务的热身池以及跳水用的放松池和淋浴、制波和安全气浪等设施。

2）专用池，包括游泳、潜水专业培训，社团、俱乐部固定群体用游泳池以及文艺表演用池。

3）公共游泳池，包括：群众游泳健身、儿童游泳、学校游泳池等。

4）游乐池，包括：①文艺表演用；②群众游乐用，种类较多；③休闲健身等。

5）休闲池，包括：①水疗按摩池；②药物浴池；③温泉浴池等。

2. 游泳、游乐及入浴负荷，指同时在池内的人员数量。

3. 环境：是指室内人工游泳池还是室外人工游泳池。

4. 消毒剂品种及消毒工艺：

1）消毒剂品种指：①氯制品；②溴制品；③臭氧；④紫外线；⑤过氧化氢等。

2）消毒工艺指：①现场制取消毒剂；②臭氧＋长效消毒；③紫外线＋长效消毒。

5. 池水加热热源：

1）热泵；

2）热泵＋太阳能；

3）太阳能＋锅炉；

4）太阳能＋电能；

5）热网；

6）自设锅炉等。

6. 过滤设备所用过滤介质：

1）石英砂或玻璃珠或沸石等＋配套混凝设施；

2）硅藻土过滤机组；

3）简式过滤器等。

7. 原水水质：地下水、江（河）水、海水等。

8. 环境：室内型、室外型、室内阳光型等。

8.2.2 功能设施用水量及水循环

1. 功能用水循环指为了保证游泳设施运行、游人安全及水中按摩、池岸冲击水疗等需要而设置的循环水供水系统或供气系统。

2. 功能及水景循环给水系统与池水循环净化处理系统均应分开设置，并满足下列要求：

1）在同一座池内设多种游乐设施、如直线滑道、螺旋滑道等共用一座水池时，每条滑道应分开设置各自的滑道润滑水循环供水系统；再如跳水池的水面制波的池底喷气制波与水面喷水制波、安全气浪等均应分开设置。

2）在同一座池内设有多种水景时，如文艺表演水池为表演需要而设置的多种水景，如喷水、喷雾、水浪等，因要求不同，则应设置各自独立的管道系统。

3）功能及水景循环水系统的水源取自本水池。

（1）功能及水景用水循环水量由游乐设施、水景设施等专业公司提供；

（2）功能及水景用水循环水系统与池水净化循环水处理系统同时运行时，则该水池应采取确保池内水深不受影响的措施。

9 池 水 过 滤

池水过滤是游泳池、游乐池、公共按摩池和文艺演出用水池等水处理的核心工艺工序单元，它是通过设备内的过滤介质层拦截池水中胶状、颗粒状有机物、无机物及部分病毒、细菌后，使洁净的池水经过加热、消毒重新送入游泳等池内继续使用，实现了水的循环使用。所以说，它是保证池水洁净、透明、清晰及低浑浊度进水，而且会降低消毒剂的用量和维持池水低水平的化合氯。所以我们称它是不可缺少的池水净化处理工艺中的重要工序单元。因此，过滤净化被称之为池水循环净化处理工艺流程三大要素中的第二关键要素。

9.1 基 本 要 求

9.1.1 功能要求

1. 保证滤后出水水质

1）拦截去除游泳者、戏水者、入浴者以及环境中带入、落入在池水中的微生物、悬浮物和固体颗粒杂物，使滤后池水水质洁净、透明。洁净、透明的要求是保证在池水表面波动的条件下，岸上救生人员在所处位置高度约 2.0m 的救生椅上能清晰地看到和辨别出游泳者、戏水者在池内水中的活动状态是否异常的要求。

2）去除部分池水中隐孢子、虫卵、病原微生物，减少此后水净化工艺流程中，消毒工序消毒剂用量和提高消毒效果。

3）提高游泳者、戏水者及入浴者在水中的卫生、健康的安全感。

2. 温泉及热水浴池的过滤应满足下列要求：

1）人们在池内水中时静态浸泡进行按摩水疗，池内水深较浅，则池水应洁净。

（1）确保浴池水的浑浊度不宜大于 1NTU；

（2）温泉水、药物浴水等浑浊度不应大于 5NTU；

（3）滤除池水中的部分病原微生物和军团菌。

（4）据资料介绍，公共温泉浴池及热水浴池池水中，常见的各种细菌微生物的直径如表 9.1.1 所示。这对我们选择过滤介质极有帮助。

公共浴池中常见细菌微生物尺寸 **表 9.1.1**

序号	细菌微生物名称	尺寸（μm）	备注
1	铜绿假单胞菌	（0.5～1）×（1.5～4）	
2	金黄色葡萄球菌	直径：（0.5～1.5）	
3	自由生产的阿米巴囊	直径：（8～12）	
4	棘阿朱米巴属胞囊	约（15～28）	

续表

序号	细菌微生物名称	尺寸（μm）	备注
5	嗜肺军团菌	（2～20）×（0.3～0.9）	
6	分枝杆菌属（抗酸性菌）	（0.2～0.6）×（1.0～9.0）	
7	贾第氏胞囊	直径：（4～12）	
8	隐孢子胞囊	直径：（4～6）	
9	大多数细菌	直径≥0.2	

2）过滤设备的过滤介质应符合下列要求：

（1）能有效去除池水中的各种细菌微生物，特别是有效去除隐孢子虫和贾第鞭毛虫；

（2）不改变和影响温泉水、药物水的有效成分；

（3）在高温（36～42℃）浴水条件不改变过滤介质性质。

3. 过滤速度的控制

1）用于游泳池、游乐池的颗粒压力式过滤器，其滤速不应超过 25m/h；

2）用于游泳池、游乐池的其他过滤介质的压力过滤器滤速详见后续各节所述。

4. 过滤介质能被有效进行反冲洗，以恢复过滤功能。

5. 温泉水和热水浴池不应选用无反冲洗功能和受热变形的纸芯过滤介质。用于温泉水及热水浴的过滤器，其设置位置应低于浴池底的地面，确保附属配管管内的水能完全泄空，以防止病菌的繁殖生长。金属材质的过滤器宜采取保温措施。

9.1.2 池水过滤原理

1. 游泳池、游乐池、休闲设施池及文艺表演用水池利用设备内部装有一种或几种过滤介质丰富的表面积和一定厚度介质组成的空隙特点，在常温工作条件下和一定压力下，使池水通过与过滤介质的接触，以分离及电吸附作用来有效地拦截去除池水中的悬浮颗粒污染物及沉渣，达到澄清池水和有利于化学消毒剂的扩散杀菌。这就要求将使用中的池水，用水泵按一定的流量从池内抽出送入过滤设备，使池水通过一个由过滤介质组成的滤床，滤除掉水中的悬浮及固体杂质而得到澄清；此后将澄清后洁净、透明的水进行加热维持“恒温”并加入适量的消毒剂，使池水达到卫生、健康的标准；最后再送入池内重复使用，如此连续不断地往复进行。这个过程可以清楚地看出：游泳池等池水的净化处理是建立在稀释原理上的。

2. 游泳池、游乐池、文艺表演水池等池水的污染程度较低，在正常按规定运行条件下，其池内水的浑浊度一般不超过 3NTU，而且浑浊度比较稳定，无重大变化幅度，属低浑浊度水过滤。

3. 过滤工艺包括两个工序单元：①预过滤单元：目的是拦截去除出水中的较粗大的固体杂物，该单元设在循环水泵的吸水管上，称此种过滤为物理过滤性能；②精细过滤单元：目的是拦截去除池水中的悬浮颗粒、交替絮状物及部分细菌、病毒等微生物，该设备单元应设在循环水泵之后，称此种过滤为主过滤单元。

9.2 预过滤工序设备

预过滤设备在过滤技术中称粗滤。粗滤就是以筛网或带有孔眼的滤筒截留水中的较大颗粒的污染物体，即截留直径为 $100\mu m$ 以上固体杂物。在游泳池等池水中应用粗滤就是要将使用过的游泳池池水，在进行过滤净化之前，应先将池水中的毛发、树叶及其他杂物颗粒经过粗滤装置即毛发聚集器进行阻隔收集，防止这些杂物、污物损坏水泵和进入到过滤设备内，损坏水泵叶轮、破坏滤料层的过滤功能，影响过滤器的过滤效率和过滤效果。所以，毛发聚集器是池水净化处理中不可缺少的一个设备。

9.2.1 毛发聚集器的设置要求

1. 毛发聚集器（亦称毛发捕捉器、毛发收集器）应设在池水循环泵的吸水管上，结构形式分为一体型和分体型，其作用是防止池水中夹带的固体杂质损坏水泵叶轮及进入过滤器阻塞滤料层而影响过滤效果和出水水质。外形详如图 9.2.1 所示。

(*a*)　　(*b*)

图 9.2.1　毛发聚集器示意

（*a*）一体型；（*b*）分体型

2. 毛发聚集器材质：

1）非金属材质：聚酯聚丙烯塑料。

2）金属型材质：不锈钢、碳钢及铸铁。

3. 毛发聚集器组成：由外壳、内装过滤筒（网）、可快速开启及关闭的透明顶盖、外壳底部泄水接管等部件组成，内装过滤筒（网）可以取出清除拦截的各种杂物，以免所截留的杂物过多阻塞过水孔，增加水泵阻力，降低水泵出水量。

4. 如为两台及以上循环水泵，应交替运行；仅有一台循环水泵时，应备用毛发聚集器。以便在清洗一个时将另一个备用换上，减少循环水泵的停止时间。

9.2.2 毛发聚集器的构造要求

1. 外壳内耐压不应小于 0.4MPa，且构造应简单，能快速拆卸和安装，操作方便，密封性能好，其构造形式如图 9.2.2 所示。

2. 外壳应为耐腐蚀的材料：以不锈钢及玻璃钢材质为宜，如为碳钢或铸铁材质时，应涂刷防腐涂料或内衬防腐材料，确保不污染水质和经久耐用。

3. 过滤芯网：

1）过滤芯网孔眼的总面积不应小于进水管截面面积的 2.0 倍，最佳宜为 4 倍，过滤筒的孔眼直径宜采用 3mm，开孔面积不小于过滤筒面积的 25%，开孔间距不应大于 5mm；

2）过滤筒（网）应采用耐腐蚀的不锈钢和高密度塑料等材料制造；

3）透明顶盖应具有耐水压和实时观察过滤网（筒）积污情况的功能，并设置手动排气阀，以方便快速开启维护。

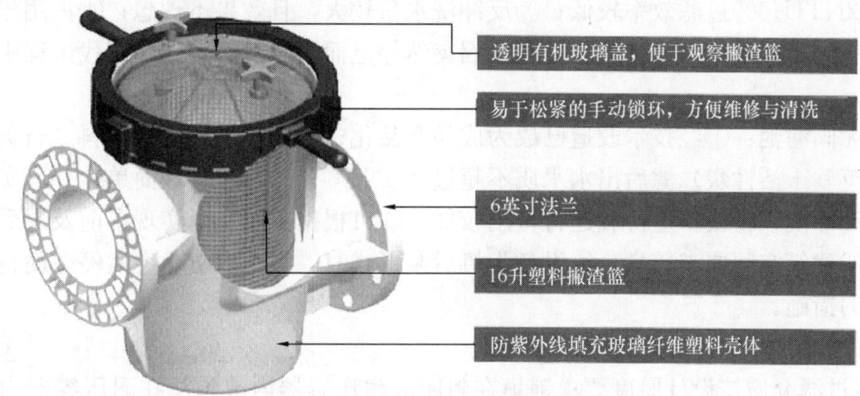

图 9.2.2 毛发聚集器内部构造示意

9.3 精细过滤设备的分类

9.3.1 基本要求

过滤设备是保证池水洁净度，透明清晰度和提高化学药品消毒剂扩散杀菌效果的关键设备。因此，选型时应符合下列要求。

1. 过滤效率应较高，过滤精度应确保滤后出水水质低于现行行业标准《游泳池水质标准》CJ/T 244 关于池内水浑浊度规定，且出水水质稳定。

2. 过滤设备内部的布水、集配水应均匀，不产生短流现象。

3. 设备体积小，反冲洗水量少，安装方便，操作及维修方便。

4. 设备材质兼顾、耐化学药品腐蚀、不二次污染池水。

5. 制造精细、严密，不渗漏水，运行费用低廉。

9.3.2 按水流在过滤器内的流向分类

1. 单向流过滤器

将待过滤的池水送入过滤器内，使池水以有压或负压或无压水流状态通过过滤介质层而获得洁净、透明的滤后水的过滤器。

2. 可逆式过滤器

待过滤的池水以有压状态送入过滤器，并经过过滤器介质层而获得洁净、透明的滤后水。待停机后再次工作时，则待过滤的池水，仍以有压流状态，从另一侧送入过滤器，并经过过滤介质层而过的透明、洁净的滤后水。如此可往复工作的过滤器。

9.3.3 按过滤器承压方式分类

1. 重力式过滤器

将待过滤的池水送入过滤器过滤介质层的上部，在池水不受任何外力作用的状态下，使水以重力状态自然地由上至下的经过过滤介质层获得过滤的过滤器。

1）重力过滤器又分：①慢滤池；②无阀滤池。

2）技术特征：

(1) 慢滤池：①一般为单一石英砂滤料，滤速较慢，但滤后出水水质好，一般浑浊度不超过0.2NTU；②过滤效率较低；③反冲洗水量较大，且效果不理想；④占用建筑面积较大；⑤应有不间断的电力供应，否则会因突然停电而淹没机房；⑥在现代工程中基本已被淘汰。

（2）无阀滤池：①经技术改造已成为成品产品化；②一般采用复合滤料（石英砂＋无烟煤；石英砂＋活性炭）滤后出水水质不超过0.4NTU；③操作管理简单，并可实现过滤介质层自动冲洗；④设备造价和运行费用较低；⑤可根据工程实际实现泵前及泵后两种设置形式；⑥建筑空间要求较高；⑦设备为机后泵形式时，需采取防止突然停电而自动关闭泳池回水的措施。

2. 压力式过滤器

1）将过滤介质按设计厚度要求铺填在封闭的耐压容器内或预涂在耐压容器内的滤元上，对需要过滤的池水施以外力，以有压水流状态通过过滤介质层获得过滤的过滤器。

2）技术特征

（1）根据过滤介质可控制过滤速度的大小；

（2）能实现池水循环净化处理系统的自动化及智能化控制；

（3）过滤器尺寸可小型化，方便设备的灵活布置，减少占用建筑面积；

（4）关键技术是要解决好过滤器内被过滤水的均匀分配和反冲洗的均匀分配，确保：

① 过滤介质稳定，不因水流不均匀出现移动；

② 过滤介质层厚度均匀，不出现局部厚度减小及短流。

（5）可以广泛用于各类游泳池、游乐池、休闲设施池及文艺表演水池。

3. 负压式过滤器

1）将需要过滤的池水自流送入按设计厚度要求的铺装有过滤介质的容器内，利用循环水泵通过设在该设备过滤介质底部的集配水系统，将过滤介质表面需要净化的池水，经过水泵抽吸使池水由上至下经过过滤介质层，以达到去除池水中的各种杂质获得过滤的过滤器，亦称真空式过滤器。

2）技术特征

（1）过滤机理与压力过滤器和成品重力式过滤器相同；

（2）集成了现有重力过滤的曝气增氧技术，压力过滤器的流速和流量可控性和稳定性技术特征，以及将池水过滤与设备机房合为一体，即将池水循环水泵安装在设备内部的一种过滤设备；

（3）实现了一座水池一组过滤器和可埋地露天设置的需要，不仅节约了土建工程成本，而且方便了管理；

（4）实现了沿各种水池边较近距离设置，大大降低了池水循环水泵的扬程，达到节约能源的效果；

（5）过滤器为溢流水幕式跌水方式进水，有利于有害气体及漂浮杂质从水流表面溢流排除，确保了滤后出水水质的要求；

（6）采用气-水组合反冲洗方式，缩短了反冲洗时间，节约了水资源；

（7）实现了工厂化制造，缩短了工程建设周期。

9.3.4 按过滤介质的质量分类

1. 重质滤料：石英砂、无烟煤、沸石、玻璃珠、麦饭石、石榴石、铁砂等；

2. 轻质滤料：泡沫塑料珠、纤维球、陶粒、珍珠岩及硅藻土；

3. 其他介质：金属丝网、聚酯纤维和特制纸等编织的筒式、膜式等过滤介质。

9.3.5 按过滤器外壳材质分类

1. 金属材质

1）碳钢需加设符合卫生要求的涂层或衬层，如涂装环氧树脂、聚乙烯或钢、不锈钢、橡胶衬里等，涂层或衬层工作难度大；

2）不锈钢材质具有良好的机械强度；耐高温、耐低温和耐腐蚀性能好；

3）成本高、重量较重，安装运输较困难。

2. 玻璃纤维材质

1）具有良好的抗压性能；

2）具有良好的抗酸、碱、盐等腐蚀性能；

3）质量较轻，运输安装较方便；

4）生产制造环境差。生产过程中会散发不良的具有刺激性的气味，对制造操作者的健康有危害。

3. 塑料材质

1）过滤器壳体所用的聚乙烯混配料采用吹塑一次成型无接缝制造，密封性能好，使用寿命长；

2）抗紫外线设计，聚乙烯壳体韧性强，适用于各种环境；

3）壳体为顶部设置多通道进出水阀门，接管简单，维护操作方便。

9.4 过 滤 介 质

9.4.1 过滤介质（滤料）的基本要求

1. 功能要求

1）能有效地拦截水中的各种污染杂质，确保过滤后的出水水质洁净、透明，达到现行行业标准《游泳池水质标准》CJ/T 244 中关于池水浑浊度的规定；

2）不对池水水质产生二次污染；

3）反冲洗用水量少。

2. 质量要求

1）比表面积大，颗粒大小级配比例适当；

2）表面洁净、不含污泥及杂质；

3）化学稳定性良好，不溶解于水，不含危害人的健康的有毒或有害物质；

4）机械强度高、抗压性能好、耐磨损。其磨损率与破损率之和不应大于 1.5%，密度：①石英砂不应小于 $2.6g/cm^3$；②无烟煤不应小于 $1.5g/cm^3$；③铁矿不应小于 $4.4g/cm^3$；④沸石不应小于 $1.2g/cm^3$。

9.4.2 游泳池、游乐池、文艺表演水池等所用过滤介质及特点

用于水净化的过滤介质很多，而且还在不断地开发与创新，这就极大地促进了游泳池、游乐池、休闲设施池及文艺表演水池等池水过滤设备与技术的进步与创新。不同过滤介质其过滤效果是不同的，下面将池水常用的过滤介质特性作简要说明，供选用参考。

1. 石英砂滤料

1）是天然的二氧化硅惰性介质，坚固耐用，寿命长，而且石英砂滤料货源充足，价格低廉，并能适应水质变化大的要求，滤后水质相对稳定，操作简单。故在游泳池，游乐池等池水净化处理中被广泛采用。但石英砂滤料存在如下不足：

(1) 若水温较高，水中含有人体油脂，易导致石英砂板结；用于公共热水按摩池时，应采用气-水组合反冲洗方法；

(2) 温泉水 pH 值较低时，泉水易溶解石英砂，这样在运行过程中会使石英砂颗粒不断缩小，降低石英砂的比表面积；如遇钙型硫酸盐泉，会在较短时间内使石英砂产生板结现象，即使过滤失效。遇到上述泉水时，本手册建议不应选用石英砂作为过滤介质。

2. 沸石滤料

1）沸石滤料有两种：①天然斜发沸石滤料；②活化沸石滤料。

2）沸石滤料特性：

天然沸石是一种具有离子交换和吸附性能的高级过滤介质。

(1) 降低水中的浑浊度、色度，能有效去除氨、氮及氨氮气味；

(2) 去除水中异味、微污染物及对人体有害物质，如三氯、酚、磷酸根等离子；能保证滤后出水水质清澈；

(3) 堆积密度为 1200kg/m^3，耐压性能很好；

(4) 池水中含盐量（钠离子）较高时，降低了沸石的软化能力；

(5) 价格较高，工程应用实例较少。

3）针对温泉水来讲，沸石是一种较理想的过滤介质，在有条件的情况，宜优先选用。现将某企业标准的性能列入表 9.4.1 以供读者选用参考。

沸石滤料基本性能 **表 9.4.1**

序号	项目	限值	序号	项目	限值
1	密度（g/cm^3）	1.8～2.2	6	滤速（m/h）	4～12
2	容重（g/cm^3）	1.4	7	磨损率（%）	≤0.5
3	空隙率（%）	≥50	8	破碎率（%）	<0.5
4	比表面积（m^2/g）	500～800	9	含泥率（%）	≤0.1
5	盐酸可溶物（%）	≤0.1	10	全交换工作容量（mg/g）	2.2～2.5

4）滤床厚度为 600～700mm，过滤速率宜为 25m/h，粒径为 1.0～2.0mm。

5）沸石滤料在我国游泳池、游乐池等池水净化处理系统中无使用实例，但在国家大剧院室外景观水池的池水循环净化处理系统有所采用，效果良好。

3. 无烟煤滤料

1）经粉碎与分级的无烟煤时比较理想的过滤介质，其质量应符合现行行业标准《水处理用无烟煤滤料》CJ/T 44 的规定。

2）不均匀系数应符合本手册表 9.6.3 的规定。

3）形状不规则，容易让各种污物杂质深入滤料层实现深层过滤，确保了滤后出水水质。

4）能延长过滤设备的运行时间。

5）适用于双层滤料或三层滤料的过滤介质。

4. 磁铁矿滤料

1）使用三层滤料的过滤设备，其磁铁矿滤料的质量应符合现行行业标准《水处理用磁铁矿滤料》CJ/T 45 的规定。

2）材质坚硬，耐用并抗腐蚀。

3）不均匀系数应符合本手册表 9.6.3 的规定。

5. 玻璃珠滤料

1）以回收的破碎玻璃器皿，经干燥、筛分、清洗去污泥、干燥、加药烘干制造成颗粒状玻璃介质滤料。

（1）平均粒径 0.6～0.8mm 或 0.5～1.0mm；不均匀系数为 1.34 及 2.0；

（2）容积密度为 1.61g/cm^3；

（3）颜色：绿色、蓝色及琥珀色；

（4）强度高，安全性好。

2）性能特征

（1）过滤精度高，表面有轻微正电荷，能拦截水中 3.0μm 以上的各种污物杂质，并能抑制霉菌和青苔的生长；

（2）过滤效率高，使用寿命长，减少化学药品使用量；表面平整并具有较高的耐磨强度；

（3）减少反冲洗频率，反冲洗强度低（7～8L/（m^2・s)），反冲洗持续时间短（3～5min），所以反冲洗水量比石英砂滤料少 20%；

（4）不与池水发生化学反应，特别适用于温泉水浴池和热水浴池过滤器的滤料介质；

（5）无结晶二氧化硅，对环境和员工肺部有保护作用。

3）造价较高，但由于它的比重 2.53 比石英砂比重 2.75 小，在过滤器内充装量比石英砂减少约 20%。

6. 硅藻土滤料

1）过滤精度高：能滤除 3μm 一下的各种悬浮和固体杂质。世界卫生组织称为超滤（UFF）。

2）设备体积小，减少机房占用面积。

3）反冲洗水量少。

4）用于热水及温泉水浴池时，应注意下列问题：

（1）人体处于高于体温环境时分泌的油脂对过滤效率下降的影响；

（2）在高碱度水质条件时，乳化脂质穿透过滤介质层的影响；

5）技术要求及参数，详见本手册第 9.8 节所述。

6）应关注使用后硅藻土的回收。

7. 纸芯及纤维芯滤料

1）由特制纸或经过特殊处理的聚酯纤维褶皱制成圆筒状的过滤原件，单个或多个过滤元件安装在封闭而耐冲击的金属或塑料材质的筒体内，将拟过滤的水送入筒体，使水经过过滤元件并渗入过滤元件内达到净水作用。

2）折叠褶皱的目的是加大过滤面积，以增强截污能力。

8. 珍珠岩助滤剂

1）珍珠岩助滤剂是以珍珠岩矿石为原料，经过粉碎、分级、预热、高温焙烧瞬时急剧加热膨胀而成的一种轻质多功能的白色呈蜂窝状的颗粒结构物料。

2）主要成分为 SiO_2（68%～75%）。

（1）表观密度轻，堆积密度 70～250kg/m³；

（2）导热系数低：0.047～0.072 W/（m·k），吸湿性能小于 1%；

（3）气孔率高达 90%～95%，孔壁可薄至 0.02～0.06mm，孔隙大小不均匀，但分布均匀；

（4）无毒、无味、无腐蚀性，吸音，不霉烂，不燃烧；

（5）目前主要用它来做保温、隔垫、防火及吸音等材料。

3）珍珠岩颗粒具有容重小、孔隙率大等特点，经实验证明，它可以用于水过滤设备的过滤介质，其优势为：

（1）过滤速度大，截污能力强，滤后出水水质透明度高；

（2）反冲洗用水量小，节约水资源；

（3）运行周期长；

（4）是替代现有水过滤介质的良好材料，有较大的应用前景。

4）存在的问题

（1）尚缺少用于游泳池及类似水环境水过滤的技术参数；

（2）缺少应用于游泳池等类似水环境水处理系统的工程实例。

9.5 过滤器的构造

9.5.1 压力过滤器

1. 压力过滤器不同材质的构造均应符合现行行业标准《游泳池用压力容器》CJ/T405 的要求。

2. 不同材质压力过滤器的耐压要求：

1）不锈钢、碳钢压力式过滤器

（1）罐体耐压（水压）不应小于 0.60MPa；

（2）内部组件耐压不应小于 1.0MPa；

2）玻璃钢及塑料压力式过滤器有三种压力等级

（1）罐体耐压（水压）为 0.35MPa，内部组件耐压不宜小于 1.0MPa；

（2）罐体耐压（水压）为 0.45MPa，内部组件耐压不宜小于 1.0MPa；

（3）罐体耐压（水压）为 0.60MPa，内部组件耐压不宜小于 1.0MPa。

3）可逆式硅藻土压力过滤器组合体耐压（水压）不应小于 0.35MPa。

4）各种材质的压力过滤器的本体、内部和外部与水接触的部件，均应符合现行国家标准《生活饮用水输配水设备及防护材料的安全评价标准》GB/T 17219 的规定。

3. 不同材质压力过滤器的耐温要求：

1）非金属压力过滤器的耐热温度不应低于 50℃。

2）金属压力过滤器的内部非金属部件、组件等，耐热温度不应低于 50℃。

9.5.2 负压颗粒过滤器

1. 负压颗粒过滤器也称真空颗粒过滤器。
2. 壳体应采用牌号不低于 S30408 的奥氏体不锈钢材质。
3. 内部组件均应采用耐腐蚀、耐压的塑料材质。
4. 顶部走道应采用铝制格栅及栏杆。
5. 构造参见图 9.5.2-1。

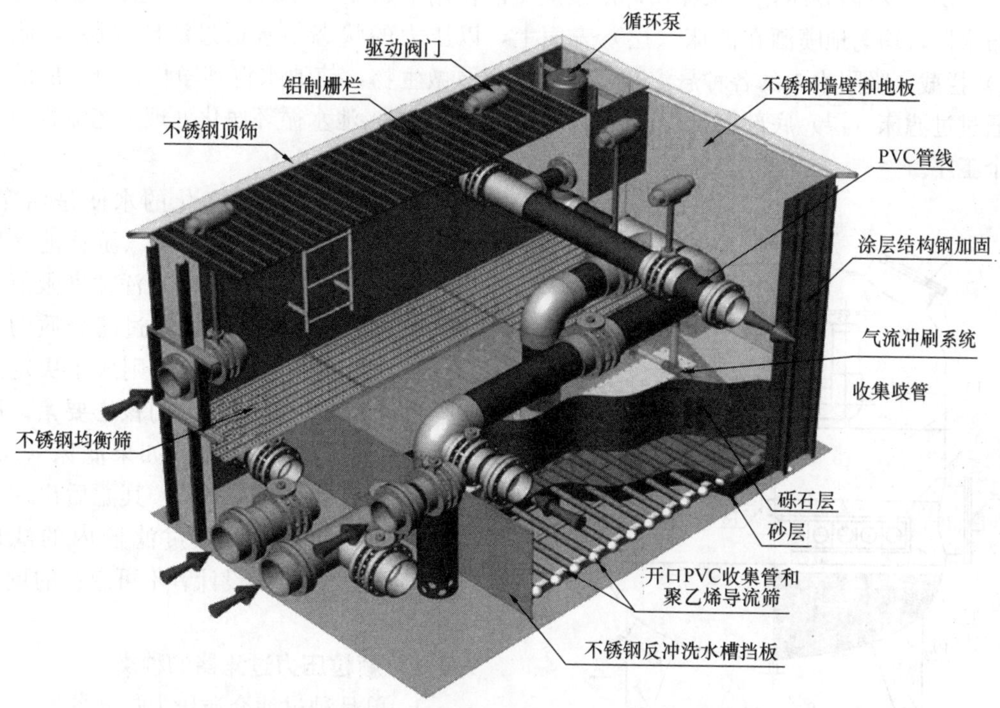

图 9.5.2-1 负压颗粒过滤器构造示意

6. 负压颗粒式过滤器应用实例（图 9.5.2-2）

图 9.5.2-2 负压颗粒式过滤器应用实例

整套设备工厂集成制造，节省现场安装时间；不需机房，节材节能，节省占地面积和空间；气水反冲洗节水节电。广泛应用于水上乐园、游泳池、游乐池等大水体场所。

9.6 颗粒压力式过滤器

在一个封闭的容器内填充单一品种或多个品种的颗粒状的过滤介质（即滤料）组成过滤床（层），将需要净化的水在循环水泵加压的作用下，经过过滤床（层）上部金属管上的布水器，均匀地喷洒在滤床（层）表面上，以压力的状态使水通过滤床（层），滤床（层）拦截、吸附水中的各种悬浮杂质及部分病原微生物，使池水得到净化，净化后的池水通过过滤床（层）底部的集配水装置流出过滤器，进入池水循环净化处理工艺流程中下一个工序。

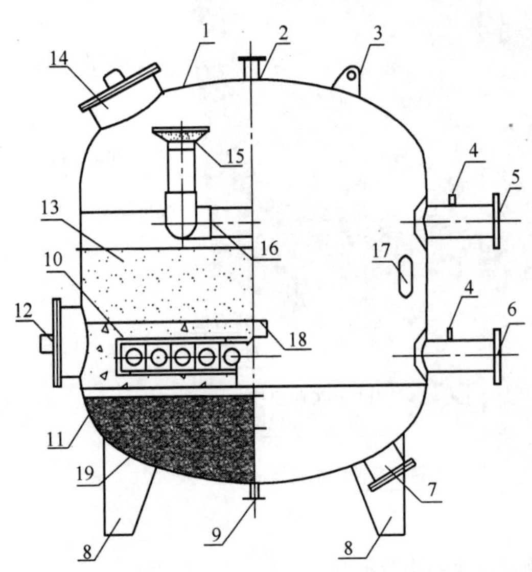

图 9.6.1-1 单品种过滤介质压力过滤器构造示意

说明：1—罐体；2—排气管接口；3—吊环；4—压力表接口；5—进水管接口；6—出水管接口；7—卸料孔；8—支座；9—泄水管接口；10—配（集）水管；11—承托层；12—卸料孔；13—滤料层；14—装料孔；15—布水器（口）；16—布水器（口）配管；17—观察窗；18—铭牌；19—混凝土或钢板

经过滤床（层）净化的水便是洁净、透明，并符合现行行业标准《游泳池水质标准》CJ/T 244 中关于池水浑浊度限值的规定。为满足此要求，颗粒过滤介质的选用、颗粒过滤介质的组成，则成了决定过滤器过滤精度、过滤效率的核心要素。即使选用相同的过滤速度，如果滤床（层）过滤介质不同，组成不同，其滤后出水水质也会不一样。所以，过滤器内的滤床（层）介质及组成是设计者不可忽视的重要因素。

9.6.1 颗粒压力过滤器的种类

1. 单品种过滤介质压力过滤器

1）过滤器内只有单一品种的过滤介质层，如：

（1）级配级或均质石英砂；

（2）沸石；

（3）玻璃珠；

（4）泡沫塑料珠等。

2）除泡沫塑料珠外，其余过滤介质均设承托层。

3）过滤器内部构造示意，详见图 9.6.1-1。

2. 两种过滤介质压力过滤器

1）过滤介质为级配过均质石英砂＋无烟煤组成，内部结构如图 9.6.1-2 所示。

2）这种组合型滤料层其纳污能力强，出水水质好。

3. 三个品种过滤介质压力过滤器

1）石英砂＋重质矿石或铁砂＋无烟煤等组成，如图 9.6.1-3 所示。

2）纳污能力强，出水水质好。

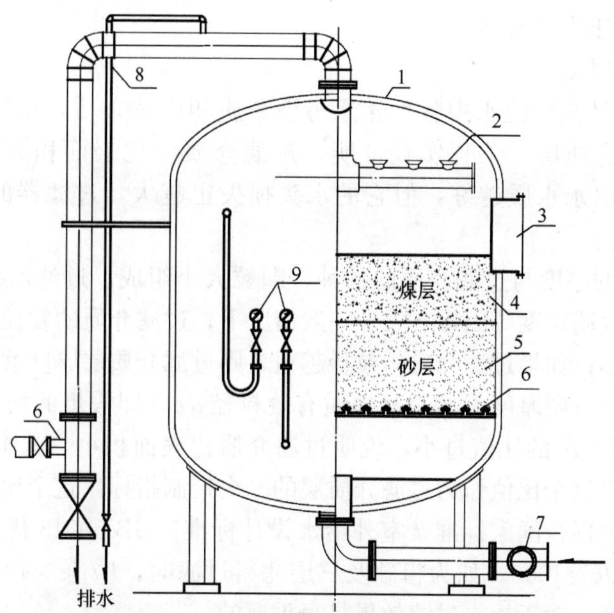

图 9.6.1-2 两种过滤介质压力过滤器构造示意

说明：1—过滤器壳体；2—布水器；3—人孔；4—无烟煤层；5—石英砂层；6—进水管；7—出水管；8—滤水帽；9—压力表

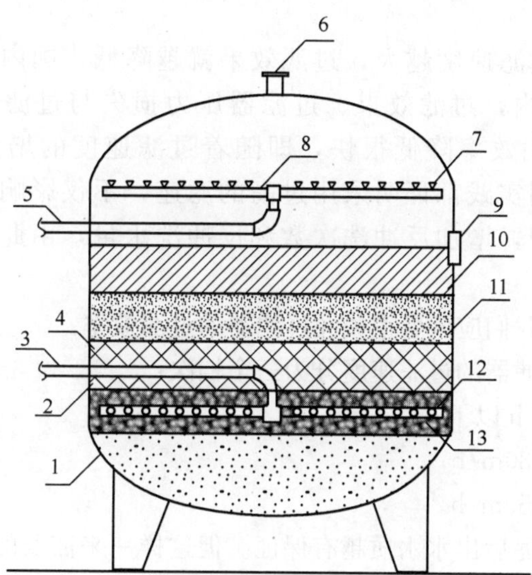

图 9.6.1-3 三个品种过滤介质压力过滤器构造示意

说明：1—混凝土底座；2—承托层；3—出水管；4—第三层过滤介质；5—进水管；6—排气接管；7—布水器；8—布水管；9—观察窗；10—第一层过滤介质；11—第二层过滤介质；12—配水支管；13—配(集) 水管

3）反冲洗难度大，掌握不好较轻滤料易流失。

4）不适用卧式压力过滤器。

9.6.2 过滤介质层厚度

1. 过滤介质层是截留池水中各种悬浮污染杂质和固体杂质，使过滤器滤后出水水质得到澄清的主要介质层。工程实践证明，过滤介质应比表面积大，颗粒均匀细密，厚度越厚，则滤后出水水质越好，但它的水头损失也越大，过滤器的工作周期也会相应缩短。

2. 过滤介质层的厚度与过滤介质的品种、颗粒大小组成、过滤前的水质、滤后的出水水质要求，以及过滤速度等因素有关。一般情况下，过滤介质的粒径越细，过滤介质层的厚度相应就可减小；如果过滤介质的粒径越粗，则过滤介质层厚度就需要厚一些。据有关资料介绍：过滤介质层厚度 L 与过滤介质有效粒径 de（即假想的均匀粒径）之间存在一定比例关系。如 L/de 的比值过小，说明过滤介质比表面积小，就难以保证过滤效果。所以，在工程中就以这个比值作为过滤介质层的一个控制指标。这个比值在不同的国家均有不同的规定。我国现行国家标准《室外给水设计标准》GB 50013 规定：如为细砂及双层滤料过滤时，L/de＞1000；如为粗砂及三层滤料过滤时，L/de＞1250。所以正确的选择过滤介质层的厚度，对于提高过滤效果是很重要的。

3. 过滤速度较大时，则过滤介质层的厚度也宜作相应的加厚。据国外资料介绍：对于中速过滤速度来讲，不管它是单品种单层过滤介质还是多品种多层过滤介质，其过滤介质层的总厚度不宜小于 1.0m。

9.6.3 过滤速度

1. 一般情况下，过滤速度越大，过滤效果就越降低。国内外实践证明：过滤速度在 10～25m/h 范围内，过滤效果、过滤器压力损失与过滤速度成正比。如过滤速度超过 25m/h，过滤效率降低很快，即随着过滤速度的增加，滤后出水水质将会不断恶化。从理论到实践都证明采用过高的滤速，不仅影响滤后出水水质，还会缩短过滤器的工作周期，增加反冲洗次数和反冲洗水量，由此可见过滤速度的选用至关重要。

2. 在实际工程中，我们应该着重关注过滤器的过滤效率。

3. 国外将石英砂过滤器的过滤速度分为三个档次：

1）低速过滤：10m/h 以下；

2）中速过滤：11～30m/h；

3）高速过滤：31～50m/h。

4. 过滤速度越低，滤后出水水质越有保证。但这样一来需要的过滤器过滤面积越大，会造成过滤器体型偏大或数量偏多，占用建筑面积就会增加。这就要求设计从技术上与经济上进行综合分析比较后，确定一个经济、实用的过滤速度。

5. 为了保证过滤后的水质符合卫生、健康、安全的要求，设计应遵守行业标准《游泳池给水排水工程技术规程》CJJ 122—2017 关于压力式过滤器过滤介质的组成、过滤介质层的厚度和过滤速度的规定，详见表 9.6.3。

过滤介质层组成及厚度、过滤速度 **表 9.6.3**

过滤介质的组成	过滤介质品种	过滤介质粒径(mm)	过滤介质不均匀系数(K80)	过滤介质有效厚度(mm)	过滤速度(m/h)
单层过滤器	均质石英砂	d_{min}=0.45	<1.6	≥700	15~25
		d_{max}=0.55			
		d_{min}=0.40	<1.4		
		d_{max}=0.60			
		d_{min}=0.60			
		d_{max}=0.80			
双层过滤器	无烟煤	d_{min}=0.85	<2.0	≥350	14~18
		d_{max}=1.60			
	石英砂	d_{min}=0.50		≥350	
		d_{max}=1.00			
三层过滤器	无烟煤	d_{min}=0.85	<1.7	≥350	20~30
		d_{max}=1.60			
	石英砂	d_{min}=0.50		≥350	
		d_{max}=0.85			
三层过滤器	轻质矿石	d_{min}=0.80		>400	
		d_{max}=1.20			

注:1. 过滤介质堆积密度:石英砂 1.7~1.8;无烟煤 1.4~1.6;重质矿石 4.2~4.6;
2. 其他过滤介质,如沸石、玻璃珠、纤维芯、纸芯等,应按生产厂商提供、并经有关部门认证的数据选用;
3. 过滤器直径小于 1.0 时,过滤介质的 K80 值应小于 1.4;过滤介质厚度不应小于 450mm。

9.6.4 过滤介质承托层

1. 承托层的功能:

1) 为滤料提供支持,防止颗粒滤料泄漏和收集过滤后洁净的水;

2) 保证反冲洗水能均匀分布到整个颗粒过滤器底层表面各个部位;

3) 防止过滤器运行期间滤料层发生移动。

2. 承托层的构造

1) 承托层设置在颗粒滤料层的下面,其构造组成因集配水形式而不同。

2) 不同集配水形式的承托层组成及厚度,参见表 9.6.4。

承托层组成及厚度 **表 9.6.4**

序号	集配水形式	层次(自上而下)	材料	粒径(mm)	厚度(mm)
1	大阻力集配水系统	1层	卵石	2.0~4.0	100
		2层		4.0~8.0	100
		3层		8.0~16.0	100
		4层		16.0~32.0	100(从配水管管顶算起)
2	中阻力集配水系统	单层	卵石	2.0~3.0	150(从配水管管顶算起)
3	小阻力集配水系统		粗砂	1.0~2.0	>100(从配水管管顶算起)

3. 承托层材料质量要求：

1）SiO_2不低于98%；密度大于或等于2.6g/cm^3；容重不低于1.85g/cm^3；

2）盐酸可溶率小于或等于0.2%；含泥量小于0.1%；

3）机械强度不低于7.5。

4. 中阻力配水系统的支座应采用混凝土材质，以确保系统下面无滋生和繁殖微生物隐患。

9.6.5 过滤器的反冲洗

1. 过滤介质层在过滤池水的过程中，随着滤水过程时间的延续，池水中的悬浮物、固体等污染杂质被截留在过滤介质层的表面和被吸附在过滤介质层内部，造成过滤介质层的水头损失不断增加，降低了池水循环周期及过滤速度，滤后的出水量不断减少，致使池水不能按设计要求有效更新，水质不断恶化。此种情况就要停止过滤器的过滤水工况，而将池水反向送入过滤器，对过滤介质层进行反冲洗，以清除过滤介质层表面及滤层内截面吸附的各种污染杂质，恢复过滤器的滤水功能，这种方法我们称过滤器反冲洗。由此可知，过滤器中过滤介质的冲洗作用极为重要。

2. 反冲洗方法

1）高速水流冲洗

（1）反冲洗水源：采用池水。

（2）反冲洗方法：关闭过滤器进水阀门和出水管阀门，打开反冲洗排水管上的阀门，使循环水从过滤器反冲洗管进入过滤器，经过过滤器配水系统使反冲洗水均匀地从承托层进入过滤层，使过滤介质膨胀，在该品种过滤介质允许的膨胀度范围内，并在此范围内过滤介质不断搅拌、相互进行搓洗和碰撞，将污染杂质从过滤介质表面分离出来，然后随着反冲洗水流被排出过滤器。

（3）高速水流冲洗方法简单，反冲洗效果好，但反冲洗用水量较大。

（4）高速水流冲洗方法还可以增加池内补充新鲜水的水量，对稀释池水含盐量和防止池水老化有利。

2）气-水组合冲洗

（1）反冲洗气源应单设反冲洗用气（风）泵；反冲洗水源为池水。

（2）先将气体反方向从过滤器内的配水系统送入过滤器，利用压力气流对过滤介质层进行松动、搓洗、搅动，使黏贴在过滤介质表面的污染杂质，经过空气搅动、搓洗后与过滤介质分离脱离；随后再用水进行反冲洗，能迅速而有效地将脱落的污染杂质随水流被排出过滤器。此种反洗可减少反冲洗用水量，提高反冲洗效果。

（3）气-水组合冲洗的冲洗效果好，缩短水洗时间，节约反冲洗用水量。

（4）气-水组合冲洗适用于竞赛和公共游泳池、大型游乐池、休闲设施池及文艺表演水池。

3）带表面冲洗的高速水流冲洗

（1）在过滤器内过滤介质层表面上部增设固定式或可旋转的水射装置，以水力作用对过滤介质表面截留严重的污染杂质进行反冲洗，使表面的污物膜破坏、松动，随后再与通过过滤器配水系统送入的高速水流相结合，将过滤介质表面和层内的污染杂质同时排出过滤器。

(2) 带表面冲洗的高速水流冲洗方法，冲洗效果好，但冲洗用水量较大，过滤器内部组件复杂，在游泳池、游乐池水净化处理应用极少。

9.6.6 过滤器反冲洗技术参数

1. 反冲洗强度及反冲洗持续时间：

石英砂等较大颗粒过滤器的过滤时深层过滤，被滤除的杂质不仅聚集在过滤介质层的表面，还会聚集在过滤介质的滤层内。为达到满意的反冲洗效果，反冲洗水应具有通过整个过滤介质层的反冲洗流量，使过滤介质层得到相应的上升膨胀度，以满足过滤介质不能排出过滤器之外，并要有足够的冲洗持续时间，才能充分地使过滤介质获得相互之间的搅动、摩擦搓洗，能将粘附在过滤介质颗粒表面上的污染物质与介质颗粒相脱离。所以选择恰当的反冲洗强度，过滤介质层膨胀率及反冲洗持续时间极为重要。

(1) 采用气-水组合反冲洗使，压力过滤器的反冲洗强度、过滤介质膨胀率、反冲洗持续时间，可按表 9.6.6-1 确定。

过滤器气-水组合反冲洗的技术参数 **表 9.6.6-1**

过滤介质品种	先气冲洗		后水冲洗	
	强度[L/(m² · s)]	持续时间(min)	强度[L/(m² · s)]	持续时间(min)
单层均质石英砂	15～20	2～1	8～10	7～5
无烟煤、石英砂双层	15～20	3～2	6.5～10	6～5

注：1. 气冲洗时供气压力应为过滤介质层厚度与过滤介质层积污阻力之和；一般不应小于 0.10MPa。
2. 气冲洗时气体应不含油和不含任何杂质的洁净气体。
3. 本表引自现行国家标准《室外给水设计标准》GB 50013。

当采用沸石、玻璃珠等过滤介质时，应按供货内提供的参数确定。

(2) 采用水反冲洗时，颗粒式压力过滤器反冲洗强度，反冲洗持续时间及过滤介质的膨胀率等，可按表 9.6.6-2 确定。

颗粒压力过滤器反冲洗强度、反冲洗持续时间和膨胀率 **表 9.6.6-2**

过滤介质品种	反冲洗强度 [L/(m² · s)]	反冲洗持续时间 (min)	膨胀率 (%)
单层石英砂	12～15	7～5	<40
无烟煤、石英砂双层	13～17	8～6	<40
无烟煤、石英砂、重质矿石等三层	16～17	7～5	<30

注：1. 表中参数为反冲洗水温 20℃时数据。选用时应根据反冲洗使用水源的水温、水质变化进行调整：水温每增加或减少 1℃，则反冲洗强度应相应增加或减少 1%。
2. 选用反冲洗强度时还应注意所使用混凝剂品种的因素。
3. 膨胀率数值仅作为压力过滤器设计计算之用。
4. 设有表面冲洗装置时，表面冲洗强度按下列规定确定：
1) 固定式表面冲洗装置：(2～3L/s) / (m² · s)；
2) 旋转式表面冲洗装置：(0.50～0.75L/s) / (m² · s)；
3) 冲洗持续时间：4～6min。
5. 设有表面冲洗装置时，配水系统反冲洗强度可选用表中低限限值。

2. 反冲洗频率

1）压力过滤器在正常工作过程中，过滤介质层表面拦截了许多污染杂质，过滤介质层内也吸附了不少污染杂质，使过滤介质层的孔隙被减小甚至被堵塞。致使通过过滤介质层的水流压力损失不断增加，出水量不断减少，满足不了池水在相应循环周期内循环水量的需求，则池水的更新受到影响，池水水质卫生也受到影响。为改变此种现象，就要对过滤器内的过滤介质进行冲洗，清洗掉过滤介质层表面和层内拦截、吸附的各种污染物，恢复过滤器的过滤能力。这个由过滤器开始过滤水到过滤器出水水质不能满足要求，而要对过滤器进行反冲洗所需要的时间，称之为反冲洗频率。

2）据资料介绍：石英砂过滤介质，当过滤介质层厚度为600～1000mm（含承托层厚度）时，其自身的损失约为0.02～0.025MPa。

3）颗粒压力过滤器出现下列情况之一时，应对过滤器进行反冲洗：

（1）颗粒压力过滤器的进水压力与过滤器出水的压力差达到0.06MPa或供货商规定的压力差值时，应对过滤器进行反冲洗。

（2）压力过滤器连续运行超过5d，但进水口与出水口压力差未达到0.06MPa，仍应对过滤器进行反冲洗，以防止过滤器所拦截的污染杂质发生固化。

（3）压力过滤器运行过程中，进水口与出水口压力差未达到0.06MPa，连续运行时间也未达到5d，但因某些特殊原因，游泳池等需要停止使用一段时间，但池水不泄空。随后游泳池又重新开放供公众使用，为防止过滤器过滤介质层拦截和吸附的污染杂质固化、板结，过滤介质层本身发生龟裂以及过滤介质与过滤器内壁因防腐层老化脱落出现裂缝，造成被过滤水短流，使池水不能得到有效过滤。因此，在游泳池、游乐池、休闲设施池、文艺表演水池计划或非计划临时停用之前，应对相应停用池所用压力过滤器逐个进行反冲洗，冲洗完成后，并应将过滤器内的存水全部泄空。

3. 反冲洗要求

1）利用池水作为反冲洗水源时：

（1）过滤器反冲洗不应在游泳池、游乐池等对公众或竞技使用时间段内进行，以确保不影响池水的使用有效水深，保证池水的正常使用。

（2）正常对外开放的游泳池，游乐池等，过滤器的反冲洗应选在每一场次或每日开放使用结束之后进行。多台过滤器时，宜每一场次或每日反冲洗一台过滤器，以满足游泳池正常补充新水的要求。

2）过滤器反冲洗水泵应利用池水循环水泵进行。但应以单台过滤器反冲洗的条件校核循环水泵的工况。

3）过滤器反冲洗排水应确保通畅，并应在适当位置设置观察反冲洗水清澈度的透明短管，反冲洗排水管不应与污水及雨水管道直接连接。

4）为例确保反冲洗强度，反冲洗进水管上应安装精度不大于3%的流量计量装置，以便在具体工程设备运行中探索出准确的反冲洗水流量。

9.6.7　压力式颗粒过滤器的计算

1. 过滤器的过滤面积按下式计算

$$S_z = \frac{q_c}{v} \tag{9.6.7-1}$$

式中：S_z——压力式颗粒过滤器所需总过滤面积（m^2）；

q_c——游泳池、游乐池等循环水量（m^3/h），按本手册第 7.8.1 条的规定计算确定；

v——过滤速度（m/h），按本手册表第 9.6.3 的要求选用。

2. 过滤器的数量按下式计算

$$n=\sqrt{\frac{4S_z}{D}} \tag{9.6.7-2}$$

式中：n——压力过滤器的数量（台）；

S_z——压力过滤器所需的总过滤面积（m^2），由公式（9.6.7-1）计算取得；

D——单台颗粒压力式过滤器的直径（m），由设计人根据池水循环水流量、设备机房面积等因素选定。

3. 过滤器直径的选用

1）确保壳体内布水、集配水均匀。

（1）在有条件情况下宜选用立式圆柱形，它的配水、布水较均匀。

（2）立式圆柱形过滤器的最小直径不宜小于 0.6m，以方便加工制造。

（3）立式圆柱形过滤器的最大直径不应大于 2.6m，以确保集配水均匀。

（4）不同直径立式圆柱形过滤器的有效过滤面积可按表 9.6.7 选用。

不同直径立式圆柱形过滤器有效面积 **表 9.6.7**

立式过滤器直径（mm）	0.6	0.8	0.9	1.0	1.1	1.2	1.4
过滤面积（m^2）	0.28	0.50	0.63	0.78	0.95	1.13	1.54
立式过滤器直径（mm）	1.5	1.6	1.8	2.0	2.2	2.4	2.6
过滤面积（m^2）	1.76	2.00	2.54	3.14	3.80	4.52	5.30

2）卧式圆柱形过滤器

（1）在于立式过滤器同等直径规格条件下，它具有较大的过滤器面积，这样可以减少过滤器的数量，节省占地面积。

（2）为保证滤层有效厚度、配水均匀性和运输安装方便，其最小直径不应小于 2.4m。

（3）应保证单台过滤器的过滤面积不应大于 9.0m^2。

（4）运行操作及维护保养、平面布置不够灵活。

9.6.8 压力式颗粒过滤器布水及集配水装置

1. 布水装置功能

1）压力式颗粒过滤器的布水装置设在颗粒滤料层的上部，作为过滤器的进水装置，其基本功能是要确保进入到过滤器的水流能均匀全面地喷洒到颗粒过滤层（床）的表面上。

2）布水不均匀会使颗粒滤料层颗粒滤料流动，滤料层（床）出现沟槽、裂缝，或滤料层（床）厚度不均匀，使池水不经过颗粒滤料层过滤短流到承托层下面的集水装置，从而影响滤后的出水水质。

3）布水装置形式

（1）小型立式压力过滤器一般采用出水口向上的喇叭口布水装置。

(2) 大型立式压力过滤器和卧式压力过滤器应采用在进水管上设置多根布水支管，在每根进水支管上设置多个布水器，如本手册图 9.6.1-2 及图 9.6.1-3 所示。

4) 布水装置出水口距颗粒滤料层（床）表面的垂直距离，应根据颗粒滤料的材质、反冲洗膨胀度计算确定。

2. 集配水装置

1) 功能

(1) 保证反冲洗水水流均匀地分配到过滤料层底表面的所有面积上，使滤料层均匀膨胀，达到所有颗粒滤料层的所有滤料均被冲洗的干净；

(2) 在过滤器工作工程中，将经过滤料层过滤后的洁净水再均匀的收集起来，送至池水净化处理系统的下一道处理工序；

(3) 集配水装置就是集过滤器反冲洗配水和滤后水收集两种功能为一体的一个装置。

2) 集配水装置形式

集配水装置在游泳池水净化处理中有三种形式：

(1) 大阻力配水系统

① 由配水干管和设在它两侧的若干根开孔配水支管组成，在支管水平中心线下方两侧开有与支管垂直中心线成45°夹角并两侧交叉排列的出水小孔。

② 支管开孔直径、总孔眼面积应按现行国家标准《室外给水设计标准》GB 50013 的规定：开孔总面积与过滤器过滤总面积之比为 0.20%～0.28%，配水干管流速为 1.0～1.5m/s，配水支管流速为 1.5～2.0m/s，配水支管孔眼出水流速按 5.0～6.0m/s 等规定计算确定。

③ 此种系统阻力损失约 3.0m 水柱，本手册不推荐在游泳池、戏水池等水过滤中采用。

(2) 中阻力配水系统

① 采用钢板开孔，开孔滤板表面满铺钢网线或尼龙网形式。

② 按现行国家标准《室外给水设计标准》GB 50013 规定：配水开孔钢板开孔总面积与过滤器过滤水面积之比为 0.6%～0.8%，系统阻力损失约为 1.0～3.0m 水柱。

③ 此种配水系统在 20 世纪 70 年代滤料为泡沫塑料球时，被广泛用于游泳池水净化处理的过滤设备。由于泡沫塑料球使用时间长了之后出现强度不够而被压扁，致使伺候被淘汰。

(3) 小阻力配水系统

小阻力配水系统有下列两种形式：

① 开缝式配水支管：管径一般为 *DN*40 在配水支管水平中心线的下方开凿宽度为 0.3～0.6mm、缝隙间距为 6.0mm、缝隙深度为 1/3 配水支管管径、配水支管间距为 180～200mm，形式如图 9.6.8-1 和 9.6.8-2 所示，这种配水系统配水均匀，制造简单，阻力损失小（约 0.5～1.0m），是目前较为普遍的配水方式。

② 开模注塑式配水支管：不同的过滤器生产厂家具有不同形式的开模注塑式配水支管，在结构上带有加强筋，所以这种配水支管比开缝式在强度、滤缝均匀度、可换性等方面更具优势。

③ 缝隙式配水帽：它是由缝隙宽为 0.25～0.40mm 滤水头安装在配水钢板上的配水

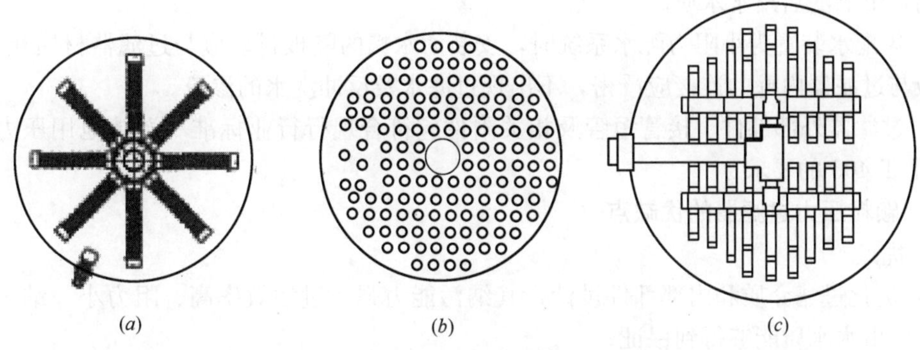

图 9.6.8-1 集配水系统形式示意

(a) 辐射式；(b) 滤帽式；(c) 降列式

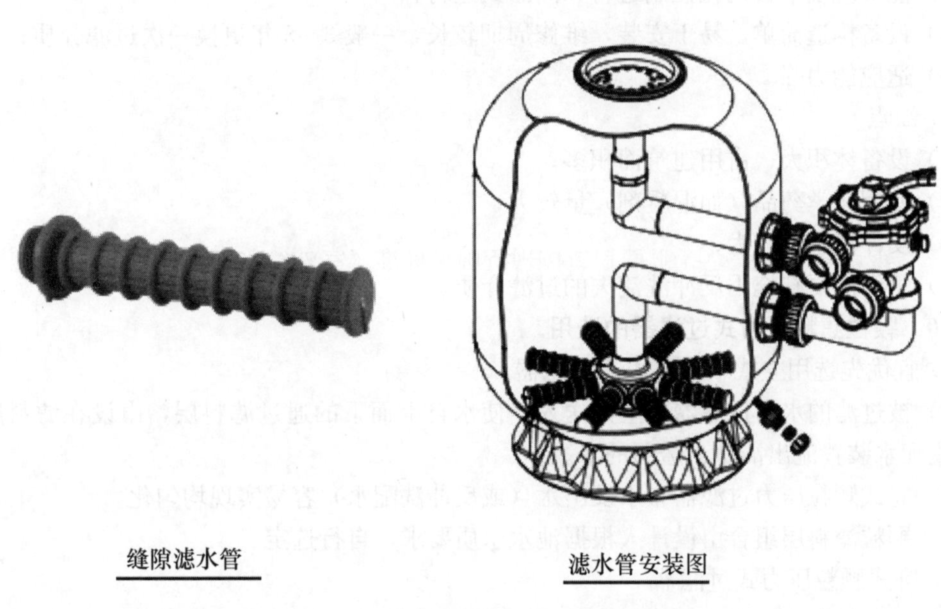

图 9.6.8-2 缝隙滤水管及其安装示意

系统，现行国家标准《室外给水设计标准》GB 50013 规定：配水头缝隙总面积与过滤器滤水面积之比宜为 1.25％～2.00％。这种配水系统配水均匀、可靠度高、能防止滤料流失、阻力损失小（约为 0.5m 水柱）。滤水头已有成品产品可供选用。

3. 布水及集配水装置材质

1）宜与过滤器壳体材质相一致；

2）如与过滤器壳体材质不一致时，应采用氯化聚氯乙烯（PVC-C）材质；

3）布水、集配水装置及内部管道的固定支架材质应与壳体材质相兼容。

4. 集配水装置支座

集配水装置为大阻力和中阻力系统时，应采用耐腐蚀混凝土填充，不应采用钢板或卵石层，原因如下：

1）钢板易被含有化学药品池水腐蚀；

2）卵石填充支座因不能阻隔池水下流，致使集配水装置下面易形成死水区，而产生微生物，影响滤后出水水质。

2. 集配水装置为小阻力配水系统时，安装滤水帽的隔板材质应与过滤器材质相一致，且隔板与过滤器内壁的连接应严密，不出现过滤水及反冲洗水的渗流。

3. 过滤器外部部件、接管短管及相关附件应符合现行行业标准《游泳池用压力过滤器》CJ/T 405 的要求。

9.6.9 颗粒压力过滤器的优缺点

1. 优点

1）优化过滤介质和内部部件设计，其纳污能力强、过滤效率高、阻力小、纳污容量大，滤后出水水质能够得到保证；

2）能适应游泳、戏水负荷变化大，滤后出水水质要求稳定的各类游泳池、游乐池等；

3）能实现设备自动化控制运行和间断式运行；

4）设备构造简单，易于安装，维修周期较长，一般 3～5 年更换一次过滤介质；

5）适应能力强。

2. 缺点

1）设备体积大，占用建筑面积多；

2）使用化学药品（如混凝剂）量较大；

3）反冲洗水量较大；

4）每年需要补充因反冲洗流失的过滤介质。

9.6.10 颗粒滤料压力式过滤器的选用

1. 宜优先选用立式颗粒压力式过滤器

1）被过滤的水由过滤器的上部送入，使水自上而下的通过滤料层，由设在滤料层下部的集配水装置流出洁净、透明的水。

2）立式颗粒压力过滤器布水及出水（或反冲洗配水）容易实现均匀化。

3）颗粒滤料层组合由设计人根据池水水质要求，自行选定。

2. 卧式颗粒压力式过滤器

1）过滤面积大，但为确保布水、配水均匀性要求，单台过滤器的过滤面积不应超过 $9.0m^2$。

2）适用于单层单品种颗粒滤料层，滤料品种由设计人自行选定。

3）适用于大水量游泳池、游乐池及文艺表演水池。

4）颗粒滤料压力式过滤器已有标准化产品可供选择，现行行业标准《游泳池用压力式过滤器》CJ/T 405 对其产品质量标准均有详细规定。

9.7 混凝剂投加装置

游泳池、游乐池等水过滤用过滤介质目前仍以石英砂为主，据资料介绍，颗粒粒径为 0.5～1.0mm 的石英砂滤料的平均空隙约为 100～200μm，要想完全滤除池水中只有几个微米（μm）级的微小微生物及杂质时难以实现的，要想获得理想的过滤精度，就需要向循环水中投加混凝剂（亦称絮凝剂、聚凝剂），将池水中微小的微生物和胶体粒子吸附、聚集形成较大的颗粒污物。混凝剂可以使细菌微生物如隐孢子虫和贾第鞭毛虫及腐殖酸

（不受欢迎的三氯甲烷的重要母体）予以聚合，以便被过滤器内的石英砂滤料层截留去除，不仅可以调高过滤精度，还可以提高滤后的出水水质。据世界卫生组织（WHO）《游泳池、按摩池和类似水环境安全准则》（2006 版）分析，原水在中速（25m/h）过滤条件下，加入适量的混凝剂，可以去除 7μm 以上的悬浮杂质。国内工程实践亦证明：采用石英砂粒径 0.5～0.7mm 或 0.6～0.85mm（即不均匀系数不超过 1.4），过滤速度不超过 25m/h，滤料层厚度不小于 700mm，投加一定量的混凝剂，可以去除 5μm 以上的各种杂质，使滤后出水浑浊度达到 0.10NTU。因此，《游泳池给水排水工程技术规程》CJJ 122—2017 规定：石英砂压力过滤器应配套设置提高池水过滤精度的配套装置——混凝剂投加装置。

9.7.1 混凝剂的种类

为达到混凝的作用，所投加的各种药剂统称为混凝剂。按照它们在混凝过程所起的作用，可以分为聚凝剂、絮凝剂和助凝剂。混凝剂的种类比较多，从化学成分可分为无机混凝剂和有机混凝剂。在游泳池水的处理中基本以无机混凝剂为主，而有机混凝剂应用较少。表 9.7.1 仅对常用的混凝剂作简单介绍。

游泳池、休闲设施池常用混凝剂 表 9.7.1

序号	混凝剂名称	化学式	特性
1	硫酸铝	$Al_2(SO_4)_3 \cdot 18H_2O$ $Al_2(SO_4)_3 14 \cdot H_2O$	1. 有固体及液体两种形态，常用的为固态。固态又有精制和粗制两种。水解作用缓慢，适用水温为 20～40℃。 2. 精制硫酸铝为白色结晶体，含无水硫酸铝 50%～52%，含 Al_2O_3 约 15%，比重约 1.62，杂质含量不大于 0.5%，价格较贵。 3. 粗制硫酸铝杂质含量不大于 2.4%，质量不稳定，价格较低，但使用时废渣较多。 4. pH 值在 6.5～7.2 之间，混凝效果较好，但水温低时水解困难。 5. 酸度较高，故腐蚀性强
2	明矾(钾矾) 明矾(铵矾)	$KAl(SO_4)_2 \cdot 12H_2O$ $NH_4Al(SO_4)_2 \cdot 12H_2O$	1. 混凝性能与硫酸铝相似。 2. 投加量较大。 3. 投加过多会降低 pH 植，造成腐蚀
3	聚合氯化铝(PA(3) (即碱性式氯化铝)	$[Al_2(OH)_nCl_{6-n}]m$	1. 对原水水质适应性强。 2. 投加量比其他絮凝剂少，且效率高。 3. 形成絮混体速度快、颗粒大。 4. 适应 pH 值范围较宽，温度适应性高。 5. 是无机高分子化合物
4	聚合硫酸铝(PAS)	$[Al_2(OH)_n(SO_4)_{3-1/n}]m$	1. 混凝性能与聚合氯化铝相似。 2. 有较好的脱色、除氟、去高浊度水功能。 3. 处理后水中残余铝量低、可过滤性能强

9.7.2 混凝剂要求

1. 功能要求：

1)易于溶解，与水混合反应迅速，混凝效果好；

2)对游泳者、戏水者、入浴者无健康危害，对环境不产生异味；

3)对设备、管道系统、建筑结构腐蚀性轻微。

2. 不推荐在游泳池、游乐池等水处理采用铁盐类混凝剂。因为该品种有铁的遗留残余，对设备管道有腐蚀性，使池体表面产生铁锈。

3. 就地取材，货源充足，采购方便，价格低廉。

9.7.3 混凝剂投加量

1. 确定投加量应关注的因素

1)池内原水的水质：

(1)水温不宜过低，因铝盐混凝剂在水解时是一种吸热反应；

(2)pH 值应在 6.7～7.5 之间，这是混凝剂与水混合反应的最佳范围；

(3)池水浑浊度，这是确定投加量的参数。

2)混凝剂的品种。

3)游泳池，游乐池等池水内人数负荷的多少。

4)过滤设备滤后水的洁净、透明度要求，即浑浊度要求。

2. 混凝剂投加量受上述因素影响，不会是一个定量，而是一个随机变量。

1)行业标准《游泳池给水排水工程技术规程》CJJ 122—2017 规定："混凝剂投加量应按实验数据确定"，在实际工程中很难做到。

2)为确定投加设备的容量，本手册建议参考当地已建成并投入使用的游泳池同类混凝剂的运行实践确定。当无此资料时，一般按铝盐类混凝剂有效含量 1.0～3.0mg/L 进行设计。

3)工程实际使用后，应根据池水水质变化情况探索出适用于池水的较准确的混凝剂投加量。

4)投加量过多会造成铝盐积累，混凝效果降低，池水会出现腻滑感，池水水质失去平衡，使人在水中有不舒适感和游泳时比较费力。

9.7.4 混凝剂配制浓度

1. 混凝剂一般为固体或粉状颗粒，为了投加方便和实现投加自动化控制，一般将其制备成液体，用计量泵投加到循环水管道内，使其尽可能在较短时间内很好地与水充分混合反应，将水中的悬浮胶状颗粒脱稳和絮凝。

2. 根据工程实际经验，混凝剂配制溶液浓度以不超过 5%为准，这样可减少化学药品对设备、管道的腐蚀。

3. 配置要求：

1)配置时应先向溶药桶内注满水，然后再将混凝剂放入溶药桶内的水中，以确保操作人员的安全。

2)混凝剂溶液应按游泳池、游乐池等一个开放场次或一天的需要量一次配置完成，以确保开放场次中使用浓度的一致，方便投加量的控制。

3)混凝剂与水的溶解应尽量采用电动搅拌。

9.7.5 投加位置和投加方式

1. 投加点：

1)投加点在循环水泵吸水管上毛发聚集器之后的循环水泵吸水管上，使混凝剂溶液通过水泵叶轮以达到与循环水的充分混合。

2)投加点在循环水泵的出水管上。

投加系统如图 9.7.5 所示。

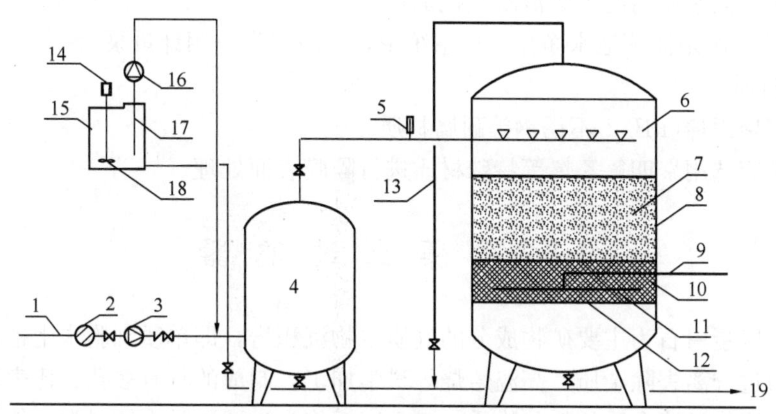

图 9.7.5 投加系统示意

说明：1—循环水泵吸水管；2—毛发聚集器；3—循环水泵；4—反应罐(可选)；5—流量计；6—布水器；7—石英砂层；8—过滤器外壳；9—滤后出水管；10—承托层；11—配水系统；12—配水系统支座；13—排气管；14—电动搅拌；15—混凝剂溶液桶；16—投加计量泵；17—计量泵吸水管；18—搅拌叶片；19—泄水管

2. 投加要求：

1)混凝是一个过程，除了应确保混凝剂与水充分混合之外，其混凝效果与下列因素有关：①池水的 pH 值；②池水碱度；③池水温度；④与水接触的时间。应保证投加点处在水流速度不超过 1.5m/h 的条件下，至池水过滤器之间的管道长度保证混凝剂与水的接触反应时间不应少于 10s，才能使混凝剂与水在进入过滤器之前形成絮凝体，以防止在游泳池内产生混凝絮剂的矾花。

2)投加点应远离余氯、pH 值取样点，以防止局部位置高浓度混凝剂造成水质监测数据的不准确，从而影响混凝剂的投加量。

3)投加点至池水过滤器之间管道长度满足不了 10s 的反应时间时，应增设一个混凝水停留不少于 10s 的反应罐，如图 9.7.5 中的序号 4 的装置，提升反应效果。

9.7.6 投加装置

1. 投加装置一般由带有电动搅拌器，有容量刻度的半透明溶解溶液桶、比例式计量泵等组成。如图 9.7.5 中序号 14 至序号 18 所示组件。

2. 计量泵功能要求：

1)应满足池水循环水系统混凝剂最大和最小投加量要求。

2)应能根据游泳池、游乐池人数负荷变化，自动调节计量泵的投加量。

3)应能满足准确地最小投加量的要求。

4)计量泵应计量精密准确。

3. 不同计量泵的特征：

1)液压驱动隔膜泵：流量范围比较宽广。

2)机械驱动、电驱动隔膜泵：流量范围较小。

3)栓塞式计量泵：适用于高压投加系统。

4. 计量泵宜选用变频计量泵，通过改变电动机转数、改变冲程频率或改变冲程长度从而自动控制不同水质情况下的混凝剂投加量。

5. 游泳池、游乐池等池水净化处理系统中，一般不设备用计量泵。

6. 计量材质

1)应选用聚丙烯(PP)，不锈钢等耐腐材质。

2)隔膜泵应选用聚四氟乙烯等特殊材质进行隔膜表面处理。

9.8 硅藻土过滤器

硅藻土是以蛋白石为主要矿物成分的硅质生物沉积岩，即单质细胞水生植物硅藻遗骸沉积物质，通过分离去除杂质、高温焙烧等科学加工，制成的具有多孔、比表面积大、化学性质稳定、用作过滤介质的粉状物质。它已广泛作为过滤酒类、饮料类、使用油脂类及糖类等液体食品的助滤剂。它的主要成分为：二氧化硅(SiO_2)，约占 80%～90%；氧化铝(Al_2O_3)，约占 3%～7%；三氧化二铁(Fe_2O_3)，约占 1%～2%；以及微量的氧化钙(CaO)和氧化镁(MgO)等。硅藻土粉状颗粒为淡黄色、淡灰色或白色。硅藻土粉状颗粒内外表面分布着无数纳米(nm)级的微孔，可形成多孔隙层，其孔隙度在 90%左右，能够有效降低过滤阻力和有效滤除原水中的细小微生物和杂质。

9.8.1 硅藻土助凝剂的分类

1. 硅藻土根据制造工艺可分为：干燥品、焙烧品和助熔焙烧品三类。

2. 硅藻土的特性：

1)硅藻土的理化指标国家标准《食品安全国家标准　硅藻土》GB 14936—2012 作了如表 9.8.1-1 的规定。

硅藻土理化指标 **表 9.8.1-1**

项目	SiO_2 含量(%)	pH	水可溶物(%)	盐酸可溶物(%)	灼烧失重(%)	铅(以 Pb 计)(mg/kg)	砷(以 As 计)(mg/kg)
指标	≥75	5～11	≤0.5	≤3.0	≤0.5	≤4.0	≤5.0

2) 硅藻土的分类及性能指标行业标准《食品工业用助滤剂硅藻土》QB/T 2088—1995 作了如表 9.8.1-2 所示的规定。

3. 硅藻土助滤剂型号及渗透率行业标准《食品工业助滤剂硅藻土》QB/T 2088—1995 中作了如表 9.8.1-3 所示的规定。

4. 我国生产硅藻土的厂商较多，分布也较分散。各生产企业都有自己的企业标准和型号。因此，在工程中选用时应以国家标准和行业标准的规定为依据，对其产品进行仔细分析对照，选择符合水处理需要的产品。

硅藻土助滤剂的分类及理化指标 **表 9.8.1-2**

项目\分类	干燥品	焙烧品	助熔焙烧品
外观	灰白色～淡黄色	淡黄色～红褐色	白色～粉白色
	粉末、具有特殊孔隙结构的硅骨架		
水溶物（%）	≤0.3	≤0.2	≤0.5
pH 值	5.5～7.5	5.5～9.0	7.0～9.0
酸溶物（%）	≤0.3		
灼烧失重（%）	≤0.7	≤2.0	
氢氟酸残留物（%）	≤25		
真密度（g/cm^3）	2.10～2.30		
松散堆积密度（g/cm^3）	0.10～0.19	0.10～0.20	0.20～0.35
渗透率	应符合助滤剂型号要求		
铁（Fe_2O_3）（%）	≤2.5		

硅藻土助滤剂型号及渗透率 **表 9.8.1-3**

型号	100#	500#	600#	700#	1000#	1200#
渗透率	0.05～0.25	0.26～0.60	0.61～1.00	1.10～3.00	3.10～6.00	6.10～9.00

9.8.2 硅藻土助滤剂在水过滤中的应用

1. 硅藻土用在水过滤技术的源头，是在第二次世界大战期间为解决部队士兵饮水清洁和安全而研制的滤水器，在实践中取得了满意的效果和制造经验。此后就为工业和民用领域用水的过滤净化提供了条件和经验。在 20 世纪 50 年代，美国及西欧有关国家率先用于啤酒过滤，随后再酒类、饮料类、制糖类、调味品类、生物制药类及水过滤处理等方面得到了广泛应用。我国以往主要用于酒类和饮料行业，近些年来在饮用水深度过滤净化和工业纯水预处理均有所应用。

2. 20 世纪 50 年代，美国在游泳池池水循环水过滤中大量采用了硅藻土过滤技术。汉城奥运会、悉尼奥运会的竞赛游泳池的池水循环水净化处理系统中的水过滤工序中的水过滤设备均采用了硅藻土过滤技术，均取得了满意的效果。

3. 20 世纪 90 年代，同济大学硅藻土过滤技术课题研究组对硅藻土过滤器进行了比较全面的研究和实践实验，为国内推广这一技术提供了依据。自此之后，不同形式的硅藻土过滤器在游泳池循环水过滤方面得到了大量应用，不仅改善了游泳池的水质，而且节约了水资源，效果良好。特别是新一代可再生硅藻土过滤器，即一次涂膜后，即使涂膜脱落，也不需要将脱落的硅藻土排放掉，待再次开机时将脱落的硅藻土再次挂膜仍可继续使用。这一技术的出现，为节约硅藻土的使用量、运行成本开创了新的局面。

4. 硅藻土滤水原理

1）机械筛滤作用

硅藻土颗粒具有由数微米至数十微米的无数个细孔，其孔隙度高达 90%左右，利用这些天然的小孔将原池水中较大悬浮杂质拦截在硅藻土涂层表面，并能在较长时间内保持池水规定的过滤速度。当预制的硅藻土涂层被池水中悬浮物杂质不断堵塞而硅藻土颗粒的孔隙不断变小，则后续池水中的悬浮物杂质相继被截留在硅藻土涂层的表面。

2）吸附截留作用

硅藻土的主要化学成分是二氧化硅（SiO_2），约占80%～90%。实验证明，硅藻土中20%左右的颗粒表面带正电荷，它对池水中悬浮物杂质具有静电吸引力，80%的二氧化硅（SiO_2）在较低表面电位下同样发生吸附截留作用。

3）硅藻土涂层（膜）的工作周期与所选用的硅藻土助滤剂的型号有关，采用较粗颗粒直径的硅藻土助滤剂做池水的过滤介质时，其工作周期会短一些，滤后的出水水质浑浊度也会略微高一些，采用较细颗粒直径的硅藻土助滤剂时，其工作周期会长一些，相应的滤后出水水质浑浊度也会低一些。因此，设计时应根据池水的水质要求，选择合适的硅藻土助滤剂的型号，确定预涂层（膜）的厚度。

9.8.3 硅藻土压力过滤机

1. 硅藻土过滤机的组成

硅藻土过滤机由单台池水循环泵、硅藻土浆液桶、硅藻土过滤器、连接管道、阀门、附件和仪表等部分组成一个完整的独立工作的机组。它与颗粒压力过滤器工作过程最大的不同点是，它不像颗粒压力过滤器那样，采用一组循环水泵匹配多台颗粒压力过滤器同时工作或与其中数台过滤器（不是全部）同时工作。如循环水泵因故停止运行，不会改变过滤器内部过滤介质的组成，硅藻土过滤机是循环水泵与过滤器是一对一的运行模式，一旦循环水泵因故停止运行，则过滤器内部滤元之上的预涂层（膜）会自行脱落，造成池水过滤中断，它不能多台过滤器共用一组水泵，所以将硅藻土过滤器称为硅藻土过滤机。

2. 硅藻土过滤器的工作原理

硅藻土过滤器是采用硅藻土涂层作为过滤介质的一种水过滤设备，就是将硅藻土预涂在封闭壳体内的滤网或滤布的表面上形成一个一定厚度的滤层，使被过滤的水以有压的水流通过预涂的滤层，硅藻土涂层就发挥了截留水中各种杂质的作用。滤除水中的杂质、病原微生物，使滤后的水获得洁净、透明。

3. 硅藻土助滤剂的选用

1）游泳池、游乐池等硅藻土过滤器一般宜选用行业标准《食品工业用助滤剂硅藻土》QB/T2088—1995中700号硅藻土助滤剂。

2）硅藻土过滤器的过滤精度与厚度

（1）过滤精度与硅藻土预涂层（膜）厚度有关。同济大学课题实验表明，对游泳池来讲，预涂层（膜）的厚度为方便操作，将其厚度2mm折合成每平方米过滤面积所用硅藻土用量为0.8kg/m^{2}左右为宜进行过滤精度实验，其结果为：①滤后出水浑浊度接近0.10NTU，水质清澈、透明；②COD及TOC滤除率在10%左右；③对细菌、大肠杆菌的滤除率不低于98.5%；④对病毒的滤除率不低于85%。

（2）隐孢子虫的直径约为4～6μm，贾第鞭毛虫的直径约为4～12μm，世界卫生组织（WHO）在《游泳池、按摩池和类似水环境安全指导准则》（2006年版）中指出，“采用臭氧或采用混凝过滤的方法可以将两种虫子去除”，同济大学试验数据为50nm以上的污染颗粒，证明硅藻土可以有效地滤除上述的两种虫子。

4. 硅藻土过滤机的配置

1）配置数量

(1) 每座水池不应少于 2 台，但也不宜超过 4 台，以满足当其中 1 台机组因故障停用或因检修停用时，另一台机组继续运行而不会中断池水的循环过滤净化，游泳池、游乐池等仍可正常开放使用。对奥运会和世界锦标赛游泳池应满足赛时循环流量的要求。

(2) 不设备用机组。

2) 单台硅藻土过滤机的容量宜按下列规定确定：

(1) 每座水池配置 2 台时，每台硅藻土过滤机的处理量，应按池水循环水量的 60%确定。

(2) 每座水池配置 3 台时，每台硅藻土过滤机的处理量，应按池水循环水量的 35%确定；如为 4 台时，每台硅藻土过滤机的处理量，应按池水循环水量的 30%确定。

9.8.4 硅藻土过滤的优点

1. 过滤精度高，工程实践证明，它能滤除 1～2μm 的污染物质颗粒，滤后出水澄清、透明，浑浊度不超过 0.1NTU，病原微生物大量减少，可以减少 60%以上的长效消毒剂用量。因此，降低了化学药品对池水可能产生的消毒副产物风险。

2. 硅藻土过滤属于慢速精细过滤，不需要投加混凝剂，减少了化学药品的使用，节省了颗粒过滤器需要对池水进行混凝处理的工艺工序单元设备配置，节约了投资及运行费用。

3. 游泳池、游乐池、休闲设施池及文艺表演水池等池水的水质污染幅度变化不大，即原水的浑浊度比较稳定，过滤器的阻力损失随着过滤时间的延续而成有规律的增长，对系统正常工作有利。

4. 硅藻土过滤器的硅藻土可以重复使用，人们称这种情况为可再生利用，节约了硅藻土用量。

5. 硅藻土这一过滤介质，由于本身结构空隙率高，密度低，比表面积大，不可压缩，化学性能稳定，它形成的预涂层（膜）薄而轻，而且在压力水的作用下可以立体预涂过滤层（膜），从而使过滤设备小型化。在相同循环水量条件下，硅藻土过滤机所需建筑面积约为石英砂过滤器所需建筑面积的一半。这不仅降低了设备造价，方便了设备的运输、施工安装并且减少了建筑空间，具有较突出的优势。

9.8.5 硅藻土过滤机的类型

1. 真空式压力过滤器

1) 组成

(1) 它由不同数量的过滤板和均衡水池、循环水泵等组成，过滤板数量根据池水循环水量计算确定。

(2) 过滤板可根据数量组合成一组或多组。过滤板组安装在循环水系统的均衡池内，通过管道与池水循环水泵吸水管相连接。

2) 工作原理

(1) 将计算所用的硅藻土投加到均衡池内，并进行搅拌均匀。

(2) 利用循环水泵从池内吸水所产生的负压，使均衡池内水中的硅藻土被吸附附着在过滤板的外表上，如此往复运行直至均衡池内的水变清洁、透明后，切换循环水泵上的相关阀门，即可进入过滤阶段。

3）存在的问题

（1）为了维持过滤板上预涂层（膜）的疏松构架，延长反冲洗周期，在池水过滤过程中要持续向均衡水池投加一定量的硅藻土，但这一定量难以掌握。

（2）此种方式可节约机房面积，但反冲洗时需将均衡池内的水全部排空，浪费水量较大。

4）真空式硅藻土过滤器在国内既无生产企业，也无使用实例，本手册不推荐采用。

2. 压力式硅藻土过滤机

压力式硅藻土过滤机有如下两种形式：

1）可逆式硅藻土过滤机

（1）组成详见图 9.8.5-1 所示。

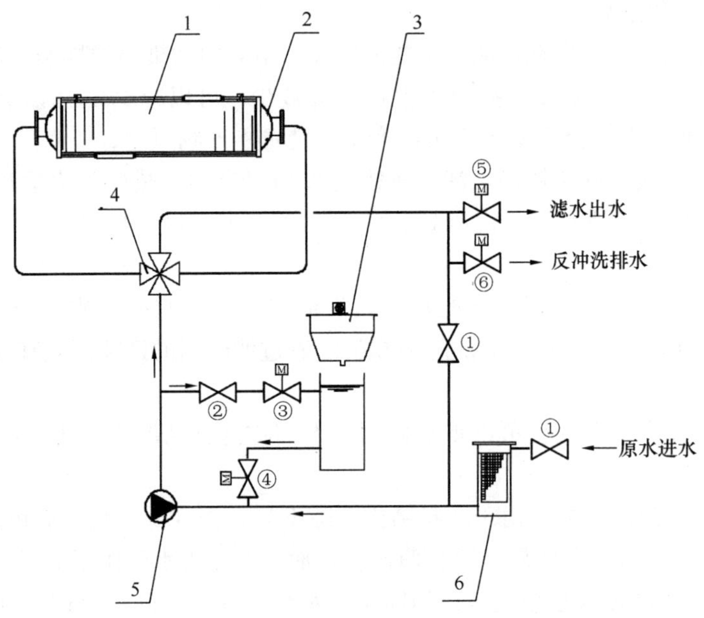

图 9.8.5-1　可逆式硅藻土过滤机工作流程示意

说明：1—可逆式板框型硅藻土过滤器；2—压力传感器；3—全自动硅藻土助剂罐；4—电动阀（或五通阀）；5—循环水泵；6—毛发聚集器；①～⑥—阀门

（2）过滤器构造

① 将滤布粘结在塑料板框上，作为滤元；

② 将一片一片滤元拼装，两端加封头，两侧用螺杆夹紧，确保密封不漏水；

③ 两端封头设有进水、出水接管短管；

④ 两端封头上表面预留压力表接管短管；

⑤ 过滤器数量根据池水循环水量计算确定。

（3）工作流程（图 9.8.5-2）

① 注水：原水或游泳池水进入 6（毛发聚集器），通过筛孔筐将较大的固体杂物截留在篮筐内，水流通过 5（循环水泵），经 4（电动阀或五通阀）到过 1（可逆式板框型硅藻土过滤器）过滤，然后再回到 4 经配管到游泳池。

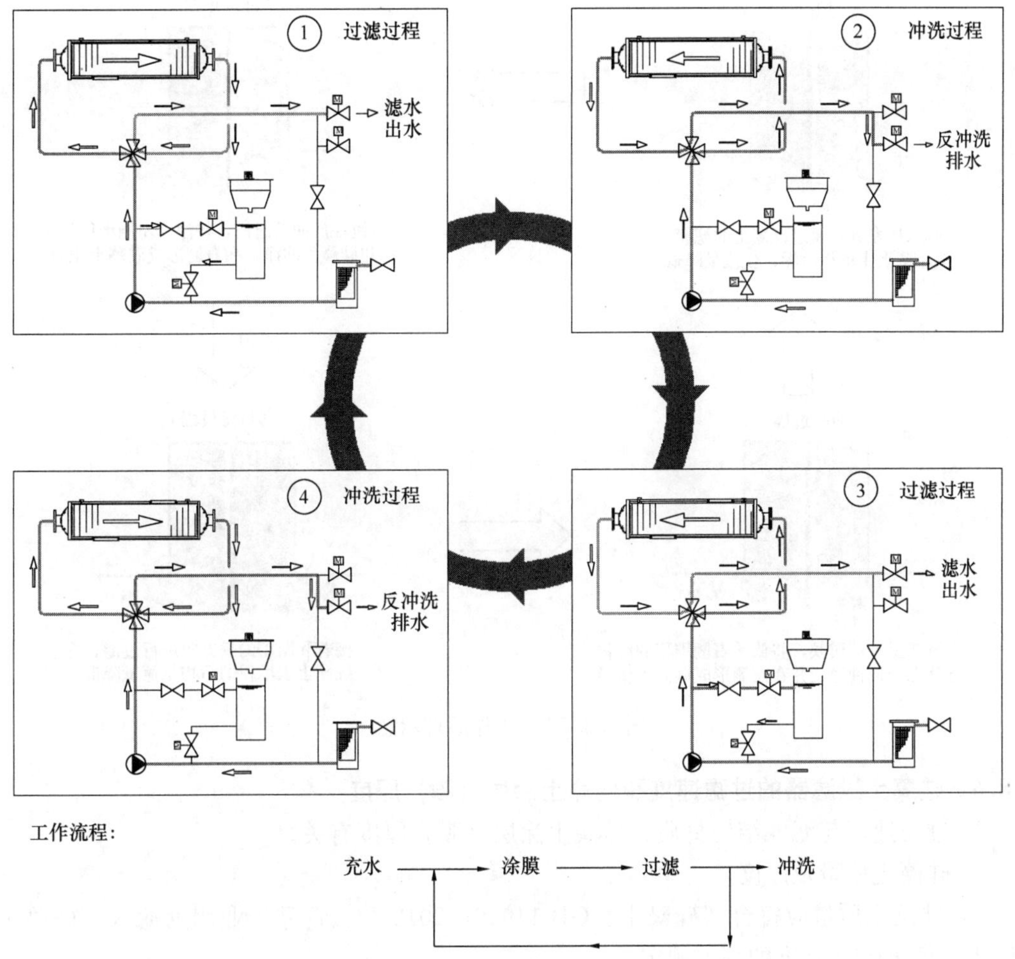

图 9.8.5-2 工作流程示意

② 涂膜：将设定量的硅藻土粉投放到 3（全自动硅藻土助剂罐）内，用 5（循环水泵）出水管的旁通管水注水稀释，注水时阀门③自动打开，用液位计控制，达到一定水位阀门③自动关闭，阀门④自动打开，硅藻土混合液经循环水泵、电动阀（或五通阀）到硅藻土过滤器，这时硅藻土在过滤器滤元介质上进行涂膜。

③ 过滤：完成涂膜后即进入过滤过程，1 微米以上的固态杂质，悬浮物及大肠杆菌、藻类等被截留在滤膜上，净水通过硅藻土过滤器的滤膜经电动阀（或五通阀）、机内循环管、阀门⑤回到游泳池。

④ 反冲洗：当设在过滤器左右两端上的 2（压力传感器）压差大于或等于 0.08MPa 时，滤膜表面污物堆积较多，影响过滤效果，这时需要对滤元介质进行冲洗，这时阀门⑤自动关闭，阀门⑥自动打开，在冲洗的同时也就完成了第二次涂膜。冲洗情况可通过观察窗观察。

（4）工作原理：

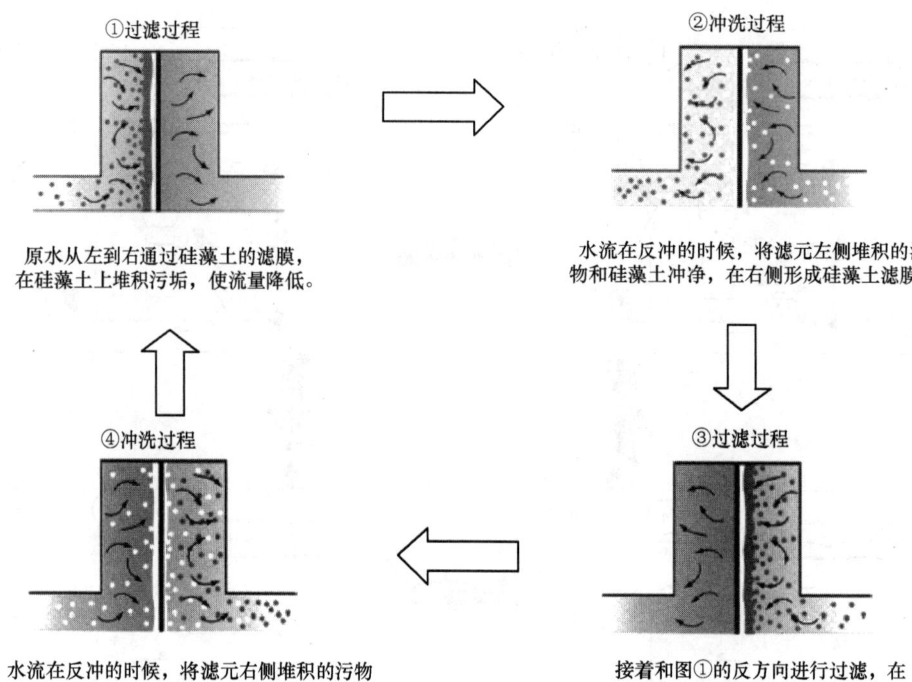

①过滤过程
②冲洗过程
原水从左到右通过硅藻土的滤膜，
在硅藻土上堆积污垢，使流量降低。
水流在反冲的时候，将滤元左侧堆积的污
物和硅藻土冲净，在右侧形成硅藻土滤膜。
④冲洗过程
③过滤过程
水流在反冲的时候，将滤元右侧堆积的污物
和硅藻土一同冲净，并在左侧形成硅藻土滤膜。
接着和图①的反方向进行过滤，在
硅藻土上堆积的污物是流量降低。

图 9.8.5-3 工作原理示意

9.8.6 硅藻土过滤器的过滤速度和硅藻土涂层（膜）厚度

1. 过滤速度与滤元结构材质、硅藻土涂层（膜）厚度有关。

2. 硅藻土质量及厚度

1）硅藻土质量应符合《硅藻土》GB 14936—2012 和《食品工业用助滤剂—硅藻土》QB/T2008—1995 标准的相关规定。

2）硅藻土助滤剂宜选用 QB/T 2088—1995 中的 700#。此条件下的预涂层（膜）的厚度，应符合下列规定

（1）可再生烛式硅藻土压力过滤器，涂层（膜）厚度应为 2.0～3.0mm，折合单位过滤滤元面积用量为 0.5～1.0 kg/m^2。

（2）可逆式硅藻土过滤器的涂层（膜）厚度为 2.0mm，折合单位过滤滤元面积硅藻土用量为 0.2～0.3 kg/m^2。

（3）硅藻土在水中的密度为 2.3～2.4 kg/cm^3。

（4）在具体工程中，出现过游泳池专业公司承包游泳池循环水净化处理系统日常运营系统服务业务的运营中，采用 500#～700# 两种型号按一定比例混合的硅藻土助滤剂作为预涂层（膜），但又不是 600# 硅藻土助滤剂，这一问题还有待继续进行探讨。

3. 过滤速度

行业标准《游泳池给水排水工程技术规程》CJJ 122—2017 规定：“硅藻土过滤器的过滤速度宜为 5～10m/h”，实际上两种不同类型的过滤器的过滤速度是不同的，具体工程设计中应进行仔细分析，选用合理的过滤速度。

1）烛式可再生硅藻土压力过滤器，在具体工程中大多采用 5.0m/h，如 2010 年上海

世界游泳锦标赛就是如此；也有一些专用游泳池采用 3.0m/h 也取得了良好的水质卫生效果。世界卫生组织（WHO）发布的《游泳池、按摩池和类似水环境安全指导准则》（2006 年版）指出，硅藻土过滤器的过滤速度在 3.0～5.0m/h 条件下，滤后出水的浑浊度不会大于 0.1NTU。为此，本手册建议：①游泳、戏水人员负荷稳定的专用游泳池，可以采用不超过 10m/h 的过滤速度；②对游泳人员负荷不稳定，甚至有超人员负荷的游泳池、戏水池等，应选用《游泳池给水排水工程技术规程》CJJ 122—2017 中规定的 5m/h 下限值。

2）可逆式硅藻土过滤器，由于滤元滤布采用的是高纺织密度的进口滤布，表面比较光洁，为了避免涂层在小流速下带来的脱落造成涂层（膜）厚度不均匀，过滤速度可以采用 12.0m/h，但不应小于 6.0m/h。

9.8.7 硅藻土压力过滤器的反冲洗

硅藻土压力过滤器与石英砂等颗粒压力过滤器一样，在池水过滤阶段随过滤器水过滤的进行，池水中的悬浮杂质、胶体污染颗粒、细菌、病毒等微生物被硅藻土涂层（膜）截留、吸附，致使被过滤的压力水流阻力不断增加，过水量不断减少，当预涂层（膜）的阻力损失达到设计规定值后，此时就要对过滤器涂层（膜）进行反冲洗，将脏污的硅藻土冲洗排除。

1. 反冲洗方法及反冲洗强度

1）烛式可再生硅藻土压力过滤器

（1）用池水进行冲洗：反冲洗水流率与过滤流率一致，但不宜小于 2.0L/（m^2·s）；反冲洗持续时间为 2～3min。

（2）冲洗周期：过滤器进水口压力与过滤器出水口压力差为 0.07MPa，根据国内工程运行实践证明，在正常设计游泳人数负荷条件下，反冲洗周期可达 15～30d，这不仅节约了反冲洗水量和硅藻土用量，对缺水地区来讲具有重要现实意义。

2）可逆式硅藻土压力过滤器

（1）用池水冲洗：反冲洗水流率与过滤水流率一致，但不应小于 1.4 L/（m^2·s）；反冲洗持续时间为 1～2min。

（2）反冲洗周期为每次停机时即应进行反冲洗。

2. 反冲洗排水

1）反冲洗排水中含有硅藻土，应按反冲洗水量核算其浓度，在不超过现行行业标准《污水排入城镇下水道水质标准》CJ 343 的规定时，可直接排入城市污水管道。

2）如排水水质不满足国家行业标准《污水排入城镇下水道水质标准》CJ 343 规定时，应对反冲洗排水进行必要的处理。

（1）采用压滤机回收硅藻土，将水排入污水管道。

（2）设置沉淀水池（箱），将反冲洗水排入沉淀水箱经沉淀后，将表面较清的水作为中水原水（如有中水系统时）或将清水排入污水管道。

（3）压滤机和沉淀水池（箱）内的硅藻土可作为植物肥料或运往当地指定的垃圾场。

9.8.8 硅藻土过滤器的材质和构造

1. 可再生烛式硅藻土压力过滤器

1）壳体、滤元固定板及支座：本手册推荐采用牌号不低于 S30408 奥氏体不锈钢。

2）滤元：①由与壳体材质一致的不锈钢螺旋弹簧作为支撑骨架，骨架外套有袋状聚酯纤维布；②以工程塑料为骨架，外套袋状聚酯纤维布；③楔型不锈钢或塑料材质滤元，寿命长，耐污堵效果好。

2. 可逆式硅藻土压力过滤器

1）滤元骨架为长方形聚乙烯塑料板框。

2）粘结在骨架板框上的滤布为专用聚酯纤维布。

3）过滤器两端封头应为不锈钢或铝合金材质。

4）板框压紧螺杆宜与封头材质一致。如采用碳钢压紧螺杆，则应采用防止两种材质的电位腐蚀措施。

3. 硅藻土过滤器的构造及质量要求，应符合行业标准《游泳池用压力过滤器》CJ/T 405—2012 的规定。

9.8.9 硅藻土过滤机的优缺点

1. 优点：

1）过滤精度高，出水水质洁净、透明：①能滤除 2μm 以上的各种污染杂质；②出水浑浊度可达到 0.1NTU；③能滤除 95%的细菌、大肠杆菌及 85%的病毒；④特别能滤除备受关注的隐孢子虫和贾第鞭毛虫。

2）设备体积小但过滤面积大，约为同等石英砂过滤能力所需的 1/3，可以节约建筑面积，而且运输方便。

3）不需要投加混凝剂，消毒剂用量可以减少 60%，反冲洗水量小。

4）过滤介质硅藻土可以重复利用。

5）符合节水、节能、减排等绿色经济发展理念。

2. 缺点：

1）要求操作水平高；

2）要有防粉尘劳动保护。

9.9 重力式全自动溶氧过滤器

9.9.1 重力式全自动溶氧过滤器构造模型（图 9.9.1）

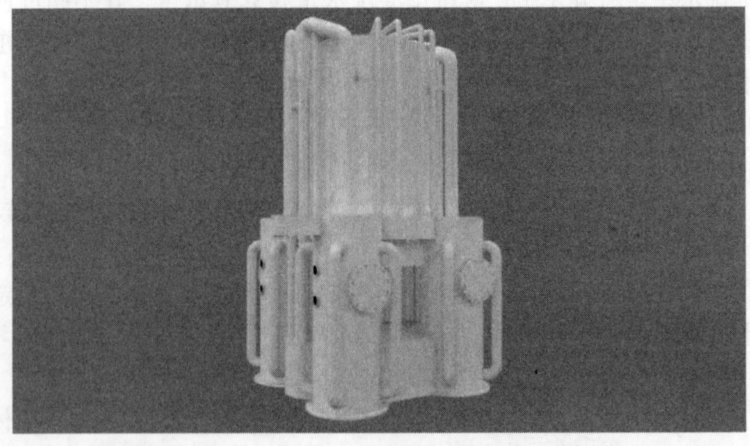

图 9.9.1 重力式全自动溶氧过滤器构造模型

9.9.2 重力式全自动溶氧过滤器的过滤介质要求

1. 采用级配石英砂、磁铁矿、无烟煤的组合填料，其中最下部为磁铁矿颗粒，滤层厚度不低于150mm，中间为石英砂颗粒，滤层厚度不低于220mm，最上部为无烟煤颗粒，滤层厚度不低于230mm。

2. 最下部为磁铁矿颗粒，粒径为4～8mm，其密度大，强度高，在最下部起到承托层、配水作用，反冲洗时不易混层。同时其自身具备除铁、除锰、过滤能力，对净化效果有一定的促进作用。

3. 石英砂的质量应符合本手册第9.4.1条的要求；无烟煤及磁铁矿质量应符合《水处理用滤料》CJ/T 43—2005的规定。

4. 承托层的厚度应符合本手册第9.6.4条的要求。

9.9.3 重力设备所配备的水泵在运行过程中，均为恒定水量供水，因此设备的进水、出水恒定，滤速恒定，当滤层出现堵塞时，重力过滤器的反冲洗上升管水位逐渐上升，以至虹吸自动反冲洗形成，反冲洗结束后恢复为正常过滤状态。

9.9.4 重力式全自动溶氧过滤器的技术说明

1. 重力式全自动溶氧过滤器利用水的自重立进行过滤，通过水泵将泳池水送至过滤器最高点，后重力下落流经滤层，供水水泵扬程不宜超过10m。

2. 过滤速度在20～30m/h之间；实际滤速由滤层种类及厚度决定。

3. 为节能角度出发，重力式全自动溶氧过滤器的放置机房地面尽可能高于游泳池池沿面或与池沿面持平。放置重力式全自动溶氧过滤器位置的净高空间宜高于4.5m。

4. 当重力式全自动溶氧过滤器整体设置于低于游泳池水面的地下机房时，设置UPS临时蓄电电源，以便出现机房停电状况时，能提供给回水电动缓闭阀行动电源，关闭回水电动缓闭阀。

5. 重力式全自动溶氧过滤器反冲洗方式为自动虹吸反冲洗，并同时具备手动强制虹吸反冲洗和切断虹吸功能，虹吸自动反冲洗历时2.5～3min，过滤器自带反洗历时定时吸气虹吸破坏水槽。

6. 重力式全自动溶氧过滤器外壳采用PVC-U板或牌号不低于S30408奥氏体不锈钢板材质。

9.9.5 重力式全自动溶氧过滤系统工艺流程说明

1. 机前泵工艺流程说明：

1）当重力式全自动溶氧过滤器底面放置标高与游泳池水面标高相等（或高于游泳池水面标高时，可以设置为机前泵系统。详见图9.9.5-1所示。

2）通过循环水泵（循环水泵放置区域需设置低于游泳池水面1.2m以上的水泵泵坑，以形成自灌式）由游泳池池底回水口吸水，吸水管路上设置毛发收集器及真空破坏装置，循环水泵出水进入重力式全自动溶氧过滤器上部的曝气溶氧箱，后水流由曝气溶氧箱均匀分配至下部自动精滤机进行重力过滤，过滤后的出水通过循环进水管路、循环进水口重力流至游泳池内，在循环进水管路上设置恒温加热、消毒、水质监控装置，并根据实际要求设置分路增压水泵。

2. 机前泵工艺流程说明：

1）当重力式全自动溶氧过滤器底面放置标高低于游泳池水面标高大于5m时，可以设置为机后泵系统。详见图9.9.5-2所示。

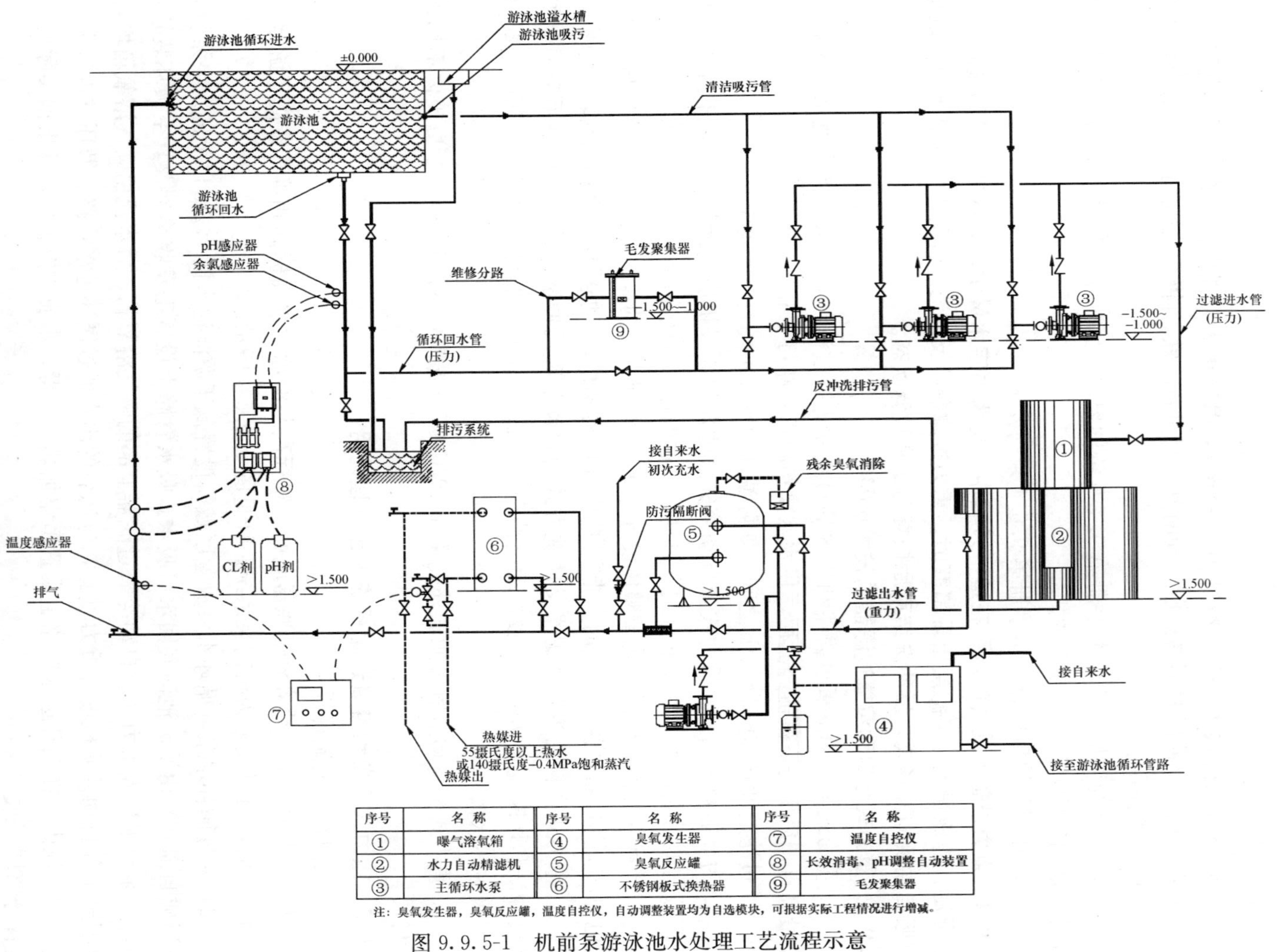

序号	名称	序号	名称	序号	名称
①	曝气溶氧箱	④	臭氧发生器	⑦	温度自控仪
②	水力自动精滤机	⑤	臭氧反应罐	⑧	长效消毒、pH调整自动装置
③	主循环水泵	⑥	不锈钢板式换热器	⑨	毛发聚集器

注：臭氧发生器，臭氧反应罐，温度自控仪，自动调整装置均为自选模块，可根据实际工程情况进行增减。

图 9.9.5-1 机前泵游泳池水处理工艺流程示意

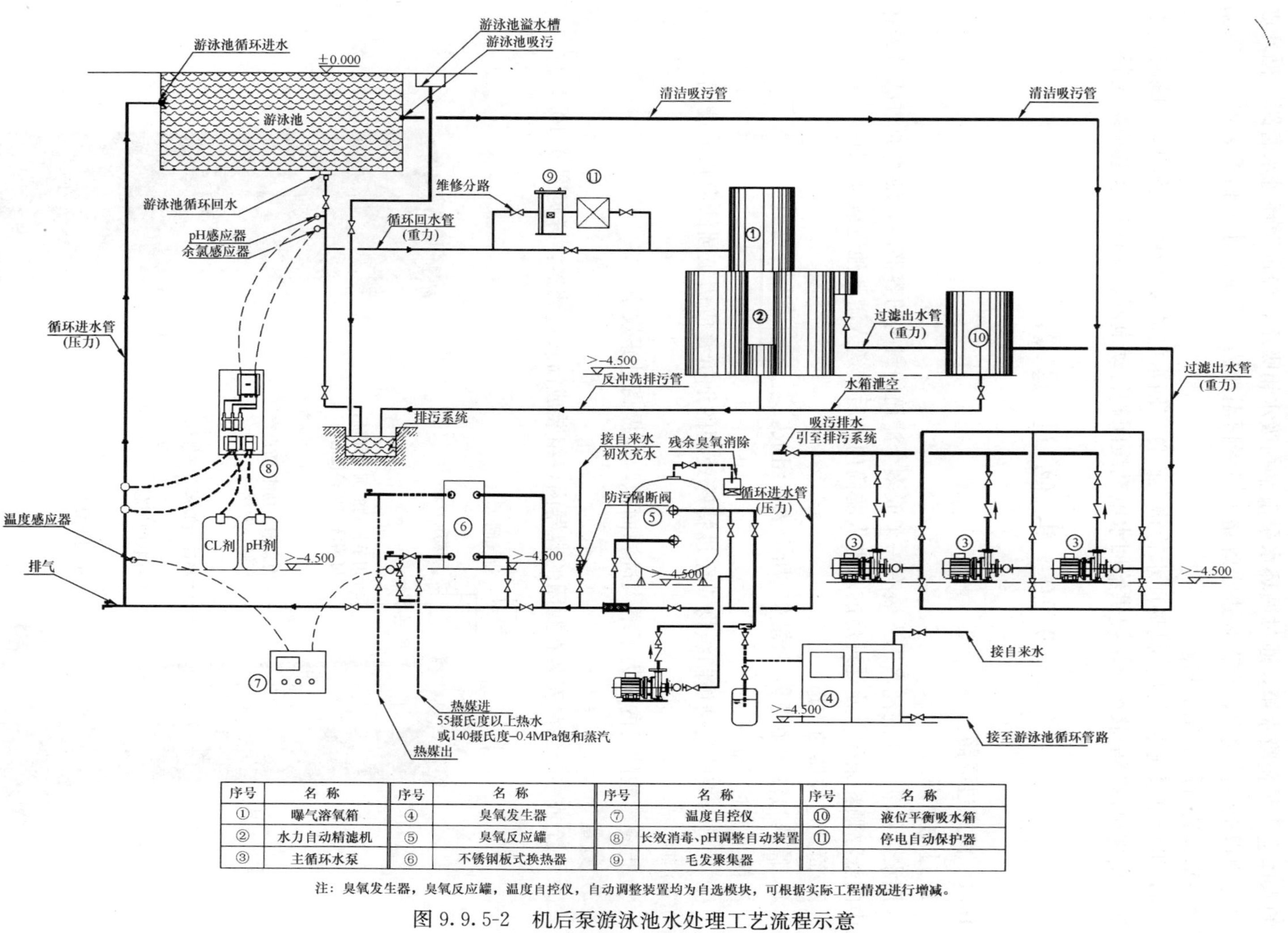

序号	名 称	序号	名 称	序号	名 称	序号	名 称
①	曝气溶氧箱	④	臭氧发生器	⑦	温度自控仪	⑩	液位平衡吸水箱
②	水力自动精滤机	⑤	臭氧反应罐	⑧	长效消毒、pH调整自动装置	⑪	停电自动保护器
③	主循环水泵	⑥	不锈钢板式换热器	⑨	毛发聚集器		

注：臭氧发生器，臭氧反应罐，温度自控仪，自动调整装置均为自选模块，可根据实际工程情况进行增减。

图 9.9.5-2 机后泵游泳池水处理工艺流程示意

2）游泳池水体通过循环回水口，循环回水管路重力自流进入重力式全自动溶氧过滤器上部的曝气溶氧箱，水流由曝气溶氧箱均匀分配至下部自动精滤机进行重力过滤，过滤后的水体进入平衡吸水箱，通过循环水泵由平衡吸水箱吸水，经过循环进水管路、循环进水口压力送至游泳池内，在循环进水管路上设置恒温加热、消毒、水质监控装置，并根据实际要求设置分路增压水泵。

3）机后泵系统在游泳池循环回水管路上设置有回水电动缓闭阀，设置 UPS 临时蓄电电源，出现机房停电状况时，提供给回水电动缓闭阀行动电源，关闭回水电动缓闭阀。

9.10 其他过滤器

9.10.1 筒式过滤器

1. 过滤原理

用水泵将需净化的池水送入装有一个或多个滤筒的封闭的容器内，池水通过滤筒去除水中的悬浮颗粒杂质，使处理后的水进入滤筒内，后被送入游泳池继续使用。

2. 筒式过滤器的构造

1）筒式过滤器由壳体、滤芯、压力表等组成。

滤筒（亦称为滤芯）：

① 它是由聚酯粘结仿制织物或经过特殊处理的纸折叠成褶皱圆筒形状的滤筒，详见图 9.10.1-1。

② 折叠褶皱的目的是为了增大过滤面积，以提高过滤效率。

2）数量

① 一个或多个滤筒安装在封闭的容器内，组装成筒式过滤器，详见图 9.10.1-2。

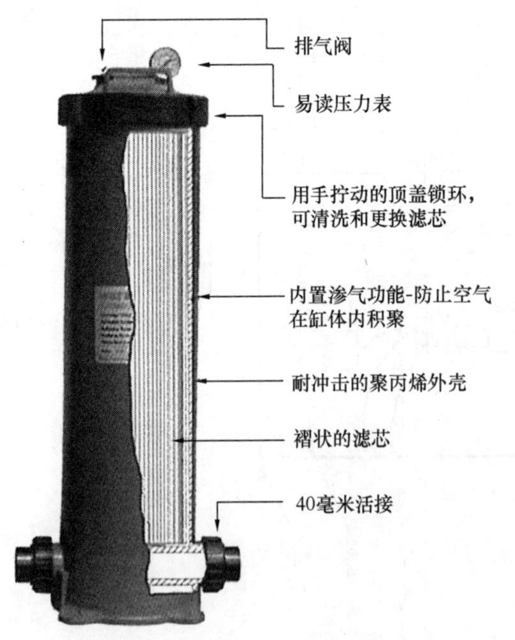

图 9.10.1-1 筒式过滤器示意

图 9.10.1-2 滤芯外形示意

② 封闭容器一般为圆柱形。壳体其材质为聚丙烯（PP）、聚乙烯（PE）及亚克力等非金属材质或不锈钢。

3. 滤筒分类及特性

该设备目前尚无国家及行业标准，使用时应与供货商充分沟通，选用适合工程实际的产品。本手册所述技术参数，仅供参考。

1）表面过滤筒：过滤精度在 10μm 以上；过滤速率一般为 15～41 L/（min·m^2）。

2）深度过滤筒：过滤精度在 5μm 以上；过滤速率一般为 122～232L/（min·m^2）。

3）渗透过滤筒：过滤精度高达 0.01μm 以上；工序烦琐，造价高，适用于纯水制备，不推荐在游泳池行业使用。

4）耐压能力：0.35～0.60MPa。

5）不能进行自动反冲洗，需从外壳中取出人工清洗。

4. 清洗方法

1）过滤器进水与出水压力差达到 0.03MPa 时，应对滤芯进行冲洗，以确保滤后水质符合要求。

2）冲洗流程：

（1）打开过滤器上半部外壳或过滤器顶盖，取出滤芯；

（2）用自来水和专用工具清洗刷，从上至下刷洗滤芯褶皱，去除被吸附的杂物；

（3）清洗干净后再重新安装进过滤器外壳内，即可继续使用。

5. 适用范围

1）小型游泳池、家庭游泳池及休闲设施池。

2）纸质滤筒不能用于水温高于 40℃的水处理，因为滤筒易变形，影响过滤效果。

3）应设备用滤筒，以便清洗滤筒时不影响游泳池等的正常使用。

9.10.2 负压过滤器

1. 过滤介质

1）负压过滤器应采用石英砂过滤介质；

2）石英砂的质量应符合本手册第 9.4.1 条的要求；

3）石英砂颗粒的不均匀系数 K80 不应大于 1.4；石英砂层的厚度不应小于 500mm；

4）承托层的厚度应符合本手册第 9.6.4 条的要求。

2. 负压过滤器的技术要求

1）过滤速度不宜超过 20m/h；

2）过滤介质层被过滤水淹没的水层厚度不应小于 350mm；

3）过滤器进水管应高出过滤器内水面 200mm，进水水流速度不应大于 0.8m/s，进水口应设实现均匀布水的水幕装置；

4）池水循环水泵的吸水高度不应小于 0.06MPa；

5）池内集配水系统应采用中阻力配水系统。

3. 负压过滤器应采用气-水组合反冲洗方式，并应符合下列要求

1）池水循环水泵吸水管的阻力损失等于 0.03MPa 时，应对过滤介质层进行反冲洗；

2）反冲洗顺序和反冲洗参数应符合下列要求：

（1）先气洗后水洗；

（2）气洗强度为 10～12 L/（m^2·s）；气洗持续时间不应少于 5min；

（3）水洗强度为 6～8 L/（m^2·s）；水洗持续时间不应少于 5min；

（4）反冲洗排水装置不应出现倒灌现象。

4. 负压过滤器外壳应采用牌号不低于 S30408 奥氏体不锈钢材质。

5. 该设备尚无相关标准，采用时应与生产商协商相关技术参数和资料。

9.10.3 一体化过滤器

该设备目前尚无相关标准，但在小型及家庭游泳池池水净化处理方面应用较多。

1. 壁挂一体化过滤器

1）突出池壁壁挂一体化过滤器，外形详见图 9.10.3-1。

2）嵌入池壁壁挂一体化过滤器，外形详见图 9.10.3-2。

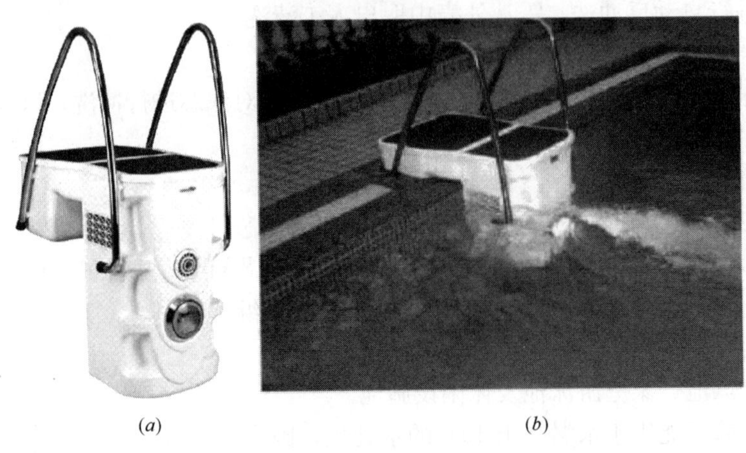

(a) (b)

图 9.10.3-1 突出池壁壁挂式一体化过滤器外形

(a) 外形图；(b) 安装图

2. 组合一体化过滤器

1）突出前置箱一体化过滤器，组合示意图，详见图 9.10.3-3。

2）嵌入池壁前置箱一体化过滤器，组合示意图，详见图 9.10.3-4。

3. 一体化过滤器部件组成

1）壁挂式一体化过滤器：

由池水过滤器、循环水泵、消毒装置、吸污装置、激流喷嘴、侧喷嘴、进水口、出水口、吸污口、水底灯及控制装置等部件组装在一个外壳为一次注塑成型的塑料壳体内。

2）埋地组合式一体化过滤器

由位于池壁内的前置箱和位于池壁外的后置箱组成。后置箱配有循环水泵、石英砂过滤器及消毒剂投加装置。箱体为整体亚克力注塑成型，配可开启箱盖。

4. 基本功能要求

1）壁挂式一体化过滤器

（1）调速循环水泵：可调整水泵转速，戏水时可开启高速挡，夜间无人游泳、戏水时，开启低速挡过滤池水。

（2）水过滤采用筒式过滤器，过滤介质可采用折叠纸滤芯或聚酯纤维折叠滤芯。滤芯

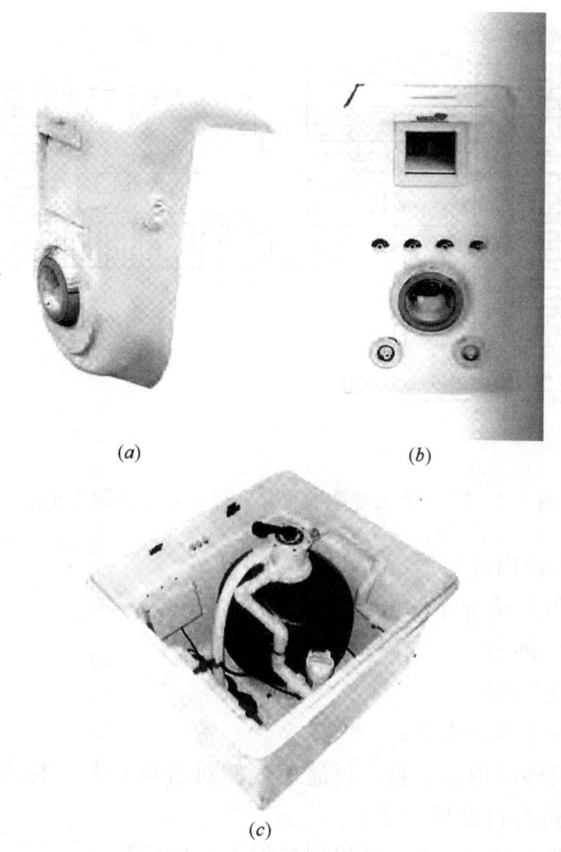

图 9.10.3-2 嵌入池壁壁挂一体化过滤器外形

(a) 壁挂式前置机箱；(b) 嵌入式前置机箱；(c) 后置机箱

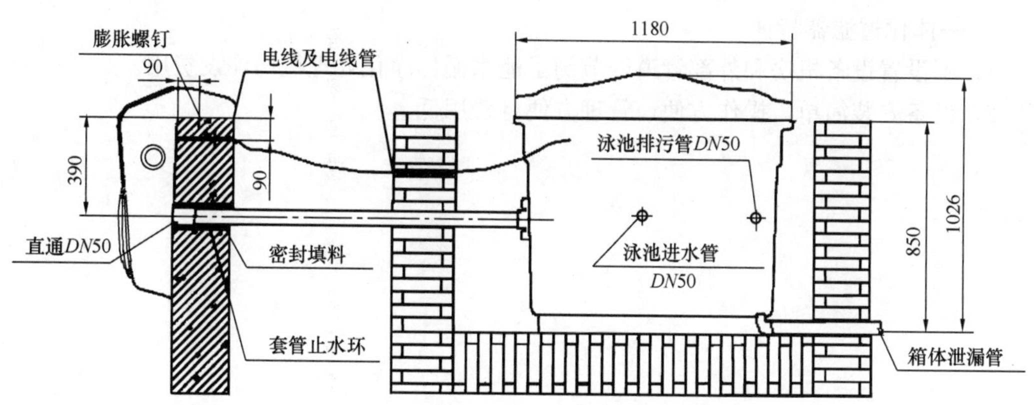

图 9.10.3-3 突出前置箱一体化过滤器组合示意

应取出，在设备外采用高压自来水人工清洗，清洗干净后，安装上后可继续使用。

(3) 消毒：

① 设备内配置臭氧发生器，对池水进行臭氧消毒；

② 设备内配置消毒剂投加机，采用缓释型固体氯消毒剂，并将其放入投药机内，通

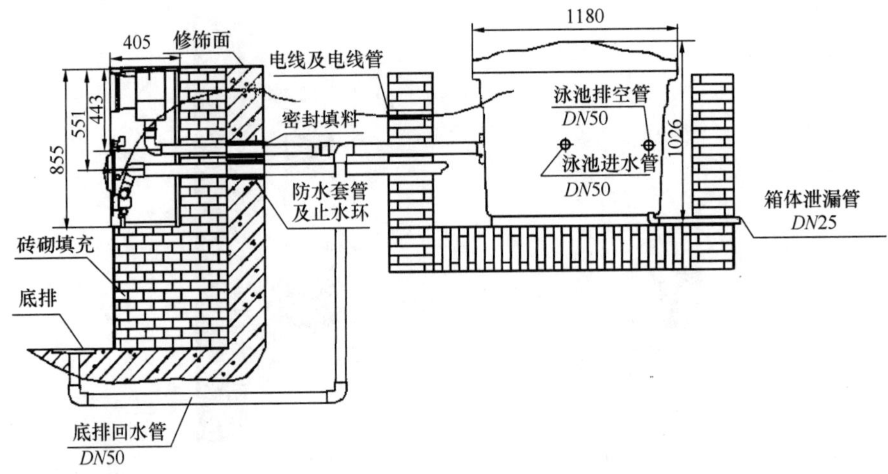

图 9.10.3-4 嵌入池壁前置箱一体化过滤器组合示意

过循环水泵将药液带入池内进行消毒；

③ 模块化电控系统，确保不漏电和安全使用；

④ 应具有池底吸污能力。

2）组合式一体化过滤器

(1) 循环水泵为卧式离心水泵；

(2) 过滤器为石英砂压力过滤器，过滤速度应符合现行行业标准《游泳池水质标准》CJ/T 244 的规定，可进行自动反冲洗；

(3) 管道设置、进水口、出水口的设置确保不发生短流和死水区；

(4) 应能实现循环回水、吸污、排空等功能。

(5) 池水消毒为自动投药器，消毒剂为缓释型固体氯消毒剂。

5. 一体化过滤器特征

1）不设置设备机房和外部管道，节约了池水循环净化处理机房建设费用。

2）设备安装简单，操作方便，管理方便且费用低。

10 游泳池、游乐池池水消毒

游泳池、游乐池、文艺演出池及各类水疗池，都是为人们在水中进行游泳、休闲娱乐、戏水、健身、文艺表演及洗净保健的专业活动及公共活动的场所，池水与人体各部位是紧密接触的。因此，保证池水的清澈、卫生、健康、舒适、不发生疾病交叉感染，可以促进人们进入游泳、水疗场所的基本要求。严格的池水消毒杀菌，可以防止各种疾病传播，是保障游泳、戏水、水疗、文艺演出者健康的重要环节。所以，消毒是池水净化处理系统三大要素的第三个关键因素，是保证池水卫生、安全的最后保障。

10.1 池水污染来源

游泳池、按摩池的环境温暖、潮湿，是细菌、藻类和其他微生物滋生的理想场所，归纳起来，池水的污染物质基本上可以分为如下三类。

10.1.1 天然污染物：

室内池主要是空气中的尘埃，岸边污染杂质及原水中的各种成分；室外露天池主要是大气中的尘埃（如砂土、植物及建筑物屋面的脱落物等）、降雨雨水、昆虫及其他动物粪便等，这些杂物的颗粒比较大，容易被过滤工序的设备去除。

10.1.2 游泳者、戏水者、洗浴保健者人体带入的杂质

人体是池水中最重要的污染物质的来源，它又可以分为以下三种来源：

1. 人体脱落物：如人体脱落的毛发、皮肤的碎皮屑、护肤及化妆品（如指甲油、口红、发胶、发油、防晒油等）等；

2. 人体上的排泄物：如汗液、唾液、鼻涕、泪液、呕吐物及尿液等；

3. 人体携带物：如泳镜、戒指、耳环、隐形眼镜、泳衣上的细小纤维及色素等杂物。

10.1.3 外部添加物

是指为了保证池水水质卫生和洁净透明，按相关标准、规范必须向池水中添加的各种化学药品如消毒剂、pH 值调整用酸碱化学药品、颗粒过滤用混凝剂以及除藻剂等所带来的副产品和剩余残留物，如三氯化氮、卤乙酸、三卤甲烷等。它们在水中是以离子状存在的，会产生新的污染杂质，给相关设备和人体带来危害。

本手册本节中所述的池水三类污染来源，一般会有如下三种形式存在：①池水的表面，如油膜、悬浮物；②池水中，如各种化学药品的残余离子、副产物的离子；③池底与池壁上的沉泥、污垢等。这些污染物质通过游泳者口腔吞咽、呼吸吸入挥发性气体、人体接触，而将池水中某些杂质携带的病原微生物进入到人体内而感染疾病：如皮疹、皮肤瘙痒、耳炎、红眼病、咽炎、气喘、脚气，甚至发生腹泻、军团菌肺炎等。

10.2　池水消毒基本要求

10.2.1　消毒的目的

池水过滤单元虽然能去除微米级杂质及病毒，但有些细菌难以滤除，且无法做到全部池水瞬时过滤，因此，为防止人们在游泳过程中，通过池水传播疾病，池水必须进行消毒，以达到如下目的：

1. 消除健康风险。对游泳池、休闲设施池等来讲，不能做到无菌，但必须将各种细菌控制到最少，不感染游泳者，即能迅速大量地杀灭细菌，并在30s内能杀灭99.9％的微生物。将池水中的致病微生物（细菌、病毒、军团菌和原生动物包裹等）严格地控制在不发生疾病交叉感染的限值之内，保持池水卫生、健康和清澈。

2. 杀菌效果应保持适当的延续性，能有效控制游泳者带入池内的新的细菌病毒，保持池水无藻类物质滋生和生长、池水没有颜色、没有高浓度消毒副产物物质，营造池水的良好感官环境。

3. 消毒剂剂量应容易控制并能以简单方法测量水池中消毒剂余量和效果，保持池水对人体无刺激性和不产生不良气味，提高池水的舒适度。

4. 对设备、建筑结构不产生腐蚀性。投资和经营运行等费用具有合理的经济性。

由上述目的可知，消毒是池水循环净化处理的不可缺少的工艺工序，是保证池水卫生、健康最后关键一关，称之为池水循环净化处理系统的第三个关键因素。这也是行业标准《游泳池给水排水工程技术规程》CJJ 122—2017将其列为强制条文的重要依据。

10.2.2　消毒剂的种类

1. 氯系消毒剂：氯系消毒剂包括次氯酸钠、次氯酸钙、氯片、氯粉精、漂白粉等；

2. 臭氧消毒剂；

3. 紫外线消毒剂：包括低压紫外灯、低压高强紫外灯、中压紫外灯；

4. 氰尿酸盐：包括二氯氰尿酸、三氯氰尿酸；

5. 溴氯海因；

6. 羟基消毒剂。

10.2.3　消毒剂的选用原则

游泳池、游乐池、文艺演出池、休闲设施池等，使用的水质不相同，对消毒剂品种要求也是各不相同，但也有以下共同要求：

1. 安全性：指对游泳者、游乐者、健身者和参与消毒系统的操作人员不造成健康伤害；

2. 与原水的相容性：指原水（即水源水）的pH值与消毒剂相对应，或易于调整原水的pH值；

3. 有效性：具有高效的杀灭细菌、病毒的能力，且带来的消毒副产物少，并具有持续消毒功能的能力；

4. 适应性：用于室外游泳池的消毒剂应在阳光下不易于分解；

5. 经济性：购买运输、储存等经济费用合理；

6. 合法性：具有国家卫生和健康委员会规定的《消毒产品卫生安全评价规定》的评

审报告；

7. 可监测性：在池水中的浓度能被快速和方便的检测，能实现消毒剂量、浓度的自动控制和连续记录所测出的数值；

8. 有效的消毒浓度对人体伤害最小及产生的副产物最少；

9. 视频网络监控性：能实现《国家卫生健康委办公厅关于进一步加强公共场所卫生监管工作的通知》（国卫办监督发〔2019〕1号）通知中要求“鼓励采用工作记录仪、清洗消毒间视频监控及第三方评估考核等手段措施，实现卫生安全关键环节可检查、可追溯、可监督”的要求。

10.2.4　消毒剂的分类

1. 世界卫生组织将消毒剂分为五类，详见表10.2.4-1。

消毒剂的分类　　表10.2.4-1

类别	第一类	第二类	第三类	第四类	第五类
	氯系	二氧化氯	溴系	臭氧/紫外线	其他
药剂名称	氯气 次氯酸钠 次氯酸钙 电解产生氯 二氯氰尿酸盐 三氯氰尿酸盐	二氧化氯	溴气 次溴酸钠 溴氯海因	臭氧 紫外线	铜、银离子 阳离子
特性	氧化性 有残余性	氧化性 短残余性	氧化性 有残余性	氧化性/非氧化性 无残余性	非氧化性 有残余性

2. 游泳池、游乐池、水疗池常用消毒剂的优缺点，详见表10.2.4-2。

游泳池常用消毒剂优缺点　　表10.2.4-2

序号	消毒剂名称	优点	缺点
1	次氯酸盐	1. 消毒效果好； 2. 浓度易检测； 3. 能实现在线监控； 4. 运行成本低； 5. 有持续消毒功能	1. 遇有机物会产生消毒副产物； 2. 水中氨含量高时有氯氨刺激味； 3. 消毒效果受池水pH值影响较大
2	臭氧	1. 消毒效果最好； 2. 消毒速度最快； 3. 分解有机物效果好； 4. 不对环境产生副作用； 5. 可兼备清洁空气； 6. 能实现在线监控； 7. 运行成本低	1. 无持续消毒功能； 2. 不适合高温水处理
3	紫外线（中压、低压）	1. 消毒过程不改变水质； 2. 不对环境产生副作用； 3. 易于安装和操作	1. 无持续消毒功能； 2. 消毒效果受池水浑浊度影响大； 3. 只能适用于水温低于40℃以下的池水； 4. 中压紫外投资高、转换效率低、运行成本高； 5. 没有氧化性，无法处理有机物； 6. 无法实时评估消毒效果

续表

序号	消毒剂名称	优点	缺点
4	溴系（溴化钠、溴氯海因等）	1. 杀菌消毒有效； 2. 浓度易控制； 3. 能在线监控； 4. 对池水 pH 要求范围较宽	1. 成本高； 2. 副产物溴酸盐、三卤甲烷等为致癌物质； 3. 水体易呈绿色
5	氰尿酸盐	能稳定氯，可以不因阳光中的紫外线照射过度消耗氯	适用室外池
6	羟基消毒剂（臭氧＋过氧化氢）	1. 持续消毒有效； 2. 刺激性小	1. 成本较高； 2. 操作、运行管理水平要求高； 3. 受池水 pH 值高低及水中杂质影响较大； 4. 需定期检测水中离子浓度

10.3 氯系消毒

氯消毒剂的种类较多，如次氯酸钠、次氯酸钙、漂白粉精及溴氯海因等。虽然它们分别以气态（液化）、固态（粉状、粒状、片状等）、液态等形态出现。但他们在水中的杀菌消毒机理和效果基本相同，只是对细菌破坏的程度上有所不同。所以在此统称氯系消毒剂。氯消毒不仅杀菌效果好，操作较简单、技术成熟，而且比较经济。氯不仅可以控制水中的微生物，还可以氧化溶解水中的有机物。所以，在国内被广泛用于各类游泳池、游乐池、水疗池的池水消毒。

池水采用氯消毒剂时，很重要的一点，就是要使使用者对氯消毒剂的性能有基本的了解，从而使操作者能准确无误的掌握它的投加量。否则将会造成严重的后果，危及人的健康甚至生命。本节将对氯消毒进行专题叙述。

10.3.1 氯消毒原理

1. 氯在池水能有效杀灭细菌和病毒等有害污染物。

2. 氯很容易溶解于水。当氯溶解在水中之后，会迅速发生反应并生成次氯酸，几乎与此同时，次氯酸会进一步离解成氢离子和次氯酸根离子。资料介绍；不同 pH 值时，次氯酸与次氯酸根离子的比例不同：如 pH 值不小于 9 时，次氯酸根接近 100%；如 pH 值小于 6 时，次氯酸接近 100%；如 pH 值等于 7.54 时，两者大致相等，溶解的程度取决于 pH 值和温度。

氯的消毒作用主要是通过次氯酸对池水中的病原微生物进行消毒氯化，次氯酸扩散到细菌表面，穿过细胞膜进入细胞内部，在细菌内部由于氯原子的氧化作用，破坏了细菌中的酶而导致细菌死亡。由前文知道 pH 值越低，他的消毒效果越好。反之，pH 值越高，其消毒能力严重下降。因此，行业标准《游泳池水质标准》CJ/T 244—2016 中规定 pH 值应保持在相对较低的水平和规定的 pH 值在 7.2～7.8 的限值内，理想值为 pH 值等于 7.4～7.6。

3. 次氯酸和次氯酸根称为游离性氯。它可对池水进行消毒和氧化处理，可以为人体提供安全和舒适的池水。所以，游离氯可以称谓“有益的”氯，是真正起到消毒作用的。

4. 氯在池水中与游泳者带入池内的汗液、尿液等氨基有机物发生反应生成氯胺，有气味，可称为“有害的”氯。氯氨虽有消毒作用，但比较缓慢而且需要接触时间较长。池水的氯以氯胺存在时称为化合性氯。氯在池水中的反应过程中产生一氯胺、二氯胺和三氯胺。其中一氯胺无刺激性、二氯胺对眼睛、鼻腔有刺激性。但二者在一定 pH 值范围内都具有消毒作用，唯有三氯胺消毒作用极差，而且还具有令人讨厌的臭味。这就是当人们进入游泳池时所嗅到的氯臭味。在游泳池水消毒中是不希望出现氯胺的，所以应予以清除。

10.3.2　加氯量

1. 加氯量一般由以下四方面组成：

1）杀灭池水中细菌、病毒、病原微生物的需要量；

2）与池水中氨、氮（即人体汗液、尿液、黏液）发生化合反应氯胺所需要的量。

3）氧化有机物及分解氯胺所需的量；

4）防止交叉感染所需要的量。为防止病原微生物再度繁殖，给游泳者、戏水者造成健康危害，而需要在池水中维持的最小氯含量，称之为余氯。

2. 加氯量的计算：

1）应根据实验数据或当地类似条件下游泳池、游乐池实际运行参数确定；

2）有困难时，可按下列原则确定：

（1）采用单一氯消毒剂或紫外线一氯消毒组合消毒时，最大负荷工况下宜按 5mg/L（以有效氯计）计算确定；

（2）采用臭氧一氯消毒组合消毒时，宜按满足池水余氯量为 3mg/L 计算确定。

3. 为保证池水有足够的余氯，其加氯量可按下列公式计算：

1）一小时加氯量

$$G_n = \frac{q_c \cdot \alpha}{C_1} \tag{10.3.2-1}$$

式中：G_n ——氯制品消毒剂需要量（kg/h）；

q_c ——游泳池的循环水流量（m^3/h）；

α ——氯制品消毒剂设计投加量（以有效氯计）（g/m^3）；

C——氯制品消毒剂有效氯含量（%）；

C_1——有资料介绍，为了保证有足够的氯投量，对上述 2 个公式计算的结果，应乘以 1.3 的修正系数，以确保因游泳负荷，气候变化而增加投加量的需要。

2）每日所需氯消耗量按下式计算

$$G_d = G_n \cdot T \tag{10.3.2-2}$$

式中：G_d ——消毒剂制品的日消耗量（kg/d）；

G_n ——消毒剂制品的小时消耗量（kg/d）按公式（10.3.2-1）和式（10.3.2-2）计算；

T ——每日游泳池开放时间（h）。

3）药剂桶容积按下式计算：

$$V_1 = \frac{G_n}{n \times b} \tag{10.3.2-3}$$

式中：V_1 ——溶液桶的容积（L）；

G_n ——氯制品（消毒剂）的消耗量（kg/h），按公式（10.3.2-1）计算；

n ——氯制品（消毒剂）每日制备次数，应为游泳池每日开放场次数；

b——氯制品消毒剂溶液的制备浓度，按本手册第 13.6 节（消毒剂及化学药品的投加系统）的要求确定。

4）消毒剂投加泵

应按照投加量和所配置消毒液浓度，选用计量加药泵

4. 池水水质受游泳负荷、池水净化系统运行稳定性而在不断的变化。其消毒剂的投加量在游泳池开放使用过程中，也是在不断调整变化中。所以，计算的加氯量只是作为确定消毒投加装置容量之用。

【例 10-1】 某中学常规休闲游泳池，规格尺寸为 50m×21m×（1.2～1.6）m，设计为齐沿游泳池。

解：1. 计算游泳池的有效水容积：

$$V_P = 50 \times 21 \times \frac{1.2 + 1.6}{2} = 1470\text{m}^3$$

2. 按本手册公式（8.8.1-1）计算池水循环流量：

$$q_C = \frac{V_P \cdot \alpha_P}{T_P} = \frac{1470 \times 1.05}{5} = 308.7\text{m}^3/\text{h}$$

注：式中循环周期按本手册表 7.7.2 取 T_P=5h

3. 按本手册公式（10.3.2-2）计算 1h 氯制品消毒剂用量：

消毒剂采用商品成品次氯酸钠溶液，有效氯含量为 10%

次氯酸钠投加量按单一氯制品消毒计，取 α=5g/m³

$$G_L = \frac{308.7 \times 5}{10\%} = 15435\text{g/h} = 15.435\text{kg/h}\text{，取 } G_L = 15.4\text{kg/h}$$

4. 按本手册公式（10.3.2-3）计算每日次氯酸钠溶液用量：

游泳池每日开放三次（上午、中午、晚上各一次），每场次持续开放时间 3h，全日累计开放时间 9h。

$$G_d = G_L \cdot T = 15.4 \times 9 = 138.6\text{kg/d}\text{，取} = 139\text{kg/d}$$

5. 按本手册公式（10.3.2-4）计算氯制品消毒剂溶液桶容积：

每个开放场所所需的氯制品消毒剂溶液一次配制完成。

次氯酸钠溶液的配制浓度，按规范要求不超过 5%，本工程取 α=5%

$$V = \frac{G_L \times n}{\alpha} = \frac{15.4 \times 3}{5\%} = 924\text{L}$$

考虑到成品次氯酸钠溶液所含杂质所需容积，设计取消毒剂溶液桶容积为 1000L。

10.3.3　投加位置和方式

1. 投加位置

1）氯消毒剂一般应投加在池水过滤设备之后的循环水管之内。因为消耗氯的污染杂质大部分都被滤除。这种可以减少氯的投加量。本手册第 10.3.2 条所建议的加氯，是指经过过滤后的水中的投加量。

2）有资料介绍，在投加混凝剂的同时，也投加氯，可以氧化水中的有机物，以提高

混凝效果、过滤效果、延长氯与水的接触时间和防止在过滤设备内滋生细菌。但这种会对过滤设备的材质有较高的要求，本手册不推荐这种投加位置。

2. 投加方式

1) 应采用湿式投加：湿式投加有利于消毒剂与循环水的均匀混合。

2) 自动连续投加：就是利用电子传感器连续不断地将检测值传送给控制器，通过控制器相应地调整药剂溶液计量泵工况调整消毒剂溶液，再将其投加到循环水中。

3) 不宜人工投加：因为操作间断性的，而且消毒水平很难判定。

4) 不允许将药剂溶液或颗粒直接从泳池水面注入游泳池的投加方式：以防消毒剂与池水混合不均匀，而对游泳者造成伤害。

3. 控制要求

1) 投加消毒剂的计量泵应与池水循环水泵连锁。循环系统发生故障，则投加泵应自动切断，中断消毒剂的投加。

2) 消毒投加泵也应有就地和远程的独立控制。

10.3.4 氯消毒剂的种类和特点

1. 次氯酸钠（漂白水）

1) 特点

(1) 次氯酸钠是氯与氢氧化钠溶解反应生成的一种略带淡黄色的液体，是氯消毒剂的液态形式。目前有现场制取和商品成品两种供应方式。现场制备生产过程中会产生少量氢气，故应采取有针对性的消除措施。

(2) 次氯酸钠是强氧化剂，在溶液中电离生成次氯酸，消毒效果稳定，投加较安全可靠。

(3) 次氯酸钠不稳定，它所含的有效氯受日光、温度影响而会分解，从而降低有效氯的含量。所以，成品次氯酸钠的运输、储存应避免日光照射和远离热源。储存时间不能太长，一般不超过 5～7d。

(4) 成品次氯酸钠消毒剂的有效氯浓度一般为 8%～12%，pH 值为 10～13。

(5) 成品次氯酸钠是化工厂的一种副产品，有条件的地区可采购作为消毒剂。

(6) 次氯酸钠可以现场制取，以此克服成品有效含氯不稳定和储存时效的不足。

2) 优点

(1) 消毒效果好，并具有持续消毒能力，适用于各类游泳池的池水消毒。

(2) 次氯酸钠价格便宜，而且易于采购和制备

(3) 投加设备简单、操作简便。

(4) 运行成本低。

3) 使用时注意事项

(1) 投加量按 3mg/L（以有效氯计）计算。

(2) 次氯酸钠本身是碱性，投加到水中后会使池水 pH 值升高。故一般采用向池水投加盐酸或硫酸氢钠等化学药品的方式来调节池水的 pH 值。

(3) 成品次氯酸钠要注意储存条件，并要经常分析化验它的有效氯含量，还需掌握有效氯的衰减规律，从而确定每次最佳的送货量和送货周期，减少氯的损失。

(4) 现场制备次氯酸钠时应注意下列各项要点：①发生器间应设有保证各部位空气有

良好对流的通风设施，通风换气按 12 次/h 设计；②排氢气管必须畅通地接到室外；③应严格按产品要求准确无误地连接各种线、接管和进行运行操作；④操作人员应穿戴防护服、手套及鞋子。

2. 次氯酸钙

1）特点

（1）次氯酸钙是氯消毒剂的固体形式，有效氯含量为 65%～70%，pH 值为 10.0，它具有较长的存放寿命，并且容易保存。

（2）次氯酸钙通过水解产生次氯酸，具有与氯气相同的消毒和氧化作用。

（3）消毒效果好，并具有持续消毒能力和除藻、除污渍功能，适用于各类游泳池的池水消毒。

（4）有不溶解物，使用后增加池水碱性，在输送的管路中因钙沉淀而易产生结垢现象，所以投加一定量的酸对池水进行 pH 值调整。

2）使用中注意事项

（1）投加量按 3mg/L（有效氯计）计算。

（2）次氯酸钙在水解时产生氢氧化钙，所以会增加池水的碱度。因此，要投加与次氯酸钠一样的 pH 值调整剂，以便降低池水的 pH 值。

（3）不得与调节游泳池池水 pH 值的酸类药品、二氯异氰尿酸和三氯异氰尿酸等相邻存放。

（4）对我国南方地区原水 pH 值较低地区比较适用。

（5）次氯酸钙是易燃烧的化学药品，几乎与任何有机物相接触都会引起燃烧。如油、汗、苏打水等与它混合时都会引起燃烧，甚至火灾、爆炸。因此，必须做到以下几点：

① 应采用专用的封闭容器装置；

② 应与其他化学药品、有机物分开存放；

③ 应设置专用的货架、离开地面且无阳光照射处存放；

④ 取用时应采用专用药匙取用；

⑤ 采用计量泵投加时，应将其充分溶解成液体，溶解时应将其药品倒入水；

⑥ 亦可采用专用的自动投药器。

10.3.5 氯消毒剂使用中应注意的问题

1. 氯消毒的效果与池水的 pH 值的高低关系密切。根据资料介绍：次氯酸的消毒杀菌效果是次氯酸根的 80～300 倍。当水的 pH 值等于 7.0 时，约 75%是次氯酸，当水的 pH 值等于 8.0 时，次氯酸的含量约为 20%，而次氯酸根含量约为 80%，两者的效果表现明显。所以，保持池水的 pH 值在规定的范围内至关重要。

2. 池水的浑浊度是与氯的消毒效果有关的第二个重要因素，如果水中的悬浮物较多，这些杂物具有消耗氯，保护细菌的作用。因此，加强池水过滤的精度也是不可忽视的重要因素。

10.3.6 氯消毒余氯量的控制

1. 规定消毒剂在游泳池池水中的剩余量的目的是维持池水的持续消毒作用。余氯的存在表明池水需氯量得到了满足和它的消毒效果较好。

2. 对于消毒剂余量的限制标准，各个国家的规定就均不相同，但总的原则是一致的，即为使游泳池池水的微生物指标达到不危害游泳者健康的前提下，应尽量减少剩余消毒剂的量，表 10.3.6-1 为美国《公共游泳池标准》ANSI/NSPI-1-2003 的规定。这些数据尚未明确是指游离性消毒剂剩余量还是游离性消毒剂剩余量与化合性消毒剂剩余量之和，还有待对其进行进一步研究。本手册摘录了一些欧洲国家的关于游离性余氯的限值，详见表 10.3.6-1 及表 10.3.6-2，供参考。

美国《公共游泳池标准》消毒剂余量　　表 10.3.6-1

消毒剂名称	最小值（mg/L）	理想值（mg/L）	最大值（mg/L）
余氯	1	2～4	10
总溴	2	4～6	10
稳定剂（氰尿酸）	10	30～50	150
注：摘自该标准附录 A“化学操作参考”。			

部分欧洲国家关于游离性余氯的限值　　表 10.3.6-2

国别	游离性余氯（mg/L）	国别	游离性余氯（mg/L）	国别	游离性余氯（mg/L）
德国	0.4	法国	1.0	英国	1.5
俄罗斯	0.4	意大利	1.0	土耳其	1.5
比利时	0.4	瑞士	0.4	西班牙	2.0

10.4 臭 氧 消 毒

10.4.1 臭氧的特性

1. 臭氧是一种强氧化剂，其稳定性差，在常温下可自行分解成氧。分解速度随着温度的升高而加快，如 270℃高温下能立即转化为氧。1%以下浓度的臭氧在常温下的半衰期为 16min，所以不容易储存。臭氧在水中的氧化还原电位为 2.076V，比氯的氧化还原电位 1.36V 高出 50%以上。臭氧的氧化能力仅次于氟，比氧、氯的氧化能力都强。它一旦与水混合，首先对水中易被氧化的如：酚、亚硝酸盐、氰化物、甲醛、铁、锰等发生氧化反应，生成不溶解的氧化物；其次，臭氧还与水中一些有机物发生反应，使有机物发生不同程度的降解，如导致细菌和病毒的物质代谢和氧化还原过程被破坏，致使多数微生物和细菌赖以生存的有机污染物被分解，破坏了细菌、病毒生长繁殖的基础，造成了细菌、病毒的死亡。可使池水的化学需氧量 COD 值下降，这对保持游泳池的水质大有好处。

2. 臭氧是一种极强的广谱杀菌剂。

1）臭氧是一种非常强的广谱杀菌剂。臭氧的氧化还原电位是 2.07V，是水中氧化能力最强的一种氧化型消毒剂。所以，它能杀灭氯所不能杀灭的病毒和孢囊（如隐孢子虫），对易变异、抗药性强的细菌、芽孢、病毒、微生物和热原（内毒素）具有同样的杀灭和预防效果，可有效防止传染病的蔓延。实验证明：它不受 pH 值的变化和氨的影响，臭氧在水中的杀灭细菌和病毒的速度是氯的 600～3000 倍。据资料介绍：当 pH 值等于 7，水温 25℃，臭氧浓度为 5mg/L 时，能在 1min 后杀灭隐孢子虫和贾第鞭毛虫 99.9%的孢囊。

2）臭氧无持续消毒功能：在臭氧消毒后的水中应加入长效消毒剂，如氯或溴。

3）臭氧不能储存和运输：①臭氧的分解速度随温度的升高而加快，而且在水中的分解速度比空气中分解速度更快得多。同时在水中还随 pH 值的提高而加快，它的溶解度比氧气高 13 倍，比空气高 25 倍。②半衰期短，约 16～20min，所以要边生产边使用。

3. 臭氧是一种有毒性和刺激性的气体。据资料介绍：在空气中臭氧的浓度超过 0.1mg/L，会对人的眼、鼻、喉等器官产生刺激；如空气中的浓度为 1.0～10mg/L 时，其刺激气味会使人感到头痛、呕吐出现呼吸器官局部麻痹等症；当浓度为 15～20mg/L 时，人吸入会引发支气管炎、肺衰竭，甚至可能致人死亡，故我国卫生部门规定空气中臭氧浓度不超过 0.2mg/m^3。

4. 臭氧具有絮凝去除金属离子和脱色除嗅剂的特性。

1）臭氧还可通过氧化、电荷中和等作用，并可以作为一种絮凝剂，将水中一些微小的杂物凝聚成及某些金属离子和结合较大颗粒的污杂物，从而通过过滤器将其去除。故臭氧在水中具有凝聚作用，可以减少混凝剂用量和提高池水的清晰度，并可去除三卤甲烷（THMs）三致物质。

2）多余的臭氧可以很快地分解为氧气（O_2），不存在二次污染，同时臭氧具有除铁、除锰、除嗅、脱色等的作用。

5. 臭氧具有较强的氧化性。

臭氧对大多数金属有氧化作用，但对铬（Cr）含量超过 25%的铬铁合金（不锈钢）基本上不受臭氧腐蚀。对一些非金属材料如普通橡胶也有强烈的氧化分解作用。

10.4.2 臭氧消毒机理

1. 分解反应

臭氧以氧化作用破坏生物膜的结构而实现其杀菌消毒作用。臭氧是一种具有特殊臭味的不稳定的气体。因此，必须在现场制取并立即引入到被处理的水中，它的密度为空气 1.658 倍。在氧化反应中，臭氧分离为一个稳定的氧分子（O_2）和一个高度不稳定的氧原子（O）。分子被氧化，同这个单独的氧原子结合生成该物质的氧化物。有机分子的结构被氧化改变，通常在其他臭氧的帮助下导致整个分子分解。

2. 溶解反应

臭氧只有溶解在水中才能有效达到消毒杀菌和氧化分解水中杂质的作用。臭氧的溶解度符合亨利定律。臭氧的浓度越高，臭氧的溶解度也就越高，臭氧在水中的溶解量也就越多，不仅消毒效果好，而且臭氧可增加水中溶解氧，抑制藻类生长，提高水的透明度，使水呈清澈发蓝状。因此，宜采用氧气法臭氧发生器

3. 混合反应

臭氧与水充分混合接触才能达到杀菌目的。由于它是有毒气体，而且它的溶解度低，故必须要与水混合。为此，它需要通过一个增压水泵传送一部分游泳池的循环水至文丘里管中，使文丘里喷嘴形成高速水流并产生负压抽吸环境，将臭氧气体吸入到水射器中。通过快速剧烈混合使其产生含有臭氧气体的非常微细小的气泡，从而使臭氧溶解到水中，即要从气相转变为液相。

在此过程中，臭氧是被负压投加的，其好处是能有效防止臭氧泄漏。

10.4.3 臭氧消毒池水的优缺点

1. 优点

1）杀菌力强

臭氧的杀菌力强，在与水接触后，仅需几十秒就可以将细菌、真菌、孢子以及病毒等杀灭。同时能有效地对付抗氯的微生物，实践证明它有能力减少自由氯的残留物。

2）可降低化学药品危害

采用臭氧消毒可以将氯、pH值调整剂的用量降低到最低程度，并可以不使用混凝剂、除藻剂，从而消除了致癌、致突变物三卤甲烷的产生，不会出现氯消毒带来的异味和氯气气体，消除了对人的健康隐患，而且对建筑结构不会产生腐蚀。据有关资料介绍：臭氧投加量增多，则其他化学药品用量减少较多，表10.4.3摘录了有关资料中臭氧投加量与相应化学药品减少量的关系。

臭氧投加量与相应化学药品减少量 **表10.4.3**

臭氧投加量（mg/L）	反应时间（min）	氯或溴大约减少的量（%）
1.0	4.0	>85
0.8	4.0	80
0.4	4.0	70
0.2	4.0	65

3）提高池水的观感

臭氧具有除色、除味、除臭和絮凝作用。它能将水中的有机物氧化，带电离子会与水中的金属物质如铁、锰、铝和钙等结合，形成一些不溶于水的物质而被滤除，使池水呈色泽闪亮、清澈透明、赏心悦目的蔚蓝色。

4）不改变水的pH值

臭氧在水处理过程中不改变水的pH值，水的pH值也不影响它杀灭细菌和氧化有害物质的功能和效率；臭氧对人的皮肤不仅不造成伤害，而且具有一定的治疗作用。

5）提高环境质量

由于臭氧的原料是取自空气中的氧气，使用完之后的副产物仍是氧气，所以可以使游泳池周围空气清新，没有残留物影响环境，不会刺激游泳者的皮肤、眼睛和鼻腔，也不会产生化学药品污染，提高了池水水质和周围环境质量，符合环保绿色的发展要求。

6）消毒副产物少

（1）臭氧是国际公认的环保型绿色消毒剂；

（2）臭氧的半衰期较短，不会在环境中积累，故不会对环境造成二次污染。

2. 缺点

1）无持续消毒杀菌功能，需要增加长效消毒剂消毒系统；

2）臭氧是强氧化剂，对设备、管道、附件、阀门等材质要求高。

10.4.4 臭氧的制取方法

臭氧产生的基本原理就是使空气中的氧在高压电的作用下发生电离生成臭氧，根据不同的电离方式，制备臭氧的方式大致可以分为以下三种：①紫外线辐射法；②化学电解法③电晕放电法等。而电晕放电法因其高效、低耗能的特点而被广泛应用。

1. 紫外线辐射法：利用波长低于200nm的紫外线照射普通的空气而产生臭氧。就是当有足够的紫外线能量加给氧分子时，氧分子就分裂为2个自由的单原子氧，这些单原子氧与其他氧分子碰撞产生臭氧分子。它的产量受紫外线的能量、波长，紫外线周围的空间、温度、湿度，以及空气中的氧含量和空气流体积等因素影响。

紫外线辐射法制备臭氧比较简单和经济。但制备的臭氧浓度较低，一般不超过150mg/m^3，约为先进的氧气法臭氧发生器的1%。而且产量较小，效率也较低，不宜用于池水消毒。

2. 化学电解法：利用高纯水通过电解作氧源。据资料介绍：产生的臭氧量大，浓度高（约达14%）。但由于耗电量大，运行费用高，技术要求很高，工艺尚不成熟，所以，未能得到推广应用。

3. 电晕放电法：就是将干燥的（露点−60℃以下）空气（含氧气21%）或富氧气体（含氧90%左右），通过高能电场和介质放电间隙，在高能电场下，使氧气被电离成氧原子，而氧原子与氧分子碰撞形成臭氧，其原理见图10.4.4-1。

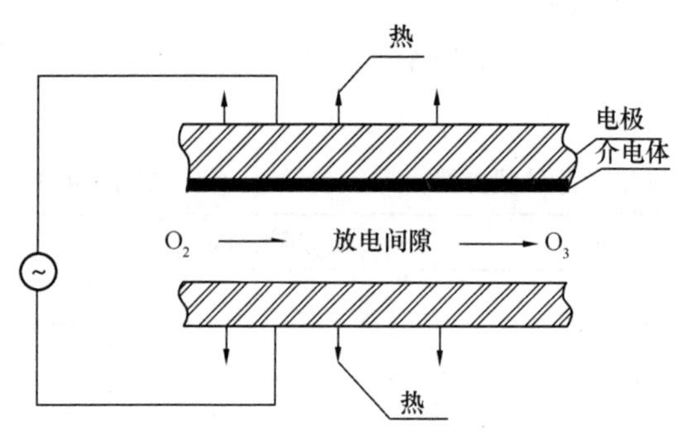

图10.4.4-1　臭氧产生的原理示意

电晕放电法所产生的臭氧量及浓度与气源中氧的浓度、气体的干燥程度、电源频率、介电材料的厚度及介电常数有关。臭氧的发生率与气体的干燥度、气体中的氧的浓度和电源频率等成正比，与放电间隙和介电层厚度成反比。如为空气源时，它产生的臭氧浓度为1%～3%（重量），能耗较大；如气源为富氧气体或纯氧时，它产生的臭氧浓度为4%～6%（重量），目前先进的氧气法臭氧发生器产生的臭氧浓度可达到10%～15%（重量），能耗大幅降低。臭氧的产量可以通过发生电源和进气量进行控制。但在实际使用过程中，是通过发生器启停来控制的。

4. 空气法臭氧发生器臭氧产生的流程如图10.4.4-2所示。

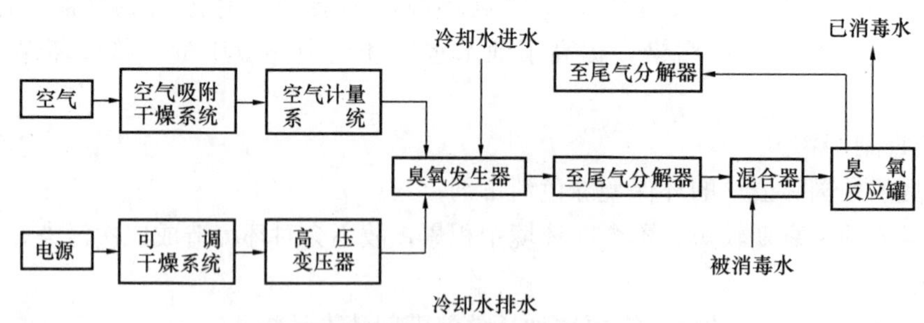

图10.4.4-2　空气法臭氧发生器臭氧产生工艺流程

5. 氧气法臭氧发生器臭氧产生的流程如图10.4.4-3所示。

氧气法臭氧发生器采用分子筛制氧机，制取干燥（低露点−60℃以下）的富氧气体（氧气浓度80%～95%），再送入到臭氧发生器制备出高浓度的臭氧气体，所产生的臭氧浓度可达5%～15%。高浓度的臭氧不仅可以极大地提高与水的溶解能力，而且这种制取臭氧的成本，远低于纯氧制取臭氧的成本，是臭氧发生器的发展趋势。

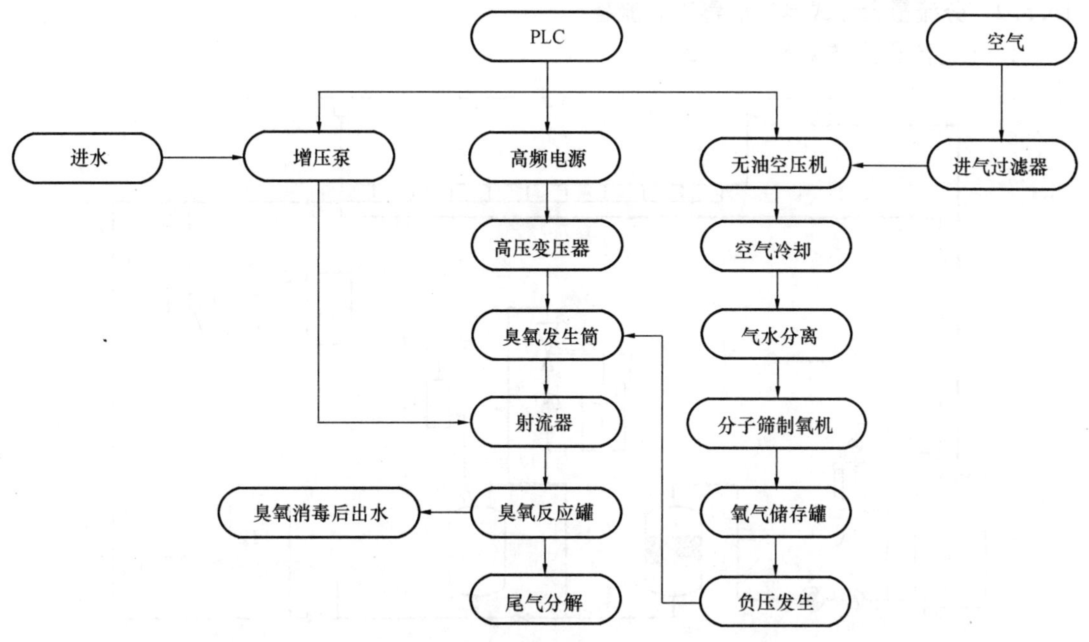

图 10.4.4-3 氧气法臭氧发生器工作原理示意

6. 应用要求

溶解了的臭氧才能杀灭池水中的细菌和氧化水中的杂质。因此，应用时应采取下列负压投加设备、装置，确保臭氧不向外泄漏：

1）采取能使臭氧与被消毒水充分混合的措施：设增压水泵、文丘里注射器及在线管道混合器及臭氧尾气消除器。

2）应设置能保证臭氧与被消毒水充分接触、溶解的反应罐等，以完成臭氧对水的杀菌消毒和氧化水中杂质的目的。

3）可设置多余臭氧活性炭吸附罐，也可通过控制水中臭氧浓度的方法来确保进入池内水中臭氧浓度不超过 0.05mg/L，或者在非开放期间使用臭氧消毒。

4）设备、装置及连接管道等应采用耐臭氧腐蚀材质。

臭氧发生器应具备下列功能：①联锁保护功能：即当臭氧发生系统任一部分出现故障时，系统自动停机；②负压制备臭氧功能：即臭氧发生筒处于负压工作状态，以确保任何情况下，臭氧不会泄漏；③臭氧发生筒过温报警并停机保护，当温度超过设定温度如50℃时自动停机。

10.5 臭氧消毒工艺流程

10.5.1 臭消毒方式的分类

1. 分流量全程式臭氧消毒方式：仅一部分池水的循环水量进行消毒，且工艺流程中不设置多余臭氧吸附过滤设备这一工序。

2. 全流量半程式臭氧消毒方式：对池水的全部循环水量进行消毒，工艺流程中设有多余臭氧吸附过滤设备这一工序。

10.5.2 分流量全程式臭氧消毒工艺流程

1. 工艺流程图详见图 10.5.2。

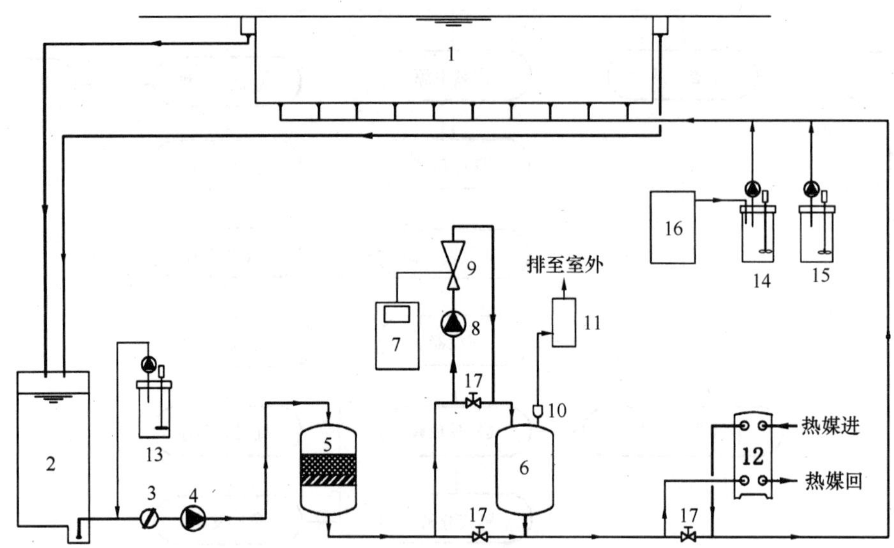

图 10.5.2 分流量全程式臭氧消毒处理工艺流程示意

说明：1—游泳池；2—均衡水池；3—毛发聚集器；4—循环水泵；5—过滤器；6—反应罐；7—臭氧发生器；8—加压水泵；9—臭氧负压投加装置；10—排气阀；11—臭氧尾气处理器；12—加热器；13—混凝剂投加装置；14—长效消毒剂投加装置；15—pH 调整剂投加装置；16—次氯酸钠发生器；17—流量控制阀

2. 工艺特点

1）将全部循环流量先经过过滤净化处理，通过流量调节阀或水泵，只向过滤净化处理后循环水量的 25%～30%的循环水量中按全部循环水量投加不少于 0.4～0.6mg/L 的臭氧量，使水与臭氧充分混合后，送入臭氧与水接触的专用容器内，使水与臭氧接触反应时间不少于 2min，达到消毒杀菌目的后，再与未投加臭氧消毒剂的 70%～75%的那部分循环水量混合后，将此混合后的循环水送回游泳池、游乐池继续使用。

由于只对净化处理后一部分水量进行消毒，故不设置多余臭氧吸附过滤器，所以可以降低臭氧处理系统的费用。

2）全程式臭氧消毒方式据有关资料介绍，它是建立在空气中臭氧浓度不大于 0.10mg/m^3、水中臭氧浓度不大于 0.15mg/L 对人体健康不造成伤害的基础上的臭氧消毒方式，分流量与主流量的混合稀释和继续溶解、臭氧半衰期短等研究和实践经验基础上的。在使用中应装设 ORP 水质检测仪或臭氧浓度监控仪对臭氧投加量进行实时控制，准确地维持池水中的臭氧浓度，完全可以保证不会产生臭氧浓度的积累。

3）北京恒动环境技术有限公司自 1998 年以来在几十个游泳池改造工程和新建游泳池工程中，均采用了 25%～50%循环分流量的臭氧投加量为 0.5mg/ L、无长效消毒剂的分流量全程式臭氧消毒工艺方式，自 2000 年 8 月投入使用后，经卫生监督部门严格检验，各项水质卫生指标均优于国家标准要求。不仅池水水质清澈、空气清新，原采用次氯酸钙消毒时池壁结垢现象消失。不仅前来的游泳者满意，而且节约化学药品的费用，减小了清洁工作量，深受用户欢迎。

4）这种方式是可以节省建筑面积和投资费用的消毒工艺流程。

10.5.3 分流量全程式臭氧消毒方式的应用条件

1. 游泳负荷相对稳定；

2. 宜采用逆流式池水循环，使池水中的臭氧能继续与池水进行有效反应；

3. 池水循环应根据设计规范要求，按正常游泳负荷、循环水量及循环周期进行运行；

4. 采用臭氧浓度监控器或ORP仪表对池水中的臭氧浓度进行监测，确保池水回水中的臭氧浓度不超过0.05mg/L，如果出现超量，应联动关闭臭氧发生器，停止臭氧发生器运行；

5. 如必须投加长效消毒剂时，建议氯的投加量不超过0.3mg/L；

6. 臭氧投加量应按现行行业标准《游泳池给水排水工程技术规程》CJJ 122的规定执行。

10.5.4 全流量半程式臭氧消毒

1. 工艺流程（一），详见图10.5.4-1。

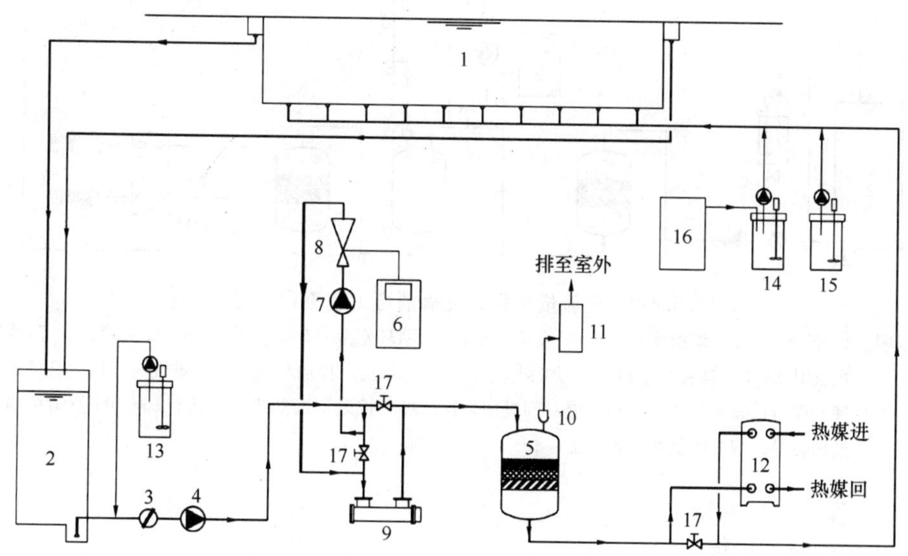

图10.5.4-1 全流量半程式臭氧消毒工艺流程示意（一）

说明：1—游泳池；2—均衡水池；3—毛发聚集器；4—循环水泵；5—臭氧反应及多层过滤器；6—臭氧发生器 7—加压水泵；8—臭氧负压投加装置；9—羟基发生器；10—排气阀；11—臭氧尾气处理器；12—加热器；13—混凝剂投加装置；14—长效消毒剂投加装置；15—pH调整剂投加装置；16—次氯酸钠发生器；17—流量控制阀

1）工艺流程（一）的特点

（1）不设置独立的反应罐和活性炭吸附工序单元；

（2）将反应罐，过滤器和吸附过滤器等三个工序单元合并在一个容器内，成为反应及去除臭氧过滤器，该设备可根据流量、流速设置多个；

（3）在臭氧投加之后增加了低压紫外线装置构成羟基发生器，利用紫外线激发臭氧产生羟基强氧化剂分解有机物；

（4）北京恒动环境技术有限公司在国家游泳中心（水立方）热身池的升级改造中采用了这种形式臭氧全流量半程式的消毒工艺，但臭氧反应与过滤器为单层石英砂过滤器，使用中取得了良好的效果。

2）应关注的问题：

（1）容器内应为多层颗粒过滤、吸附介质，且滤速应控制在10～25m/h内；

（2）臭氧投加量宜为1.0mg/L，且应投加在混合过滤吸附器之前；

（3）混合过滤吸附器多层过滤层之上的空间应保证 CT 值不小于1.6。

2. 工艺流程（二），详见图10.5.4-2。

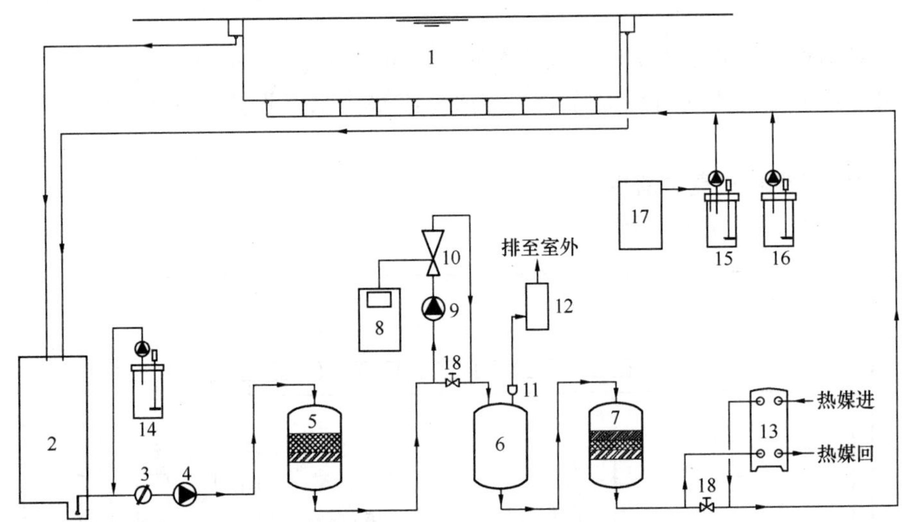

图10.5.4-2　全流量半程式臭氧消毒工艺流程示意（二）

说明：1—游泳池；2—均衡水池；3—毛发聚集器；4—循环水泵；5—过滤器；6—反应罐；7—活性炭吸附器；8—臭氧发生器；9—加压水泵；10—臭氧负压投加装置；11—排气阀；12—臭氧尾气处理器；13—加热器；14—混凝剂投加装置；15—长效消毒剂投加装置；16—pH值调整剂投加装置；17—次氯酸钠发生器；18—流量控制阀

工艺流程（二）的特点

1）流程完整、成熟；

2）臭氧投加量宜为0.8mg/L；

3）过滤器及吸附过滤器采用单层滤料层及活性炭层；

3. 全流量半程式臭氧消毒方式的适用条件

竞赛类、训练类、公共类游泳池，游乐池，宜采用图10.5.4-2所示臭氧消毒工艺流程。它对保证池水水质健康、卫生有保证。非竞赛期间竞赛池一般均对社会公众开放，与公共游泳池相同，游泳、戏水人员年龄层次、身体条件均不尽相同。游泳、戏水负荷变化较大，防止池内交叉感染不容忽视。为了防止未溶解的臭氧进入水池，增加了去除多余臭氧的活性炭吸附过滤器，从而切断了未溶解臭氧进入池内的可能性。该臭氧消毒工艺流程在国内应用比较广泛，效果良好。

10.5.5　臭氧消耗量的确定

1. 影响投加量的因素

1）池水温度和池水的 pH 值：据资料介绍，臭氧的分解速度在任何时候都与池水温度成正比，因此，水温越高消耗量越大；

2）臭氧浓度投加方式和游泳负荷：臭氧浓度高投加量可减小，游泳负荷高，则消耗量大；

3）臭氧与水接触的时间：接触时间越长，消毒效果越好。

2. 臭氧投加量

1）《游泳池给水排水工程技术规程》CJJ 122—2017 规定公共游泳池应按池水循环水量计算：

（1）全流量半程式臭氧消毒系统，臭氧投加量为 0.8～1.2mg/L。臭氧投加过滤设备之后的循环水管内时，选用下限值；臭氧投加过滤设备之前的循环水管内时，选用上限值。

（2）分流量全程式臭氧消毒系统，臭氧投加量为 0.4～0.6mg/L。专用类游泳池宜选用下限值，公共类游泳池，选用上限值，而且分流量水量不应小于池水循环流量的 25%；

2）臭氧投加量各国均有不用的规定：

（1）英国《游泳池水处理和质量标准》（1999 年版）规定：

臭氧与水的接触时间至少有 2min 时，最低臭氧投加浓度为 0.8～1.0mg/L；

池水温度高于 32℃时，投加臭氧量为 1.2～1.5mg/L；

（2）德国规范 DIN19643-2、DIN19643-3（1984 年版）规定：

池水温度低于 28℃时为 0.8mg/L；

池水温度为 28～32℃时为 1.0mg/L；

池水温度为 32～35℃时为 1.2mg/L；

池水温度高于 35℃时，则不小于 1.5mg/L。

3. 臭氧消耗量宜按下式计算

$$P_{O_3} = q_c \cdot O_3 (g/h) \tag{10.5.5}$$

式中：P_{O_3}——单座游泳池、游乐池及水疗池的需要量（g/L）；

q_c——单座池的循环水量（m^3/h），按本手册公式（7.8.10-1）取值；

O_3——臭氧投加量（g/L），按本手册第 10.5.5 条第 2 款规定取值，并进行换算。

10.6 臭氧投加系统

10.6.1 臭氧消毒剂投加系统的组成及要求

1. 臭氧消毒剂投加系统如图 10.6.1 所示：

2. 投加方式

臭氧应采用负压方式进行投加，以防泄露。为确保安全，在行业标准《游泳池给水排水工程技术规程》CJJ 122—2017 中被列为强制性条文。加压水泵与文丘里喷嘴应匹配，确保将臭氧全部送入水中，为此，具体规格应由生产厂商根据水量、臭氧投加量计算确定。

3. 投加位置

用臭氧消毒游泳池及游乐池的水净化处理系统中，共有如下两种投加位置供设计和使

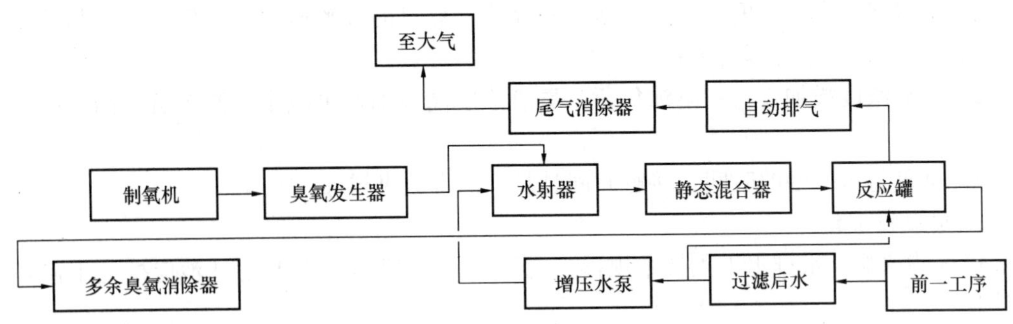

图 10.6.1　臭氧消毒剂投加系统的组成示意

用者选择。

1）投加在池水净化处理系统中池水过滤工序单元之后，具体位置如本手册图 10.5.4-2 所示。

这个位置由于是处于池水过程净化系统过滤设备工艺工序单元之后，水中的杂质已被去除掉，水的洁净度好，可以减少臭氧的投加量、提高消毒杀菌效果，是目前工程中较为广泛应用的投加位置。

2）投加在池水净化处理系统中池水过滤设备工序单元之前。如本手册图 10.5.4-1 所示。

它的优点是利用臭氧就有絮凝作用的特征，提高对水中杂质的絮凝聚集，提高池水过滤设备工序的过滤效果。

10.6.2　臭氧投加装置

在本手册第 10.4.2 条我们已叙述过，臭氧只能充分的溶解到被消毒的水中才能氧化水中的杂质和杀灭水中的致病微生物，为达到此目的，选择臭氧投加方式和投加装置就极为重要。

1. 增压水泵和臭氧注射器

这两者为配套设备，目的是利用增压水泵所增加的压力，使水流通过臭氧注射器，即文丘里水射器形成负压将臭氧气体带入到管道内与被消毒的池水形成紊流，使臭氧达到较高混合溶解率。水射器进水口应安装压力表，可用来检查水射器的工作状况。水射器与臭氧发生器的接管上应装设止回阀，防止水倒流入臭氧发生器。使用文丘里水射器能实现负压投加，可以防止臭氧泄漏，会给人们带来一定的安全感。两者的配套参数、设备及部件规格，由供货商按设计要求的臭氧投加量计算确定。

文丘里水射器应采用能耐臭氧氧化的材料制造，如 022Cr17Ni14Mo2（S31603）不锈钢、PVDF 或 CPVC 等材质。

2. 在线管道混合器

在线管道混合器安装文丘里水射器之后，反应罐之前，两者配套使用。由于臭氧的溶解度较低，为了使空气法产生的较低浓度的臭氧气体与被消毒水充分混合，使臭氧从气相溶解到水中。在该部件内形成紊流的水流，将臭氧与水不断地搅匀，使臭氧与水在流动中充分混合，并扩散到水中，以便使被消毒水能在反应罐内充分氧化水中的有机物和无机物，杀灭水中的细菌、病毒。为此，应满足下列要求：

1）臭氧在线混合器在构造上应增大管截面面积，以减小水在混合器内的流速，实现臭氧气泡与水的充分混合；

2）臭氧在线混合器应采用抗臭氧腐蚀的材料制造。

3. 臭氧反应罐

1）反应罐的作用

（1）反应罐是指臭氧与被消毒水经在线管道混合器混合后，并具有一定接触反应时间的密闭容器，其位置是在在线管道混合器之后。

（2）反应罐的作用是为被混合溶解了的臭氧在该设备内氧化池水中的有机物和无机物，杀灭水中的细菌、病毒，使池水达到无害化。为此，该设备就要保证有足够的空间保证臭氧与水有充分接触反应的时间，方能使被消毒的池水达到无害化。

2）反应罐容积的确定

（1）独立反应罐的容积按下式计算：

$$V=\frac{q_0}{60}\times t \tag{10.6.2-1}$$

$$t\geqslant\frac{1.6}{C_{O_3}} \tag{10.6.2-2}$$

式中：V——反应罐的有效容积（m^3）；

q_0——进入反应罐的池水循环流量（m^3/h），按下列规定取值：

全流量臭氧消毒系统：q_0为池水的循环流量；

分流量臭氧消毒系统：q_0最少取池水循环流量的25%；

t——臭氧与被消毒水接触反应所需最少时间（min）；

C_{O_3}——臭氧浓度（mg/L），按下列规定取值：

全流量半程式臭氧消毒系统：$C_{O_3}=0.8\sim1.0$mg/L；

全流量和分流量全程式臭氧消毒系统：$C_{O_3}=0.4\sim0.6$mg/L。

（2）联合式反应过滤罐

① 联合式反应过滤罐指臭氧反应、池水过滤和去除臭氧等三个功能过程合为一体的压力容器设备。见本手册图10.5.4-1。

② 容器介质层上部的容积应满足计算需要的反应时间。

③ 容器内介质层的排列顺序应根据介质密度、粒径确定。

④ 臭氧具有一定混凝效果，多介质层最上层宜为过滤介质层。

⑤ 联合式反应过滤罐数根据池水循环流量和罐组构造可为一个或多个并联设置。

（3）臭氧在反应罐内的时间指臭氧与水完全混合以后所需要的时间，因此，不允许将在多余臭氧吸附器内的通过时间计算在反应时间内。

3）反应罐计算公式说明

（1）计算公式来源

公式是美国环保局（EPA）和美国国家职业安全和卫生管理局（OSHA）根据实验提供的用它来反映臭氧消毒的有效性。但在游泳池池水消毒领域已被广泛接受。

（2）使用说明

分流量臭氧投加量应按全部池水循环流及计算确定。

（3）分流量臭氧消毒特点是将臭氧投加在25%的池水循环流中，这部分水与高浓度臭氧在不少于2min的接触反应时间条件下，其杀菌消毒比较充分有效。随后再与未被臭氧消毒的那75%的循环水量混合在管道中进一步进行氧化，并和4倍的水量稀释，能满足美国国家职业安全和卫生管理局（OSHA）关于泳池水表面区域内溢出的臭氧气体浓度不高于0.10mg/L的要求。

4. 反应罐的构造

1）基本要求

（1）反应罐的容积按本手册公式（10.6.2-1）和公式（10.6.2-2）计算确定。臭氧与水接触的时间越长越好，这样能保证臭氧与水中污染物质尽量发生反应。

（2）构造：①水流不出现短流；②水流在管内应能均匀扩散，保证臭氧的迁移率大于90%；③设有未被溶解的剩余臭氧气体能够通过尾气处理装置排除掉。

2）装置要求

反应罐应设进水管、出水管、排气管、尾气排气阀和检修人孔。

3）工作压力要求

反应罐应能承受循环水净化系统工作压力的1.5倍水压力，并且不宜小于0.4MPa。

4）材质要求

反应罐应采用022Cr17Ni14Mo2（S31603）不锈钢或其他能抗臭氧腐蚀的材料制造。

5）尾气消除

反应罐内加入的臭氧气体中90%以上是氧气或空气，且臭氧无法100%地溶解和利用，为此，在反应罐的顶部应安装臭氧专用自动排气阀，使未溶解的残余臭氧尾气从水中分离并释放出来予以排除，否则会导致气体在游泳池中释放。在前面已经叙述了臭氧是有毒气体，而且相对密度大于空气，为防止残余臭氧气体集聚在室内带来安全隐患，应采用下列三种方法之一，将其反应罐中分离出的臭氧尾气予以分解消除。

（1）加热分解消除，即尾气通过350℃以上高温5min；

（2）尾气通入活性炭催化装置予以消除；

（3）尾气通入二氧化锰催化剂中消除，这种方法很有效，但催化剂应保持干燥，否则会失效。

10.6.3　残余臭氧的允许浓度

1. 水中残余臭氧限值

1）《游泳水质标准》CJ/T 244—2016规定：

（1）单一臭氧消毒时，池内水中不允许超过0.05mg/L；

（2）采用过氧化氢消毒时，池内水中不允许超过0.02mg/L。

2）空气中残余臭氧限值

（1）《游泳池水质标准》CJ/T 244—2016规定游泳池池水面上空0.2m高度处的臭氧浓度限值为0.2mg/m³；

（2）世界卫生组织（WHO）《游泳池、按摩池和类似水环境安全指导准则》（2006年版）中规定：在使用臭氧的场所，臭氧的空气质量浓度指导值建议为0.12mg/m³。

10.6.4　臭氧的脱除

经过臭氧消毒的池水返回游泳池等池类之前设置脱除臭氧的装置，以防止过量的剩余臭氧进入池内，脱臭氧的方法大致有如下三种：

1. 控制臭氧投加量，确保臭氧与被消毒水的接触反应时超过本手册第 10.6.2-1 式及 10.6.2-2 式条所计算的时间，确保反应罐之后水中的臭氧浓度达到规定要求，可采用臭氧浓度监测仪来控制臭氧投加量。

2. 设置活性炭吸附过滤器，在进入游泳池之前的水中臭氧进行吸附脱除，这是比较传统的做法。

本手册第 10.6.3 条明确了《游泳池水质标准》CJ/T 244—2016 关于池水中的池水面上空关于水和空气中臭氧残余浓度的限值。《游泳池给水排水工程技术规程》CJJ 122—2017 中规定，凡采用全流量臭氧消毒系统中，在臭氧反应罐之后应增设多余臭氧吸附器这一工序设备，将池水中多余的臭氧吸附掉，以防止过量的臭氧进入游泳池、文艺演出池，并将这种系统称之为“全流量半程式臭氧消毒系统”。

1）吸附介质活性炭

活性炭含碳物质经过炭化、活化处理制取的具有发达空隙结构的巨大表面积的碳吸附剂。活性炭对水中的非极性和弱极性物质具有强烈的吸附作用，同样对一些化学药品物质具有吸附作用。如：①有机化合物苯、酚、胺、酮等化合物，表面活性剂、有机染料、石油产品等；②重金属离子铜、铁、锌、锰等；③有毒物质氟化物、氰化物、汞、镉、铬、铅等化合物；④游离性余氯和氯酸等。

2）活性炭的特点

（1）活性炭是将煤、果壳（杏壳、核桃壳、椰壳等）经碳化、高温活化、过热蒸气化处理而制成的具有高度发达、表面积可达 1000m²/g 以上的微孔结构物质，具有吸附力强、机械强度高、床层阻力小、化学稳定性能好、易再生和经久耐用的特点。比表面积的大小是影响吸附性能的重要因素，比表面积大，则它的吸附性能越好。

（2）形状可分为：颗粒活性炭和粉末活性炭两种状态。这两种形状的吸附性能无本质差别。

3）活性炭在水净化处理中的应用

活性炭在水净化处理中主要用于除臭、除味、脱色和吸附有毒物质。在游泳池水净化处理中不作为截流池水中悬浮杂质的二次过滤之用。主要作用为：

（1）如游泳池水采用臭氧辅以氯消毒时，使用活性炭清除水中多余的臭氧。

（2）去除池水中的消毒副产物。由于游泳池的长效消毒剂，基本上都采用氯制剂。这些消毒剂的副产物会生成致突变物三卤甲烷（THMs），三卤甲烷（THMs）对人体健康具有潜在危害。因此，在加氯之前用活性炭将其去除，以防止或减少三卤甲烷（THMs）的生成。

4）池水处理用活性炭的质量要求

（1）应采用为 0.8～1.6mm（即 20～40 目）的颗粒净水用活性炭。

（2）吸附容量大、吸附速度快、颗粒均匀、机械强度大、化学稳定性能好；

5）活性炭的质量应符合下列现行标准要求：

（1）《煤质颗粒活性炭净水用煤质颗粒活性炭》GB/T 7701.2；

（2）《木质净水用活性炭》GB/T 13803.2；

（3）《生活饮用水净水厂煤质活性炭》CJ/T 345；

（4）协会标准《颗粒活性炭吸附池水处理设计规程》CECS：124—2001 对颗粒活性炭的要求，详见表 10.6.4。

水处理用颗粒活性炭规格、特性　　　　**表 10.6.4**

<table>
<tr><td colspan="2"></td><td colspan="2">吸附、物理、化学特性</td></tr>
<tr><td>柱径（mm）</td><td>1.5</td><td>1. 碘值（mg/g）</td><td>≥900</td></tr>
<tr><td rowspan="11">柱长度分布（%）</td><td rowspan="11">柱长度（mm）

>2.5
2.5～1.25
1.25～1.0
<1.0</td><td>2. 亚甲蓝值（mg/g）</td><td>≥150</td></tr>
<tr><td>3. 酚吸附值（mg/g）</td><td>≥120</td></tr>
<tr><td>4. pH 值</td><td>8～10</td></tr>
<tr><td>5. 强度（%）</td><td>≥90</td></tr>
<tr><td>6. 总孔容积（cm^3/g）</td><td>≥0.65</td></tr>
<tr><td>7. 比表面积（m^2/g）</td><td>≥900</td></tr>
<tr><td>8. 颗粒密度（g/cm^3）</td><td>0.77</td></tr>
<tr><td>9. 真密度（g/cm^3）</td><td>2.2～1.9</td></tr>
<tr><td>10. 堆积密度（g/cm^3）</td><td>0.45～0.53</td></tr>
<tr><td>11. 水分（%）</td><td>≤5</td></tr>
<tr><td>12. 灰分（%）</td><td>8～12</td></tr>
</table>

3. 不设置多余臭氧脱除装置的条件

1）采用分流量（亦称旁流量）臭氧消毒方式，减少臭氧投加量提高臭氧利用率，其优点及实施方法本手册第 10.5.3 条中已作了阐述；这在国内已有成熟的工程实践予以证明，只需要管理、监测监控系统配置得当，是完全可以实现的；

2）采用精细的氧化还原电位（ORP）水质监控仪对臭氧的投加量进行严格控制以保证池水中的臭氧浓度不超过限制规定；

3）臭氧的半衰期较短，它在水中比较稳定，在空气中的半衰期为 30～40min，所以保证系统无故障及发生故障发出报警是很重要的。

10.6.5　活性炭吸附过滤器

1. 游泳池采用颗粒活性炭，以固定床方式吸附池水中的多余臭氧，称谓活性炭吸附过滤器。

2. 设计参数

1）粒径宜为 0.8～1.6mm（24～20 目）；

2）堆集密度为 450g/L，碘值不应小于 900mg/L；

3）炭层厚度：①比表面积大于等于 $1000m^2/g$ 时，不小于 500mm；②比表面积小于 $1000m^2/g$ 时，不应小于 700mm；③碳层支持卵石层不小于 200mm。

3. 英国《游泳池水处理规程》（1999 年版）规定过滤速度宜为 33～37m/h，流速过低容易在活性炭吸附层中滋生和繁殖细菌，这是与饮用水采用活性炭过滤的主要区别。《游泳池给水排水工程技术规程》CJJ 122—2017 从节约能源和保护水质考虑，规定过滤速度宜为 33～35m/h，多年的工程实践证明是可行的。

4. 吸附过滤器的形式

1）在游泳池池水净化处理系统中，一般均采用压力式活性炭吸附过滤器。

2）吸附过滤器的形式，根据系统流量、设备机房空间，可采用卧式或立式。

3）吸附过滤器的构造与压力式颗粒过滤器一致，可参见本手册第 9.6.1 条所述。

5. 吸附过滤器的设置位置

1）全流量半程式臭氧消毒方式才应设置此设备。

2）位置：在采用臭氧消毒的游泳池池水净化处理工艺流程中，脱除水中多余臭氧的装置一活性炭吸附过滤器，一般设置在池水过滤及臭氧一水反应装置（称反应罐）两个工艺工序之后，处理后的水进入池水加热装置（有加热要求时）之前或进入游泳池之前。

6. 吸附过滤器的反冲洗

活性炭过滤器在游泳池的水处理系统的作用虽然以脱除残余臭氧为主要目的。但由于臭氧对水中有机物的微絮凝作用，实际应用过程中仍具有池水的二次过滤功能。所以，他的反冲洗参数由活性炭生产厂商提供。如有困难时可按以下要求确定反冲洗周期：

1）活性炭过滤器的终期水头损失与初期水头损失的差超过 0.05MPa 时，应对其进行反冲洗；

2）反冲洗强度宜为 15～18L/(m^2 · s)；

3）反冲洗持续历时为 5～8min；

4）反冲洗活性炭层的膨胀率宜按 25％～35％设计；

5）反冲洗水水源宜采用池水过滤器的滤后水，以确保反冲洗的干净；如池水过滤设备采用硅藻土过滤器，设计应对循环水泵的工作台数和工况进行校核；

6）反洗时必须关闭臭氧发生器，以防止臭氧进入游泳池内。

7. 吸附过滤器的构造和材质

1）构造

(1) 应按现行行业标准《游泳池用压力过滤器》CJ/T 405、《活性炭吸附罐技术条件》JB/T 10193 的规定；

(2) 配水系统宜采用中阻力配水系统。

2）材质：

(1) 内部布水、配水组件等可用耐臭氧氧化耐压非金属材质；

(2) 外壳可采用不锈钢或其他耐臭氧氧化材质的密闭式压力容器；

(3) 外壳及内部组件耐压等级不应低于池水净化处理系统 1.5 倍的工作压力。

8. 吸附过滤器的工作周期

1）定义：吸附过滤器工作周期指吸附介质活性炭吸附能力达到饱和，不再具有吸附能力，需要更换吸附介质或对吸附介质进行再生的时间；

2）检测方法：在吸附过滤器的进水管和吸水管上均安装臭氧浓度检测探头或 ORP 检测仪，从该仪器的读数的变化来确定活性炭是否还具有吸附能力，据有关资料介绍，活性炭吸附能力约达 5 年；

3）对失去吸附能力的活性炭，采取全部更换。

10.6.6 臭氧投加设备、部件及管道材质

1. 臭氧投加系统的增压水泵是为了给水射器提供高速水流而设置。

2. 在线管道混合器、臭氧—水反应罐，应采用牌号不低于 S31603 (022Cr17Ni14Mo2) 的不锈钢材质。反应罐也可采取抗臭氧氧化的材质，耐压不应低于 0.6MPa。

3. 臭氧吸附器应采用牌号不低于 S30408（06Cr19Ni10）的不锈钢材质或耐臭氧的其他材质，耐压不应低于 0.6MPa。

4. 输送臭氧气体管道，应采用牌号不低于 S31603（022Cr17Ni14Mo2）的不锈钢管或聚四氟乙烯、CPVC 等材质。如果制取臭氧的气源干燥度达不到露点−60℃以下时，会因潮湿空气形成腐蚀酸从内部腐蚀管道。所以，该管道应具有既抗正压，又能抗负压的条件不变形的性能，公称压力不应低于 1.0MPa。

5. 臭氧与水混合后的输送管道阀门、管件等宜采用牌号不低于 S31603(022Cr17Ni14Mo2) 的不锈钢管材，也可采用工作压力不低于 1.0MPa 的 PVC-C、PVC-U 等抗臭氧腐蚀的塑料管道。

6. 管道、阀门、附件及管件等采用机械连接时，所用的垫圈、密封垫等不得采用普通橡胶材质。在有条件的情况下，应尽量避免采用丝扣连接。如采用焊接连接时，应采用氩弧焊。

10.6.7　臭氧投加系统管道设计

1. 尽量缩短管道长度、减少臭氧、含臭氧水的泄漏率；

2. 管道支吊架间距应符合所用管道要求，其材质应与管道材质兼容，且不损伤管道。抗震设防地区应采用抗震支吊架。

3. 非抗震设防地区的管道应采取管道运行中防止振动或颤动的有效措施，防止管道连接处的松动出现泄漏隐患。

4. 管道表面应有输送介质的标志。

1）臭氧管道宜涂黄色色标，以 O_3 代码表示输送臭氧，以黄色箭头表示出臭氧气体流动方向；

2）设备、容器等应在本体上书写名称进行分辨，如“臭氧投加装置”、“反应罐”、“活性炭吸附过滤器”等。

10.7　紫外线消毒

紫外线消毒杀菌的机理目前还没有统一的认识，比较普遍的看法是：细菌、病毒受到紫外线照射后，紫外光谱能力被细菌细胞核吸收，使其核酸结构遭到破坏，从而使各种细菌、病毒等丧失复制和繁殖能力，导致细菌、病毒死亡而达到灭菌效果。根据对紫外线消毒机理的研究和紫外线在水处理领域的广泛应用，证明紫外线在游泳池、按摩浴池的池水消毒中，紫外线消毒技术在节能、降耗、环保等方面具有独特的优势和发展空间，可以说紫外线消毒技术已是一种成熟的水消毒技术。

10.7.1　紫外线（UV）的特性

1. 紫外线是太阳光中一种人们肉眼看不见的光线，是介于 X 射线和可见光之间的光波，其光谱范围在 100～400nm 之间，见图 10.7.1。

X 射线	UVD（真空 UV）	UVC	UVB	UVA	可见光	红外线

0　100　200　280　315　400　800（光波）

图 10.7.1　光谱图

2. 紫外线可以分为四个波段：

1）UVA 波紫外线，称长波紫外线：波长为 315～400nm；

2）UVB 波紫外线，称中波紫外线：波长为 280～315nm；

3）UVC 波紫外线，称短波紫外线：波长为 200～280nm；

4）VUV 波紫外线，称真空紫外线，波长为 100～200nm。紫外线消毒和氯胺分解主要使用的是 C 波段和 B 波段。

3. 紫外线消毒

病原微生物吸收波长在 200～280nm 间的紫外线能量后，其遗传物质（核酸）发生突变导致细胞不再分裂繁殖，达到灭活病原微生物目的杀菌消毒的方式。

1）低压紫外线消毒

低压紫外线灯是单色光，压力是指灯内所充惰性气体压强低于大气压约 0.013MPa，成负压状态，单支灯管功率为 50～270W，灯管所发射出的紫外线为杀菌的波长范围为 253.7nm 单色光谱。按照紫外线灯管的输出强度，低压紫外线技术可以分为传统低压和低压高强（汞气灯）两种类型。低压高强灯技术，是基于传统低压紫外线技术研发而成，灯管依然仅发射单色紫外线光谱，单支灯管功率更大，在 270～800W 之间，紫外线强度更强。基于低压高强紫外线灯的特点，适宜用于大型市政污水处理的消毒工艺段。

2）中压紫外线消毒

中压紫外线灯是多色光，中压指灯管内部所充惰性气体压强等同于大气压，是低压灯的 100 倍，可以发射出波长范围更广的多波长紫外线，它能发射高强度的波长范围在 170～370nm 之间的紫外线。单支灯管的功率远远大于传统低压紫外线技术，单支灯管的功率范围根据灯管在 400W～10kW，依生产厂家规格型号而定。基于中压紫外线技术能发射出更广范围的紫外线光谱，单支灯管的紫外线强度更强，游泳池中一般都采用多波长范围的中压紫外灯系统，对泳池水进行消毒和氯胺的分解。全球范围内，中压紫外线技术还被广泛认可和应用于大型市政饮用水处理和瓶装水、饮料等工业行业。

4. 杀菌优缺点

1）优点

（1）杀菌效率高：据资料介绍，它对水中大肠菌和细菌总数的平均去除率，分别能达到 98%和 96%左右。

（2）杀菌速度快：它在一定辐射强度下，对一般病原微生物只需要十几秒钟即可被杀死；

（3）杀菌光谱：能杀灭抗氯性的微生物，如一般嗜肺军团菌、大肠杆菌、隐孢子虫、芽孢、病毒等；

（4）不改变被消毒水的物理及化学性质，能有效地破坏氯胺。

（5）能实现自动化，操作简便、安全、占地面积小。

2）缺点

（1）对被消毒水的浑浊度、色度、含盐量、有机物含量等有一定要求；

（2）对被消毒水的水层厚度和照射时间有一定要求；

（3）与用化学药品氯消毒比较，单位耗电量较大；

（4）没有持续消毒功能、不能防止水的再污染。如遇可见光可出现微生物光复合，再繁殖；

（5）没有氧化性，无法氧化水中有机物；

（6）紫外灯管的寿命较短。

10.7.2 紫外线消毒设备的分类

紫外线消毒设备为通过紫外灯管照射水体的设备。其分类如下。

1. 按惰性气体在紫外灯管内的压力分：

1）低压紫外线消毒器：水银蒸汽灯在 0.13～1.33Pa 的内压下工作，输入电功率约为每厘米弧长 0.5W，杀菌紫外能输出功率为每厘米弧长 0.2W，杀菌紫外能在 253.7nm 波长单频谱输出。单根紫外灯输出的紫外能为 30～40W，运行温度在 40℃左右。它适用于低流量水消毒系统。

2）低压高强紫外线消毒器：水银紫外灯在 0.13～1.33Pa 的内压下工作，输入电功率约为每厘米弧长 1.5W，杀菌紫外能输出功率约为每厘米弧长 0.6W，杀菌紫外能在 253.7nm 波长单频谱输出，单根紫外灯的输出紫外能为 100W 左右，运行温度在 100℃左右。它可以根据水流量和水质变化进行调节，可以在中等水流量的场合进行水消毒。

3）中压紫外线消毒器：水银紫外灯在 0.013～0.33MPa 的内压下工作，输入电功率约为每厘米弧长 50～150W，杀菌紫外能输出功率约为 7.5～23W，杀菌紫外能在 200～280nm 杀菌波段多频谱输出。单根紫外灯的输出紫外能在 420W 以上，运行温度在 700℃左右。它对水体的穿透力和消毒强，可以在大水流量和水中有一定悬浮物的水中进行消毒。

2. 按水流状态分：

1）敞开式紫外线消毒系统：被消毒的水在重力作用下流经紫外线消毒器杀灭水中的细菌、病原微生物，也称水中照射法。

2）封闭式紫外线消毒系统：将带有石英套管的紫外灯安装在密闭的内表面抛光的金属容器内，以增强紫外线的反射能力和照射强度。为了防止水流出现死水区和腔壁附着微生物，有的消毒器在内腔加设螺旋形叶片来改变水流状况，提高消毒效果。

10.7.3 紫外线灯参数

1. 紫外灯的物理参数详见表 10.7.3-1。

主要紫外灯的物理参数 **表 10.7.3-1**

序号	主要参数名称	低压汞灯	低压高强汞灯	中压汞灯
1	紫外线反射波长（nm）	253.7	253.7	200～300
2	汞蒸气压力（Pa）	0.93	0.18～1.60	40000～400000
3	工作温度（℃）	40	60～100	600～900
4	输入功率密度（W/cm^2）	0.5	1.5～10	50～250
5	杀菌功率密度（W/cm^2）	0.2	0.5～3.5	5～30
6	光转化效率（%）	30～40	30～40	10～15
7	电弧长度（cm）	10～150	10～150	5～120
8	使用寿命（h）	8000～12000	8000～12000	4000～8000

2. 紫外线照射剂量

1）紫外线有效照射剂就是杀灭微生物失活的最低照射剂量，一般用下式计算：

$$D = I \cdot S \cdot T \tag{10.7.3}$$

式中：D——紫外线剂量［mJ/(cm^2·s)］；

I——紫外线照射强度（mW/cm^2）；与灯管种类、灯管老化系数有关；

S——紫外线照射时间（s），与反射器设计、水流量、水流速有关；

T——穿透率（%），与水质、微生物、有机物及无机物含量有关。

2）穿透率

(1) 紫外线穿透率的测试方法是由指定波长 253.7nm 的紫外光波，穿过 10mm 或 40mm 厚度的去离子水测得剩余紫外线与输出总紫外线之比。紫外线穿透率被认为是评估紫外线消毒效果的一个标准。

(2) 此后，再用指定波长 254nm 的紫外线光源穿过 10mm 或 40mm 厚度待处理的水，所得到的剩余紫外线强度与去离子水总紫外线强度之比，称为不同水质的紫外线穿透率，用百分比表示。

(3) 穿透率与浑浊度不完全相同，因为浑浊度只是对水中悬浮物的表征，而不能代表水中溶解物质。

(4) 资料介绍：市政自来水或地下水，经过过滤器过滤，穿透率一般大于 90%，英国《游泳池水处理和质量标准》(1999 年版) 建议用于游泳池池水消毒的紫外线消毒器内的水层厚度不应超过 10cm，可以取得满意的消毒杀菌效果。

3）紫外线剂量

指单位面积上接收到紫外线的能量，常用单位为毫焦每平方厘米（mJ/cm^2）或焦每平方米（J/m^2）。照射剂量与紫外灯管在消毒器内的排列、消毒器材质、构造有关。

4）紫外线照强度

指单位时间与紫外线传播方向垂直的单位面积上接收到的紫外能。在本手册中被用来表述紫外线消毒设备的紫外线能，常用单位为毫瓦每平方厘米（mW/cm^2）。

5）温度影响

(1) 紫外灯管周围环境温度很低时，灯管的能量不能充分发挥，影响杀菌效果。

(2) 紫外灯管周围环境温度较高时，有利于杀菌。

10.7.4 紫外线消毒在游泳池、游乐池、文艺演出池及水疗池中的应用

紫外线消毒是一种物理消毒技术，他是通过紫外线辐射光化学作用破坏细菌、病毒及微生物生存，他不需要向池水中投加其他化学药品。所以，他不改变水的物理化学性质、不产生其他化学药品消毒剂消毒时所产生的有害副产品和不良气味，对池水不产生二次污染；对池内设施、水净化处理设备、管道等不产生腐蚀；对游泳者、戏水者及文艺表演者不会产生刺激，并具有分解氯胺的功能。因此，在池水的消毒中已被重视和应用。

1. 紫外线消毒不具持续消毒功能，在池水循环重复使用的过程，不能作为独立的消毒工序单元应用。为了防止游泳者、戏水者、文艺表演者的交叉感染。采用紫外线消毒时，还应辅以长效消毒剂的配合使用。

2. 紫外线消毒效果取决于被消毒水的穿透率，而穿透率则受水质悬浮物、浓度的多少和大气影响。据资料介绍，理想的水的浑浊度不应超过 3NTU，而《游泳池水质标准》CJ/T 244—2016 中规定池水的浊度不大于 1NTU。因此，为紫外线消毒器安装在池水过滤设备之后，完全可以达到杀灭细菌、病毒及微生物的目的。

3. 由于紫外线消毒不改变水的化学物理性质，是温泉水疗池池水消毒剂的最佳选择。

为了防止池内交叉感染，在工程设计中采用缩短池水循环周期、加强池水循环次数的方式予以解决。

4. 游泳池、游乐池、文艺演出池及温泉水疗池的水质成分复杂，以及具有长效消毒剂副产物等特点。采用紫外线消毒时，应采用具有广谱性消毒功能的中压紫外灯消毒器。资料介绍当池水循环周期不超过4h时，根据《城市给排水紫外线消毒设备》GB/T 19387关于用于“生活饮用水或饮用净水消毒”时紫外线有效剂量不应低于40mJ/cm^{2}的规定，针对游泳池等水池。紫外线照射剂量按如下原则确定：

1）室外池宜为40mJ/cm^2。这是由于室外池水与大气相通，长效消毒剂产生的气味很快被大气稀释或排放掉。被分解的氯胺量大为减少之故。

2）室内池宜为60mJ/cm^2。这是由于室内池水无法与大气相通，长效消毒剂产生的气味受室内空调系统开放时间影响，很难获得充分的交换。利用紫外线分解氯极为重要，所以要求紫外照射剂量较大。

5. 紫外线消毒应按照全循环水流量进行消毒杀菌选用紫外线消毒器。其数量是应根据循环水量大小和紫外线消毒器规格系列选一个或数个并联设置，且安装应保证灯管与水流方向相平行。

6. 紫外线消毒器的数量应根据紫外线消毒器的型号和池水的循环流量按紫外线消毒器内流速不超过3m/s确定。需要多个紫外线消毒器时应采用并联方式。

1）为了保证紫外线消毒器在检修时，不影响游泳池、游乐池、文艺演出池及温泉水疗池的正常使用，紫外线消毒器应设旁通管。

2）为了保证消毒水得到充分的紫外线照射的时间，被消毒水的水流方向宜与灯光长度方向平行，从本手册公式（10.7.3）可知，紫外线消毒剂量的大小除与紫外强度有关之外，还与时间也有关。

7. 中压紫外线消毒器使用注意事项：

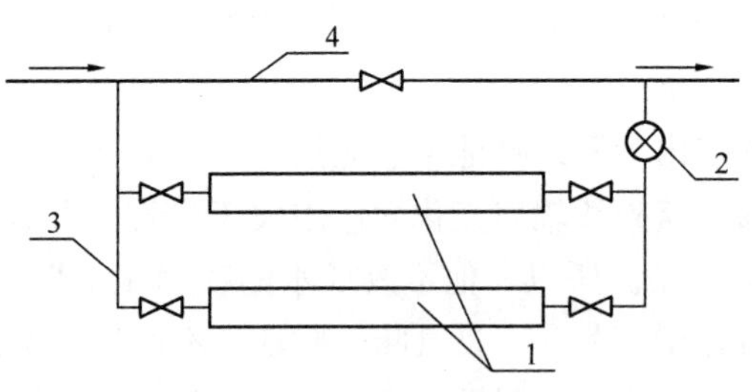

图 10.7.4 紫外线并联方式

说明：1—紫外线消毒器；2—过滤网；3—给水管；4—旁通管

1）使用寿命比低压紫外灯短，灯管更换率更高。

2）消毒器之后应安装过滤网，防止灯管爆裂后的碎渣进入游泳池给游泳者造成伤害。过滤网网眼尺寸尚无国家标准。英国标准要求网眼尺寸为250μm。在工程中采用时，应根据生产商产品特点确定，并根据其水头损失校核循环水泵的扬程。

3）被消毒水的水质：①浑浊度应小于3NTU；②色度应小于15度；③总铁含量应小于0.3mg/L。

4）多个紫外线消毒器时应并联运行，每台消毒器应装设控制阀门，以方便控制其流速。同时还应装设旁通管，以方便检修维护。如图10.7.4所示。

10.7.5 紫外线消毒器构造

1. 构造组成：紫外线消毒器由以下四部分组成：

1）紫外线灯管及石英玻璃套管；

2）反应器（含灯管照射腔，即过滤室）；

3）清洗系统；

4）电控装置（含整流器、传感器、计时器、指示灯、报警器等）。

2. 紫外灯管石英玻璃套管：

1）应为耐高温材质，透光率不应低于 80%；

2）老化及结垢系数不应大于 0.5。

3. 灯管照射舱：

1）应有极高的光洁度。确保紫外反射率不低于 85%；

2）紫外灯照射舱应采用牌号不低于 S31603 光洁亮丽的奥氏体不锈钢板制造；

3）确保不出现遮挡紫外线的死角区域。

4. 石英玻璃套管和消毒器腔体：

1）耐压不低于 0.6MPa；

2）水流照射时间不应小于 30s；

3）照射水层厚度不应超过 10cm。

5. 紫外线消毒器构件：

1）水上和水下部件的防护等级不应低于 IP65 和 IP68；

2）应设有排气管、放空管及取样管。

6. 完整的电控装置：

1）组元件：电源开关、指示灯、计时器、紫外线强度显示器、各种报警装置（如熄灯报警、点燃时间报警）。

2）工况监测：

（1）过程参数：如照射强度、流量、水温等；

（2）灯管参数：如电压、功率、强度等；

（3）灯管寿命状况及累计运行寿命；

（4）灯管和镇流器诊断；

（5）灯管更换提示；

（6）多灯时单支灯管故障报警；

（7）石英玻璃套管自动冲洗；

（8）灯管在线强度检测探头、检测强度低于设计水平时报警等均有显示。

3）控制柜宜与紫外线灯管照射舱分开安装，如图 10.7.5 所示，以防灯管照射舱漏水

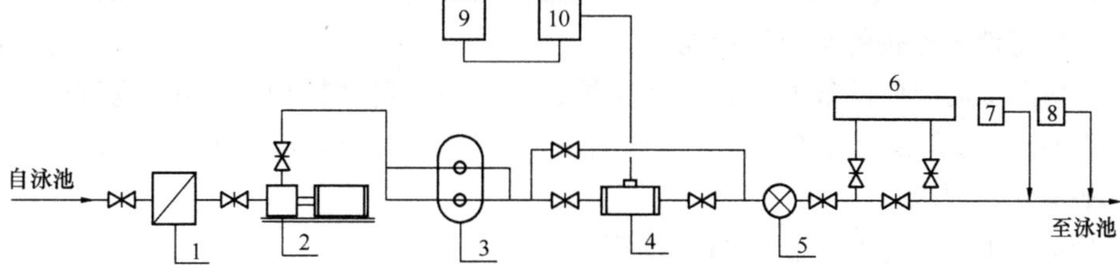

图 10.7.5 紫外线消毒器安装位置示意

说明：1—毛发聚集器；2—循环水泵；3—过滤设备；4—紫外线消毒器；5—过滤网；6—加热器；7—pH 调整剂；8—长效消毒剂；9—配电箱；10—紫外线消毒器控制箱

造成控制系统失灵。

10.8 羟基消毒

10.8.1 羟基消毒原理

羟基消毒是利用过氧化氢（H_2O_2）和臭氧（O_3）在专用的设备内进行充分混合和反应，产生具有极强氧化性的羟基（OH^-），对池水进行消毒，其消毒原理：

$$O_3 + H_2O_2 \rightarrow (OH^-) \rightarrow H_2O + 2O_2 \uparrow$$

（臭氧）（过氧化氢） 羟基）（水）（氧气）

从反应式可看出，消毒后的池水中没有臭氧残余，更没有氯的残余，只有羟基为中间消毒产物及水和氧气的所谓最终衍生物。所以就不会产生氯消毒剂带来的危害人体健康的副产物，如三卤甲烷（THMs）、氯胺、卤乙酸（HAAs）等。

10.8.2 羟基消毒工艺流程

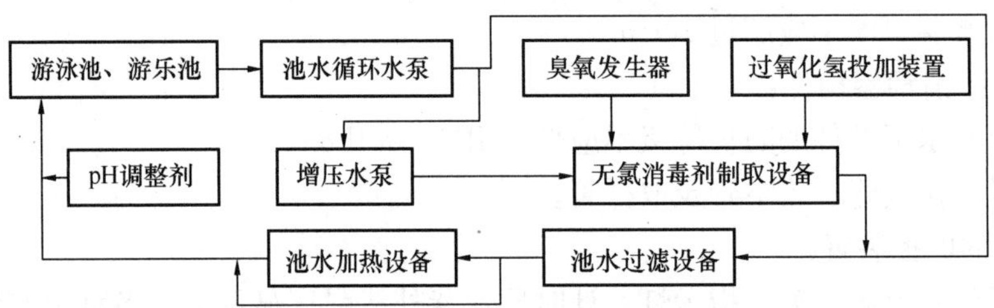

图 10.8.2 羟基消毒剂池水消毒工艺流程示意

10.8.3 羟基消毒剂的制取

1. 羟基消毒剂由臭氧与过氧化氢混合产生。

2. 两者的用量应按下列规定确定：

1）过氧化氢消耗量宜按每 $50m^3$ 池水每小时 20～30g，且应按过氧化氢浓度不低于35%计算确定，并使池水中过氧化氢剩余浓度维持在 60～150mg/L 范围内。

2）臭氧消耗量宜按每 $50m^3$ 池水每小时 1g 计算确定，并使池水中剩余臭氧浓度不超过 0.02mg/L。

3）应设置独立的臭氧发生器。

4）池水的氧化还原电位（ORP）应控制在 200～300mV。

5）过氧化氢的质量应符合国家标准《食品添加剂过氧化氢》GB 22216 的规定。

10.8.4 羟基消毒设备的组成及功能

1. 羟基消毒剂制取设备由过氧化氢与臭氧混合器、自动投加过氧化氢装置、检测装置、远控监控及报警系统等集成为一体化的设备。臭氧发生器为配套的成套设备。

2. 基本功能要求：

1）应有全自动化水质检测和自动投药；

2）应配置臭氧监测、报警和断路保护；

3）应配置缺水保护和防止臭氧泄漏装置；

4）应配置漏电、过流保护；

5）应配置远程监控。

10.8.5 配套臭氧发生器

1. 臭氧发生器应为负压制取臭氧发生器，且制取的臭氧浓度不应低于80mg/L。

2. 臭氧发生器应有超浓度报警及冷却水断流、停机、报警装置。

10.8.6 羟基消毒设备及配套设施、输送介质的管道、阀门、仪表、附件等，均应为高强度、耐腐蚀、不产生二次污染的材质。

10.8.7 工程应用情况

1. 澳大利亚运水高公司的羟基消毒工艺在国内北京、上海、广州、济南、深圳、郑州、洛阳、哈尔滨、长春及海南一些专用游泳池及酒店、会所、公寓等游泳池的使用中取得很好的效果，受到了游泳者、戏水者的好评欢迎。实践证明，使用羟基消毒剂，给有哮喘病和过敏性症状的泳客带来了福音。

2. 羟基消毒剂适用于各类室内室外游泳池、游乐池。

10.8.8 使用过氧化氢应关注的安全事项

1. 过氧化氢亦称双氧水，分子式为H_2O_2，是含过氧化氢浓度不低于8%的液体氧化剂。若含过氧化氢浓度超过40%，则具有腐蚀性，属危险化学药品中氧化剂类。

2. 游泳池、游乐池及休闲设施池的羟基消毒采用的是《食品添加剂过氧化氢》GB 22216—2008。

3. 过氧化氢蒸汽或雾被人吸收后对呼吸道有强烈刺激性；眼睛直接接触其液体可致不可逆损伤；口服则中毒出现腹痛，胸口痛，呼吸困难，呕吐等；长期接触本产品可致接触性皮炎；本产品具有助燃特性。

4. 过氧化氢操作人员经过专门培训，并应严格要求遵守操作规程，操作人员操作时应穿戴防护工作服、手套及护目镜等。

5. 过氧化氢储存间应远离火种、热源、可燃易爆及蒸汽泄露场所；不应与其他化学物品混放；储存容器应严密不出现泄露。储存间应有良好的全面通风，房间温度不应超过30℃，并应符合现行国家标准。

6. 过氧化氢工作间，储存间严禁吸烟，并应提供紧急淋浴、冲眼设备及良好的给水排水设施等。

10.9 氯化异氰尿酸盐

10.9.1 氰尿酸盐是稳定氯的化合物，是一种白色结晶有机化合物，在水中分解生成氰尿酸和氯。并能提供游离性氯的储备。因此它和氯一样有效，当它溶解在水中可以提供游离氯（即次氯酸），同时提供了稳定剂，使其具有抗紫外（UV）光的功能，适宜用于室外露天游泳池消毒。

1）氯化异氰尿酸盐有两种类型：

（1）二氯异氰尿酸钠：粉末状及颗粒状。主要成分有氯（约56%）、氰尿酸（水解后约46%）及钠（约4%）三种成分。溶解速度快，水中稳定性高，溶剂本身呈中性，故不影响池水pH值，但可导致过稳定。它易储存（即储存时不分解），价格较高。

（2）三氯异氰尿酸钠：颗粒及片状，主要成分有氯（89%）、氰尿酸（水解后约7%）

及钠（约4%）三种成分。溶解速度慢，但在水中稳定性高，储存时不会分解。利用时需要投加碳酸钠调整pH值，药品本身属强酸性（pH值约为3）弱稳定氯。

2）氰尿酸是氯的稳定剂，它能使药剂中的氯逐渐释放出来，即使在日光照射下，每次也只有很少一部分次氯酸流失。

3）池水中氰尿酸的含量过高，就会失去其对氯的缓释作用。因此，应对池水中氰尿酸的浓度进行控制。

4）氰尿酸浓度不断增加，池水氰尿酸浓度过高，则氰尿酸与游离氯之间失去平衡，则游离氯的消毒和氧化性能会不断地下降，会造成灭菌能力降低，甚至起不到消毒作用，这叫"氯的锁定"或"水质老化"。所以，应对池中的氰尿酸浓度进行控制。

10.9.2　使用注意事项

1）由于氰尿酸在强阳光下对游离性氯具有稳定作用，故适宜对室外露天游泳池和游泳负荷小的室内游泳池的池水消毒（澳大利亚规定不允许在室内游泳池消毒中使用）。

2）为了保证消毒效果，保持氰尿酸与游离氯的平衡。应检测游离性氯浓度与氰尿酸浓度处于以下的比例关系：

澳大利亚规范明确规定氰尿酸不应该用在室内游泳池中，因为室内无太阳照射导致氰尿酸浓度过高会降低氯的消毒效力，并会导致藻类、细菌在池内和池壁上滋生。国内使用实践证明，用于室外池，其浓度不应超过60mg/L，用于室内池不应超过30mg/L。否则就要增加补充水水量对池水进行稀释。

3）二氯异氰尿酸钠的pH值大多为中性，不需要添加碱提高pH值。三氯异氰尿酸钠为酸性，所以就要投加碱来提高池水的pH值，使其保持在7.2～7.8范围内，并以pH值等于7.2时消毒效果更有效。

4）使用氰尿酸消毒剂应每周测量一次氰尿酸的浓度。

5）二氯异氰尿酸和二氯异氰尿酸与其他氯或油如有接触会发生爆炸。因此，使用和储存时应严格予以关注。

10.10　氧化还原电位（*ORP*）在游泳池消毒的应用

氧化还原电位（*ORP*值）是表示池水中的氧化和还原的电动势（电位），是水中氧化或还原能力的一个测量指标，其单位为mV。它与消毒剂杀死细菌的能力有将近98%的相关性。它的主要特点是测定消毒剂氧化能力的强弱，而不是消毒剂的用量。游泳池等池水为防止细菌对游泳者、戏水者带来危害，人为地往池内投加一些化学药品对其细菌进行杀灭，这就造成池水中含有多种不同的化学离子和溶氧，它们与游泳、戏水者的汗、皮肤脱落物以及人体代谢物接触，就会引起池水的化学变化，即产生氧化和还原反应，从而可以反映出池水的卫生条件或杀菌的程度。

10.10.1　与*ORP*相关的化学药品消毒剂

在游泳池、水上游泳池、公共浴池等池水常用的消毒剂，如氯及氯制品（次氯酸钠、过氧化氢等是属于氧化剂），氯在化学上称氧化剂，在卫生学上称消毒剂。常用的硫代硫酸钠、亚硫酸氢钠等则是一种还原剂，前者加入到池水中会增加池水的*ORP*值；后者加入到池水中则会降低池水的*ORP*值。据资料介绍，不用氧化剂的*ORP*值见表10.10.1。

不同氧化剂的氧化还原电位 **表 10.10.1**

序号	氧化剂名称	氧化还原电位（V）	相对于氯的倍数	序号	氧化剂名称	氧化还原电位（V）	相对于氯的倍数
1	羟基自由基	2.8	2.06	4	高锰酸钾	1.68	1.25
2	臭氧	2.07	1.52	5	二氧化氯	1.57	1.15
3	过氧化氢	1.78	1.31	6	氯	1.36	1.0

10.10.2 *ORP* 在池水消毒中的应用

1. 池水中氯的氧化能力增强，则池水中的*ORP*值就会升高，这就代表了氯的杀菌强度在提高，杀死池水中大肠杆菌所需要的时间就会越短。为此证明再不能以氯的浓度来证明它的杀菌程度，而是以氯的强度作为氯的杀菌程度的指标。据资料介绍，1998年美国俄勒冈州波特兰市防疫部门调查报告让实泳池与按摩池的池水中维持2mg/L以上的氯，不足以保障池水安全，反而是*ORP*值大于650mV以上时，池水中细菌数的含量是在安全范围内。

2. 美国加利福尼亚州关于游离氯与pH值、*ORP*试验结果如图10.10.2所示。

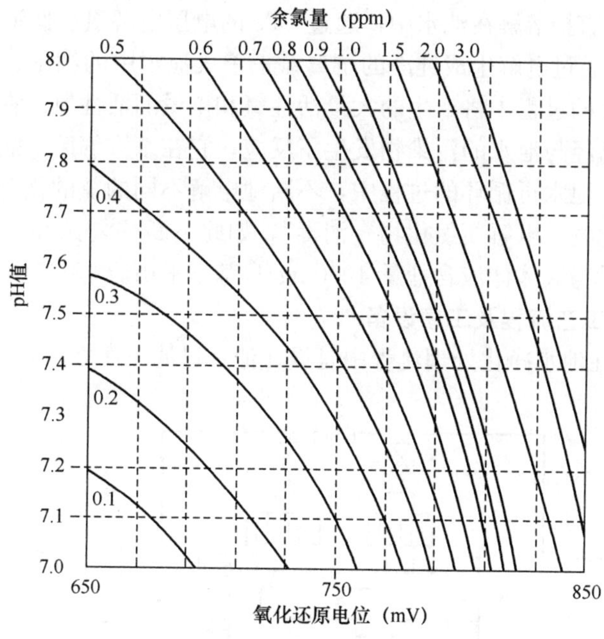

图 10.10.2 余氯与pH值、*ORP*关系示意

从图10.10.2中可以看到余氯为0.3mg/L、pH值约为7.59、氧化还原电位为650mV时是消毒效果的最低安全值，为了保证余氯不低于0.3mg/L，氧化还原电位应大于739mV，才能满足pH值不低于7.2的要求，这也是《游泳池水质标准》CJ/T 244—2016将池水中使用化学药品消毒剂时，将氧化还原电位修改为700mV的原因。

3. 国际有关国家对池水*ORP*的规定：

1）澳大利亚为700～750mV；

2）德国为750～770mV；

3）世界卫生组织（WHO）为750～770mV。

4. 世界卫生组织（WHO）在水质消毒章中认为“游泳池水中不管铝含量为0.3mg/L、pH值为7.6，或者是游离氯为0.4mg/L、pH值为7.8，只要*ORP*值在700mV以上时，此种水质就能有效地杀死大肠杆菌”的论述。

5. 对游泳池等池水来讲*ORP*值是一种有效的以电极方式监测任何消毒杀菌剂氧化性能力的方法，而且可以在线监测，是比较好的游泳池等池水日常检测参数。因此，在游泳池等池水中利用*ORP*自动控制池水消毒是最恰当的方法。在氯化学中影响*ORP*的外在因素是池水的pH值、化合氯、氰尿酸及TDS等；内在因素则是电极的清洗和校正。只要控制这几项主要影响因素，池水维护管理者就可以保证让池水消毒杀菌能力处于高效稳定的水平。

10.11　盐氯发生消毒器

盐氯消毒系统是一种新的游泳池、游乐池的池水消毒系统和方式。

10.11.1 消毒原理

盐氯消毒是将盐直接溶解在池水中，通过12V的电压电解氯后使池水含盐量在2500～4500mg/L的方法，通过电解生成纯净的游离氯来杀灭池水中的细菌、藻类和污染物。含低盐分的池水在电解的过程中将产生的大量活性氧和微量的活性氯。在还没有结合成氧气和氯气分子之前就已经与池水的污染物发生了反应，它在杀灭细菌、病毒的氧化过程中生成了新的氯化合物，池水再循环的过程中，不断地电解不同的氯的化合物“池水中电解氯化钠—消毒—新氯化物—电解新氯化物—消毒”，如此不断往复循环，这就是盐氯消毒的原理。池水的含盐量与人体体液含盐量4000mg/L基本平衡。

10.11.2　盐氯消毒工艺流程及工序设备

1. 盐氯发生器在池水净化处理流程中是设在池水过滤工序之后，如图10.11.2所示。

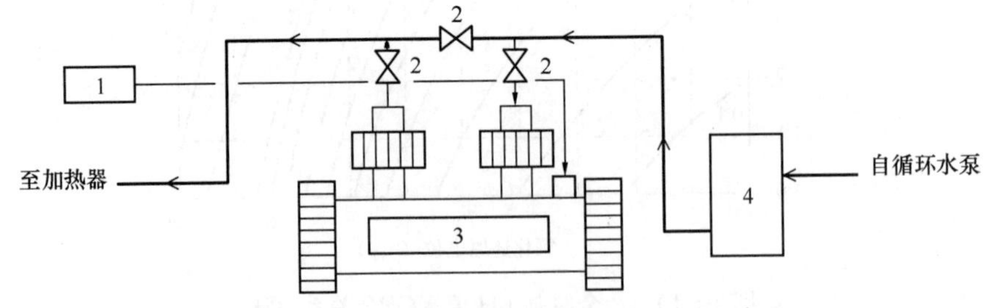

图10.11.2　盐氯发生器消毒工艺工序流程示意

说明：1—控制器；2—阀门；3—盐氯发生器；4—水过滤器

2. 特点

1）成本低，特别适用于中、小游泳池：以天然纯盐为原料，且为在线生成活性氯，再不需要其他化学药品，从而减少了对人的皮肤、眼睛的伤害。

2）安全、可靠：将盐通过投加装置直接溶解在池水中，盐的浓度与人体的含盐量基本相平衡，对游泳者无刺激、无损伤、更舒适、更健康。

3）降低氨氮和尿素：在池水循环消毒系统中，它又在不断地电解由氧化和消毒而产生的化合氯，同时也在降解氨氮和尿素。

4）简单、实用、安全：设备体积小，安装简单方便。

10.11.3 盐的质量和盐的投加量及投加方式

1. 应采用符合现行国家标准的精制工业盐和食用盐。

2. 盐的首次投加采用人工一次性投加在游泳池及游乐池的给水口处。

3. 投加量

1）由于盐氯发生器的氯产量由池水的含盐浓度所决定，为保证消毒效果和电极板的寿命，据国内一些工程实例资料认为，一般以池水含盐浓度3000～4500mg/L为佳。国内这些使用工程实例为游乐池、成人游泳池。不同企业的产品对此有不同的要求，采用时应予以注意。实际投加量用下式计算：

实际投加量＝4000mg/L－池水原水的含盐量（mg/L）。

2）盐应均匀缓慢投加，不应直接倾倒入池内，具体投加方法应按产品说明书要求进行。

3）国际游泳联合会对此消毒方式未见规定。因此，对于一些竞赛类游泳池、专用类游泳池、初学游泳池、中小学校游泳池、儿童游泳池等这样高的含盐量可能会对竞技成绩、训练效果产生影响。因此，建议此类游泳池慎用。

10.11.4 适用范围

1. 用于私人游泳池、中小型会所（俱乐部）及中小型成人公共游泳池。

2. 但该种消毒方式在我国使用实例大部分在珠三角地区、华东地区、云贵地区及福建沿海地区，使用时间十多年来未发生异常现象。但仍需要有一个适应、总结过程，方能大量推广。

3. 用于室外游泳池、游乐池池水消毒时，还应投加氰尿酸稳定剂，其浓度宜控制在30～60mg/L范围内。

4. 据资料介绍，在澳大利亚、欧洲国家和美国采用此种方式对池水进行消毒的游泳池较多。他们普遍认为盐始终存在于水中，电解后又会自动生成，不但节约了成本，而且副产物低，水质顺滑，无刺激，不伤皮肤和眼睛。池水含盐量在4000～6000mg/L时和人体体液、眼泪的味道相接近。

10.11.5 盐氯发生器的组成和功能要求

1. 组成：

1）由盐氯控制器、电解槽、盐氯发生钛合金极板模块、过滤器、储盐罐、流量传感器、水泵等组成；

2）盐氯控制器电压为220～240V；盐氯发生器电极板模块采用不高于12V的安全工作电压。

2. 消毒系统

1）制取氯消毒剂，盐氯发生器应采用独立的分流量池水制氯循环水系统；

2）分流量应按每小时每立方米池水产氯量不应小于3g和池水含盐量为4g/L计算确定；

3）产氯量等于及大于50g/h的盐氯发生器，应设水流开关，水流不足时具有自动停机的控制装置。

3. 功能要求

1）根据游泳、戏水负荷、气候条件、自动检测和监控盐氯发生器的工作状态，确保产氯量在水质标准规定的限制内；

2）正常运行时补充盐采用自动投加。系统应由盐浓度检测器和储盐罐在线监控和自动投加所需盐量，确保池水含盐量在合理的含盐浓度范围内；

3）电极板自动清洗及极性自动反转，消除电解所产生的污垢；

4）具有水温和水流量保护装置，且产氯量可调；

5）在线监控监测内容：

（1）水中盐浓度值的显示及预设高、低限值的显示及报警；

（2）池水的 pH 值、*ORP*（氧化还原电位）值的液晶显示及预设高、低限的报警；

（3）产氯量参数的显示及预设最大、最小限值的报警；

（4）运行时间与非运行时间可控参数记录及远程控制；

（5）电解槽无水检测和电极钝化报警。

10.11.6 使用应注意的问题

1. 单台产氯量超过 50g/h 的盐氯发生器产生的氢气，应采用独立的氢气管道引至建筑物外排入大气；产氯量不超过 50g/h 的盐氯发生器产生的氢气，应从管道系统中逸出至游泳池、游乐池。

2. 盐氯发生器的极板模块安装方向和管道安装方式应有利于氢气的通过，系统中的任何部位不得有积存气体的现象。

3. 池水的盐浓度应保持正确，否则产生氯的速度将会下降，影响消毒效果。

4. 盐氯发生器目前尚无相关标准，工程中采用时应与生产企业共同协商选定设备规格型号。产氯量可根据不同季节、不同游泳负荷进行调节。

5. 安装要求

1）位置应位于过滤器出水管经加热器后进入游泳池、游乐池的循环给水管上，其接管如图 10.11.6 所示。

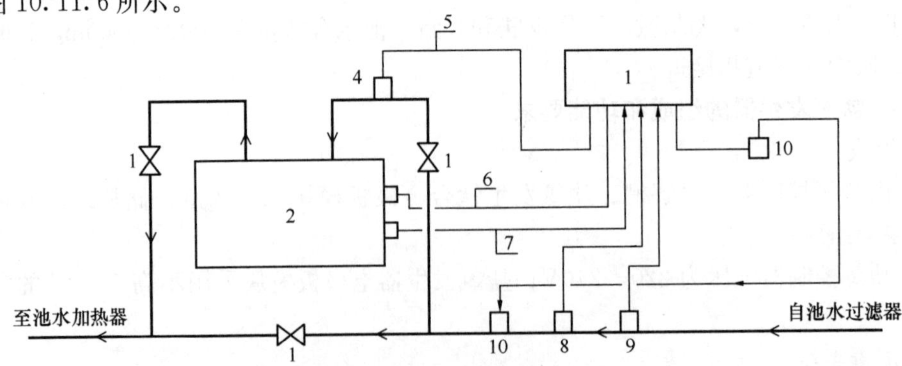

图 10.11.6 盐氯发生器安装示意

说明：1—可调阀门；2—盐氯发生器；3—盐氯发生器控制器；4—水流微动开关；5—水流微动开关控制器线；6—温度传感线；7—控制线；8—*ORP* 探头；9—pH 探头；10—pH 调整剂投加口；11—pH 调整剂投加设备

2）盐氯发生器控制器应牢固的固定通风良好的便于观察的墙壁上，距离发生器的距离不宜超过 2.0m。

6. 每座游泳池、游乐池，应按最大设计负荷配置的盐氯发生器不应少于 2 台，以确保池水的消毒不发生中断及满足出现异常负荷波动情况下的需要和设备故障、保养的需要。

7. 使用水质环境

1）池水最低含盐量不宜小于 2500mg/L，最大含盐量不宜超过 6000mg/L。

2）用在室外露天游泳池时要投加氰尿酸稳定剂，使池水氰尿酸含量处于 30～50mg/L 范围内。如用在室内池时不需要投加氰尿酸稳定剂。

3）池水中应控制铁、铜、锰、硝酸盐及磷酸盐等重金属的含量。

8. 池水过滤设备在反冲洗时，由于水泵在运行。所以，盐氯发生器应停止工作。

10.12 次氯酸钠发生器

10.12.1 制备原理

利用高纯度的氯化钠溶液，通过电解生成次氯酸钠溶液。其质量应符合国家标准《次氯酸钠》GB 19106—2013 中 A 型要求，杂质少，不存在阳光、温度等外部环境影响，技术成熟。

10.12.2 设备类型

1. 设备质量应符合现行国家标准《次氯酸钠发生器安全与卫生标准》GB 28233 的规定。

2. 游泳池、游乐池、文艺演出池及休闲设施池的池水直接与人体接触，为了保护游泳者、戏水者的健康、卫生，游泳池、游乐池、文艺演出池及休闲设施池的池水消毒应在设计文件中明确注明选用用于生活饮用水消毒的适用范围。

3. 次氯酸钠发生器的种类较多，有氯气型、气液复合型及纯液氯型等。游泳池、游乐池、文艺演出池及休闲设施池的设备机房一般都设在地下层，从安全角度考虑，应优先选用直接生成次氯酸钠的液体型次氯酸钠发生器。

10.12.3 设备配置

大、中型游泳池、游乐池、文艺演出池，为了保证池子的正常使用，并确保不中断竞赛、训练、演出，则每座游泳池、文艺演出池应配置 2 套次氯酸钠发生器，以保证消毒剂的不间断供应，即当其中一套设备出现故障时，不中断任何一类池子的正常开放使用。

10.12.4 次氯酸钠发生器应具有如下功能

1）能自动检测和控制发生器工作状态；

2）能实现在线监测按所需次氯酸钠溶液投盐；

3）能与成品次氯酸钠容器液位连锁控制运行。

当次氯酸钠发生器制备次氯酸钠有效氯的生产能力超过 1000g/h 时，整流配电装置与发生器应分室设置，房间的供电、防爆、防火及环境等应符合国家标准《次氯酸钠发生器安全与卫生标准》GB 28233—2011 的规定。

10.12.5　设置要求

1. 次氯酸钠发生器房间的温度不应超过 35℃，并应有安全可靠的供电和独立的通风装置，且通风次数不应少于 12 次/h，同时还应有良好的照明、给水排水条件。

2. 次氯酸钠发生器制备次氯酸钠过程中所产生氢气应采用独立的管道引至屋面外排放到大气中，并应采用防止风压倒灌的措施。

3. 按产品说明严格进行操作和维护管理。

10.12.6　游泳池用次氯酸钠发生器的特殊要求

由于游泳池是循环水，加入的药剂生成物会积累。具体到次氯酸钠消毒，水中的盐分会日积月累的增加，如果池水中的氯化钠浓度超过 800mg/L，泳客就会有感觉；同时，高浓度的盐分会对设备设施产生腐蚀，因此，游泳池用次氯酸钠发生器的盐耗不能超过 2.5，也就是说，产生 1kg 有效氯消耗的盐量不能超过 2.5kg。在这种情况下，次氯酸钠消毒剂带入池中的多余盐分会通过反冲带出，以保证池水中的氯化钠浓度不超过 800mg/L。

10.13　臭氧发生器

10.13.1　臭氧发生器的分类

臭氧产生的基本原理，就是使空气中的氧在高电压作用下发生电离，而产生臭氧。

1. 按臭氧发生单元的结构可分为：

1）管式臭氧发生器；

2）板式臭氧发生器。

2. 按臭氧发生放电频率可分为：

1）工频（50～60Hz）；

2）中频（100～1000Hz）；

3）高频（＞1000Hz）。

3. 按臭氧发生器的臭氧产量可分为：

1）小型臭氧发生器：50～100g/h；

2）中型臭氧发生器：100～1000g/h；

3）大型臭氧发生器：大于 1000g/h。

4. 按气源的种类分

1）空气源臭氧发生器：以自然空气为制备臭氧原料，制备的臭氧的体积浓度比较低，约 20～30mg/L，重量浓度可达 2%～3%。

2）富氧气体臭氧发生器：采用分子筛吸附制造富氧气体制备臭氧，制备的体积臭氧浓度大于 80mg/L，重量浓度可达 5%～15%。

3）纯氧臭氧发生器：采用液态氧（即氧气瓶商品氧）制备氧气。制备臭氧的体积浓度和重量浓度均优于富氧气体制备的臭氧浓度。

10.13.2　臭氧发生器安全保护

1. 臭氧发生器必须在负压条件下制取臭氧，以确保不发生臭氧泄漏的危险。

2. 臭氧发生器如遇下列情况，应能自动停机并进行报警：

1）制氧机或空气干燥系统失效；

2）臭氧发生筒温度升高超过限值；

3）池水循环水泵停止运行；

4）电压电流过高或过低；

5）冷却水断流/水温过高；

6）发生器机门未关妥及臭氧发生器机房内臭氧浓度超标；

7）臭氧感应器探测到臭氧泄漏或抽样检查发现水中臭氧大于0.05mg/L。

3. 臭氧感应器应在臭氧机房内距设备1.0m处墙壁上，且距地面高度不应超过0.5m。

4. 采用放电法制取臭氧的臭氧发生器，由于在放电过程中会产生热，为了保证臭氧的生产率，必须对臭氧发生器进行冷却，一般采用水冷却，冷却水温不宜超过40℃。

10.13.3 臭氧发生器的选型及配置

1. 选型原则及功能要求

1）游泳池的设备机房一般都设在地下层或地面以上楼层内，应选用负压制取臭氧的发生器，这样能确保臭氧不发生向外泄露的安全可靠性。

2）制取臭氧的浓度不宜低于80mg/L。臭氧在水中的溶解度符合亨利定律，即臭氧的浓度越高，它在水中的溶解度越高，臭氧的溶解就越充分。如将臭氧的浓度从1%～3%（重量比）提高到5%～10%（重量比），在同样的剂量下，不仅可以使更多臭氧溶解到水中，提高臭氧的利用率，而且可以减小增压泵的功率。

3）适应自然环境能力强。臭氧发生器对环境的湿度比较敏感，而游泳池的设备机房一般都设在地下层，其空气质量不如地面上楼层。所以，在这种环境条件下，应能保证臭氧的额定产量不受影响。

4）应具有各种参数显示、系统控制及故障报警并自动关机等实时监控装置。如实现与池水循环水泵、加压水泵等联动、空气处理系统失效、冷却水过热、臭氧发生器机房臭氧浓度超标、臭氧投加装置异常等。

2. 臭氧发生器的配置

1）国家级、世界级游泳池，专用类游泳池，大型公共游泳池和游乐池等，为保证系统连续、稳定和不间断的运行，宜按2台臭氧发生器同时运行配置，每台发生器的臭氧产量可按游泳池总需要臭氧量60%选型，以满足高游泳池负荷及竞赛期间不间断运行。

在低游泳负荷时段可以互换交替开启一台臭氧发生器运行，以节约能源。当其中一台臭氧发生器出现故障，检修期不能运行时，则另一台臭氧发生器可以正常运行，可以保证游泳池的正常开放使用，达到灵活使用臭氧发生器的可能。

2）中小型规模的游泳池可按一台臭氧发生器设置。

3）多个小型游乐池、休闲设施池可以合设一台臭氧发生器。

10.13.4 臭氧发生器产品

1. 国产臭氧发生器的技术要求

行业标准《环境保护产品技术要求臭氧发生器》HJ/T 264—2006 作出了如表10.13.4-1～表10.13.4-3的规定。

不同等级臭氧发生器产生臭氧浓度　　表 10.13.4-1

气源种类	臭氧浓度（mg/L）		
	优级品	一级品	合格品
氧气	≥100	70～100	30～70
空气	≥38	25～38	15～25

不同等级臭氧发生器产生千克臭氧电耗　　表 10.13.4-2

气源种类	电耗（kW·h/kg）		
	优级品	一级品	合格品
氧气	8	9	10
空气	16	18	20

不同等级臭氧发生器无故障工作时间　　表 10.13.4-3

项目	优级品	一级品	合格品
无故障工作时间（h）	＞15000	10000～15000	8000～10000

以空气为气源时，臭氧发生器的氮氧化物（NO_2）浓度不得大于臭氧浓度的2.5%。

2. 国产品牌

1）恒动牌臭氧发生器

气-水混合装置系该公司将加压水泵、文丘利臭氧注射器和尾气分解器组成在一起的与臭氧发生器型号相匹配的配套设备。

2）技术特点

（1）分子筛吸附制氧：利用分子筛吸附空气中的氧，将空气中的氧含量提高到85%～95%，不仅提升臭氧浓度，从而提高了臭氧在水中的溶解率，而且效率几乎与纯氧气源相同，其成本低于纯氧。所以，是高效经济的气源。

（2）臭氧发生技术：双侧直接冷却结合专利的窄间隙放电技术，使得臭氧浓度达到150mg/L以上，比原产品提高1倍，达到国际领先水平。

（3）系统能耗：窄间隙放电及双侧直接冷却技术，使得新款恒动臭氧发生器能耗同比下降60%。

（4）安全性：负压制备臭氧，负压投加，即臭氧发生筒至水射器之间处于负压状态，不存在臭氧泄漏的风险。

（5）模块化设计：根据水处理系统需要连续工作的特点，对臭氧发生器采用将系统功能集中在若干个模块上，不仅保证了用户使用要求，而且方便了现场维护并缩短了停机时间。

（6）联锁保护：设备的每个工作环节都处于PLC控制之下，系统任一部分出现任何故障，都会自动停机并报警。

（7）系统控制：具有远程控制和原地控制功能，一键启停方便操作。

（8）适应环境能力强：在设备设计上强化了设备冷却、通风和过滤能力的设计，保证了分子筛变压吸附制氧机在较高气温、较高湿度等环境条件下保持额定的工作能力。

3）恒动牌氧气法臭氧发生器系列规格和技术参数

HD系列臭氧发生器是北京恒动环境技术有限公司依靠多年的研发和生产经验，同时借鉴国外先进技术，独立开发的一种先进的带有制氧机的臭氧系统。在同一个机箱内的制氧机制出的高浓度的氧气作为发生器的供气，能够产生100～250mg/L浓度的臭氧气体。本系列产品的一体化程度高，大大提高了臭氧发生器的可靠性和安装的方便性。并减小了其体积和占地。和同样产量空气法臭氧发生器相比本系列产品有更为优异的处理效果。

本系列臭氧发生器另配备一套专门用于臭氧气体混合的装置。这一套装置被安装在一个独立的机架上，称为气-水混合单元，其中包括水封罐、臭氧尾气消除器、加压泵和引射器。气-水混合单元在现场能够方便地和管路连接，避免了上述装置作为单独的部件进行现场安装时的麻烦，保证了臭氧气水混合部分的可靠性及高效率。图10.13.4-1为配套气水混合单元外形示意图。

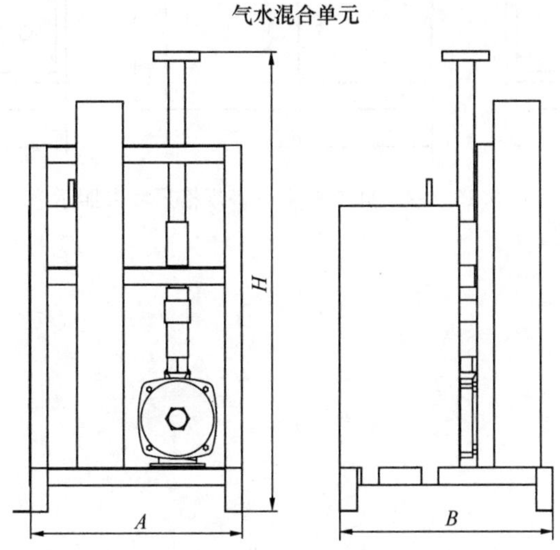

图10.13.4-1 配套气水混合单元外形示意

恒动所提供的不同规格的臭氧发生系统以及基本参数见表10.13.4-4和图10.13.4-2。

臭氧发生器系统规格及参数 **表10.13.4-4**

型号	产量(g/h)	设备供电	系统功率(kW)	臭氧主机规格($A\times B\times H$)(mm)	气水混合单元规格($A\times B\times H$)(mm)
HD-20	20	2～220V 50Hz 8A	1.3	600×400×800	500×500×900
HD-50	50	3～380V 50Hz 6A	1.7	600×400×1400	500×500×900
HD-100	100	3～380V 50Hz 8A	2.3	600×400×1400	500×500×900
HD-200	200	3～380V 50Hz 16A	4.6	800×600×1400	550×550×1000
HD-300	300	3～380V 50Hz 20A	5.8	800×600×1800	550×550×1000
HD-400	400	3～380V 50Hz 23A	7.6	800×600×1800	550×550×1000
HD-500	500	3～380V 50Hz 30A	9.5	1000×600×1800	600×600×1000

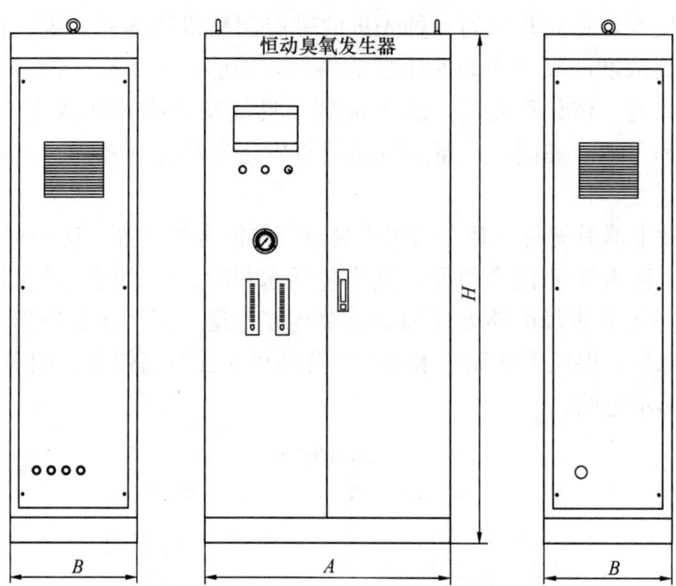

图 10.13.4-2　臭氧发生设备规格尺寸参照示意

11　温泉水浴池池水消毒

11.1　温泉水浴池污染源

11.1.1　温泉水浴池的污染源

1. 温泉水成分产生的污染：①含硫化氢泉质的硫；②含铁（氧化铁、氢氧化铁），锰的重金属；③含硅物质的沉积物；④腐殖质，如含有石油、天然气、氨、氮等有机物。

2. 温泉水输送过程污染：管材以及潮湿地面上杂质、滋生的细菌等的污染。

3. 入浴人员的污染：如人体汗液、唾液、油脂、皮肤屑、黏膜等对温泉水造成细菌，甚至微生物的污染。

4. 环境污染：温泉浴池室内气温较高，湿度大，池水温度也较高，造成室内环境潮湿，很适合一些细菌如绿脓杆菌、军团菌的滋生。

11.1.2　温泉浴池水应进行消毒

1. 温泉水是与人体密切接触的水体，它的质量直接关系人的卫生健康，温泉水本身、泉水输送过程、入浴者及环境等，均有可能对温泉水造成污染，所以，温泉水应进行消毒，以确保入浴者的卫生、安全和健康。

2. 为了确保温泉水水质不被损坏，消毒剂及消毒方法应根据泉水成分确定，一般应尽量选用不改变温泉特性的非氧化型消毒剂。

3. 温泉水消毒系统应实施在线监控系统，目的是保证消毒剂的浓度处在池水水质卫生标准的限值内。

11.2　温泉水消毒剂的选用

温泉水浴池池水消毒剂的选择比游泳池水消毒剂的选择更为复杂。当温泉水的温度34～60℃时，无论是温泉原水还是温泉系统的循环泉水，均有产生军团菌的危险。特别是在42～45℃的调温水箱及输送调温水的管道内，是大量滋生军团菌的最佳地点。因此，消毒剂的选用应遵循以下原则：①均应在世界卫生组织（WHO）消毒剂分类（详见本手册第10.2.4条）的构架下，积极选用不破坏温泉水特质的非氧化型的第五类杀菌消毒剂。②为了防止交叉感染，选用化学药品消毒剂时，应对泉水成分与选用的消毒剂的相容性进行仔细研究分析。确保能适应不同pH值的泉水有效杀灭细菌，特别是对军团菌的杀灭效果和不破坏温泉水特性，从而防止温泉水成分与化学药品发生反应后，泉水特性被破坏。③符合《国家卫生健康委办公厅关于进一步加强公共场所卫生监管工作的通知》（国卫办监督发〔2019〕1号文件）中关于“公共场所要强化对客房卫生清扫、清洗消毒专间日常操作、外送清洗消毒物品交接验收以及游泳场所水质消毒等的过程检查，确保工作流程规范实施；要探索创新监管措施，鼓励采用工作记录仪、清洗消毒间视频监控及第三方评估考核等手段措施，实现卫生安全关键环节可检查、可追溯、可监督”的要求。本节针对常用的集中消毒剂的特点予以说明。

11.2.1 紫外线消毒

1. 优点

1）能有效杀死军团菌及其他细菌，从而达到消毒作用，是很好的非氧化型消毒剂；

2）紫外线消毒为非化学药品，对泉水成分和人体不产生有害影响；

3）杀菌效果不受泉水 pH 值影响；

4）具有分解结合氯和消除氯气味的功能。

2. 缺点

1）泉水浑浊度、色度、水温较高及结垢性较强时，影响紫外线的穿透率，故不适合含铁含锰的泉水；

2）设备构造要求高，不应出现射线被遮挡的情况，要经常清洁灯管脏污，并要定期更换灯管；

3）输水管道若生成生物膜或紫外光被遮挡则紫外线就失去杀菌功能；

4）无持续杀菌功能，一般在不影响温泉水特性的条件下，需要配置化学药品长效消毒装置。

3. 照射剂量

1）依照国家标准《城市给排水紫外线消毒设备》GB/T 19837—2005 中，关于水景卫生的要求，有关国外资料及温泉水浑浊度、水温及紫外灯套管脏污等因素最理想的温泉水浴池池水消毒杀菌剂照射剂量，应与室内游泳池的要求 $60mJ/cm^2$ 相同，但最小照射剂量不应低于《城市给排水紫外线消毒设备》GB/T 19837—2005 中 $30mJ/cm^2$ 的规定；

2）紫外线消毒设备应提供具有资质的第三方所做的紫外线有效剂量的检验报告。

11.2.2 光催化消毒

1. 光催化消毒杀菌技术是利用二氧化钛（TiO_2）在波长 187.5nm 的紫外线照射下，生成氧化能力极强的自由基（OH^-）能持续氧化水中的无机污染物、有机污染物和细菌，最终使其降解为二氧化碳（CO_2）和水（H_2O）等无害物质。它是一种不使用化学药品的水消毒杀菌技术，被称之为光催化水消毒法（即 AOT 法）。

2. 光催化消毒的特点

(1) 具有广泛杀菌功能（即对水中细菌、病毒无选择性），杀菌效果好；

(2) 对人体无刺激，对环境无危害，是一种绿色消毒装置；

(3) 无任何添加物，也不产生有害物质；

(4) 对水中有机物有降解作用；

(5) 对水的浑浊度及铁、锰、油脂含量有要求；

(6) 无持续杀菌消毒功能。

11.2.3 加热杀菌消毒

1. 原理

加热杀菌消毒就是将浴池水加热到 65℃以上，循环 30min，对温泉水池和管道进行杀菌处理，可以杀灭病原体及军团菌在内的各种细菌，是一种比较简单而理想的杀菌消毒方法。

2. 加热杀菌消毒方法的特点

1）对温泉水的特性没有影响；

2）方法简单易行，管道系统不易形成生物膜；

3）对循环系统设备、管材等材质有较高的耐热要求；

4）无持续杀菌消毒功能，适用于定期对系统的冲击处理；

5）对温泉水的结垢性物质含量有限制要求；

6）成本较高，一般用于供水系统的蓄热水箱的维温消毒上。

11.2.4 化学药品消毒剂

1. 由于上述消毒剂无持续杀菌消毒功能，为了保证温泉水浴池池水的卫生安全，应配合使用长效型化学药品消毒剂。行业标准《公共浴池水质标准》CJ/T 325—2010 中，对在温泉水浴池使用化学药品消毒剂时，浴池水中氯、溴、氰尿酸、溴氯海因和臭氧等化学药品消毒剂的使用量作了限值规定。

2. 化学药品消毒剂在温泉水浴池中应用的注意事项

1）下列消毒剂不应作为温泉水、热水浴池的池水消毒剂：

（1）液态溴具有极强的毒性和腐蚀性，产生问题后处理起来极为困难，为安全起见，也不应在公共场所应用；

（2）室内温泉水和热水浴池不应使用二氯异氰尿酸钠和三氯异氰尿酸，由于它的累积速度快，极易造成氯的过稳定。澳大利亚新南威尔士公共健康部明确规定公共浴池不应将其作为消毒剂。

2）氯制品消毒剂的禁忌

（1）泉水中铁、锰等金属含量较高时，泉水会产生颜色；

（2）硫化氢等还原性物质含量较高时；泉质还原性被破坏、需要氯量极大，且氯含量无法有效控制；

（3）氯消毒剂宜投加在过滤器之前，由于泉水中的矿物质自然氧化后不能自然排除，会使过滤介质滋生生物膜及滤料裂缝，影响滤后水质；

（4）pH 值大于 8 以上的碱性泉和 pH 值小于 5 的酸性泉，氯属于无效化区域；

（5）泉质含大量碳酸气体时，氯加入后呈高 pH 值区域；

（6）泉水含腐殖酸、氨氮等有机物多时，杀菌效果的氯降低，并产生结合氯的氯臭味。

3）溴氯海因消毒应用注意事项

（1）泉水为高碱性时，杀菌效果能力降低，但对杀灭军团菌比氯更有效；

（2）对人的眼睛和皮肤有较大的刺激；

（3）反应残余物的积累会降低杀菌能力；

（4）损坏泉水的还原性性质；

（5）溴属黄褐色，容易造成大面积池水呈绿色现象；

（6）杀菌原理与氯相同，但成本则比氯高。

4）臭氧消毒剂应用注意事项

（1）臭氧微气泡渗透力强，杀菌消毒效果好，杀菌力是氯的 5 倍；

(2) 损坏泉水的还原性性质；碱性温泉水，杀灭军团菌比氯更有效；

(3) 有澄清水和净化空气的功能；

(4) 无持续消毒杀菌功能；

(5) 毒性强，严格控制投加量；

(6) 需现场制备臭氧消毒剂，并要处理多余臭氧，成本较高。

5) 澳大利亚新南威尔士公共健康要求在使用溴消毒剂的公共浴池时，水温不应超过38℃，停留时间不应超过20min。

11.3 消 毒 系 统

11.3.1 系统选择

1. 温泉水浴池（含淡水浴池、药物浴池）池水均应采用浴池全部循环水量并进行杀菌消毒的全流量消毒系统。

2. 温泉水浴池池水杀菌消毒系统均应采用非氧化消毒剂与化学药品长效消毒剂相结合的组合型池水杀菌消毒系统。

3. 化学药品长效消毒剂应采用湿式自动方式投加到池水过滤器之前，并能根据浴池水pH值的变化自动调节消毒剂的投加量，确保浴池内水质中长效消毒剂剩余量符合现行行业标准《公共浴池水质标准》CT/T 365中温泉水浴池内水质的卫生要求。

4. 化学药品溶液投加泵应与池水过滤循环水泵联锁控制。

5. 温泉水浴池在对入浴者开放时间段内应连续不断地向循环水中投加消毒剂溶液，确保入浴者不发生交叉感染。

11.3.2 杀菌消毒剂投加量的确定

1. 热水浴池

1) 单一氯和单一溴消毒系统

(1) 氯制品宜按2～3mg/L（以有效氯计）计算确定；

(2) 溴氯海因宜按3～5mg/L（以总溴计）计算确定。

2) 单一臭氧消毒系统

(1) 臭氧在池水过滤设备之前投加时，投加量按不小于1.0mg/L计算确定；

(2) 臭氧在池水过滤设备之后投加时，投加量按不小于0.8mg/L计算确定；

(3) 臭氧与池水的接触反应时间不应少于2min。

3) 复合式消毒剂系统

(1) 采用配套氯消毒剂时，应按池水中剩余游离氯不应超过0.5mg/L（以有效氯计）计算确定；

(2) 采用配套溴消毒剂时，应按池水中剩余游离溴不应超过4.5mg/L（以有效溴计）计算确定。

2. 温泉水浴池

温泉水是由雨水渗入地下，在地层深处加热后再上升到地面而形成的。由于温泉蕴藏在地底下，在高温、高压条件下长期浸泡，会有各种各样的矿物质溶解在温泉水中。同时也由于在缺氧的环境中，所以它属于还原性，当温泉水从地表涌出后即与空气中的氧接触，就是氧化过程的开始。在此期间，由于压力下降而导致溶解性气体的挥发和温度下降，则温泉水的成分发生物理和化学变化，其温泉水的性质已由地底下稳定的静态转变为动态不稳定，并随着时间的增长最终形成氧化性的另一稳定的静态，这就是温泉水裂化过程。当温泉水暴露在空气中，会有溶氧现象发生或加入氧化性物质，水中的 *ORP* 值则提升而趋向氧化态。因此，采用 *ORP* 值检测温泉水裂化行为逐渐被接受。

11.4 温泉水系统定期清洗

11.4.1 温泉水系统为何要清洗

1. 由于温泉水温较高，在使用过程中温泉浴池、管道、过滤设备及换热设备等会产生粘结在相应管道、设备壁上的薄膜，它是滋生军团菌的温床。

2. 入浴者在温泉水中浸泡时，由于温度原因，人体脱落掉的脂质在系统不断进行循环净化处理时会产生如下弊病：

1）杂质将被截留在过滤介质上，油泥板结，使滤料层产生裂缝，降低过滤精度，池水变浑浊，水面出现泡沫或油膜反光，池水甚至产生异味和军团菌滋生、繁殖，达不到泡温泉的目的。

2）在有结垢倾向的热泉水中，特别是热水浴池中会出现钙化结垢；以及人们入浴所分泌出的汗液、油脂及其他有机溶解物等也会粘附在管道及池体内壁上，导致管道截面缩小，从而影响水流量的不断减少，达不到池水的正常循环净化处理要求。

11.4.2 清洗方法及频率

1. 清洗方法

1）以 10 倍游离性余氯量的加氯量按如下要求对系统进行循环冲击消毒处理。

(1) 循环持续运行时间不应少于 30min。

(2) 冲击消毒清洗工作结束后，应将池内及系统内高浓度冲击处含氯废水排空，并用符合现行国家标准《生活饮用水卫生标准》GB 5749 的水对池体、管道等进行冲洗清洁的要求。

(3) 冲击消毒处理用的高浓度含氯循环水不应直接排入小区或城镇污水管道，应在排放前设置缓冲及处理设施。如排入自然水体时，应取得当地环境主管部门的批准。

2）以高温的热水对系统进行循环冲洗的方法：高温热水的温度应不低于 60℃，循环冲洗持续时间不应少于 15min。但应注意温泉系统管道、附件及设备等材质的耐高温承受力。

3）据资料介绍：以 32%的工业用盐酸溶液对系统进行循环冲洗，持续时间不宜超过 15min。酸洗成本较低，但对土建型池体水泥缝会有少许损坏，酸洗次数不可频繁。

2. 冲洗范围：①浴池池体；②循环水管道系统和相关设备；③温泉浴池及热水浴池周围排水沟及排水沟格栅盖板；④平衡水箱（池）内壁。

3. 冲洗频率

1）温泉浴池及热水浴池循环净化处理系统应每 7d 进行冲洗一次。

2）平衡水箱（池）应每月冲洗一次。

3）排水沟及沟盖板，应每 7d 对盖板的上、下表面清洗一次。

11.4.3　运行要求

温泉浴池、热水浴池无人使用时间超过24h时，池水循环净化处理系统应每日至少满负荷运行一次，以防止细菌微生物生长、藻类繁殖。

11.5　温泉浴注意事项

由于温泉水中含有一定的微量元素、矿物质，适宜的温度以及它的浮力、压力等物理化学作用，对人体具有一定的渗透作用，使人体能充分吸收其中的稀有物质，会对入浴者产生一定的辅助医疗作用等，具有养生强身健体功能，为人们追求高质量健康创造了良好条件。

随着人们健康意识的提高、国家假日制度的推行，全民外出旅游度假已成为人们时下比较普遍的选择。温泉是一种独特的水体旅游资源，温泉旅游作为一种时尚休闲方式，正在吸引着大量有温泉休闲需要的人群，而旅游行业为了适应这类人群的需要，开发了温泉旅游度假。与此同时，在一些温泉资源丰富的地区，房地产开发商也紧随其后，搞起了温泉水入户的住宅开发。由于温泉水温在34℃以上，含有一定数量和种类的微量元素和矿物质，而且是取自未被污染的深层地下。泡温泉能促进人身的血液循环，起到呵护皮肤、排除毒素、放松心情、驱除疲劳和某些疾病的辅助医疗效果，所以，深受广大群众欢迎。

温泉的泉质不同，适应的人群不完全一致，这一点本手册第6.2节已有详述。目前在人们对温泉水质知识尚未普及，笼统地提倡温泉旅游和温泉水入户，容易出现的隐患应该引起人们的关注。

11.5.1　不适宜泡温泉的人

1. 白血病患者、癌症患者。
2. 皮肤病患者、性疾病患者。
3. 孕妇、女性生理期。
4. 病患者手术过后。

11.5.2　人体不适宜泡温泉的时机

1. 空腹：因为空腹泡温泉易导致疲劳；
2. 饱腹及酒后：会刺激血液循环加快，易发生意外；
3. 长途跋涉，睡眠不足，熬夜之后：因身体疲惫，易发生安全事故；
4. 大病初愈：由于体力尚未恢复，突然进入温泉，会有安全隐患。

11.5.3　泡温泉注意事项

1. 入温泉池前应进行淋浴，清洗身体浮尘。

泡温泉是一种静态的水中运动。温泉水具有高于人体温度的较高温度，人们进入温泉水中后，人体因高温会迅速发汗排除多余的水分、毒素，然后毛孔吸收渗透进温泉水中有益的微量元素和矿物质。

2. 先从低温池逐步过渡到高温池，或根据自己的体质选择适宜温度的温泉浴池。

1）温泉中心一般设有温度为35～38℃的温水温泉泡池和药物水浸泡池以及温度为40～42℃水温的热水温泉泡池可供选择。

2）入温泉浴池前应拿下身上各种金属制品，因为金属会与温泉水中微量化学元素、矿物质发生化学反应，致使饰品变色。

3. 浸泡时间以不超过 15min 为佳，但可出池休息片刻继续循环泡浴。为了安全，休息间歇时适当饮水，以补充在温泉浴池中被蒸发的人体水分。

4. 浸泡结束后应以淡水热水冲洗掉身体上的温泉水残余。由于温泉水含有微量元素及矿物质离子，如不冲洗掉，待水分蒸发后，干涸在人体皮肤表面的矿物质使人体极不舒服。

12 水 质 平 衡

水质平衡就是要求池水中的物理性质和化学成分处在一个稳定的水平上，使池水既不析出水垢，也不溶解水垢的状态。平衡的池水可以延长池子和其设备、管道、附件的使用寿命，并为游泳者、戏水者、入浴者提供一个洁净、卫生、健康、安全和舒适的水环境。在以往的工程设计中，设计时将注意力集中在池水的过滤和消毒这两个工序上，池水的水质平衡没有给予足够的重视。通过北京奥运会、广州亚运会、深圳大运会、上海世界游泳锦标赛及南京世界青年运动会等各项工程的运行实践，工程设计、运营管理部门已充分认识到要想取得符合竞赛用游泳池池水水质标准和赛后正常使用中的水质要求和设备运行管理，池水水质平衡是不可忽视的重要问题。

12.1 水质不平衡的弊病

12.1.1 影响水环境感官性状及水质

1. 池水会出现浑浊、变色和不良的气味，影响游泳者的心情和竞技状态；
2. 滋生细菌、藻类及病原微生物，易发生交叉感染疾病；
3. 刺激游泳者、戏水者的眼睛和皮肤。

12.1.2 改变池水物理化学性质

1. 出现溶解硬度盐增强趋势。析出的沉淀物易附着在池壁、池底、设备、管道内，发生结垢，严重时会沉积在过滤器过滤介质表面，缩短反冲洗周期及增加冲洗水量。

2. 如果溶解性盐减少，则池水对池壁的混凝土、设备（泵、过滤器、加热器等）、管道及建筑结构等产生腐蚀，这就缩短了它们的使用寿命，甚至发生漏水及损坏。

12.2 水质平衡的目的

12.2.1 保持优良的水体环境

1. 保证池水水体清澈、洁净、透明，感官效果良好的水环境；
2. 池水无异味，对人体不出现刺激，无致病微生物及交叉感染隐患；
3. 减少消毒剂，混凝剂等化学药品所带来副产物，确保水质卫生、健康、安全。

12.2.2 池水不出现沉淀及溶解硬度盐的强烈趋势

1. 池水的物理性质和化学性质保持既不析出沉淀和溶解水垢的良好状态；
2. 减少水平衡用化学药品对设备、管道、建筑结构的腐蚀，延长他们的使用寿命；
3. 减少化学药品的消耗量。

12.3　水质平衡的要素

影响水质平衡的要素有 pH 值、总碱度、钙硬度、溶解性总固体和温度。这 5 个要素中的 pH 值、总碱度和钙硬度对水质变化较为敏感。下面将分别予以叙述。

12.3.1　pH 值是影响水质平衡的主要因素

pH 值是指池水中有多少酸和多少碱的指标。pH 值等于 7.0 称中性，pH 值大于 7.0 称碱性，pH 值小于 7.0 称酸性。游泳池的水以轻微偏碱性为好。

1. 影响池水 pH 值高低的因素：①原水水质的酸碱度，这一点不能人为控制；②消毒剂的特性，这一点可以人为地采取相措施予以控制。

2. 池水 pH 值偏高会产生如下弊病：

1）氯系消毒剂的杀菌功能迅速降低。据资料介绍，pH 值大于或等于 7.8 时，氯消毒剂所产生的主要消毒成分次氯酸（HClO）为氯的 37.8%，比 pH 值小于 7.2 时的 70.7%减少了将近一半，这就使其消毒的有效性大大降低；

2）池水会出现浑浊降低池水透明度，给安全救护人员判别游泳者动作带来困难；

3）产生沉淀，引起设备（特别是加热设备）、管道、池壁等产生结垢；池水过滤设备滤料层快速阻塞固化；缩短了过滤周期；增加反冲洗次数和反冲洗水量；降低加热设备效率，增加能耗；

4）给游泳者、戏水者健康造成伤害，如眼受刺激，皮肤出现红斑、瘙痒等。

3. 池水 pH 值不稳定会产生如下弊病：

1）消毒过稳，降低消毒剂杀菌效果，会带来藻类的繁殖。

2）对设备、管道、池壁造成腐蚀，使池壁出现色斑。

3）游泳、戏水者会出现皮肤干燥、脱皮、嘴唇发麻等轻微的化学灼伤。

4）造成池水 pH 大于 7.8 的原因：①原水的硬度较高；②使用了碱性消毒剂，如次氯酸钙等。改善 pH 值的方法是向池水中投加适量的酸性化学药品如二氧化碳、盐酸、硫酸、硫酸氢钠等。

5）造成池水 pH 值小于 7.2 的原因：①原水硬度偏低；②使用酸性消毒剂，如三氯异氰尿酸等。改善 pH 值的方法是向池水中投加适量的碱性化学药品，如碳酸钠、碳酸氢钠、纯碱等。

4. pH 值的控制

pH 值没有一个理想的数值，只有对应每种消毒剂的最佳值。实践证明只要保持 pH 值在一定范围内就可以满足大多数池水的平衡。pH 值是需要使用化学药品进行调节的。

1）pH 值是用来度量池水的酸碱度的指标。大多数消毒剂的杀菌能力都取决于水的 pH 值。每一种消毒剂和化学药品对 pH 值的要求均不相同。

2）采用酸性消毒剂，如三氯异氰尿酸时会使池水的 pH 降低，对游泳池、游乐池等的材料、设备等具有腐蚀性。因此，一般宜将 pH 值控制在 7.2～7.6 的范围内，以便发挥它们的最佳消毒效果和确定最佳的投加量，以及减少池水对建筑、设备的腐蚀性。通常采取向池水中投加碳酸钠（Na_2CO_3）、碳酸氢钠（$NaHCO_3$）等化学药品溶液来提高池水的 pH 值。

3）采用碱性消毒剂。如次氯酸钠（NaClO）、次氯酸钙（$Ca(ClO)_2$）等时，会使池水的 pH 值升高到 8 以上，降低了消毒剂的活性杀菌效果，还可能对游泳者、戏水者的皮肤、眼睛造成刺激，也会给池体及管道等带来沉淀结垢。同样，宜将池水的 pH 值控制在 7.2～7.6 范围内，以防发生上述弊病。通常采用向池水中投加二氧化碳（CO_2）、硫酸氢钠（$NaHSO_4$）、甚至盐酸（HCl）等化学溶液来降低池水的 pH 值。

4）采用投加铝盐混凝剂制品时，池水的 pH 值会直接影响其混凝效果。

5）从上述可看出 pH 值没有一个确定的值，只有一个相对的范围。据资料介绍，采用氯消毒剂时，宜将 pH 值控制在 7.2～7.4 的范围内，其消毒杀菌效果最佳。

6）pH 值的应用范围，可按图 12.3.1 确定。

5. 为了提高池水的舒适度和消毒效果，行业标准《游泳池水质标准》CJ/T 244—2016 规定 pH 值为 7.2～7.8 范围内，就能基本保持池水的水平衡，但需要根据消毒剂本身的酸碱性质来对池水 pH 值进行连续自动监测和连续调整。

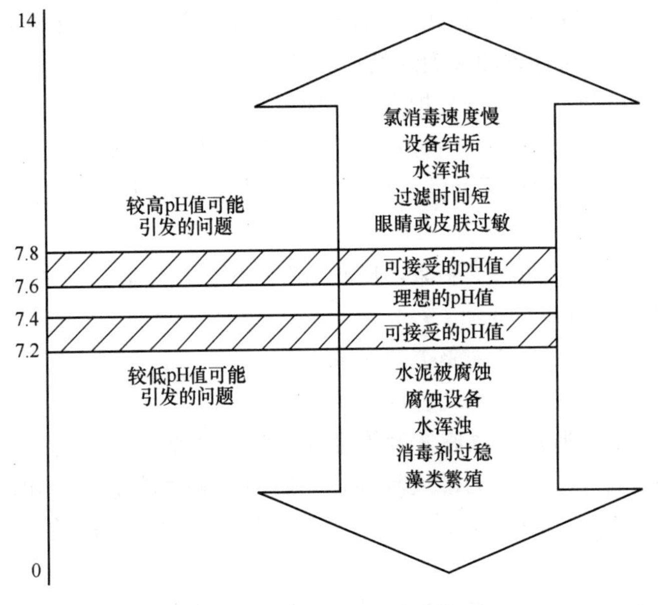

图 12.3.1 pH 值应用范围图示

12.3.2 池水总碱度（T·A）

1. 总碱度是对池水中溶解性盐的一种度量。碱度越大，对 pH 值变化抵抗力越强。碱度对池水有缓冲作用。

2. 池水总碱度大于 200mg/L 时，会出现下列现象：

1）会使任何调节 pH 值的措施变得更为困难，即出现 pH 值锁定；

2）池水会变得浑浊，增加过滤设备的负荷，影响过滤效率，缩短反冲洗周期；

3）对有机物如唾液、皮肤代谢物等的氧化带来困难，致使池周围出现不良气味；

4）容易导致池壁、设备及管道结垢，增加过滤器的负担及池水浑浊等现象。

3. 池水总碱度小于 60mg/L 时，会出现下列现象：

1）pH 值波动大，不易调节；只要总碱度大于 75mg/L 以（$CaCO_3$计）可以避免 pH 值的弹跳；

2）会使水处理设备、管道、附件、池体材料受到腐蚀，出现斑点；

3）降低混凝剂的混凝效果。

4. 池水的最佳碱度范围宜控制在 60～200mg/L（亦有资料认为 80～140mg/L）范围内。另据资料介绍，对于文艺演出水池的总碱度宜控制在 80～100mg/L 范围内。

5. 上述参数引至英国《游泳池水处理和质量标准》（1999 版），国内尚缺乏确切的实践数据，这需要经营管理者在实践中摸索总结符合自身的数据。

6. 总碱度的控制及调节措施

1）碱度偏高时，应选用能使 pH 值变化幅度较小的弱碱硫氢钠溶液进行调节；

2）碱度偏低时，应选用能使 pH 值变化幅度较小的弱酸二氧化碳溶液进行调节；

3）强碱如纯碱，强酸如硫酸氢钠、盐酸等，可以使 pH 值发生急剧的变化，浓度不易掌握，尽量少采用；当必须使用应进行适当稀释；

4）行业标准《游泳池给水排水技术规程》CJJ 122—2017 规定，总碱度应控制在 60～200mg/L 范围内。

12.3.3 池水硬度

1. 硬度是化学术语，用于表示水中矿物盐的含量。所有的水中都含有不同数量的钙盐和镁盐，它们的含量决定了水的硬度。控制钙硬度的目的是要维持池水处于中性状态的一个参数，但对钙硬度偏高或偏低的数据尚无统一的认识。

2. 据资料介绍：池水钙硬度大于 450mg/L 时，会出现下列弊病：

1）池水容易出现浑浊，会使设备、管道等结垢，阻塞过滤器，并滋生藻类和细菌；

2）减少循环水量，降低加热设备换热效率，刺激眼睛；

3）池体表面出现钙沉淀，使池壁粗糙。

3. 据资料介绍：池水钙硬度小于 200mg/L 时，会出现下列弊病：

1）池水具有腐蚀性，池体表面出现腐蚀斑点，严重时会使砂浆缝砂浆脱落；

2）出现保护性水锈和池水起泡倾向。

4. 池水的最佳钙硬度范围宜控制在 75～200mg/L 范围内。也有资料认为理想范围应控制在 200～300mg/L 范围内。行业标准《游泳池给水排水技术规程》CJJ 122—2017 规定应控制在 200～450mg/L 范围内。

12.3.4 溶解性总固体（TDS）

1. 溶解性总固体（TDS）是指溶解在水中所有金属、盐类、有机物和无机物的总和。所有投加到池水中的消毒剂和化学药品中的非活性化学成分都会积累，随着池水的蒸发不可避免地都会增加水中的溶解性固体数量。它的存在会影响池水的透明度、舒适度、杀菌效率和水的口感，以及会使池水表面产生许多泡沫。

2. 控制池水溶解性总固体的目的是为游泳池、游乐池等经营管理者判别池内游泳、戏水人数超标过多或对池水补水不够的一个参数和需要对池水进行更新的一个指标。

3. 池水溶解性总固体超过 1500mg/L 时，会出现下列弊病：

1）水溶解物质的容纳能力降低，使池水中悬浮物聚集在细菌和藻类周围阻碍了氧的接触，使氯失去杀菌能力；

2）池水变色并产生异味，降低消毒剂的效率；

3）池水变浑浊，增加过滤设备的负担，缩短池水过滤周期，池壁形成污垢线。

4. 池水溶解性总固体低于 1500mg/L 时，会出现下列弊病：

1）池水变成轻微绿色，缺乏反应动力；

2）降低过滤设备的效率。

5. 池水溶解性总固体的浓度，一般采用电子仪器测量水的电导率进行计算的。仪器可以直接指出溶解性总固体数值，有的只能读出电导率，此时可按下式进行转换计算：

溶解性总固体（TDS）＝［电导率（μS/cm）×0.7］(mg/L)

6. 溶解性总固体（TDS）的控制

1）控制指标，《游泳池水质标准》CJ/T 244—2016 中规定为：与原水相比，增量不大于 1000mg/L。据有关资料介绍：文艺演出池宜为 350～800mg/L。

2）控制方法：

（1）鼓励经常反冲洗过滤设备（即使未达到冲洗阻力），增加补充池水新水量，必要时只有换水稀释；

（2）每日严格坚持按现行行业标准《游泳池给水排水工程技术规程》CJJ 122 的规定进行补水（国外资料为每一个游泳、戏水者替换补水 30L）；

（3）严格执行游泳者、戏水者泳前淋浴和尽量减少化学药品用量等；

（4）监测频率应为每周测量一次。

12.3.5 池水温度

池水温度相对前四个因素来讲，它是相对比较稳定的因素。对游泳池、游乐池来讲（除了冬泳池之外），池水温度在 23～30℃范围内；文艺演出池的水温在 30～32℃范围内；休闲设施池的水温在 35～42℃范围内。

1. 池水温度高于 45℃时易产生下列弊病：

1）碳酸钙的溶解度变小，容易结垢；

2）二氧化碳会从水中脱离，针对公共浴池则会提高池水的 pH 值。

2. 池水温度的变化会影响化学药品的溶解度。

12.3.6 平衡剂的选用及注意事项

1. 用于提高池水 pH 值的化学药品：碳酸钠（纯碱 Na_2CO_3）；碳酸氢钠（$NaHCO_3$）。

2. 用于降低池水 pH 值的化学药品：盐酸（HCl）；硫酸氢钠（$NaHSO_4$）；二氧化碳（CO_2）；硫酸（H_2SO_4）。

12.4 池 水 除 藻

12.4.1 水藻来源

1. 藻类是一种含有叶绿素的单细胞植物，在温暖的水中和阳光下，与二氧化碳同时存在方能生长。水藻的孢子是风或雨带入泳池水中的，如不处理会使池水变色，并出现异味。

2. 池水因为水中含磷、氨、泥沙、人体分泌的汗液、油脂皮屑、防晒油、化妆品、微生物等在阳光下、阴雨潮湿的环境中和池水循环净化效果不良等因素，会造成池水浑浊，由此滋生水藻，使池水变黄变绿变浊，致使池水透明度明显降低，给人们带来不好的感官效果。

3 室外露天游泳池和室内阳光游泳池，加之池水中有磷酸盐，氨和钾进入池内都会促使水藻的生长。如果不定期给予清除，会使池水变成墨绿色，此时再要清除则要花费较多的时间、精力和费用。

4 所有用于池水除藻的化学药品，都是专门为了游泳池、游乐池、文艺演出池使用的产品。

12.4.2 除藻方法

1. 化学方法

1）投加除藻剂

（1）硫酸铜亦称蓝矾，是目前国内普遍采用的除藻剂。硫酸铜除藻剂不能持续投加，而应根据水质变化情况和气候条件，定期地向循环水中投加，投加量不应超过 1.0mg/L。

（2）硫酸铜化学成分中含有铜，铜属重金属盐类。据有关资料介绍：铜离子被人体吸收后，易导致肠胃过敏，引起呕吐，重者对脑神经有严重影响。一般情况下尽量不使用该种化学药品。

2）氯制品消除水藻

（1）氯制品不仅是很好的杀菌消毒剂，也是最好的除藻剂。氯的除藻原理就是向循环水中投加过量的氯制品消毒剂将具藻类杀死。据资料介绍：氯异氰尿酸酯可以帮助除藻，氯消毒剂的投加量按游离性余氯保持在 1.0～3.0mg/L 条件下计算所需氯的投加量。

（2）在加氯除藻过程中，一旦池水恢复正常状态，则应减少氯消毒剂的投加量，此后按现行行业标准《游泳池水质标准》CJ/T 244 中规定的数值进行投加，以确保游泳者的安全。

3）臭氧消除水藻

臭氧是杀灭水藻的有效方法之一，但没有必要为了消除水藻而设置臭氧设备和装置。游泳池、游乐池等池水净化处理系统设置有臭氧消毒系统时即可采用。此情况时只要加强管理，一般不会出现藻类滋生现象。

2. 物理方法

加强池水循环净化处理系统的正常运行是最好的除藻方法。

1）游泳池、游乐池等池水出现藻类的原因是池水中没有保持足够的剩余氯所致，所以，从一开始就要重视和加强池水水质的管理。

2）完善池水循环水净化处理系统的设计。

3）加强池水的循环确保按设计进行池水循环净化处理。

4）可以通过向循环水中投加混凝剂，将其凝聚，通过过滤器予以去除。

12.5 水质平衡用化学药品

12.5.1 化学药品的选用原则

1. 对人体健康无害

游泳池、游乐池、休闲池及文艺演出池等池水都是与人体皮肤等部位长时间紧密接触，世界卫生组织（WHO）《游泳池、按摩池和类似水环境安全指导准则》2006 年版指出，化学药品会通过以下三种途径进入人体内：①口腔直接吞咽；②皮肤表面吸收；③空气中吸入。据资料介绍："人体皮肤表面吸收的水量约占人体总吸收量的 2/3；口腔吞咽的水量仅为人体总吸收量的 1/3"。因此，选用化学药品时不仅要了解它的效果，而且要对人的卫生健康的风险进行仔细的了解，并和当地疾病预防部门进行严格的评估。

2. 不对池水产生二次污染，且副产物少

池水中含有少量的有机物、无机物，它们与化学药品接触后或多或少都会产生一些副产物。世界卫生组织（WHO）《游泳池、按摩池和类似水环境安全指导准则》（2006 年版）指出：①使用氯系消毒剂会产生三卤甲烷（THMs）、卤乙酸（HAAS）、氯胺、氯氰、氯酸盐等；②使用臭氧会产生溴酸盐、乙醛，羧酸、溴仿等；③使用二氧化氯会产生亚氯酸盐、氯酸盐；④使用溴氯海因会产生溴酸盐、溴胺等。这些副产物都不同程度有害于健康。除三卤甲烷、卤乙酸各国有限值外，其他副产物尚无限值规定。

3. 固体化学药品应能快速溶解，便于检测

为使池水在开放使用期间始终处于安全、卫生、健康状态，化学药品应能连续或断续均匀投加到水中，故应将其制备成液体状态，以方便用计量泵按规定数量加入水中，并方便用仪器仪表和人工检测工具对其检测和控制。

4. 化学药品一般为危险品，因其品种不同则危险等级不同。用于游泳池、游乐池、休闲池及文艺演出池的化学药品，要从是否对游泳者、戏水者、表演者产生健康风险和公共安全风险等方面进行评估。所以，应取得当地卫生主管部门的卫生许可或销售许可。

12.5.2 化学药品的投加要求

1. 为了投加方便，化学药品不聚集和不对游泳者、戏水者造成伤害，将化学药品溶解成一定浓度的液体，通过计量泵采用湿式自动投加，这种方法有利于化学药品溶液与池水的混合与控制。

2. 水质平衡的化学药品应投加在池水循环净化水处理系统的循环给水管道内，并应采取措施使化学药品液与循环水能很好地进行混合。

3. 为了保证游泳池的水质符合卫生要求，一般应采用相应的电子探测传感器连续监测游泳池循环水 pH 值、消毒剂剩余浓度，并设置能探测相应的调整加药泵投加药剂量而维持池水设定的化学药品浓度的自动投加系统。

如果采用人工投加系统，必须有完善的管理制度、操作规程和监测制度。

4. 化学药品应按比例连续投加，并与池水循环净化处理系统进行联锁，保证同时运行，同时停止，以保持池水水质的稳定。除出现池水水质异常情况外，严禁大剂量间断性投加化学药品，避免使池水产生不受欢迎的三卤甲烷（THMs）、亚氯酸盐、溴酸盐等副产物。

12.5.3 化学药品溶液的配制

1. 配制前操作者应充分了解和掌握化学药品有效成分的含量和是否适用于游泳池，以防与工业等级或农业等级的化学药品错用。

2. 化学药品溶液的配制浓度不应过高，过高会带来下列弊病：

1）投加量不易控制，且高浓度化学药品溶液没有专用的混合装置，它与水在管道内不会均匀混合，同时目前尚无小容量的计量投加泵。

2）高浓度的化学药品溶液对投加计量泵、管道、阀门及附件容易造成严重腐蚀或堵塞，使投加系统易出现故障，影响池水净化处理系统的正常运行，致使池水水质不易保证。

3）增加了投加系统检修、维护工作量和难度，也给操作检修人员带来安全隐患。

3. 化学药品溶液配制浓度

1）氯片（精）、次氯酸钠、碳酸钠、碳酸氢钠及氰尿酸等，通常应配制成有效氯、有效钠含量不超过 5%的溶液。

2）次氯酸钙应配成有效氯含量不超过3%的溶液，以防止系统钙的沉淀累积发生堵塞。

3）硫酸铝（精制、粗制）和硫酸铜，应配制成有效铜、铝含量不超过5%的溶液。

4）盐酸、硫酸等均属强酸应配制成有效酸浓度不超过3%的溶液，以减少酸对计量投加泵、管道、阀件等的腐蚀。

4. 化学药品溶液配制要求

1）固体（含粉状、片状、颗粒状）或液体化学药品，应先向容器内注入所需的水量，然后再将化学药品按规定数量注入容器内，并在封闭的状态下通过搅拌器进行搅拌，使化学药品全部溶解，切勿采用向化学药品中加水进行溶解和稀释的配制方法。

2）不同化学药品应分别设置各自的溶解容器，不应混合使用，以防发生化学反应带来的安全隐患。

3）大、中型游泳池、游乐池、文艺演出池应采用电动搅拌装置进行搅拌，以确保操作人的安全及节省体力。

4）盐酸、硫酸必须在密闭容器内进行搅拌稀释，防止搅拌过程中发生酸与水混合溢出的酸性烟雾给操作人员的健康及建筑物和其他设备造成损伤。

5）消毒剂及化学药品一旦触及眼睛、皮肤，应立即进行冲洗，并迅速求助医生进行救治。

12.5.4 化学药品溶液投加位置

1. 不同化学药品溶液投加点的位置在同一个池水净化处理系统中相互间距至少应相隔10倍投加点循环水管道管径，确保化学药品溶液与水的充分混合，防止不同化学药品溶液在管道中聚集而发生化学反应所带来的安全隐患。

2. 单一长效消毒剂（氯系及溴系）有两种投加点可供选择：

1）投加在池水循环净化处理系统加热工序设备之后进入池内的循环给水管道内。这种投加点因池水已经过了池水过滤工序，池水中的污染杂质基本上被清除，消毒剂的投加量可以减少到只要保证池内水中的余氯（溴）即可。

2）投加在池水循环净化处理系统的池水过滤工序过滤设备之前的池水循环水管道中。这样既有利于消毒剂与水的混合，还可以抑制微生物，如绿脓杆菌等在过滤设备的过滤介质中的繁殖，氧化池水中的有机物，提高过滤效果，还可以防止投加在过滤设备之后与池水pH值调节所用的酸产生安全隐患。但由于水中的消毒剂浓度较高，水的腐蚀性较强，这就给过滤设备的选材上提出较高的要求，从而增加过滤设备的投资费用。

3. 采用臭氧和紫外线为主、长效消毒剂为辅对池水进行消毒时，长效消毒剂应投加在池水循环净化处理系统工艺流程中池水加热工序和臭氧、紫外线消毒设备之后的循环水给水管内。

4. pH值调整剂应投加在池水加热设备之后、氯消毒剂投加点之前的循环水管道内，而且两者要有适当的距离，防止酸与氯混合后产生氯气并被送入游泳池，造成安全事故。

5. 混凝剂药液应投加在循环水泵的吸水管内，以使药剂溶液通过水泵叶轮的搅拌混合均匀充分。如果投加在循环水泵的出水管内，为了使混凝剂药液与水的很好混合，投加点至过滤设备进水口的距离应保证水流时间不少于10s，否则应增设一个如本手册图9.7.5所示的水与混凝剂进行混合反应的设备。

6. 除藻剂硫酸铜药液应投加在循环水泵的吸水管内。

7. 臭氧应投加在池水过滤设备之后的循环水管道上。如有特殊要求，也可以投加在如本手册10.5.4-1和图10.5.4-2所示的过滤设备之前的循环水管道内。

8. 紫外线照射消毒应将紫外线照射在池水加热设备之后，长效消毒剂之前的循环水管内。

12.6 消毒剂及化学药品的投加系统

12.6.1 投加系统

1. 应采用自动投加系统

根据设置在不同位置的电子探测器连续监测循环水中的pH值、消毒剂浓度，并与控制器中设计参数对比分析，控制加药计量泵投加化学药品的投加量，以保持池水中设定的消毒剂和化学药品浓度的稳定。

2. 投加系统应用化学药品溶液桶、电动搅拌器、计量加药泵、化学药品液注入器、电子探测传感器、控制器、管道和相关阀件组成，如图12.6.1所示。其中序号1、2、7应为一体化装置。

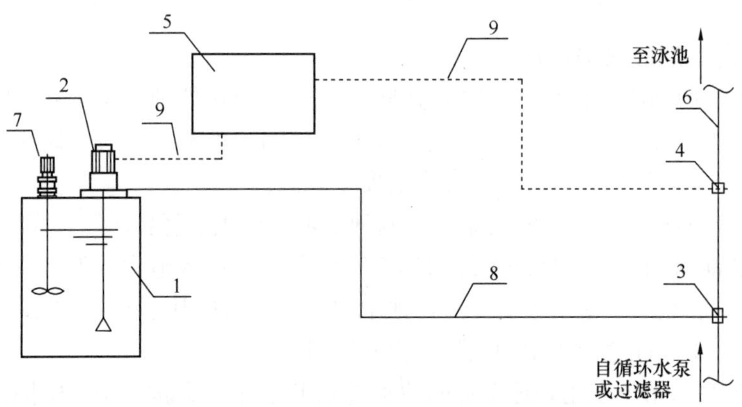

图12.6.1 化学药品溶液自动投加系统组成示意

说明：1—化学药品溶液桶；2—加药计量泵；3—化学药品溶液注入器；4—电子传感器；5—控制器；6—循环水管；7—电动搅拌器；8—化学药品溶液输送管；9—控制线

12.6.2 投加系统要求

1. 不同化学药品基本上是不兼容的，因此每种化学药品的投加系统均应分开各自独立设置，并有明显的化学药品名称标志，而且不允许合用及混用，以防止不同化学药品发生相互作用损坏投加系统和发生安全事故。

2. 不同化学药品投加装置应远离热源，但允许设在同一房间内，其相互之间的距离不应小于1.0m，确保操作方便和安全。

3. 不同化学药品投加管道应相互平行敷设，且间距不应小于100mm，确保维修、更换互不影响。

4. 不同化学药品溶液输送管道布置应力求以最短距离到达投加点，而且应有各自设置的颜色区别标志和流向标志。所有注入化学药品溶液装置的构造均应采用孔板或弯管等措施实现与水的完全混合，且不应产生回流，确保设备停止运行时化学药品液不进入池水内，并方便使用、维修和管理。

5. 消毒剂和化学药品溶液的投加应按设计设定参数自动化控制，以适应游泳、戏水负荷等变化，使投加量达到最佳。

6. 化学药品溶液投加泵应与池水循环水泵联锁控制，任何原因导致池水循环中断，则应立即能中断化学药品溶液的投加供应。循环水泵开启运行正常后，化学药品加药泵方可开启运行，防止化学药品在系统积累给游泳者、戏水者等带来安全风险。

7. 碱性化学药品溶液在硬水中容易堵塞注入装置，应经常进行清洁。

8. 设计为间歇式投加化学药品溶液的系统，应实行定时自控或手动操作。

12.6.3 投加设备及装置

1. 计量加药泵

1）计量加药泵的性能参数应根据池水循环流量、化学药品配制浓度等按最大设计负荷人数情况下能满足的化学药品剂量计算确定，并适应最小负荷要求，且计量准确。由于游泳和戏水人数在不断变化，池水污染程度也在变化，这就要求加药泵的输送能力要适应这种变化，不断进行调整，保证池水水质符合卫生、安全要求。

2）加药泵应选用电驱动隔膜式精密计量泵，并应满足下列规定：

（1）应能连续按循环水量、按比例准确地进行化学药品溶液的投加，计量范围可以根据控制参数能自动地在10%～100%范围内可调，而且允许误差不超过±1%；

（2）泵体应为耐压强度高化学腐蚀材质制造，防护等级不应低于IP65；

（3）泵和化学药品溶液桶，投加系统应为一个整体，并能在高温、高湿环境条件下长期稳定、安全可靠地运行；

（4）加药泵的压力应能满足循环水系统最大反压下能输送池水所需要的化学药品溶液投加量，这种反压包括池水循环净化系统的水压、各工艺工序设备和管道的阻力；

（5）加药泵在条件允许的情况下，宜选用同规格型号的加药泵，这样可以储存同类型泵的备用件，以方便和简化加药泵的维修和保养工作。

3）不同化学药品溶液的加药计量泵应分别设置。

2. 探测传感器和控制器

（1）控制器是依赖于探测传感器，所以，探测传感器的精度至关重要，而且应定期按产品说明书进行清洁和校准，其校准精度应高于水质所需精度；

（2）控制器应具有自行分析和自行调节而得到最佳效果的功能和能力，特别是具有抗水位变化（如造浪池）干扰的能力。

3. 化学药品溶液桶

1）化学药品溶液桶的容积

（1）一般宜按每一个开放场次的化学药品消耗量和溶液浓度计算确定或按每日的消耗量计算确定。计算方法参见本手册第10.3.2条；

（2）每一个场次或每日所需要的溶液消耗量，应一次配制完成，以确保化学药品溶液的浓度均匀一致。

2）化学药品溶液桶应有下列配套装置：

（1）制备溶液的水质应符合饮用水的水质，并设置给水龙头；

（2）化学药品溶液浓度和液位指示器及超低液位报警装置；

（3）桶底应有沉积化学药品杂质的排出管及阀门；

（4）桶顶部应配置加药泵吸液管或带吸液管的加药泵，吸液管应有滤网。

3）每组溶液桶和溶液输送加药泵，只能输送一种化学药品溶液。

4）化学药品溶液桶应采用具有稳定抗紫外线辐射的聚乙烯塑料整体制造。

5）目前市场上成品化学药品溶液桶容积有：40L、50L、100L、150L、200L、300L、400L、500L、1000L、2000L及3000L等制品，可供选用。

4. 化学药品溶液输送用管道及管件

1）管道、管件应采用在加压泵有效工作压力和溶液规定温度条件下，能抵抗所输送化学药品腐蚀的塑料管道、管件；

2）管道耐压应按加药泵因管道被堵塞时最大压力确定；

3）同一种化学药品管道系统的管径、材质应一致；在安装及维修保养更换时，也不得改变管径和管道材质；

4）管道上的阀门应采用同材质的球阀或与化学药品溶液相兼容的不锈钢阀门；

5）管道转弯处不得采用直角弯曲，应采用软管缓弯。

13 池 水 加 热

游泳池、游乐池、休闲设施及文艺表演水池是为人们提供游泳健身、竞技比赛、休闲戏水、养生及文艺表演活动的场所。过高的水温或过低的水温对人们在水中活动都是不利的。因此，对不同用途水池提供适宜的水温是不可忽视的问题。

池水的温度与环境温度、湿度密切相关。各种水池的水温昼夜所需要的加热量不均匀。经营者为了节约能源消耗费用，在夜间将池水循环净化处理系统和空间空调系统予以关闭停止运行，但这与为保持池水水质卫生、健康要求系统24h运行相互矛盾。同时池水初次加热所用热量与正常使用过程保持池水"恒温"状态所需热量是不一致的。因此，解决好这些矛盾是设计应关注的问题。

不同用途水池的最佳温度，在本手册第5、6节提出了具体规定。为了保持池水的"恒温"，国际游泳联合会（FINA）《游泳、跳水、水球、花样游泳设备设施规范》（2002～2005年版）中要求室内环境温度应高出池水温度2℃。因此，在具体工程设计中应与空调专业密切配合，切不可忽视这一问题。

13.1 热 源 选 择

游泳池、游乐池、休闲池及文艺表演水池，针对给水排水设计来讲，其能耗表现在：①池水加热的热能；②池水循环的水泵电能，这一点本手册已在第7.9节有详细叙述；③游泳、戏水、入浴者及文艺表演者的淋浴热水所需热能，这一点见《建筑给水排水手册》（2018年版）详细论述。本章仅就池水加热所用热能进行论述。

13.1.1 热源选择基本原则

人工室内游泳池、游乐池、休闲池及文艺表演水池，除采用符合规定温度的地热水及温泉水外，一般均应对池水进行加热。其热源应按下列要求依次选择：

1. 绿色无污染，如：①可利用的余热、废热；②无污染的太阳能，但不稳定；③热泵（地源热泵、水源热泵、空气源热泵、热回收热泵）。

2. 清洁、稳定和持续（全年供热）：①城市及区域热力网；②自设电能锅炉。

3. 需要减排的稳定热能：自设燃气、燃油及燃煤锅炉供热。

4. 电加热器。

13.1.2 室外露天人工游泳池、游乐池及文艺表演池

1. 季节性使用池：炎热的夏季为满足广大群众游泳、戏水需要而设置的游泳池、游乐池，由于受阳光直接照射使池水温度能保持在人们需要的池水温度范围内，所以不需要再设置池水加热设施。

2. 季节性游泳池为了延长使用时间，在初夏、初秋季，我国南宁、昆明等地区在20世纪80年代对此类游泳池设置了加热设施。

3. 在我国广东地区，由于炎热夏季太阳照射对池水升温较快，在中午后的开放场次中，池水温度偏高，为了不影响游泳，采用向池内放冰块的方法降低池内水温，造成池水水温不均匀，且仍然满足不了使用要求。这种做法存在的问题有：池水温度不均匀和冰的质量存在对池水产生二次污染的危险，因此不推荐采用。

13.2 加 热 负 荷

13.2.1 游泳池、游乐池、休闲设施及文艺表演水池的热耗构成

1. 池水初次加热及换水后重新加热的需热量；

2. 正常对外开放使用过程中的维持池水“恒温”所需的热量。它又由下列各项构成：

1）池水表面蒸发损失的热量；

2）池水表面传导损失的热量；

3）池体（池壁、池底）传导损失的热量；

4）正常使用过程中补充水加热所需的热量。

3. 水疗池（包括热水休闲设施池和温泉水浸泡浴池）加热所需的热量。

13.2.2 池水初次加热及换水后加热所需热量

1. 计算公式

$$Q_C = V_C \cdot \rho \cdot C(t_d - t_f) \tag{13.2.2}$$

式中：Q_C——游泳池池水初次加热所需的热量（kJ）；

V_C——游泳池的池水容积（L）；

ρ——水的密度（kg/L），按表13.2.2-1选用；

C——水的比热，取C=4.1868kJ/(kg·℃)；

t_d——游泳池的池水设计温度（℃），按本手册表5.6.4～表5.6.6规定选用；

t_f——池水初次充水及换水后新水的原水水温，按表13.2.2-2选用。

2. 不同水温的密度，详见表13.2.2-1。

不同水温水的密度 **表13.2.2-1**

水温（℃）	密度ρ（kg/L）	水温（℃）	密度ρ（kg/L）	水温（℃）	密度ρ（kg/L）	水温（℃）	密度（ρ）（kg/L）
4	1.0	12	0.9995	20	0.9982	28	0.9963
6	0.9999	14	0.9993	22	0.9978	30	0.9967
8	0.9998	16	0.9990	24	0.9973	32	0.9951
10	0.9997	18	0.9986	26	0.9968	34	0.9944

3. 池水原水计算温度，详见表13.2.2-2

池水原水计算温度（℃） **表13.2.2-2**

<table>
<tr><th>区域</th><th>省、市、自治区、行政区</th><th>地面水</th><th>地下水</th><th>区域</th><th colspan="2">省、市、自治区、行政区</th><th>地面水</th><th>地下水</th></tr>
<tr><td rowspan="2">东北</td><td>黑龙江</td><td>4</td><td>6～10</td><td rowspan="2">东北</td><td rowspan="2">辽宁</td><td>大部</td><td>4</td><td>6～10</td></tr>
<tr><td>吉林</td><td>4</td><td>6～10</td><td>南部</td><td>4</td><td>10～15</td></tr>
</table>

续表

区域	省、市、自治区、行政区		地面水	地下水
华北	北京		4	10～15
华北	天津		4	10～15
华北	河北	北部	4	6～10
华北	河北	大部	4	10～15
华北	山西	北部	4	6～10
华北	山西	大部	4	10～15
华北	内蒙古		4	6～10
西北	陕西	偏北	4	6～10
西北	陕西	大部	4	10～15
西北	陕西	秦岭以南	7	15～20
西北	甘肃	南部	4	10～15
西北	甘肃	秦岭以南	7	15～20
西北	青海	偏东	4	10～15
西北	宁夏	偏东	4	6～10
西北	宁夏	南部	4	10～15
西北	新疆	北疆	5	10～11
西北	新疆	南疆		12
西北	新疆	乌鲁木齐	8	12
东南	山东		4	10～15
东南	上海		5	15～20
东南	浙江		5	15～20

区域	省、市、自治区、行政区		地面水	地下水
东南	江苏	偏北	4	10～15
东南	江苏	大部	5	15～20
东南	江西大部		5	15～20
东南	安徽大部		5	15～20
东南	福建	北部	5	15～20
东南	福建	南部	10～15	20
东南	台湾		10～15	20
中南	河南	北部	4	10～15
中南	河南	南部	5	15～20
中南	湖北	东部	5	15～20
中南	湖北	西部	7	15～20
中南	湖南	东部	5	15～20
中南	湖南	西部	7	15～20
中南	广东、港澳		10～15	20
中南	海南		15～20	17～22
西南	重庆		7	15～20
西南	贵州		7	15～20
西南	四川大部		7	15～20
西南	云南	大部	7	15～20
西南	云南	南部	10～15	20
西南	广西	大部	10～15	20
西南	广西	偏北	7	15～20
西藏			—	5

注：本表摘自《建筑给水排水设计规范》GB 50015—2003（2009年版）。

13.2.3 池水表面蒸发损失的热量

1. 计算公式

$$Q_z=\frac{1}{\beta}\cdot\rho\cdot\gamma(0.0174v_w+0.0229)\cdot(P_b-P_q)\cdot\frac{B}{b}\cdot A \qquad (13.2.3)$$

式中：Q_z——游泳池池水表面蒸发损失的热量（kJ/h）；

β——压力换算系数，取 β=133.32Pa；

ρ——水的密度（kg/L），按表 13.2.2-1 选用；

γ——与池水温度相等的饱和蒸汽的蒸发潜热（kJ/kg），按表 13.2.3-1 选用；

v_w——池水表面上的风速（m/s），按下列规定采用：

室内池取 v_w=0.2～0.5m/s；

室外露天池取 v_w=2.0～3.0m/s。

P_b——与池水温度相等的饱和空气的水蒸气分压（Pa），按表 13.2.3-1 选用；

P_q——游泳池环境空气的水蒸气分压（Pa），按表 13.2.3-2 选用；

A_s——游泳池的水面面积（m^2）；

B——标准大气压力，（kPa）；

b——当地的大气压力（kPa）按表 13.2.3-3 选用。

2. 计算表格

水的蒸发潜热及饱和蒸汽分压 **表 13.2.3-1**

水温（℃）	蒸发潜热（γ）		饱和蒸汽分压（P_b）		水温（℃）	蒸发潜热（γ）		饱和蒸汽分压（P_b）	
	（kcal/kg）	（kJ/kg）	（mmHg）	（Pa）		（kcal/kg）	（kJ/kg）	（mmHg）	（Pa）
18	587.1	2460	15.5	2066.5	25	583.1	2443	23.8	3173.1
19	586.6	2458	16.5	2199.8	26	582.5	2441	25.2	3359.7
20	586.0	2455	17.5	2333.1	27	581.9	2438	26.7	3559.7
21	585.4	2453	18.7	2493.1	28	581.4	2436	28.3	3773.0
22	584.9	2451	19.8	2639.8	29	580.8	2434	30.0	3999.7
23	584.3	2448	21.1	2813.1	30	580.4	2432	31.8	4329.6
24	583.6	2445	22.4	2986.4					

与环境气温相关的水蒸气分压 **表 13.2.3-2**

气温 ℃	空气相对湿度（%）	蒸发分压（P_q）		气温 ℃	空气相对湿度（%）	蒸发分压（P_q）	
		（mmHg）	（Pa）			（mmHg）	（Pa）
21	50	9.3	1239.9	26	50	12.5	1666.5
	55	10.2	1359.9		55	13.8	1839.8
	30	11.1	1466.5		60	15.2	2026.5
22	50	9.9	1319.9	27	50	13.3	1773.2
	55	10.9	1453.2		55	13.7	1959.6
	60	11.9	1586.5		60	16.0	2133.2
23	50	10.5	1399.9	28	50	13.3	1906.51
	55	11.5	1533.2		55	15.6	2079.8
	60	12.6	1679.9		60	17.0	2266.8
24	50	11.1	1479.9	29	50	15.1	2013.2
	55	12.3	1639.9		55	16.5	2199.8
	60	13.4	1786.5		60	18.0	2399.8
25	50	11.9	1586.5	30	50	16.0	2133.2
	55	13.0	1733.2		55	17.0	2266.5
	60	13.2	1893.2		60	19.1	2546.5

我国主要城市大气压 **表 13.2.3-3**

序号	地名	大气压力（hPa）	
		冬季	夏季
1	**北京市**		
	北京市	1025.7	999.87
	密云	1020.8	995.23
2	**天津市**		
	天津市	1029.6	1002.9
3	**河北省**		
	张北	863.3	856.0
	石家庄	1020.2	993.9
	邢台	1020.6	994.6
	丰宁	947.4	931.2
	怀来	963.6	943.8
	承德	982.7	961.8
	乐亭	1029.0	1002.9
	饶阳	1028.0	1000.5
4	**山西省**		
	大同	901.5	888.0
	原平	928.8	913.0
	太原	934.7	918.5
	榆社	903.5	890.9
	介休	938.3	922.2
	运城	983.9	959.6
	侯马	976.3	954.1
5	**内蒙古自治区**		
	图里河	932.8	923.4
	满洲里	944.1	929.1
	海拉尔	949.1	934.5
	博克图	930.9	922.4
	阿尔山	899.5	892.0
	索伦	962.7	946.7
	东乌珠穆沁旗	924.4	910.1
	额济纳旗	918.8	896.6
	巴音毛道	872.4	860.1
	二连浩特	913.3	896.9
	阿巴嘎旗	894.3	881.6
	海力素	852.0	843.2
	朱日和	891.7	878.7
	乌拉特后旗	877.1	864.4
	达尔罕联合旗	867.2	857.2
	化德	852.8	846.4
	呼和浩特	903.1	888.4
	吉兰太	907.0	888.8
	鄂托克旗	866.4	855.3
	东胜	857.0	848.6
	西乌珠穆沁旗	907.4	894.6
	扎鲁特旗	993.6	972.3
	巴林左旗	965.7	948.4
	锡林浩特	909.0	894.6
	林西	928.6	913.
	开鲁	998.3	975.1
	通辽	1004.1	982.9
	多伦	879.5	869.7
	赤峰	956.8	939.4
6	**辽宁省**		
	彰武	879.5	993.9
	朝阳	956.8	983.1
	新民	1019.0	1000.7
	锦州	1021.1	996.2
	沈阳	1023.3	998.5
	本溪	1005.4	983.8
	兴城	1028.7	1003.1
	营口	1029.3	1003.5
	宽甸	994.6	976.3
	丹东	1026.6	1006.7
	大连	1017.3	994.5
7	**吉林省**		
	白城	1007.7	984.5
	前郭尔罗斯	1010.2	987.8
	四平	1006.7	984.9
	长春	996.5	976.8
	敦化	958.4	946.4

续表

序号	地名	大气压力（hPa）	
		冬季	夏季
7	东岗	928.3	920.4
	延吉	1003.8	985.5
	临江	985.6	968.4
8	**黑龙江省**		
	漠河	980.6	971.3
	呼玛	1002.1	985.0
	嫩江	994.3	977.3
	孙吴	992.2	977.8
	克山	995.3	975.8
	富裕	1005.3	985.0
	齐齐哈尔	1008.3	986.5
	海伦	995.2	976.1
	富锦	1013.9	997.9
	安达	1005.9	985.7
	佳木斯	1012.6	994.1
	肇州	1008.2	985.9
	哈尔滨	1004.1	986.8
	通河	1011.1	991.9
	尚志	1003.1	982.9
	鸡西	994.1	978.8
	牡丹江	993.4	977.4
	绥芬河	960.0	949.7
9	**陕西省**		
	榆林	903.3	888.9
	定边	868.0	856.6
	绥德	918.7	902.2
	延安	915.0	898.9
	洛川	891.6	878.2
	西安	981.0	957.1
	汉中	965.0	947.0
	安康	990.9	969.2
10	**甘肃省**		
	敦煌	895.3	878.0
	玉门镇	851.1	839.8
	酒泉	857.0	845.5
	民勤	869.9	855.7
	乌鞘岭	697.7	705.0
	兰州	852.8	841.5
	榆中	813.7	806.2
	平凉	871.1	858.1
	西峰镇	860.8	851.5
	武都	899.2	865.6
	天水	893.4	879.7
11	**宁夏回族自治区**		
	银川	897.3	881.4
	盐池	870.6	858.1
	固原	827.7	819.1
12	**青海省**		
	冷湖	729.4	725.8
	大柴旦	690.1	692.0
	刚察	677.6	681.7
	格尔木	723.0	723.0
	都兰	689.0	690.6
	西宁	773.4	770.6
	民和	819.6	813.6
	兴海	678.7	682.1
	托托河	584.0	587.5
	曲麻莱	607.5	612.5
	玉树	648.4	651.4
	玛多	603.1	609.2
	达日	626.0	629.5
	囊谦	651.3	652.4
13	**新疆维吾尔自治区**		
	阿勒泰	944.9	922.8
	富蕴	936.9	915.3
	塔城	967.0	944.6
	和布克赛尔	877.0	865.7
	克拉玛依	983.8	955.7

续表

序号	地名	大气压力（hPa）	
		冬季	夏季
13	精河	999.3	968.6
	乌苏	978.4	951.3
	伊宁	950.6	932.5
	乌鲁木齐	933.3	932.1
	焉耆	905.2	889.2
	吐鲁番	1036.0	996.0
	阿克苏	901.2	882.6
	库车	903.0	885.2
	喀什	980.0	864.8
	巴楚	898.5	879.9
	莎车	885.9	868.7
	和田	870.1	854.2
	民丰	866.0	851.2
	哈密	944.1	919.3
14	**上海市**	1026.5	1005.7
15	**山东省**		
	惠民	1027.8	1001.9
	龙口	1029.1	1003.6
	荣成	1022.7	1002.3
	济南	1018.5	997.3
	潍坊	1024.7	1002.1
	兖州	1023.2	997.4
	莒县	1016.2	990.8
16	**江苏省**		
	徐州	1025.1	998.5
	赣榆	1028.8	1002.7
	淮阴（清江）	1027.4	1001.5
	南京	1027.9	1002.5
	东台	1028.8	1003.6
	吕四	1027.5	1004.0
17	**浙江省**		
	杭州	1021.8	999.8
	舟山	1021.4	1002.1

序号	地名	大气压力（hPa）	
		冬季	夏季
17	衢州	1017.5	996.6
	温州	1025.4	1004.5
	洪家	1024.1	1005.9
18	**安徽省**		
	亳州	1025.0	997.5
	寿县	1025.2	1000.5
	蚌埠	1025.9	1000.6
	霍山	1019.5	995.3
	桐城	1017.9	994.2
	合肥	1023.6	999.1
	安庆	1023.6	1001.3
	黄山	1008.5	988.6
19	**江西省**		
	宜春	1009.8	989.7
	吉安	1015.8	996.1
	遂川	1009.8	990.5
	赣州	1009.0	991.9
	景德镇	1018.6	998.5
	南昌	1019.8	998.7
	玉山	1012.0	992.4
	南城	1015.3	995.2
20	**福建省**		
	建瓯	1005.5	988.2
	南平	1008.7	991.7
	福州	1012.9	997.4
	上杭	999.0	984.5
	永安	999.0	983.3
	崇武	1019.7	1002.6
	厦门	1004.5	996.7
21	**河南省**		
	安阳	1020.8	994.9
	卢氏	959.3	938.5
	郑州	1015.5	989.1
	南阳	1013.9	987.8
	驻马店	1019.5	992.9

续表

序号	地名	大气压力（hPa）	
		冬季	夏季
21	信阳	1017.1	991.4
	商丘	1023.7	996.6
22	**湖北省**		
	陨西	998.0	975.2
	老河口	1016.1	991.4
	钟祥	1019.8	995.1
	麻城	1021.6	996.7
	鄂州	971.3	953.9
	宜昌	1011.3	988.3
	武汉	1024.5	999.7
23	**湖南省**		
	石门	1012.6	989.2
	南县	1022.6	998.3
	吉首	1001.2	979.7
	常德	1023.2	998.8
	长沙	1018.3	995.6
	芷江	992.1	973.0
	株洲	1017.6	995.0
	武冈	984.2	966.1
	永州	1004.3	986.2
	常宁	1012.0	991.8
24	**广西壮族自治区**		
	桂林	1003.2	986.1
	河池	996.4	979.8
	都安	1000.3	984.2
	百色	1000.5	983.9
	桂平	1015.9	1000.0
	梧州	1007.2	992.1
	龙州	1004.9	989.5
	南宁	1012.1	996.7
	灵山	1012.4	996.9
	钦州	1019.6	1003.6
25	**广东省**		
	南雄	1007.5	991.0
	韶关	1016.0	998.4

序号	地名	大气压力（hPa）	
		冬季	夏季
25	广州	1020.7	1002.9
	河源	1007.5	1001.6
	增城	1020.1	1004.6
	汕头	1020.4	1007.4
	汕尾	1019.6	1006.4
	阳江	1017.3	1003.7
	电白	1018.0	1003.4
26	**海南省**		
	海口	1017.7	1003.4
	东方	1017.9	1004.0
	琼海	1016.5	1002.4
27	**重庆市**		
	沙坪坝	993.6	973.1
	酉阳	945.7	930.9
28	**四川省**		
	甘孜	671.0	673.6
	马尔康	736.0	734.2
	红原	660.6	666.4
	松潘	720.0	721.0
	绵阳	968.8	950.6
	理塘	627.9	631.1
	成都	965.1	947.7
	乐山	973.3	956.5
	九龙（岳池）	712.3	713.5
	宜宾	983.1	965.4
	西昌	840.7	834.2
	会理	822.7	815.7
	万源	944.0	930.6
	南充	989.0	969.1
	泸州	983.5	965.7
29	**贵州省**		
	威宁	776.6	776.3
	桐梓	909.2	898.6
	毕节	850.3	843.4
	遵义	923.2	910.9

续表

序号	地名	大气压力（hPa）		序号	地名	大气压力（hPa）	
		冬季	夏季			冬季	夏季
29	贵阳	896.6	888.2	30	澜沧	899.0	891.1
	三穗	951.2	936.2		思茅	871.6	866.0
	兴义	864.6	857.8		元江	972.0	956.6
30	**云南省**				勐腊	945.2	934.9
	德钦	660.0	681.9		蒙自	874.3	865.4
	丽江	763.5	759.9	31	**西藏自治区**		
	腾冲	836.6	831.4		拉萨	652.8	652.0
	楚雄	824.7	817.9		昌都	681.1	680.0
	昆明	813.5	807.3		林芝	706.5	707.0
	临沧	851.8	845.7				

注：本表摘自《实用供热空调设计手册》（第二版）（2008年5月）。

13.2.4 池水表面传导损失的热量

1. 计算公式

$$Q_{ch} = \alpha \cdot C \cdot A_s (t_d - t_Q) \tag{13.2.4}$$

式中：Q_{ch}——游泳池水表面传导损失的热量（kJ/h）；

α——池水表面的传导率，可取近似值33.5kJ/(m^2·h·℃)；

C——水的比热［kJ/kg·℃］，取4.1868；

A_s——池水表面面积（m^2）；

t_d——游泳池的池水设计温度（℃），按本手册表5.6.4、表5.6.5选用；

t_Q——池水上空的空气温度（℃），按下列规定选用：室内池，按空调采暖设计温度计；室外露天池，按游泳池开放期间最冷月平均最低气温计。

2. 应关注的问题

在实际工程中，按上述计算公式计算时，可能出现Q_{ch}为负值，这说明池子所处大厅的气温高于池内水的温度，即它是池内水中传热的工况，这是本专业欢迎的工况。但在具体工程实际运行中，为了节约能源，空调能否全年全天候开放运行，空调专业室内环境设计参数的选用，能否保证池水散热损失与室内气温向池内水传热相平衡等因素，应与空调设计密切配合，仔细分析，并应尽量按池水既不向池外散热，池外环境也不向池内水传热的工况来判定该公式计算值的准确性。

13.2.5 池壁和池底传导损失的热量

计算公式

$$Q_{bd} = K \Sigma F_{bd} (t_d - t_t) \tag{13.2.5}$$

式中：Q_{bd}——池壁和池底传导损失的热量（kJ/h）；

K——池壁和池底的传热系数［kJ/(m^2·h·℃)］，按下列规定取值：

1）钢筋混凝土结构

（1）池壁、池底与土壤接触时，取K=4.19kJ/(m^2·h·℃)；

(2) 池壁、池底与空气接触时，可近似取 $K=8.38\sim21\text{kJ}/(\text{m}^2\cdot\text{h}\cdot℃)$，池壁较厚（如大于 300mm）可取下限值。

2) 拼装池体结构

(1) 池外壁有保温时，取本条式中 1) 中 (2) 的下限值；

(2) 池外壁无保温时，取本条式中 1) 中 (2) 的上限值。

F_{bd}——池壁和池底的外表表面积之和（m^2）；

t_d——池水的设计温度（℃），按本手册表 5.6.4～表 5.6.6 选用；

t_t——池壁、池底之外的温度（℃），按下列条件取值：埋地池，取土壤温度；不埋地池，取空间设计温度。

13.2.6 池水循环净化处理系统设备，管道的热损失热量

1. 需按现行国家标准《建筑给水排水设计规范》GB 50015 热水循环管道系统规定的方法和公式进行计算。

2. 据资料介绍：实际工程运行实践证明，池水循环净化处理系统的设备及管道系统的热损失，约为"池水表面蒸发损失热量＋池水表面传导热损失量＋池壁和池底传导损失热量"等三项损失热量之和的 3%，故可按下式计算：

$$Q_p=(Q_z+Q_{ch}+Q_{bd})\cdot 3\% \tag{13.2.6}$$

式中：Q_p——池水循环净化处理系统设备及管道的损失热量（kJ/h）；

其他符号含义同前式。

13.2.7 补充水加热所需的热量按下式计算

$$Q_b=\frac{\rho\cdot V_b(t_d-t_f)}{T_h} \tag{13.2.7}$$

式中：Q_b——加热游泳池补充水所需的热量（kJ/h）；

V_b——补充水水量（L）；

T_h——所需要加热的时间（h），按池水循环净化处理系统实际经营运行时间确定；

其他符号的意义同前。

13.2.8 池水维持"恒温"所需要的总热量按下式计算

1. 计算公式

$$Q_{vz}=Q_z+Q_{ch}+Q_{bd}+Q_p+Q_b \tag{13.2.8-1}$$

式中：Q_{vz}——游泳池池水维持"恒温"所需总热量（kJ/h）；

其他符号意义同前。

2. 简要计算

$$Q_{vz}=1.2\,Q_z+Q_b \tag{13.2.8-2}$$

式中"$1.2Q_z$"表示为"池水表面传导损失的热量＋池壁和池底传导损失的热量＋补充水加热所需热量"之和，约占池水表面蒸发损失热量的 20%。

13.2.9 温泉水原水水温低于 60℃ 时，应对温泉水储水池内温泉水进行加热，确保储水池内温泉水温不低于 60℃，以防止滋生军团菌。加热所需热量应按下式计算：

$$Q_J=q_y\cdot C(t_{wt}-t_w)\cdot \rho_T \tag{13.2.9}$$

式中：Q_J——温泉水被加热所需的热量（kJ/h）；

q_y——温泉水井的有效出水量（L/h）；

C——温泉水的比热，近似取 C=4.187 [kg/(kg·℃]；

t_{wt}——温泉水储水池要求的温度，取 t_w=60℃；

t_w——温泉水原水温度（℃）；

ρ_T——温泉水的密度（kg/L），取0.98。

13.3 加 热 方 式

游泳池、游乐池、休闲设施池、文艺表演池等的加热方式，一般根据池子用途和热媒条件确定。

13.3.1 基本要求

1. 热媒不应与池水直接接触，应确保热媒不对池水产生二次污染。

2. 加热设施应具有温度调节装置，确保被加热池水水温均匀。

3. 加热设备材质应耐腐蚀，加热过程应无噪声。

4. 热媒供给系统应与池水循环水泵设置联动装置，确保循环水泵停止运行时，关闭热媒供应。

5. 游泳池、休闲设施池等类型繁多，初次加热可分区进行，以确保池水初期加热与正常运行时耗热量的相对平衡，节约建设费用。

13.3.2 加热方式

1. 全流量池水加热：是将所需的池水循环流量全部进行加热的方式。

1）需要的加热设备容量较大，建设费用较高；

2）加热设备的储水温度与进水温度温差较小，出水温度控制困难。

2. 分流量加热方式

1）分流量加热方式就是将池水循环流量的一部分流量加热至较高温度，然后再与未被加热的那部分循环水量进行混合，使其混合后的总循环水量满足池子所需要水温的一种加热方法，如图13.3.2所示。

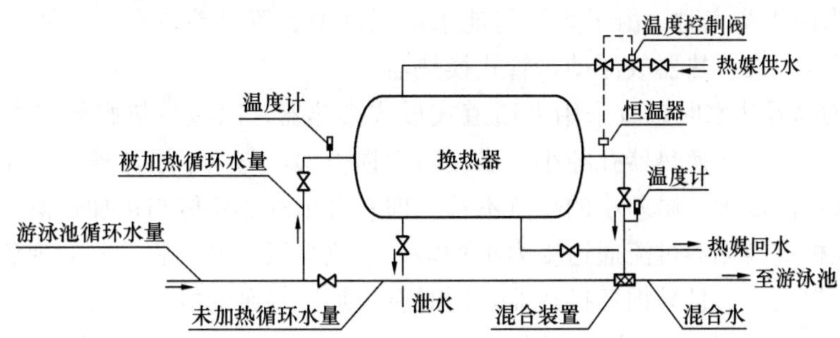

图13.3.2 分流量池水加热方式配管示意

2）由于游泳池、游乐池、文艺表演池等，它们的循环流量很大，温差又小，很难选到合适的大容量设备和控制装置，所以推荐分流量方式，在工程实践证明此方式是有效的。

13.3.3 分流量池水加热应符合下列要求

1. 被加热的水量不应小于池水循环水量的25%，被加热水的水温不宜超过40℃，以保证被加热的池水与未被加热的池水能有效均匀的混合，工程实践证明这一参数是可行的。

2. 被加热水与未被加热的池水应通过在线混合器进行混合，以保证两者能获得混合均匀的效果。

3. 换热设备被加热水的那一侧的阻力损失应小于0.02MPa，这样可以保证两种水流量的水压匹配，以满足它们混合的均匀性。如果两者压力差超过0.02MPa，由于压力相差较大，造成水流量的不匹配而使混合后的水温不均匀，这是不允许出现的。为克服这种现象，这就要对被加热水一侧的水进行增压，以克服加热设备的过多阻力损失，使被加的热水与未被加热的那部分的水压基本平衡，从而达到两者的混合均匀性。

4. 换热设备被加热水侧应设置可调幅度不超过1.0℃的自动温控装置，使换热设备的出水温度处于基本稳定状态，目的同样是保证被加热水与未被加热的水能很好地混合。

5. 本手册推荐人工游泳池、游乐池、文艺表演水池等采用分流量池水加热方式。

13.4 加 热 设 备

13.4.1 基本要求

1. 换热能效高、热损小、节能、水流阻力小；

2. 设备结构紧凑、体积小、密封性能好、湍流程度高、可减轻水结垢；

3. 设备性能稳定、灵活可调、安装可靠；

4. 设备材质耐化学药品腐蚀、维护检修方便、使用寿命长。

13.4.2 加热设备的选型

1. 加热设备的形式应根据热源类型、耗热的大小、水质条件、使用要求、运行管理水平等因素综合比较后确定。

2. 热源为高压蒸汽时，由于热媒与池水的温度差、流量差较大，为便于控制出水温度，宜选用半容积式换热器或浮动盘管式换热器。

3. 热媒为高温热水时，宜采用大通道式板式换热器，以减少热媒侧与被加热水侧的流量差及压力差。板式换热器孔隙小、水流阻力损失大，与用于游泳池、游乐池、文艺表演水池等要求过流量大、温差小的特点不符，即它会出现热媒侧与被加热侧流量相差较大的问题，造成板式换热器过流通道受力不均匀，一侧受压，另一侧受胀的现象，这不仅造成水流阻力损失大，而且易损坏换热器，同时造成加压水泵的能耗加大。

4. 热源为太阳能或热泵时，它们不仅是永久性能源，而且是清洁能源。它们在技术上也已成熟，并有相应产品标准作为质量保证，且在工程中已有应用，并取得良好的节能效果，这两种热源系统将在本手册第14章详细介绍。

13.4.3 换热设备

1. 换热器换热面积按下式计算

$$F_r = \frac{Q_c}{\varepsilon \times K \times \Delta t_j} \tag{13.4.3-1}$$

$$\Delta t_j = \frac{\Delta t_{max} - \Delta t_{min}}{\ln \frac{\Delta t_{max}}{\Delta t_{min}}} \tag{13.4.3-2}$$

式中：F_r——池水初次加热所需换热面积（m^2）；

Q_c——池水初次加热所需热量（kJ/h），由本手册（13.2.2）式计算取得；

ε——因水垢及热媒分布不均匀影响热效率的系数，一般取 $\varepsilon=0.8$；

K——传热系数 [kJ/(m^2·℃)]，初算时可取 $K=2000\sim3000$；

Δt_j——热媒与被加热水的对数平均温差（℃）；

Δt_{max}——热媒与被加热水在换热器入口端的最大温差（℃）；

Δt_{min}——热媒与被加热水在换热器出口端的最小温差（℃）。

注：传热系数 K 值与热媒、被加热水的流速、水流通道形式及材质等因素有关，而且差异较大。因此，在工程实践中，应由产品供应商根据自己生产的产品特点及实际 K 值进行准确计算，设计人员应予以校审确认。

2. 换热设备进水口与出水口温差应按下式计算

$$\Delta T_h = \frac{Q_{vz}}{1000 \cdot \rho \cdot c \cdot q_r} \tag{13.4.3-3}$$

式中：ΔT_h——换热设备进水管口与出水管口的水温差（℃）；

Q_{vz}——维持池水“恒温”所需的热量（kJ/h），按本手册公式（13.2.8-1）计算确定；

ρ——水的密度（kg/L），按表 13.2.2-1 选用；

C——水的比热 [kJ/(℃·kg)]，取 C=4.187 [kJ/(℃·kg)]

q_r——通过换热设备的循环水量（m^3/h），按本手册第 13.3.3-1 条的规定确定。

3. 换热设备的材质

1）游泳池、游乐池、文艺表演池等为了保持池水舒适、卫生、健康、洁净的特性，一般均向循环水中投加一定量下列各种化学药品：

（1）混凝剂：如硫酸铝、聚合氯化铝、聚合硫酸铝等；

（2）消毒杀菌剂：如次氯酸钠、次氯酸钙、臭氧、溴氯海因等；

（3）除藻剂：如硫酸铜；

（4）水质平衡剂：如碳酸氢钠、二氧化碳、硫酸氢钠及盐酸等。

2）上述各种化学药品均对加热设备具有腐蚀性，因此，应按下列要求确定换热设备的材质：

（1）游泳池、游乐池、文艺表演池及休闲设施池等换热设备，应选用牌号不低于 S31603 的不锈钢材质；

（2）热媒为高温废水和温泉水的水池换热设备，应选用牌号不低于 S31603 的不锈钢或钛金属材质。

13.4.4 换热设备的配置

1. 换热设备容量应按计算需热量的 1.10～1.20 倍确定，以确保满足使用要求。

2. 数量确定

1）每座池应分别独立设置，以方便控制各池水温度的运行管理。

2）每座水池应按 2 台换热设备配置，每台换热设备的容量应按池水初次加热时所需总热量的60%确定，以实现初次池水加热时2台设备同时运行就能满足池水的需热量和保证每座水池开放使用后，实现一用一备，互为备用，能连续不间断供热的安全可靠、灵活性的要求。

3）小型游乐池，休闲设施池及温泉水浴池，允许多座池共用一组换热设备，但应设置分水器、集水器。将各水池的管路（不包括泄空管）分开设置，并加装调节阀门，以方便每座水池的正常运行及维护管理。

3. 换热设备附件配置要求

1）每台换热设备均配置自动温度调节装置：①热媒供应管上安装自动温度调节阀；②循环水出水管上安装温度控制探头。

2）应采用电控比例式温度调节阀，可调幅度刻度不宜大于0.5℃，以确保传热效果，出水温度的准确和稳定。

3）换热设备上的各种附件应安全可靠、动作灵敏、操作简便。

4）换热设备内部附件、壳体耐压等级，均应满足热媒和供水系统的最高工作压力的要求。

13.4.5　池水初次加热时间

1. 池水初次加热持续时间应根据水池用途、热源丰沛条件、池体材质等因素确定：

1）竞赛类用各种游泳池及专用类游泳池，加热持续时间宜为24～48h。

2）公共类游泳池宜为48h。

3）多座游乐池应根据用途，游乐设施等宜分批进行加热，总体持续时间不宜超过72h，其目的是为了均衡热媒的合理利用。

4）钢筋混凝土材质的水池，应按每小时池水温度升高不超过0.5℃计算确定。目的是防止升温过快使池体材料产生裂缝或膨胀，造成池体表面不平整，而影响使用。

2. 换热设备初次加热持续时间的核算

1）本手册第13.4.4-2条规定了每座水池换热设备配置数量要求。

2）初次池加热持续时间，应按2台换热设备同时运行核算。

3）初次加热持续时间按下式核算：

$$T_j = \frac{V_p \cdot 1000 \cdot (t_d - t_f) \cdot \rho \cdot C}{Q_{hr}} \tag{13.4.5}$$

式中：T_j——所选换热设备所需加热持续时间（h）；

V_p——池水容积（m^3）；

t_d——池水设计水温（℃）；

t_f——池水初次或换水充水原水水温（℃），按本手册表13.2.2-2选用；

ρ——池水充水原水密度（kg/L）；

C——池水充水原水比热［kJ/(℃·kg)］；

Q_{hr}——维持池水温度所选设备的总容量（kJ/h），可取池水初次加热所需热量Q_{vz}。

13.4.6　池水加热热媒系统

1. 热媒需要量

1）热媒为高压蒸汽时，所需蒸汽量按下式计算：

$$G_m = (1.1 \sim 1.2)\frac{Q_c}{i_m - i_n} \tag{13.4.6-1}$$

式中：G_m——池水加热所需高压蒸汽量（kg/h）；

Q_c——池水初次加热所需的热量（kJ/h），按本手册（13.2.2）式计算取得；

i_m——蒸汽热焓（kJ/kg），按表 13.4.6-1 选用；

i_n——蒸汽凝结水的热焓（kJ/kg），按表 13.4.6-1 选用。

饱和蒸汽的性质参数 **表 13.4.6-1**

绝对压力（MPa）	饱和水蒸气温度（℃）	热焓（kJ/kg）		水蒸气的汽化热（kJ/kg）
		液体（i_n）	蒸汽（i_m）	
0.1	100	419	2679	2260
0.2	119.6	502	2707	2205
0.3	132.9	559	2726	2167
0.4	142.9	601	2738	2137
0.5	151.1	637	2749	2112
0.6	158.1	667	2757	2090
0.7	164.2	694	2767	2073
0.8	169.6	718	2773	2055
0.9	174.5	739	2777	2038

2）热媒为高温热水时，所需的高温水水量按下式计算：

$$q_m = (1.1 \sim 1.2)\frac{Q_{vz}}{C(t_1 - t_2)} \tag{13.4.6-2}$$

式中：q_m——池水加热所需高温热水水量（L/h）；

Q_{vz}——保持游泳池池水“恒温”所需的热量（kJ/h）；

C——水的比热［kJ/(kg·℃)］，近似取 C=4.1876［kJ/（kg·℃)］；

t_1——加热设备入口处高温热水温度（℃）；

t_2——加热设备出口处高温热水温度（℃）。

2. 热媒管道

1）在专业分工较细的设计单位，这部分工作由供热空调专业负责。给水排水专业将计算所需要的高压蒸汽量或高温热水水量提供给供热空调专业，由他们确定热媒的管径大小和要求，并将热媒管道接至池水循环净化处理机房甩口即可。

2）池水循环净化处理机房一般均由设备供应商进行二次深化设计，此情况则由供货商按所用产品特点，将深化设计所需参数反馈给设计单位相关专业进行确认。

3）为方便深化设计，本手册将不同热媒所需管道技术参数提供于后，供参考。

（1）热媒为高压蒸汽时，供汽管及凝结水管相关技术参数分别详见表 13.4.6-2～表 13.4.6-4。

高压蒸汽管常用流速及管径 **表 13.4.6-2**

管径（mm）	流速（m/s）	蒸汽量 G（kg/h）
15	10～15	11～28
20	10～15	21～25

续表

管径（mm）	流速（m/s）	蒸汽量 G（kg/h）
25	15～20	51～108
32	15～20	88～190
40	20～25	154～311
50	25～35	387～650
65	25～35	542～1240
80	25～35	773～1970
100	30～40	1377～2980
150	30～40	3100～6080
200	40～60	7800～19060

注：表中蒸汽量为其相对压力 P_N=0.196～0.392MPa（即 2～4kg/cm^2）的相应值。选择管径时，P_N小者，宜选 G 的下限值（低值），P_N大者，宜选 G 的上限值。

重力流凝结水管管径及常用流速 **表 13.4.6-3**

管径（mm）	流速（m/s）	流量 G（kg/h）	阻力损失 R（mm/m）
15	0.1～0.3	70～200	2～16
20		150～370	2～12
25		300～600	2～8
32		600～1000	2～6
40		900～1360	2～4
50	0.2～0.3	1500～3400	2～8
65		3000～6000	2～7
80		5340～9200	2～6
100		8000～13500	2～4
150		27000～45200	2～3

有压流凝结水管管径及常用流速 **表 13.4.6-4**

管径（mm）	流速（m/s）	流量 G（kg/h）	阻力损失 R（mm/m）
15	≤0.5	≤0.3	35
20	≤0.5	≤0.6	25
25	≤0.7	≤1.4	35
32	≤0.7	≤2.0	30
40	≤1.0	≤4.1	50
50	≤1.0	≤6.9	40
65	≤1.4	≤18	50
80	≤1.4	≤25	40
100	≤1.8	≤53	50
150	≤2.0	≤123	40

（2）热媒为高温热水

池水加热所用热媒为高温热水时，其管径应按现行国家标准《建筑给水排水设计规范》GB 50015 中生活热水系统有关管径的确定方法执行。

13.4.7 计算举例

【**例 1**】北京市某室内公共游泳池，基本规格为 50m×21m×（1.2～1.8m），池水容积为 1575m³，池水设计温度 T_d为 27℃。室内气温为 28℃，相对湿度为 60%，游泳池初次充水和使用过程补充水水温（T_f）为 12℃。热媒为高温热水，其供水温度为 90℃，回水温度为 70℃，求游泳池池水加热及维持池水"恒温"所需热量及加热设备。

解：1. 池水初次加热所需热量：

按本手册公式（13.2.2）计算。各项参数为：

由表 13.2.2-1 知 T_f=12℃时，ρ=0.9995 kg/L

$$V_c = 1575\text{m}^3 = 1575000\ \text{L}$$

$$C = 4.19\ \text{kJ/(℃}\cdot\text{kg)}$$

$$Q_c = 1575000 \times 0.9995 \times 4.19 \times (27-12) = 98039254\ \text{kJ}$$

初次加热时间按 48h 计，

则小时需热量为 $Q_c = \dfrac{98039254}{48} = 2061234\ \text{kJ/h}$

2. 池水维持"恒温"所需热量：

由本手册表 13.2.2-1 可知水温 27℃时，ρ=0.9965kg/L（内插法所得）；

由本手册表 13.2.3-2 可知气温 28℃，相对湿度 60%时，P_q=2266.8Pa；

由本手册表 13.2.3-1 可知水温 27℃时，γ=2438kJ/kg、P_b=3559.7Pa；

游泳池水面上的风速取 0.5m/s，由本手册表 13.2.3-3 可知，北京市夏季 b'=99.98kPa。

1）游泳池水面蒸发损失的热量

按本手册公式 13.2.3 计算则：

$$Q_z = \frac{1}{133.32} \times 2438 \times 0.9965(0.0174 \times 0.2 + 0.0229)(3359.7 - 2266.8) \times 1050\,\frac{100}{99.98}$$

$$= \frac{1}{133.32} \times 2429 \times 0.0264 \times 1093.2 \times 1050 \times 1.001 = 552828\text{kJ/h}$$

2）游泳池水面、池壁、池底传导热损失和管道热损失，取池水面热损失的 20%，则

$$Q_{cr} = Q_z \times 1.2 = 552828 \times 0.2 = 1105656\text{kJ/h}$$

3）补充水加热所需的热量

按本手册公式（13.2.7）计算。各项参数为：

V_b——池水补水量按池水容积的 5%计，为 78.75m³/d；

ρ——0.9965kg/L；

C——4.19kJ/(kg·℃)；

T_d——27℃；

T_f——12℃；

T——14h（游泳池每日自早晨 8 时开放至 22 时闭馆）。

$$Q_b=\frac{0.9965\times4.19\times(78.75\times1000)\times(27-12)}{14}=352294\ \text{kJ/h}$$

4）池水维持“恒温”所需总热量

按本手册公式（13.2.8-2）计算，各项参数由上述计算知：Q_z＝552828kJ/h，Q_b＝410977kJ/h，

$$Q_{vz}=1.2Q_z+Q_b=1.2\times552828+352294=1015688\text{kJ/h}$$

设计以维持池水“恒温”所需总热量选配加热设备，加热设备如选用板式换热器时，可按本手册公式（13.4.3-1）和公式（13.4.3-2）进行初步计算所需面积，以便进行设备机房的布置。待正式确定了产品供应厂家后，由该生产厂家再进行仔细计算后，最后确定加热器的规格型号。

5）校核池水初次加热所需时间

按本手册公式（13.4.5）计算，各项参数同前述各项所述及计算

$$T_j=\frac{1575\times1000(27-12)\times0.9965\times4.19}{1015688}=97.12\text{h}>48\text{h}$$

从计算所知，仅按维持池水“恒温”配置的加热设备的容量对池水进行加热所需的时间超出《游泳池给水排水工程技术规程》CJJ 122—2017 规定时间 48h 一倍多。因此，在实际工程中宜按游泳池维持“恒温”所需加热设备容量配置 2 套，以满足游泳池池水初次加热 2 台同时运行的需要。正常使用过程中 2 套设备可交替使用，互为备用。如校核所需时间不超过 72h，则可按池子维持总热量配置 2 套加热设备同时使用确定。

【例 2】同本手册［例 1］中各项参数，如需将全部池水在 48h 内加热至 27℃，试计算其板式换热器面积。

解：1）游泳池池水初次加热所需换热器面积

按本手册公式（13.4.3-1）和公式（13.4.3-2）计算，各项参数由例题 1 知：

$$Q_c=2061234\text{kJ/h}$$

ε 取 0.8

k 取 2000

$\Delta t_{max}=90-27=63$℃

$\Delta t_{min}=70-12=58$℃

$$\because \Delta t_j=\frac{63-58}{\ln\frac{63}{58}}=\frac{5}{\ln1.09}\times\frac{5}{0.086}=58℃$$

$$\therefore F_{cr}=\frac{2061234}{0.8\times2000\times58}=\frac{2061234}{92800}=22.2\text{m}^2\text{，取 }F_{cr}=22\text{m}^2$$

2）保持池水“恒温”所需换热器面积

（1）换热采用分流量加热方式，根据《游泳池给水排水工程技术规程》CJJ 122—2017 的规定，本例题采用被加热水量为池水循环流量的 25%。被加热水的出水温度为 40℃。

（2）被加热池水流量：取池水循环周期 5h，池水循环水量为

$q_c=\frac{1575}{5}=375\text{m}^3/\text{h}$，则被加热的循环水量为

$q'_c = 375 \times 25\% = 78.75\text{m}^3/\text{h}$。

（3）由热平衡计算所需要的被加热的水量：设游泳池的循环回水温度为25℃，则需要加热的循环水量为x则

$$375\ (27-25) = x\ (40-25)$$

$$x = \frac{375\times\ (27-12)}{40-25} = \frac{375\times 2}{15} = 50\text{m}^3/\text{h} < 78.75\text{m}^3/\text{h}$$

不满足“规程”25%之规定，此时有两个办法进行处理：①提高换热设备的出水温度，但要处理好冷热水因温差大如何混合均匀的要求；②仍按“规程”规定计算，要处理好降低换热设备出水温度而带来的换热设备容量加大的费用问题。

（4）对数计算温度差：

按本手册公式（13.4.3-2）计算，各项参数由［例题1］所给参数计算得：

$$\Delta t_{\max} = 90-40 = 50℃，\Delta t_{\min}\ 70-25 = 45℃$$

$$\therefore \Delta t_j = \frac{50-45}{\ln\frac{50}{45}} = \frac{5}{\ln 1.11} \times \frac{5}{0.105} = 47.62℃$$

（5）换热器加热面积

按本手册公式（13.4.3-1）计算：

各项参数由［例题1］知

$$Q_{vz} = 1015688\text{kJ/h}$$

其他参数同本例题

$$\therefore F_{hr} = \frac{1015688}{0.8\times 2000\times 47.62} = 13.33\text{m}^2\ \text{取}\ F_{hr} = 13\text{m}^2$$

（6）以1台13m^{2}板式换热器的热量校核游泳池池水初次实际加热时间

由［例题1］知，游泳池池水容积$V_p = 1575\text{m}^3$，游泳池的设计池水温度$T_d = 27℃$、游泳池初次充水水温$T_f = 12℃$、初次充水水的密度$\rho = 0.995\text{kg/L}$、水的比热$C = 4.1876\text{kJ/(℃}\cdot\text{kg)}$、维持池水“恒温”所选换热设备容量为：

$$Q_{hr} = 1015688\text{kJ/h}$$

$$\therefore T_j = \frac{1575\times 1000(27-12)\times 0.9995\times 4.1876}{1015688} = 97\text{h} > 48\text{h}$$

实际加热时间太长，不满足《游泳池和游乐池给水排水技术规程》CJJ 122—2017中关于初次加热时间不宜超过48h的规定要求。

（7）以2台换热器同时工作维持池水“恒温”，校核池水初次加热时间：

$$T_j = \frac{1575\times 1000\ (27-12)\ \times 0.9995\times 4.1876}{1015688\times 2} = 48.68\text{h} > 48\text{h}$$ 能基本满足的“规程”规定要求。

所以选用2台$F = 13\text{m}^2$的换热器，池水初加热时2台同时工作，维持池水“恒温”时一台工作，一台备用或互为备用。

（8）热媒消耗量

i）热媒为高温热水时：

△维持池水“恒温”时所需要的高温热水量：

由本章［例题 1］知：$Q_{vz}=1015688$kJ/h，热媒供水温度 $t_1=90$℃，回水温度 $t_2=70$℃

$$\therefore R_m=\frac{1015688}{4.1876\times(90-70)}=12127.3\text{L/h}=12.13\text{m}^3\text{/h}$$

△池水初次加热所需的热媒量为维持池水“恒温”热媒量的 2 倍，

即 $12.13\times2=24.26\text{m}^3\text{/h}$。

ii）热媒为高压蒸汽时：

△维持池水“恒温”所需蒸汽量

由［例 1］知，按本手册公式（13.2.8-2）计算，各项参数：

$$Q_{vz}=1015688\text{kJ/h}$$

当蒸汽表压力为 0.3MPa 时，由本手册表 13.4.6-1 查得，$i_m=2738$kJ/kg　$i_n=601$kJ/kg

$$\therefore G_m=\frac{1.1\times1015688}{2738-601}=522.82\text{kg/h}$$

△池水初次加热所需蒸汽量为维持池水“恒温”蒸汽量的 2 倍，即

$$R_m'=522.82\times2=1045.64\text{kg/h}$$

14 清洁能源利用

节约能源是我国经济建设、环境保护、降低污染、持续友好绿色发展的基本国策，游泳池、游乐池、休闲设施池和文艺表演池等，既是用水大户，亦是能源消耗大户。积极采用清洁、高效、绿色的可再生能源技术可以降低池水循环净化处理系统日常运行能耗，更是贯彻绿色可持续发展理念的具体措施。

清洁可再生能源包括：①太阳能制热；②热泵（含水源热泵、地源热泵、空气源热泵及热回收除湿等）制热。它们都是有国家和行业标准作保障的技术，也是工程应用实践证明的产生明显经济效益和社会效益的成熟技术。太阳能制热和热泵制热，在工程中既可以单独应用，也可以相互组合应用。

清洁可再生能源应用中涉及的专业比较多，需要与相关专业，如生产供货商、建筑、结构、供热通风、电气等专业密切配合、协调，才能做到技术先进、经济适用、安全可靠、生态和谐平衡。

14.1 太阳能制热

太阳能是一种洁净、安全、绿色的永久性可再生能源，安装使用方便，对环境不产生污染，是节能减排的一种重要措施和方法，也是低碳生活的组成部分，具有显著的经济效益和社会效益，被认为是未来能源结构不可忽视的基础。所以，世界各国对太阳能的利用相当重视，以减少对煤炭、石油、天然气等不可再生的一次性能源的依赖。我国地处北半球欧亚大陆的东部，幅员辽阔，有着十分丰富的太阳能资源。全国年日照小时数在 2200h 以上的地区，占全国总面积的三分之二以上，具备了利用太阳能的良好条件。

14.1.1 太阳能制热在池水加热中的应用

太阳能对游泳池等池水加热，在国内有间接式和直接式两种加热系统。

1. 间接式池水加热系统

1）系统组成：它由集热器、蓄热水箱、辅助加热设施、池水循环水泵、管道和附件、控制系统等组成。详见图 14.1.1-1。

2）部件说明：

（1）集热器：太阳能集热器是吸收太阳能辐射热，并将产生的热能传递到传热介质的装置，是太阳能供热系统的关键组件。

（2）蓄热水箱：蓄热水箱是保证太阳能供热系统稳定运行、储存由太阳能集热器转换而获得的热量（热水），并通过换热设备将储热水箱中热水的热量转输到池水中。

（3）蓄热循环水泵：是为了充分吸收太阳热能保证储热水箱的水温，而强制实现集热器与储水器之间进行循环从而获取太阳热能而设置的动力装置。该系统的储热水箱的设置标高不能高出集热器。

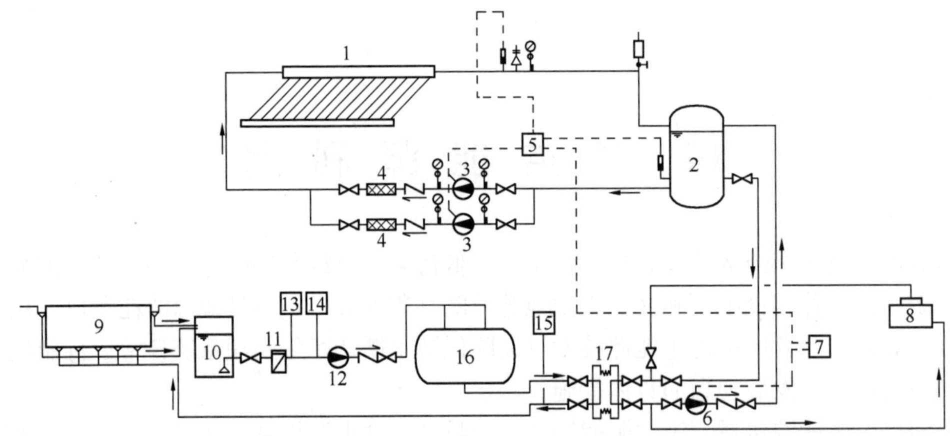

图 14.1.1-1 游泳池池水间接式太阳能加热系统组成示意

说明：1—集热器；2—蓄热水箱；3—太阳能热水循环水泵；4—磁水器；5—太阳能热水温控器；6—太阳能蓄热水循环泵；7—辅助热源温控器；8—辅助热源；9—游泳池；10—均衡水池；11—毛发聚集器；12—池水净化循环水泵；13—混凝剂投加；14—pH 值调整剂；15—消毒剂投加；16—过滤器；17—换热器

（4）集热管道：为保证集热器和储水器间形成完整的循环系统，而设置的连接集热器与储热水箱的相关管道及连接件。

（5）辅助热源：为了弥补太阳能供热的不均衡工况，而设置的用于提供补充热量的非太阳能热源。

（6）控制系统：包括温度传感器、水位传感器、压力表、安全阀、各类阀门等。

2. 直接式池水加热系统

系统组成：它由集热器、池水循环水泵、辅助加热设施、真空吸气阀、管道和附件、自动控制器等组成，详见图 14.1.1-2。

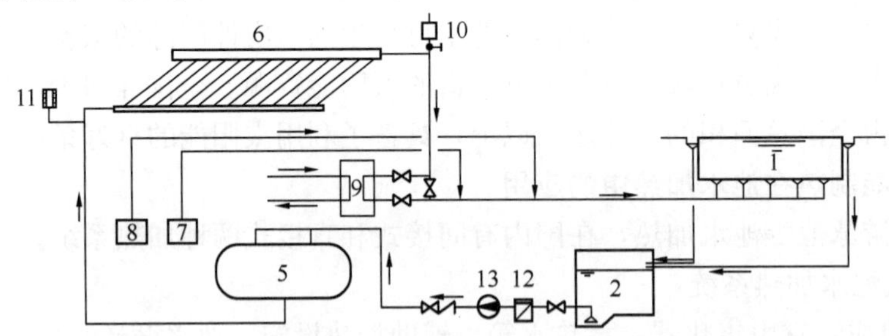

图 14.1.1-2 游泳池池水直接式太阳能加热系统组成示意

说明：1—游泳池；2—均衡池；3—毛发聚集器；4—池水循环水泵；5—过滤器；6—集热器；7—pH 值调整剂；8—消毒剂；9—辅助加热设备；10—自动排气阀；11—真空吸气阀；12—毛发聚集器；13—循环水泵

（1）集热器：这是一种与间接式池水加热完全不同的集热器，管内输送的是经过过滤后的洁净池水，利用集热器将获得的太阳照射产生的热将池水加热，将升温后的池水再直接送回游泳池继续使用。

（2）真空吸气阀：它的作用是当池水循环水泵停止运行时，空气通过该阀门进入管道，使管道内的水在重力作用下回流到游泳池，确保排空管内存水，以防止寒冷季节管道被冰冻破坏。

(3) 为确保系统经济合理运行，在系统中设置太阳能辐射感应探头和水温感应探头。当水温不在设定范围内时，它会给控制器开机信号，太阳能辐射感应探头测到有足够的太阳能辐射热能，它就会自动开启循环水泵；如太阳能感应探头所测水温在设计要求使用的范围内时，则不论太阳能辐射热情况如何，循环水泵都会停止运行。

(4) 辅助热源与太阳能供热系统的相互联动控制，可以实现太阳能加热系统的无太阳能辐射热能没有或不足时，均能实现开启辅助热源以补充热能。

(5) 这类太阳能集热器的集热效率高达60%，且进水与出水温差为1～3℃，非常适合游泳池循环水的水温要求，是一种游泳池循环水加热的专用太阳能供热系统。

(6) 这类集热器多为进口产品，国内也有生产厂家的产品出口外销。

14.1.2 太阳能集热器的类型

1. 按材质分类

1) 光滑材质集热器：指玻璃真空管集热器、金属-玻璃热管集热器等表面光滑材料制造的集热器。

2) 非光滑材质集热器：指以高密度耐候强的聚丙烯（PP）、专用添加剂的聚氯乙烯（PVC）塑料、橡胶等产品表面较粗糙的材料制造的集热器。它具有以下特点：

(1) 温差小：一般为1～3℃；

(2) 过流量大，一般为1.0～2.0L/(m^2·s)；

(3) 水头损失小，一般为0.5m；

(4) 集热效率高，可达60%以上；

(5) 耐压、耐腐蚀、抗紫外线等性能好、可靠性高；

(6) 质量轻，充水后重量仅为5.7kg/m^2，运输安装方便；

(7) 沿屋面平铺安装，可以利用屋面的辐射热；

(8) 卫生性能好，不对池水产生二次污染。

2. 按构造分类

1) 平板型集热器的优点是：①吸热体面积大，能承压运行，出水水质洁净，耐无水时空晒；②易于与建筑相结合。缺点是：①没有抽真空，低温环境或工质高温时集热效率低；②耐风压较差，故与建筑的固定要求高；③价格较高。

2) 真空管型集热器的优点是：①结构简单，易于制造，价格较低；②集热效率和集热温度高，可高达50℃以上，温差较大，可达5～10℃，适用于作为热源利用。缺点是：①不能承压运行；②材质较重，受外力冲击易破碎，故对运输要求高；③单位面积流速较小，一般约为0.02L/(m^2·s)；④对水质要求较高，在原水硬度较高地区，补水应设置消除硬度装置，适宜于间接式加热系统；⑤安装复杂，对结构固定要求高。

14.1.3 太阳能集热系统设计要点

1. 评估当地太阳能的经济价值

1) 太阳能虽然是取之不尽、用之不竭的可再生的绿色能源，但它又是自然资源，不是随时能取得和储存的能源，会受地理位置、气候条件的限制。即随着地理纬度，阴天、雨天、雪天、雾天及日照时长等气象变化的影响而变化：如夏季光照强且时间长，所获太阳能多；冬季晴天光照强且时间短，所获太阳能较少；雨天、雪天、雾天可能不能获得太阳能。因此，太阳能是一种低密度、难以控制和不稳定的热能源。

2）设计必须根据当地的日照天数、日照时数、气温、太阳能辐照量等因素进行综合评估，以确定太阳能利用的经济合理性。

3）评估应包括但不限于下列内容：

（1）能否满足全年安全、稳定使用的太阳热能能量和最低限度减少辅助热源要求；

（2）能否满足建筑设计、系统设计、施工安装、标准接口等技术方面的要求；

（3）能否满足方便系统调试、维修管理和相关部件更换的要求；

（4）能否满足节约建设和日常运行费用以及较短回报时间的要求等。

2. 太阳能制热应满足的技术条件

行业标准《游泳池给水排水工程技术规程》CJJ 122—2017 为了提高太阳能的利用率和综合经济效益，作了如下规定：

1）太阳的年日照小时数不应小于 1400h；

2）太阳的年辐射量不应小于 4200MJ/(m^2 · a)。

3. 设计计算要求

1）太阳能制热系统应按承压式循环系统设计，并应实现水温、水压、运行、漏电保护等自动化、智能化控制，以确保系统稳定运行；

2）太阳能集热器的集热效率不应小于 50%，这是从保证集热效果因素对产品提出的最低要求；

3）太阳辐射热量应按春、秋两个季节的平均太阳辐射热量作为计算依据；

4）太阳能制热的热能作为热媒使用时，应设蓄热水箱，且热水温度应按不低于 50℃计算，以确保热交换效果的要求；

5）系统设备、管道等在有保温的条件下，其热损失按 20%计；

6）除以上要求外，还应符合国家现行相关标准的要求。

14.1.4 设计参数的选用

1. 气象参数

1）一年当中每个月、每一天、每个小时的日照强度和气温高低等条件均不相同，太阳能的丰富程度是在不断地变化，集热器所获得的热能量也不相同。为了找到最佳数值，就要充分了解和掌握当前的气象参数和地理位置参数，做到以较小的投资获得最大的经济效益。

2）游泳池、游乐池、休闲设施池等基本上都是全年使用太阳能的用户，设计计算宜按全年的平均气象参数进行。如果当地的雨季、雪季时段较长，可以分季节特点按相应季节段计算。

3）气象参数应以当地气象近 5 年的资料为准，如取得有困难时，为方便设计使用，本手册将《民用建筑太阳能热水系统工程技术手册》中气象参数和地理参数、太阳能资源区域分区摘录于本手册附录 B，以供设计时选用参考。

2. 太阳能保证率

1）太阳能保证率是指太阳能供热系统中，由太阳能提供的能量占系统总热负荷的百分数。太阳能保证率是确定太阳能集热器面积的一个关键因素，也是影响太阳能供热系统经济性能的重要参数。它与使用期内太阳辐照、气候条件、系统热性能、用热负荷、用热规律和特点、系统成本和工程投资等均因素有关，故要进行热平衡计算，在选定的太阳能保证率和确定集热器面积的情况下，估算年节能费用和相应的投资年限，获得投资最佳效益比。为此，本手册根据有关资料，提供了不同地区太阳能保证率的选用范围，详见表 14.1.4。

不同地区太阳能保证率的选用范围 **表 14.1.4**

资源区代号	太阳能条件	太阳能保证率
Ⅰ	资源丰富区	60%～80%
Ⅱ	资源较富区	50%～60%
Ⅲ	资源一般区	40%～50%
Ⅳ	资源贫乏区	≤40%

2）选用原则：为了发挥太阳能供热系统的节能作用，太阳照射条件好的地区可取表 14.1.4 中的上限数值；太阳能照射条件差的地区，可取表 14.1.4 中的下限数值。太阳能保证率取值不应低于表 14.1.4 的规定。

14.1.5 太阳能供热系统设计

1. 系统选择

1）系统形式

游泳池、游乐池、休闲设施池、文艺表演水池等池水加热，由于水量较大、温差小，一般采用强制循环系统。其加热方式可分为如下两种方式。

（1）直接式换热：这种换热方式是游泳池等池水经过净化处理，经过太阳能集热器对池水进行加热后再送入游泳池。单纯从集热效率考虑，优于间接式换热方式。选用这种换热方式要满足如下要求：①水质洁净卫生；②水的硬度不宜高于 150mg/L（以 $CaCO_3$ 计）；③水中的化学成分应符合太阳能产品要求，这样可以防止长期运行产生水垢降低换热效果的弊病。这种方式一般适用于低温升、大流量、非光滑材质的塑料及橡胶材质的太阳能集热器。系统组成形式如图 14.1.1-2 所示。

（2）间接式换热：这种换热方式是将太阳能集热器制备的热水作为热源高温水，再利用该高温水通过热交换器对游泳池水进行交换加热。这种方式适用小流量、高温升的平板式集热器、真空管（全玻璃、玻璃金属、热管）式集热器、闷晒式集热器等光滑材质的集热器。系统组成形式如图 14.1.1-1 所示。储热水箱的位置根据具体工程实际情况确定，采用高置式或低置式均可。对游泳池供热来讲，一般采用温差式循环供热系统。

2）系统参数

（1）间接式太阳能供热系统：将太阳能集热器获得的热水作为一次热源通过换热器对游泳池池水进行加热的系统。该系统应设置储热水箱。储热水箱容积与集热器面积有关，并对太阳能集热系统的效率及整个热水系统的性能有重要影响。据资料介绍，储热水箱的容积按每平方米太阳能集热器面积所需容积 40～100L 计。推荐采用的比例关系常为每平方米太阳能集热器对应 75L 储热水箱容积。储热水箱的热水温度不宜低于 50℃。

（2）直接式太阳能供热系统：是太阳能集热器直接对游泳池池水进行加热的系统。这种系统不设置储热水箱，是一种游泳池专用太阳能供热系统，可按池水设计水温要求进行设计。

(3) 太阳能供热系统的热损失，即管道和储水箱的热损失，与管道、储水箱中的水温、保温条件、周围环境气温等因素有关。如精确计算困难，根据实践经验一般可取总热量的 20%～30%。如周围环境温度较低、热水温度较高、保温材料性能较差可取上限值，反之则取下限值。

2. 热平衡计算

太阳能供热系统初期投资比较大，但它能节约能源，在当今一次性能源日趋紧张的情况下，两者相比较，太阳能具有特别的优越性。但这种优越性应从经济性能和技术因素两个方面进行综合评价，也就是对采用太阳能供热系统所需要的投资与采用常规热源供热系统的投资和使用年限运行费用进行比较，在一定的年限内将太阳能供热系统所增加的初次投资全部回收，才能充分显示出太阳能供热的优越性。因此进行热平衡计算是太阳能供热系统设计不可缺少的步骤。一般按如下计算程序进行：

1) 计算游泳池保持池水“恒温”情况下，每天的总需热量。按本手册本章第 13.2 节所述的方法计算。

2) 计算所需太阳能集热器的总面积。应根据当地太阳能资源和地理参数确定，如全年日照小时数、全年太阳辐射总量等选定太阳能保证率，拟选用的太阳能集热器集热效率及当地春季、秋季晴天平均太阳能辐照量，可按下面方法进行估算，以便与建筑专业配合屋面面积可否满足要求，并向结构专业提供初步荷载资料。

$$A = \frac{Q}{J\eta} \tag{14.1.5}$$

式中：A——所需太阳能集热器总面积（m^2）；

Q——游泳池池水维持“恒温”所需要的热量（kJ/h），由本手册公式（13.2.8-1）或（13.2.8-2）计算；

J——当地计算气候季节太阳能集热器安装方向条件的太阳能辐照量（$MJ/m^2 \cdot d$），根据当地气象资料选定，如缺乏资料时，可参照本手册附录 A 确定；

η——太阳能集热系统的集热效率（无量纲），一般可取 0.5～0.6。

3) 待太阳能产品供货商确定之后，由该供货商按建设业主确定的产品型号、性能参数进行详细的热力计算，并取得业主及设计的认可。

4) 按照最终所计算的太阳能集热器总面积，根据建筑屋面的形状、面积、日照条件和安装检修要求等因素，对太阳能集热器、集热水箱等设备设施进行布置。

5) 根据实际布置的太阳能集热器的总面积，按当地每日有效的太阳光照射的小时数，计算每日实际能获得的太阳能热量。

6) 将最后计算所得的每日实际产热量与本手册公式（14.1.5）计算所需太阳能总面积所能获得的热量进行比较，前者等于或略大于后者，即可被确认满足热量平衡计算。

7) 游泳池一般夜间都是停止开放的，其空调系统及池水净化处理系统也有可能停止运行。为了减少池水的热损失和方便次日上午开放场次池水温度能满足最低水温要求，设计宜向业主推荐夜间采用覆盖保温膜减少热量损失的措施，以实现次日能尽早开放游泳池供游泳爱好者使用。

3. 集热器选用

1) 集热器品种：

（1）光滑材质集热器：①真空管集热器；②U型管集热器；③热管集热器；④平板集热器。它们均有国家标准。

（2）非光滑材质集热器：①聚丙烯（PP）集热器；②塑胶集热器。它们为进口产品，现无国家及行业产品标准。

2）选用原则：

（1）应根据当地太阳能资源条件、气候环境条件、建筑物屋面可利用面积、用户使用特点、集热器的集热效率以及性价比等因素确定。

（2）集热器应集热快且效率不宜低于50%。太阳能集热器的效率是衡量集热器产品质量的重要指标，所以该数据应提供国家质量监督部门认可的第三方质量检测单位的认证文件。

① 平板型集热器有效采光面积大、集热效率高、价格低、维修简便，但它受使用环境温度影响较大，适合用于无冰冻、日平均最低气温在10℃以上的地区；

② 管式型集热器的价格较高，运输过程易破坏，但它的集热效率高，受环境温度影响小，同时存在有无效采光面积的问题，适合太阳能辐射较高的广大地区。

③ 集热系统的冷水进水与热水流出的流程配水要均匀，无死水区，无气阻区，并宜有足够容积的储热水池，使太阳能得到最大的吸收利用。

3）安全性能应符合下列要求：

（1）承压能力应满足系统长期稳定运行的最高压力，并有国家质量监督部门的检测报告。

（2）强度高、耐冲击，能抵御强风、冰雹等冲击和集雪荷载等。

（3）具有防暴晒和防冻爆裂、漏水、漏电、雷击等功能。平板型集热器在环境温度低于0℃以下时，吸热盘管内的水因结冰膨胀会发生冰裂；全玻璃真空管集热器，在环境温度低于−15℃的地区也有被冻裂的可能，所以要予以关注。

（4）使用寿命：

① 据资料和工程实践表明，平板型集热器的使用寿命可以达到20年；

② 全玻璃真空管型集热器和玻璃金属真空管型集热器的使用寿命不少于15年；

③ 涂层附着力、盐雾、耐热性能和抗老化性能等指标均应达到相应国家标准的规定。

（5）材质光洁平整、不易结垢、耐腐蚀及防冻性能好。

① 平板集热器因集热管管径较小，如被水垢堵住，会妨碍水流动，从而降低集热效果；

② 全玻璃管集热器的水垢是堆积在玻璃内胆下部，虽然对热量的传递影响较小，但对产水量影响较大；

③ 热管真空管集热器由于热管内是集热工质，所以不会产生水垢。但在它的冷凝端，因该位置处温度高于65℃，与水接触的地方就会产生水垢，而且水垢的厚度增加很快，这就极大地降低了集热效率。

（6）不污染环境和不对被加热水产生二次污染。

4. 集热器的布置

1）在我国光滑材质的集热器应尽量朝南和背风处布置，以便能获得最大量的太阳热能。

2）光滑材质集热器多排布置时，应符合下列要求：

（1）每排集热器的间距应大于日照不遮挡的距离。

（2）每排集热器应由相同的型号、相同的规格尺寸、同一生产企业的产品组合，并应排列整齐有序。

（3）每排组合集热器之间应留有安装及维护的操作空间。

3）集热器不应布置在下列有遮挡的部位，如：①建筑物自身遮挡；②周围建筑或设施遮挡；③绿化和树木遮挡。

4）集热器应确保每日的日照时数不少于 4h 的最低经济效益的要求。

5）同一系统的集热器不应跨越建筑物的伸缩缝、沉降缝等变形缝布置，以防对集热器造成破坏。

6）集热器允许多排布置、叠合式布置，但前后排的间距，与遮挡物的间距应经计算确定。因此，应与建筑专业密切协商与配合。

14.1.6 光滑材质集热器的安装

1. 为使集热器获得最大量的太阳热能，集热器应有一定的安装倾角，倾角参数按下列要求确定：

1）全年供热的太阳能供热系统，集热器安装倾角应与当地的纬度相一致；

2）以冬季供热的太阳能供热系统，集热器安装倾角应为“当地的纬度加 10°”；

3）以夏季供热为主的太阳能供热系统，集热器安装倾角应为“当地的纬度减 10°”。

2. 集热器的连接

游泳池太阳能供热采用集中供热系统，所需集热面积大，为使其集热器与集热水箱形成完整的循环系统，则应以管道相连接。但是为了适应不同季节气候条件，一般宜采用并联与串联相组合的连接方式。也可以采用单独分组并联或分组串联的连接方式。为保证集热器进水、出水均衡，无死水区、无气阻区、阻力损失基本相等，因此，集热器的布置和连接应满足如下要求：

（1）每组并联或串联的集热器不宜超过 16 个单元。

（2）如集热器单元超过 16 个时，则通过串联和并联组合连接方式实现。

（3）各集热器组之间的连接应采用水流等行程连接方式。如采用水流不等行程连接时，每个集热器的支管上应装设流量平衡阀以调节流量的平衡。

（4）并联集热器组，各组并联的集热器单元数应相同。

（5）管道应尽量缩短，不应有死弯，并应在有滞水的部位以 1%的坡度坡向排出方向，且不得出现反坡情况。管道排列应整齐，但同时还应方便施工安装、保养维护和检修更换。

3. 安全设施

1）每组（排）集热器的出口管道上均应安装自动排气阀、安全阀，以防止出现高温情况。

2）设置空气散热器，在国内应用极少，原因是散热器和循环泵耗电，与采用太阳能节能不协调。

3）对集热器进行遮阳。在夏季太阳能辐射最强时段对其进行人工覆盖。

4）集热器之间的连接，应采取能够吸纳管道和设备因膨胀或收缩带来变形的波纹管和柔性接头等措施。

5）集热系统的管道采取保温隔热措施。

6）防冻：

（1）在严寒地区对集热器工质添加一定浓度的甲醇、酒精、氯化钠等防冻物质。这些物质均有腐蚀性；

（2）泄空系统内存水，但要设置存水箱容纳热媒水，待次日集热时，再将其用泵（另设置）输入系统，但要做技术经济比较。

14.1.7 太阳能的辅助热源

1. 太阳能供热系统热能受气候条件影响较大，在阴天、雨天、雪天及夜间就无法获得太阳热能，致使无法满足游泳池、游乐池、休闲池的供热需要，为了克服太阳能这种供热的不稳定性、间断性和不断变化性的现象，系统应配置辅助热源及加热设施。

2. 辅助热源的选用原则，应符合本手册第13.1.1条的要求。

3. 辅助热源的容量应按本手册第13.2.8条池水维持“恒温”所需的100％热量确定。

4. 辅助加热设备宜按2台配置，每台供热能力不小于系统需热量的60％，以适应一套检修时能不间断供热的需要。辅助加热设备产热量宜为可调性产品，以适应太阳能不稳定的特点。

5. 游泳池池水初次加热宜按太阳能供热与辅助供热两个系统同时运行进行计算。此时，可以将储热水箱的运行温度调至比正常运行时所设定温度的较高值上，待池水达到规定水温后，再调回正常运行的设定温度。

14.1.8 太阳能供热系统的控制

1. 太阳能供热系统应设置控制系统。该系统应满足太阳能供热系统能安全、可靠、灵活而长久的运行，以达到最大限度利用太阳能资源的节能效果。

2. 控制系统应将集热循环、池水加热循环、辅助加热的工作、池水初次加热以及防冻和防过热控制等一并综合考虑。

3. 控制方式应简单、可靠，方便运行操作。一般采用温差循环控制，并设置可以数字化显示的控制仪表盘。

4. 控制内容：

1）集热系统应有每日获得的太阳能热量、储热水箱温度、集热循环管网温度、集热器出口温度、集热循环系统水泵的工作状况及阀门的自动开启和关闭等内容；

2）池水加热系统应有热源（储热水）温度、池水回水温度、换热设备被加热水出水温度，以及该系统循环水泵的工作状况及相关阀门的开启和关闭等内容；

3）辅助热源系统应有辅助热源的用量、辅助热源的工作状况及相关附件的开启和关闭等内容。

5. 为了保证系统的使用功能和安全运行，应按控制的内容设置相应的电磁阀、温度控制阀、温度传感器、压力控制阀、自动排气阀、安全阀、止回阀等控制元件。其产品应性能优良、质量可靠、抗腐蚀、抗高温、抗老化及电气安全，并均能在环境条件较恶劣的情况下正常工作。

6. 温度传感器的精度为±1.0℃。

14.1.9 本专业与相关专业的配合要点

游泳池、游乐池、休闲池等供热系统涉及的相关专业较多，如建设业主、太阳能设备专业公司、建筑专业、结构专业、电气专业、供热空调专业等，而且太阳供热又属于太阳能专业公司进行二次深化设计的内容。因此，设计时应统一协调共同进行。

1. 与建设业主的配合要点：

1）根据当地气候、日照、地理纬度等条件及建筑设计方案推荐太阳能集热器形式，并获得确认。

2）推荐辅助热源形式，并获得确认。

2. 与太阳能设备专业公司的配合要点：

1）索要国家认可的太阳能集热器检测单位出具的产品性能检测报告，其内容为：

（1）太阳能集热器瞬时效率曲线；

（2）单位面积集热器的流量和阻力损失等。

2）共同确定集热器面积、集热器布置方式、储热水箱设置位置、管道井位置、设备安装方式。

3）共同确定集热系统形式、运行方式、控制内容及方式等。

3. 与建筑专业的配合要点：

1）太阳能集热器形式的推荐与建筑专业设计方案同时进行。

2）根据建筑设计方案仔细了解下列内容：

（1）建筑屋面形式，可利用屋面面积；

（2）建筑功能分区，外观风格要求；

（3）建筑屋面有关设施，设备的内容及位置；

（4）建筑物周围主要日照面有无其他高大建筑物、构筑物、绿化树木遮挡及油烟、沙尘落叶污染及覆盖。

3）根据池水“恒温”状态运行条件下的需热量，计算出集热器总面积，初步确定关于太阳能供热系统下列内容与建筑专业进行协调确认：

（1）按集热器的形式、安装倾角提出确保集热器日照时间的平面布置方式、多排布置的间距，需建筑专业调整屋面的区划要求；

（2）确认太阳能供热系统蓄热水箱、集热循环水泵、供热循环水系统管道穿屋面管道竖井位置；

（3）确认太阳能供热系统相关设备施工安装日常维护检修通道及安全防护护栏的设置位置。

4. 与结构专业的配合要点：

1）共同确认与建筑专业商定的各项内容。

2）本专业应向结构专业提供太阳能设备及配套设备的空载重量、运行重量和位置，由结构专业进行屋面荷载的计算及安全验算。

3）协同太阳能专业公司向结构专业提供太阳能设备及配套设备安装支撑结构做法建议，以及抗风、抗雪、抗地震要求，由结构专业进行强度和刚度的验算，且支撑结构和使用材料的寿命宜与本工程结构使用年限相一致。

4）本专业根据供货商产品向结构专业提供预埋件、预埋套管、管道支座等位置、规格尺寸和标高。

5. 与电气专业的配合要点：

1）本专业应向电气专业提供太阳能供热系统用电设备的位置及用电量。

2）本专业应向电气专业提供太阳能供热系统的具体控制要求。

3）本专业应要求电气专业对太阳能供热系统的供电设备、设施应设剩余电流保护、短路、过载、断电、接地等安全保护措施。

4）本专业应要求电气专业对屋面较高的部件应做防雷保护。

6. 与供热空调专业的配合要点：

1）辅助热源为建筑内供热设备提供的高温热水或蒸汽、燃气等需用量；

2）所需辅助热源供应点的位置。

14.1.10 太阳能供热系统的设计除应符合本手册上述各条要求外，还应符合国家现行标准《民用建筑太阳能热水系统应用技术标准》GB 50364 和《太阳能热水系统设计、安装及工程验收技术规范》GB/T 18713 和《太阳能游泳池加热系统技术规范》NB/T 32019 的相关规定。

14.1.11 非光滑材质集热器

1. 集热器的特点

1）专为游泳池加热的特定集热器；

2）材质为专利聚丙烯（PP）材料，满足以下要求：①不对池水产生二次污染；②抗酷暑、抗严寒，适应环境性强；③使用寿命长达 10 年以上；

3）集热效率高：集热效率高达 60%以上；

4）低温升：温升为 3～5℃范围内，经热力计算选定温升参数；

5）大流量：可以根据循环流量按集热器性能参数计算出集热器面积；

6）耐腐蚀：能抵抗游泳池水中消毒剂、混凝剂、酸、碱等化学药品残留的腐蚀；

7）重量轻：集热器无水时重量为 2.2kg/m^2；有水时重量为 5.3kg/m^2；

8）无光污染：由于材质为塑料，不是玻璃，所以不产生反光；

9）安装方便：可直接沿屋面安装，不需要支架；

10）抗风性能强：管道独立设计，管件柔性连接，耐扭力和耐热胀冷缩性能好，沿屋面安装，无风压差，不会被强台风损坏；

11）该类型集热器系统为全自动控制，确保系统运行可靠；

12）该类型集热器存在下列不足：

（1）该类型集热器在冬季及大风天气条件下集热效率会有所降低；

（2）该类型集热器在国内尚无生产。

2. 非光滑材质集热器性能

1）集热器技术规格及参数，详见表 14.1.11-1。

集热器的主要性能参数 **表 14.1.11-1**

集热器型号	HC-50	HC-40	HC-30
尺寸	1.2m×3.85m	1.2m×3.23m	1.2m×2.31m
宽度	120cm	120cm	120cm

续表

集热器型号	HC-50	HC-40	HC-30
长度	380cm	323cm	231cm
面积	4.62m^2	3.85m^2	2.77m^2
集水管直径	De50	De50	De50
净重	10kg	8.5kg	6.8kg
容量	14L	12L	9L
工作压力	6.3kgf/cm^2	6.3kgf/cm^2	6.3kgf/cm^2
破坏压力	18.9kgf/cm^2	18.9kgf/cm^2	18.9kgf/cm^2
流量	19L/min	15L/min	11L/min

2）集热器外形尺寸及形状

（1）HC-50 型集热器，详见图 14.1.11-1 和图 14.1.11-2。

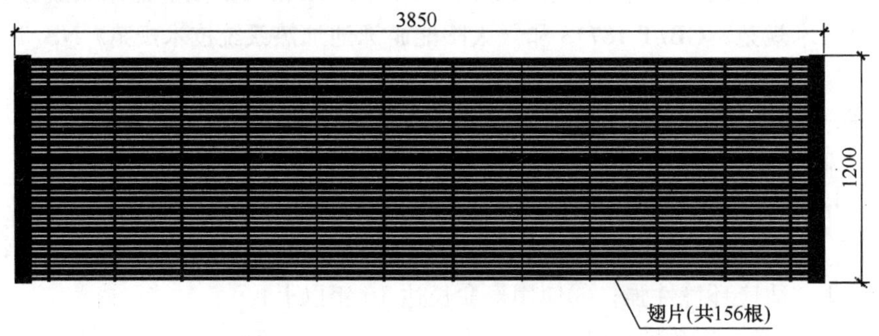

图 14.1.11-1 单块 HC-50 集热器俯视示意

图 14.1.11-2 单块 HC-50 集热器侧视示意

（2）HC-40 型集热器，详见图 14.1.11-3 和图 14.1.11-4。

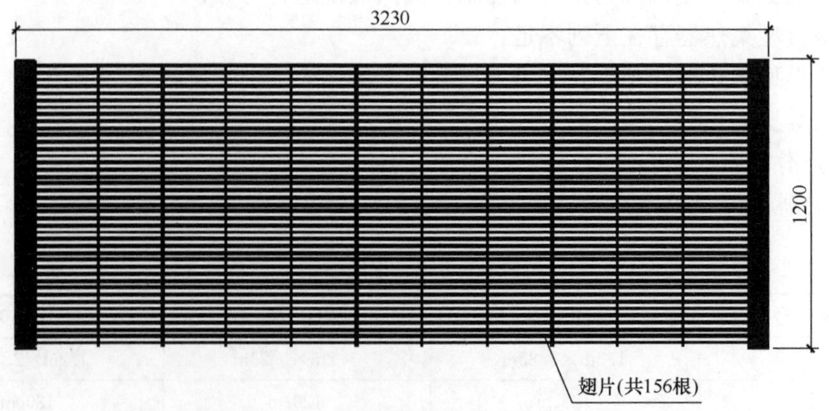

图 14.1.11-3 单块 HC-40 集热器俯视示意

图 14.1.11-4　单块 HC-40 集热器侧视图

（3）HC-30 型号集热器，详见图 14.1.11-5 和图 14.1.11-6。

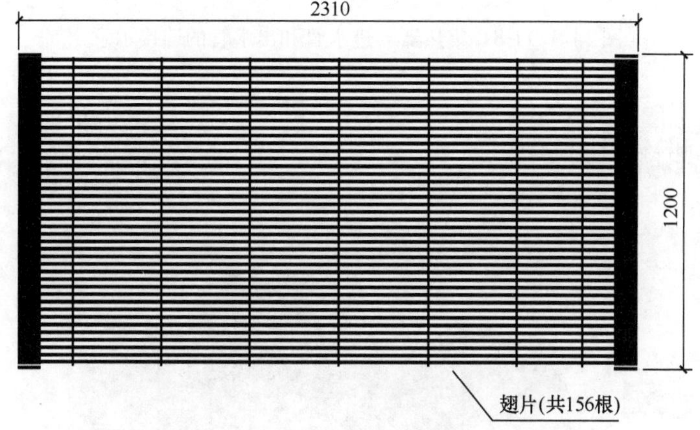

图 14.1.11-5　单块 HC-30 集热器俯视示意

图 14.1.11-6　单块 HC-30 集热器侧视图

（4）集热器各组件的连接，详见图 14.1.11-7、图 14.1.11-8、图 14.1.11-9。

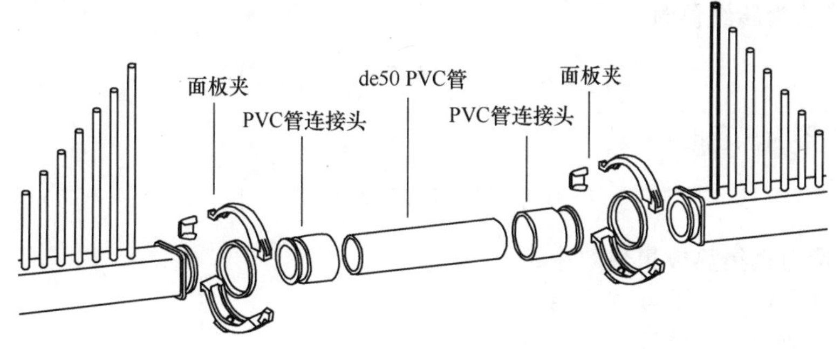

图 14.1.11-7　隔离元件的组装

3. 非光滑材质集热器选型

1）池水需热量

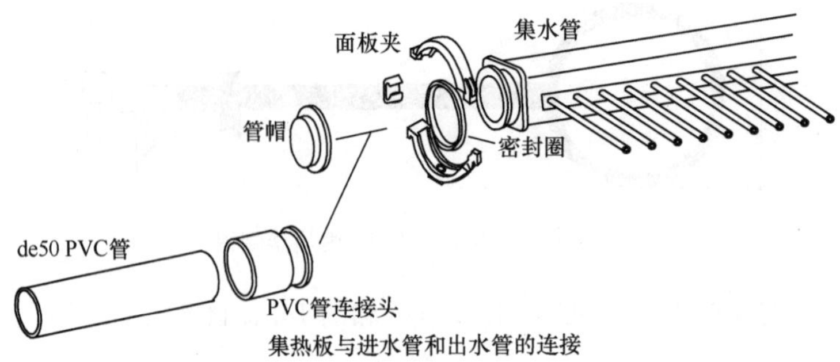

图 14.1.11-8 集热器与进水管和出水管的连接示意

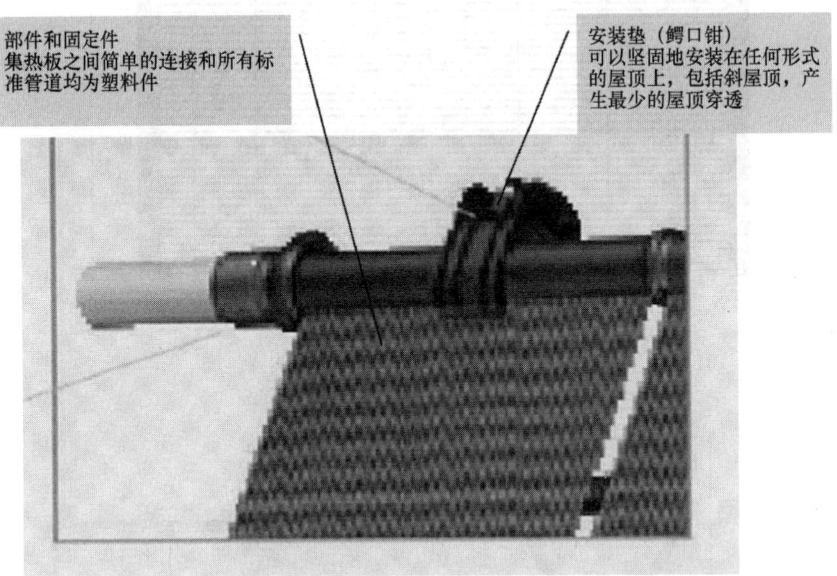

图 14.1.11-9 集热器实物照片

按本手册第 13.2 节规定计算。

2）集热器集热效率按下列公式计算：

（1）集热器为砖红色时：

$$\eta = 0.727 \sim 15.59\left(\frac{T_i - T_a}{I}\right) \tag{14.1.11-1}$$

（2）集热器为黑色时：

$$\eta = 0.828 \sim 18.52\left(\frac{T_i - T_a}{I}\right) \tag{14.1.11-2}$$

式中：η——希力克集热板集热效率；

T_a——月平均白天温度（℃）；

T_i——泳池池水设计温度（℃）；

I——平均日照小时强度（W/m^2）。

3）集热器集热面积按下式计算：

$$A = \frac{Q}{\eta \times 0.9 \times I} \tag{14.1.11-3}$$

式中：A——集热板面积（m^2）；

η——集热板集热效率；

Q——泳池热水维持水温热负荷为（kW/h）；

I——平均日照小时强度（W/m^2）；

4. 非光滑材质集热器系统设计

1）集热器布置方向的选择顺序：①北半球应为朝南的斜坡屋面或平顶屋面上；②朝西的屋面上；③朝东的屋面上；④不应设在朝北的屋面上。

2）当集热器安装在地面上时，应设置固定支架板。

3）集热器应连续排列的数量：

（1）水流为平缓流动时，HC-50 型不应超过 8 块；HC-40 型不应超过 10 块；

（2）水流速度高或背压好，有足够的水流通过每一块集热器时，允许超过上述限制。

4）集热器排列

（1）集热器数量超过最大限值时，应采用双排设计或单排分流设计；

（2）当安装空间条件有限制时，可采用双排设计，但仅用于小型系统；

（3）由于阳光或屋面朝向或角度改变时，必须分排布置，这种设计类似于单排分流设计。

5）水泵容量

（1）水泵性能参数必须满足太阳能供热系统的流量、压力，以达到集热器设计推荐的下列流速要求：①HC-40 型集热器为 4 加仑/分钟（15L/min）；②HC-50 型集热器为 5 加仑/分钟（19L/min）；

（2）1 马力（0.75kW）的水泵可以满足一个标准家庭游泳池太阳能供热系统的需要。

6）连接管管径

（1）连接管管径可按表 14.1.11-2 确定：

接管管径与流量关系　　**表 14.1.11-2**

流量	最小管径
0～170L/min	*DN*25～*DN*32
174～303L/min	*DN*50

（2）管路必须尽可能地短，以充分减少管路的热损失。管路应用“G”型夹，至少每 5 英尺（152cm）放一个固定，以防止管子的下垂。

（3）用于穿越屋顶的管路的“G”型夹应比管的直径大 1/2″（12.7mm），以利于管子的膨胀和收缩。“G”型夹用于安装在建筑物侧面的立管和水平管，它的尺寸必须和管子的直径一样，防止管子的振动。

7）自动回流

（1）游泳池循环水泵停止运行时，集热器和接管内的存水应能回流，这对寒冷地区特别重要，目的是确保集热器和接管内不结冰。

（2）当集热器安装在独特的屋面上或者不利的安装位置，造成集热器和接管不能完全实现自然回流时，可在上循环总管底部末端安装手动回流阀，以便在需要时打开阀门，泄空集热器及排空管内存水。

14.1.12 投资回收年限

1. 太阳能供热系统的投资回收年限，目前尚无明确规定。

2. 有关资料介绍可根据太阳能资源程度，按下列原则确定：

1）太阳能资源丰富地区，投资回收年限不宜超过5年；

2）太阳能资源较高地区，投资回收年限不宜超过8年；

3）太阳能资源一般的地区，投资回收年限不宜超过10年；

4）太阳能资源贫乏地区，投资回收年限不宜超过15年。

3. 具体工程要求，应与建设业主协商确定投资回收年限。

14.1.13 太阳能的节能效果

1. 年节能量

节能量应根据所选用的集热器面积、集热器性能参数、集热器设计倾角、系统热损失和当地气象条件，按下式计算：

$$\Delta Q = A \cdot T_{\mathrm{T}}(1-\eta_{\mathrm{c}}) \cdot \eta \tag{14.1.13-1}$$

式中：ΔQ——太阳能供热系统的年节能量（MJ）；

A——太阳能集热器面积（m^2）；

T_{T}——太阳能集热器采光面上的年太阳辐照量（MJ/m^2）；

η_{c}——管道和集热水箱的热损失率；

η——太阳能集热器的年平均集热效率（%）。

2. 年节能费用

$$W = \Delta Q \cdot C_{\mathrm{c}} \tag{14.1.13-2}$$

$$C_{\mathrm{c}} = \frac{C'_{\mathrm{c}}}{q} \tag{14.1.13-3}$$

式中：W——太阳能年概略节能费用（元）；

C_{c}——设计系统年常规能源价（元/MJ）；

C'_{c}——常规能源价格（元/kg）；

q——常规能源的热值（MJ/kg）。

14.2 水（地）源热泵制热

14.2.1 工作原理

利用少量的电能驱动压缩机工作，通过冷媒的吸热和放热，实现从低位热能向高位热能的转移，即从土壤中或水中所取得的热能，通过压缩冷媒升温后，对池水进行加热。

1. 水源热泵

利用流动于管中的河水、江水、水库水、海水、温泉水及工业或生活废水等中的某种水，从中吸取能量对池水进行加热的设备。

2. 地源热泵

将流动的水，以盘管的形式埋设在地面以下的土壤中，以获取土壤中的热量对池水进行加热的设备。

14.2.2 适用条件

1. 水源热泵：

（1）水源必须丰富、充足，而且流量稳定并连续不间断；

（2）地表水应无漂浮杂物及泥沙沉淀物，否则，应采取有效的净化处理；同时应注意季节性水温变化；

（3）地下水应采取有效可靠的回灌措施，将换热后的地下水回灌到地下，不得污染地下水资源，更不允许将换热后的地下水直接排放到雨污水管道；排入天然水系时，不得影响水生动植物的生长；

（4）地表水的水温不应低于10℃，而且取水距离经济合理；

（5）海水、污水具有腐蚀性，应注意设备材质的选用。

2. 地源热泵：

（1）应有详细地地质勘察报告及可利用的土壤地层；勘察内容应符合现行国家标准《地源热泵系统工程技术规范》GB 50366的规定；

（2）有足够的地下埋管空间；

（3）地下埋管层土壤温度能保证盘管内流动水的温度不低于7℃；

（4）一般适用于私人别墅的小型游泳池。

14.2.3 设置辅助热源的条件

1. 水源热泵：

（1）水源的水温、水量能满足设计要求，可不设辅助热源；

（2）水源的水量、水温变化幅度不能满足设计要求时，应设置辅助热源，且辅助热源的容量不应超过池水总需热量的70%。

2. 地源热泵：

（1）埋地水流盘管空间不能满足设计要求时，应设置辅助热源；

（2）辅助热源所占比例，不应超过池水总需热量的70%。

3. 水源、地源热泵的总需热量的计算应符合下列要求：

（1）水源的温度不应低于10℃；

（2）气温应按当地最冷月平均最低气温计。

14.2.4 水源、地源热泵的选型

1. 机组能效比（COP）不应低于现行国家标准《水（地）源热泵机组》GB/T 19409的规定。

2. 地源机组应适合当地的埋地条件和使用要求。

3. 机组应具有出水温度保护、水流保护、过电流保护、冷媒高低压保护、延时启动保护和严格的水电分离措施，确保使用者的绝对安全。

4. 热泵冷凝管与含有氯、酸、碱的游泳池水、游乐池水、休闲设施池水及温泉池水直接接触，因此，应选用防腐性能好的钛金属材质。

14.3 空气源热泵制热

14.3.1 工作原理

空气源热泵是吸收空气中的热量，把环境温度作为低位热能通过换热冷凝器转换成高位热能，把高位能量传递给池水，使池水温度升高。空气源热泵是按照逆卡诺循环的工作原理实现的。采用少量的电能驱动压缩机运行，使蒸发器内的高压液态工质通过胀阀后，变为气态而大量吸收空气中的热能，气态工质被压缩机压缩成高温、高压的液态，随后进入冷凝器放出大量的热能，使冷凝器中的循环池水吸收其热量来实现池水的加热升温的目的，如此往复循环，使池水保持恒温，它能用一份电能从环境空气中获得四份能电的热能。所以，它是一种安全、节能、低污染符合绿色发展的技术成熟的节能环保设备。

14.3.2 适用条件

由空气源热泵的制热原理可知，它是从空气中获取热能，它的制热量随着环境温度的降低而减少。对于游泳池、游乐池等水量和出水温度相对稳定的水环境，它对机组能效的影响较小。而一年四季的环境气温变化幅度很大，可以认为机组的能效基本上取决于环境气温的影响。空气源热泵类型较多，为使机组获取好的制热效率，现将不同类型空气源热泵用于游泳池池水加热的使用环境气候条件要求汇总如下：

1. 普通型空气源热泵的环境气候温度范围：最低温度为0℃、最高温度为43℃。

2. 低温型空气源热泵的使用环境气候温度范围：最低温度为－7℃，最高温度为38℃。

3. 当地最冷月的平均气温低于相应空气源热泵的最低气候温度时，均应设置辅助热源。辅助热源的选择应符合本手册第14.1.1条的要求。

4. 如在最低气温在－10～－25℃范围内的严寒地区采用空气源热泵时，机组应具有增强制热功能、智能除霜功能和防冻裂功能，确保机组正常运行。

14.3.3 空气源热泵制热量计算

1. 空气源热泵的制热量需满足游泳池、游乐池、公共休闲设施池等池水维持恒温所需热量的要求。维持池水恒温所需热量应按本手册第13.2.8-1和13.2.8-2条的规定计算确定。

2. 对于不设辅助热源的空气源热泵制热系统，应按当地常年最冷月的平均气温和水温计算空气源热泵的制热量，来确定所需空气源热泵的数量。

3. 对于需要设置辅助热源的空气源热泵系统，应按当地常年春分、秋分两个节气所在月份的平均气温和水温计算空气源热量的制热量，并按最不利工况进行辅助热源供热量的计算。

4. 空气源热泵机组和设置的计算方法，应按《全国民用建筑工程技术措施·节能专篇·给水排水》分册（2007年版）和国家标准图图集0655127《热泵热水系统选用与安装》的规定进行计算。

5. 由于生产企业提供的机组工况性能或特性曲线中的制热量为标准工况下的理论制热量，没有考虑融霜引起的热损失。所以，应对空气源热泵产品按当地气候特点进行修正：

1）室外计算温度系统由设备供货商提供；

2）融霜修正系数。

（1）每小时融霜一次时，取值为0.8；

（2）每小时融霜两次时，按设备制造厂规定确定。

14.3.4 空气源热泵机组配置

应按一年四季的气温、温度不断地变化的规律、使用负荷的变化规律和总需热量确定空气源热泵机组的数量。

1. 每座游泳池、游乐池、休闲设施池供热系统中，为了保证不中断使用，最低配置数量不应少于 2 台。私人小型游乐池允许中断使用，可配置 1 台。

2. 空气源热泵数量是按池水维持全年恒温要求确定，但池水初次及换水后重新加热所需热量不同，此时应根据池水服务对象要求，确定是否设置备用机组。

14.3.5 空气源热泵的选型

1. 要有针对性地选用适合游泳池、游乐池、休闲设施池等用热特征的专用空气源热泵。游泳池已有行业标准《游泳池用空气源热泵热水机》JB/T 11969—2014 可供选用。但对于休闲设施池，特别是温泉水浴池由于水质和高水温的特殊性，应注意与池水循环周期、循环流量等因素选择进水、出水管径及系统之间相匹配。热泵机组的能效不应低于现行国家标准《热泵热水机（器）能效限定值及能效等级》GB 29541 的规定。

2. 要具有水电隔离、无漏电、水温控制、水流保护、过电流保护、冷媒高低压保护、压缩机延时启动保护及低温除霜等功能；

3. 要具有良好的耐腐蚀性能，能够抵抗池水中氯消毒剂、酸、碱等化学药品离子的侵蚀，因此机组冷凝器、热交换器应采用钛金属材质；

4. 机组冷媒工质应采用绿色、环保、无污染的制冷剂；

5. 机组宜有四个方向进风的双排换热设计。在保证换热量的前提下，机组规格尺寸尽可能小，以方便工程设计的布置、施工安装和维修保养。

14.3.6 机组安装

空气源热泵是吸收周围环境空气中的热量进行制热的，而且制热过程中有冷气排放，所以，机组的安装应符合下列要求：

1. 应位于环境空气温度较高的地方，以确保机组能够高效率地运行，这是降低运行费用的关键。

2. 安装位置处要有良好的通风条件，能使热泵机组排放的冷气流尽快扩散，以防止排风气流产生短流，降低热泵机组周围的环境空气温度。

3. 当制热泵机组位置通风条件不好时，应采取有效措施将热泵机组排放的冷气流引至原热泵机组的上方位。如果在经济合理的条件下，可以将其冷气引至需要供冷的地方用于制冷。

4. 安装在面层上的机组，应特别注意噪声及振动的控制。

14.4 除湿热回收热泵制热

14.4.1 工作原理

由电动机驱动，蒸汽压缩制冷循环，将室内游泳池、游乐池、休闲设施池等池水表面蒸发到空气中的湿热蒸汽的潜热及设备所消耗的热能回收，并将其转移到空气和池水中，以弥补空气和池水中所损失的热量，实现恒湿、恒温、热回收、通风和池水加热及空气消毒等功能于一体的节能设备，称三集一式热泵或多功能热泵。

14.4.2 功能

1. 将室内游泳池面上空散失的湿热空气通过回风管道全部回收到除湿热泵，经过热泵的低温蒸发器使其温度急速降低，水蒸气凝结成水，达到除湿效果，并提升室内空间环境舒适度，防止湿热空气造成建筑结构及设备的结露和腐蚀。

2. 在蒸发器冷凝除湿的同时，其热量传给了冷媒，冷媒则可将一部分热量通过池水冷凝器传到需要加热的池水；另一部分热量经过空气冷凝器将除湿后干冷的空气重新加热到一定的温度，并与新风混合后重新送回游泳池、游乐池室内空间，提供了免费的热量。

3. 每消耗 1kW 的电能可回收 3～4kW 的热能。

4. 根据季节变化实现不同工作模式；

1）冬季需热量较大而回收的热量不够时，可以自动开启辅助加热系统补充不足的热量；

2）夏季环境温度较高，需要的热量不多，而回收的热量有富裕时，则可将多余的热量通过室外冷凝器排放到室外大气中，达到制冷的目的；

3）春秋过渡季节，室外环境温度、湿度较好。热泵的风机系统，则可以直接将室内的空气排到室外，实现通风换气。在以上工作过程中，热泵只需提供自身运行的电能即可实现恒温泳池内空间除湿、空气制冷制热、通风换气及池水加热多种功能。所以称之为“游泳池除湿热回收热泵”。由于它具有以上多种功能，所以，也称“多功能热泵”及“三集一体热泵”。

5. 从以上功能可以看出，它是一种能实现室内恒温、恒湿、节能、节水、延长建筑物使用寿命的绿色、环保技术。

14.4.3 池水加热的要求

1. 池水冷凝器工作时，高温的气态冷媒通过池水冷凝器与被加热的池水进行热交换，则：

1）气态冷媒降温释放显热；

2）气态冷媒冷凝成液态，释放潜热。通过这种模式池水就能获得免费的热量，而且还充当了室外冷凝器的作用。

2. 池水冷凝器的进水口应设置温度感应控制器，以实现自动控制池水温度的要求。

1）游泳池、游乐池的池水温度设定值宜为 27℃±1℃；

2）热水休闲设施池池水的温度设定值宜为 38℃±2℃；

3）温泉泡池池水的设定温度宜为 40℃±2℃。

14.4.4 除湿热回收热泵除湿量

1. 除湿热回收热泵的除湿量由以下四部分组成：

1）室内活动的人的人体散湿量；

2）池边的散湿量；

3）敞开的池水水面散湿量；

4）新风的含湿量。

2. 上述各种散湿量应按下列公式计算：

1）室内人体散湿量按下式计算：

$$W_1 = 0.001 \cdot n \cdot n_q \cdot g \qquad (14.4.4\text{-}1)$$

式中：W_1——人体散湿量（kg/h）；

g——单个人小时散湿量，取 120g/（h·人）；

n——池岸总人数（人），按游泳人员负荷的1/3计，不计观众人数；

n_q——群体系数，取 $n_q=0.92$。

2）池边散湿量按下式进行计算：

$$W_2 = 0.0171(t_g - t_q)F \cdot n_s \quad (14.4.4\text{-}2)$$

式中：W_2——池边散湿量（kg/h）；

t_g——室内空调计算干球温度（℃）；

t_q——室内空调计算湿球温度（℃）；

F——池岸面积（m^2），不含看台非潮湿区域面积；

n_s——润湿系数，按不同使用条件取用，一般取 $n_s=0.2\sim0.4$。

3）敞开水面的散湿量按下式计算：

$$W_3 = 0.0075 \cdot (0.0178 + 0.0125v_w) \cdot (P_b - P_q) \cdot A_s \cdot (B/B') \quad (14.4.4\text{-}3)$$

式中：W_3——池水面产生的水蒸气量（kg/h）；

v_w——游泳池水面上的风速，取0.2～0.3m/s；

P_b——与池水温度相等时的饱和空气水蒸气分压力（Pa）；

P_q——与池子室内空气相等的空气水蒸气分压力（Pa）；

A_s——游泳池水面的面积（m^2）；

B——标准大气压（Pa）；

B'——当地大气压（Pa）。

4）新风含湿量按下式计算：

$$W_4 = G_x(I_x \cdot \delta_x - I_{sn} \cdot \delta_n) \div 1000 \quad (14.4.4\text{-}4)$$

式中：W_4——新风含湿量（kg/h）；

G_x——新风量（m^3/h）；

I_x——新风含湿量（g/kg）；

I_{sn}——室内空气含湿量（g/kg）；

δ_x——新风密度（kg/m^3）；

δ_n——室内空气密度（kg/m^3）。

14.4.5 除湿热回收热泵选型

1. 除湿热回收热泵应满足本手册第14.4.4条除湿量和本手册第13.2.8条池水维持“恒温”所需热量的要求。而且各项工况指标应不低于现行行业标准《游泳池除湿热回收热泵》CJ/T 528的规定。

2. 当除湿热回收热泵中除湿与池水加热不平衡时，应设置池水加热的辅助热源。特别是池水初次加热时的辅助热源的容量设计人应与除湿热回收热泵生产企业共同协商后确定。

3. 除湿热回收热泵应有严格的水、电及回风等分离的安全措施，确保使用时不出现触电、腐蚀及其他安全隐患。

4. 除湿热回收热泵应具备不同季节、不同使用要求条件下精准可靠的自由调节的运行模式，还应具备运行稳定、功能强大的全自动化、智能化的控制系统，热泵机组应具备远程控制接口，可测控池水温度、空气温度和湿度等技术参数等功能，并具备管理方便、操作简单的IP65高防护等级触摸式彩色液晶显示屏的人机一体化界面。

5. 除湿热回收热泵应采用洁净，无污染符合绿色环保的冷媒工质。

6. 除湿热回收热泵池水加热冷凝热交换器，应采用钛金属材质，以应对游泳池、游乐池、休闲设施池及温泉浴池等池水中各种化学药品残留离子的腐蚀。

7. 除湿热回收热泵应设置互联网模块，以方便在使用方授权后能及时将运行状态或故障信息及时反馈到生产商予以记录和排除。

15 水质监测和系统控制

15.1 基 本 原 则

15.1.1 池水水质应进行全自动实时监测与控制

1. 游泳池、水上游乐池、休闲设施池、文艺表演水池等，由于不同用途的池水均与使用者的身体有直接接触，而且又是不同人群，均在同一池内进行活动。所以水池水质不仅影响到竞技者的成绩、裁判者观察竞技者在水中的姿态的清晰度，而且还影响到水中活动者的舒适、卫生、健康程度。为了水池的卫生、健康及高度明透明，就必须对水池的一些重要参数进行在线连续的全自动日常监测和定时人工检测，以及随时了解水质的变化，一旦出现异常参数。能够立刻找出原因，给予纠正消除，从而确保不出现安全隐患。水质监测分为在线自动监测与人工检测两种形式，而每种形式中又分为运营监控和监督监控。

1）池水水质在线实时监测与控制，是要求对整个循环系统和池水进行 24h 实时监督，它分为两种方式：

（1）运营监控：由经营单位负责对池水水质的变化状况进行自动监测和控制，并实时将监测结果通过屏幕向观众进行公布；

（2）监督监控：当地卫生计生监督部门进行网上实时远程监督监控，设计应预留接口。游泳者、戏水者及入浴者可通过网络终端（如微信公众号）了解池水水质现状。

2）人工检测：利用成套水质检测设备，在现场取样进行检测，该检测同样包括：

（1）运营对比性检测：由运营单位按规定时间段现场取水样检测，将结果与自动检测数据进行对比，如两者差距较大，应找出原因并进行改进；

（2）监督人工检测：由第三方到现场取水样检测检查。

2. 对池水实行全过程的在线实时监测，科学合理地检测各项水质指标，并进行有效控制，动态、综合地对池水水质进行调节，是保证池水卫生、健康、安全的有效措施。而人工对水质进行检测，可以验证池水净化处理系统是否正常，设备、仪表、控制器、各种内置探头反应的参数是否准确，也是找出两者出现差距的原因以便及时纠正的有效措施。

3. 实时监控应具有查询数据和报表打印功能。

15.1.2 池水净化处理系统设备、装置的运行监测与控制

游泳池、游乐池、休闲设施池、文艺表演水池等池水净化处理系统的工艺设备、装置类型较多，而这些设备、装置的正常运行是池水水质保持卫生、健康、安全的有力保障。所以，它们的控制方式的确定是一个不可忽视的问题。为此，本章节针对不同空间、不同服务对象的游泳池、游乐池、休闲设施池、文艺表演池等池水净化处理系统提出了不同的控制要求。

1. 全天候使用的上述各类水池，为了合理地利用能源，确保系统安全可靠，经济高

效运行，防止过多消毒剂和其他化学药品的投加对系统设备和建筑结构的损伤，以维持在确保水质达标的前提下，进行最低剂量的投加，降低系统运营成本，故应采用全自动化控制系统。

全自动水质监控的目的就是要通过传感器反馈，精确测量并能控制消毒剂和水质平衡剂的投加量，从而确保水池内的水环境安全。

2. 私人游泳池的水质同样重要，除了达到规定的水质标准外，还应按业主的要求确定。

15.1.3　监测与控制系统的设置

采用集中与分散相结合的监测与控制方式。

1. 分散控制

1）在同一场馆中不同用途的游泳池、游乐池、休闲池等应按照不同水净化处理系统各自独立的检测与控制的分别控制系统。

2）受控对象

游泳池、游乐池、休闲设施池、文艺表演池等池水净化处理系统中受控对象应包括：①均衡水池；②池水循环水泵；③化学药品加药计量泵；④池水过滤器；⑤消毒装置；⑥池水加热设备；⑦水质检测仪表，各种压力、温度、水位及阀门启闭等控制仪表；⑧文艺表演池的各种水景水泵、升降池底等控制；⑨跳水池池水表面制波和安全气浪控制设备的控制；⑩水上游乐设施功能循环水泵等。

2. 集中控制

1）管理各区域监测与控制的分控制中心。

2）集中控制中心应采用智能控制（如 PLC 编程和 PC 智能控制系统），将各分控制中心的工况信息经上位计算处理，把供每座水池的设备运行状况以画面的形式显示在屏幕上，并可根据要求打印成报表或以大幅投影予以展现。

3）应能通过区域网络供卫生监管部门监督或爱好游泳、戏水者通过网络了解池水水质状况。北京市卫生监督部门已对北京地区 100 多家游泳池、游乐池的水质实行了“扫一扫泳池水质我知晓”二维码，能够使游泳、游乐爱好者及时了解池水水质卫生状况，消除卫生隐患，确保游泳、戏水者有一个良好的健身水环境。

3. 控制要求

1）将各受控对象的工况信息，通过网线上传至区域控制分中心，经分控制中心的控制器进行现场数据处理，对受控对象进行自动控制。

2）将各受控对象的工况信息上传至中央控制中心。

3）区域分控制中心应具有手动控制功能。

15.2　监测项目和要求

15.2.1　池水水质监控项目和要求

1. 池水水质指标：循环水管内循环水中的游离性余氯、pH 值、氧化还原电位（ORP），循环流量、水压力、水温及浑浊度等参数应就地显示、上传并和化学药品投加量的联控。

2. 消毒及加药装置

1）臭氧发生器工况信息：进气量、露点温度、臭氧含量、臭氧浓度、加压泵、工作压力、冷却水压力和流量、循环水流量异常状况等就地显示、远传，并根据实时监测指标进行投加量联控；臭氧反应罐进出口压力的显示、运转和控制；

2）盐氯发生器和次氯酸钠发生器的工况信息：循环管道流量、盐投加量、盐浓度、产氯量、pH 值、氧化还原电位（ORP）、电极板钝化等应就地显示、远传和自动控制；

3）羟基消毒剂发生器工况信息：过氧化氢浓度、臭氧浓度、池水氧化还原电位等就地显示、远传，并按实时监测指标实施投加量联控；

4）紫外线消毒器工况信息：紫外线照射剂量、压力、水温、灯管照射功率、自动清洗等就地显示、远传和自动控制；

5）氯制品的消毒系统工况信息：加药泵流量及压力、消毒剂浓度和投加量、溶药桶液位等就地显示、远传、并按余氯、pH 值等实时监测指标实施投加量联控；

6）化学药品（混凝剂、酸、碱等）投加装置工况信息：投加泵流量及压力、药品浓度及投加量、溶液桶液位等就地显示、远传、并按 pH 值实时指标实施投加量联控。

15.2.2 池水净化处理设备、设施监控项目和要求

1. 均（平）衡水池的水位应就地显示和远传，补水量应远传。

2. 变频调速循环水泵、变速循环水泵等工况信息（运转水台台数、流量、压力、调速、水泵运转互换、电流、电压、相数等）就地控制柜显示、远传。

3. 功能循环水泵工况信息（流量、压力、水泵运转互换、电流、电压等）就地显示、远传和控制。

4. 池水过滤器

1）过滤器内部压力、进水及出水管压力、进水管流量各种阀门和仪表等工况信息就地数字显示、远传；

2）自动反冲洗的各种电动或气动阀门状态，就地灯光显示、远传；

3）人工反冲洗。

5. 监控臭氧反应罐进出水管压力

6. 活性炭吸附过滤器：

1）活性炭过滤器内部压力、进水及出水管压力和流量、进水及出水管水的氧化还原电位（ORP）等就地数字显示、远传及反冲洗的自动控制；

2）自动反冲洗时，各阀门（电动或气动）状态就地显示、远传；

3）人工反冲洗。

7. 池水换热设备

1）被加热水的进水及出水压力和水温等就地数字显示、远传及控制；

2）热媒进口及出口压力、温度等就地数字显示、远传，并按实时监测指标实施联控。

8. 热泵

1）空气源热泵：

（1）空气源热泵工况；

（2）应能自动调节池水温度。

2）除湿热回收热泵：

(1) 除湿热回收热泵工况；环境温度、湿度、风量、风速、池水温度等参数指标的显示、上传及控制（含辅助热源）；

(2) 应能自动调节池水温度。

15.2.3 人工监控项目

1. 池水水质在线实时监测只能对经池水循环水净化处理系统处理后的水进行监控，而现行相关标准中的各项指标限值是对使用中的池内水的限值要求，这就要求水净化处理系统处理后进入池内之前的水质指标低于池水水质限值指标。因此，经营单位应按本手册第 24.2.2 条规定的频率，对池内水质进行人工检测。

2. 现场检测项目包括：①池水浑浊度；②余氯；③pH 值；④氧化还原电位（ORP）；⑤尿素；⑥水温；⑦氰尿酸（消毒剂用三氯或二氯氰尿酸盐时检测）；⑧过氧化氢（消毒剂用盐氯发生器时检测）；⑨臭氧（消毒剂用臭氧时检测）；⑩盐浓度（消毒剂用盐氯发生器时检测）。

3. 实验室检测项目包括：①细菌总数；②总大肠菌群，以上两项送卫生监督部门检测；③钙硬度；④碱度；⑤溶解性总固体；⑥三氯甲烷；⑦池水表面 20cm 处臭氧浓度（采用臭氧消毒时检测）。

15.3 监测与控制功能

15.3.1 水质监测与控制

1. 池水加氯系统

1) 系统中的余氯传感器应能连续监测池水中的余氯浓度数值，并向系统中的控制器自动传送余氯信息；控制器将收到的余氯信息进行处理，控制器根据处理结果向系统中心的加药泵发出控制指令；加药泵根据控制器的指令自动调节加药泵的氯的投加量，使池水中的余氯量保持在规定的浓度范围内。

2) 控制器的控制精度应为±0.1mg/L 之间。

2. 臭氧消毒系统

1) 系统中的臭氧浓度监测器对进入水池前的池水循环给水管道中臭氧浓度进行连续监测，并将测得的数据自动传输至给臭氧发生器控制装置；臭氧控制装置接收到臭氧浓度信息后对其进行处理，并向臭氧发生器发出指令，臭氧发生器根据控制装置的指令，自动调节臭氧发生器的臭氧的产量，使水中的臭氧残余浓度不超过规定限值。

2) 控制装置中的 ORP 控制器的控制精度不应超过±5mV，最好为±1mV。

3. 水质平衡剂投加系统

1) 池水中的 pH 值即酸碱度直接影响氯消毒剂的消毒效果、混凝剂的混凝效果和池水的腐蚀性。

2) 水质平衡系统中心的 pH 值传感器应具有对循环水酸碱度进行连续监测的功能，并能将所监测的信息自动传送给 pH 值控制器，控制器收到信息后分别向酸碱加药泵发出指令，酸碱加药泵根据控制指令自动调节酸或碱的投加量，使池水的 pH 值保持在规定浓度范围内。

3) pH 值控制器的控制精度应在±0.1pH 值。

4. 池水加热系统

1）温度传感器应能连续监测循环水的温度，并自动将所测温度传送至加热设备的控制器上；控制器收到温度传感器信息后，对其进行处理，并将处理结果通过控制器向加热设备上的温度控制阀门发出指令，温度控制阀门自动调节开启度调节热媒的流量，以达到控制池水温度维持在规定的范围内的目的。

2）温度控制器的控制精度宜为±0.1℃，但不应超过±0.5℃。

5. 池水浑浊度控制仪

1）在循环给水管进入水池之前安装浊度仪，连续监测池水的浑浊度。

2）浑浊度应有显示和超限值报警功能。

3）浊度仪发出报警信号，工作人员应进行以下工作：查看池水过滤器上位及下位压力差是否超过限值。如超过限值应对过滤器进行反冲洗；如未超过反冲洗压差限值，则应检查投加量、投加混凝剂系统工况是否正常。

4）由于池水浑浊度比较低，一般较少在池水水质监测系统采用。

15.3.2 设备运行监测与控制

1. 转动设备

1）应能远距离开启和关闭池水循环水泵及为设备机房服务的通风、排气装置；

2）多台水泵时应具有能根据游泳、戏水负荷的大小来控制水泵运转台数及自动互换运行的功能；

3）池水循环水泵应设与消毒剂及各种化学药品溶剂投加计量泵联动的装置，并应满足下列要求：

（1）池水循环水泵开启运行正常后，消毒剂及其他化学药品溶液投加计量泵方式以自动投加运行；

（2）池水循环水泵停止运行前，消毒剂及其他化学药品溶液投加计量泵应具有先行停止运行的功能；

（3）池水循环水泵因故障或其他原因突然中断运行时，消毒剂及其他化学药品溶液投加剂量泵也能立刻停止运行。

按此工作模式运行才能防止消毒剂及其他化学药品溶液浓度超过标准值对游泳者、戏水者及入浴者造成安全伤害。

2. 池水过滤设备

1）采用自动反冲洗时，应能根据过滤器压力表参数自动停止过滤器的工作运行：

2）自动开启风泵对过滤器按规定的气量和持续时间进行气洗。

3）气洗结束后自动投入水洗，水洗能按规定的气水反冲强度自动开启设备用水泵，按设定流量、持续时间进行水反冲洗，直至完成反冲洗投入正常运行。

4）应设置自动反冲洗与手动冲洗的转换装置。

15.3.3 池水水质人工检测水样采集

1. 池水水质在线实施监测只能反映池水水循环净化处理后的水质，而不能反映池内水的分配均匀性。对游泳池、游乐池等池水面积较大的水域来讲，对池内不同部位、不同水深处的池水水质，目前还难以进行在线实时监测。所以，游泳池、游乐池、休闲池、文艺表演池的经营者，还应对池内水进行人工检测。

2. 根据国家标准《体育场地使用要求及检验方法　第 2 部分：游泳场地》GB/T 22517.2—2008 的规定，采取水样进行水质现场检测。

1）游泳池平面尺寸为 50m×25m（21m）时水样采集点不应少于 6 个，采样位置如图 15.3.3-1 所示；

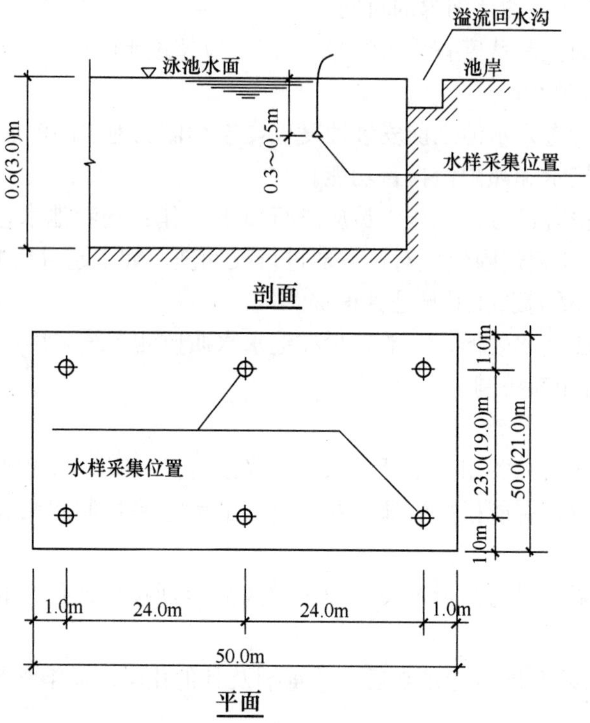

图 15.3.3-1　游泳池人工检测池内水质水样采集位置示意

2）平面尺寸为 25m×25m 时，水样采集点不应少于 4 个，采样平面位置和水深如图 15.3.3-2 所示；

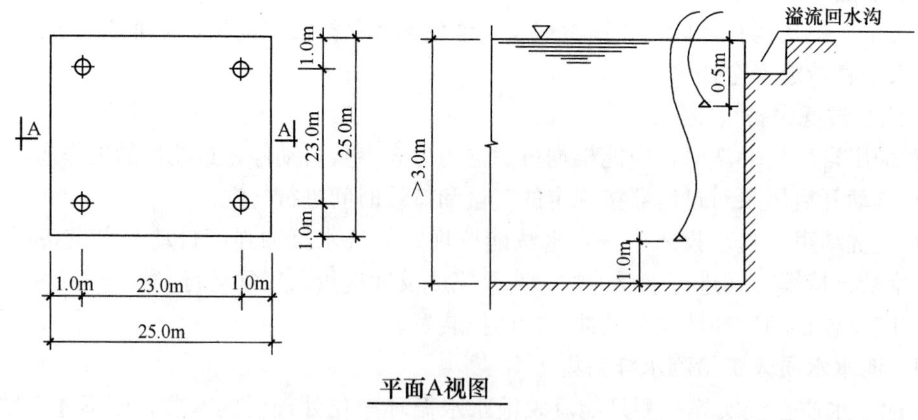

图 15.3.3-2　跳水池人工检测池内水质水样采集位置示意

3）非正方形、矩形平面形状的游泳池、游乐池、休闲池、文艺表演池等，应按每

100～200m² 水面面积采集水样 1 个确定采集水数量，池水水面面积小于 100m² 的水池至少应采集水样一处。

4）水样采集深度

（1）池水深度小于和等于 3.0m 时，按图 15.3.3-1B 规定取样；

（2）池水深度大于 3.0m 时，除按图 15.3.3-2B 规定采集水样外，本手册建议在同一采集位置水深 5.0～6.0m 处增加采集水样一个。

15.4 监测与控制装置

水质设备监测与控制系统所用的各种探测器、控制器、消毒剂及有关化学药品溶液投加泵、配管等都应该适应游泳池、游乐池、休闲池、温泉池等池水中含有化学药品药剂的特点，也就是说均要具有耐相关化学药品腐蚀和高水温的功能。同时，还应具有工作稳定、性能可靠、感应灵敏、调节时间短、恢复快、结构简单、安装方便、维护简便等功能。

15.4.1 监测与控制装置要求

1. 水质监控系统组成：

每种消毒剂、每种化学药品溶液投加系统的监控系统均由探测传感器、在线仪表、控制器、计量泵、溶液桶和搅拌器、配管等组成。

2. 装置要求

1）探测传感器是一种将物理量或化学量转变成便于利用的电信号的器件。所以它应满足：①溶液接触表面应抗污染、不堵塞、能保持稳定的液体接触电位；②封装紧密，保证电极能耐化学腐蚀；③电极使用可靠，电极响应快，测量稳定，使用寿命长。

2）控制器是一种能将传感器采集传来的信息，进行整理分析，直观地显示在屏幕上并对计量泵进行控制的器件。所以，它应满足：①应具有液晶数字功能；②各种变速控制器测量稳定，功耗低，精度高；③结构坚实，外观精美，耐腐蚀性好，防护等级不应低于 IP65；④带背景灯数字显示；⑤操作简单，具有报警自动提示；⑥可以壁挂一体式安装。

3）计量泵是一种能根据控制器传输的信息，自动改变计量泵投加量的一种专业设备。所以它应满足：①应为隔膜泵型产品；②泵和隔膜、阀件材质为聚丙烯（PP）、聚氯乙烯（PVC）特氟龙、（PTFE）、S31603 不锈钢等耐化学腐蚀材质；③板面报告显示频率为0～100%，比例可自动调节并任意设定；④防护等级不应低于 IP65；⑤具有远程控制、液面报警功能；⑥具有手动调节功能；⑦配套电机驱动搅拌器。

4）适应环境：①温度为－20℃～70℃；②湿度 0～95%；③抗磁场干扰。

15.4.2 监测与控制装置精度及监测幅度

1. pH 值监测幅度应为 0～14pH 值；监测分辨率应为±0.1pH 值，测量精度为 0.5pH 值。

2. 余氯：监测幅度应为 0.1～5.0mg/L；监测分辨率应为±0.01mg/L～±0.10mg/L；测量准确度应为±5%。

3. 臭氧：监测幅度应为 0.02～2.0mg/L；监测分辨率应为±0.02mg/L，测量精度不大于 0.05mg/L。

4. 氧化还原电位（ORP）：监测幅度应为 0～1000mV；监测分辨率应为 1.0mV；测量精度不大于 5mV。

5. 温度：监测幅度应为－5℃～100℃；监测分辨率应为±0.1℃；测量精度不大于 0.5℃。

16 特殊设备和特殊设施

16.1 活性炭吸附过滤器

16.1.1 活性炭特征

1. 活性炭是用煤、木屑、果壳（杏核、椰子核、核桃壳等）等多种原料经碳化及活化过程制成黑色的具有大量的各种形状和大小的孔隙，因而具有极大的表面积的多孔颗粒物质。比表面积大、带孔隙是它的主要特征，优质活性炭的比表面积应为每 1g 炭的比表面积在 1000m^2 以上，其中绝大部分是颗粒内部的微小孔隙表面。

2. 活性炭的吸附作用是水中溶解杂质在炭粒表面上浓缩的过程，所以它的比表面积大小是影响吸附性能的重要因素。用于游泳池、游乐池等池水吸附是液相吸附，在炭与池水接触的过程中，极大的炭水接触界面是活性炭吸附能力的基础。

3. 活性炭由于能把有机物杂质吸附到活性炭颗粒内，因此初期吸附效果好，随着时间的推移，则它的吸附能力会有不同程度的减弱，吸附效果就随之下降，直至失去吸附功能。所以，活性炭应定期进行反冲洗，甚至更换。

16.1.2 活性炭的种类

1. 粉末活性炭：颗粒较小，粒径约为 10～50μm，吸附面积大，吸附效果好。但由于它的颗粒较小，很容易随着水流而流失，所以在游泳池等池水处理不推荐采用。

2. 颗粒活性炭：颗粒较大，粒径约为 0.45～2.50mm，分为柱状颗粒和不规则状颗粒。颗粒活性炭在水中不易流失，池水中的杂质在活性炭吸附层中不易堵塞，吸附能力强，在池水处理中常被采用。

颗粒活性炭可以单独构建成吸附过滤床，用来去除池水中的臭氧、有机物及无机物。当活性炭的吸附力饱和后，再生后可以重复使用。所以在游泳池水处理中，应采用颗粒活性炭。

16.1.3 活性炭的选择

1. 活性炭的品种较多，性能各不相同，用途、价格不一，在水处理中因水质不同，故应认真进行分析后选择合适的活性炭。游泳池循环水处理中所用活性炭应具有吸附性能好、含碘值高、化学性能稳定性好、机械强度高及再生能力强等特性。

2. 活性炭质量应符合以下国家标准要求。

1）《木质净水用活性炭》GB/T 13803.2—1999，详见表 16.1.3-1。

2）《煤质颗粒活性炭　净化水用煤质颗粒活性炭》GB/T 7701.2—2008，详见表 16.1.3-2。

木质净水用活性炭质量指标　　　　表 16.1.3-1

		指标	
		一级品	二级品
碘吸附值（mg/g）		≥1000	≥900
亚甲蓝吸附率[1]	（mL/0.1g）	≥9.0	≥7.0
	（mg/g）	≥135	≥105
强度（%）		≥94.0	≥85.0
表观密度（g/mL）		0.45～0.55	0.32～0.47
粒度[2]	（2.00～0.63mm）（%）	≥90	≥85
	0.63mm 以下（%）	≤5	≤5
水分（%）		≤10.0	≤10.0
pH 值		≥5.5～6.5	≥5.5～6.5
灰分（%）		≤5.0	≤5.0

注：1. $A=15V$，A 为每克活性炭吸附亚甲蓝毫克数（mg/g）；V 为 0.1g 活性炭吸附亚甲蓝毫升数（mL）。

2. 粒度大小范围也可由供双方商定。

净水用煤质颗粒活性炭技术指标　　　　表 16.1.3-2

项目			指标	
漂浮率（%）			柱状煤质颗粒活性炭	≤2
			不规则状煤质颗粒活性炭	≤10
水分（%）			≤5.0	
强度（%）			≥85	
装填密度（g/L）			≥380	
pH 值			6～10	
碘吸附值（mg/g）			≥800	
亚甲蓝吸附值（mg/g）			≥120	
苯酚吸附值（mg/g）			≥140	
水溶物（%）			≤0.4	
粒度（%）	ϕ1.5mm	＞2.5mm	≤2	
		1.25～2.50mm	≥83	
		1.00～1.25mm	≤14	
		＜1.00mm	≤1	
	8×30	＞2.50mm	≤5	
		0.60～2.50mm	≥90	
		≤0.60mm	≤5	
	12×40	＞1.6mm	≤5	
		0.45～1.6mm	≥90	
		＜0.45mm	≤5	

3. 据资料介绍：在水处理中椰子壳活性炭具有最小的孔隙半径、比表面积大、碘值高，被认为是优质活性炭，被广泛采用，但价格比其他品种的活性炭高。

16.1.4　活性炭在游泳池等池水净化处理中的应用

活性炭颗粒填充的床层与颗粒过滤器一样具有过滤能力，但活性炭在工业领域和水处理领域被广泛用于吸附水的异味、溶解有机物、微污染物等的有效措施。所以，活性炭吸附装置应设置在水过滤设备之后，以免水中悬浮固体杂质堵塞活性炭孔隙而影响了活性炭的吸附性能。在游泳池的循环水净化处理中，活性炭吸附器是用于全流量半程式臭氧消毒系统中，以吸附进入游泳池之前循环水中多余臭氧的一个工序，其功能如下：

1. 去除池水中的多余臭氧：当池水采用全流量半程式臭氧和辅以氯消毒方法时，由于臭氧是有毒气体且不稳定，在水中不易溶解。经臭氧消毒后的池水，如果不将池水中剩余的臭氧去除或降低到安全浓度范围内，让其进入游泳池，则会给游泳者戏水者带来安全隐患，并且对设备造成腐蚀，同时在游泳池内释放后会降低池水的透明度。因此，去除池水中多余臭氧是其功能之一。

2. 去除池水中的三卤甲烷（THMs）：由于臭氧只具有瞬间杀菌功能，无长效杀菌消毒功能，为防止发生交叉感染隐患，臭氧消毒后还应投加长效消毒剂。长效消毒剂基本上都采用氯制品消毒品，而氯消毒的副产物之一——三卤甲烷（THMs）是致癌物质，对人体健康危害极大。因此，去除池水中的三卤甲烷（THMs）是其功能之二。

16.1.5 活性炭吸附过滤器设计

1. 设计参数：

1）活性炭的粒径宜为 0.8～1.6mm，比表面积不应小于 $1000m^2/g$；

2）活性炭介质吸附层的有效厚度按下列规定确定：

（1）活性炭颗粒比表面积等于和大于 $1000m^2/g$ 时，应不小于 500mm；

（2）活性炭颗粒比表面积小于 $1000m^2/g$ 时，应不小于 700mm。

3）活性炭吸附层应设置厚度应不小于 200mm、粒径为 2～3mm 的卵石支持层。

4）活性炭颗粒吸附层的水流速度应维持在 33～35m/h。据英国《游泳池水处理规范》（1999 年版）规定，流速低于 33m/h 时，容易在活性炭吸附层中滋生和繁殖细菌。这是与活性炭应用于饮用水系统的主要区别。

以上各项设计参数摘自行业标准《游泳池给水排水工程技术规程》CJJ 122—2017，实践证明国内所有设置活性炭池水净化处理系统的工程，系统运行效果良好，完全满足使用要求，且降低循环水泵的扬程，有利于节能。

2. 据有关资料介绍：为保证活性炭的吸附能力，宜每年更换吸附过滤器内表面已失效的活性炭层，厚度不宜小于总吸附层厚度的 1/5。

3. 外形及材质：

1）外形为圆柱形，根据设计循环水流量，可采用立式或卧式；

2）壳体一般耐压等级为 0.45～0.6MPa，按压力容器要求进行设计；

3）内部集配水系统按小阻力系统设计，其他要求均与本手册第 9.6.8 条要求一致。

4. 设置要求：

1）池水采用全流量半程式臭氧消毒方式时，方可设活性炭吸附器；

2）设置活性炭吸附过滤器的目的是去除经臭氧消毒后进入游泳池前循环水中多余的臭氧。因此，它应设置在池水循环净化处理系统中的池水过滤器、臭氧消毒剂投加系统工序（即加压水泵、在线混合器、水与臭氧反应罐）之后，详见本手册第 10.5.4 条中图 10.5.4-1 和图 10.5.4-2。

16.1.6 活性炭吸附过滤器反冲洗

1. 活性炭吸附过滤器在游泳池循环水净化处理系统中作用是以脱除池水中的多余臭氧为主要目的，但由于臭氧对池水中的有机微生物有分解作用，在实际工程应用中仍具有对池水进行二次过滤功能。所以，仍应定期对其进行反冲洗。

2. 活性炭吸附过滤器反冲洗参数，原则上应由活性炭产品供货商提供，但由于游泳池循环水净化处理系统为工程招标后二次深化设计内容，故进行一次设计时，可按下列参数进行反冲洗设计：

1）活性炭吸附过滤器终期水头损失与初期（含反冲洗完成后投入运行）水头损失的差值达到 0.05MPa 时，但运行未达到 30d 时，应对其进行反冲洗；反冲洗宜采用气-水组合反冲洗方式；

2）反冲洗强度：气洗：14～16L/(m^2 · s)；水洗：4～6L/(m^2 · s)；

3）反冲洗持续时间：气洗：3～5min；水洗：2～3min；

4）反冲洗活性炭层的膨胀率，宜按 25%～35%设计；

5）反冲洗水水源宜采用经过滤器过滤后的水，以确保冲洗干净；

6）不设专用的反冲洗用水泵，采用池水循环水泵进行反冲洗，但应按上述要求，对池水循环水泵的工况进行校核；

7）反洗时应关闭臭氧发生器；

8）反冲洗水管上的阀门应采用隔膜阀。

16.1.7 活性炭工作周期

1. 活性炭工作周期指它的吸附能力达到饱和，不再具有吸附能力的持续时间。据有关资料介绍，活性炭一次性持续工作时间因品种而定，一般约为 3～5 年。

2. 鉴别活性炭是否具有吸附能力，应在活性炭吸附过滤器的进水管和出水管上分别安装臭氧监测器。

3. 活性炭吸附能力失效后，将其进行再生后重复使用或丢弃，应经技术经济比较后确定。

4. 活性炭的再生方法：①用高温使炭孔内有机物炭化，使其得到活化再生；②电解氧化；③药物或生物再生等。究竟采用哪种方法由活性炭供应厂商确定。

5. 活性炭的铺设方法和要求，应按生产厂产品说明书规定。

16.1.8 活性炭吸附过滤器的材质和构造

1. 在游泳池循环水净化处理系统中，活性炭吸附过滤器为密闭型的压力式容器。为保证系统正常安全运行，其壳体的耐压等级不应低于系统工作压力的 1.5 倍，且最低不应低于 0.6MPa。

2. 臭氧具有较强的氧化性，因此壳体及内部部件宜采用牌号不低于 S31603 的奥氏体不锈钢，或具有耐臭氧腐蚀的玻璃纤维合成材质。内部部件如布水器、集配水装置和接管等，也可以采用耐臭氧腐蚀的塑料材质。

3. 吸附器内部构造与本手册第 10.6 节相关要求一致。

16.2 有机物尿素降解器

有机物尿素降解器是在中国建筑设计研究院有限公司和北京恒动环境技术有限公司共同合作下，应用于国家游泳中心（水立方）对外开放的热身游泳池中，为解决池水过滤、消毒等工艺工序无法解决的不良气味，而研制成功的一种新设备。它的研制成功，解决了游泳池等池水中长期存在尿素偏高的难题。

16.2.1 有机物尿素降解器工作原理

1. 有机物尿素降解器可去除池水中因投加氯系消毒剂所产生的副产品（如氯胺、三氯甲烷）、游泳和戏水者产生的汗液形成的尿素、消毒无法去除的溶解性有机物等产生的不良气味。

2. 国家游泳中心（水立方）热身游泳池（50m×25m×2m），非竞赛期对社会公众开放使用，在夏季平均游泳人员负荷超过 2000 人次，池水中的尿素会远超《游泳池水质标准》CT/T 244—2016 中 3.5mg/L 的规定。需每日补水 $100m^3$ 以上进行稀释，运营成本较高。

3. 通过试验研制的有机物尿素降解器，投入使用后，取得了理想的去除池水中尿素的效果。在夏季高峰游泳负荷期间，实测池水中尿素含量平均不超过 1.5mg/L；其他非高峰游泳负荷期间，实测池水中尿素含量平均不超过 0.5mg/L。不仅改善了水环境，还节约了稀释补水量，降低了运行成本，增加了前来游泳的人员，最为重要的是为降低池水中长期存在的尿素指标提供了创新的一种技术设备。

16.2.2 设计参数

1. 设计流量应按下列规定计算确定：

1）公共游泳池、儿童游泳池，按池水容积的 5%～10%计算；

2）专用游泳池，按池水总容积的 2%～5%计算确定。

2. 设备内水流速度应控制在 5.0～10.0m/h 范围内。

3. 设备内过滤介质层由如下两层组成：

1）上层采用活性炭，有效厚度不应小于 1000mm；

2）下层采用粒径为 1.5mm 的石英砂，厚度不应小于 150mm。

4. 设备内集配水系统采用小阻力系统。

5. 反冲洗参数：

1）采用水冲洗，反冲洗周期应控制在 90～180d 之内；

2）反冲洗强度不应小于 $12L/(m^2 \cdot s)$，水源为游泳池池水；

3）反冲洗持续时间应控制在 5～8min；

4）反冲洗时介质膨胀率宜按 30%设计。

16.2.3 设置位置

1. 有机物尿素降解器可以取代活性炭吸附罐和反应罐，但臭氧应投加在过滤器之前的循环水管内。

2. 有机物尿素降解器在游泳池等池水循环净化处理工艺过程中的位置，详见图 16.2.3。

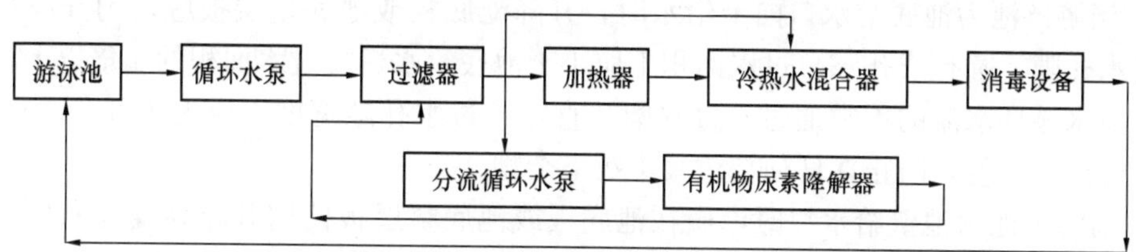

图 16.2.3 有机物尿素降解器在池水净化处理工艺中的位置示意

16.2.4 有机物尿素降解器的构造及材质

1. 有机物尿素降解器宜采用立式圆柱形状。

2. 壳体宜采用牌号为 S31603 或 S31608 的奥氏体不锈钢或抗臭氧腐蚀的玻璃纤维树脂型材料。

3. 壳体内部相关部件如布水器、集配水系统等，应与壳体材质相兼容。

4. 壳体耐压强度不应低于池水循环净化系统压力的 1.5 倍。

16.3 跳水池池内相关设施

16.3.1 基本要求

1. 跳水运动是一项由跳水人员在 3.0～10.0m 的跳台向下跳入水池之前，在空中进行不同形体艺术造型创造，并具有观赏性且较为危险的竞技艺术运动。为了给跳水人员自由落下时提供一个安全、能准确的感应识别池水水面位置的设施，以便跳水人员在 3.0m、5.0m、7.5m 及 10.0m 的跳板或跳台下跳时，在不足 2min 的时间内，能准确完美的完成他（她）们在这个空间内的艺术形体造型动作，而不出现任何意外伤害，所以必须设置池水水面造波装置。

2. 对于初学跳水人员，或者跳水人员设计的新型空中形体造型初次试跳时，由于尚不熟练，难免会出现失误，造成入水水击或摔伤，因此应在相应高度的跳板、跳台正下方设置一种能使池水水面水体变软，并具有一定弹性，相当于一个“松软的海绵垫”似的气-水混合的泡沫型“气浪”，以承接从跳板、跳台的下跳人员，不因空中动作失误或尚不熟练落入水中而造成伤害。

3. 还应在跳水池附近设置热水淋浴喷头和热水放松池。

4. 跳水池跳板、跳台与池水面高度和水深详见表 16.3.1。

跳板、跳台与池水面高度及水深 **表 16.3.1**

跳板、跳台表面至跳水池池水水面垂直高度（m）		跳板		跳台				
		1.0	3.0	1.0	3.0	5.0	7.5	10.0
水深	最小水深（m）	3.4	3.7	3.2	3.5	3.7	4.1	5.0
	理想水深（m）	3.5	3.8	3.3	3.6	3.8	4.5	6.0
注：本表数据摘自《体育场地使用要求及检验方法 第 2 部分：游泳场地》GB/T 22517.2—2008。								

16.3.2 可拆卸池底垫层板

1. 当游泳池为池底给水口向上给水时，升降池底板或池底垫层板应均匀开凿过水圆孔或过水孔隙。圆孔或孔隙总过水面积不应小于池底给水口总过水面积的 4 倍以上，确保不影响池水循环水流的正常通过，过水圆孔直径或过水孔隙宽度不应大于 8.0mm。开孔或孔隙要分布均匀，防止在任何部位聚集污染杂物。

2. 当游泳池为池壁给水口时，应在池底板或池底垫层板使用升降高度处的板上及板下各设一层池壁给水口，防止回水产生短流和死水区。

3. 升降池底板或可拆卸池底垫层板的板下，应有可靠的定期清洁该底板板下表面和池底沉积污物的装置或措施。

16.3.3 跳水池水面制波

1. 跳水池水面制波方法有四种：①池水表面喷水制波；②池底鼓气水面制波；③池面送风制波；④池底涌泉制波。其中后两种制波方法比较古老，基本已被淘汰。

2. 跳水池水面波浪要求

1）跳水池水面制波按国际泳联（FINA）要求，表面喷水制波与池底喷气制波应同时设置；

2）池水表面的波浪浪高宜为25～40mm，在具体使用中，可根据教练员、运动员特点自行调节浪高；

3）池水表面应为均匀的涟漪波纹形状的小波浪，不得出现翻滚的大波浪；

4）波浪气泡及波纹应范围广、分布均匀、连续不断。

3. 池水表面喷水制波

1）在跳水池设置跳板、跳台一侧的溢流回水沟内设置若干只升降可调方向的喷嘴，从喷嘴往池内水面上喷水，依靠水嘴喷出水的水力作用冲击池水表面，使池水表面产生涟漪不断的波纹水浪，见图16.3.3-1。

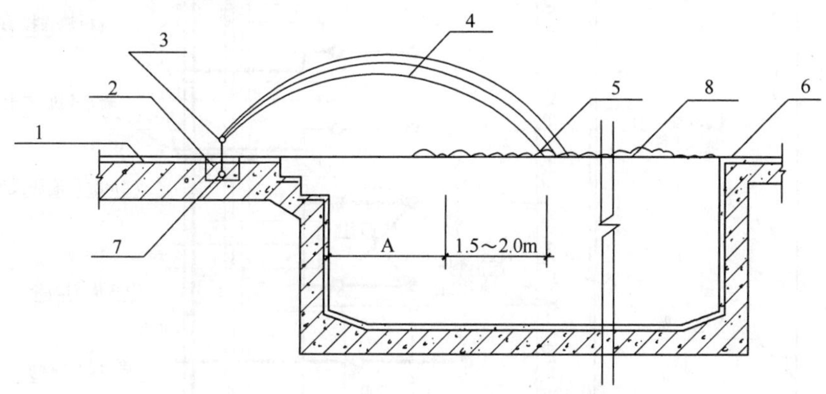

图16.3.3-1 跳水池表面喷水制波示意

说明：1—跳台、跳板侧边岸；2—喷水管管沟；3—升降可调型喷嘴；4—喷水弧线；5—喷水入池末端；6—跳台、跳板对岸池岸；7—喷水给水管；A—跳台末端水平投影线；8—跳水池水面

2）喷头设置

① 升降可调方向喷嘴位置：每个跳台、跳板两侧均备设喷嘴一只，详见图16.3.3-2，直径不宜小于20mm；

② 升降可调方向喷嘴喷出水压不应小于0.15MPa；

③ 升降可调方向喷嘴喷水水源为跳水池池水；

④ 升降可调方向喷嘴喷水系统应设独立的给水泵和管道系统，供水泵从跳水池的均衡水池内取水，给水泵应设备用泵；

⑤ 升降可调方向喷水给水泵与跳水池池水循环泵设在同一房间内；

⑥ 升降可调方向喷水嘴、供水管应为耐腐蚀、不二次污染池水的不锈钢及铜材质，且耐压等级不应低于1.0MPa。

3）喷水制波的另一种喷水嘴布置方法，即设在跳板、跳台的支柱上，详见图16.3.3-2。

4）池水面喷水制波方法简单，能耗低，管理维护简便，但起波效果较差，作为正式比赛用跳水池，池水面喷水制波与池底喷气起泡制波应同时设置。

4. 池底喷气制波

1）在跳水池的池底安装喷气喷嘴，从喷嘴中喷射出压力不小于 0.20MPa 的压缩空气，依靠压缩空气在池水中扩散形成无数个气泡，这些气泡上升到池水表面破裂后形成的水浪，称之为池底喷气制波。

2）喷气喷嘴的布置有如下两种形式

（1）喷气嘴成组布置时应以跳板、跳台在池底水平面投影的正前方 1.5m 处为中心、以 1.5m 为半径的位置和以 45°角分四组布置；10m 双人跳台应以跳台在池底水平投影的正前方 1.5～2.0m 处为中心，以 1.5～2.0m 为半径的位置以十字形分四组布置，见图 16.3.3-2。

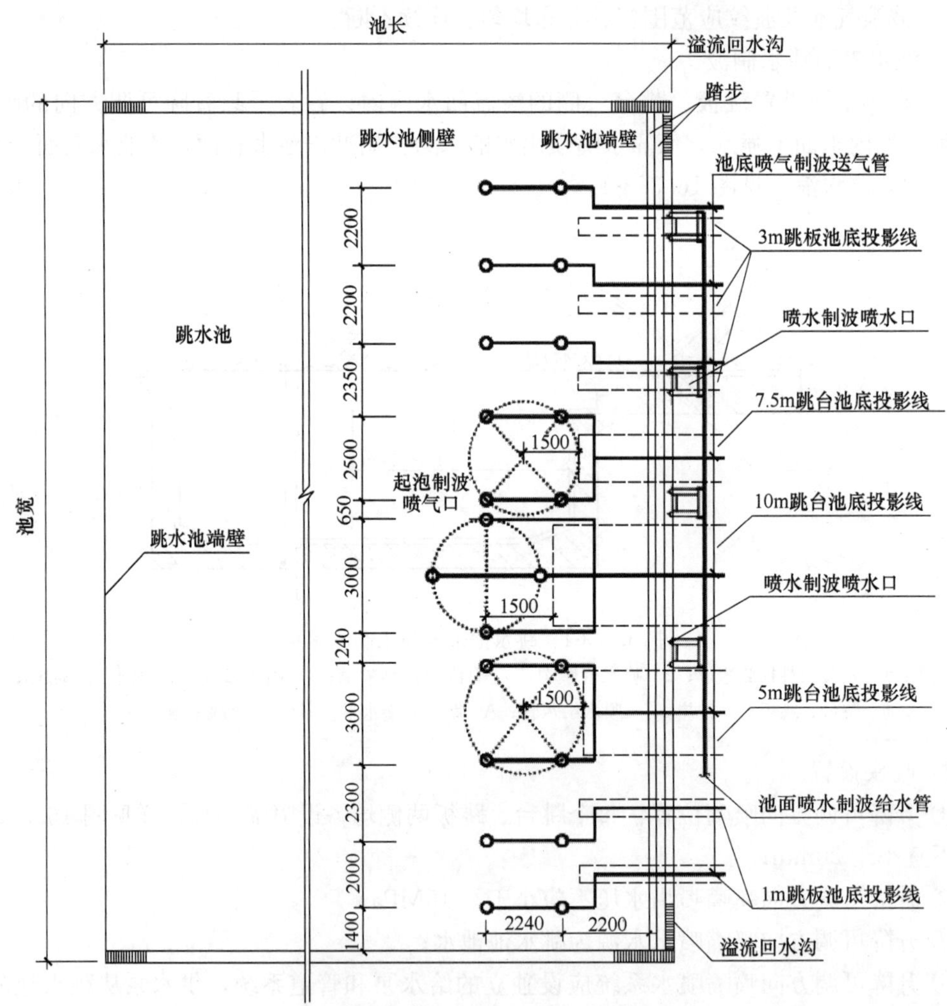

说明：图中虚线所示为跳板、跳台位置垂直投影

图 16.3.3-2　跳水池喷气制波及喷水制波喷嘴布置示意

（2）喷气嘴在池底满天星布置时，按 3.0m×3.0m 的方格均匀布置，集中控制。本手册不推荐这种布置方式。

3）喷气喷嘴用气量计算

(1) 分组布置喷气喷嘴时，应按跳台或跳板同时使用的数量计算确定。

(2) 满天星布置时，按池内全部喷气喷嘴同时开启计算，本手册不推荐此种喷气喷嘴的布置方式。因为这布置方式浪费气源和制气设备能耗。

(3) 喷嘴喷气孔直径应采用1.5～3.0mm，每只喷嘴气量按0.019～0.024m^3/(mm^2·min)计算。

4) 气源质量及气压

(1) 空气应洁净，无油污、无色、无味。一般应采用经椰壳颗粒活性炭吸附过滤后的空气，确保空气质量达到前述要求。为此，还应选用无油润滑空气压缩机。

(2) 空气压力宜为0.1～0.2MPa，但不应高于0.4MPa。

5) 喷气喷嘴、供气管道、阀门及附件等，应采用不锈钢、铜及氯化聚氯乙烯CPVC等耐腐蚀、耐压、抗冲击等强度高的材质。

6) 供气管应埋设在跳水池结构底板上与饰面瓷砖之间的水泥砂浆垫层内。喷气喷嘴顶面与池底饰面层相平。喷气喷嘴应带封堵盖帽，以备在不制波时将喷气孔予以封堵，防止池水沉淀杂质堵塞喷气孔。

7) 池底喷气制波可以人为地调节喷气量来改变水面波浪的高度，以适应跳水人员及竞赛组织者的要求。因此国际游泳联合会（FINA）推荐采用此种方式。

5. 池水面送风制波及池底涌泉水面制波的方法比较古老，制作复杂。随着技术的发展，在当今的跳水运动竞赛中已不被采用，故本手册不做介绍。

16.3.4 安全保护气浪（垫）

1. 作用

由安装在跳台、跳板正前方池底的供气环管迅速喷出洁净的空气，使池水产生一个气-水混合的“气浪垫”，以防止跳水人员动作失误或练习新的跳水空中姿态等造成的安全伤害，以及消除初学跳水人员克服恐惧心理，为他们提供一个安全活动的环境。

2. 原理

安全保护气浪（垫）是在跳水人员离开跳台、跳板自由落下至落入水中这个时间段内，池底供气环管迅速向水中输入压缩空气，使池水运动而在池水表面产生一个均匀的水与气泡相结合的“气浪（垫）”称之为即时安全保护气浪（垫）。见图16.3.4-1。

图16.3.4-1 跳水池安全保护气浪（垫）效果

3. 安全保护气浪（垫）的设置原则

1) 教学和训练用的跳水池应设置安全保护气浪（垫）。

2) 3.0m高度的跳板和5.0m、7.5m、10.0m高度的跳台，应在其正前方设置安全保护气浪（垫）装置。

3) 安全保护气浪（垫）装置应采用环形管网供气方式，以确保能产生一个均匀的气水混合的气浪（垫）。

4）环形供气管应布置在跳台、跳板在池底水平投影的正前方 0.5m 处，详见图 16.3.4-2。

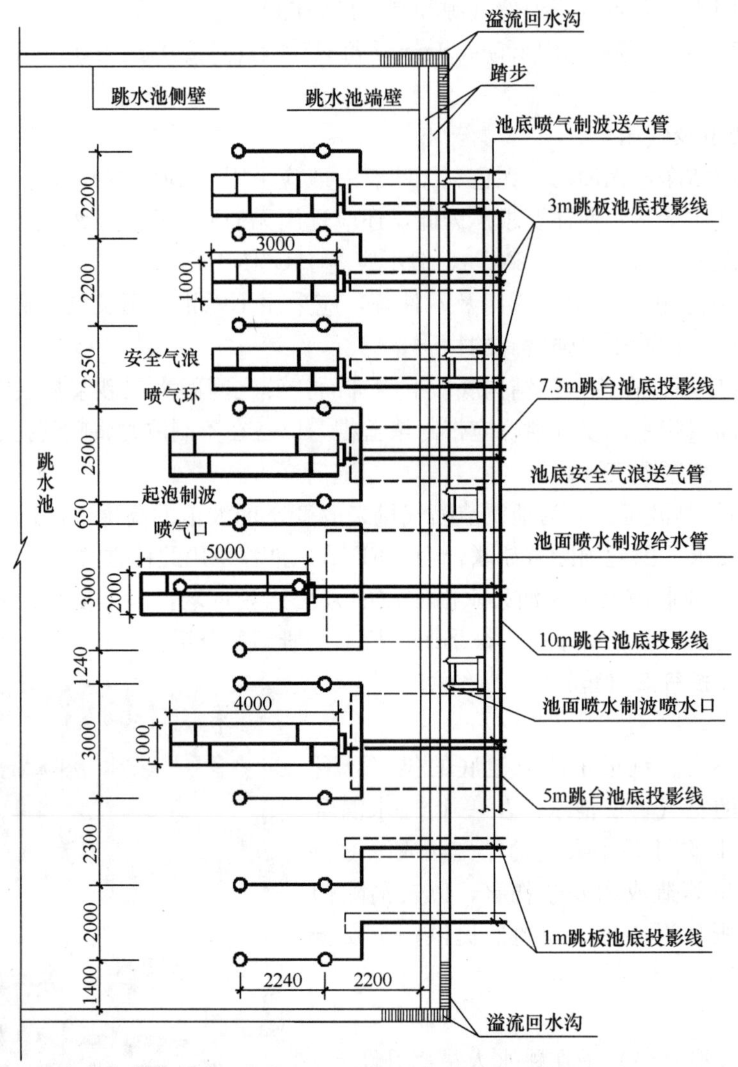

图 16.3.4-2 跳水池池底喷气制波、安全保护气浪（垫）喷水制波综合平面示意

说明：图中虚线所示为跳板、跳台位置垂直投影

5）安全保护气浪（垫）的平面尺寸，应根据跳台、跳板的上表面距池水水表面的垂直高度按下列规定确定：

（1）跳板高度为 3.0m 时，环形供气管布置应为宽 1.0m×长 3.5m；

（2）跳台高度为 5.0m 及 7.5m 时，环形供气管布置应为宽 1.0m×长 4.5m；

（3）跳台高度为 10.0m 时，环形供气管布置应为宽 2.5m×长 5.0m。

4. 环形供气管的构造及材质

1）环形供气管应为网格状环形状；

2）环形供气管上应每隔 300mm 间距设置内径为 8mm 的喷气嘴，喷气嘴总数量不应少于 40 只；

3）环形供气管喷气嘴应采用高强度、耐腐蚀、阻力小、不变形的不锈钢管或铜管等材质。耐压等级不应低于 1.60MPa。

5. 环形供气管及池底喷气制波管的敷设

1）应埋设在池底板与池底饰面层的找平层内；

2）垫层厚度不应小于 300mm。

6. 安全保护气浪（垫）系统组成及要求

1）由空气压缩机、高效冷却器、冷冻干燥机、油水分离器、活性炭吸附器、储气罐、供气管、供气环管、喷气嘴及控制箱等组成。

2）空气压缩机：提供安全保护气浪（垫）装置所需要的气源气量。应选用无润滑油空气压缩机，并配有消声装置，以确保将噪声控制在 80 分贝以下。操作人员应经常对空气压缩机进行维护保养，确保其正常运行。

3）缓冲压空气储气罐：用以缓冲压力变化和减少对空气压缩机的压差负荷作用。储气罐应有压力容器质检证明，材质应耐腐蚀，并配置自动排水阀，每周需要将管内冷却水排除掉。

4）空气冷却器：用于冷却压缩空气，为空气过滤器提供低温空气，以利于压缩空气中颗粒物质的滤除。经冷却后的压缩空气的气体温度不应大于 40℃。

5）空气过滤罐：对压缩空气进行最后的过滤和清洁，如此，方能将压缩空气送入储气罐。应设前后空气过滤罐各一个，压缩空气先经前置型空气过滤罐滤除掉 1.0μm 的颗粒和 0.5mg/L 的含油量；然后再经过后置型空气过滤罐滤除掉 0.01μm 的颗粒和 0.01mg/L 的含油量，以确保送入下一道工序的空气质量。两个空气过滤罐均应配置自动排水阀、手动测试阀、显示仪表。显示仪表的作用是提醒过滤介质是否需要更换。

6）活性炭吸附罐：吸除经过空气过滤罐之后空气中残余的油量，经过活性炭吸附罐处理过的空气中含油量不超过 0.003mg/L，为达到此要求，应采用空气净化用的椰壳活性炭，确保送入跳水池安全气浪（垫）和池底喷气制波装置的压缩空气是无色、无油、无杂质的洁净空气。

7）储气罐：为保证安全保护气浪（垫）和池底喷气制波提供所需压缩空气量的储气设备，有效储气容积按 2 个 3.0m 跳板安全保护气浪（垫）同时使用所需要的空气量计算确定。同时以 10.0m 跳台安全保护气浪（垫）使用时所需要的空气量进行校核，如两者计算结果不一致时，以其中较大需气量作为确定储气罐容积的依据。空气储气罐是压力容器，应满足：①具有耐压等级质量证明；②材质应为不产生二次污染的不锈钢。

8）空气制动阀：用于控制不同系统（即每个跳台、跳板的安全保护气浪（垫）装置）的空气量及水的流量。空气制动阀的气源由安全保护气浪（垫）设备提供，所需压力为 0.6MPa。

9）供气管、喷气嘴、阀门及管道连接件。

10）电气控制箱：负责接入外部电流和为制气设备提供启动电源。电气控制箱设在机房内。

11）遥控箱：设于跳水池大厅内。作用：①开启机房内安全保护气浪（垫）制气设备；②控制跳水池不同高度跳台、跳板下方的安全保护气浪（垫）供气环管供气阀的开启，保证喷气嘴、喷水嘴能连续喷气和喷水。

遥控箱内设有 PLC 程序化逻辑控制器，负责安全保护气浪（垫）装置的各个功能运行。PLC 控制程序永久储存在记忆器中，供电中断后再次恢复供电时，PLC 可以完全恢复工作状态，其电源由电控箱提供。

12）手提遥控器：控制 6 个跳台、跳板的安全保护气浪（垫）喷气环管喷气的开启。信号由跳水大厅指挥跳水人员的跳水教练或专职安保人员控制发出，由设在跳水大厅内的遥控箱接收。

手提遥控器电源由标准电池提供，并可根据使用情况进行更换。

7. 安全保护气浪（垫）设置要求

1）安全保护气浪（垫）的设备机房应靠近跳水池设置在跳板（台）一侧，使其敷设管路最短，阻力损失最小，供气时间最快。

2）安全保护气浪（垫）系统应确保一经启动，气浪形成时间不超过 3s、气浪持续时间不少于 12～15s，才能达到保护作用，这是建议值。具体持续时间在进行工程设计时应与跳水运动教练员、运动员协商确定。据有关资料介绍：为使安全保护气浪（垫）能在 3s 内迅速形成，保证供气压力不低于 0.4MPa 是使其尽快释放的重要条件。

3）安全保护气浪（垫）与起泡制波系统可以分开各自独立设置一套供气设备，也可两者共用一套供气设备，其控制设施见图 16.3.4-3。

如两者共用一套供气设备，应符合下列规定：

（1）安全保护气浪（垫）供气与起泡制波供气压力要求不同，应设置各自独立的供气管道。

（2）每个跳板或跳台应设置各自独立的供气管道、流量调节装置和控制器。

（3）安全保护气浪（垫）供气压力的高低关系到气浪的持续时间和气浪形成的高度，通常系统供气压力为 1.0～1.2MPa。

（4）安全保护气浪（垫）供气管路系统应有确保池水不倒流至制气设备的有效措施。实际工程中，一般是在供气系统进入跳水池之前的管道上安装电/气连控阀门。此阀门不仅用于控制系统的开启和调节气体流量，而且，还能防止池水倒流至此阀后的供气系统中的作用，具有极好的严密性。阀门应靠近跳水池安装，以保证供气管存水量最少，而使压缩空气在最短的时间到达喷气嘴。

8. 安全保护气浪（垫）供气系统的控制

1）跳水池大厅应设置可以开启设备机房内安全保护气浪（垫）设备和池内每个安全保护气浪（垫）的控制屏及池岸手提遥控器。

2）手提遥控器：手提遥控器只可操作每个安全保护气浪（垫）供气管，信号由手提遥控器发出，传到控制屏由接收器接收。手提遥控器电源由标准 9VDC 电池提供并由跳水教练员操作。

3）控制屏带有选择钮，使用时必须先确定采用就地控制或无线（手提遥控器）遥控，并把选择钮转到控制形式的位置。例如，当选择用无线遥控操作时，只须将选择钮转到遥控位置，这时就地控制的功能无效，即使有人按下就地控制钮，也不会动作。设备的就地手动与无线遥控具有互锁功能，两者只能选其一，防止出现就地手动与无线遥控同时发出相反的指令而造成误操作。

4）设备机房内设置就地控制开关装置。

9. 安全保护气浪（垫）系统的维护管理

1）安全保护气浪（垫）系统在每日使用前，必须对系统设备、管道进行仔细检查及试运转，一切正常后方可使用。

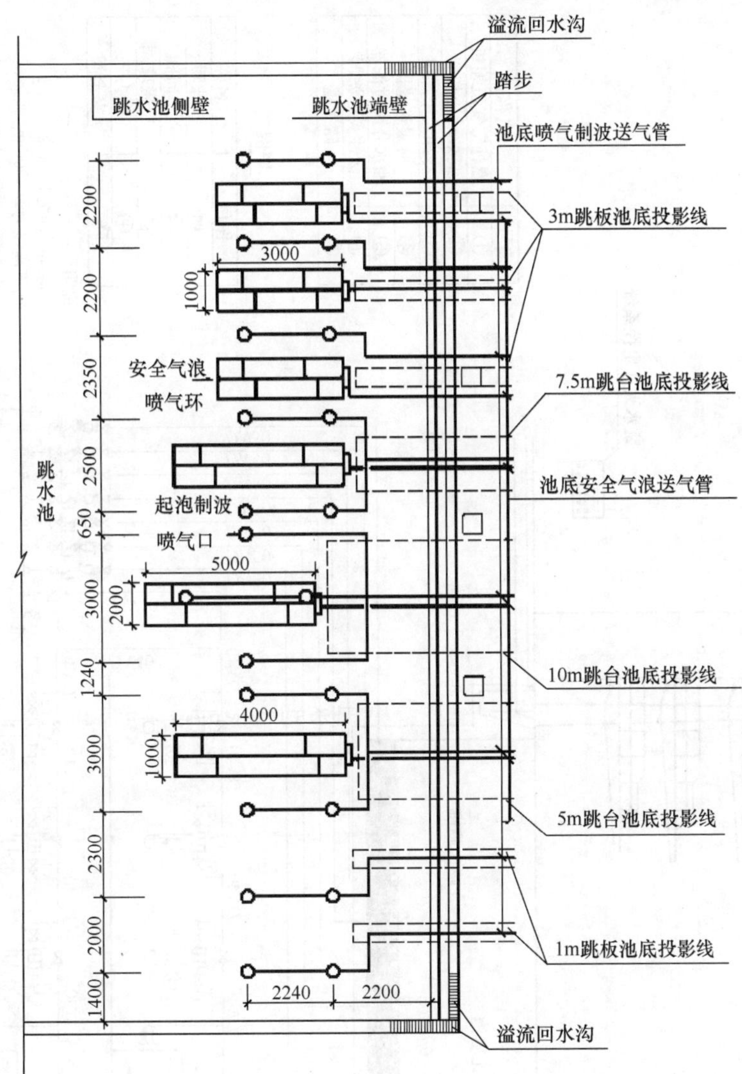

图 16.3.4-3　跳水池安全保护气浪（垫）供气管道平面布置示意

说明：图中虚线所示为跳板、跳台位置垂直投影

2）操作管理

(1) 每日对系统管道、池底环状供气管进行巡视检查一次，查看是否发生漏气、漏油，喷气嘴堵塞，一旦发现上述情况应立即进行修复，并做好记录；

(2) 每周应对系统设备进行小维护检修一次，并做好记录；

(3) 每年应对系统设备进行大检修一次，并做好记录。

10. 安全保护气浪（垫）工程实例：由江苏恒泰泳池科技有限公司提供。

1）跳水比赛池安全气浪（垫）系统原理见图 16.3.4-4。

2）跳水池喷气制波系统原理见图 16.3.4-5 所示。

3）跳水比赛池安全气浪（垫）系统控制原理见图 16.3.4-6。

4）跳水比赛池喷气制波及安全气浪（垫）管道轴测图，见图 16.3.4-7。

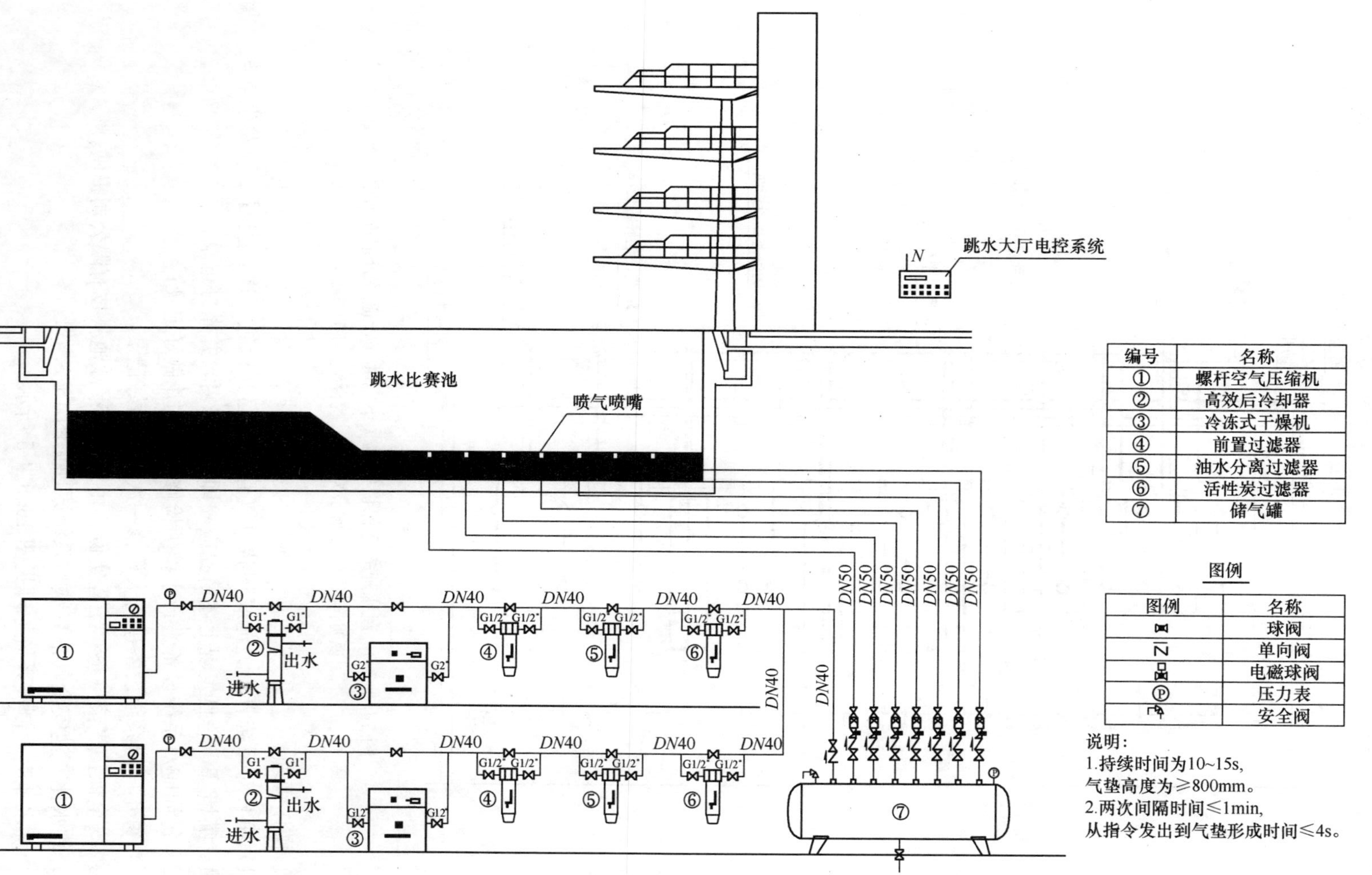

编号	名称
①	螺杆空气压缩机
②	高效后冷却器
③	冷冻式干燥机
④	前置过滤器
⑤	油水分离过滤器
⑥	活性炭过滤器
⑦	储气罐

图例

图例	名称
	球阀
	单向阀
	电磁球阀
Ⓟ	压力表
	安全阀

图 16.3.4-4 跳水比赛池安全气浪（垫）系统原理示意

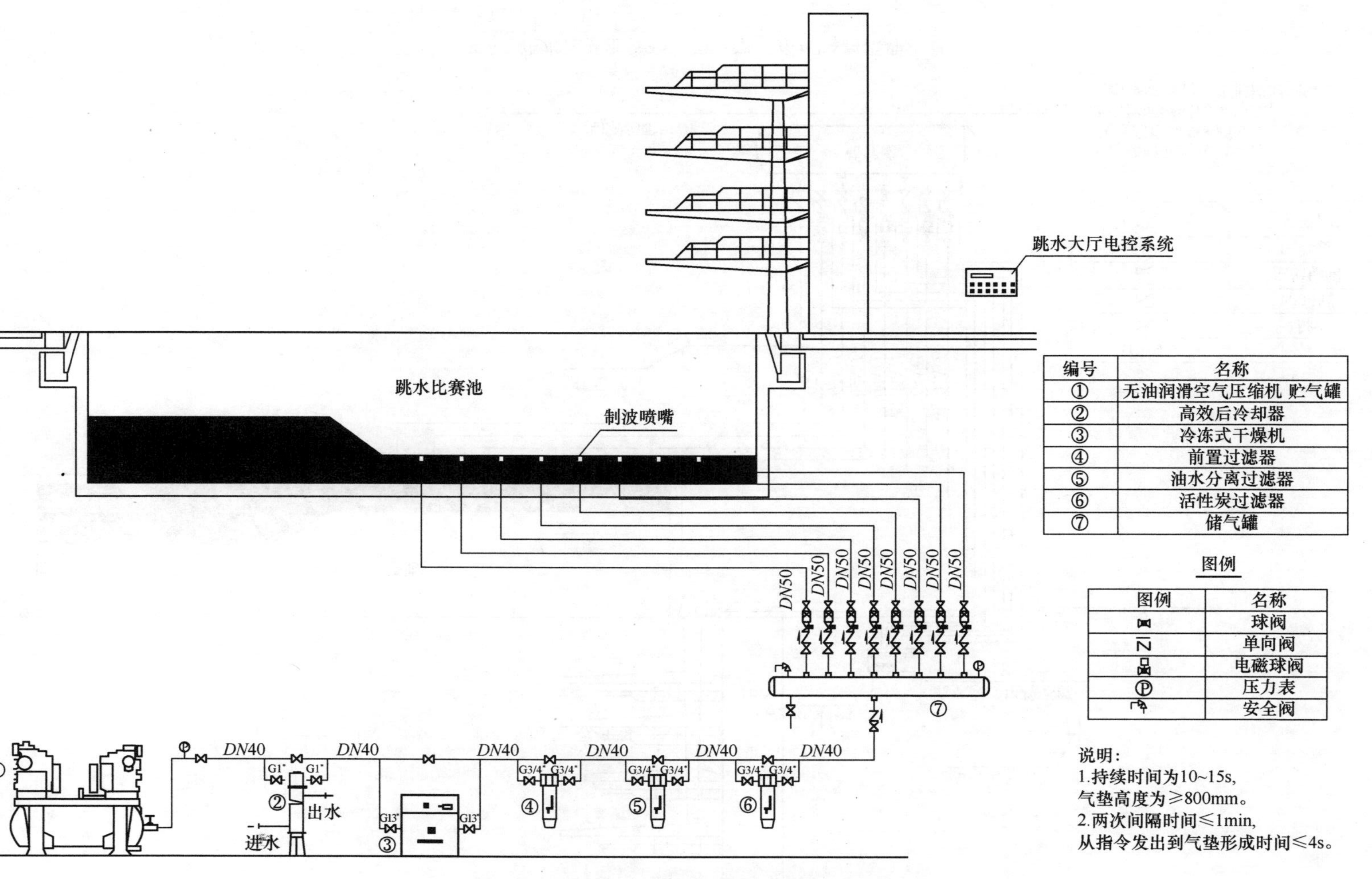

编号	名称
①	无油润滑空气压缩机 贮气罐
②	高效后冷却器
③	冷冻式干燥机
④	前置过滤器
⑤	油水分离过滤器
⑥	活性炭过滤器
⑦	储气罐

图例

图例	名称
	球阀
	单向阀
	电磁球阀
Ⓟ	压力表
	安全阀

说明：

1.持续时间为10~15s，
气垫高度为≥800mm。

2.两次间隔时间≤1min，
从指令发出到气垫形成时间≤4s。

图 16.3.4-5 跳水池喷气制波系统原理示意

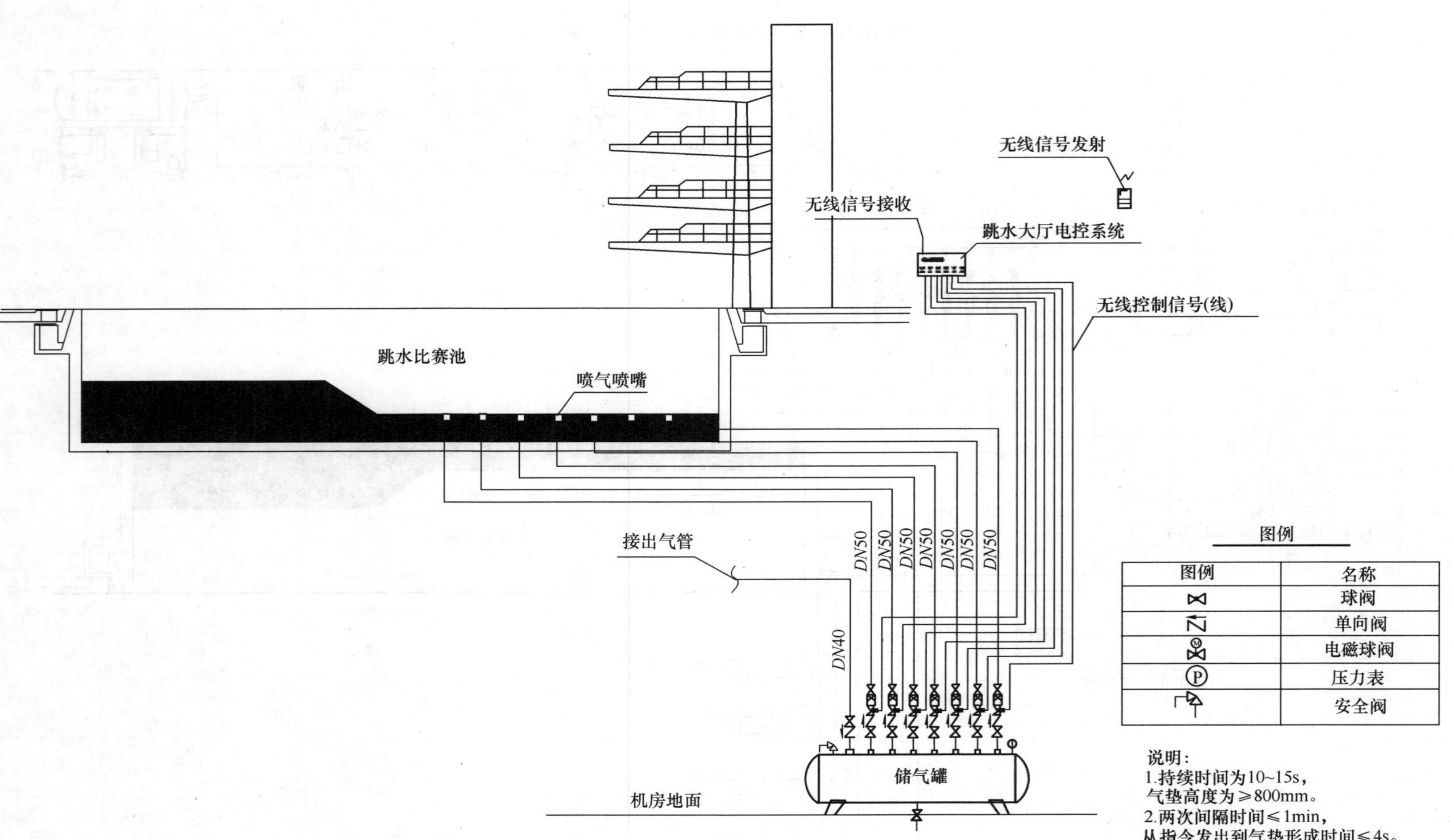

图 16.3.4-6 跳水比赛池安全气浪（垫）系统控制原理示意

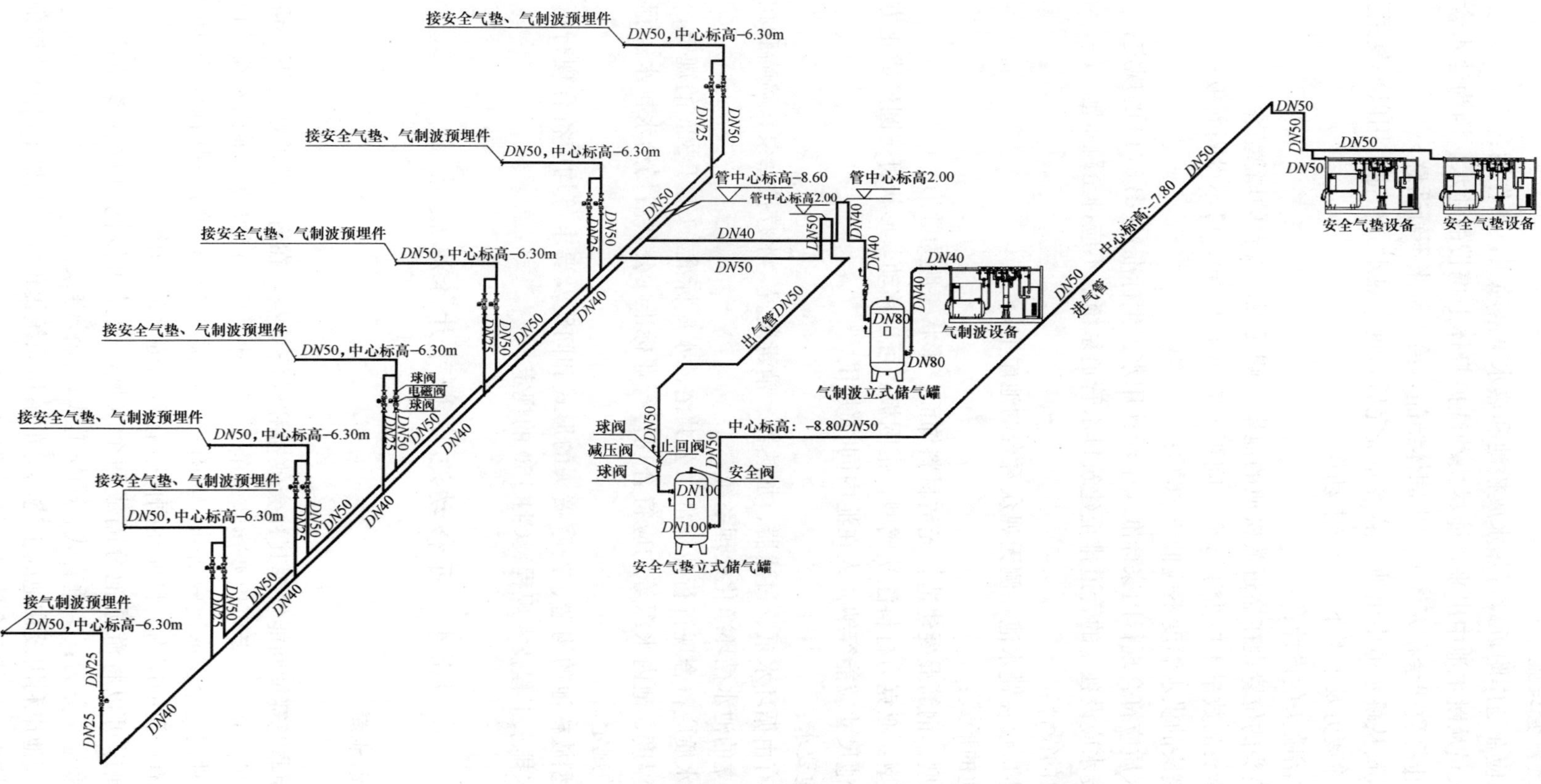

图 16.3.4-7 跳水比赛池喷气制波及安全气浪（垫）管道轴测图

16.3.5 跳水池配套设施

1. 跳水池应在池岸附近设置热水放松池和热水淋浴喷头，其作用：

1）跳水人员从跳水池中出来，能尽快冲洗掉身体上携带的池水。因为池水含有一些化学药品，防止物质残余在人体上产生固体结晶，给人带来不舒适感；

2）跳水人员从跳水池中出池并淋浴冲洗完后，进入热水放松池，用以平复紧张心情、缓和情绪、消除疲劳及思考下一个空中动作。

2. 热水淋浴喷头的设计：

1）淋浴喷头的位置设在靠近放松池的池岸一侧无观众看台的墙壁处；

2）淋浴喷头的数量不应少于 2 个，间距不应小于 1.0m，可不设隔断板；

3）淋浴喷头的供水温度不应低于 36℃；

4）供水水质应符合现行国家标准《生活饮用水卫生标准》GB 5749 的规定；

5）淋浴废水应设独立的管道排至建筑排水管道系统，不应排至跳水池。

3. 放松池的设计：

1）放松池应设在跳水池一侧无观众看台的池岸上；

2）放松池的形式：

（1）土建型：钢筋混凝建造，光洁材料饰面，形状一般为圆形。

（2）成品型：亚克力材料注塑成型，带围板，可以移动，形状可选圆形或正方形。

（3）放松池尺寸应能容纳 4 人在池内同时使用。

3）放松池要求：

（1）应设有由循环水泵、过滤器、加热器、消毒装置、水疗按摩泵、喷嘴和相应的管道等组成的独立的池水循环净化处理系统。

（2）池水水质应符合现行行业标准《公共浴池水质标准》CJ/T 325 的规定；池水循环周期、池水温度、池内水深等均应符合现行行业标准《公共浴场给水排水工程技术规程》CJJ 160 的规定。

（3）土建型放松池的构造、按摩喷头的形式和间距及要求等均应符合现行行业标准《公共浴场给水排水工程技术规程》CJJ 160 的规定。

16.4 可移动池岸和可升降池底板

16.4.1 可移动池岸

1. 原理

1）为了使非竞赛期间能发挥其社会效益和经济效益，在有条件的情况下，可设置可变池岸和可升降池底。前者可以变换池子的平面尺寸，后者可以改变池内水深，可以使不同游泳者能同时在一个游泳池内活动，具有极大的灵活性，给赛后利用提供了便利条件。该技术在国外有广泛的应用，目前在国内也有多家游泳馆采用。

2）可变池岸可以将游泳池分隔成两个水域，使其可以同时承载多项活动，见图 16.4.1-1。可变池岸分为：①垂直式；②轨道式；③铰链式。

垂直式可变池岸利用设在池底土建部分的液压系统提供动力，整个可变池岸部分被淹没在池底的凹坑中，使其完全隐身，见图 16.4.1-2。

图 16.4.1-1

轨道式可变池岸几乎可以在任何位置分隔水池。它可以很容易地由两个人通过推动或使用一套自动移动推车进行移动，见图 16.4.1-3。

图 16.4.1-2

铰链式可变池岸安装在游泳池地板上的一个固定位置，不使用时，它们可以简单地水平放置在池底。如果游泳池仍在建设中，铰链式隔断可以集成到一个定制的空腔。隔断甚至可以添加步行平台和栏杆用作游泳池服务人员的走道，见图 16.4.1-4。

图 16.4.1-3

图 16.4.1-4

可变池岸应有隔水墙，其目的：①使所分区的两个水域的活动人员互不干扰；②方便电动触板的悬挂；③有利于较准确调节游泳池长度。因此，为移动方便，在隔水墙上应有过水孔或缝隙。在顺流式水循环方式中，要保证水流通畅，不改变水流方式和过水流量。材质要坚硬，不能因泳道线的拉伸、浮桥板设起跳台、有人停留等情况而发生变位，而且还要有保证行人和操作人员的安全措施。

2. 设置原则

1）对于竞赛用游泳池，为了提高它的利用率，可以设置可变池岸。这样可使一座游泳池不仅可以进行50m长度标准泳池的游泳竞赛，还可以进行25m长度标准的短池游泳竞赛。

2）设有可变池岸的游泳池，其游泳池的土建长度应为“50m＋可变池岸的宽度”。可变池岸本体宽度一般为1.2～1.5m，确保运动员的出入和游泳出发。

3. 可变池岸的构造要求

1）可变池岸应设起跳台、电动触板，由于水中有消毒剂及酸、碱等化学药品，故其材质应耐腐蚀。结构应安全、稳定、可靠；材质应适宜游泳池的水质特征和空间环境。

2）可变池岸水面下的隔板墙应有保证池水流通的过水孔，以减小移动过程的水阻力，确保不影响池水的循环。过水孔尺寸不应给游泳者带来安全隐患，如卡住手指、脚趾等。

3）可变池岸在横向应满足游泳池宽度要求，宜采用自动移动方式整体进行移动。

16.4.2 可升降池底板

1. 原理

1）一般大型游泳馆都建有符合奥林匹克及世界级游泳竞赛的多用途标准竞赛游泳池。既可进行游泳竞赛，也可进行水球及花样游泳竞赛，其有效水深为3.0m左右。赛后，为了安全不能对社会全面开放，只能对游泳运动员们开放，利用效率很低，不能发挥它的设备作用。因此，就出现了升降式池底板可升降式泳池，增加了竞赛、水疗、公共游泳池的灵活性和功能性，它允许一个游泳池同时在不同深度容纳多个活动（图16.4.2）。

图16.4.2 可升降式池底效果图

2）升降式泳池底板采用液压升降、链轮、蜗杆、低压电动机等装置进行传动驱动，并由桁架、面板层和附属装置组成，可以任意调节池底板的升降高度，实现一池多用功能。活动游泳池底板符合最高质量标准，也符合卫生标准。游泳池底板上应有过水孔。升降系统的电机应位于水池外，以保证液压油不对水造成污染。此外，游泳池底板应配备有检修口，可供潜水员和清洁机器人进入进行维护和清洁。

3）驱动方式

（1）牵引式：

通过牵引设备连接绳索配合导轨等结构，控制池底板的升降。该驱动方式不会破坏原有的池体结构，适用于已建成泳池的改造。

（2）压缸式：

此驱动方式是在泳池土建结构设计时，预埋好气压缸或液压缸，配合支撑及固定的机械导柱以控制池底板的升降。由于需要预埋压缸等设备故适用于新建泳池。

2. 池水循环

1）应采用混合流池水循环，以减少升降池底板下土建池底的污垢。

2）池底给水口、池底回水口和泄水口的布置不应与可升降池底板的池底支撑柱相重叠。

3）可升降池底板应设池水循环水流的过水孔或过水缝隙，过水孔或过水缝隙尺寸不应超过 8.0mm，以保证不卡住游泳者手指或脚趾，并满足以下要求：

（1）过水孔或缝隙应均匀设在升降池底板上，确保水流无死水区、旋流区，不影响池水的过滤效果；

（2）过水孔或缝隙的总面积应大于池水循环流量过水面积。

3. 材质及安装

1）由于游泳池池水中含有消毒剂及酸、碱等化学药品。所以，可升降池底板、支撑件、升降装置等材质应坚固、耐腐蚀，不对池水产生二次污染，且不产生对人体有害物质，板表面应具有防滑、泳道线着色、抗紫外线等适应游泳池环境的功能。

2）可升降池底板的安装应表面平整，运行时不应损坏土建池体的任何部位。

4. 可升降池底板的荷载

1）池底板荷载不应小于 60kg/m^2；

2）池底板升降速度应保持在 0.2～0.3m/min 范围内；

3）池底板应设有检修口。

16.5 可拆装池底垫层

16.5.1 基本要求

为了赛后对广大游泳爱好者开放使用，提高泳池使用率，生产企业研究并开发了可拆装式游泳池池底垫层。垫层结构合理、坚固耐用、清洁卫生、拆装简便，不影响池水正常循环，不损坏池底瓷砖且造价较为低廉。见图 16.5.1。

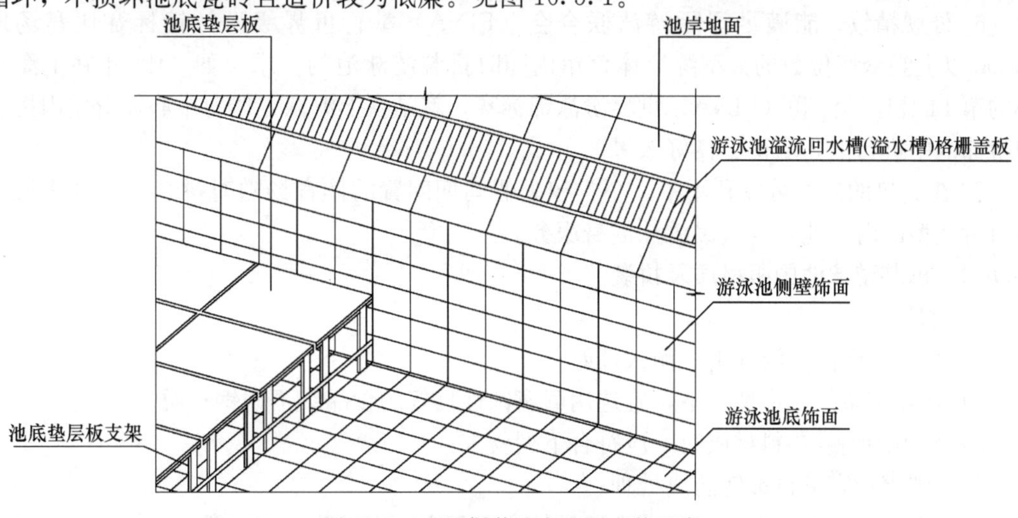

图 16.5.1 可拆装池底垫层安装示意

16.5.2 产品状况

我国已有厂家研制开发出了在无池水情况下安装和有池水情况下安装的两种可拆装池底垫层，并同时研究开发出了与其配套、效果显著、操作方便、经济实用的专用清除垫层下沉积污物的清污器。

16.5.3 适用范围

池底垫层可在游泳池内全部安装（如跳水池），也可部分安装，即将游泳池分成深水区及浅水区，以适应不同的游泳者对水深要求。水深由游泳池业主确定，供货商均能满足要求。这种垫层一旦安装完成后，水深不能再进行调整。

16.5.4 材质

可拆装池底垫层板采用优质 PVC 和 ABS 材质；支架和连接件、紧固件采用不锈钢制作。耐腐不锈，结构合理，坚固轻巧，拆装便捷，拆卸后储藏占地少，不易损坏，而且符合卫生要求，不影响池水循环。在国内已大量采用，深受用户好评。

16.6 拆装型游泳池

16.6.1 特征

1. 工厂预测模块化生产：可以实现任何规格尺寸游泳池的现场拼装及拆卸。亦称拼装式游泳池。

2. 施工周期短，建设速度快：工厂定制模块，现场进行拼装，一般仅需 10～15 天即可拼装完成。传统的钢筋混凝土游泳池建造非常耗时，而且需要二次饰面，不仅施工强度大，且投资费用高。

3. 施工质量有保证，施工不受外界因素影响，不需要大型施工机械。拼装地点不受限制，如屋顶、楼内大厅、地下空间、露天空地等处均可利用，且质量好、不破坏周围环境。

4. 池体可以拆除，配件及池体围板可以重复再利用，具有经济实惠的优点。

5. 配套池水循环净化处理系统，能满足竞赛及非竞赛池水水质卫生要求。

6. 外观精致，能满足国际游泳联合会（FINA）举行世界级游泳锦标赛比赛场地 15000 以上观众座位数的大型综合体育馆内随时拼装游泳池的要求。如 2011 年在上海举办的第 14 界国际泳联（FINA）世界游泳锦标赛，就是在上海东方体育中心体育馆内拼装的游泳池中进行的，取得了良好效果。

7. 在炎热的夏季可以利用中、小学校暑假间期闲置的体育场随时拼装各种规格尺寸的可拆装型的游泳池，为全民游泳健身服务。

16.6.2 拆装游泳池围板材质及拼装

1. 材质

1）材质应坚固、耐冲击、耐久性好；

2）在经济条件允许情况下，宜选用耐腐蚀性良好的食品级不锈钢材质；

3）采用碳钢或塑料材质时，应符合下列要求：

（1）碳钢板宜进行镀锌防腐处理；

（2）碳钢和塑料围板池体与池水接触的内表面应采用塑胶薄膜包覆；

(3) 塑胶薄膜应无毒、耐腐蚀、不渗水、防滑、易清洁、绿色环保；

(4) 颜色宜采用浅蓝色，且池内整体色泽一致，且稳定、抗老化、抗紫外线。

2. 拼装

1) 围板模块拼装应确保池体内表面平整、牢固、不变形；

2) 不锈钢围板模块接缝应拼装找平，不出现凹凸现象；

3) 碳钢和塑料围板内衬胶膜应与围板粘结均匀、平整、牢固，胶膜接缝不应出现明显痕迹；如采用不锈钢围板内衬，则接缝处应采用焊接，焊缝应平整、光洁；

4) 塑料围板的拼装还应符合国家现行标准《拆装式游泳池》GB/T 28935 的规定；

5) 池岸材质可选用镀锌钢板、塑料板，但与池水溢流回水沟接缝处应采取有效的防渗水措施。

16.6.3 拆装式游泳池池水循环净化处理系统

1. 池水循环应采用逆流式池水循环方式，以避免顺流式池水循环方式导致的池壁进水开洞可能出现的渗水现象。

1) 水质卫生要求，应符合本手册第 5 章的相关要求。

2) 池水循环周期、池水温度等应根据本手册第 7.7 节及第 5.6 节的论述确定。

3) 池内给水口、回水口、泄水口等应按本手册第 17 章相关论述确定。

2. 池水循环净化处理工艺流程及流程中各处理工序的设备配置，应按本手册第 10.3 节论述确定。

16.7 游泳池池盖

16.7.1 安装游泳池池盖的作用

1. 节能：游泳池水面面积大，在夜间等非开放时间，设置游泳池池盖可以减少池水面蒸发而损失的热量，从而减少次日开放时对池水加热所需能量。

2. 节水：减少池水蒸发散失的水量，据有关资料介绍可节约 10%左右的水量。

3. 安全：①防止行人特别是儿童，宠物落入池内水体中；②炎热夏季，室外池可以防止池水暴晒，池水温度升高过高，影响使用。

4. 环保防污染：室外游泳池可以防止灰尘、杂物颗粒、树叶等落入池水内造成池水二次污染。

5. 据有关资料介绍：法国将游泳池安装池盖作为强制性要求。

16.7.2 池盖产品要求

1. 池盖应采用耐腐蚀和具有保温功能的材质制造，能抵御池水中化学药品蒸发气流中残留离子的腐蚀。

2. 池盖应由模块板或幕布组成，具有收缩成卷及展开功能。

3. 池盖材质强度应满足 100kg/m^2 外力冲击而不破裂的要求，以确保行人不慎掉落上面无安全隐患。

4. 池盖应维护保养简单方便，能通过人工刷洗法清除落在池盖表面上的各种杂物。

16.7.3 池盖启闭

1. 池盖应具有自动展开和收缩功能，确保表面平整全方位覆盖游泳池。

2. 自动控制装置应具有遥控功能。

16.7.4　池盖形式

1. 目前我国尚无相关标准。

2. 产品种类：①平移型池盖；②平移多层折叠池岸；③软材质池盖；④硬材质池盖等。

17 游泳池专用附配件

专用附配件是指与给水排水工程相关的池体给水口、回水口、泄水口、排污接口及沟槽格栅盖板等。

我国目前尚无游泳池、休闲游乐池、文艺水演水池等给水排水系统的专用配件国家及行业产品标准，本手册所给出有关配件的图样仅供参考。本手册是根据市场产品情况，以及该类产品在具体工程中的实践情况，进行分析比对，提出了设计选用的建议参考。

17.1 池 内 给 水 口

给水口是指池水循环净化处理系统中向池内送水的末端配件，也称为布水口。

17.1.1 功能要求

1. 确保将处理后的洁净水合理地分配到池内的各个部位，为此应根据池子的不同深度、不同形状进行分区分配，使受污染较严重的区域内能有更多的洁净水；

2. 给水口数量应根据池底给水口最大出水流量按池水循环流量计算确定，总出水量不应小于池水的计算的循环水量；

3. 应具有可调节的功能，以适应池内不同部位、不同深度处的给水口出水量相一致，达到池内水质均匀的要求；

4. 给水口的位置，应保证其出水扩散均匀，进入池内干净的水与池内受污染的水能快速交换、更新及混合稀释，确保池内水质卫生、健康。

17.1.2 构造及分类

1. 构造：给水口的出水口应为喇叭口形状，使出水呈扩散式进入池内，不产生冲击水浪。给水口由格栅盖板、流量调节装置、扩散喇叭口及连接短管组成。

2. 按在池内设置位置分类

1）池底型给水口：适用于逆流式池水循环给水系统由池底向池内给水的方式，其形状如图 17.1.2-1 所示。

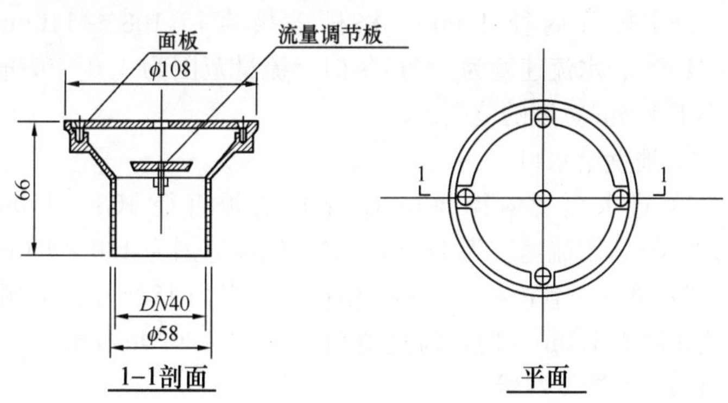

图 17.1.2-1 池底型给水口示意

2）池壁型给水口：适用于顺流式池水循环给水系统由池壁向池内供水的方式。由于格栅盖板出水方式及固定方式不同，它又可以分为三种形式，其形状见图 17.1.2-2。

3. 按材质分类

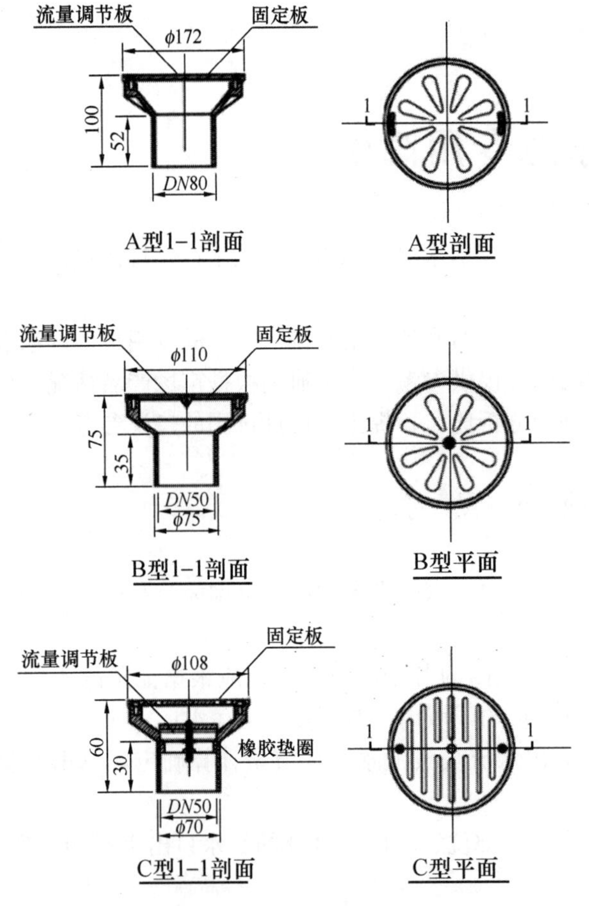

图 17.1.2-2 池壁型给水口示意

1）塑料给水口：本手册推荐采用氯化聚氯乙烯（CPVC）塑料材质，它强度高、耐冲击，适用各种消毒剂而不腐蚀。

2）金属给水口：以不锈钢材质为佳，在工程造价允许范围内，宜尽量选用此材质。它强度高，耐冲击、坚固、使用寿命长。

17.1.3 给水口参数

1. 给水口流速：成人池应控制在 1.5m/s 以内；为老年人设有的进、出池内台阶处及幼童、儿童池，给水口流速宜为 0.5m/s 为佳，作用为：

1）保证进水时游泳池池水面平稳，不出现波浪；

2）保证游泳者安全，即不被给水口的水流冲倒在池内或站立不稳带来安全伤害，且不改变游泳者的游泳速度；

3）确保能满足调节池内各给水口流量均匀一致，且满足池水计算循环水量不超额定流量的要求。

2. 池底给水口

进水短管内径 40mm、格栅盖板直径 108～110mm、格栅盖板过水孔隙面积 0.0016m^2、水流速度为 1.0m/s 时，流量范围为 1.0～9.0m^3/h，且出水水流应覆盖四周不小于 1.6m 宽度的范围。

3. 池壁给水口

1）进水短管内径 50mm、格栅盖板直径 108～110mm、格栅盖板过水孔隙面积 0.0018m^2、水流速度为 1.0m/s 时，流量范围为 1.0～9.0m^3/h。

2）进水短管内径 80mm、格栅盖板直径 170mm、格栅盖板过水孔隙面积 0.0068m^2、水流速度为 1.0m/s 时，流量范围为 10.0～20.0m^3/h。

17.1.4 布置及数量

1. 池底给水口

1）适用范围

（1）竞赛游泳池（包括热身池、跳水池、花样游泳池、水球池等）和运动员训练池；文艺表演水池由于水池较深，为确保池内水质均匀，一般采用池底给水口与池壁给水口同时设置的形式。

（2）用于幼儿和儿童的游泳池推荐采用池底给水方式，因为池内水深较浅，池壁给水口处水流冲击易造成在池内站立不稳的现象。

2）池底给水口的布置

（1）应布置在泳道分隔线在池底的投影线上，允许前后、左右误差不超过 10mm，确保投影线上的给水口位置整齐。

（2）给水口位置：①池子两端给水口应与泳道标志线端点齐平；②其他给水口应沿泳池长度方向，在两端给水口的直线上，以间距不超过 3.0m 均匀布置，详见本手册图 17.1.4-1。

（3）池宽为 25m 时的第 1 泳道和第 10 泳道，标志线的外侧和池宽为 21m 时的第 1 泳道和第 8 泳道的外侧，不宜布置给水口，以防给水口出水量调节困难或出现溢流回水短流。

（4）国际游泳联合会（FINA）对池底给水口在池底如何布设没有具体规定，仅要求在进行游泳竞赛时，池水表面应平稳，池底无紊流扰动，如给水口布置在泳道标志线上，可在正式竞赛，为满足上述要求，采取停止循环水系统运行来实现。

（5）为国内举办的奥运会、世界锦标赛、大学生运动会而设计的游泳池、热身池，为运动员提供的训练池等，采取将池底给水口布置在泳池泳道分隔线在池底投影线上的方式，获得了良好的效果。特别是运动员训练池，如果将给水口布置在泳道标志线上，对长时间进行训练的使用者来讲，为与竞赛时的水流条件相适应，需较长时间停止池水循环，但池水的卫生条件难以保持水质标准的要求；如不停止池水循环，则池底给水口向池内供水向上的水流会对运动员产生一定的浮力，就会发生训练与正式比赛时的水力条件不一致的情况，这会影响运动员的适应性。

（6）不规则平面形状的休闲游乐池、文艺表演水池等给水口的布置，按每个池底给水口的服务面积不超过 17.0m^2 在池内均匀布置。

2. 池壁给水口

1）适用范围

（1）公共游泳池、休闲类游泳池、游乐池、季节性用途游泳池等；

（2）池水较深的文艺表演水池（与池底给水口同时应用）。

2）布置原则

（1）给水口应位于池水表面以下 0.5～1.0m 处的池壁上，如池水深度小于 0.60m 时，宜靠近池底部，以确保在整个池内循环水、消毒剂浓度、水温均匀的分布。

（2）端壁池壁布置时：应布置在泳道分隔线在泳池两端端壁挂钩固定点正下方的端壁上。这样可以减小泳道内的湍流，安装方式见本手册图 7.4.2-2 所示，确保标高及位置偏差不超过 10mm。

（3）侧壁布置时应符合下列规定：

① 给水口距池端与侧壁交接角的距离不应大于 1.5m，以防转角处池内水流形成漩流死水区，详见本手册图 7.4.2-3 所示；

② 给水口与给水口之间的距离不宜超过 3.0m，以确保池内水流均匀；

③ 两侧壁给水口的位置不应相对布置，应错开布置，防止两侧给水口出水相顶撞在两给水口之间形成漩涡流或死水区。

（4）池水有效深度大于 2.5m 时，应设多层给水口，并符合下列要求：

① 上、下层给水口应错开布置；

② 上层给水口应在池水表面以下 0.5m；
③ 上、下层给水口的垂直距离不应小于 1.5m；
④ 最底层给水口应高于池底表面 0.5m；
⑤ 端壁单层给水口布置，如图 17.1.4-1 所示；

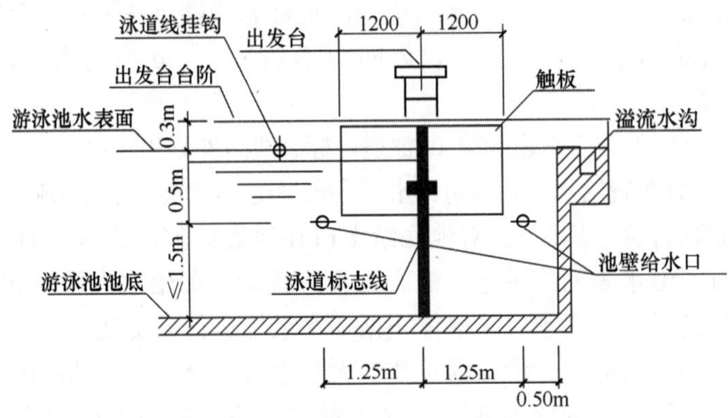

图 17.1.4-1　端壁单层给水口布置示意

⑥ 端壁双层给水口布置，如图 17.1.4-2 所示；

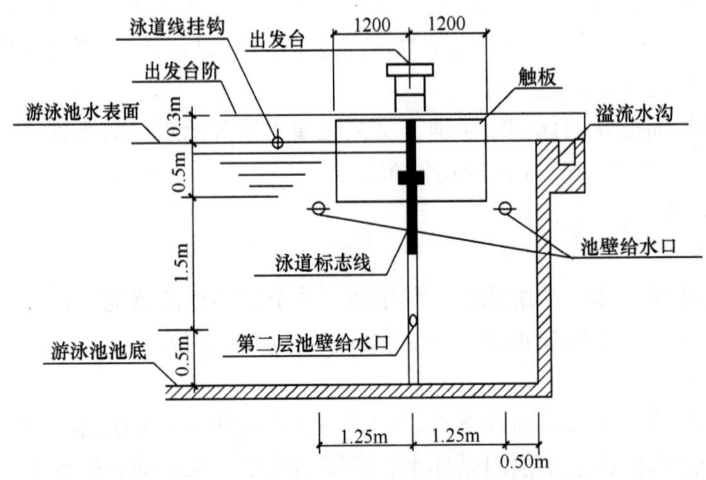

图 17.1.4-2　端壁双层给水口布置示意

⑦ 侧壁单层给水口布置，如图 17.1.4-3 所示；

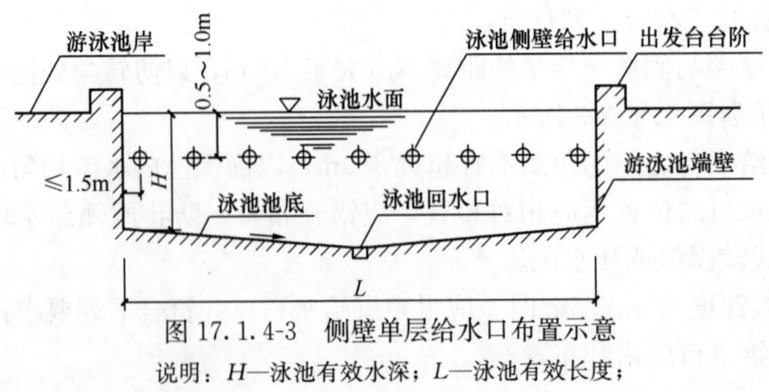

图 17.1.4-3　侧壁单层给水口布置示意

说明：H—泳池有效水深；L—泳池有效长度；

⑧ 同一层给水口的标高应处于同一水平线上，确保标高及位置偏差不超过 10mm。

（5）休闲游泳池附有水疗按摩池时，采用侧壁布置给水口，如图 17.1.4-4 所示。

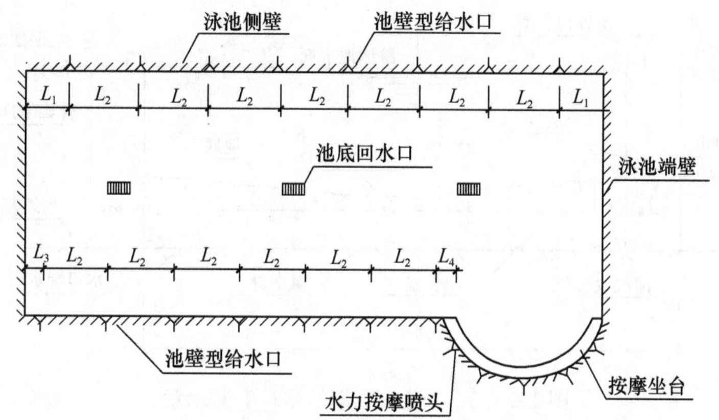

图 17.1.4-4 游泳池附按摩池时给水口水疗按摩喷头布置示意

$L_1 \leqslant 1.5$m；L_2—计算确定；$L_3 \leqslant 0.75$m；$L_4 \geqslant 0.5$m

17.1.5 池底给水口安装方式

池底给水口有两种安装方式可供选择。

1. 池底架空穿池底安装，见图 17.1.5-1：

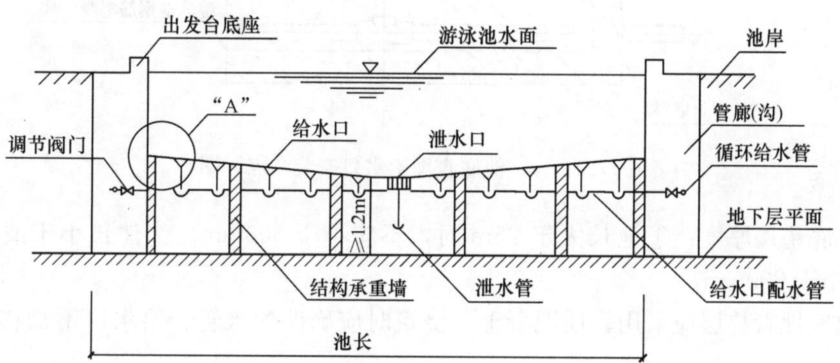

图 17.1.5-1 池底架空穿池底安装示意

1）池底给水口安装节点"A"，见图 17.1.5-2：

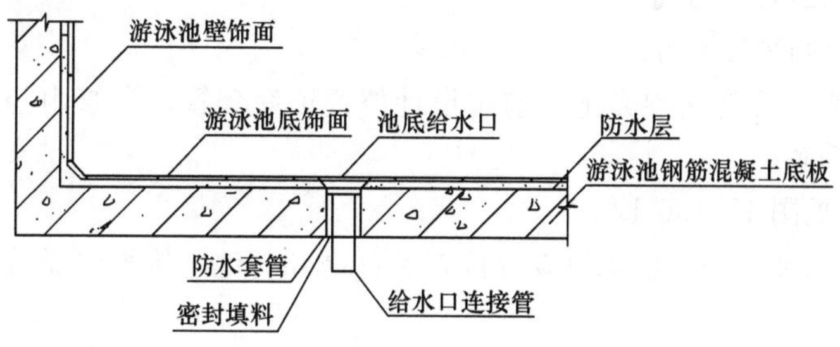

图 17.1.5-2 池底给水口安装节点示意

2）游泳池最低标高处与地下层地面的架空净高度不应小于 1.20m，以保证池底给水口的安装有足够的有效空间。

2. 给水口埋设在池底垫层，见图 17.1.5-3：

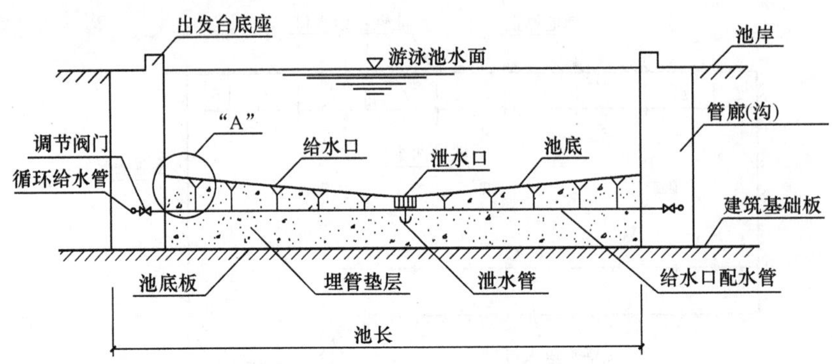

图 17.1.5-3 池底直埋给水口安装示意

1）直埋给水口安装详见图 17.1.5-4。

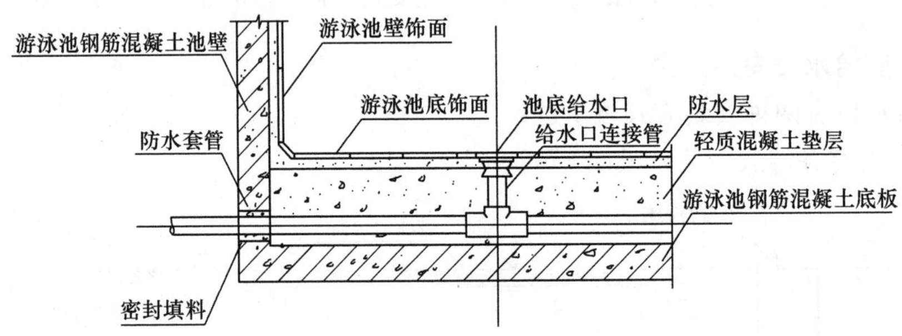

图 17.1.5-4 池底直埋给水口安装节点详图

2）池底垫层厚度：①池长大于 25m 时，不应小于 500mm；②池长小于或等于 25m 时，不应小于 300mm。

3）池底埋管垫层应采用轻质混凝土，浇筑时应确保配水管、给水口不被移位，不被损坏。

4）游泳池底板设在建筑基础板的上面，这种方式可以减小建筑物基础埋设深度，有利于减少建设费用。

17.1.6 池壁给水口安装方式

池壁给水口有两种安装方式。

1. 套管式安装：在浇筑混凝土之前按设计位置预埋套管，套管内径与给水口接管外径间应有 20mm 间隙。

1）安装节点见图 17.1.6-1。

2）预留套管安装有利于给水口设置位置及标高和与池壁饰面平整度的调节，本手册推荐采用此方法。

2. 直埋式安装：在池壁浇筑混凝土时预埋，如图 17.1.6-2 所示，本手册不推荐。

17.1.7 构造及材质

1. 给水口应为喇叭口形状，如本手册 17.1.2 条所示。作用是增加水流扩散实现池内

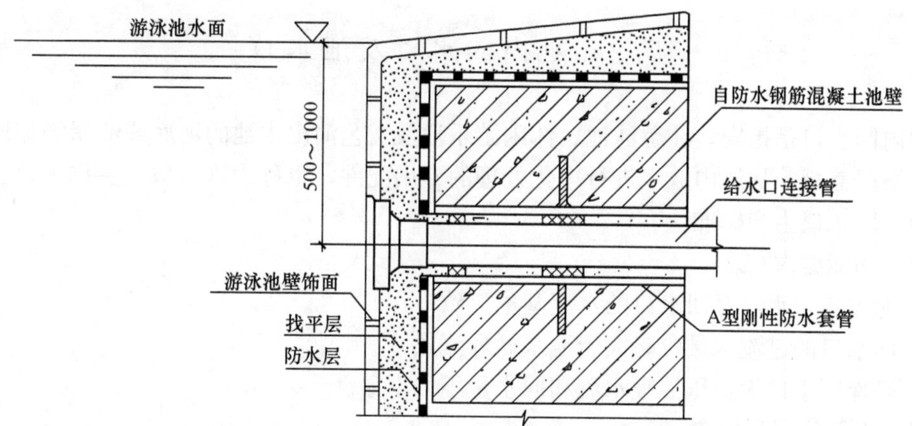

图 17.1.6-1　套管式池壁给水口安装节点示意

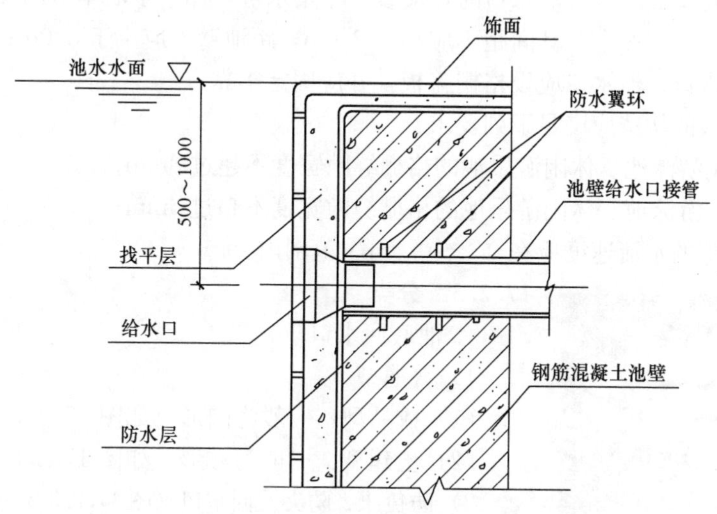

图 17.1.6-2　直埋式池壁给水口安装示意

均匀配水，防止直线射流产生的涡流现象和对游泳者带来安全隐患。

2. 喇叭口出水缝隙的总面积不应小于给水口连接管截面积的 2 倍，并配格栅型盖板，格栅孔隙面积不应大于喇叭口面积的 60%。给水口内应配置调节出水量的装置，以保障给水口不同位置、不同配水管阻力不对出水量造成影响。

3. 给水口格栅盖板孔隙或圆孔直径：成人池应不大于 8mm；儿童及幼儿池则应不大于 6mm，以防止卡住游泳者、戏水者的手指、脚趾。

4. 格栅盖板表面，孔（缝）隙部位应光洁、圆滑无毛刺，与池壁（底）饰面应相齐平，不应有凸出尖锐的部分，并与给水口主体要固定牢靠。

5. 给水口材质

1）不变形、耐冲击、坚固、耐化学腐蚀、无毒、不对池水产生二次污染；

2）常见的给水口材质为塑料和不锈钢。

17.2　池内回水口及泄水口

池内回水口是指安装在游泳池、休闲游乐池及文艺演出水池的池底或池岸溢流回水槽内带有格栅盖板，从池内取水进行净化处理的专用配件，也称为排水口、主排水口。我国目前尚无回水口生产标准。

17.2.1　功能要求

1. 池内各给水口至回水口的水流基本一致；
2. 回水口的过流水量应略大于池水循环流量；
3. 确保回水口无负压抽吸水流和回水量不均现象。

17.2.2　设置位置及构造

1. 应设在池底最低处，确保能尽快有效完全地将池水泄空；
2. 采用土建型回水口及泄水口时，应设一个集水坑，如本手册本节图17.2.5所示；
3. 数量应不少于2个，其间距不应小于2.0m，距池壁不应小于3.0m；
4. 池底回水口、泄水口应设格栅盖板，并应固定牢靠；
5. 格栅盖板的构造应满足下列要求：

(1) 成人用游泳池、休闲游乐池的格栅缝隙宽度不超过8mm；

(2) 儿童用游泳池、休闲游乐池的格栅缝隙宽度不超过6mm；

6. 格栅缝隙的水流速度应在0.2～0.5m/s范围内。

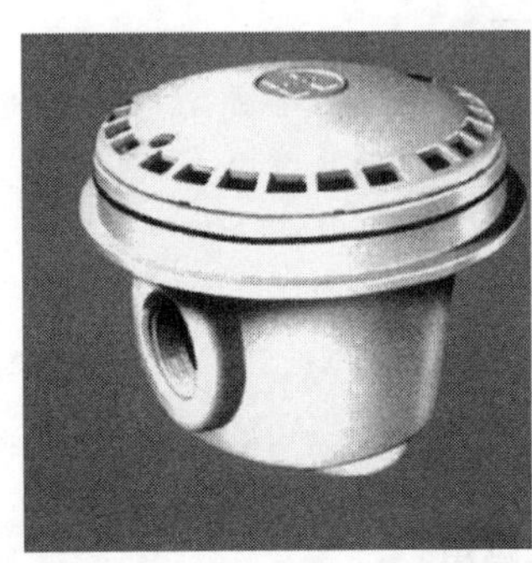

图17.2.3-1　普通成品型回水口

17.2.3　分类

1. 池底回水口

1) 普通型

(1) 成品型：一般为圆形，如图17.2.3-1所示。

(2) 土建型：一般为方形，如图17.2.3-2所示。

2) 防负压、防夹发回水口（图17.2.3-3～图17.2.3-5）

(1) 成品型防负压型

(2) 土建型防负压抽吸

2. 池底回水口的设置

1) 池底回水口的数量不应少于2个，且间距不应小于2.0m。如池体面积较小不能满足2.0m要求时，应采用图17.2.5-2的设置方式。

2) 不同水深的游泳池将回水口设在深水区时，由于水压不同，来自深水区的流量大于浅水区，导致浅水区循环较差。为保证循环水量均匀，则给水口配水管应安装调节流量的阀门，加大浅水区的水流量。

3) 池底回水口应按本手册第7.11节“防负压吸附”的要求布置回水口的接管。

4) 回水口和接管管径的过流水量应大于池子100%的循环水量。

3. 溢流回水口

1) 溢流回水口设在逆流式及混合流式的游泳池、游乐池、文艺表演水池池岸周边或两侧所设置的溢流回水槽内。

2) 溢流回水槽（沟）内应尽量采用消声回水口，不宜采用平箅型回水口；原因如下：

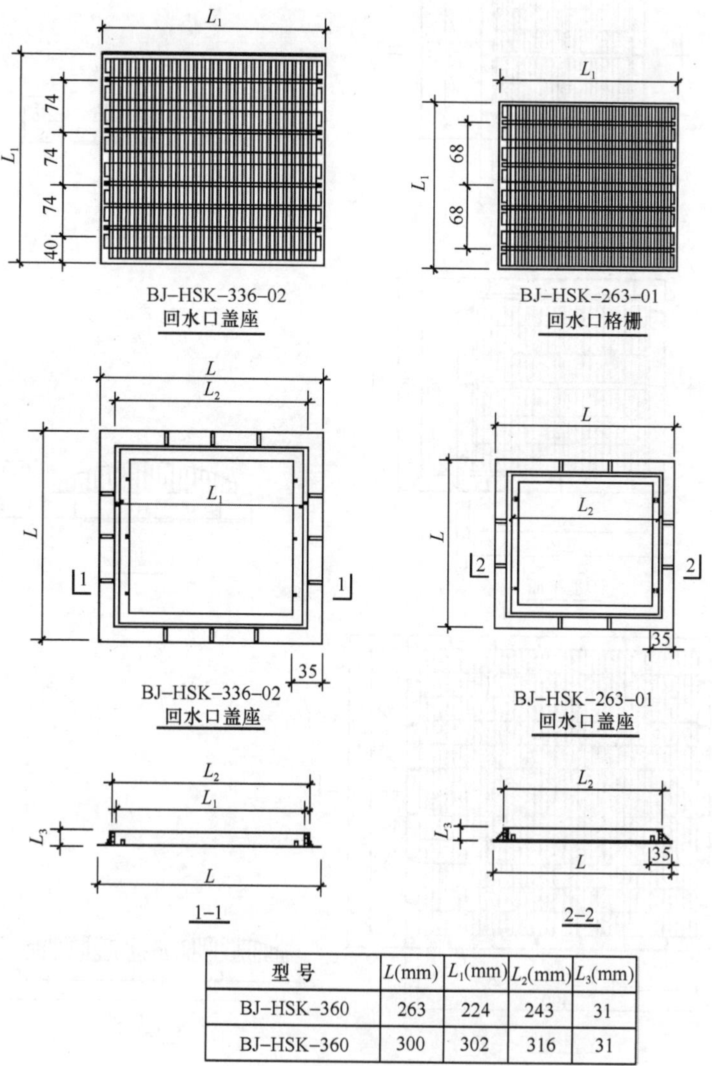

型 号	L(mm)	L_1(mm)	L_2(mm)	L_3(mm)
BJ–HSK–360	263	224	243	31
BJ–HSK–360	300	302	316	31

图 17.2.3-2　普通土建型回水口示意

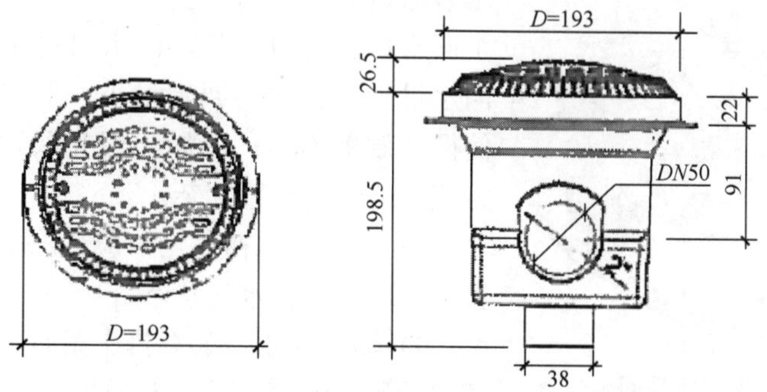

图 17.2.3-3　防负压抽吸成品型回水口示意

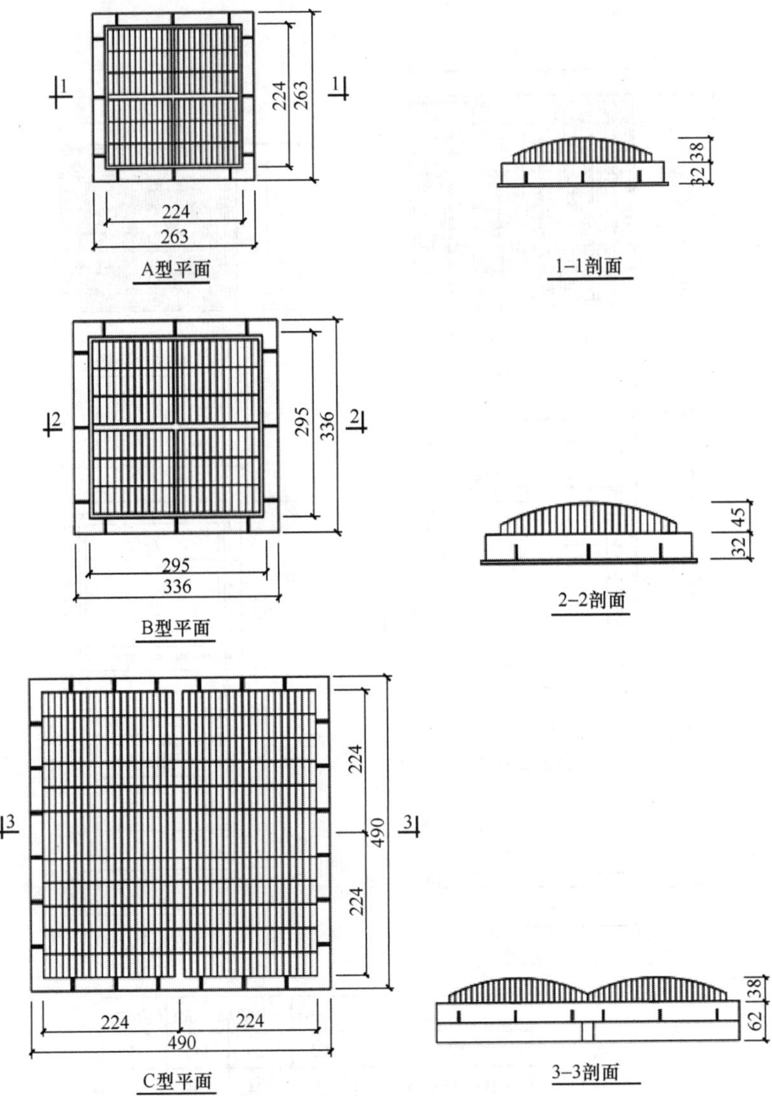

图 17.2.3-4 防负压抽吸土建型示意

图 17.2.3-5 防夹发成品回水口

①游泳负荷较大时，会产生噪声；②回水管串联多个回水口、管道较长，回水口排水互相扰动，末端回水量较大，起端回水量小，形成回水不均匀，会使循环效果不佳；③如采用并联式接管，能达到重力流，但管道布置复杂。

3）溢流回水槽（沟）应采取措施确保溢流回水管不出现水压力水流状态。

4）溢流回水口的总排水量宜按大于设计计算循环水量的 30%进行水力计算。

5）溢流回水口分为：①普通型；②消声型。

17.2.4 池内泄水口

1. 泄水口是安装在游泳池、游乐池、文艺表演水池及休闲池底最低处，能将池内的池水彻底排除干净的专用配件。泄水口的数量应按不大于8h将池水全部泄空计算确定。

2. 泄水口格栅过水孔或缝隙水流速度可与泄水管的流速相一致，但泄水时不得有人在池水内活动。

3. 泄水口可与顺流式循环水系统的回水口合用。

4. 如采用循环水泵的循环回水管压力泄水时，循环回水管与泄水管应设防污隔断阀门；如采用重力方式泄水时，泄水管应设控制阀门，且不得与排水管道直接连接，防止排水管内污、废水倒流，污染游泳池水。

17.2.5 池内回水口及泄水口安装

1. 回水口接管穿池底做法

1）形式：应采用下出水型池底回水口。

2）数量：①作为回水口用途时，应满足池水循环流量要求；②作为泄水口用途时，应满足在规定时间泄空全部池水的要求。

3）安装形式详见图 17.2.5-1。

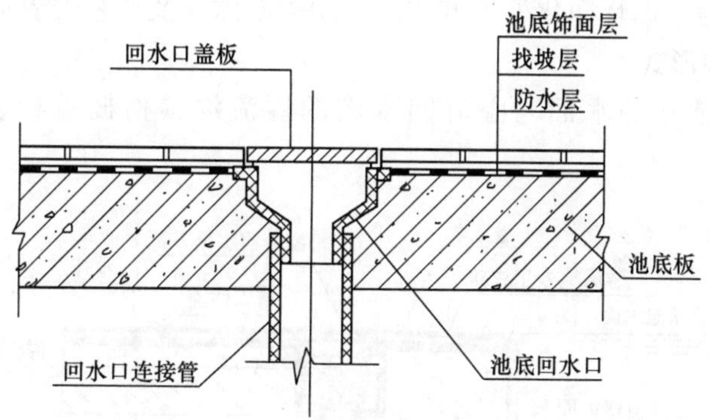

图 17.2.5-1 穿池底板回水口安装示意

2. 回水口埋池底垫层做法

土建型池底回水口安装形式详见图 17.2.5-2 所示。

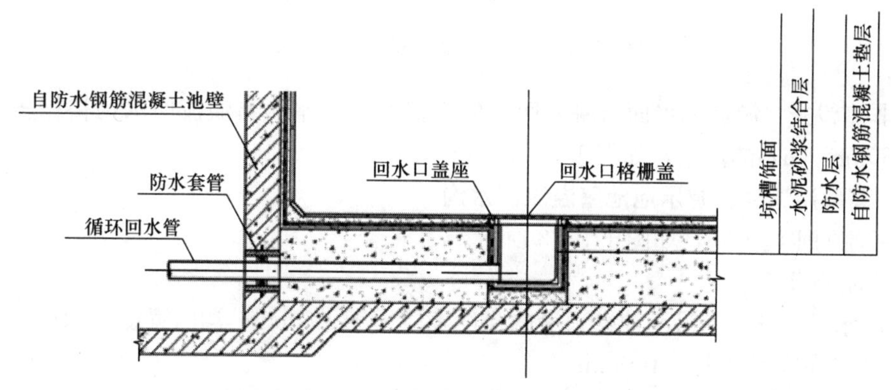

图 17.2.5-2 土建型池底回水口安装示意

3. 池底回水口选用

1）防负压池底回水口的形式与本手册图 17.2.3-3 相同，但进回水口格栅盖板形式不同。

2）防夹发池底回水口的形式与本手册图 17.2.3-5 相同，仅回水口格栅盖板形式不同。

17.3 溢流回水沟及溢水沟

设在游泳池、游乐池、文艺表演水池及休闲池池岸紧邻游泳池壁两侧或四周边外侧的水沟，如用以回收顺流式池水循环系统游泳池表面水为主要目的，称为溢水沟。

溢流回水沟和溢水沟还具有如下作用：①收集游泳者或游乐者进入游泳池内时挤出的水量；②有效消除游乐者或游泳者在池内活动时产生的水波，以减小游泳时的阻力。

17.3.1 溢流回水沟

适用范围：

1. 采用逆流式池水循环净化处理方式的竞赛、训练、专用类游泳池。

2. 采用混流式池水循环净化处理方式的专用类游泳池及文艺表演水池。

17.3.2 溢流回水沟形式

1. 淹没式：游泳池的水面与溢流回水沟的溢流沟顶格栅盖板表面相齐平，如图 17.3.2-1 所示。

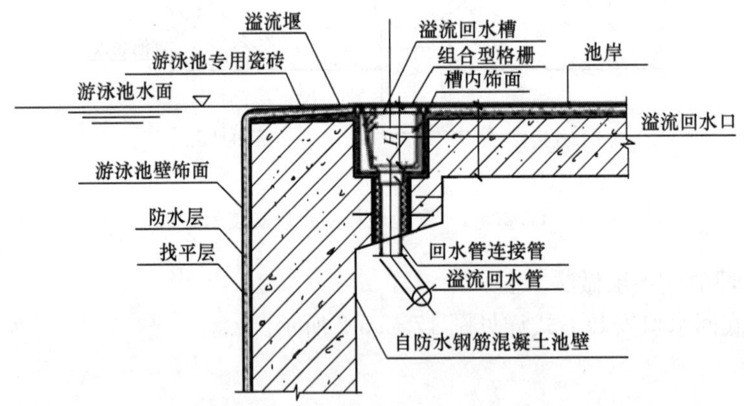

图 17.3.2-1 淹没式溢流回水沟示意

2. 非淹没式：游泳池水面与溢流回沟的溢流堰相齐平，与溢流回水沟格栅盖板表面有 30～50mm（h）的落差，如图 17.3.2-2 所示。

17.3.3 高堰游泳池、游乐池池壁溢流回水沟

1. 溢流回水沟形式，如图 17.3.3 所示。

2. 功能要求

1）回水沟和开口上沿距池壁顶沿的深度不应小于 100mm；沟内宽度和深度不应小于 80mm；开口高度不宜小于 100mm。

2）回水沟与池子内壁厚度不应小于 65mm，边缘及唇边应为圆弧状。

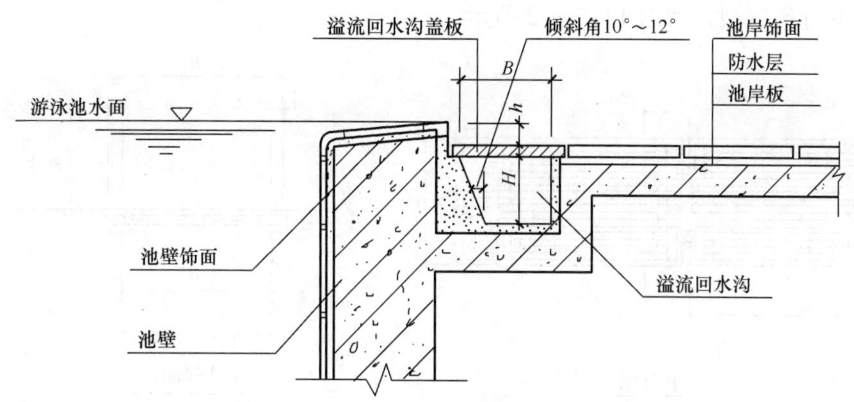

图 17.3.2-2 非淹没溢流回水沟示意

3）沟长与池子长边相同，沟内溢水系统做法与溢流回水槽相同。

3. 存在问题

1）不能有效消除游泳过程中所产生的水浪，增加游泳者的水流阻力。

2）构造复杂，给施工带来困难。

3）沟内积污清洁困难，对维持池内水质卫生不利。

4）目前已被淘汰。

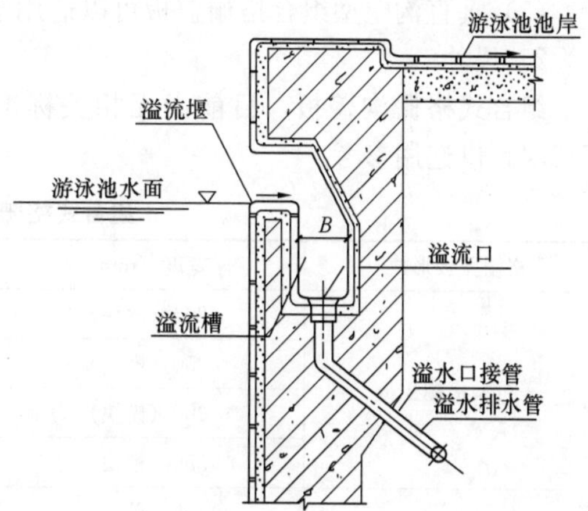

图 17.3.3 高堰游泳池溢流回水沟示意

17.3.4 溢流回水沟及溢水沟盖板

1. 溢流回水沟及溢流水沟沟顶均应覆盖与池岸装饰面颜色相协调的组合式格栅式盖板。

2. 格栅盖板应能根据溢流回水沟、溢流水沟的长度、形状任意拼接组合。

3. 格栅沟盖板的材质为塑料制品，其形式及尺寸：

1）形式

（1）垂直沟壁型，如图 17.3.4-1 所示。

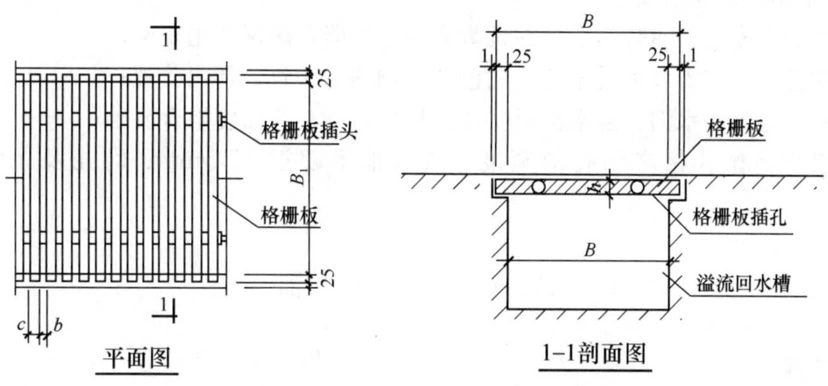

图 17.3.4-1 垂直沟壁型组合格栅盖板示意

(2) 平行沟壁型，如图 17.3.4-2 所示。

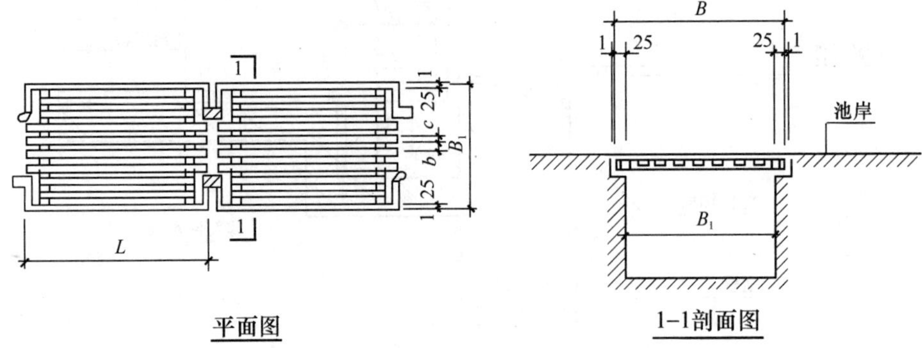

图 17.3.4-2 平行沟壁型组合格栅盖板示意

(3) 垂直沟壁型组合格栅盖板可以适用于转角处弯曲形状溢流回水沟。

2) 尺寸

组合式格栅沟盖板，目前尚无相关标准，本手册将部分生产企业产品尺寸列于表 17.3.4，供选用参考。

组合式格栅沟盖板尺寸 **表 17.3.4**

格栅盖板形式	宽度（mm）	高度（mm）	模块长度（mm）
平行型格栅盖板	200（模块）	24+11	195
	250（模块）		245
	300（模块）		295
	350（模块）		345
垂直型格栅盖板	196（单件）	27	
	250（单件）		
	300（单件）		

4. 材质及构造

1) 应采用高强度、耐腐蚀、柔性好、不变形、卫生无毒、不滋生细菌、抗紫外线老化、耐久性好的塑料材质。

2) 应采用一次注塑成型。

(1) 表面应光洁、赤脚防滑，并具脚底按摩功能，确保使用安全；

(2) 颜色一般宜为骨色、米色、白色，色调均匀一致，新颖美观；

(3) 根据溢流回水沟、溢水沟形状任意拼接长度、弯曲度组合要求；

(4) 组合格栅孔格之间孔隙宽度：成人池不超过 17.0mm；幼儿及儿童池不超过 6.0mm。

17.4 撇 沫 器

17.4.1 功能

1. 撇沫器是为小型高沿游泳池、休闲设施池清除池水表面污物的一种专用配件。

2. 由于撇沫器（亦有称水面清洁器）是每隔一定距离才设置一个，虽然比较经济，但对于及时清除游泳池水表面的悬浮污染还是不如溢流水槽那样迅速及时。因此，它的应用受到一定的限制。

3. 撇沫器构造详见图 17.4.1 所示，由于撇沫器尚无相关标准，本图仅供参考，设计选用时应与生产企业沟通。

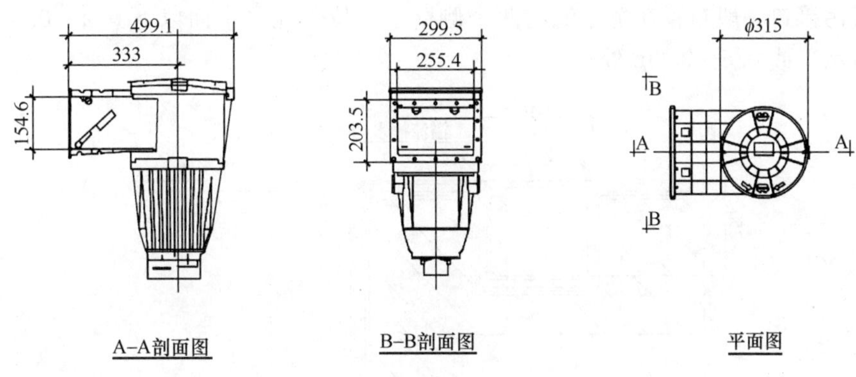

图 17.4.1　撇沫器构造示意

17.4.2　设置原则

1. 池水面积不大于 350m² 的小型游泳池、游乐池、休闲设施池等采用高沿水池形式，没有条件设置池岸溢流水槽时，可设置撇沫器。

2. 如仅用作清除水面的浮渣、油膜时，由于撇沫器尚无相关标准，所以，撇沫器的数量应根据生产厂商提供产品的收水流率计算确定，不规则形状休闲池还应在池壁内弯区域应另行增设撇沫器。

据国外资料介绍：一般公共游泳池每 45.6m² 水面面积应设一个撇沫器，而且每座游泳池不少于 2 个撇沫器；家庭游泳池每 74.4m² 水面面积应设一个；按摩池每 17.4m² 水面面积应设一个。

3. 撇沫器的数量应按溢流水量（池水循环水量的 15%计算）。

17.4.3　撇沫器的设置位置及要求

1. 受水口无浮板时，受水口中心应与池水设计水面相平；受水口有浮板时，受水口浮板顶沿应与池水设计水面相平；

2. 撇沫器应布置在池壁，安装时不得突出水池内壁；

3. 露天游泳池设置撇沫器时，受水口应面向主导风向；

4. 撇沫器应为独立的管道系统，与池水的循环水净化系统的循环水泵吸水管相连接；经净化处理后可重复再利用，以节约水资源，但管道上应设控制阀门；

5. 撇沫器内的篮式滤网应每天清洗；撇沫器堰应定期检查以确定是否正确定位和动作。

17.5 吸 污 接 口

负压式池底吸污即利用游泳池池水循环净化系统，通过连接在池壁吸污接口的移动式吸污器，将池底污物抽吸送入池水过滤器进行过滤净化后再送入游泳池以清除池底积污。由移动式吸污器、吸污接口、吸污管、循环水泵和过滤器组成。

一般设在采用顺流式池水循环方式的游泳池。它最大的优点就是吸出的污水可以处理后再利用，节约水资源。

17.5.1 吸污接口的设置

1. 吸污接口一般布置在游泳池的两个侧壁上，位于池水水面以下 0.2～0.3m（如图 17.5.1 所示）或 0.5～0.6m 处；

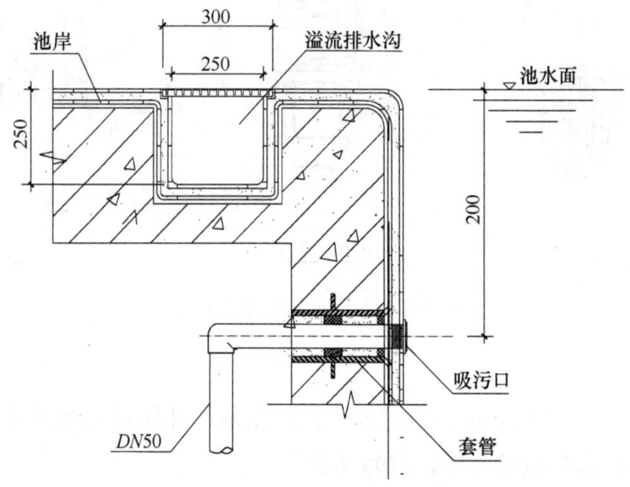

图 17.5.1 吸污口布置示意

2. 游泳池长度为 50m 时，每一侧池壁的吸污接口不应少于 3 只；游泳池长度为 25m 时，每一侧池壁的吸污接口不应少于 2 只；

3. 不规则形状的游泳池，一般按间距不大于 20m 在池壁设置；

4. 吸污接口应在池壁上等距离布置。

17.5.2 吸污接口的接管

1. 吸污接口的连接管应与池水循环净化系统的管道分开设置；

2. 吸污接口的连接管可接至池水循环净化系统循环水泵的吸水管上，并应设置独立的控制阀门，也就是说池底除污时，利用池水循环水泵和过滤器对抽吸的积污进行过滤，此时池水净化系统回水管上的阀门应关闭，停止工作；

3. 这种池底除污方式一般用于公共游泳池；

4. 池底清除积污宜每日进行一次，如有困难时，应至少每 3d 清除一次；

5. 吸污接口应与池底吸污器配套使用。

18 洗净设施

游泳池、游乐池、休闲池、文艺表演水池等池水的污染源来自多方面，如原水水质、空气中的尘埃、池水净化处理使用的化学药品残留副产物、游泳者、戏水者及入浴者的汗液、唾液、皮屑、尿液、护肤品等。这些方面的内容在前面有关章节中已经进行了叙述和讨论，本章所述洗净设施主要针对戏水者、入浴者、文艺表演者的保洁因有专用的化妆、淋浴设施。

18.1 基 本 要 求

18.1.1 洗净及清洁设施

1. 洗净设施所包括的内容：

1）洗净设施指为游泳者、戏水者、入浴者等身体表面除污的设施。

（1）入池前后卫生设施：更衣室、淋浴室、卫生间等应男女分别设置。

（2）入池前后卫生设施，一般由建筑师设计，本专业予以配合。

2）入池前洗净设施包括浸脚消毒池，强制淋浴池和浸腰消毒池。

（1）设置目的和作用是为防止入池者从入池卫生设施地面携带的污染物质带入池内，消毒设施是保证池水清洁、减少污染物不可缺少的设施。

（2）洗净设施是要求每位入池者必须一一通过的强制性消毒设施。

（3）洗净设施应设在游泳者、戏水者从更衣室至水池的通道上，确保他们无法绕行或跳跃通过此设施而进入游泳池等的必经的洗净设施，消毒、冲刷去污后方能进入游泳池、游乐池。

2. 清洁设施包括内容：

1）池岸清洗装置包括：①冲洗池岸取水龙头；②收集冲洗水的排水沟。

2）池底除污装置：①真空吸污接口；②池底吸污器。

18.1.2 洗净设施的选择

1. 公共游泳池和游乐池应在更衣室和卫生间至游泳池的通道上设置强制通过式浸脚消毒池和强制泳前淋浴。如两者同时设置有困难时，则必须设置浸脚消毒池。专用游泳池和私人游泳池是否设置浸脚消毒池，由建设业主确定，文艺表演水池由演艺专业公司确定。

据英国资料介绍：设置泳前不使用肥皂的强制淋浴能清除游泳者身体上的大多数污染物，清除的污染物数量 5 倍于浸脚消毒池。如管理规范，将减轻池水污染，同时减少化学药品的使用，从而使游泳者感到池水更舒适。这充分说明淋浴的清洁作用相比于浸脚消毒池更为有效。但也有资料认为强制淋浴实际功效并不好。如由于淋浴水会进入人的眼睛和鼻腔，故不能提高水的消毒剂浓度；再者如水温不合适，人们会快速通过，以至不能有效冲洗掉皮肤上的污物。

2. 对设有强制泳前淋浴设施的游泳池、游乐池，可不再单独设置浸脚消毒池。我国一些大型综合性游泳游乐场大多采用此种形式的洗净设施，使用效果良好。

3. 浸腰消毒池在国外有所采用，一般在与浸脚消毒池同样的位置设置通过式浸腰消毒池，其目的是洗净下身的污染物。一般设在强制淋浴的前面，设有浸腰消毒池时，可不再设置浸脚消毒池。据资料介绍：由于游泳者的下身是浸泡在有消毒剂的消毒液中，其清洁、消毒作用更为有效，但必须加强对该池内水的管理，否则就失去作用。因此，对于游泳池是否设置浸腰消毒池看法不完全一致，也有人认为应该予以淘汰。浸腰消毒池在我国尚无使用实例。

18.2 浸脚消毒池

18.2.1 设置目的和要求

1. 保证游泳者、戏水者不把卫生间和更衣间地面上的尘埃、污物、细菌等带进池水中。

2. 每一位游泳者、戏水者、入浴者必须一一强制通过。

3. 文艺表演水池是否设置浸脚消毒池，以舞台工艺设计为准。

4. 家庭私用游泳池由业主自行确定。

18.2.2 浸脚消毒池规格及构造

1. 宽度应与游泳者、戏水者、入浴者进入池内的通道宽度相同，不得设置池沿，确保进池者不绕行，如图 18.2.2 所示。

2. 长度不应小于 2.0m，确保进池者不能跳跃通过。

3. 池内消毒液的有效深度不应小于 0.15m，确保能全部淹没进池者的脚部，一般深度不应小于 0.2m。

4. 浸脚消毒池两端的底面应有不小于 1%的坡度坡向浸脚消毒池。

5. 浸脚消毒池应设给水龙头和排水口，以满足刷洗池内积污所需给水及排除清污污水之用。池底亦应以不小于 1%的坡度坡向排水口，排水口应采用带旋塞可开启排水栓或可开启密闭性地漏。给水龙头、排水口及管道应为耐腐蚀材质。

6. 浸脚消毒池的饰面材料应光洁、平整、防滑、耐腐蚀，确保游泳者、戏水者的安全出入，以及满足较高浓度消毒液的持久性浸泡。

18.2.3 消毒液浓度

1. 消毒液采用氯制品消毒剂配制。由于在池内停留时间较长，一般可达 3～4h，为保证消毒效果，则要求消毒液浓度有效氯含量应保持在 5～10mg/L 范围内。

2. 在公共游泳池、游乐池等由于使用人员多，而且进出频繁，在使用中会使消毒剂浓度不断降低，甚至会失效，因此相关标准要求消毒液应每一个开放场次更新一次。

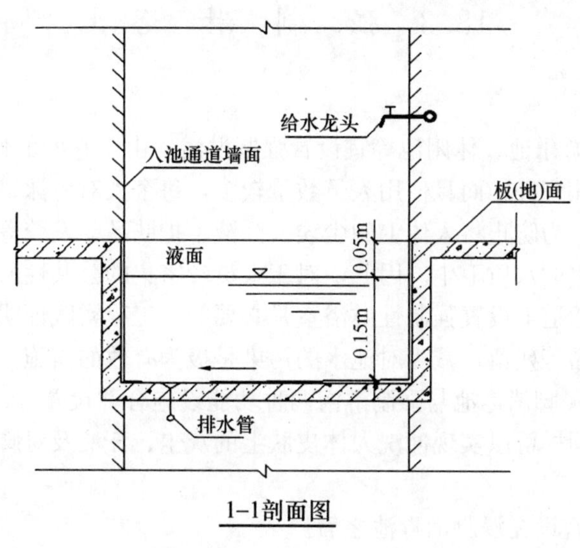

1–1剖面图

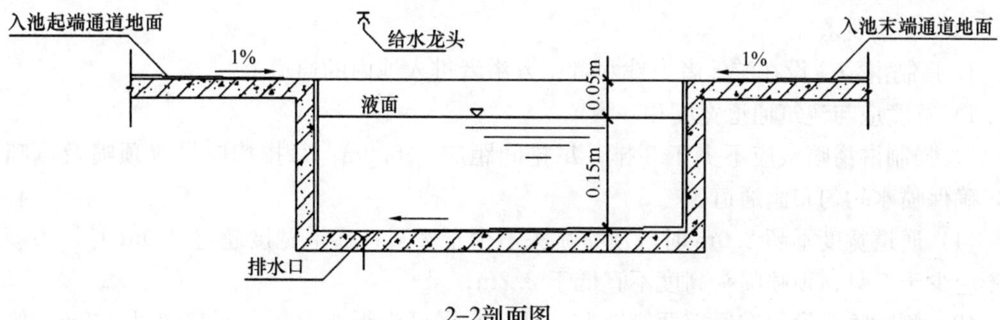

2–2剖面图

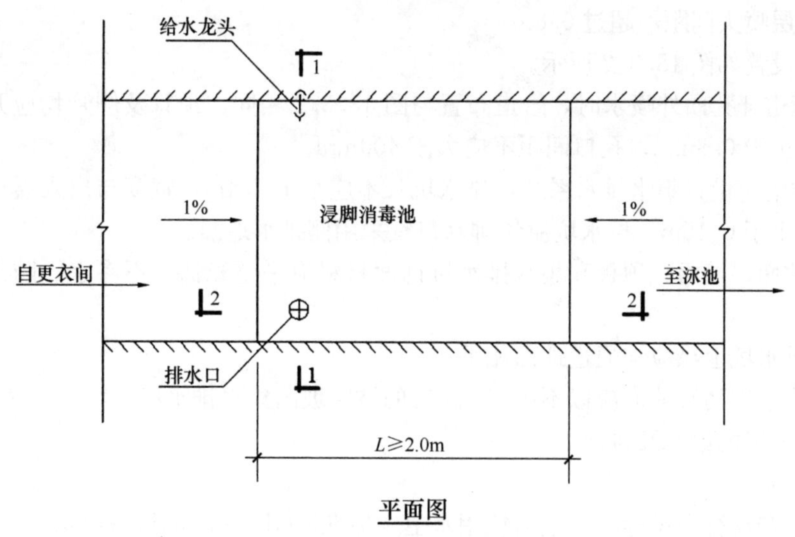

平面图

图 18.2.2 浸脚消毒池平剖面示意

18.3 强 制 淋 浴

18.3.1 设置条件

1. 公共游泳池、游乐池、休闲池等宜设置强制淋浴。由于它们的使用人群组成多样，有成年人、老年人、儿童等，而且使用人员数量较多，每个人对游泳、戏水、入浴前的卫生要求重视程度不同，为防止将人体上的尘埃、汗液、护肤品、发胶等带入池内，增加池水污染物质，影响池水的水质卫生。因此，对于人员较密集的公共性游泳池、游乐池的使用者，在进入池内的通道上设置强制性淋浴室是必要的。工程实践证明它对清除出人体表面灰尘、汗液、护肤品等残留，减少对池水的污染是极为有效的措施。

2. 有资料建议将浸脚消毒池与强制淋浴两种功能设施合并设置。由于淋浴水温较高，通过加长通道长度，同样可以实现冲洗人体皮肤上的灰尘、汗液及对脚部冲洗达到清除污染的作用。

3. 独立设置时，宜设在浸脚消毒池之后。

18.3.2 设置要求

1. 强制淋浴应设在游泳者、戏水者、入浴者进入池内的通道上。

1）宽度应与建筑通道宽度相一致。

2）强制淋浴喷头应不少于 3 排，每排间距应为 0.8m；每排均应设置顶喷及侧喷喷头，确保喷水均匀布满通道。

（1）通道宽度不超 2.0m 时，顶喷喷头不少于 2 只；通道宽度超过 2.0m 时，顶喷喷头不应少于 3 只；顶喷喷头高度不宜低于 2.2m；

（2）侧喷喷头设置在通道两侧墙上，最低一层喷头距地面高度不宜超过 0.8m，第二层喷头与最底层喷头间距不超过 0.8m；

（3）喷头设置如图 18.3.2 所示。

2. 采用管道开孔向外喷水时，管道布置与图 18.3.2 相同，顶管及侧管均应开孔，喷水孔直径不宜小于 0.8mm，孔口间距不应大于 400mm。

3. 强制淋浴应设置集水排水系统，排水坑长不应小于 2.4m，宽度与出入通道宽度一致，坑深不宜小于 0.15m。排水坑溢流排水口宜采用侧排水地漏。

1）通道地面、墙面、顶板和集水排水坑饰面材料应平整光洁、不渗水、防滑、易清洗和耐腐蚀；

2）集水排水坑上缘应与通道地面相平；

3）集水排水坑两端地面应以不小于 0.5%的坡度坡向集水排水坑。

18.3.3 强制淋浴的给水及排水

1. 给水水质

1）采用符合现行国家标准《生活饮用水卫生标准》GB 5749 的城镇给水。

2）亦可采用经过净化处理后符合现行行业标准《游泳池水质标准》CJ/T 244 要求的池水。

2. 水温

1）露天游泳池、游乐池等应与池水温度相同。

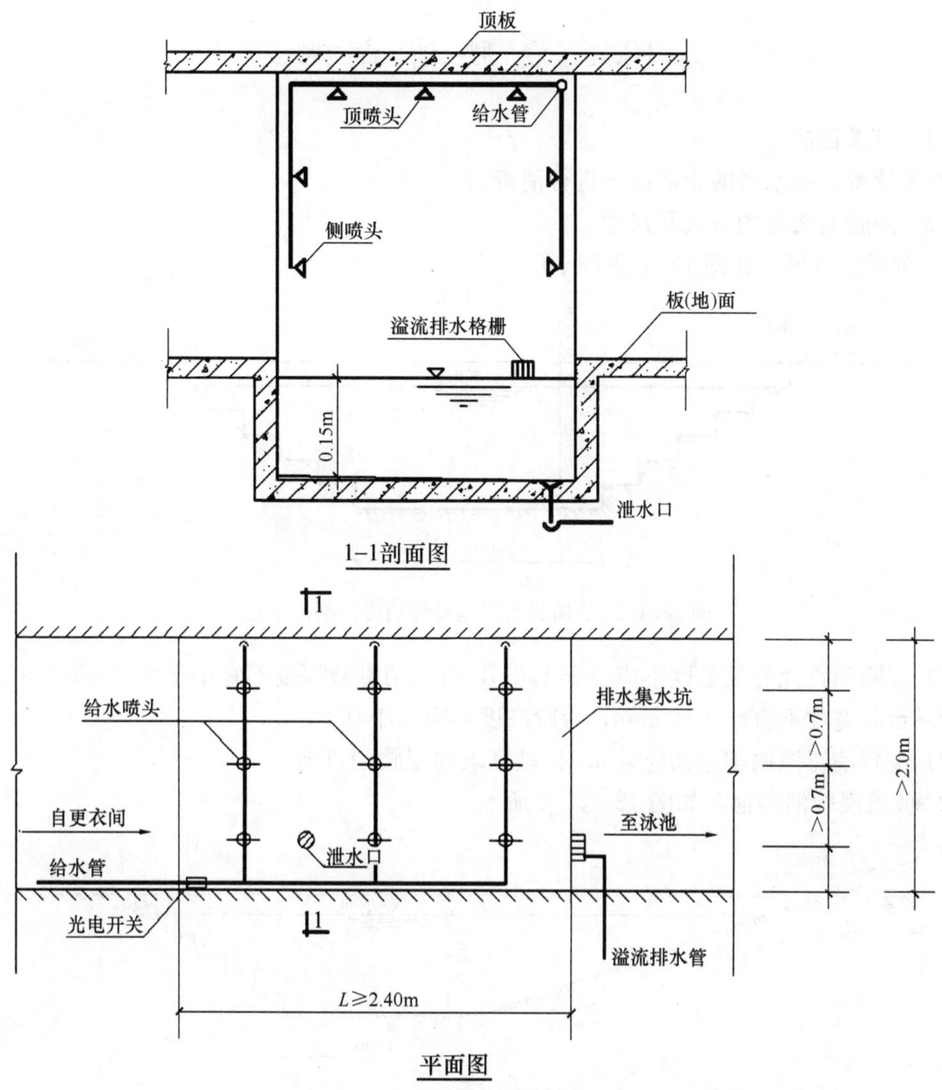

图 18.3.2　强制淋浴布置示意

2）室内游泳池、游乐池、休闲设施池等水温宜比池水温度高出 2℃，以防止人体因突然受低于人体温度刺激而发生安全隐患。

3. 给水压力不应低于 0.10MPa。给水流量应按全部喷头或孔口全部启用时喷水量计算确定，且供水应为独立的管道系统。

4. 强制淋浴的开启应采用反应时间不超过 0.5s 的光电自动控制系统，每开启一次的喷水持续时间不宜少于 6s。

5. 强制淋浴排水

1）排水量以全部喷头或喷水孔全部开放持续时间不少于本条第 4 款规定的时间计算确定；

2）排水方式宜采用溢流排水方式，如图 18.3.2 中 1-1 剖面所示；

3）排水口及排水管应采用耐腐蚀塑料（CPVC）材质。

18.4 浸腰消毒池

18.4.1 设置目的

对游泳者、戏水者的腰部以下进行消毒。

18.4.2 浸腰消毒池的形式及尺寸

1. 阶梯台阶型，如图 18.4.2-1 所示。

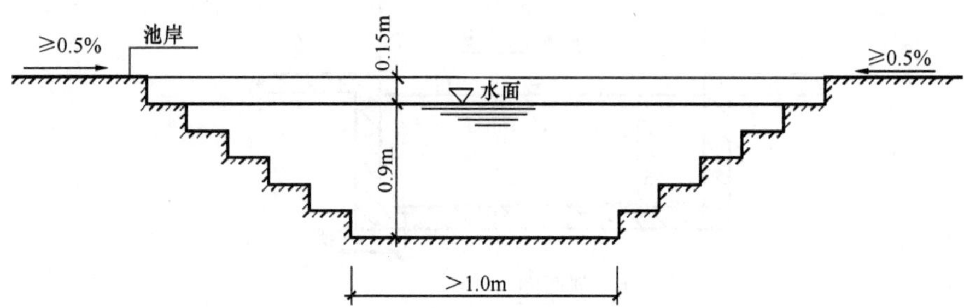

图 18.4.2-1 阶梯台阶型浸腰消毒池剖面示意

1）浸腰消毒池有效长度不应小于 1.0m，有效消毒液深度不宜小于 0.90m；

2）台阶宽度不宜小于 0.25m，台阶高度不应高于 0.20m；

3）浸腰消毒池两端地面应以 0.5%坡度坡向浸腰消毒池。

2. 坡道浸腰消毒池，如图 18.4.2-2 所示。

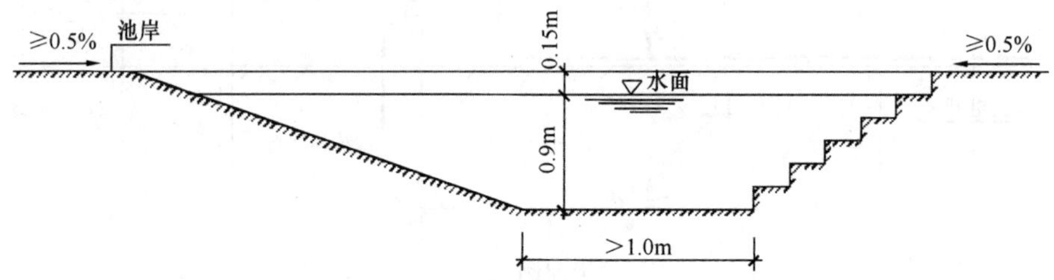

图 18.4.2-2 坡道浸腰消毒池剖面示意

1）入口采用坡道，坡道坡度不应大于 15°，出口采用台阶出口。

2）其有效尺寸与阶梯台阶型浸腰消毒池一致。

18.4.3 浸腰消毒池构造

1. 浸腰消毒池饰面材料表面应平整、耐腐蚀、防滑、易清洗。

2. 浸腰消毒池两侧壁应设固定牢靠、耐腐蚀、高强度材质的扶手，扶手表面应光洁平整，以确保通过者的安全。

3. 浸腰消毒池应设给水龙头及排水装置，其材质应耐腐蚀，其做法与本手册第 18.2.2 条相同。

18.4.4 浸腰消毒池的池内消毒液品种、浓度、更新周期与本手册第 18.2.3 条要求相同。由于浸腰消毒池在国内无使用实例，本手册仅作为信息予以叙述。

18.5 池底吸污器

18.5.1 池底吸污器的类型

1. 全自动水下型吸污器

无线遥控，可编程，360°无死角，可爬墙，可自动进入水池中，带有池表面清洁刷，能自动吸纳刷洗池底、池壁积污物，并进行过滤净化后将洁净的水排入池内，也称水龟或吸污清洁机器人。

2. 推车型全自动吸污器

吸污头在水下运行，吸污机在池岸行走，无线遥控，可编程，可爬墙。

3. 混合型吸污机

吸污头在水下，吸污管与池壁吸污接口连接，通过池水净化系统对吸收的污水进行净化处理。吸污头在水下的行走采用人工移动，这是比较古老的除污方法。现代工程中极少采用。

18.5.2 池底自动吸污器的特点

1. 池底自动吸污器具有清除效率高、出水水质洁净、操作简便、使用灵活，以及解决了池水过滤设备所不能解决的池壁、池底等积污去除的特点，节约水资源，创造健康卫生的环境，深受游泳池经营管理维护人员的欢迎。该设备虽与从事给水排水的设计人员、施工安装人员无关，但它是游泳池经营运行过程中不可缺少的设备。

2. 具有省时、节能、节水、清除池底积污功能。

3. 池底自动吸污器内的过滤器由精密过滤网、纤维布、特制纸制造。如清除不干净时，可以取出进行清洗后继续使用，过滤精度一般可达≤5μm。

4. 池底自动吸污器适用于各种池水循环方式的游泳池、游乐池及休闲池。

18.5.3 池底自动吸污器的组成

1. 池底自动吸污器是由吸污泵、过滤器、扫除器等部件组成的潜水型整体式专用游泳池池底除污设备。

2. 池底吸污器的运行：

1）半自动池底吸污器：主机（吸污泵、过滤器等）在岸上，扫除器（亦称吸污盘（头））沉入池底，依靠人工拉动，在池底行走刷洗池底污物，被岸上吸污泵抽吸并过滤，其滤后水排入池内。避免了带电部件在水下工作。所以，安全可靠。

2）全自动池底吸污器：全部设备均按控制程序在游泳池池底前后行走、可以自行移动到任意方向并能转弯，底盘上前后滚刷可以到达游泳池池底的任何部位和拐角处，不留任何死角将池底池壁的污物杂质全部清除干净。全部电气零件均具有防水、防漏电功能，安全可靠，过滤精度高。

18.5.4 池底自动吸污器的操作运行

1. 池底自动吸污器使用时将其置于游泳池内，是由外部提供动力能源和控制其工作的设备。设备利用滚刷转动时将游泳池池底的沉积污物扫向底盘底部，经扰动带有沉积杂质的池底水经排污泵吸入并经过其过滤器截留水中的杂质，滤后的洁净水重新回到游泳池。

2. 池底自动吸污器由操作者在游泳池池岸控制他在池内的行走方向和位置。

3. 池底吸污器由人力控制在池底按顺序移动。池底吸污器不使用时应储存在库房内。

18.6 池 岸 冲 洗

游泳池、游乐池、休闲设施池的池岸是供游泳者、戏水者、水疗者等转换另一座水池的人行通道、短暂出池休息地、工作安保人员巡视通道、教练员指导和观察水中人员姿态正确与否的通道，竞技比赛比赛时巡边员的通道。因此，保持池岸洁净卫生，使池水不受二次污染至关重要。

18.6.1 池岸冲洗装置设置原则

1. 游泳池池岸两侧应各设置冲洗池岸用快速取水龙头不应少于 2 只。冲洗龙头不应小于 *DN*25，间距不应超过 25m。

2. 在对公共开放期间，应对池岸经常洒水保持湿润，防止池岸出现尘埃杂质。对于室外露天池保持池岸湿润可以防止太阳照射使池岸表面温度过高，发生人员烫伤的安全隐患。

3. 设置位置

1）应设在看台墙或建筑墙底部的墙笼内，墙笼底标高应高出池岸不少于 0.30m。

2）无看台墙或建筑墙时，宜设在距池体 3.0m 之外的井室内。

18.6.2 冲洗水量及水质

1. 冲洗水源应符合现行国家标准《生活饮用水卫生标准》GB 5749 的规定。

2. 冲洗水量应按 1.5L/（m^2・次）计算确定。

3. 冲洗用水应设独立的管道系统，并应安装倒流防止器或真空破坏器，以防止冲洗时连接软管出现倒流而污染水源水质。

19 余热、废热及废水利用和排放

游泳池、游乐池、休闲设施池等不仅是用水大户，而且也是用热大户，特别是休闲设施池中的各种热水浴池、温泉浴池等的使用水温绝大部分在35～42℃范围内。在使用过程中由于“维温”的要求，仅仅消耗了极少的热量，使用后排放的废水温度仍高于32～38℃，当然温降与排水管道的长度及无管道保温措施有关。如果直接排入区域污水管网，不仅造成了热能的浪费，同时也会增加区域污废水处理量；如果直接排入附近的天然水系（如江、河、湖泊等）不仅会对天然水系造成污染，而且会影响水生动植物的生长，这更不符合生态平衡、环境保护的要求。将休闲设施池洗浴中心较高温度的废水中的热量予以回收利用，经回收废热后的废水，可以作为建筑中水的优质水源予以利用，这不仅实现了节约能源和水资源的经济效益的作用，又能实现绿色发展、生态平衡及环境保护的社会效益。

19.1 余热、废热利用

19.1.1 余热废热来源

1. 热水浴池、温泉泡池的排水；

2. 高温温泉水水温与使用温泉水水温之间降温热量；

3. 各类储热水箱及加热设备的泄水。

19.1.2 温泉水余热利用原则

1. 当温泉原水的温度高于50℃时，称高温温泉水，温泉水的使用温度一般不应超过42℃。高温温泉原水不能直接供给用户使用，而要将其温度降低到使用要求的温度，这两者之差称之为余热。而这部分余热应充分予以回收利用，对节能有重要意义。

2. 目前国内已开采的温泉原水水温为35～90℃之间，当温泉原水温度为45℃时，它与使用温度42℃要求的温差较小，回收热量有限，不会产生较好的经济效益。而当温泉水原水温等于或高于50℃时，由于它与使用要求的水温温差较大，方具有余热回收利用的经济效益。因此，行业标准《公共浴池给水排水工程技术规程》CJJ 160—2011的规定，以温泉水原水水温等于或高于50℃作为余热利用的限值。

3. 温泉水原水水温等于或高于50℃时，可利用的余热量可按下式计算：

$$Q_y = q_y \cdot C \cdot (t_w - t_{wT}) \cdot \rho_r \tag{19.1.2}$$

式中：Q_y——温泉水原水可被利用的余热量（kJ/h）；

q_y——温泉水水源井的有效出水量（L/h）；

C——温泉水的比热[kJ/(kg·℃)]，取C=4.187kJ/(kg·℃)；

T_w——温泉水原水的温度（℃）；

T_{wT}——温泉水的使用温度（℃）；

ρ_r——温泉水的密度（kg/L），取 ρ_r =0.98kg/L。

19.1.3 废热利用

1. 温泉浴池的使用温泉水水温为36～42℃，由于使用中要求浴池维持在“恒温”，故其排放水温一般均高于32℃，可利用的废热也很可观。

2. 洗浴前及游泳、戏水前后的淋浴废水水温一般亦高达30℃以上，也存在着热利用的空间。

3. 温泉及淋浴排水可利用的废热，可按公式（19.1.2）计算，但应将公式（19.1.2）中 T_w 改为 T_F（温泉浴池及淋浴水排水温度，其取值不应低于30℃）；T_{WT} 改为 T_{F1}（废热利用后的排水排放温度，其取值不应低于10℃）。

19.1.4 温泉水、淋浴水余热、废热等利用系统应作为整个热源系统的辅助热源。

19.1.5 余热、废热利用方式

1. 余热利用方式

1）高温温泉水降温余热利用装置宜采用热泵或加压水泵和换热器；

2）高温温泉水利用方式如图19.1.5-1所示；

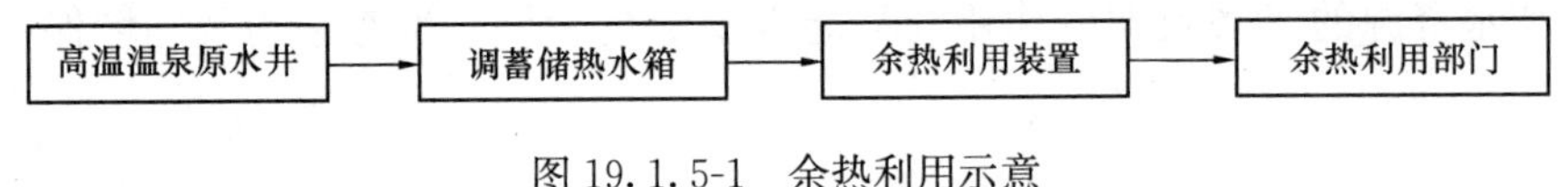

图19.1.5-1 余热利用示意

3）调蓄储热水箱宜有保温措施；

4）余热应综合利用，可作为淋浴水热源或地板采暖及养殖业、温室大棚加温等热源。

2. 废热利用方式

1）废热利用方式，如图19.1.5-2所示；

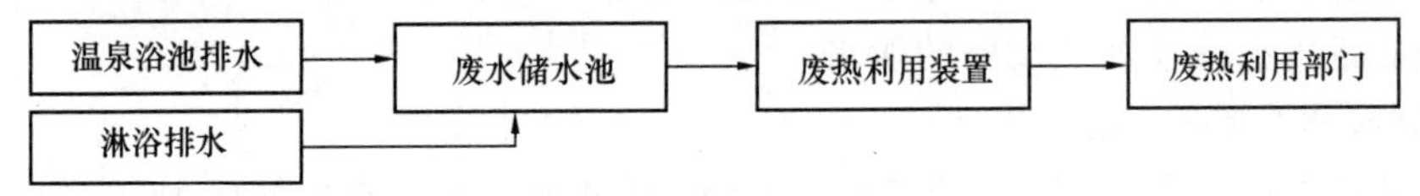

图19.1.5-2 废热利用示意

2）废热利用装置应采用水源热泵；

3）废水储水池宜有保温措施；

4）废水利用部门宜为淋浴水热源之一。

19.1.6 余热、废热利用设备

1. 余热利用设备

1）降温用水泵应根据温泉水原水水质选用，一般采用牌号不低于S31603的奥氏体不锈钢材质或铸铁内衬四聚氟塑料耐腐蚀、耐高温的水泵，水泵质量应符合现行行业标准《游泳池及水疗池用循环水泵》CJ/T 534的规定。

2）换热器应采用耐压、耐腐蚀、耐高温、换热效率高、密封等好的不锈钢材质的板式换热器。

2. 废热利用设备

1）应选用能效比（*COP*值）高、运行持久、性能稳定、耗电少、质量可靠的水源热泵。

2）水源热泵的冷凝器和蒸发器应采用耐腐蚀性能优良的钛金属材质，以适应热源长期为废水及温度变化小的工作条件。

3）机组所用冷媒应符合环境保护要求。

4）机组应有可靠的水温控制、水流控制、过载保护、冷媒高低压保护及压缩机延时启动等功能。

5）多台机组并联运行时，其控制系统应具有能根据负荷情况自动加载及自动卸载的功能。

6）水源热泵机组除满足以上要求外，还应符合国家标准《水（地）源热泵机组》GB/T 19409—2013 中“生活废水制热型水源热泵”的性能和质量的规定。

19.2 废 水 利 用

19.2.1 废水来源

1. 游泳、入浴前后的淋浴排水和设有强制淋浴的排水；

2. 各类浴池和游乐池、各种水箱的溢流水、泄空排水及清洗浴池、水箱的排水；

3. 清洗游泳池、休闲设施池、游乐池等池岸、墙面、排水沟、通道及更衣室地面的排水；

4. 颗粒过滤介质池水过滤设备的反冲洗水及初滤水；

5. 跳水池配套的淋浴及放松池的排水。

19.2.2 废水利用原则

1. 应将本手册第 19.2.1 条的各种分散性废水集中收集；

2. 各种废水均应设置独立的废水管道或收集排水沟进行收集，不应与其他污水系统相连接；

3. 采用排水沟回收废水时，排水沟应设格栅盖板，而且周围地面应以不小于 0.5%的坡度坡向排水沟；排水沟宜采用内壁光洁，易于清洗、技术成熟、多种形式可供选择的成品型线性排水沟，以适应不同池岸饰面材质色彩要求；

4. 臭氧发生器冷却水仅水温提高，其水质未受影响，可以回收进入平衡（均衡）水池，作为游泳池、游乐池的补充水，以节约水资源。

19.2.3 废水回收应关注的问题

1. 收集清洗池岸排水的排水沟应远离齐沿泳池的溢流回水沟，可设置在池岸观众看台墙处，无观众看台时应设在建筑墙处。

1）收集清洗池岸排水的排水沟，宜采用技术成熟、并有多种成品产品可供选择的线性排水沟；

2）池岸地面应以不小于 0.5%的坡度坡向排水沟。

2. 露天游泳池、游乐池、公共休闲设施池的清洗池岸排水沟的规格尺寸应满足降雨时排水量的要求，以确保各类水池的正常使用。

1）雨水量应按该工程雨水系统设计重现期计算确定；

2）降雨期间池水循环净化处理系统应停止运行；

3）降雨时收集池岸排水的排水沟的废水应接入该工程地块内的雨水排水管道系统，

并应采取防止雨水系统中雨水回流污染游泳池等池水的措施。

19.3 其 他 排 水

19.3.1 游泳池、游乐池、公共休闲设施池等泄水

1. 泄水分三种类型

1）定期换水：池水水质严重失去平衡，溶解性总固体增多，致使杀菌剂失效、池水表面出现过多泡沫，池水浊度增加，池水变色并产生异味，需要对池水更新。

2）池水受到突然严重污染，如果出现了传染性致病微生物、病毒等，为防止污染带来危害，应泄空池水，对池体（包括均衡水池）进行消毒刷洗。

3）池体出现渗水、漏水现象，需泄空池水进行修补。

2. 池水要求

1）池水出现异常严重污染需泄水时，应按本手册第24.4节的规定，先进行水质无害化处理，再进行泄水。

2）池体检修及定期泄水，虽池水未受异常污染，但池水中仍含有氯消毒剂及化学药品如酸、碱等残余离子，如排入天然水体时，对天然水体中的生物、鱼类是否产生伤害，应由当地生态环保部门和卫生监督部门，对池水进行检测后确定能否直接排放。

3）泄水方式

（1）不能重力泄水时，应利用池水循环水泵压力式泄水；

（2）压力式泄水时，应设专用泄水管道。

3. 池水泄空时间不应超过12h。

19.3.2 消毒剂及化学药品容器清洗排水

1. 消毒剂、化学药品投加房间、储存间等地面、墙面的冲洗排水，可以直接排入该建筑的排水管道系统。

2. 消毒剂、化学药品容器（溶液桶）冲洗排水中的残留药剂、酸、碱等应按品种进行稀释或中和等无害化处理后，再进行排放。

20 设 备 机 房

20.1 基 本 要 求

20.1.1 设备机房类型及组成

1. 池水循环净化处理设备机房

1）它由均衡水池（或平衡水池）、池水循环水泵、池水过滤净化设备、池水辅助过滤装置、池水加热设备、池水消毒设备和水质平衡装置、池水循环净化系统控制、供电及化学药品库等内容组成。

2）它会因池水循环净化处理工艺流程中各工序设备配置不同而有所变化。

3）池水循环净化处理设备机房的各组成部分一般应设置在同一房间内，但相互间有明确分区。

2. 功能用水设备机房

1）跳水池水面制波、安全保护气浪（垫）设备造浪池的造浪设备和设施、滑道润滑水设备、休闲设施池的供气设备与相应的池水循环净化处理设备宜设在同一机房内。

2）环（漂）流河推动水流动的水泵机房，一般有多座，且为地下建筑，而其中一处推流水泵房可与池水循环净化处理设备机房合并设在同一机房内。

3. 升降池底板设备机房、水景造景设备机房可独立设置，并应邻近相应水池。

20.1.2 设备机房位置

1. 不同用途的游泳池、游乐池、休闲设施池的设备机房应分别设置并靠近相应水池周边，以减少管道的往返距离，改善水力条件并减小阻力损失。

2. 应尽量靠近建筑小区内给水、排水、热源管一侧，这样做的好处如下：

1）方便向池内或均衡水池、平衡水箱、补水箱供水；

2）方便水过滤设备、反冲洗水箱及泄空池的排水；

3）方便机房所用设备、消毒剂、化学药品的运输和进出安全；

4）方便热源、电源的引入。

3. 设备机房应远离办公、病房、客房、居室、教学用房等对环境噪声有严格要求的房间，以防止机房内设备运行时的振动、噪声对其造成干扰。

4. 当多个用水要求相同的小型游乐池允许共用一组池水循环净化处理设备时，其设备机房宜靠近负荷中心，以便于减小管道长度和阻力损失，改善水力条件。

5. 休闲设施池

1）不同浴区应各自独立设置

（1）大型休闲设施的休闲池类型较多，如热水型水疗池、温泉水型水疗池，药物型水疗池等。同时根据水疗人群又可分：公共休闲池区、家庭型休闲池区、专用类休闲池区、特殊池区等。它们位置分散、整体浴区面积较大，为了确保入浴者的使用要求和方便管理，不同浴区的设备机房应邻近设置，以减少集中设置时带来的管道系统往返距离较长所增加的阻力和热损失。

（2）小型休闲设施宜设置集中设备机房，以减少管理人员。但为了方便管理不同用途、不同水温要求的设备设施，其在设备机房内应分区布置，并以明显的标志予以区别。

2）设备机房地面标高应保证水疗池循环回水管安装高度高于机房内池水过滤设备顶部。由于水疗池的水温在36～42℃区间内，是滋生军团菌的最佳温度范围。如果循环水管出现高低弯曲不平现象会使管内存水不能完全排空，军团菌会在这些滞水区的管壁上滋生形成生物膜，为军团菌提供养生环境，只有使池水回水管按设计坡度均匀平直接至机房内池水过滤器，方可避免军团菌在循环回水管内的滋生。

20.1.3 设备机房应有足够的面积、空间，并按不同功能分区

1. 机房设备、装置的种类较多，且功能各不相同，它们之间连接的管道较多、管径较大、相互交叉频繁。因此，应有足够的建筑面积和房间高度。根据池水循环净化处理设备中各工序设备配置不同，其面积可参考国外资料推荐按池水水面面积的15%～30%进行估算。

2. 机房内应按池水净化处理流程的先后顺序排列布置，分区为池水循环设施均（平）衡于水池和循环水泵区、池水净化过滤设备和辅助过滤设备区、消毒设备及投加化学药品装置区、池水加热区、消毒剂及化学药品储存区、设备配件储存及检修区等。各功能分区明确，以方便设备运行操作和维护管理。

3. 设备机房应为独立房间。但臭氧发生器、次氯酸消毒剂制取、化学药品及成品清毒剂储存、配电和系统控制等应与独立的房间分隔开，以确保设备安全稳定运行，并延长设备、装置的使用寿命。

20.1.4 设备机房内应有满足设备运输、巡视设备运行和更换设备的通道

1. 通道宽度和机房房门尺寸应以机房内最大设备池水净化过滤器或活性炭吸附器尺寸的1.2倍确定，以确保运输操作方便。

2. 机房高度应以“最大最高设备的高度＋安装要求空间＋架空管道往返交叉空间”确定，一般机房高度不宜小于3.50m。

3. 设备机房通道应与化学药品消毒剂储存库房、池水循环给水管和池水循环回水管的管廊或管沟的出入口相通，但两者也应有必要的封堵措施。

4. 通道设置要求：

1）设备机房位于地面层时，应有直通向室外的出入口；

2）设备机房位于地下层或地面以上楼层时，应在楼层通道的适当位置设置运输设备、消毒剂和化学药品、管道及各种阀件的可垂直吊装的可拆装的孔洞及吊装设施。其尺寸和承重能力应按最大设备运输需要确定。

20.1.5 设备机房应有良好的环境条件

设备机房的功能是保证池水过滤净化、消毒杀菌、池水维温加热、池水水质平衡调整、池水除藻等池水净化处理各工艺工序的设备正常、稳定、可靠、持续运行，是保证池水卫生、健康、安全的关键场所，而且机房的位置都往往设于地下层，其环境条件是本专业设计应关注的重点之一。

1. 设备机房应有适宜的温度和良好的通风设施

1）无人值班时，机房最低环境温度不应低于5℃，最高境温度不应高于35℃；有人值班时，机房环境温度应为16～18℃，湿度不应大于85%，以确保储水容器、输水管道在冬季减少热损失和防止冰冻，在夏季确保机房内各种转动设备不至于过热，能始终处于正常运转状态。

2）消毒加药间、化学药品库房、制取消毒剂设备等房间每小时通风换气次数不应小于12次，其他区域每小时通风换气次数不应小于6次。确保室内干燥、清洁、无有害气体滞留、设备不发生腐蚀，建筑不发生霉变等。如采用机械通风时，二者应独立设置。

3）房间的地面、墙面、门窗表面应平整、光洁、耐腐并便于清洗。

2. 设备机房应有良好的照明和通信设施

1）整体室内照度不应低于150lx，方便设备造作人员巡视设备运行状况。

2）有数显的仪表、控制装置处，宜设置局部照明，方便设备操作人员能清楚、精准地观察仪表和控制装置。

3）有人值班的设备机房应有对外联络的电话，并保持畅通。

3. 设备及机房内应设置给水排水设施

1）应设置给水管道。包括向池内补水、调制消毒剂和化学药品溶液的给水，以及冲洗机房地面，消毒剂及加药设备间和化学药品储存库房地面，确保化学药品意外泄漏时，能及时冲洗和稀释的给水。

2）应设置排水管道。机房排水包括过滤设备反冲洗排水、地面冲洗排水、事故排水、雨水倒灌排水、均（平）衡水池（箱）溢流排水、泳池等水池泄空排水等。设备机房应设置带格栅盖板的排水沟进行排水，并确保水流通畅。地下层应设集水井，采用潜水泵提升排水，潜水泵流量应大于池水过滤设备反冲洗用水量。潜水泵应设备用泵和潜水泵启闭的水位控制装置。

3）集水泵井的最小有效容积不应小于潜水排污泵5min的流量，游泳池等泄空排水可采用循环水泵进行泄空排放。

4. 机房内的转动设备应设隔振基础，与转动设备相连接的接管应设减振软接头（管），降低设备运行时的振动和噪声。

5. 设备机房各工艺工序单元的设备和管道布置要排列整齐，并要保证水力条件优良，各种设备装置应悬挂指示牌和水流方向标志，方便操作者正确操作。

20.1.6 设备机房供电

竞赛类游泳池、专用类游泳池、游乐池、文艺表演水池等设备机房的电力供应应安全可靠，连续不可中断，确保设备正常运行。供电的可靠性应符合行业标准《民用建筑电气设计规范》JGJ 16—2008中一级负荷的供电要求。

20.2 循环水泵及均（平）衡水池

20.2.1 均（平）衡水池设计

1. 位置应靠近游泳池、游乐池。当数个小型游乐池、休闲设施池共用一个均（平）衡水池时，应尽量设在它们的中心位置，以减少管道的往返长度和水力条件的不均衡。

2. 均（平）衡水池的容积

1）均（平）衡水池的有效容积和控制应符合本手册第 7.12 节和 7.13 节的要求；

2）功能用水循环水泵从均（平）衡水池吸水时，其水池容积应附加功能用水循环水量；

3）室外露天游泳池、游乐池、公共休闲设施池等设有均（平）衡水池时，其溢流回水管应采取下列防止暴雨时雨水流入均（平）衡水池，造成超负荷水量，大量雨水从溢流管道外溢，而淹没机房给设备带来损伤的措施。

(1) 在溢流回水管或溢水管上设置常开电动阀门和均（平）衡水池超高水位控制阀，二者联锁。水位达到超高水位时，立即关闭溢流回水管或溢水管的常开电动阀，切断溢流回水。

(2) 溢流回水沟或溢水沟增设超越排水管，使超过溢流回水量的雨水通过该管道直接排入室外雨水管道。

20.2.2 循环水泵

1. 池水循环净化处理水泵与功能用水循环水泵应分别分组设置，并应邻近均（衡）水池（箱），以确保水泵的气蚀余量不受影响。特别是循环水泵从池底回水口直接吸水时，应予以特别关注。循环水泵的数量应以本手册第 7.9 节和第 7.15 节的相关要求为准。

2. 循环水泵的布置应按下列要求确定：

1）池水过滤净化设备采用颗粒过滤介质时，循环水泵应集中布置。水泵机组应按表 20.2.2 的规定布置。

水泵机组布置间距 **表 20.2.2**

序号	电动机额定功率（kW）	水泵机组外轮廓与墙面之间的最小距离（m）	相邻机组外轮廓之间的最小距离（m）
1	≤22	0.8	0.4
2	>22～<55	1.0	0.8
3	≥55～≤160	1.2	1.2

注：1. 本表摘自国家标准《建筑给水排水设计规范》GB 50015—2003（2009 年版）；
2. 水泵外轮廓面指水泵最突出部位；
3. 水泵侧有管道时，以管道外壁表面至泵外轮廓面计；多台循环水泵基础应排列布置整齐；
4. 水泵机组是指水泵与电动机的联合体，或已安装在金属支架上的复合水泵组合体。

2）池水过滤净化设备采用硅藻土过滤机时，由于该设备为“循环水泵＋硅藻土过滤器＋硅藻土溶液桶”组成的一体型独立机组。所以，该机组之间的距离以及机组与建筑墙之间的距离，均不应小于 0.8m。

3）负压式颗粒过滤设备循环水泵的布置应按本手册第 9.10.2 条的相关关规定确定。

3. 水泵基础设计应按照下列要求确定：

1）基础高度应确保水泵的自灌式吸水形式。当水泵采用分体式金属毛发聚集器时，应按确保毛发聚集器 50mm 混凝土底座的高度和减振装置的高度。

2）水泵基础材质应为强度不低于 C20 的混凝土。

3）水泵减振形式应以设备机房邻近建筑房间的建筑环境要求、水泵转数和水泵运行时的噪声确定。①水泵吸水管、出水管均应设置软接头（管）；②管道应采用弹性支吊架。机房墙面、门宽、顶板应提请建筑专业采取隔声减噪措施。

4）水泵与基础采用螺栓锚固，螺栓锚固长度不应小于螺栓直径的40倍。

5）水泵配套阀件应密封性能好、不渗漏水。止回阀应具有消声及关闭功能。

20.3 过滤设备布置

20.3.1 压力式颗粒过滤设备

1. 压力式颗粒过滤设备为圆柱形，形式有立式和卧式两种。

2. 颗粒过滤设备应邻近池水循环水泵，以缩短池水循环水泵与过滤设备之间的管道长度。但应满足循环水泵出水管至过滤设备之间相连接的管道其管内时间不应小于10s的要求，以满足混凝剂与循环水泵的出水能充分混合。

3. 过滤设备在池水净化处理设备中是体型较大的设备，其布置应满足：①运输顺畅和更新设备时互不干扰；②满足设备及管道安装和检修的最小空间等。因此其布置间距应满足下列要求：

(1) 过滤设备外表面与建筑墙面的净距离不应小于0.7m；

(2) 相邻过滤设备外表面之间的净距离不应小于0.8m；

(3) 过滤设备顶部至建筑顶板最低点净距离不应小于0.8m；

(4) 过滤设备操作面应面向机房内运输通道。运输通道宽度应符合本手册第20.1.4条的要求。

4. 颗粒过滤设备应安装在高出设备机房地面不小于100mm的C20的混凝土基础上。

20.3.2 硅藻土过滤机

1. 硅藻土过滤机分为板框式和立式圆柱形两种形状。

2. 硅藻土过滤机均由“水过滤器＋循环水泵（无备用泵）＋硅藻土溶液桶”等三个单体设备共同组成为一个整体机组，故将其称为硅藻土过滤机。

3. 硅藻土过滤机的布置应以整体机组为单位进行布置。

20.3.3 重力式过滤器

1. 成品重力式过滤器与循环水泵一一组合进行布置，但循环水泵应配置备用水泵。

2. 循环水泵因游泳池、水上游泳池等回水管道与过滤器进水标高关系，可分为前置水泵及后置水泵布置方式。

3. 成品重力式过滤器体积较大、高度较高，对机房的空间要求高。

20.4 消毒剂制取间

消毒剂制取间是指消毒设备在现场制取臭氧、次氯酸钠、羟基消毒剂及氯等消毒剂的房间。

20.4.1 设置要求

1. 应为独立的房间，并靠近所使用原料、化学药品储存库、消毒剂的投加点；

2. 房间环境应符合本手册第20.1.5条的要求。

20.4.2 制取臭氧消毒剂的房间应采取的安全措施

1. 由于臭氧是一种有毒气体，如果臭氧发生器发生泄漏，在空气中的浓度超过0.25mg/L会对人产生强烈的刺激性，并造成呼吸困难。臭氧虽然有一种特殊气味，但靠人的嗅觉难以判别其浓度。所以在臭氧发生器设备的房间应安装臭氧气体浓度监测报警装置，才能准确地检测出房间的臭氧气体浓度是否超出现行国家标准《室内空气中臭氧卫生标准》GB/T 18202的规定。

2. 安装臭氧浓度报警器的位置应在距离臭氧发生器机组水平距离1.0m内的墙面上，距离房间地面0.3m以上和不超过臭氧发生器设备高度的位置处，设置具有检测、传感和报警功能报警器1个。当设有压缩空气机时，应有消声措施。

3. 房间温度不应超过30℃，相对湿度不应大于60%，换气次数每小时不应少于12次。

常用的臭氧发生器是利用空气中的氧制取臭氧，方法有两种：第一种，在臭氧发生器的房间内设置空气压缩机及配套的空气过滤器，以提供洁净的气源给臭氧发生器内的制氧机，用新鲜氧气制取臭氧；第二种，利用高效分子筛变压吸入空气进行处理，即分子筛将空气中的氮及其他杂质予以吸附，提供85%～90%的富氧空气，可以制备出浓度达80mg/h以上的臭氧；

在游泳池、游乐池利用臭氧发生器制取臭氧的空气源均来自房间内的大量自然空气，而制取臭氧的浓度、产量与空气的干燥度、空气中氧气的浓度和电源的频率成正比，由此我们可看出环境对臭氧发生器产量至关重要。所以，对房间温度、湿度、通风等环境作出了上述具体要求。

4. 如采用空气压缩机提供气源时应采用无油低噪声空气压缩机。

5. 臭氧发生器在制取臭氧的过程中会产生大量的热，为确保设备正常运行，防止损坏设备，应采用城镇自来水对其进行冷却，供水量和水压由设备供应商提供。

6. 房间内的供电设备应为防爆型产品。

20.4.3 次氯酸钠发生器房间应采取的安全措施

1. 次氯酸钠发生器在制取次氯酸钠消毒剂的过程中会产生氯气和氢气。

1）氢气的相对密度小于空气，遇高温会发生爆炸；

2）氯气的相对密度大于空气，停留在房间下部，根据国家标准《职业性接触毒物危害程度分级》GBZ 230—2010的规定，氯属于危险Ⅲ级（高度危险）物质；

3）为了确保安全，在次氯酸钠发生器制取消毒剂的房间应安装具有监测氢气、氯气浓度的传感报警器。

2. 安全措施的设置应符合下列要求：

1）房间内每20m^{2}面积应设置氢气、氯气浓度监测传感报警器各一个；

2）气体浓度监测传感报警器安装房间内墙壁上，位置应符合下到要求：

（1）氢气浓度监测传感报警器应位于距次氯酸发生器的水平距离不超过1.0m和距离房间顶板以下0.5m处；同时次氯酸钠发生器制取次氯酸钠消毒剂时所产生的氢气应独立的管道引至室外，排入大气，管道应采取防止风压将氢气倒灌入室内房间的措施；

（2）氯气浓度监测传感报警器应位于距次氯酸钠发生器水平距离不超过1.0m、距离房间地面0.5m以上的位置处。

3. 整流配电装置与次氯酸钠发生器应分室设置，且距离不应超过 3.0m 以防止对配电装置的腐蚀。

4. 次氯酸钠发生器之间、次氯酸钠发生器与建筑墙面之间的净距离不应小于 0.8m。设备运输与操作通道不应小于 1.2m。

5. 次氯酸钠发生器房间的相对湿度不应超过 80%，通风换气次数每小时宜为 8～12 次，并设置与室外大气相通的通风设施，排放口应高建筑屋面 1.0m 以上；房间内应设给水排水设施；房间的供电、防爆、防火及环境等，应符合现行国家标准《次氯酸钠发生器与卫生标准》GB 28233 的规定。

6. 次氯酸钠发生器房间的地面、墙面、门窗、通风条件、管道系统及次氯酸钠溶液投加计量等均应采用耐腐蚀材质。

7. 次氯酸钠发生器房间门的下部应设百叶窗，以确保房间内的良好通风条件。

8. 操作人员应采取必要的安全和健康防护措施，如耐酸碱手套和佩戴防护眼镜等。

20.4.4　羟基消毒剂制取设备和盐氯发生器制取消毒剂房间应采取的安全措施

1. 羟基消毒剂制取房间安全措施

1）负压制取臭氧发生器、臭氧与过氧化氢反应制取羟基消毒剂设在同一房间内。

2）房间内应设置臭氧浓度监测报警装置，位置要求与本节第 20.4.2 节要求相同。

2. 盐氯发生器制取氯消毒剂房间安全措施

1）盐氯发生器产氯量超过 50g/h 时，制取氯消毒剂过程中所产生的氢气应以独立的管道引至室外排入大气；

2）排氢气管在室外应采取防止风压将管内氢气倒灌入室内的措施。

3. 房间供电应不间断，通风不少于 8 次/h，并具良好的照明和给水排水条件。

20.5　成品消毒剂及水质平衡剂配制房间

20.5.1　设置要求

1. 应与成品消毒剂、水质平衡用化学药品（如酸、碱）及混凝剂等的储存库房相邻近，以确保取用方便和不对其他房间或区域带来干扰。

2. 成品消毒剂和酸、碱、混凝剂等采取液体投加。固体粒状或高浓度液体状化学药品应进行溶解或稀释成规定的浓度液体才能投加。投加系统由溶液桶、搅拌器、比例计量投加泵、控制器、管道等组成。由于它们均具有较强的腐蚀性，为方便处理，可以设在同一房间内，但应符合下列要求：

1）不同种类的化学药品溶液的投加系统应以不同颜色或醒目标志予以区别。因为它们的溶液均具有较强的刺激性、腐蚀性和一定的毒性，将其以不同颜色或标志予以区别，是为了方便管理和防误操作。

2）不同品种化学药品溶液配制投加设备设施相互之间的有效净间距不应小于 1.0m，房间通道宽度不应小于 1.2m，方便操作人员配制溶液时不与另一系统发生接触，确保不发生安全事故。

3）不同化学药品溶液投加系统布置应满足投加流程顺畅、化学药品运送互不干扰、操作和管理方便的要求。

4）不同品种化学药品溶液配制设备设施宜沿建筑墙面布置，便于该系统的控制器在墙面上的安装和工作人员的观察。

20.5.2 房间设施

1. 房间应有独立的通风换气设施，并确保每小时换气次数不少于12次，排风口与其他房间的进风口的间距应大于10.0m，保证有害气体不扩散到其他房间。

2. 房间应有良好的给水排水设施：

1）每个化学药品溶液配制设备处应设供配置溶液的水龙头；

2）房间应设方便排水的线性排水沟；

3）房间出入口处宜设置紧急淋浴、冲洗眼睛的冲洗器，供配制化学药品溶液时因不慎意外发生化学药品溶液溅到操作人的脸部、眼睛、皮肤等，可利用该装置及时将其化学药品冲洗干净。

20.5.3 房间的电气设施、通风换气设施、溶液投加设备（设施）、管道、门窗、地面、墙面等均应具有耐化学药品腐蚀功能。墙面，地面材质还应易于清洗。

20.6 化学药品库房

20.6.1 设置要求

1. 化学药品的储存应遵守国务院令第591号《危险化学药品安全管理条例》的有关规定。

2. 应为靠近建筑内运输通道的独立房间，并与消毒剂、化学药品及溶液配制和投药的房间相邻，以方便取用，防运输距离较长可能带来的安全隐患。

图20.6.1 紧急冲洗淋浴、冲洗眼睛合用器

3. 房间位置应远离池水加热设备区（间），防止某些化学药品遇热发生爆炸及化学药品运输途中对其他房间和行人的干扰。

4. 化学药品储存房间出入口及化学药品溶液配制间应设置紧急冲洗淋浴、冲洗眼睛合用器，如图20.6.1所示。

5. 池水用过滤介质，如石英砂、沸石、玻璃珠、硅藻土等与化学药品储存间允许合用同一有分隔的房间。

20.6.2 化学药品储存房间面积的确定

1. 应根据游泳池、游乐池、公共休闲设施池日用量、当地化学药品供应情况、运输条件及工程物业管理等因素确定。

2. 当游泳池、游乐池、休闲设施池等池水净化机房位于建筑物地下层或地面上楼层时，为节省建筑面积，减少运输次数和运输过程安全隐患，应按下到要求确定：

1）固体（片状、粒装、粉末状）宜按30d周转量计算确定，但不得少于15d的周转用量；

2）液体次氯酸钠消毒剂，由于有效氯含量的衰减，应按5～7d的周转用量计算确定；

3）过滤池水用过滤介质宜按180d的周转用量计算确定。

20.6.3 化学药品储存要求

1. 化学药品均具有较强的腐蚀性、刺激性，所以应存放在货架隔板上，不应堆放在地面上，并应隔离存放，防止水流接触造成相互间可能出现的化学反应，带来安全隐患。

1）如次氯酸钠、聚合氯化铝等，如与酸、氨、甲醇、硫酸铜、三氧化铁等接触后，会产生有毒的氯气，不仅应隔离开存放，而且次氯酸钠应避光存放。

2）次氯酸钙、三氯异氰尿酸盐等，如与油、酸、碱、氨氯化合物等接触，就会产生很多热量，会使容器因热而变形、甚至爆裂、爆炸，故应隔开存放。

3）氯制品消毒剂与pH值调节用的盐酸、硫酸氯钠、碳酸钠及氯酸钙等接触后，会发生强烈的反应，产生有害气体，故要分开存放。

2. 化学药品均应采用耐腐蚀的塑料或玻璃容器进行包装。过滤池水用过滤介质允许采用牢固的塑料袋装，外用纸箱封存。包装表面应明确注明化学药品名称、化学药品标志、生产日期、生产企业、有效期、储存条件。

3. 存放方法应符合下列要求：

1）应采用隔板式货架分品种分层存放，最底层隔板应高出地面不少于100mm，货架高度和隔板间距，按房间高度和化学药品包装形式确定。

2）所有化学药品及过滤介质均应将名称、标志、生产日期、有效期等应面向取用方向和存放通道，以防误存、误取、误用。

3）化学药品在货架内应按包装标志竖向放置，不允许倒置存放。

4）液体化学药品不应存放在固体化学药品之上；不同化学药品应尽量分货架存放，货架尺寸以化学药品包装体积确定。货架间通道宽度不应小于1.2m，以确保取用时，不碰撞相邻货架上的化学药品。

5）不同化学药品的容器用具不允许混用。

20.6.4 化学药品运输及取用

运输、取用人员必须进行专业培训，对本工程中所作用的化学药品种、性能、功能要有充分的认知。

1. 化学药品入库前应按采购合同一一检验核对，确认无误方可入库。

2. 运输取用、配制应按化学药品性质、佩戴相应的防护用品，以防对人的皮肤、眼睛、面部造成伤害。

3. 运输、取用时必须轻拿轻放，不应损坏包装容器和标志，以防错放、错用。

4. 取用时应先进货者先取用，后进货者后取用。

5. 配制化学药品溶液时，应将化学药品注入盛有稀释水的水中，不应反之而行。

20.6.5 化学药品库房要求

1. 化学药品具有腐蚀性，房间高度不宜小于3.0m，以确保有良好的通风空间。房间门窗、地面应为耐腐蚀材质。地面应为防火、不透水、耐腐蚀、易清洗地砖、面砖或塑料、塑胶粘贴材料。

2. 要有良好的通风保持室内空气干燥。

1）房间位于地面层时应有足够的穿堂风，否则应在房间最高处设置排风扇，门或窗墙下部设置进风百叶窗。排风扇的开关应设置门外邻近门的墙面上。通风装置应为非燃烧材料。

2）房间位于地下层时应设独立的通风换气装置。排风口应位于建筑屋面以上，并应远离邻近建筑门、窗和其他通风口，二者的距离不应小于10.0m。通风换气次数每小时不应少于6次。

3. 房间应远离池水加热设备区（间）及其他易燃易爆物品区（间），房间内应根据化学药品性质采取相应的防热、防冻措施。

4. 房间内应有良好的给水排水条件。

1）每个货架之间应设置给水龙头和带格栅的排水沟，方便化学药品库房的清洗，并尽快将含化学药品的废水排走。

2）排水沟格栅板的标高、格栅缝隙等，不得影响工作人员存放和取用化学药品的顺利通行。

5. 房间内的电气设备、装置应具有防腐蚀、防水、防爆、防火等功能。

20.7 池水加热设备区

游泳池、游乐池、休闲设施池及文艺表演水池中的水均要求具有一定的温度，池水加热维温是池水循环净化处理系统中的工艺工序之一。所以，池水加热设备与池水循环水泵、池水过滤设备、池水消毒设备设施及化学药品储存序库等合并在同一个房间内综合考虑，统一布置。

20.7.1 常规热源型加热设备

1. 常规热源型池水加热设备是指建筑物处于非集中采暖地区，而专为新建游泳池、游乐池、休闲设施池、文艺表演水池等池水加热而设置的燃煤或燃气锅炉、电力锅炉、燃油锅炉等是制取高温热水、池水加热维温的热源。

2. 池水在正常使用期间的循环水水温温差较小，一般为2～3℃，而常规锅炉加热维温无法完成这极小温差的要求，仍然需要设置配套的换热设备。换热设备的位置应设在池水净化处理设备机房。

3. 设置锅炉的房间应为独立房间，用以制取高温热水作为热媒通过换热器进行池水加热和维温。由于各设计院专业分工不同，该锅炉房的设计则所属专业不同，但锅炉房的建筑要求、锅炉布置、配套辅机、安全设施等均应符合现行国家标准《锅炉房设计规范》GB 50041、《建筑设计防火规范》GB 50016和当地主管部门的规定。

4. 除燃煤、燃油锅炉外，电力锅炉、燃气锅炉、商用燃气热水器及电热水器等应邻近池水净化处理系统设备机房。

20.7.2 换热型加热设备

1. 换热型加热设备是指由城市热网或建筑小区和建筑物内设有集中锅炉房，能为池水加热维温设备提供热源的设备，而不需要独立设置锅炉房。

2. 换热设备包括：①板式换热器；②列管式换热器；③半容积式换热器。也包括商用电热水器。

3. 换热器的布置

1）板式换热器最凸出部位距建筑墙面、建筑柱表面及板式换热器之间的净距离不应小于0.5m，以满足该设备操作、安装的最低限度要求。

2）列管式换热器、半容积式换热器距建筑墙面、建筑柱面的净距离不应小于 0.5m；设备之间的净距离不小于 0.7m，以确保安装、维修要求。

3）换热器操作面应面向通道，且通道宽不应小于 1.2m，以保证换热器内部的换热盘管的更换及巡视要求。

4）换热器允许开放式布量，不设独立的房间，但应远离化学药品库房及加药消毒设备房间，防止高温环境给化学药品带来安全隐患。

5）池水加热维温设备与为游泳者、戏水者、入浴者、文艺表演者等提供淋浴热水的换热设备应分开设置，因二者要求的水温、水量及稳定性和设备维修、管理者的要求不同。

20.8 热 泵 设 备 机 房

20.8.1 水（地）源热泵

1. 水（地）源热泵机组的房间应靠近池水净化处理设备机房，机房内设备运输通道、设备吊装孔的设置应与池水净化处理设备机房综合进行设计。

1）机房应有良好的通风：①机房位于地面层时应采用穿堂风形式；②机房设在地下层时应采用机械通风排气系统，每小时通风换气次数不应少于 6 次；③控制室、维修间宜设置空气调节装置；④机房内环境温度应控制在 10～30℃范围内。

2）机房内总体照明照度不应小于 150lx，测量仪表集中处应设局部照明；电力供应可靠和不中断。

3）机房内设有冲洗机房的给水龙头和排除冲洗废水的排水沟、排水提升泵和集水坑，集水坑的有效容积不应小于提升泵 5min 的容量。

2. 机组布置

1）机组与建筑墙面、机组与机组之间、机组与其他设备之间的净距离不应小于 1.2m，以方便安装和满足蒸发器、冷凝器的检修要求。

2）机组与配电柜之间的净距离不应小于 1.5m，确保操作安全。

3）机房应设运输通道，通道宽度不应小于 1.2m。

4）机组上方如设有管道、烟道、供电桥架时，机组最高凸出部位至上述设施的垂直净距离不应小于 1.0m，以满足机组的安装、检修。

3. 设备机组基础

1）机组应设标号不低于 C20 的混凝土基础，基础厚度不应小于 10 倍机组固定螺栓的厚度，且基础应高于机房地面。

2）机房邻近或上、下房间有噪声或振动限制时，机组应采取隔振减噪措施。

20.8.2 空气源热泵

1. 空气源热泵机组应设在开阔的室外地面或建筑物屋面上，并应满足以下要求：

1）机组设置处应有良好的通风条件，确保热泵排放冷空气尽快地扩散，不出现回流，防止降低热泵机组周围的环境温度。有条件时可以将该冷气流予以回用。

2）机组应设在远离人员密集和机组运行时产生的噪声、振动不对周围环境产生负面影响的地方。必要时应对机组采取隔振减噪措施。

3）机组顶部出风的上空应无遮挡顶板。有顶板时，应确保机组上部的有效垂直净空间高度不小于4.5m，以满足冷气流的扩散，否则应采用机械排风措施确保冷气流不回流。

2. 空气源热泵机组布置

1）机组一侧有建筑墙体时且气流组织需要机组进风面设在有建筑墙面时，进风面与建筑墙体的最小距离不应小于1.5m。

2）两排机组并列布置且机组进风面相对布置时，两排机组进风面的距离不应小于3.0m；每排机组之间的距离不宜小于2.0m。

3）机组与电气控制柜之间的净距不应大于4.5m，确保设备运行安全。

3. 机组设备基础及防护

1）机组应采用强度等级不低于C20的混凝土基础；厚度不应小于机组固定螺栓直径的30倍；基础表面应高出机组所在位置地面至少300mm，并应大于当地的积雪厚度。

2）机组位于建筑屋面时应向结构专业提供机组重量，确保建筑安全。

3）机组的基础应为独立基础，不应与建筑基础相连接。

4. 机组设在室外地面时，应设隔离防护栏杆，防止非操作和维修管理人员进入。

20.8.3 除湿热回收热泵机房

1. 应为独立的房间，其位置应邻近游泳池、游乐池、休闲设施池和机组的运输通道，以缩短各种管道的往返距离且方便运输；机房应远离热源并避免太阳光直照，且需保持环境干爽。

2. 机房应有足够的面积，满足热回收除湿热泵机组、配电设施各种风管等的布置、施工安装和最基本的维护空间，机组周围的通道宽度不应小于1.0m，机房有效高度不应低于5.5m。如位于楼层内，应设置减振措施，以防干扰邻近和楼下房间。

3. 机组应设置在高度不小于200mm的C20混凝土基础上，以确保冷凝水的顺利排出。因此，机房应设置排水管道和预留冷冻水及热水接管。

4. 采用配置户外冷凝器的分体式机组时，室外主机与室内主机的接管长度不应超过30m，室外主机比室内机高出高度不应超过7.5m，最低不应超过3.5m。

5. 机房应有保持室内干燥不潮湿的每小时换气次数不少4次的通风装置；照度不低于150lx的照明及满足机组用电的电气设施。

20.9 功 能 设 施 区

20.9.1 跳水池水面制波设备

1. 跳水池喷水水面制波常用独立的循环水泵。由于水源取自游泳池的均（平）衡水池（箱），水面制波用加压循环水泵应与跳水池池水循环净化处理用循环水泵并列设置在同一区域内，方便维护管理。

2. 跳水池池底供气起泡水面制波采用的无油空气压缩机、储气罐或者专用气泵，宜设在独立的房间或隔间内，防止空气压缩机运行时的噪声对周边环境产生影响。但房间应靠近跳水池，并与池水循环水泵相邻。

20.9.2 跳水池安全保护气浪（垫）

1. 在跳水池内制造安全保护气浪（垫）的设备及配套设施较多，如无油空气压缩机、高效冷却器、冷冻干燥机、空气过滤器、油水分离器、活性炭吸附器、储水罐及控制装置等，它们的运行与池水循环过滤系统设备无直接关联，是一个独立的系统。因此，应设置独立的房间。

2. 安全保护气浪（垫）系统设备间应紧邻跳水池，确保能及时提供足够的气量，尽快在跳水池内形成气浪（垫）。

3. 跳水池设有安全保护气浪（垫）时，应与池底供气水面制波系统合并设计。

20.9.3 造浪池池水造浪设备

1. 池水造浪设施的设备机房应设在造浪池的深水区端部，并应与池水循环净化系统的设备机房合设在同一房间内，但两者应进行建筑分隔。

2. 造浪方法、造浪设备及设备所需建筑面积和设备所需电量、设备控制方式等技术参数由专业设计公司提供，本专业予以积极配合。

20.9.4 滑道池滑道润滑水供水水泵

1. 不同形式和高度的滑道其润滑水量不同。倾斜角小的滑道一般润滑水量较大；倾斜角大的管道，一般润滑水量较小。而开放使用期间应保证滑道润滑水量不中断，确保滑行人的安全。所以，每条滑道均应各自设置独立的润滑水供水水泵，但允许多条滑道共用一个滑道跌落缓冲池。

2. 滑道润滑水取自滑道跌落缓冲池，因此滑道润滑水供水水泵宜与滑道跌落缓冲池池水净化处理系统设备机房合并设在同一房间内。

3. 滑道润滑水供水水泵的性能参数、控制要求等均由滑道（板）专业公司提供。

20.9.5 环流河推动水流的推流水泵

1. 推流水泵房的位置、数量及推流水泵性能参数由环流河设计专业公司提供。

2. 环流河的水净化处理设备机房应设在环流河起始端。第一个推流水泵可与其合用同一座设备机房。

20.9.6 升降池底板

1. 升降池底板驱动方式

1）牵引设备通过不锈钢丝绳拉动和控制池底板的升降标高。牵引设备一般采用液压牵引机。

2）通过池底的液压或气压缸配合固定的机械导柱控制活动池底板的升降标高。

2. 牵引设备机房位置

1）应紧邻游泳池、跳水池两侧池壁。

2）控制间应为独立的房间，且距离池壁不应超过 5.0m。控制间的环境应符合本手册第 20.10 节的相关要求。

20.10 配电及设备监控间

20.10.1 设备机房的供电设施

1. 供电配电柜应远离潮湿多水区域，壁挂式配电箱的设置高度、墙面要求以及立式配电柜的操作距离和安装要求等，均应符合现行行业标准《民用建筑电气设计规范》JGJ 16 的规定。

2. 机房内的各种输水管道不应在配电柜（箱）的正上方穿过，确保供电设施不受因管道渗漏而带来的安全隐患。

3. 竞赛类游泳池，专业类游泳池、文艺表演水池等循环水净化处理设备、功能用水循环水泵、机房内照明，均应有不间断的电力供应且供电电压波动范围不应超过±10%，以确保竞赛、文艺演出及专业训练的正常进行。

20.10.2　池水循环净化处理系统运行控制间

1. 控制间应为独立的房间，并远离电磁干扰、有振动腐蚀气体、易燃易爆物品、粉尘及潮湿、易积水的部位。

2. 控制间的环境温度应为16～30℃，湿度不应大于60%，室内照明照度不应低于200lx。

3. 控制间控制系统的设置还应符合国家现行标准《智能建筑设计标准》GB 50314、《民用建筑电气设计规范》JGJ 16、《体育建筑电气设计规范》JGJ/T 354的相关规定。

20.11　专业配合要求

池水净化设备机房是游泳池、水上游乐池、休闲设施池、文艺表演水池等保证水环境工程的主体用房之一，一般应由给水排水专业设计人员根据工程规模、内容与建筑设计专业、游泳竞赛体育工艺、水上游乐设施专业公司、水处理设备专业公司配合，提出机房位置、数量和所需面积等要求。

20.11.1　向土建专业提供的资料

1. 池水净化处理机房的建筑面积和建筑高度。

2. 机房平面图：图中应表示出均（平）衡水池、所有设备、附属用房（如化验设备维修备件储存、值班等）、地面排水沟、潜水排污泵坑和机房出入口等的具体平面布置图及尺寸图；其中加药间、消毒间、药品库和系统控制间等应设独立的隔间。

3. 循环水泵、过滤器、换热器及附属用房可采用水泥地面、墙面；加药间、消毒间及化学药品储存库房，则应采用耐腐蚀材料的地面和墙面。

4. 机房门的宽度应满足最大设备的出入。机房位于地下层时，应尽量与空调专业共用设备吊装孔和运输通道。

5. 如附近无公共卫生间可供机房工作人员使用时，应设置卫生间。

6. 游泳池、游乐池、休闲设施池等水池平面图、剖面图：图中应示出平面、剖面尺寸、池底坡度、溢流回水沟或溢流排水沟规格尺寸，饰面材质要求，池岸冲洗排水沟规格尺寸及其与池壁的关系。

7. 池底标高及穿管位置：示出地底架空相关尺寸池内敷管垫层厚度，水池周围管廊或管沟规格尺寸。

20.11.2　向结构专业提供的资料

1. 钢筋混凝土均（平）衡水池的平、剖面图。其有效容积应满足本手册第7.12节和第7.13节的要求。

2. 钢筋混凝土材质的均（平）衡池池内的交角处应做成圆弧或45°倒角，池内壁应衬贴或涂刷不污染池水水质的食品级材料或涂料。成品材质组合成型时，应提供支座材质要求。

3. 均（平）衡水池人孔应高出池盖板顶面不小于0.1m，防止池盖板外表面尘埃、杂物进入池内，人孔尺寸不应小于0.70m×0.70m或$\phi \geqslant 0.70$m。

4. 如机房位于楼层时，应提供机房平面布置图及每台设备的空载重量和运载重量。

5. 管道穿钢筋混凝土池壁、楼板或梁的留洞（或套管）位置、尺寸及标高。

6. 还应向结构专业提供与土建专业第6、7二款相同的配合资料。

20.11.3 向供暖通风和空调专业提供的资料

1. 机房设备平面布置图：示出换热设备位置及热源接管要求。

2. 游泳池、游乐池、休闲设施池及文艺表演水池等初次用热量和正常运行时的最大小时用热量。

3. 机房的通风要求；①消毒设备间、化学药品储存间可合用一个通风换气系统，每小时换气不少于12次，通风换气设施应具有抗腐蚀功能；②现场制取消毒剂的设备房间和臭氧发生器间等应为独立的通风换气系统，每小时换气不应少于12次；③其余工作区可以合用一个通风换气系统，每小时换气通风次数不应少于4次；④机房内各房间及工作区的通风换气系统应独立设置。

4. 机房的环境温度：一般要求为5～16℃，但最高不宜超过30℃。

20.11.4 向电气专业提供的资料

1. 机房设备、设施平面布置图，并分别示出各用电设备或预留电源接线位置、用电量及总用电量。

2. 机房转动设备（循环水泵、加药泵、通风换气设施等）控制要求和游泳池补充水控制要求。

3. 照明要求：①加氯间及氯瓶储存间应设报警装置，通风照明开关设在室外；②臭氧发生器房间及其用电设备均应为防爆型产品；③管廊或管沟检修照明要求。

4. 电源电压波动范围不应超过±10%。

5. 由于游泳池池水循环净化处理系统的设备在工程招投标后方能确定，中标供货商根据设计要求进行深化设计。所以，电气专业一般将电源供应到供电箱处即可，相关设备的具体配电、控制等由中标供货商负责，设计对其深化设计进行审查认可。

第三篇 施工及质量验收

21 施 工 安 装

21.1 基 本 要 求

21.1.1 施工单位应具有相关施工资质

游泳池、游乐池、休闲设施池及文艺表演水池等池水净化处理系统工程是其水环境的主体内容，而且是一个专业性、系统性极强、综合性较强，并具有相对独特性的工程，因此它的施工必须由具有相应施工资质的施工承包商承担。

21.1.2 施工承包单位应具有深化设计能力

游泳池、游乐池、休闲设施池及文艺表演水池等属于二次深化、优化设计的单项工程。因此，施工承包商必须具有以下能力：

1）对池水环境系统进行深化设计、设备、设施综合集成及实施能力；

2）具有相关技术标准，工程质量检测设备、仪器，实现对工程全过程质量管理和质量控制能力；

3）具有编制工程施工方案、施工方法、保证施工进度、施工人员安排、施工技术保证、与工程总承包商配合以及工程质量检测检验、系统调试、运行测试等内容的施工组织设计能力。

21.1.3 施工单位执行施工安装相关标准规范

施工中应严格执行现行国家标准《建筑工程施工质量验收统一标准》GB 50300 和《建筑给水排水及供暖工程施工质量验收规范》GB 50242 的规定。

21.2 质 量 管 理

21.2.1 施工安装前应具备的条件

1. 经会审和批准的全部施工设计图和有关施工图设计技术文件，如平面图、系统图、详图、设计说明、设备材料表等，这是施工安装前必备的首要条件。

2. 设计单位须向施工单位、建设单位和监理单位进行技术交底。技术交底要仔细、认真，只有这样才能使施工质量得到保证，也便于建设单位和监理单位进行施工过程的监督。

3. 施工队伍的素质是确保工程施工质量的关键，所以，对施工人员进行技术交底及培训，使其掌握系统的组成、结构、作用原理，关键设备和组件的性能特点、施工顺序和施工安装过程须注意的问题等专业基本知识，确保工程的安装、调试质量，保证系统能正常可靠地运行，是不可缺少的基本条件。

4. 施工机具配备齐全，材料、设备、配套设施、管材和相关配件等进场储备应能保证正常施工的要求，这是不可缺少的基本的物质条件。

5. 施工现场及施工过程中的用水、用电及用气等条件均能满足施工要求，并能保证连续进行施工安装，这部分工作一般由工程总包单位负责。

21.2.2 施工过程质量控制

1. 应严格按照经原设计单位批准的施工图深化设计文件、施工组织设计及施工方案和技术标准、规范进行施工。如有设计修改，应将修改原因、修改内容及方案，以文件形式报送原设计单位，业主单位审查批准后方可按修改设计方案施工。

2. 为方便施工和质量检验记录，应对池水环境系统工程按分部、分项工程进行施工，并按分部、分项进行验收。分部、分项的划分应按现行行业标准《游泳池给水排水工程技术规程》CJJ 122 和《公共浴场给水排水工程技术规程》CJJ 160 等规定执行。

3. 各工序应按施工技术标准进行质量控制，每道工序（包括隐蔽工程）完成后，应进行检查，检查合格后方可进行下一道工序施工。

4. 与相关专业工种之间应进行分工完成的质量交换检验，做好施工过程质量检查记录，并经监理工程师签证确认后方可进行下一道工序的施工。

5. 安装工程完成后，按各相关专业规定进行系统试运行和调试。调试分单独设备调试和系统联动调试，并做好调试过程的各项技术参数和工程质量记录。

21.3 材料设备管理

21.3.1 检查验收

1. 游泳池池水环境处理系统所使用的设备及配套设施、附件、管材等均应符合国家产品技术标准和招标文件规定的质量要求，并均应附有生产厂商的产品合格证、质量保证书及产品安装说明书。如为进口产品应有相应翻译资质公司的中文译文文件。

2. 游泳池池水净化处理系统所采用的设备及配套设施、附件、仪表和管材进场施工安装时，均应按国家现行标准《风机、压缩机、泵安装工程施工及验收规范》GB 50275、《机械设备安装工程施工及验收通用规范》GB 50231、《游泳池及水疗池用循环水泵》CJ/T 534、《游泳池用空气源热泵热水机》JB/T 11969、《游泳池除湿热回收热泵》CJ/T 528、《游泳池用压力过滤器》CJ/T 405 和深化设计文件及招标文件等的规定，对品种、规格及外观进行开箱检查验收，设备、配套设施、附件等应包装完好，表面无划痕及外力冲击破损，并应经监理工程师和业主代表的确认，这是确保工程质量的重要环节。

21.3.2 阀门、附件试验

1. 管道系统中的阀门安装前，应进行壳体压力和密封试验，试验数量和要求应符合现行国家标准《建筑给水排水及采暖工程施工质量验收规范》GB 50242 的规定，并按该规范规定的格式填写阀门试验记录。

2. 安全阀应按设计文件规定的压力进行调试，调试时压力应稳定，每个安全阀启闭试验不得少于 3 次，并按现行国家标准《建筑给水排水及采暖工程施工质量验收规范》GB 50242 的格式填写安全阀最终调试记录。

21.3.3 材质及施工要求

1. 所有与游泳池池水接触的设备、附件和材料，均应符合国家现行行业标准《生活饮用水输配水设备及防护材料的安全性评价标准》GB/T 17219 的要求。这是国家现行行业标准《公共浴场给水排水工程技术规程》CJJ 160《游泳池给水排水工程技术规程》CJJ 122 中的规定，施工中应严格执行，不可忽视。

2. 游泳池池水环境处理系统工程与相关专业之间，应进行工程交叉施工交接质量检验，经监理工程师认可，并形成记录，以便各个专业之间的配合协作，落实施工过程中间质量控制。

21.4 设备及配套设施安装总要求

21.4.1 基本要求

1. 设备及配套设施的基础全部施工完成，其定位尺寸符合设计要求。

2. 设备及配套设施基础强度等符合设计要求，并符合本手册本章节 22.3.3 条的规定。

3. 设备、配套设施、专用附件等现场运输和吊装使用的机具、绳索等应有足够的强度。

4. 设备搬运过程对设备、配套设施，专用附件等应按出厂包装完整搬运，不应随意拆卸搬运和出现损伤。

21.4.2 设备、配套设施和专用附件质量

1. 设备、配套设施及专用附件，安装前应根据设计文件及设备采购文件等对其规格、型号、性能参数、质量合格证等进行全数核对。

2. 安装前应对设备、设施等基础平整度、固定螺栓孔尺寸等再次全数核对是否与到货设备、设施实际尺寸等一致；

3. 对本条第 1 款、第 2 款要求核对无误后，方可进行安装。

21.5 水 泵 安 装

21.5.1 水泵基础

1. 基础坐标位置和外形尺寸的允许偏差不应超过 20mm。

2. 基层表面平整度允许偏差不应超过 5mm/m。

3. 基础预留的地脚螺栓孔中心允许偏差不应超过 10mm。

21.5.2 安装要求

1. 经平衡试验无异常现象的毛发集聚器与水泵本体为一体的整体式水泵不应随意拆卸；如发现异常情况，应立即通知业主、供货单位，进行解体检查并重新组合后，再进行安装。

2. 卧式水泵机组的水平度与联轴器的同心度的允许偏差不超过 0.1mm/m 时，方可紧固地脚螺栓，焊牢垫铁后再二次浇筑混凝土进行固定。

3. 立式水泵机组的垂直度允许偏差不超过 1mm/m 时，方可紧固地脚螺栓，并浇筑混凝土进行固定。

4. 水泵机组上的真空压力表、压力表等，设计无要求时，真空压力表的量程应为－0.1～1.0MPa；两种表的分辨率不应大于0.01MPa，表盘直径不宜小于100mm；

5. 设有隔振装置时，隔振装置应符合设计和设备采购文件要求。

6. 水泵或机组吸水口及出水口应安装可曲挠的橡胶接头，应处于自然状态，且进水口和出水口法兰应垂直管道中心线。水泵吸水管不得形成气囊，不得漏气，变径应采用偏心异径管，且为管顶平接。水泵进水管及出水管应采用弹性吊架或弹性托架。管道上的压力表应加设缓冲装置，压力表和缓冲装置之间应安装旋塞。

7. 水泵进水口和出水口管道上的压力表、阀门规格、型号应符合设计要求，位置正确、动作灵活、严密不漏水；吸水管坡向水池的坡度不应小于0.005。与水泵连接管上的阀门应另设支架或支座，其重量不得承受在水泵接口上，确保水泵的安全。

21.5.3 应遵守的标准规范

水泵机组安装除上述要求外，还应遵守现行国家标准《风机、压缩机、泵安装工程施工及验收规范》GB 50275 和《建筑给水排水及采暖工程施工质量验收规范》GB 50242 的相关规定。

21.5.4 水泵机组控制设备及电气设备安装

1. 水泵控制设备、装置应有良好的抗干扰能力，并应符合现行国家标准《调速电气传动系统第3部分：电磁兼容性要求及其特定的试验方法》GB 12668.3 和《电气控制设备》GB/T 3797 的规定。

2. 控制柜（箱）体的外壳防护等级应符合现行国家标准《外壳防护等级（IP代码）》GB 4208 的规定。

3. 用电设备的施工安装应遵守现行国家标准《机械设备安装工程施工及验收通用规范》GB 50231、《电气装置安装工程　低压电器施工及验收规范》GB 50254 和《建筑电气工程施工质量验收规范》GB 50303 的规定。

21.6 静置设备安装

静置设备是指有压或无压的池水过滤器、活性炭吸附器、臭氧-水接触反应罐、水加热器、有机物尿素分解器、金属或非金属材质组装均（平）衡水池及补水水箱等。

21.6.1 设备质量

1. 设备的数量、规格、型号、材质、性能参数等均符合设计和设备采购文件要求。

2. 设备内部、外部配套附件（如布水器、配水系统、阀门、仪表、观察室、反冲洗视管、流量计等）配套齐全，而且相互之间和与设备本体等固定牢固可靠。

3. 过滤介质和承托层的材质、规格、尺寸和不均匀系数等均符合设计文件和采购文件要求。

21.6.2 设备安装

1. 设备混凝土基础强度、尺寸、标高、坐标等符合设计要求后，方可进行静置设备的安装。

2. 设备安装以垂直吊线及尺量方法进行检查，其允许偏差应符合下列要求：

1）设备安装坐标允许偏差不应超过±15mm；

2）设备安装标高允许偏差不应超过±5mm；

3）立式设备安装垂直度、卧式设备安装水平度等允许偏差不应超过±2mm/m。

3. 设备配套附件的安装要求

1）设备内部布水器、配水系统与设备本体固定的位置准确，牢固可靠，管件连接严密。

2）设备外部部件

（1）阀门、仪表、反冲洗排水管上水流观察短管等位置，应方便观察、操作；

（2）上述各部件与设备本体的连接接管应严密，不出现渗漏；

（3）流量计的量程应为1.5倍的管道最大流量值，精度不小于0.5级；

（4）压力表的表盘直径不应小于100mm，量程应为0～0.6MPa，分辨率不应大于0.01MPa。

3）设备本体与其连接的部件、接管等不应作为施工安装的梯架，以免造成管道接口的松动及变形。

21.6.3 过滤设备和活性炭吸附过滤器过滤介质的填装

1. 颗粒过滤设备

1）安装在集配水系统滤管、滤头，应先进行充水以检查滤头、滤管上孔隙的通畅率；

2）关闭设备接管阀门，并向罐内注入1/3容积的清水，减少承托石料及滤料投入时对内部装置造成过度冲击而损伤内部部件；

3）滤料及承托层应分层填铺，每层应平整且厚度误差不得大于10mm；

4）滤料初次填充后应进行反冲洗检查，除去滤料上的粉砂层，并重新补充合格滤料，确保滤料层的厚度符合设计要求；同时；反冲洗后滤料表面应平整，无裂缝。

2. 硅藻土过滤设备

1）烛式可再生硅藻土过滤器滤元骨架固定应牢固；

2）滤元骨架的滤布应平整，无跳线缝隙。

21.7 消毒设备安装

21.7.1 基本要求

1. 消毒剂制取设备应在机房内土建工程完工，设备混凝土基础强度、尺寸、坐标等符合设计要求，给水排水、通风空调及电气等施工均已到位，并完成施工交叉验收程序后，方可进行安装。

2. 消毒剂制取设备安装的正确与否，关系到设备能否正常运行、消毒剂产量能否满足要求及安全至关重要。因此，安装时应由供货企业派员到现场安装或指导池水净化处理系统工程承包商技术人员进行安装。

3. 池水净化处理系统工程承包商专业人员应于安装前熟悉设备安装说明书。

21.7.2 安装要求

1. 消毒剂制取设备及配套装置的型号、规格、性能参数、数量等均符合设计文件和设备采购文件的要求。

2. 设备安装允许偏差应符合设备安装说明书的要求。

21.8 加热设备安装

21.8.1 安装要求

1. 加热设备的形式、型号、规则、材质、数量和性能参数等应符合设计、设备及采购文件的要求，保证其配套部件、仪表等装置的齐全。

2. 设备安装允许偏差应符合本手册本章第 21.6 节的要求。

3. 加热设备与非金属管道连接时，设备接管口与非金属管道之间应增设长度不应小于 1000mm 的金属过渡管件。

4. 加热设备与混凝土基础应固定牢固。

21.8.2 加热设备附配件

1. 温度控制装置及相关阀门的位置应便于操作人员的观察和维护检修，其安装应有牢固可靠的支撑措施。

2. 被加热水的进水管、出水管上的仪表应符合下列要求：

1）温度计的量程应为 0～100℃，分辨率不应大于 0.5℃；表盘直径不小于 100mm；

2）压力表的量程应为系统工作压力的 1.5 倍，分辨率不应大于 0.01MPa，表盘直径不小于 100mm；

3）被加热水与未被加热的池水混合时，如采用冷热水混合装置应符合设计要求。

21.8.3 被加热水管道上设置增压水泵时，应符合下列要求

1. 增压水泵规格、型号、性能参数应符合设计要求。

2. 增压水泵的进水管和出水管的安装应符合本手册本章第 21.8.2 条关于压力表的规定。

3. 被加热水与未被加热水的混合装置的出水管上，应加设符合设计规定的温度计和压力表。

21.9 太阳能供热设施安装

21.9.1 太阳能供热系统应由专业公司进行二次深化设计

1. 供热量应满足一次设计的各项参数要求。

2. 太阳能供热系统的集热器应有防冻及防过热措施，综合管道布置安排等应整齐合理，方便维护检修。

3. 太阳能供热系统的电气设备、线路、接地等应符合现行国家标准《太阳能热水系统设计、安装及工程验收技术规范》GB/T 18713 和一次设计文件的要求。

4. 太阳能供热系统与池水净化处理系统应设有联动控制。

21.9.2 太阳能供热系统应由专业施工单位进行施工安装

1. 专业施工单位应单独编制与建筑主体承包商、屋面装修分承包商、池水净化处理系统工程承包商等单位配合施工的施工组织设计。

2. 专业施工单位应按经批准的太阳能供热系统二次深化设计图纸、文件进行施工。

3. 施工过程中如有修改，应有一次和二次设计单位认可的正式文件。

21.9.3 太阳能供热系统集热器的施工安装

1. 太阳能集热器规格、型号、性能参数等应符合经批准的二次深化设计要求，集热器产品应有国家批准的质量监督部门的产品性能检测报告。

2. 太阳能集热器与当地纬度的倾角应采用罗盘仪进行定位，确保其安装偏差不超过±3°。

3. 太阳能集热器在屋面上或支架上的安装，应确保与建筑结构或支架的固定牢固可靠，与屋面连接处做好屋面防水。

4. 太阳能集热器之间的连接应确保整体平整、密封可靠无扭曲变形、无渗漏可能，连接件方便拆卸和更换。

21.9.4 太阳能供热系统的管道连接

1. 集热器和管道的连接方式、安装坡度及仪器仪表、补偿器、排气阀、泄水装置等的安装位置、规格、型号等均应符合经批准的二次深化设计要求。

2. 管道的保温隔热、防爆、防冻和支架等材质、间距、固定方式等均应符合经批准的二次深化设计要求。

3. 穿屋面的管道应按深化设计的位置准确预埋防水套管，不穿屋面的管道支墩或支架应确保固定牢靠，且不破坏屋面防水。

4. 管道安装除应符合上述各款要求外，还应符合现行国家标准《建筑给水排水及采暖工程施工质量验收规范》GB 50242 和本手册本章节第 21.10 节的要求。

21.9.5 太阳能供热系统电气工程

太阳能供热系统工程的电气设备、线路、防雷、接地等除应符合经批准的二次深化设计文件的要求外，还应符合现行国家标准《电气装置安装工程电缆线路施工及验收标准》GB 50168、《建筑电气工程施工质量验收规范》GB 50303 和《电气装置安装工程　接地装置施工及验收规范》GB 50169 的规定。

21.10 管 道 安 装

21.10.1 管材、管件

1. 管材、管件的颜色应均匀一致，内外表面光滑、平整、清洁、无凹陷、无气泡、无明显划痕和表面缺陷。管材、管件应为同一材质，并符合所用管道的国家或行业标准的质量规定，附有生产厂商的产品质量保证书和质量监督部门的质检证明，以确保产品质量。

2. 管材、管件连接用的胶粘剂应采用与管道材质匹配的专用胶粘剂。胶粘剂的物理、化学指标和性能应符合相关标准的要求。

3. 管材、管件的规格、型号、材质和质量应符合设计文件的规定，并符合生活饮用水卫生标准。管道在安装前应按相关标准对管道压力等级、种类、外观、规格尺寸、配合公差等进行复检，不合格者不得使用。

21.10.2 管材、管件及附件的搬运、存储

1. 管材、管件应包装良好，搬运过程中小心轻放，不得剧烈撞击，不得与尖锐物品碰触，不得抛、摔、滚、拖，非金属管材不得受到油污和化学药品污染。

2. 管材应水平堆放在平整的地面或垫板上，堆放高度不得超过 1.5m，防止局部受压使管材变形。管件应装箱整齐地码放在货架上或地面上，码放堆叠高度不宜超过 1.5m。

3. 非金属管材、管件等应存放在具有良好通风的库房或简易库棚内，不得露天存放，防止阳光直射曝晒，同时应远离热源并注意防火安全，严禁与油类或化学药品混合存放。

4. 管材、管件的取用应遵守先进先出的原则。

21.10.3 管道安装和敷设

1. 明装在室内、管廊及管沟内的管道在具备下列条件时，方可进行管道安装工作：

1）土建工程工作全部完成；

2）设备及配套设施就位及固定工作已完成；

3）复核检查预埋套管及预留孔洞位置的准确度工作已完成；

4）管道、管件、阀门等内外表面均应清理干净，无杂物、无油污，其质量、规格、型号均符合设计文件规定；

5）施工安装时管道标记应面向外侧的明显位置；安装过程中管口应及时封堵，防止杂物进入已安装的管道内，并做好现场保护，如有损坏应及时更换；

6）设备机房及管沟、管廊内的管道应排列整齐有序，并为方便维修管理留有足够的空间。

2. 埋设在池底垫层内的管道，除应符合本条第 1 款的有关要求外，还应符合下列要求：

1）游泳池底板平整，且结构混凝土达到设计强度后方可进行安装；

2）按设计位置画线安装，并在隐蔽前做好水压试验及验收的记录工作；

3）隐蔽管道时先进行水压试压，待水压试验合格后方可用轻质混凝土隐蔽，并不得有尖硬物体接触损伤和重物压伤管壁，也不得使管道发生位移。

3. 预留或预埋穿池壁、池底、建筑墙、楼板等孔洞或套管及套管材质应符合设计规定。

4. 管道安装不得出现轴向扭曲、偏斜、错口或不同心等缺陷。管道穿洞口和套管时，不得强力校正。多种管道同层、平行敷设时，两管道外壁应留有不小于 150mm 的安装操作保护距离；垂直多层平行敷设时，两管外壁（含保温层）应留有垂直间距不应小于 300mm 的安装操作保护距离。管道安装中断时，其敞口处应及时封堵。

5. 管道应按管材性质和设计规定的距离、位置设置温度伸缩变形补偿器和固定支架。

6. 管道安装允许误差和检验方法，应符合现行国家标准《建筑给水排水及采暖工程施工质量验收规范》GB 50242 的规定。

21.10.4 塑料管道连接

1. 管道应采用手工锯或切管机切割，不得采用盘锯，且切口端面应垂直管子轴线，并在管端面外做 15°或 20°倒角。切割后的管端面应除去毛边、毛刺和切屑，确保管道与管件连接的端部干净干燥，无油污。

2. 测量承插深度，并在插口管上标出管道插入的深度标线。

3. 管道粘接不得在雨中或水中以及 5℃以下的低温环境下进行。管道粘接完成后，应防止外力或外加荷载的影响。

4. 管道粘接连接插入后的保持静置固化时间应符合相应管道材质的施工及验收规范的规定。

5. 如有不同材质的管道、管件或阀门连接时，应采用专用的转换管件或连接件，不得在管道上套丝连接；同材质管道连接应采用同材质配套管件连接，塑料管严禁明火摵弯。

6. 管道采用弹性橡胶密封圈连接时，胶圈安装在承口凹槽内，且不得扭曲。异型胶圈的方向要安装正确，不得装反。管道插入时，应按管材种类，留出符合该种管材因温度产生的伸缩量。插入深度应画出深度标线。胶圈和插口插入部分所涂润滑剂必须无毒、无味，不滋生细菌，对管材、胶圈无任何损害作用。

21.10.5　管道采用法兰连接时

1. 采用过渡件使两端不同材质的管材、阀门及附件连接在一起时相同材质的法兰孔应与设备、阀门的孔数、孔径和中距相一致。

2. 两个法兰的连接应垂直管道中心线，并要求两法兰面互相平行。

3. 两法兰间应设垫圈，垫圈的材质应符合《生活饮用水输配水设备及防护材料的安全性评价标准》GB/T 17219 的要求。

4. 紧固螺栓的规格、安装方向应一致，并对称紧固，保持管道水平，不使管道产生轴向拉力。

21.10.6　塑料管道支架及吊架的安装

1. 管道的支架、吊架应平整、牢固，位置和标高准确。吊架的吊杆应垂直安装。管道支架、吊架的间距应符合相关材质管道安装规范和生产厂家的规定。

2. 金属支架及管卡与塑料管之间，应设塑料带或橡胶等隔离垫，确保管道与管卡、支架接触紧密，并不得损伤管材表面，并留有适宜的伸缩间隙。

3. 阀门、法兰盘与设备接管处应设支架或吊架，确保管道重量不承受在设备本体上。

4. 管道承口、三通、弯头等部位应设固定支架。

5. 铺设在垫层内的管道应有可靠的固定措施，确保二次浇筑混凝土时管道不移位。

6. 弹性橡胶圈密封柔性连接的管道，必须在承口部位和管内水流改变方向的位置处设固定支架。

21.10.7　管道安装

1. 架空管道安装时，在同一垂直方向不应出现交叉施工作业。

2. 已经安装完成的非金属管道，不应作为支吊架及拉攀等功能使用。

3. 管道安装还应遵守现行国家标准《建筑给水排水及采暖工程施工质量验收规范》GB 50242 的规定。

21.10.8　非金属管连接

非金属管道采用热熔、电熔连接时，施工操作均应按现行国家标准《建筑给水排水及采暖工程施工质量验收规范》GB 50242 的规定执行。

21.11　专用配件安装

21.11.1　给水口的安装

1. 给水口的数量、规格、材质及流量调节范围应全数进行核对检查，并符合设计要求，并在安装时予以初步实现调节位置。

2. 侧壁型和池底型给水口穿池壁及池底时应在浇筑混凝土时预埋防水套管，套管应固定牢固，并有防水翼环。

3. 池壁给水口安装位置和标高应准确，其标高和位置的偏差不得超过±10mm。

4. 给水口接管与预埋套管之间的空隙，应采用防水胶泥嵌实，其厚度不应小于池壁、池底厚度的50%，剩余部分以M10的防水水泥砂浆嵌实。

5. 金属给水口与塑料管采用螺纹连接，塑料管应为外螺纹，金属给水口应为内螺纹，且连接时宜采用聚四氟乙烯生料带作为密封填充物。

6. 埋设在垫层内的给水口应先于游泳池底板画线定位，其位置偏差不得超过±10mm。

7. 给水口格栅表面应与泳池底或池壁装饰面相平。

21.11.2 回水口、溢水口及泄水口的安装

1. 池底回水口、溢流回水口、溢水口的规格、数量、材质及流量应全数检查核对，并符合设计要求。

2. 池底回水口、泄水口及溢流回水口的安装应符合本手册第7章的有关要求。

3. 池底回水口和泄水口应固定牢固，表面应与池底饰面层相齐平。

21.11.3 沟槽上格栅盖板的安装

1. 溢流回水槽及溢水槽的排水格栅盖板安装完成后，其表面应与池岸、池底或池壁装饰面相平，且缝隙均匀一致。

2. 防负压吸附回水口、泄水口应有防止工作时起伏的措施。

21.12 阀门、仪表

21.12.1 各类阀门的安装

1. 阀门和仪表安装前应按设计文件规定全数核对型号、规格；阀门安装前应做强度和严密性试验、试验抽查数量、试验压力、实验内容和质量要求，且符合现行国家标准《建筑给水排水及采暖工程施工质量验收规范》GB 50242的规定，并按该规范规定的格式填写阀门试验记录。

2. 阀门应按介质流向在关闭状态下进行安装，且受力要均匀，不得强力连接。

3. 安全阀应垂直安装，并在运行前按设计文件进行调校，调校后的安全阀不得出现泄漏。

4. 水平管道上的阀门阀杆及传动装置应按设计规定安装，并要求操作时动作灵活，不出现渗漏现象。

21.12.2 温度补偿装置及仪表的安装

1. 应按设计要求进行预拉伸或压缩，安装时与管道保持同心，不得歪斜。

2. 水平安装时应与管道坡度相同。

3. 压力表、温度计、测压仪表、水质监测和探测器等仪表量程、数量、位置符合目测高度要求，其安装应遵照产品使用说明书和《建筑给水排水及采暖工程施工质量验收规范》GB 50242的规定。

21.13 施 工 安 全

21.13.1 基本要求

1. 游泳池、游乐池、休闲设施池、文艺表演水池等池水净化处理系统工程是一种技术复杂且专业性极强的工程，工程承包单位应对参与工程的施工安装人员进行专业培训，使其了解、掌握胶粘剂进行管道连接的基本知识、操作顺序和要求。这是保证工程施工质量的前提条件。

2. 池水净化处理系统工程中的臭氧发生器系统、次氯酸钠制取设备、臭氧＋过氧化氢羟基消毒系统、太阳能供热系统、热泵供热系统等单项工程的施工应由设备供应商派员施工或派员指导施工。

3. 施工过程中各种电动设备、器具和工具的使用操作，应严格遵守现行行业标准《施工现场临时用电安全技术规范》JGJ 46 的规定。

4. 供电电源线路不应与金属件捆绑，各种电动工具必须按规定接地、接零，并设置独立开关。

21.13.2 非金属管道施工使用胶粘剂、清洁剂安全要求

1. 胶粘剂、清洁剂等属于可燃物品，为消除安全隐患，存储地应远离电源及热源区。

2. 施工操作现场不应有明火，且要有良好的通风。盛放胶粘剂、清洁剂的容器随用随开，不用时及时关闭，以防受潮和被脏物污染。

3. 使用时操作人员应遵守下列要求：

1）应佩戴防护眼镜和防护手套；

2）应采用专用工具向连接管外表面涂刷胶粘剂和清洁剂，管道连接后静置时间应符合产品说明要求；

3）残留在管壁上的胶粘剂、清洁剂应采用棉纱及时清除干净；

4）施工现场粘有胶粘剂、清洁剂的废弃棉纱及其他材料，应于每日施工结束时及时清除。

22 系统功能检测调试

22.1 质量检测内容

22.1.1 管道耐压检测

池水循环净化处理系统管道的承受水压部位均应对各种管道、管道接口等进行全面水压检测，目的是保证工程交付使用后水流通畅和不发生渗漏。

22.1.2 设备检测

需对池水净化处理系统中单体设备、水泵、臭氧发生器、次氯酸钠发生器、加药计量泵、各种容器等进行检测，目的是保证工程交付使用后，设备运行正常、可靠。

施工现场设备安装完成后需进行单体设备性能参数的检测，以验证性能参数与产品出厂质量保证文件一致。采用何种方法，由设备采购方与设备供应方协商，在设备采购文件中予以明确。大管径的管道支架应符合相应产品标准的要求。

22.1.3 功能检测

池水净化处理系统功能检测试验，目的是保证整个净化处理系统中各设备、装置、部件、仪表、控制等各方面达到设计各项性能指标的要求，可以进行工程验收交付。功能检测试验单位，池水净化处理系统工程承包商供货商、各相关专业，如供电、通风空调等共同参与进行联动调试运行检测试验。

22.2 管道安装质量检验

22.2.1 检测参与人员

1. 施工安装单位质检员、管道安装负责人员；

2. 施工监理单位委派的质量检查人员；

3. 建设业主单位委派的质量检查人员。

22.2.2 检测方法

1. 先进行管道安装工程外观质量检验；

2. 后进行管道系统耐压检测。

22.2.3 检测质量要求

1. 外观质量应按管道系统对照设计文件、产品说明书，对管道进行如下内容的观察检查：

1）管道走向；管道规格、材质、连接方式、管道位置和标高；管道上的阀门、仪表、附件等位置；管道支架或吊架位置、间距等应符合设计要求；

2）不同介质管道标志应清楚，管道表面（含保温隔热层）洁净；

3）管道坡度、坡向、水流方向标志等应符合设计要求。

2. 管道试压分强度试验和严密性试验：

1）先进行强度试验，强度试验以水压试验方式进行。

（1）承压管道做水压试验前应具备的条件：①管道内部无任何残留的泥沙、杂物；②非金属管道应在管道系统安装完成 24h 后进行；③隐蔽管道应进行隐蔽前水压试验和隐蔽后的管道系统水压试验。

（2）水压试验环境及水质：①管道水压试验时的环境温度不应低于 5℃；②水压试验用水水质应符合现行国家标准《生活饮用水卫生标准》GB 5749 的规定。

（3）水压试验设备装置：①加压机应为手摇加压泵；②试验用压力表不少于两只，其精度不应低于 1.5 级，量程为 2 倍的工程试验压力。压力表应置于管道系统最底部位。2 只压力表的一只安装在系统顶部，另一只安装在手摇加压泵出水管上。

（4）强度试验方法：①关闭全部设备上与管道试压无关的阀门，封堵管道上的甩口，打开试验管上的阀门；②用加压泵向试压管内缓慢充水，彻底排除管内空气；③用加压泵缓慢向管内补水，将压力升至管道工作压力的 1.5 倍，但不应小于 0.6MPa；升压时间不应小于 10min，随后停止加压；④从升压至试验压力起算稳压 1h 时，其压力降不应超过 0.05MPa，判定管道强度试验合格。

2）埋入池底混凝土垫层内的配水管，应在水压试验全部合格后，方可进行混凝土垫层的后续施工，并应有确保配水管不被移位，不被损坏和池底给水口、回水口、泄水口不被进入混凝土的有效措施。

3）严密性试验：

（1）应在管道试验合格后进行，同样以水压试验方式进行；

（2）严密性试验方法：①将强度压力的试验值将至管道工作压力的 1.15 倍，但不应小于 0.4MPa，并在此压力下稳压 24h，如压力降不超过 0.03MPa，同时检查试压管道连接部位无渗漏、无变形，判定严密性试验合格。

4）按行业标准《游泳池给水排水工程技术规程》CJJ 122—2017 的附录 C 中表 C.0.4 的格式填写试压检测记录。

5）如出现试压检测不合格，则应泄空试验水后进行修补。补修完成后，仍按上述要求重新进行水压检测。

3. 非压力流管道，如溢流回水管、溢流水管、泄水管等应进行闭水试验。试验方法和要求按现行国家标准《建筑给水排水及采暖工程施工质量验收规范》GB 50242 的规定执行。

22.3 设备和电气安装质量检验

22.3.1 基本要求

1. 游泳池、游乐池、休闲设施池、文艺表演水池等池水净化处理系统、功能用水用气系统所用设备、装置等安装完成后，应在现场对设备、配套设施单机或单项设备设施进行安装质量检测和试验。

2. 检测试验用仪器、仪表和必备的检测工具应准备齐全，其精度级别必须与设计或设备采购文件所选的设备、配套设施（如控制器、探测装置、敏感元件等）的精度、分辨率相配套，并应高于被检测对象的级别。

22.3.2　水泵

1. 池水循环水泵、功能用水泵等检测内容和要求，应按国家现行标准《机械设备安装工程施工及验收通用规范》GB 50231、《风机、压缩机、泵安装工程施工及验收规范》GB 50275、《游泳池及水疗池用循环水泵》CJ/T 534 的规定进行检测试验。

2. 加药计量泵、功能用泵、仪器、仪表等应按现行相关标准进行检测试验。

22.3.3　水过滤设备

水过滤设备应按现行行业标准《游泳池用压力过滤器》CJ/T 405 的规定进行检测试验。采用该标准之外的过滤设备，应按设备采购文件要求进行检测试验。

22.3.4　热泵

热泵设备应按国家现行行业标准《游泳池用空气源热泵热水机》JB/T 11969、《游泳池除湿热回收热泵》CJ/T 528 的规定和产品说明书进行检测试验。

22.3.5　水池、水箱

各种水池、水箱应根据所使用的材质，按现行国家标准《给水排水构筑物工程施工及验收规范》GB 50141、《建筑给水排水及采暖工程施工质量验收规范》GB 50242 的规定进行满水及密封耐压检测试验。

22.3.6　电气控制柜

1. 电气控制柜内电子元器件应有 3C 产品认证；

2. 电源、电压、电流、频率、转动设备的启停状态、空载压力与实际压力流量等应符合设计文件要求。

22.4　系统功能调试和试运行

22.4.1　基本要求

1. 游泳池、游乐池、休闲设施池、文艺表演水池和设备机房等土建工程均已施工完成。

1）各种水池池壁、池底、溢流水沟、溢流回水沟、池岸等均已冲洗干净，并均按设计要求充满水。

2）设备机房供水、排水、供热、通风、空调及供电等工程均已接通，并均达到正式使用的要求。

2. 池水净化处理系统及功能用水循环水泵、气泵和计量泵等系统单机测试已全部完成并均具有合格的测试记录。

1）系统全部阀门、附件及水质监测系统、控制系统与相应转动设备的接线等均已处于工作状态位置。

2）池水消毒设备、池水水质平衡用化学药品溶剂浓度、剂量等均已配置完成，满足调试使用要求。

3. 池水水质人工检测用仪器、仪表、工具等均已准备齐全。

4. 参与系统试运行和系统调试的人员均已培训完毕。

5. 系统调试由承包商承担主体工作。

1）编制系统调试试运行方案、各项技术参数记录表格；

2）确定参与系统调试试运行人员及分工。

6. 系统调试运行应有设计单位、工程监理单位、建设业主单位和当地卫生监督部门等负责人参加，并应有工程总承包、各专业分包单位代表配合下共同进行。

22.4.2 系统调试试运行要求

1. 系统调试试运行应在设计满负荷前提下进行，且系统调试试运行持续运行时间不应少于72h。如为竞赛类游泳池，测试持续运行时间应以竞赛组委会规定为准。

2. 各水池的系统应分别进行系统调试试运行，不能以一座水池的调试试运行代替其他水池的调试试运行。

3. 系统调试试运行应对下列各项技术参数进行如实记录：

1）各座水池初次充满水时间和初次加热至设计要求池水温度的持续时间。

2）池水循环系统：

(1) 循环水泵自动开启或手动开启至水泵正常运行时间不应超过1min；自动切换备用泵开始至备用泵正常运行不超过2min；

(2) 水泵正常运行工况下：①吸水管与出水管压力变化；②振动、噪声、填料密封情况；轴承温度；③电动机电流、电压、转数等检测值与泵组铭牌对比有无偏差；

(3) 池内配水及回水的均匀性；

(4) 池水循环流量、循环周期及与循环水泵性能参数的一致性。

3）池水过滤设备：①过滤速率；②进水与出水的压力；③进水流量；④进水及出水浑浊度；⑤反冲洗强度及反冲洗历时等与设计的一致性。

4）活性炭吸附过滤器：吸附臭氧效果，进水口与出水口的臭氧残余量。

5）消毒设备运行工况：

(1) 臭氧发生器工作参数：电流、电压、频率、空气进气量、臭氧产量和浓度、产量可调幅度、冷却水对臭氧产量的影响等与铭牌比对有无偏差；

(2) 次氯酸发生器、盐氯发生器、臭氧＋过氧化氢羟基消毒器各种性能参数与铭牌比对有无参数偏差。

6）化学药品溶剂配置及投加系统：

(1) 混凝剂品种、消毒剂品种、pH值调整剂品种等配置浓度；

(2) 投加计量泵运行状态及投加量的准确性。

7）池水加热系统：

(1) 加热设备温度控制装置参数的准确性；

(2) 被加热水的流量、进水方式（有无增压泵）、流量控制装置工况、进水及出水温度与设计要求的一致性；

(3) 冷热水混合形式，混合后水温控制方式及水温、池水回水管水温等与设计要求的一致性。

8）池水水质监控：

(1) 各种化学药品（消毒剂、pH值调整剂、混凝剂等）的投加量，池水回水中的剩余量；

(2) 在线监测装置：探测器、控制器、加药计量泵等联锁控制和运行状态的灵敏性、可靠性、稳定性及协调性；

(3) 在线监测装置、仪表等读数与设计值有无偏离。

9) 人工对池内水质检测数值。

10) 电气控制：

(1) 电气控制柜的电器元件工作稳定性；

(2) 水质监控系统、转动设备监控系统等监控程序的稳定性和可靠性验证；

(3) 监控参数显示清晰，故障报警无障碍。

22.4.3 系统调试试运行数据整理

游泳池等循环水净化处理系统的试运行调试检测工作完成，并取得相关主管部门认可后，水处理工程商应将试运行检测调试的大量数据进行计算和整理。

1. 游泳池循环水净化处理系统试运行检测调试概况；

2. 循环水净化处理系统单机设备：循环水泵、水过滤设备、消毒设备、水加热设备、加药计量泵等工作性能测定结果；

3. 电器设备和控制调节实施的单体试验、检测、信号、保护装置等试验和调整数据；

4. 水质检测系统的信号、精度及保护装置试验和调整数据；

5. 水净化处理系统综合功能、效果的测定结果；

6. 对水净化处理系统试运行、检测、调试做出结论性的分析和评价。

23 工程质量验收

23.1 基本要求

23.1.1 池水净化处理工程分部、分项工程划分

工程质量验收应根据表 23.1.1 对游泳池、游乐池、休闲设施池、文艺表演水池等池水净化处理工程及功能特点划分的分部、子分部、分项工程分别进行验收。

游泳池、游乐池、休闲设施池、文艺表演水池等，池水净化处理工程分部、子分部及分项工程划分 表 23.1.1

分部工程	序号	子分部工程	分项工程
游泳池、游乐池、休闲设施池及文艺表演水池池水净化处理系统	1	水净化设备及配套设备安装	水泵、过滤器、臭氧发生器及投加装置、次氯酸钠发生器及投加装置、臭氧水接触反应罐及其消除装置、活性炭吸附罐、加热设备、化学药品溶液制备及投加计量泵
	2	池水循环净化管道系统	池水循环给水管和回水管、阀门和配件安装，池内配水管及给水口安装，池水循环回水管、回水口和配件安装
	3	配套建筑给水排水设施	浸脚消毒池、强制淋浴、溢流回水沟和盖板、浸腰消毒池、池岸清洁水龙头、排水设施等
	4	均衡水池	池容积、水泵吸水坑、补水系统及液位控制系统
	5	水质监测及系统控制	各种探测器、控制器和线路安装
	6	池水循环净化处理系统的调试试运行	全套设备、配套设备及管道、配电、控制联动试运行
游泳池、游乐池、休闲设施池循环水系统及水景系统	7	跳水池水面制波及安全气浪系统	喷水制波的水泵、管道、喷嘴安装和调试，池底喷气制波的空气压缩机、管道及喷嘴安装和调试，安全气浪的空气压缩机、储气罐、过滤器、干燥机，放松池气泵管道安装，喷嘴及配套设备，控制系统及系统调试
	8	池水功能循环水管道系统	管道润滑水水泵及管道安装，推流水泵及管道安装，相应的机房设施
	9	游乐池和文艺表演水池水景系统	水景系统给水泵、管道、各种喷头安装及系统调试，相应的设备机房设施
太阳能供热系统	10	太阳能集热系统	太阳能集热器水泵、管道和配件、加热设备及系统控制仪器仪表的安装，防爆、防冻、防过热措施
	11	太阳能供热系统	蓄热水箱、管道和配件、加热设备及系统控制仪器仪表的安装
	12	太阳能供热系统调试	太阳能集热、蓄热系统及池水加热系统的调试

续表

分部工程	序号	子分部工程	分项工程
热泵供应系统	13	空气源热泵系统	空气源热泵、管道和配件、水加热设备、系统控制仪器、仪表及线路安装、系统调试
	14	水（地）源热泵供热系统	空气源热泵、管道和配件、池水加热设备、系统控制仪器、仪表及线路安装、系统调试
	15	除湿热泵供热系统	除湿热泵、水泵、风管、辅助冷却源、管道和配件、池水加热设备、系统控制仪器、仪表及线路安装、系统调试

23.1.2 工程质量验收除表 23.1.1 规定的验收内容，还包括下列内容

1. 材料检验批复检质量验收；
2. 隐蔽工程质量验收；
3. 工种交叉质量验收；
4. 施工现场质量管理检验。

23.2 施工过程质量验收

23.2.1 施工中相关专业交接要求

根据施工内容分工，施工中间各相关专业交接质量验收应由上道工序专业施工质量检查人员会同工程监理，后续工序施工专业工程质量检查人员和建设业主技术负责人或代表共同进行验收，并应形成工程交接质量验收合格记录，方可进行下一道工序的施工。

23.2.2 与工程总包单位已完成下列交接验收

1. 设备机房土建工程：钢筋混凝土均衡水池、房间分隔、设备基础、排水沟、潜水泵坑等土建工程均已完工，且预留孔、洞等各种部位尺寸、饰面材质符合设计要求；
2. 各种水池池体、溢流回水沟或溢流排水沟等土建工程均已完工，且各种预埋套管，预留孔洞等位置、尺寸符合设计要求；
3. 管廊、管沟、浸脚消毒池、入池通道等土建工程均已完工。

23.2.3 与电气专业承包单位已完成下列交接验收

1. 设备机房照明系统均已完工；
2. 电力供应均已到位。

23.2.4 与供热空调专业已完成下列交接验收

1. 热源接管已到位；
2. 通风、排气设施等均已完工。

23.3 子分部、分项工程的质量验收

23.3.1 质量验收要求

分部工程、分项工程的质量验收应由承包单位组织建设业主单位技术人员或代表、工程监理单位工程师共同进行验收。对于涉及设备、设施配套装置单机检测试验内容时，还

应有设备供货商或制造商的技术人员共同参加验收，并形成分部、分项工程质量验收合格记录，并以此作为工程竣工验收的文件。

23.3.2 质量验收应填写的表格

1. 子分部工程的质量验收，宜按表 23.3.2-1、23.3.2-2、23.3.2-3 的格式填写验收记录。

2. 分项检验批质量验收项目为阀门、安全阀等的复检，其质量合格后，宜按表 23.3.2-4、表 23.3.2-5 的格式填写验收记录。

隐蔽工程检测试验记录 **表 23.3.2-1**

<table>
<tr><td colspan="2">项目：</td><td>装置：</td><td>工号：</td></tr>
<tr><td>隐蔽封闭部位</td><td></td><td>施工图号</td><td></td></tr>
<tr><td>隐蔽封闭前的检查</td><td colspan="3"></td></tr>
<tr><td>隐蔽封闭方法</td><td colspan="3"></td></tr>
<tr><td colspan="4">简图说明：</td></tr>
<tr><td colspan="2">建设单位签章：
代表：
年 月 日</td><td>监理单位签章：
代表：
年 月 日</td><td>施工单位签章：
施工人员：
检验员：
年 月 日</td></tr>
</table>

管道系统压力试验记录 **表 23.3.2-2**

项目：	装置：	工号：

管线号	材质	设计参数		压力试验			泄漏性/真空试验		
		压力（MPa）	介质	压力（MPa）	介质	鉴定	压力（MPa）	介质	鉴定

建设单位签章： 代表： 年 月 日	监理单位签章： 代表： 年 月 日	施工单位签章： 检验员： 试验人员： 年 月 日

××××池水净化处理系统施工安装过程质量检查记录　　表 23.3.2-3

<table>
<tr><td>工程名称</td><td></td><td>施工单位</td><td></td></tr>
<tr><td rowspan="3">施工执行的规范名称及编号</td><td></td><td rowspan="3">监理单位</td><td></td></tr>
<tr><td></td><td></td></tr>
<tr><td></td><td></td></tr>
<tr><td>子分部工程名称</td><td></td><td>分项工程名称</td><td></td></tr>
<tr><td>项目</td><td>《规范》条款编号</td><td>施工安装单位自检查评定记录</td><td>监理单位验收记录</td></tr>
<tr><td></td><td></td><td></td><td></td></tr>
<tr><td></td><td></td><td></td><td></td></tr>
<tr><td></td><td></td><td></td><td></td></tr>
<tr><td></td><td></td><td></td><td></td></tr>
<tr><td></td><td></td><td></td><td></td></tr>
<tr><td></td><td></td><td></td><td></td></tr>
<tr><td></td><td></td><td></td><td></td></tr>
<tr><td></td><td></td><td></td><td></td></tr>
<tr><td>结论</td><td>建设单位：（签章）
项目负责人或代表：（签字）

年　月　日</td><td>监理单位：（签章）
监理工程师：（签字）

年　月　日</td><td>施工安装单位：（签章）
项目负责人或代表：（签字）

年　月　日</td></tr>
</table>

阀门试验记录 **表 23.3.2-4**

<table>
<tr><td colspan="3">项目：</td><td colspan="3">装置：</td><td colspan="4">工号：</td></tr>
<tr><td rowspan="2">型号规格</td><td rowspan="2">数量</td><td colspan="3">压力试验</td><td colspan="3">密封试验</td><td rowspan="2">结果</td><td rowspan="2">日期</td></tr>
<tr><td>介质</td><td>压力
(MPa)</td><td>时间
(min)</td><td>介质</td><td>压力
(MPa)</td><td>时间
(min)</td></tr>
<tr><td></td><td></td><td></td><td></td><td></td><td></td><td></td><td></td><td></td><td></td></tr>
<tr><td></td><td></td><td></td><td></td><td></td><td></td><td></td><td></td><td></td><td></td></tr>
<tr><td></td><td></td><td></td><td></td><td></td><td></td><td></td><td></td><td></td><td></td></tr>
<tr><td></td><td></td><td></td><td></td><td></td><td></td><td></td><td></td><td></td><td></td></tr>
<tr><td></td><td></td><td></td><td></td><td></td><td></td><td></td><td></td><td></td><td></td></tr>
<tr><td></td><td></td><td></td><td></td><td></td><td></td><td></td><td></td><td></td><td></td></tr>
<tr><td></td><td></td><td></td><td></td><td></td><td></td><td></td><td></td><td></td><td></td></tr>
<tr><td></td><td></td><td></td><td></td><td></td><td></td><td></td><td></td><td></td><td></td></tr>
<tr><td></td><td></td><td></td><td></td><td></td><td></td><td></td><td></td><td></td><td></td></tr>
<tr><td></td><td></td><td></td><td></td><td></td><td></td><td></td><td></td><td></td><td></td></tr>
<tr><td></td><td></td><td></td><td></td><td></td><td></td><td></td><td></td><td></td><td></td></tr>
<tr><td></td><td></td><td></td><td></td><td></td><td></td><td></td><td></td><td></td><td></td></tr>
<tr><td></td><td></td><td></td><td></td><td></td><td></td><td></td><td></td><td></td><td></td></tr>
<tr><td></td><td></td><td></td><td></td><td></td><td></td><td></td><td></td><td></td><td></td></tr>
<tr><td></td><td></td><td></td><td></td><td></td><td></td><td></td><td></td><td></td><td></td></tr>
<tr><td></td><td></td><td></td><td></td><td></td><td></td><td></td><td></td><td></td><td></td></tr>
<tr><td></td><td></td><td></td><td></td><td></td><td></td><td></td><td></td><td></td><td></td></tr>
<tr><td></td><td></td><td></td><td></td><td></td><td></td><td></td><td></td><td></td><td></td></tr>
<tr><td colspan="10">备注：</td></tr>
<tr><td colspan="3">检验员：</td><td colspan="3">试验人：</td><td colspan="4">时间：　　　　年　月　日</td></tr>
</table>

安全阀最终调试记录　　表 23.3.2-5

项目：			装置：			工号：	
位号	规格型号	设计		调试			调校人	铅封人
		介质	开启压力（MPa）	介质	开启压力（MPa）	回座压力（MPa）		
建设单位签章： 代表： 年　月　日			监理单位签章： 代表： 年　月　日			施工单位签章： 检验员： 试验人员 年　月　日		

23.3.3　工程质量评定

池水净化处理系统，功能用水循环系统工程质量验收内容与 23.3.2 条相同，系统调试试运行合格后，应参照本手册第 23.5 节要求对工程质量进行评定。

23.4　工程竣工验收

23.4.1　工程竣工验收要求

1. 游泳池、游乐池、休闲设施池、文艺表演水池等池水净化处理和功能用水系统工程，按工程承包合同规定的工程项目和工程内容全部施工完成，各项施工过程，各分部、子分部、分项工程等工程质量验收全部，并取得建设业主单位、工程监理单位确认，工程承包单位方可正式向工程主管部门、工程质量监管部门、行业主管部门（如体育、文艺等）、公共卫生水环境监管部门等申报工程竣工验收。

2. 工程竣工验收由建设业主主管部门负责组织监督部门、行业主管部门、卫生水环境监管部门、设计单位、工程监理单位、工程施工承包单位等派员参加。

23.4.2　工程竣工验收时，施工承包单位应提下列各项技术资料：

1. 竣工验收申请报告；

2. 施工中间隐蔽工程验收记录；

3. 工程设备、管道系统安装质量验收记录；

4. 循环水净化系统功能验收及水质验收记录。

23.4.3 工程竣工验收应对下列技术资料进行复检，并按表 24.4.3 的格式填写复检记录。

1. 隐蔽工程验收记录；

2. 管道系统水压试验记录；

3. 系统联动调试运行试验合格记录，如发现监测数据不全或不符合规定者，应在竣工验收中重新进行试验；

4. 工程质量事故点的复检；

5. 各项资料齐全完整，并符合工程验收要求，作为工程验收正式文件的组成部分。

××××池水净化处理系统工程质量控制资料检查复检记录　　表 23.4.3

工程名称		施工单位		
子分部工程名称	资料名称	数量	检查意见	检查人
结论	建设单位：（签章） 项目负责人或代表：（签字） 年　月　日	监理单位：（签章） 监理工程师：（签字） 年　月　日		施工安装单位：（签章） 项目负责人或代表：（签字） 年　月　日

23.4.4 工程竣工验收应对下列项目进行复检，并按表 23.4.3 填写复检记录。

1. 管道材质、管径、连接方式、标高、标识、支吊架位置等的准确性；

2. 管道上的阀门、附配件、显示仪表、探测装置等的位置、规格、型号、技术参数、介质流动和阀门开启方式标志的准确性和牢靠性；

3. 池子给水口、回水口、溢水口、溢流回水口的数量、材质、规格、位置及格栅护盖等的正确性和牢靠性；

4. 在系统运行工况下，管道、管件等接口的严密性、阀门启闭的灵活性及各种仪器仪表显示的准确性。

23.4.5 工程竣工验收应对设备、配套设施等进行下列项目、内容进行复检，并按表23.4.5填写复检记录。

1. 设备及配套设备和装置的数量、规格、型号、性能参数等是否符合设计文件要求；

2. 设备及配套设备和装置等安装位置的准确性和牢靠性；

3. 设备及配套设备和装置等之间管道连接顺序、阀门及附件设置是否符合水处理工艺流程要求。

池水循环净化运行复检记录 **表23.4.5**

年 月 日

<table>
<tr><td>设备名称</td><td colspan="2">运行时间</td><td colspan="2">8：00～12：00</td><td colspan="2">12：00～16：00</td><td colspan="2">16：00～20：00</td><td colspan="2">20：00～24：00</td><td colspan="2">24：00～4：00</td><td colspan="2">4：00～8：00</td></tr>
<tr><td rowspan="4">毛发聚集器清洗时间</td><td colspan="2">1#</td><td colspan="2"></td><td colspan="2"></td><td colspan="2"></td><td colspan="2"></td><td colspan="2"></td><td colspan="2"></td></tr>
<tr><td colspan="2">2#</td><td colspan="2"></td><td colspan="2"></td><td colspan="2"></td><td colspan="2"></td><td colspan="2"></td><td colspan="2"></td></tr>
<tr><td colspan="2">3#</td><td colspan="2"></td><td colspan="2"></td><td colspan="2"></td><td colspan="2"></td><td colspan="2"></td><td colspan="2"></td></tr>
<tr><td colspan="2">4#</td><td colspan="2"></td><td colspan="2"></td><td colspan="2"></td><td colspan="2"></td><td colspan="2"></td><td colspan="2"></td></tr>
<tr><td rowspan="4">循环水泵编号</td><td colspan="2">1#</td><td colspan="2"></td><td colspan="2"></td><td colspan="2"></td><td colspan="2"></td><td colspan="2"></td><td colspan="2"></td></tr>
<tr><td colspan="2">2#</td><td colspan="2"></td><td colspan="2"></td><td colspan="2"></td><td colspan="2"></td><td colspan="2"></td><td colspan="2"></td></tr>
<tr><td colspan="2">3#</td><td colspan="2"></td><td colspan="2"></td><td colspan="2"></td><td colspan="2"></td><td colspan="2"></td><td colspan="2"></td></tr>
<tr><td colspan="2">4#</td><td colspan="2"></td><td colspan="2"></td><td colspan="2"></td><td colspan="2"></td><td colspan="2"></td><td colspan="2"></td></tr>
<tr><td rowspan="5">过滤器形式及编号</td><td colspan="2">反冲洗</td><td colspan="2">进/出口压力（MPa）</td><td colspan="2">冲洗时压差（MPa）</td><td colspan="2">冲洗强度［L/（m^2·s）］</td><td colspan="2">冲洗历时（min）</td><td colspan="2">正洗时间（min）</td><td colspan="2"></td></tr>
<tr><td colspan="2">1#</td><td colspan="2"></td><td colspan="2"></td><td colspan="2"></td><td colspan="2"></td><td colspan="2"></td><td colspan="2"></td></tr>
<tr><td colspan="2">2#</td><td colspan="2"></td><td colspan="2"></td><td colspan="2"></td><td colspan="2"></td><td colspan="2"></td><td colspan="2"></td></tr>
<tr><td colspan="2">3#</td><td colspan="2"></td><td colspan="2"></td><td colspan="2"></td><td colspan="2"></td><td colspan="2"></td><td colspan="2"></td></tr>
<tr><td colspan="2">4#</td><td colspan="2"></td><td colspan="2"></td><td colspan="2"></td><td colspan="2"></td><td colspan="2"></td><td colspan="2"></td></tr>
<tr><td rowspan="12">水加热器编号</td><td rowspan="3">热媒</td><td>性质</td><td colspan="12">蒸汽/高温水</td></tr>
<tr><td rowspan="2">参数</td><td colspan="12">进/出管口温度（℃）</td></tr>
<tr><td>进</td><td>出</td><td>进</td><td>出</td><td>进</td><td>出</td><td>进</td><td>出</td><td>进</td><td>出</td><td>进</td><td>出</td></tr>
<tr><td colspan="2">1#</td><td></td><td></td><td></td><td></td><td></td><td></td><td></td><td></td><td></td><td></td><td></td><td></td></tr>
<tr><td colspan="2">2#</td><td></td><td></td><td></td><td></td><td></td><td></td><td></td><td></td><td></td><td></td><td></td><td></td></tr>
<tr><td colspan="2">3#</td><td></td><td></td><td></td><td></td><td></td><td></td><td></td><td></td><td></td><td></td><td></td><td></td></tr>
<tr><td rowspan="2">被加热池水</td><td>流量（m^3/h）</td><td></td><td></td><td></td><td></td><td></td><td></td><td></td><td></td><td></td><td></td><td></td><td></td></tr>
<tr><td>温度（℃）</td><td></td><td></td><td></td><td></td><td></td><td></td><td></td><td></td><td></td><td></td><td></td><td></td></tr>
<tr><td colspan="2">1#</td><td></td><td></td><td></td><td></td><td></td><td></td><td></td><td></td><td></td><td></td><td></td><td></td></tr>
<tr><td colspan="2">2#</td><td></td><td></td><td></td><td></td><td></td><td></td><td></td><td></td><td></td><td></td><td></td><td></td></tr>
<tr><td colspan="2">3#</td><td></td><td></td><td></td><td></td><td></td><td></td><td></td><td></td><td></td><td></td><td></td><td></td></tr>
<tr><td colspan="2">混合器</td><td></td><td></td><td></td><td></td><td></td><td></td><td></td><td></td><td></td><td></td><td></td><td></td></tr>
<tr><td>操作记录人</td><td colspan="6"></td><td colspan="2">审核人</td><td colspan="6"></td></tr>
<tr><td colspan="15">注：1. 设备数量按实际数量增减；
2. 不同池子应分别记录。</td></tr>
</table>

23.4.6 对池水循环净化处理系统，功能用水（气）系统在正常运行工况下，水质监控、设备监控等应对下列项目、内容进行复检，并按表23.4.3格式填写复检记录。

1. 设备及配套设备运行开启、关闭、转换、联锁等灵敏性和可靠性；

2. 各种显示仪表显示的数字、符号、图形的清晰度和对应精度的稳定性。

23.5 工 程 质 量 评 定

23.5.1 工程竣工施工质量评定原则：

1. 工程竣工提供的资料齐全、完整，均有相关技术人员签字确认，复检未发现问题，符合验收要求，判定为合格，并作为正式工程竣工验收文件予以归档保存。

2. 工程竣工验收项目内容均符合设计文件和国家现行标准《建筑给水排水及采暖工程施工质量验收规范》GB 50242、《游泳池给水排水工程技术规程》CJJ 122、《公共浴场给水排水工程技术规程》CJJ 160、《游泳池水质标准》CJ/T 244 及《公共浴池水质标准》CJ/T 325 等的规定，应判定为合格。

3. 工程竣工验收项目中存在质量缺陷内容累计不超过 6 项时，可判定工程质量为合格，并对不合项目进行限期修复。

4. 工程竣工验收复检项目中存在质量缺陷项目内容累计超过 6 项时，则应判定工程质量为不合格。

23.5.2 工程竣工应编写工程竣工验收报告，工程竣工验收报告应包括下列内容：

1. 工程施工承包单位提供的各项技术文件和资料；

2. 各子分部、施工过程各专业交叉、施工过程质量管理等工程质量验收资料；

3. 工程竣工质量交接验收记录表，表格形式见表 23.5.2。

××××池水净化处理系统竣工质量验收记录 **表 23.5.2**

工程名称		交接日期	
施工单位		施工单位项目负责人	
监理单位		监理工程师	
建设单位			
序号	检查项目	检查内容	检查评定意见
综合验收结论			
施工单位：（签章） 项目负责人或代表：（签字） 年 月 日	监理单位：（签章） 总监理工程师：（签字） 年 月 日	设计单位：（签章） 项目负责人或代表：（签字） 年 月 日	建设单位：（签章） 项目负责人或代表：（签字） 年 月 日

第四篇　运行及维护管理

24　系统运行、维护管理

24.1　基　本　要　求

24.1.1　游泳池、游乐池、休闲设施池、文艺表演水池的开放使用条件

1. 具有合格的工程竣工验收报告。

2. 竞赛用游泳池应符合《体育场馆开放条件与技术要求　第1部分：游泳场所》GB 19079.1、《体育场地使用要求及检验方法　第2部分：游泳场地》GB/T 22517.2、《游泳竞赛规则》（中国游泳运动协会）或《国际游泳规则》（国际游泳联合会 FINA）等的要求和认证。非竞赛用游泳池应有所在地区主管部门核发的游泳场馆开放许可证。

3. 非竞赛类游泳池、游乐池、休闲设施池、文艺表演水池等应取得建设主管部门的认可。

24.1.2　系统运行操作、维护管理人员应具备的条件

1. 应具有相应专业（如机电设备、自动控制、水净化处理等）的资格证。池水净化处理系统的操作是一项综合性极强的科学技术工作，既要有机电设备操作及检修的基本技能，还要有水净化处理方面的物理、化学、微生物等学科的基本知识。只有如此，才能对池水水质变化、机电运转、化学药品安全、自动控制等变化进行准确的识别，并采取相应的措施予以纠正。

2. 水上救生人员、游泳活动教练人员等应具有相应的执行资质，才能保证游泳、戏水人员的水中姿态正确和安全。

3. 所有从事游泳池、游乐池等的工作人员均应具有健康合格证。

24.1.3　池水净化处理系统的运行应符合的要求

1. 每日正常开放使用时间段内，池水净化处理系统均满负荷运行，全设备开启运行。

2. 每日夜间池水非开放使用时间段，颗粒压力式池水过滤设备宜按系统不小于1/3循环速率全设备运行。

3. 功能水循环系统的滑道润滑水、造浪池的造浪、环（漂）流河的推流水泵、气泡池的气泡制造、水景等设备允许功能性间歇工作，在夜间非使用时间内停止运行。

4. 硅藻土过滤机允许夜间池水非使用期间停止运行，设备内过滤介质可能会自行脱落在设备的底部，因此次日水池开放前，应对过滤机组进行再生预涂膜，直至过滤机组出水达到出水水质要求。

24.1.4　文艺表演水池的运行

1. 文艺表演水池除池水净化处理外，还有各种水景、水雾、水幕等，它的应用与文艺表演剧情相关，与升降池底的升降有关。

2. 文艺表演水池与观众席相关联，它们之间是一个水、陆、空的三维组合舞台，在同一个场景中会出现一个综艺情景。

3. 文艺表演水池由于它的特殊性，其运行方式、运行程序等应由舞台专业设计公司确定。

24.2 池 水 水 质 监 控

24.2.1 水质监控的分类

1. 游泳池、游乐池、休闲设施池、文艺表演水池等工程的主体是水，池水与使用者紧密接触，且接触时间较长，为了保证池水不给游泳者、戏水者、入浴者、文艺表演者带来卫生隐患，就必须对池水的卫生状况进行监控。

2. 池水水质监控共分为两种类型：

1）监督性水质监控：这种水质监控由当地卫生监督部门进行。

2）运营性水质监控：这种水质监控由游泳池、游乐池、休闲设施池、文艺表演水池的经营管理单位自行进行。

3. 水质监控方式：

1）池水在线实时监控；

2）现场对池水进行检验监控。

24.2.2 池水水质监控频率和监控项目

1. 监督性池水水质监控项目和频率，由当地卫生监督部门确定。但经营管理单位应对池水水质在线实时监控，设备预留接口，以供监督部门监控；人工水质监督性监控频率以当地卫生监督部门规定为准。

2. 游泳池、游乐池、休闲设施池、文艺表演水池等池水水质常规监控项目和频率应符合表 24.2.2 的要求。

游泳池、游乐池、文艺表演水池池水水质常规监控项目和频率　　表 24.2.2

年　月　日

<table>
<tr><th rowspan="2">序号</th><th rowspan="2">监控项目</th><th colspan="2">监控记录频率</th><th rowspan="2">备注</th></tr>
<tr><th>人工监控</th><th>在线实时监控</th></tr>
<tr><td>1</td><td>浑浊度</td><td>每个开放场一次</td><td>每 2h 时</td><td></td></tr>
<tr><td>2</td><td>pH 值</td><td colspan="2">每一开放场次前和开放使用后每 2h
各一次，随时调整</td><td></td></tr>
<tr><td>3</td><td>游离性余氯</td><td>开放使用期间
每 2h 一次</td><td>随时调整</td><td rowspan="2">采用氯消毒时监控
并实现自动投加</td></tr>
<tr><td>4</td><td>化合性余氯</td><td colspan="2" rowspan="3">每一开放场次一次</td></tr>
<tr><td>5</td><td>尿素</td><td></td></tr>
<tr><td>6</td><td>水温</td><td></td></tr>
</table>

续表

序号	监控项目	监控记录频率		备注
		人工监控	在线实时监控	
7	氧化还原电位（ORP）	—	每一开放场次一次	
8	臭氧浓度　水中	每一开放场次一次		
	臭氧浓度　水面上空气中			
9	氰尿酸	每 3d 一次	—	采用氰尿酸时监控
10	钙硬度	每 7d 一次	—	
11	总碱度	每 7d 一次	—	
12	溶解性总固体		—	
13	总溴	每一开放场次一次	—	采用溴消毒时监控
14	过氧化氢	每一开放场次一次	—	采用过氧化氢时监控
15	二甲基海因	每 30d 一次		采用二甲基海因时监控
16	细菌落总数	以当地卫生监督部门规定为准，但每 30d 至少一次	—	
17	大肠菌群			
18	嗜肺军团菌			
19	铜绿假单细胞菌			水疗池监控
20	三氯甲烷			
21	色度	每一开放场次一次		水疗池监控
监控记录人：签名审核人：签名				
注：1. 表中“—”表示无此项要求。 2. 表中“人工监控”记录频率要求为经营管理单位的监控频率。 3. 表中 16、17、18、19 项中监控频率为经营管理单位主动送检频率要求。 4. 经营管理单位应每日在购票入口处醒目位置处以电子屏幕形式公布表中 1～7 项、15～21 项以及与消毒剂有关的当日池水水质卫生标准现值。				

24.2.3　池水人工监控水质卫生取水水样应符合本手册第 15 章的相关要求

24.2.4　池水水质监控记录要求

1. 池水水质监控项目和限值，应符合现行行业标准《游泳池水质标准》CJ/T 244、《公共浴池水质标准》CJ/T 325 的规定。

2. 每日应按表 24.2.2 进行如实记录。

3. 池水水质监控记录应保存不少于 180d。

24.3　经营和卫生管理

24.3.1　经营管理单位应在使用者入口处明显部位明示入池下列相关规定

1. 游泳者、戏水者、休闲入浴者应有健康合格证，深水区游泳应有深水区游泳合格证。

2. 游泳者、戏水者、休闲入浴者应遵守下列规定，以确保池水卫生：

1）游泳、戏水、入浴前、后，应使用卫生间和淋浴。其目的是清除人体上的灰尘、汗液、化妆品、防晒油及其他污染物。据资料介绍，通过入池前淋浴可以清除人体汗水分解杂质高达 2/3，清除细菌可达 1/3。这对保持池水水质卫生具有明显效果；

2）入池前应一一按洗净设施顺序通过，不应绕道或跳跃通过；

3）不应在池岸休息时食用食品；

4）不应在池内使用肥皂、香波及合成洗涤品。

3. 在池岸适当位置宜设置可供使用者饮水的直饮水装置。

24.3.2 游泳池、游乐池、池岸、池体应按下列要求进行保洁

1. 每一开放场次结束后，应对池岸用自来水或池水刷洗一次，且刷洗池岸的排水不应进入相关池内。池内设有撇沫器时，应对滤篮（滤筒、滤网）清洁一次，以确保通水通畅。

2. 池底、池壁至少应每周清除积污一次。

3. 高沿水池应每日对气-水交界面清洁一次，齐沿水池应视池壁积污程度确定，但清洁间隔不应超过 7d，并应在当日闭馆后进行。

4. 溢流回水沟、溢流水沟的格栅道板内外、沟底、沟壁应至少每 7d 清洁一次，并应在当日闭馆后进行。

5. 浸脚消毒池、强制淋浴集水槽、入池通道和入池通道两侧墙壁，至少每日清洗一次。浸脚消毒剂的消毒液应每一次开放场次更换一次。

6. 均（平）衡水池（箱）宜每 180d，至少应每一年泄空后对池底、池壁积污清洁一次，然后用含氯量不少于 10mg/L 的水溶液对池底、池壁、人孔盖板等刷洗一次。在用人工清洁刷洗时，池内应有良好的通风，且不允许单独一个人进行刷洗工作，以确保人员安全。

7. 各种清洁刷洗严格禁止添加非游泳池、戏水池、浴池、文艺表演水池用清洁剂进行刷洗，以防止非池用洗洁剂残留污染池水。

8. 设有移动池岸、升降池底板和固定型池底垫层时，应至少每年对分隔板两侧壁、上下池岸、升降池底板的上、下板面、池底等部位刷洗清洁一次。

24.3.3 水温超过 35℃的水池应按下列要求对池体和池水净化处理系统进行保洁

1. 应每 7d 对池体、池水净化处理系统用含氯量不低于 10mg/L 或不低于 60℃以上的高温热水进行冲击消毒处理一次，每次持续时间不应少于 30min。

2. 冲击消毒处理结束后，将冲击消毒水排空，再用符合现行国家标准《生活饮用水卫生标准》GB 5749 要求的洁净水对池体冲洗清洁，完成后方可向池内注入水疗用水。

3. 休闲设施池池水无人使用超过 4d，应每日对池水循环净化处理系统保洁至少持续 2h。

4. 休闲设施池周围池岸、排水沟和盖板、均（平）衡水箱等设施，应按本手册第 24.3.2 条要求进行清洁。

5. 温泉储水池、调温池至少 30d 应用氧化消毒剂对池体内壁、循环管道进行冲击消毒一次，持续时间不宜少于 30min，以清除上面的细菌膜。

24.4 水质异常处理

24.4.1 池水水质异常

1. 池水中出现血液、呕吐物、腹泻物质，这些物质在池水水质在线监控的各种仪器、仪表及装置中无法显示，而以巡视人员观察发现。

2. 经过池水细菌类水质监控检测发现池水中含有病原菌、病毒（如乙肝病毒、艾滋病病毒、贾第鞭毛虫及隐孢子虫等）现象。

24.4.2 运营要求

1. 由于游泳者、戏水者、入浴者等与池水直接紧密接触，如池水中发生上述两款中任何一种现象，就会发生交叉感染，其后果是很严重的。因为异常物质在线水质监控系统中的仪器、仪表中无法显示出来。

2. 运营单位应配备专业池水水质检测巡视人员，该人员应熟悉相关池水的水质卫生标准，及时巡视观察池水水质感官变化情况，并能在池水水质出现异常情况时，提出有效的纠正和清除措施。

3. 出现池水水质异常现象后，水质监测巡视人员应立即向当地疾控、卫生监督部门、运营主管负责人报告，并在卫生监督部门指导下进行针对性的消除处理。

24.4.3 池水水质异常的处理方法

1. 立即撤离游泳者、戏水者和文艺演出者，关闭游泳池；

2. 收集污染物、排泄物，取样送检，并清除污染物；

3. 采用10mg/L浓度的氯消毒剂对池水进行冲击消毒处理，达到卫生要求；

4. 对池壁、池底、池岸、回水口（槽）、溢水口（槽）、均（平）衡水池等相关设施进行刷洗、消毒和清洁；

5. 检测池水中的pH值和余氯值，并使其稳定在规定的范围内；

6. 对配套的洗净设施、更衣间、淋浴间和卫生间等房间的墙面、地面和相关设施进行消毒、刷洗和清洁；

7. 当游泳池和游乐池的池岸上出现血或排泄物时，应立即吸附清除，并用浓度不低于10mg/L的氯消毒剂刷洗清洁，不允许冲洗至池内及溢流回水槽、溢流水槽内。

8. 按本条中第1款～第7款要求处理完成后，应报请当地疾控、卫生监督主管部门派员复检确认合格后，方可重新对外开放使用。

24.5 化学溶液配制

24.5.1 基本要求

1. 用于游泳池、游乐池、休闲设施及文艺表演水池等池水处理的化学药品应是经卫生主管部门核准的对游泳者健康无害，符合相关标准质量要求的化学药品；

2. 应按现行国家标准《职业性接触毒物危害程度分级》GB 5044和卫生主管部门发布的《消毒管理办法》的规定管理、使用和储运；

3. 不得使用未经卫生主管部门核准的化学药品；

4. 所有化学药品应注明主要成分；

5. 化学药品的使用应遵守先进库房先使用的原则。

24.5.2 对操作和接触化学药品的人员应进行专业培训

1. 熟悉所用各种化学药品的成分、性质、功效、危害性和标识；

2. 熟悉所用各种化学药品的有效成分含量、影响有效成分因素和预防措施；

3. 熟悉所用各种化学药品的包装、商标、运输方法和储存要求；

4. 熟练掌握所用各种化学药品发生包装破损、泄漏时的处置措施及残渣处理和回收方法。

24.5.3 化学药品溶液配制要求

1. 化学药品溶液配制人员应穿戴具有抗腐蚀的工作服、手套、护目镜或防毒面具及胶皮鞋等防护用品。

2. 先进库的化学药品应先使用。

3. 取用化学药品的器具应洁净、干燥、牢固，不同化学药品应设专用取用器具，且不得混用。

4. 溶解或稀释化学药品时，不得将水向有化学药品的容器内投放，而应将化学药品投入到有水的容器内，并采用电动或水力搅拌方式将化学药品与水充分搅拌混合，确保药液浓度均匀。一旦药剂触及眼睛，应立即用紧急冲洗装置冲洗。

5. 各池全天需要的化学药品剂量宜一次配置完成。如有困难时，应确保每日每个开放场次需要的化学药品剂量一次配制完成。同时应按表 24.5.3 的要求做好记录。

6. 溶解或稀释化学药品的溶解或稀释桶（槽）应至少每 3d 清除沉渣一次，投加化学药品前溶液桶（槽）应每日清除沉渣一次。

池水循环净化处理系统化学药品使用记录表 表 24.5.3

<table>
<tr><th>序号</th><th colspan="2">时间
项目内容</th><th>8：00～12：00</th><th>12：00～16：00</th><th>16：00～20：00</th><th>20：00～24：00</th><th>24：00～4：00</th><th>4：00～8：00</th></tr>
<tr><td rowspan="2">1</td><td rowspan="2">环境</td><td>室外气温（℃）</td><td></td><td></td><td></td><td></td><td></td><td></td></tr>
<tr><td>室内气温（℃）</td><td></td><td></td><td></td><td></td><td></td><td></td></tr>
<tr><td rowspan="2">2</td><td rowspan="2">游泳人数</td><td>进场人数</td><td></td><td></td><td></td><td></td><td></td><td></td></tr>
<tr><td>游泳人数</td><td></td><td></td><td></td><td></td><td></td><td></td></tr>
<tr><td rowspan="8">3</td><td rowspan="8">消毒剂</td><td>药剂名称</td><td>用量（kg）</td><td>有效含量（%）</td><td>药液浓度（%）</td><td>投加量（mg/L）</td><td>投加方式</td><td>投加时间</td></tr>
<tr><td>次氯酸钙</td><td></td><td></td><td></td><td></td><td></td><td></td></tr>
<tr><td>二氧化氯协同剂</td><td></td><td></td><td></td><td></td><td></td><td></td></tr>
<tr><td>氯气</td><td></td><td></td><td></td><td></td><td></td><td></td></tr>
<tr><td>臭氧</td><td></td><td></td><td></td><td></td><td></td><td></td></tr>
<tr><td>紫外线剂量</td><td></td><td></td><td></td><td></td><td></td><td></td></tr>
<tr><td>氰尿酸</td><td></td><td></td><td></td><td></td><td></td><td></td></tr>
<tr><td>次氯酸钠</td><td></td><td></td><td></td><td></td><td></td><td></td></tr>
</table>

续表

<table>
<tr><th rowspan="2">序号</th><th colspan="2">时间
项目内容</th><th>8：00～
12：00</th><th>12：00～
16：00</th><th>16：00～
20：00</th><th>20：00～
24：00</th><th>24：00～
4：00</th><th>4：00～
8：00</th></tr>
<tr></tr>
<tr><td rowspan="5">4</td><td rowspan="5">pH值调整剂</td><td>盐酸</td><td></td><td></td><td></td><td></td><td></td><td></td></tr>
<tr><td>硫酸</td><td></td><td></td><td></td><td></td><td></td><td></td></tr>
<tr><td>硫酸氢钠</td><td></td><td></td><td></td><td></td><td></td><td></td></tr>
<tr><td>碳酸钠</td><td></td><td></td><td></td><td></td><td></td><td></td></tr>
<tr><td>二氧化碳</td><td></td><td></td><td></td><td></td><td></td><td></td></tr>
<tr><td>5</td><td>除藻剂</td><td>硫酸铜</td><td></td><td></td><td></td><td></td><td></td><td></td></tr>
<tr><td rowspan="4">6</td><td rowspan="4">混凝剂</td><td>硫酸铝</td><td></td><td></td><td></td><td></td><td></td><td></td></tr>
<tr><td>聚合氯化铝</td><td></td><td></td><td></td><td></td><td></td><td></td></tr>
<tr><td>明矾</td><td></td><td></td><td></td><td></td><td></td><td></td></tr>
<tr><td></td><td></td><td></td><td></td><td></td><td></td><td></td></tr>
<tr><td colspan="2">记录人</td><td colspan="3"></td><td>审核人</td><td colspan="3"></td></tr>
</table>

24.5.4 化学药品溶液配置浓度

1. 调配化学药品溶液时，操作人员要先阅读产品使用说明书，了解药品纯度，并严格按说明书规定进行操作；

2. 各种固体药品应按照产品使用要求进行溶解操作，再按本手册第12章的有关规定投加所需的药溶液浓度。

24.5.5 化学药品溶液的投加

1. 不同品种化学药剂的溶液应分别按各自独立的系统投加，并以明显标志予以区分，不得混合投加；

2. 除藻剂等可根据水质情况间歇性投加；

3. 化学药剂均采用湿式投加，各种化学药剂不得直接撒入游泳池等池中。

24.6 设备运行

24.6.1 每日应对系统进行下列检验

1. 设备、配套设施之间的接管连接牢固，全部管道系统的阀门开启或关闭状态均符合系统运行要求；

2. 设备供电线路连接可靠、安全；

3. 消毒剂、水质平衡用化学药品溶液浓度、用量等符合设计要求；

4. 毛发聚集器洁净，密封牢固。

24.6.2 水泵运行操作要求

1. 每日每场次对水泵运行情况进行如下项目内容的工作记录：

1）检查不同水流量下电动机电流值及温升；

2）水泵转动部位的噪声、振动、密封、轴承润滑等情况；

3）不同水流量下进水管及出水管压力表读数；

4）故障出现部位、产生原因及排除方法。

2. 每年应对水泵进行一次中修，检查轴承磨损、机械密封情况，并清除各类杂质，必要时应更换易损配件。

3. 功能用水循环水泵、加药计量泵应在池水循环水泵运行正常后方可开启运行。

24.6.3 颗粒过滤设备运行要求

1. 颗粒过滤器应在中速过滤速率下连续运行。如在低游泳负荷及夜间时，宜以50%或35%的过滤速率运行；如提高过滤速率时，应缓慢增大。

2. 颗粒过滤器如遇有下列情况之一者，均应进行反冲洗：

1）进水口与出水口的压力差达到0.06MPa；

2）进水口与出水口的压力差未达到0.06MPa，但连续运行时间已达到5d；

3）游泳池计划停止开放时间超过5d，且停止之前池水不泄空。

3. 颗粒过滤设备上的各种阀门应缓慢开启和关闭。

4. 颗粒过滤器的颗粒介质包括：①石英砂过滤器；②沸石过滤器；③活性炭吸附器；④玻璃珠过滤；⑤由不同颗粒介质组成的双层或三层复合颗粒介质过滤器等。同时也包括：①压力式；②负压式；③重力式等。

5. 颗粒过滤器的反冲洗

1）应逐个对过滤器进行反冲洗，不得同时对2个及以上过滤器进行反冲洗；

2）反冲洗应在游泳池开放场次结束后进行，并宜先进行空气冲洗，后进行水反冲洗；

3）反冲洗时应连续保持本手册第9章规定的冲洗强度和历时，且反冲洗实施过程未结束时不得中断；

4）反冲洗完成后，应按不小于1.2倍的过滤流量进行正洗，待初滤水水质符合《游泳池水质标准》CJ/T 244规定时，过滤器方可投入过滤运行。

6. 颗粒过滤器的工作记录内容

1）每台过滤器的运行初始时间及终止反冲洗的时间、运行历时数；

2）每台过滤器应记录每个开放场次开场及终场的进水及出水压力值、压差；

3）每台过滤器反冲洗强度和反冲洗历时；

4）每台过滤器反冲洗完成后的正洗时间、历时及投入正式运行的时间。

24.6.4 硅藻土过滤机运行要求

1. 正常使用过程中的过滤速度不应超过本规程第9.8.6条中规定的限值。

2. 滤元硅藻土涂膜厚度应符合设计规定，过滤器停止运行膜脱落后再次涂膜时，应补充10%的新硅藻土。

3. 滤元涂膜时应关闭进入水池的阀门，开启涂膜阀门。利用水泵抽取硅藻土混合液连续循环涂膜，待排入混合液桶内的水质晶莹透亮，即可开启过滤水入池阀门，关闭涂膜进水阀门，进入池水过滤工序。

4. 硅藻土过滤运行过程中，符合下列情况时应对过滤器进行反冲洗：

1）板框式可逆过滤器进水口与出水口的水压差达到0.07MPa时；

2）烛式硅藻土过滤器的进水口水压力大于出水口水压力值的50%时。

5. 硅藻土过滤机运行工作记录与本节第24.6.3条要求相同。

24.6.5　消毒设备的运行要求

1. 臭氧发生器、次氯酸钠发生器、无氯消毒制取设备、盐氯发生器等应严格按产品供货制造商的操作规程进行设备运行操作。

2. 消毒设备应在池水循环水泵运行正常后方可运行。

3. 消毒设备运行后应每 2h 对下列工作参数记录一次：

1）设备的电压、电流、频率；

2）消毒剂的产量、浓度、原料（气、盐、紫外灯）用量等。

24.6.6　加热设备的运行要求

1. 池水循环水泵运行正常后，方可开启加热设备的热源管道阀门进行池水加热程序；

2. 严格控制池水温度不超过设计要求的±1℃；

3. 如为分流式加热方式，二次水温不宜超过 40℃；

4. 如为多台加热设备，各台应交替运行，并在运行前对设备上的各种阀门、附件、仪表、密封装置及设备的稳固性进行仔细检查，发现问题及时解决；

5. 游泳池每个开放场次，应对加热设备下列参数记录一次：

1）热媒的压力、温度；

2）被加热池水进入和流出加热设备的二次水的温度、压力；

3）被加热池水与未被加热池水混合后的温度、压力。

24.6.7　系统控制及加药

1. 应熟悉所配置设备的性能，并严格按照供货商提供的产品技术要求和操作规程、程序进行操作；

2. 每个开放场次应巡视水质自动监测系统仪器仪表工作状况、各种化学药品溶液液位、溶液浓度等不少于 1 次，确保读数的准确，并对水质监测结果进行如实记录；

3. 系统运行记录按本手册第 24.2.2 条要求进行如实记录。

24.7　系统维护及管理

24.7.1　基本要求

1. 游泳者、戏水者、休闲入浴者的总入口处明显位置应有下列设施：

1）当日当场次池水水质实时在线显示的电子屏幕；

2）游泳、戏水、休闲入浴应遵守的相关制度、规则的醒目的文字告知牌或电子屏幕。

2. 设备机房明显部位应有下列设施：

1）池水循环净化处理系统各工艺设备配置、运行态势图；

2）各项设备、设施、装置等维护管理方案；

3）各项设备大修、中修时间等。

3. 每日每个场次开放前，操作人员应对系统的完整性、牢固性及严密性进行全面巡视，一旦发现问题应及时处理。

4. 当日当场次值班操作人员，应对系统运行状况按表 24.7.1-1～表 24.7.1-3 的要求如实填写。

游泳池水质监控日志 **表 24.7.1-1**

年 月 日

日常检测项目									
时间	室外温度（℃）	室内温度（℃）	池水温度（℃）	pH值	*ORP*	余氯		进场人数	游泳人数
						游离性余氯	化合性余氯		
……									
8：00									
9：00									
10：00									
11：00									
12：00									
13：00									
14：00									
15：00									
16：00									
17：00									
18：00									
19：00									
20：00									
21：00									
22：00									
……									

补水量：	m^3	检测频率：	次/h
室外天气：		风力：	风向：
日检测项目（负荷高时）			
浊度		化合余氯	
使用臭氧消毒时			
臭氧（反应罐后）		臭氧（活性炭罐后）	
臭氧（入池前/出池后）			
周检测项目（负荷高日）			
碱度		尿素	
月检测项目（固定日）			
总溶解固体		钙硬度	
记录人/检测人	签名	审核人	签名

游泳池水净化设备运行状况日志 **表 24.7.1-2**

年 月 日

药剂种类	化学药剂		有效含量（%）	溶液浓度（%）	投加量（mg/l）	投加时间
	名称	用量（kg）				
消毒剂						
混凝剂						
pH 值调整剂						
过滤器编号	运行时间		进/出水口压力（MPa）	冲洗前压差（MPa）	冲洗后压差（MPa）	反冲时间（min）
1#	8：00～12：00					
	12：00～16：00					
	16：00～20：00					
2#	8：00～12：00					
	12：00～16：00					
	16：00～20：00					
3#	8：00～12：00					
	12：00～16：00					
	16：00～20：00					
……	按过滤器数量增加					
循环水泵编号	运行时间		进水管压力（MPa）	出水管压力（MPa）	电压（V）	电流（A）
1#	8：00～12：00					
	12：00～16：00					
	16：00～20：00					
2#	8：00～12：00					
	12：00～16：00					
	16：00～20：00					
3#	8：00～12：00					
	12：00～16：00					
	16：00～20：00					
……	按循环水泵数量增加					
加热器编号	时间		热媒进/出口温度（℃）	进/出水管压力（MPa）	进/出水口温度（℃）	池水温度（℃）
1#	8：00～12：00					
	12：00～16：00					
	16：00～20：00					
2#	8：00～12：00					
	12：00～16：00					
	16：00～20：00					
……	按加热器数量增加					

操作记录人： 审核人：

游泳池管理水质和设备日检项目 **表 24.7.1-3**

年 月 日

序号	项目		是（√）/否（×）	操作人	记录人	备注
1	水质	室外气温（℃）				
		室内气温（℃）				
		池水温度（℃）				
		pH 值				
		ORP				
		余氯				
		浊度				
		进场人数				
		游泳人数				
2	药剂	氯消毒剂				
		混凝剂				
		pH 值调整剂				
3	过滤器	1#				
		2#				
		……				
4	水泵	1#				
		2#				
		……				
5	加热器	1#				
		2#				
		……				
6	消毒设备	臭氧发生器				
		计量泵				
		……				
7	附属设备	扶梯				
		泳道线				
		布水口				
		回水口				
		排水口				
8	清洁	泳池地面				
		溢水格栅				
		更衣室				
		卫生间				
		毛发聚集器				
审核人：			记录人：			

24.7.2　水泵维护管理要求

1. 每年应对水泵进行一次中修，检查轴承磨损、机械密封情况，并清除各类杂质，必要时应更换易损配件。

2. 水泵配套毛发聚集器的壳体、内部过滤筒（网）、开启附配件进行防锈、防腐、处理一次，如发现有损坏应进行更换。

24.7.3　池水过滤设备

1. 每月应检查排气阀的工作情况；

2. 每 90d 应检查压力表及流量计读数的准确性，并对其进行校正；

3. 每年应打开人孔一次，检查过滤介质与过滤器接触面的腐蚀情况及砂层的质量，并补充新的滤料至设计高度；

4. 石英砂过滤器和活性炭吸附过滤器应每年补充流失滤料一次；每隔 2 年应更换一次滤料及承托层，并对过滤器壳体及内部配件进行检修，更换或进行防腐处理；

5. 硅藻土过滤机经反冲洗后，进水和出水管上的压力差始终保持不变时，应对过滤器内部的滤布进行清洗。

24.7.4　消毒设备

1. 臭氧发生器

1）臭氧发生器持续运行时间达到 2000h 或供货商规定的运行时间限值，应由供货商或制造商进行清洁一次；

2）臭氧发生器持续运行累计时间达到 4000h 或供货商规定的时间限值，应由供货商或制造商更换设备内过滤器，并对设备进行清洁一次；

3）紫外线臭氧发生器应按紫外灯使用寿命限值规定，更换灯管；

4）每 90d 由供货商对臭氧投加装置进行维护检修一次。

2. 次氯酸钠发生器、羟基消毒机、盐氯发生机等制取消毒剂的设备，应由供货商或制造商按产品说明书规定的使用周期进行维修。

3. 紫外线消毒器

1）每个开放场次使用前应对紫外线消毒器的完整性、供电可靠性、安全性进行全面检查一次；

2）紫外线消毒器无自动冲洗装置时，应每 30d 对紫外灯管进行冲洗清洁一次；

3）每月应对紫外灯管照射强度进行一次标定。

4. 加热设备及热源

1）每个开放场次运行前，应对加热设备上的仪表、温控装置及附件的稳固性进行一次检查，以确保各种水池的水温符合设计要求；

2）加热设备及冷热水混合装置应每 180d 进行一次安全性检修，清除内部水垢及必要的防锈或防腐处理。

24.7.5　系统控制及加药

1. 每个开放场次前应全面巡视检查水质监控系统的可靠性：

1）消毒设备、各种化学药品溶液投加系统、设备运行等的各种探测器、控制器、仪表的电源线路接线的可靠性、牢固性；

2）各种化学药品溶液桶、消毒溶液桶的浓度、容量是否满足设计要求。

2. 设备、装置应按下列要求进行清洁：

1）水质监控探头应每30d用中性溶液清洁一次；化学药品溶液投加点应经常进行清洁，确保不发生堵塞及虹吸作用；

2）水质监控的控制器、记录仪表、计量泵等应每180d全面进行清洁维修、校正一次；各种探头应按产品说明书规定周期进行更换，确保检测值的准确性；

3）水质监控系统更换零部件不应采用非产品供货商的零部件；

4）化学药品、消毒剂的溶液桶应每日清除沉渣一次。

3. 每30d应对化学药品储存库房内的各种化学药品、消毒剂、混凝剂及其他物品的有效性进行检查一次，确保不使用超过有效期的物品。

24.7.6　人工水质监测仪器

1. 每次使用过后的仪器、仪表等应按下列规定维护：

1）如为比色管，应采用纯净水清洗干净，并用不脱落纤维的软布或软纸擦拭干燥，确保外壁无指纹污渍，无明显划痕，然后妥善保存；

2）如为比色盘，其材质应耐磨，用非尖锐物体擦拭干净，以防出现刻纹。保存时不应与腐蚀性物质接触。

2. 检测用试剂、试纸，应每30d对其有效进行检查确认一次。

3. 光度计、浊度计、*ORP*、pH值等测试仪器均应按产品使用说明书的要求进行维护。

4. 每180d应对手工水质测试仪器、仪表等进行校正标定一次。

24.7.7　热泵及太阳能设施

1. 热泵

1）每日开放运行前应对各个冷媒压力表压力和池水加热系统仪表等进行一次检查，以确保设备机组正常运行；

2）每月应对空气过滤网进行清洁一次，确保空气的清洁度；

3）每180d应对风机电动机机罩清洁一次，对风机皮带的牢固度进行检查，并宜进行更换；

4）按产品说明书规定时限对设备机组和系统进行全面维修保养一次。

2. 太阳能设施

1）应每周对太阳能集热系统的管道严密性、保温的完整性、可靠性巡视一次，确保系统安全高效运行；

2）在炎热的夏季应每日对太阳能系统过热巡视与排查一次，及时发现系统过热问题，并按设计及产品说明书及时进行处理；

3）按产品说明书要求的使用时限，对集热循环水系统进行阻垢处理；

4）根据气候条件变化情况，应及时清扫、洗刷集热器表面的积叶、积灰，确保集热效果；

5）太阳能在冰冻时间时限前，应泄空系统内的全部积水，确保设施、管道不被冰冻损坏。

24.8　池体内卫生维护

游泳池、游乐池及休闲设施池等应采用池底自动吸污器对池底、池壁、泳道线及池内设施进行保洁维护。这是保证池水卫生环境不可忽视的关键因素，我们称池水卫生的第四因素。

24.8.1　池底自动吸污器的特点

1. 池底自动吸污器具有过滤功能，清除效率高、出水水质洁净、操作简便、使用灵活及解决池水过滤设备所不能解决的池壁、池底等积污去除的特点，节约水资源，可创造健康卫生的水环境，深受游泳池经营管理者的欢迎。该设备虽与从事给水排水的设计人员、施工安装人员无关，但它是游泳池经营运行过程中不可缺少的设备。

2. 具有省时、节能、节水、清除池底积污功能。

3. 池底自动吸污器内的过滤器由精密过滤网、纤维布、特制纸制造。如清除不干净时，可以取出进行清洗后继续使用，过滤精度一般可达 5μm。

4. 池底自动吸污器适用于各种池水循环方式的游泳池、游乐池及休闲池。

24.8.2　池底自动吸污器的组成及分类

1. 池底自动吸污器是由吸污泵、过滤器、扫除器等部件组成的潜水型整体式专用游泳池池底除污设备，亦称池底吸尘器、水乌龟。

2. 池底吸污器的分类及操作运行

1）半自动池底吸污器：主机（吸污泵、过滤器等）在岸上，扫除器（亦称吸污盘）沉入池底，依靠人工拉动，在池底行走刷洗池底污物，被岸上吸污泵抽吸并过滤，其滤后水排入池内。避免了带电部件在水下工作，所以，安全可靠。

2）全自动池底吸污器：内置导航装置，并具有攀爬功能。全部设备均按控制程序在游泳池池底前后行走，可以自行移动到任意方向并能转弯，底盘上前后滚刷可以到达游泳池池底的任何部位和拐角处，不留任何死角将池底、池壁的污物杂质全部洗刷、吸污、清除干净。全部电气零件均具有防水、防漏电功能，安全可靠，过滤精度高。

24.8.3　全自动池底吸污机亦可以用来洗刷、吸污、清洁均（平）衡水池池底、池壁的污物。

第五篇 工 程 案 例

25 工 程 实 例

25.1 文艺表演水池水处理工程

（广东联盛水环境工程有限公司提供）

25.1.1 项目简介

1. 本工程为武汉中央文化区“汉秀”表演剧场以中国传统“红灯笼”形象矗立于武汉美丽的东湖之滨、水果湖畔，该剧院的建筑功能为专门表演水上项目的剧院。建筑面积 8.6 万m^2，设有 2000 个座位，并有专属通道与座席。

2. 工程内容

1）水系统分为表演水池、缓冲水池、后备蓄水池等，三个独立的水池组成一个一体式表演水池。水池的水源为市政给水管网提供，引入一根。*DN*300 进水管，并根据使用用途设置计量水表，依据系统用水量，合理利用补水系统。

2）表演水池为水秀表演的主要水池，面积约 1215m^2，最深水深 8.5m，平均水深 7.6m，水体容积 9278m^3。池体内设有池底和池壁的给水管、溢流管、排水管和事故紧急排水管。

3）表演水池设有升降池底板。

3. 缓冲水池和后备蓄水池的作用

1）缓冲水池是为表演水池服务的，面积约 229m^2，平均水深 0.6m，水体容积 137.4m^3。

2）后备蓄水池主要有以下两个作用。

（1）在表演水池在表演项目要求水池的水位下降到一定程度时，因表演水池的水位快速下降，水域面积比较大，降低少许水位，就会有大量水需来回转移。为了避免水直接排掉浪费，水处理系统通过阀门转换将需要排掉的水快速通过设置的管路系统将此部分水转移至后备储水池内，当表演需要表演水池水位回复至原定水位时，再通过水管路系统将后备蓄水池的水再次注入表演水池，达到表演的效果要求。

（2）在表演水池内有各种各样的升降舞台及机电等相关配套设备，当设备运行发生故障需要维修时要降低水位，为了避免水直接排掉浪费，水处理系统通过阀门转换将需要排掉水快速通过设置的管路系统将此部分水转移至后备储水池内，水池内故障设备维修完成后，再次通过水管路系统将后备蓄水池的水再次注入表演水池，使得表演水池水位维持在原定的水位。

25.1.2 技术特点

1. 该项目创造了多项世界之最，是国内首个表演水秀项目，世界首个可结合剧情进行升降、移动、倾斜、错落的无限变化的梦幻舞台，世界首个最深舞台表演水池等，因而使得水池内机电设施错综复杂，水处理系统在设计时需与多方配合，设计难度大。

2. 该项目水体与演员身体接触较多，故而对于水处理水质标准要求比较高，依据这种特点，设计采用全流量紫外线消毒设备，并辅以长效氯消毒。

3. 紫外线消毒设备，系统结构简单，操作方便，无须日常维护；杀菌性强，杀菌效率高，速度快；杀菌的广谱性高，对所有细菌都能高效灭杀；消毒过程中不会产生有毒及有毒副产物；中压紫外线具备降解化合氯的能力；设备占地面积小，运行安全、可靠，运行费用低。

4. 水处理系统运行系统采用高度自动化控制系统。全套水处理系统、循环过滤、消毒系统、恒温系统、系统内池水转换及排空、设计均采用专用微电脑全自动检测系统装置，能够收集、记录各类水处理系统中实时检测信号并且及时处理，将其一一转换成不同控制信号，从而完成对全套水净化处理设备正常运转有效控制。如对池水循环水泵、压力过滤器、消毒系统及恒温系统等设备的联锁控制，并配备 BA 输出接口，可进行远程监控。

5. 水处理系统所有管路系统均采用 304L 不锈钢管道焊接，管路配套阀门均采用美国博雷品牌，系统水量非常大，因而水系统管路管径比较大，施工难度非常大。

6. 水处理系统管路错综复杂，管线较长，同时设备机房与表演水池之间落差很大，造成管路在安装的过程中路线较长，且与其他机电系统形成交叉。因此严格按照给排水要求设置支架间距，确保水系统运行的稳定性。

25.1.3 水循环净化处理系统概述

1. 水池水质

作为与人体密切接触的表演水池，设计时严格按照《游泳池给水排水工程技术规程》CJJ 122—2008 相关规定，采用了国际游泳联合会（FINA）2002～2005 年关于游泳池水质卫生要求的规定。

2. 池水循环净化处理系统技术参数，详见表 25.1.3。

汉秀池水净化处理系统设施设备及技术参数　　表 25.1.3

序号	项目		性能参数	备注
1	表演水池规格	池水面积（m^2）	1215	
2		池水容积（m^3）	9415	
3	池水循环	循环方式	混合流式	
4		循环周期（h）	5	
5		循环流量（m^3/h）	1977	
6	过滤设备	过滤器形式	卧式过滤罐	
7		过滤器客体材质	玻璃钢	
8		过滤介质	石英砂	

续表

序号	项目		性能参数	备注
9	过滤设备	过滤介质有效厚度（mm）	大于 1100	
10		配水系统形式	大阻力配水系统	
11		过滤速度（m/h）	22.5	
12	消毒加药装置	消毒方式	全流量紫外线消毒，并辅以氯消毒	
13		处理量（m^3/h）	1977	
14		消毒药剂	长效氯制剂	
15		投加量（mg/L）	3	
16		混凝剂名称	聚合物	
17		投加量（mg/L）	5	
18		pH 值调整剂名称	CO_2	
19		投加量（mg/L）	3	
20	池水加热设备	热源	热水	
21		初次加热耗热量	5800kW	
22		加热方式	分流量	
23		加热形式及材质	板式换热器 316L 不锈钢	
24		池水初次加热时间（h）	48	
25		池水设计温度（℃）	27	
26	水质监测方式		全自动水质监测控制系统	
27	系统设备控制方式		全自动控制	
28	池子补水量（m^3/d）/（m^3/h）		495/20.7	

3. 池水采用混流式循环方式，缓冲水池采用钢筋混凝土结构。

4. 水处理设备及水处理配套管路阀门等均采用进口品牌。

5. 表演水池水面积比较大，水位比较深，水池平均深度已达到 7.6m，溢流水系统设置溢流水管路，管路上配备专门排气管路，在溢流管路系统每个支路设置专门检修口。

6. 为确保表演水池的水质效果，循环给水口设置在表演水池的池底及表演水池的池壁。池底给水点采用满天星形式均匀布置，池壁的给水点布置在水表面以下 3.0m 及水表面以下 7.0m，此种给水方式可完美体现混流式水处理方式。

7. 池水循环净化处理工艺流程图，详见图 25.1.3；

8. 池水运行模式可细分为四种运行模式：储水模式、进水模式、正常工作模式、排水模式。以上运行模式均有控制箱内中央处理器依据水池的运行状况进行自动化控制运行，也可转换成手动运行模式进行操作。

25.1.4 池水运行模式工艺原理参见图 25.1.4-1～图 25.1.4-5。

1. 正常工作模式，见图 25.1.4-1。

2. 排水模式，见图 25.1.4-2。

3. 储水模式，见图 25.1.4-3。

4. 进水模式，见图 25.1.4-4。

5. VOM 溢流槽排水，见图 25.1.4-5。

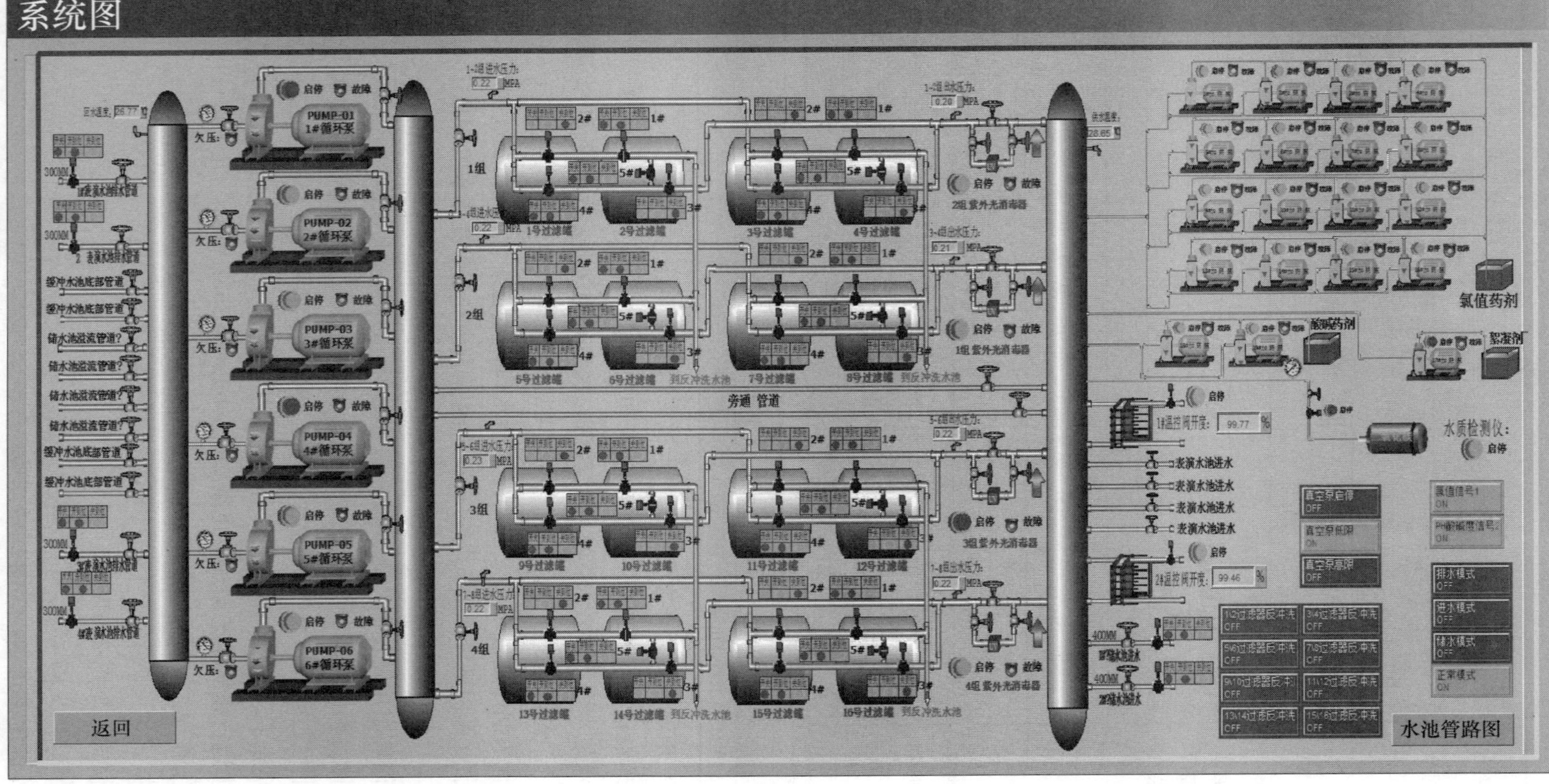

图 25.1.3 水池循环水处理工艺流程示意

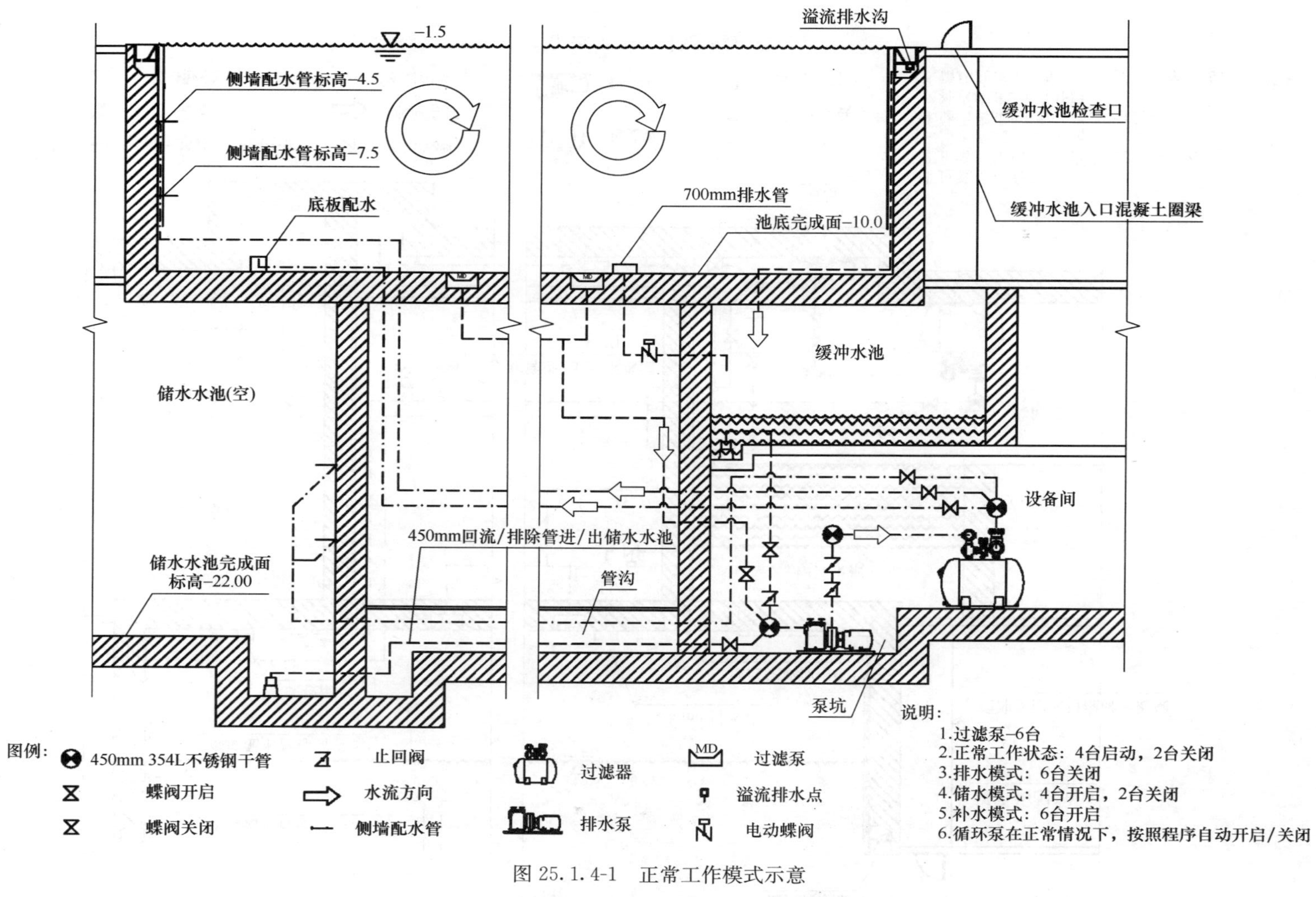
-1.5
溢流排水沟
侧墙配水管标高-4.5
侧墙配水管标高-7.5
缓冲水池检查口
底板配水
700mm排水管
池底完成面-10.0
缓冲水池入口混凝土圈梁
缓冲水池
储水水池(空)
设备间
450mm回流/排除管进/出储水池
储水水池完成面
标高-22.00
管沟
泵坑
图例：
450mm 354L不锈钢干管
蝶阀开启
蝶阀关闭
止回阀
水流方向
侧墙配水管
过滤器
排水泵
过滤泵
溢流排水点
电动蝶阀
说明：
1.过滤泵-6台
2.正常工作状态：4台启动，2台关闭
3.排水模式：6台关闭
4.储水模式：4台开启，2台关闭
5.补水模式：6台开启
6.循环泵在正常情况下，按照程序自动开启/关闭

图 25.1.4-1 正常工作模式示意

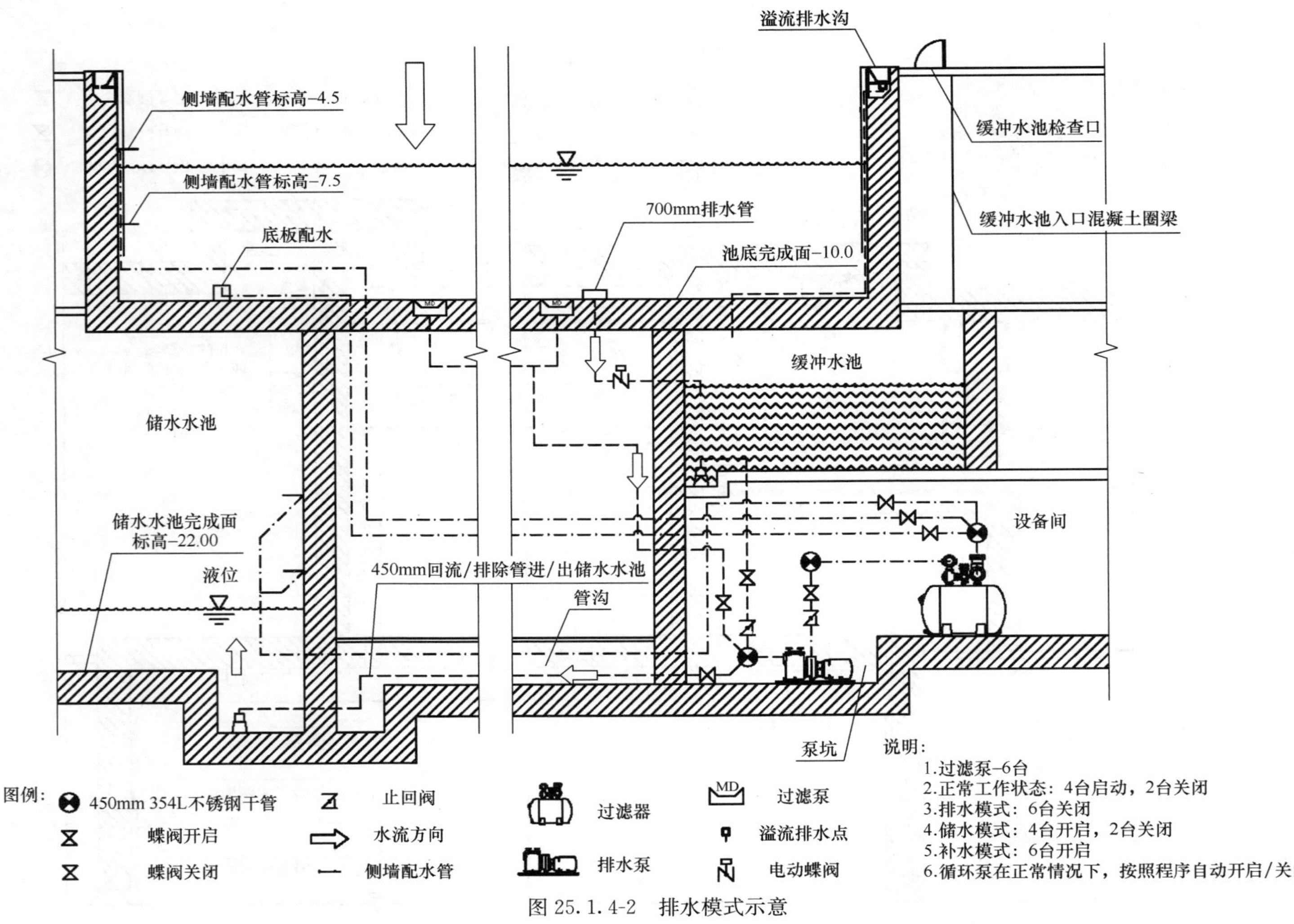

溢流排水沟
侧墙配水管标高-4.5
缓冲水池检查口
侧墙配水管标高-7.5
700mm排水管
缓冲水池入口混凝土圈梁
底板配水
池底完成面-10.0
缓冲水池
储水水池
设备间
储水水池完成面
标高-22.00
液位
450mm回流/排除管进/出储水水池
管沟
泵坑
图例：
450mm 354L不锈钢干管
蝶阀开启
蝶阀关闭
止回阀
水流方向
侧墙配水管
过滤器
排水泵
过滤泵
溢流排水点
电动蝶阀
说明：
1.过滤泵-6台
2.正常工作状态：4台启动，2台关闭
3.排水模式：6台关闭
4.储水模式：4台开启，2台关闭
5.补水模式：6台开启
6.循环泵在正常情况下，按照程序自动开启/关闭

图 25.1.4-2 排水模式示意

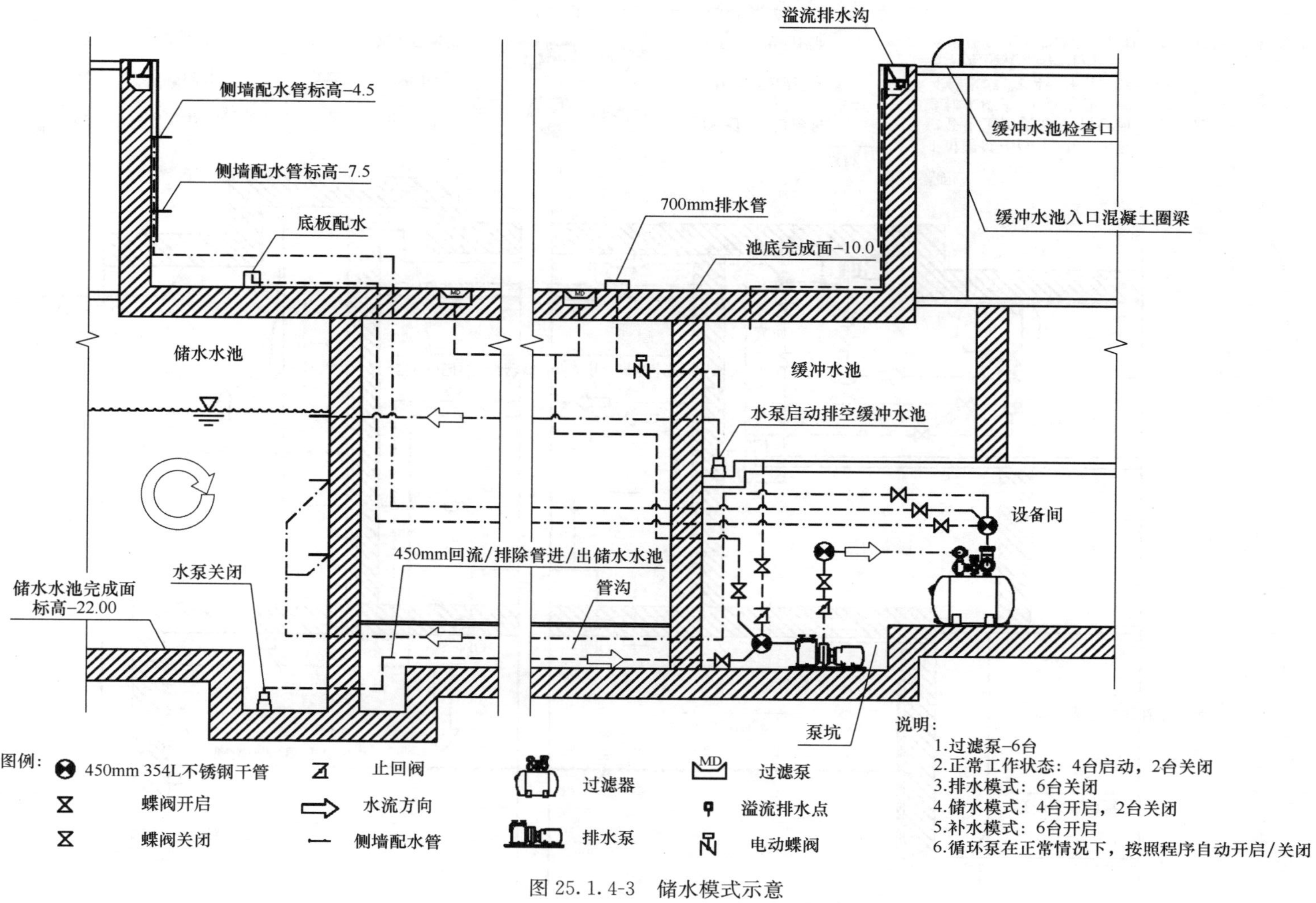

图 25.1.4-3 储水模式示意

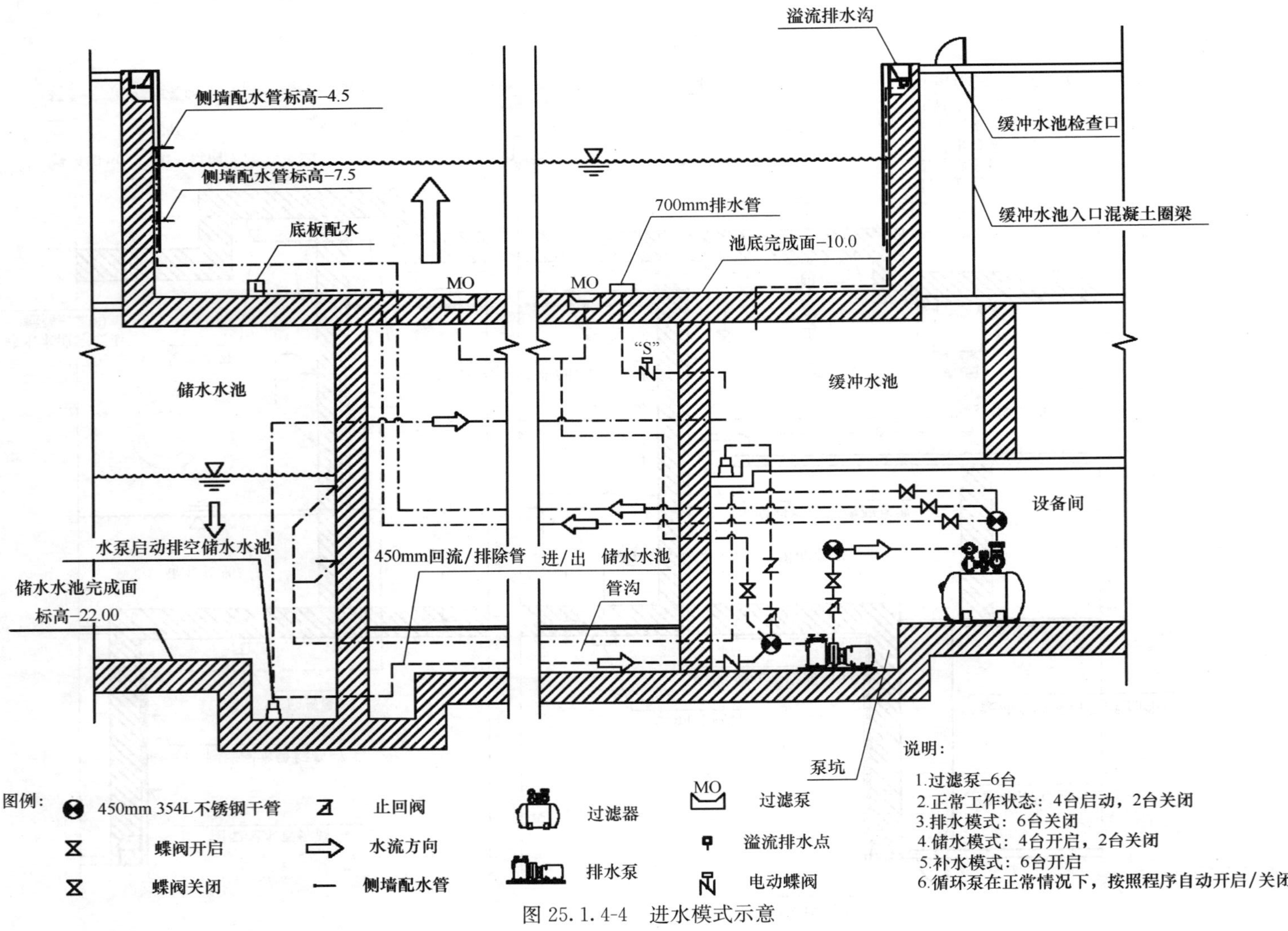
溢流排水沟
侧墙配水管标高-4.5
缓冲水池检查口
侧墙配水管标高-7.5
700mm排水管
缓冲水池入口混凝土圈梁
底板配水
池底完成面-10.0
MO
MO
"S"
储水水池
缓冲水池
设备间
水泵启动排空储水水池
450mm回流/排除管
进/出
储水水池
储水水池完成面
标高-22.00
管沟
泵坑
说明：
1.过滤泵-6台
2.正常工作状态：4台启动，2台关闭
3.排水模式：6台关闭
4.储水模式：4台开启，2台关闭
5.补水模式：6台开启
6.循环泵在正常情况下，按照程序自动开启/关闭
图例：
450mm 354L不锈钢干管
止回阀
过滤器
MO
过滤泵
蝶阀开启
水流方向
溢流排水点
排水泵
蝶阀关闭
侧墙配水管
电动蝶阀

图 25.1.4-4 进水模式示意

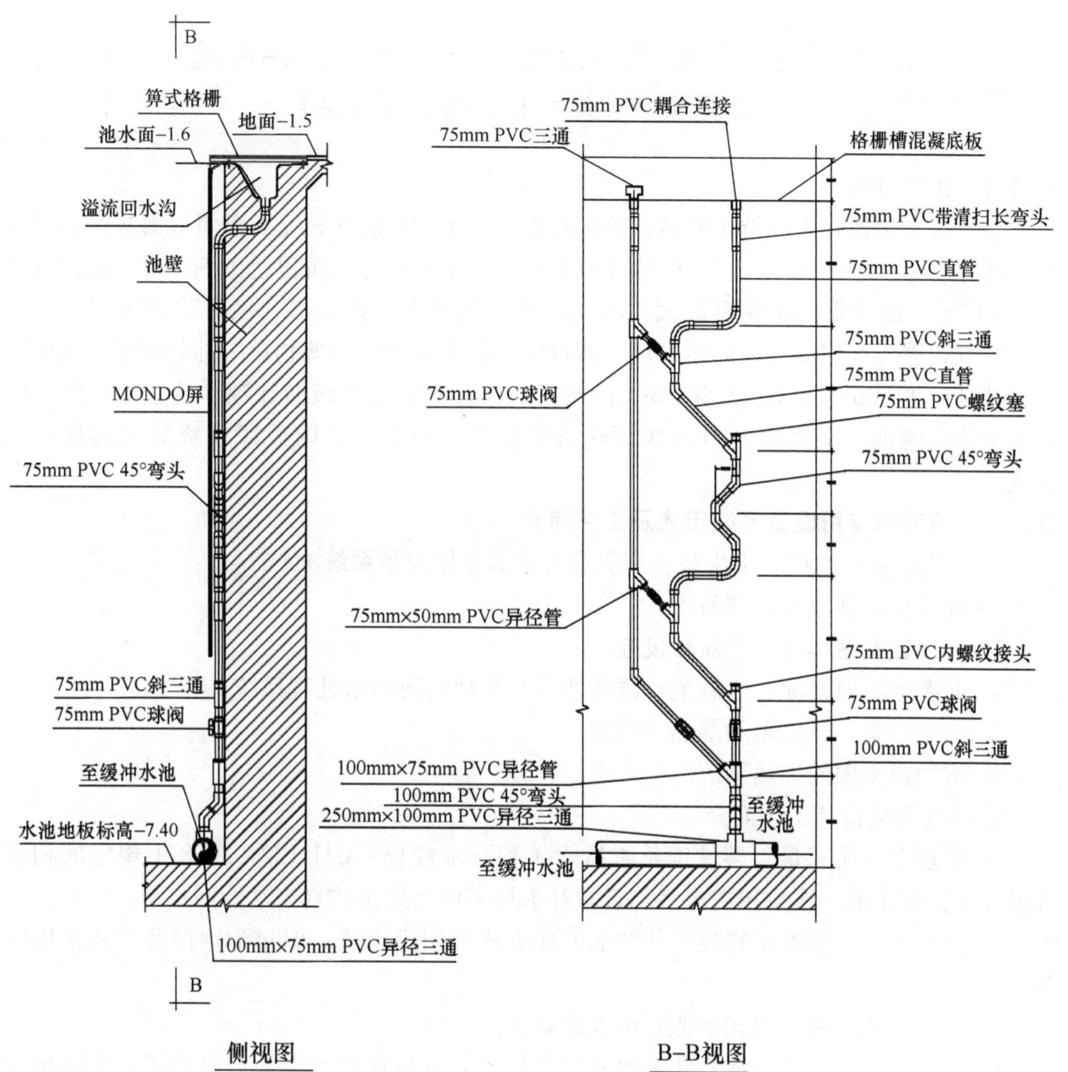

图 25.1.4-5 VOM溢流槽排水

25.2 高海拔地区游泳池水处理动力设备的选用

（江苏恒泰泳池科技有限公司提供）

25.2.1 工程概况

拉萨市文化体育中心位于西藏自治区首府拉萨市柳梧新区，是目前世界海拔最高的现代化体育场馆。于2012年4月开工，2018年5月竣工，建筑面积达74500m^2，总投资约13.15亿元。是西藏目前规模最大、功能最集中的群众文体中心。项目建设按“一场三馆”的方式进行规划设计，即体育场、体育馆、游泳馆和牦牛博物馆三部分组成。其中游泳馆拥有1座50m×25m、水深2m、满足FINA标准的比赛级游泳池和儿童池、温泉池共8个功能泡池。本案也是目前西藏建筑单体规模最大、全国援藏投资最大的现代化建筑。

25.2.2 游泳馆专用设备系统组成及工艺简介

1. 系统组成：本项目中由我公司负责实施的专用设备系统为：

1）标准比赛池池水处理系统；

2）标准比赛池体育工艺器材设施；

3）儿童池、原汤池、红酒池、藏药池等8个功能池的水处理系统；

4）泳池三集一体恒温除湿热泵系统；

5）锅炉及太阳能加热系统。

2. 系统深化设计工艺简介

1）处理后水质满足《游泳池给水排水工程技术规程》CJJ 122—2008中规定的相应等级水质标准要求，泳池初次充水和日常补水均采用当地市政自来水管网水源。

2）循环方式：标准比赛池和儿童池循环方式采用逆流式；温泉泡池循环方式采用顺流式。

3）过滤方式采用压力式中速石英砂过滤工艺。

4）消毒方式：①比赛池、儿童池采用全程式分流量臭氧辅以常规氯消毒；②温泉泡池采用UVC紫外消毒方式。

5）池水温度：标准池设计水温28℃±1℃，儿童池设计水温29℃±1℃，温泉泡池设计水温38～40℃，池水初始温度按5℃计算。

6）池水初次加热采用锅炉经板式换热器间接加热池水，日常恒温以太阳能系统供热为主锅炉辅助的形式。

7）标准池初次加热时间按48h，泳池初加热耗热量为1600kW/h，恒温耗热量为628kW/h；儿童池初次加热时间按36h，初加热耗热量为123kW/h，恒温耗热量为67kW/h；温泉泡池设计水温38～40℃，初次加热时间按24h，初加热耗热量为1023kW/h，恒温耗热量为438kW/h。

25.2.3 针对高海拔游泳馆专用设备的设计要点说明

拉萨市平均海拔达到3300m，属于地理范畴的高海拔地区，气压低、空气稀薄、含氧量少、冬季昼夜温差大等气候特点，针对此特点我公司在系统深化设计及设备选型时采用了针对性强的设计措施。在此选取其中具有代表性的部分加以说明：

1. 水泵：高原气压低，而泵的出厂参数是建立在标准大气压下的，因此在扬程选取时须减去气压压差。同时介质的汽化压力降低，因此要适当加高液面，以防止汽蚀的发生；高海拔还会造成电机温升快、输出功率小的现象，视情况需要可加大电机功率。

2. 臭氧消毒系统：臭氧制备原理是采用中高频电压放电制造高压电晕电场，使得电场周围的氧分子发生化学反应，将 O_2转化为强氧化性的 O_3，但是本案空气中氧气的含量约 250～260g/m^3，仅为平原地区的 70%，所以在设备选型时，需将气源和制氧机的供气量增加 1.5～1.6 倍，臭氧投加系统的射流器和增压泵的规格也进行了同步增大。

3. 泳池三集一体除湿热泵：机组内部主要部件是压缩机、风机。压缩机处于密闭工作环境，影响相对较小。风机选型时最主要的两个参数——风量和风压。风压是指在海拔零度地平线的风机性能，此时空气密度为 1.2，海拔不同空气密度就不同，高海拔空气密度低，低海拔空气密度高。风机在相同条件下，空气密度高时，风压大，空气密度低时，风压小；其次海拔越高，冷却效果越差，电机温升越快，所以在风机选型时，需根据高海拔的特点，先查清对应海拔高度的空气密度，运用风机定律换算回空气密度 1.2 时的风压，结合选型参数要求来选配符合当地环境的附配件。我们在除湿热泵定制生产时，适当加大了送回风和室外风冷冷凝器的风机功率（增大 15%），同时增大了冷媒铜管的管径。

4. 燃气锅炉：燃气热水锅炉大多采用大气式燃烧方式，燃烧所需要的过剩空气系数为 1.3～1.8。过剩空气过多会导致热效率降低，过少则导致燃烧不充分；影响燃烧系统的烟气指标及燃烧工况。海拔越高空气中氧含量越少，同时高海拔地区的冬春季氧含量也会有差异。过剩空气过少表现主要有以下几方面：

1）烟气指标变差；

2）影响火焰的稳定性，即火焰高度变长，严重时会导致火焰的外焰烧到主换热器；

3）燃烧不充分，主换热器的翅片易产生碳颗粒，影响换热器使用寿命，还有可能堵塞烟气通道。

为了在本案获得良好的使用效果，达到消除、改善在高海拔地区氧气不足情况下对采暖热水炉热负荷、燃烧系统的影响，采取了以下处理方法：在原有真空锅炉的基础上进行二次设计，通过提高喷嘴前的压力、增大喷嘴孔径以增加燃气流量；在保证安全和使用性能的前提下增加了燃烧器的火排，重新进行了锅炉本体结构设计，使其能在微正压（不大于 0.1MPa）工况下供应高温水（110℃），在供应低温水时，锅炉内部仍低于大气压。

5. 太阳能热水系统：本案所在地区昼夜温差大，日温较差范围达 14～16℃，且冬季温度较低，最低达到－10℃，因此在太阳能集热板、集热水箱、循环水泵、管路系统等采取的保温层比在普通低海拔地区加厚了 1.5 倍。

6. 工程系统图与本手册第 25.3 节基本相同，此节予以略去。

25.3 清洁能源的应用工程实例

（江苏恒泰泳池科技有限公司提供）

25.3.1 工程概况

1. 本工程为上海市奉贤区待问学校新建游泳池池水循环净化处理工程。

2. 本工程游泳池为25m×21m×(1.2～1.6)m共8条泳道。

3. 池水采用逆流式循环净化处理方式。池水布水管敷设在池底垫层内。

4. 池水净化处理为“均衡水箱＋循环水泵＋石英砂过滤＋臭氧消毒＋板式换热器＋自动投药长效消毒”。

25.3.2 新能源应用内容

本工程用热不设常规制热设备，采用新能源供热系统。

1. 本工程采用专用空气源热泵，提供55℃的热水为池水加热、淋浴等提供主要热源。

2. 本工程采用平板型太阳能集热器集热系统作为辅助热源。

3. 本工程采用除湿热泵作为冬季供暖热水系统和夏季空调系统的能源，主要为游泳池大厅提供良好的空间环境服务。

25.3.3 池水循环净化处理系统

1. 主要技术参数详见表25.3.3

游泳池池水净化处理系统设计参数　　表25.3.3

序号	设备设施名称	性能参数	备注
1	游泳池规格	25m×21m×(1.2～1.6)m	
2	池水总容积	735m^3	
3	初次充满水时间	10h	
4	泄空池水所需时间	8h	
5	池水循环方式	逆流式	
6	池水循环周期	6h	
7	水容积系数	1.05	
8	游泳池循环流量	128m^3/h	设3台泵，2用1备
9	每日新水补充水量	38.6128m^3/d	按池容积5%计
10	过滤器过滤速度	≤25m/h	
11	池水消毒方式	分流量全程式臭氧＋长效消毒	2台

续表

序号	设备设施名称	性能参数	备注
12	臭氧投加量	0.6mg/L	配 80g/h 臭氧发生器
13	氯投加量		采用自动投药器投加
14	池水设计温度	28℃±1℃	
15	原水温度	5℃	
16	池水初次加热持续时间	≤48h	
17	初次池水加热耗热量	494kW	
18	池水维持“恒温”耗热量	183kW	

2. 设备配置

1）均衡水箱：V=6m×3m×2m=36m^3，有效容积 V_1=31m^3，304 不锈钢材质。

2）毛发聚集器：筒径 400mm，进出水管径 DN150、DN100，304 不锈钢材质。

3）循环水泵：Q=65m^3/h，H=22m，N=5.5kW，3 台。

4）石英砂过滤器：立式，ϕ1800mm×2380mm，2 台，304 不锈钢材质。

5）臭氧发生器：臭氧产量 80g/h，触摸屏人机界面+PLC 自动控制 1 台。

6）臭氧反应罐：立式，ϕ1600mm×2400mm，有效容积 V=2.86m^3，316 不锈钢材质。

7）臭氧投加装置：水射器+增压泵+尾气处理装置。

8）管道混合器：筒身直径 125mm，长 800mm，SVX 结构，耐压 0.6MPa，316 不锈钢材质。

9）混凝剂投加装置：计量泵 Q=40L/h，H=2.0bar，配带 V=200L 塑料药液桶。

10）pH 值调整剂投加装置：计量泵 Q=40L/h，H=2.0bar，配带 V=200L 塑料药液桶。

11）自动投药器：CL-500 型，容量 50 磅，长效消毒剂。

12）池水加热设备：板式换热器，换热面积 F，加热功率不小于 250kW，2 台。AISI316 不锈钢材质，初次加热时 2 台同时使用，正常维温时为一用一备。该设备包括：电动温度调节阀、温度传感器、执行器、多功能控制器等一套，控制精度：0.5℃，耗电 0.1kW。

13）水质在线监测控制系统：监控内容和参数：①ORP，测量范围 100～999mV；②pH 值，测量范围 1.0～14.0；③实时在线监控，设定值可调，自动控制计量泵的投加量。

14）订制设备电气控制柜：柜内电器元件为进口施耐德品牌，配电量：35kW/380V，为设备机房各种用电设备、装置服务。

25.3.4 池水循环净化处理系统工艺流程图（如图 25.3.4 所示）。

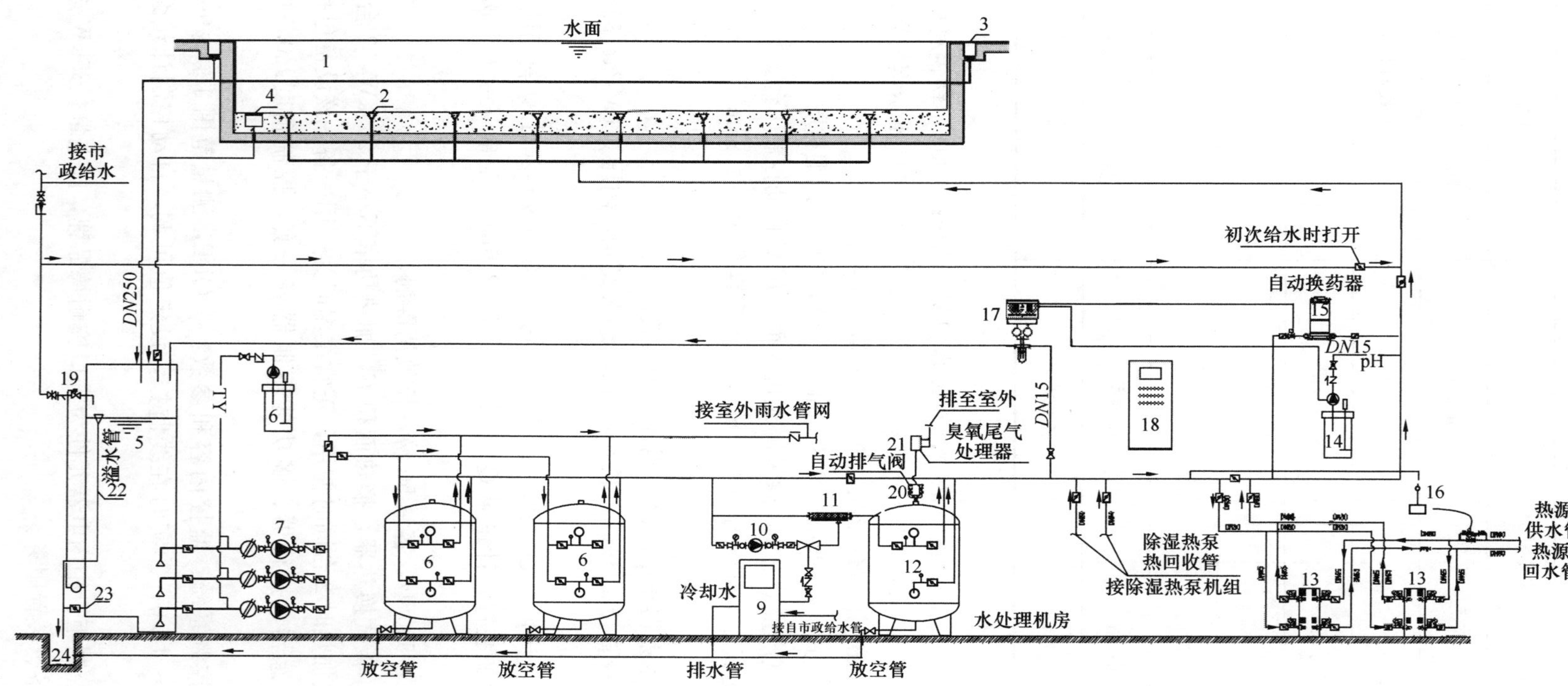

图 25.3.4　池水循环净化处理系统工艺流程示意

说明：1—游泳池；2—池底给水口；3—溢流回水沟；4—泄水口；5—均衡水池；6—循环水泵组；7—混凝剂投加装置；8—石英砂过滤器；9—臭氧发生器；10—增压泵；11—管道混合器；12—反应罐；13—板式换热器；14—pH 值调整剂投加装置；15—自动加氯器；16—自动温控器；17—水质在线监控装置；18—电气控制柜；19—水位控制装置；20—自动排气阀；21—尾气处理装置；22—溢流水管；23—泄水管；24—潜水泵坑（非承包项目）

25.3.5 游泳池热源制取系统

1. 热源制取系统工艺流程图，如图 25.3.5 所示。

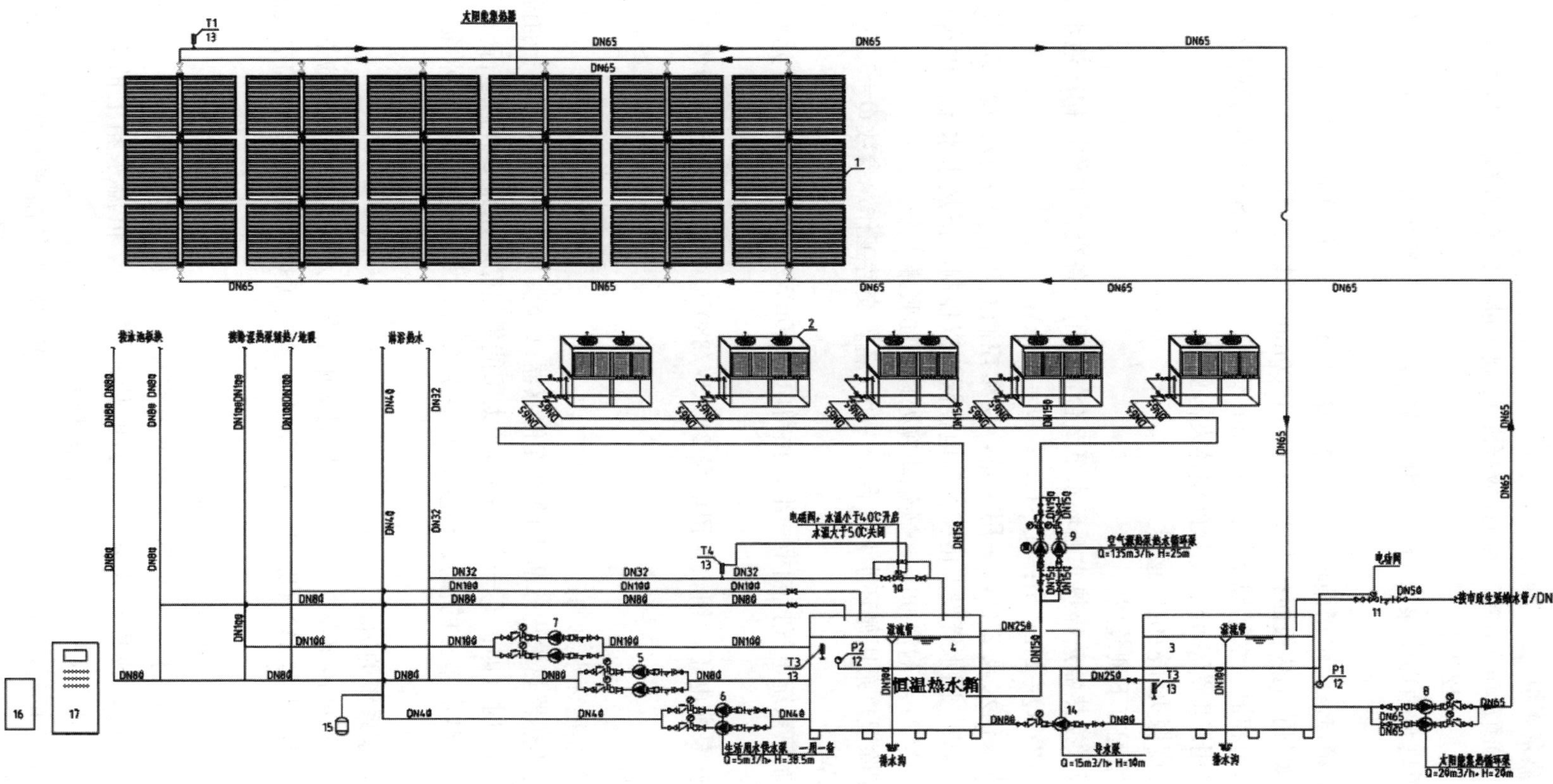

图 25.3.5 游泳池热源制取系统工艺流程示意

说明：1—平板太阳能集热器；2—空气热源泵；3—太阳能集热水箱；4—恒温水箱；5—游泳池板式换热器热媒泵组；6—游泳者淋浴热水泵组；7—除湿热泵用热泵组；8—太阳能集热循环泵组；9—空气热源供热循环泵组；10—淋浴用水温控制阀；11—太阳能集热水箱补水控制阀；12—太阳能集热水箱液位感应器（P_1，P_2）；13—温度感应器（T_1，T_2，T_3，T_4）；14—集热水箱与恒温水箱的循环水泵；15—膨胀罐；16—电气控制柜；17—空气热源控制柜

2. 新能源设备配置

1）空气源热泵4组：

（1）工况：①额定输入功率：≤41kW/台；②制热量：（20℃/COP=4）时，≥160kW；（5℃/COP=3）时，≥122kW。

（2）空气源热泵循环水泵2台，一用一备交替工作；参数 Q=135m^3/h；H=30m；N=18.5kW。

（3）集热水箱与恒温水箱循环水泵1台，Q=15m^3/h；H=10m；N=1.1kW。

2）平板型太阳能集热板面积为2000mm×1000mm，共180块。

（1）集热水箱和恒温水箱规格为：4000mm×3000mm，SUS304不锈钢板材质；

（2）保温采用厚度为50mm聚氨酯整体发泡保温；

（3）均设温度探头和液位传感器。

3）恒温水箱配有下列装置：

（1）池水板式换热器热媒热水循环水泵2台，一用一备交替工作，初次池水加热时2台同时工作。参数：Q=14m^3/h；H=10m；N=1.1kW。

（2）淋浴热水供水泵2台，一用一备，变频控制其工作。参数：Q=5m^3/h；H=38.5m；N=1.1kW。回水管设温度探头和电控阀门以控制淋浴热水水温；供水管道设有1000L、耐压0.6MPa和耐温99℃经碳钢防腐处理的膨胀罐1个。

（3）地暖用除湿热泵用循环水泵2台，一用一备，交替工作；参数 Q=35m^3/h；H=20m；N=5.5kW。

4）新能源制热系统电气控制柜一组，预留电量40kW/380V，柜内电器元件为3C认证进口产品。

5）空气源热泵配电柜一组，预留电量210kW/380V，柜内电器元件为符合3C认证的进口产品。

3. 制热控制

1）太阳能制热循环水泵的运行

（1）太阳能集热器热水出水管上的温度传感器（探头）T_1－集热水箱上的温度传感器（探头）T_3≥8℃时（即：T_1-T_3≥8℃），太阳能集热循环水泵8开启运行。

（2）太阳能集热水箱上的温度传感器 T_3＞80℃时，太阳能集热循环水泵8也停止运行。

2）空气源热泵系统的运行：

恒温水箱上的温度传感器 T_2≤45℃，同时太阳能集热水箱上的温度感应器 T_3－恒温水箱上的温度传感器 T_2≤3℃（即 T_3-T_2≤3℃），空气源热泵循环水泵9和空气源热泵2同时开启运行。

3）集热水箱与恒温水箱的水温控制

（1）集热水箱上的压力传感器 P_1－恒温水箱上的压力传感器 P_2＞300mm（即：P_1-P_2＞300mm）时，或集热水箱上的温度传感器 T_3－恒温水箱上的温度传感器 T_2＞5℃（即：T_3-T_2＞5℃）时，则导水泵开启。

（2）恒温水箱上的温度传感器 T_2≤45℃，且集热水箱上的温度传感器 T_3－恒温水箱上的温度传感器 T_2≤3℃（即：T_3-T_2≤3℃）时，开启空气源热泵的循环水泵和空气源热泵。

4. 太阳能供热系统采用防冻循环保护

1）太阳能集热器出水管上的温度传感器 T_1 低于 4℃时，则系统自动启动太阳能集热循环水泵，使热水在太阳能集水器中循环，以防止水在管内结冰而损坏；

2）当太阳能集热器出水管上的温度传感器 T_1 高于 10℃时，太阳能集热循环水泵自动关闭。

25.4 节能升级改造工程实例

（北京国家游泳中心，北京恒动环境技术有限公司提供）

25.4.1 国家游泳中心（简称“水立方”）热身池

概况

1）“水立方”是2008年北京奥运会以游泳、跳水、花样游泳竞赛项目的主要场馆。建筑内拥有一座50m×25m×3m的标准游泳竞赛池、一座30m×25m×4.5～5.5m的标准跳水池和一座50m×25m×2m的标准热身池。它的设计始于2003年，建成于2007年底。

2）“水立方”在2008年北京奥运会结束对外经营开放活动之后，发现原系统在使用时存在一些不足。为此，对热身池进行了升级改造。

25.4.2 “水立方”热身池池水净化处理系统原设计

1. 池水循环净化处理系统为“池水循环＋石英砂池水过滤＋半程式臭氧消毒＋成品次氯酸钠长效消毒＋池水维温加热”。

2. 池水为逆流式循环方式

3. 设计技术参数：

（1）池水容积：2500m^3；

（2）池水循环周期：4h；

（3）池水循环流量：656m^3/h；

（4）池水过滤速度：23.5m/h；

（5）臭氧投加量：0.83mg/L。

4. 设备配置

（1）池水循环水泵2台：流量＝330m^3/h；扬程＝21m；电动机功率＝30kW；未设备用泵，水泵品牌为格兰富。

（2）池水过滤器：3台ϕ2400mm×L4500mm卧式不锈钢过滤器。过滤介质为石英砂，过滤速度为23.5m/h。

（3）臭氧反应罐：2台ϕ2000mm×L4000mm卧式不锈钢臭氧反应罐。

（4）活性炭吸附罐：2台ϕ2400mm×L5000mm卧式不锈钢活性炭吸附罐。

（5）臭氧发生器：1台“恒动”牌臭氧发生器，臭氧产量为550g/h，臭氧投加量为0.83mg/L。

25.4.3 原设计池水循环净化处理系统工艺流程图（见图25.4.3）

25.4.4 原设计对赛后利用存在的不足之处

1. 循环水泵扬程偏高：原设计水泵扬程为21m，旺季实际运行时，2台水泵同时开启时，水泵扬程12m即可满足使用要求；淡季负荷较小，只开1台水泵，仅需扬程7m即可满足使用要求，使用过程采用关小水泵出水管阀门来达到使用要求，造成能源浪费。

2. 补水量大：夏季旺季游泳人员负荷日平均泳客流量为2000～2200人次，池水尿素含量较高，每天需要补充新鲜水至少100m^{3}用以置换池水，增加了运行费用。

3. 氰尿酸影响池水水质：由于成品次氯酸钠购买、储存及使用存在困难和不便，不

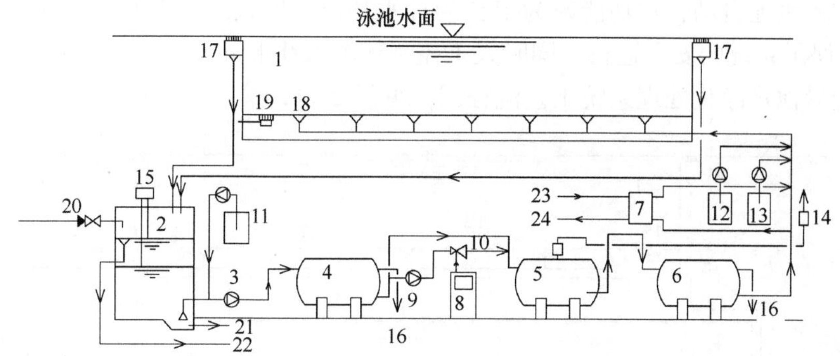

图 25.4.3 “水立方”热身池原设计池水净化处理工艺流程示意

说明：1—热身池；2—均衡水池；3—循环水泵组；4—石英砂过滤罐组；5—臭氧反应罐组；6—活性炭吸附罐组；7—板式换热器；8—臭氧发生器；9—增压泵；10—射流器；11—混凝剂投加装置；12—长效消毒剂投加装置；13—pH 值调整剂投加装置；14—臭氧尾气消除器；15—水位控制器；16—反冲洗水排水；17—溢流回水沟；18—池底回水口；19—泳池进水口；20—倒流防止器；21—泄水管；22—溢水管；23—热媒供给管；24—热媒回水管

得不采用三氯异氰尿酸作为长效消毒剂。由此带来下列问题：①化学危险品的储存和使用带来困难；②该化学药品腐蚀性强，操作环境条件差，劳动强度大；③难以实现稳定的自动投加，从而导致池水含氯量不稳定；④池水残存的氰尿酸，对池水水质有一定的负面影响。

4. 池水循环周期偏长：奥运会之后在热身池旁增加了一座培训池，与热身池共用一套池水净化处理系统，从而造成热水池的池水循环周期偏长，影响了池水的水质。

25.4.5 改造方案要点

1. 缩短池水循环周期：增加 1 台恒动公司“恒动”牌烛式可再生硅藻土过滤器，过滤器处理水量为 300m^3/h，缩短池水循环周期，以降低池水浑浊度。

2. 每台循环水泵增加变频器控制：这样可以根据季节、游客人流变化情况自动调节池水循环流量，不仅节能而且消除了水锤现象。

3. 增加尿素有机物分解单元，有效降低池水中的尿素及其他有机物含量，减少消毒副产物，夏季池水尿素含量在 1.0mg/L 以下，其他季节在 0.5mg/L 以下：解决了长期以来困扰池水尿素超标无法解决的难题，该设备系“恒动”公司专利技术产品。

4. 减少原有设备用量：将原有 2 台活性炭吸附罐中的 1 台改造为尿素有机物分解器，另一台活性炭吸附罐停用。

5. 长效消毒剂改为现场采用低盐耗次氯酸钠发生器制取次氯酸钠消毒剂：该设备为恒动公司“恒动”牌 1000g/h 产量的低盐次氯酸钠发生器 1 台。每产生 1kg 有效氯的耗消耗食盐量小于 2.5kg。由于食盐是非化学危险品，因而也就不存在危险化学药品的存储和使用难题。

6. 停用原设计的臭氧反应罐：将臭氧直接投加到石英砂过滤罐中，充分地利用了臭氧的混凝功能，提高了过滤罐的出水水质。

7. 减少臭氧投加量：由于增加了尿素有机物分解器，臭氧用量大幅降低。

8. 将均衡水池自动补水功能改为半自动补水功能：即人工控制均衡水池水位控制器的启停，确保了系统的安全运行，同时人工控制新鲜水补水量，杜绝水资源浪费。

9. 改造后池水净化处理系统工艺流程图，见图 25.4.5。

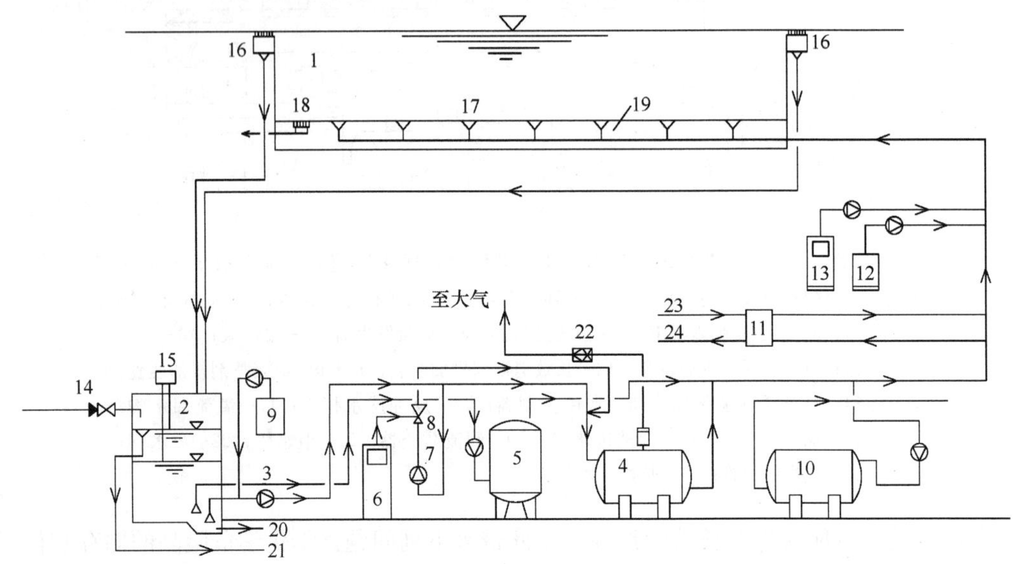

图 25.4.5 “水立方”热身池改造后池水净化处理系统工艺流程示意

说明：1—热身池；2—均衡池；3—循环泵组；4——体式臭氧反应石英砂过滤器组；5—烛式可再生过滤器；6—臭氧发生器；7—增压泵；8—射流器；9—尿素有机物降解器；10—增压泵；11—板式换热器；12—混凝剂投加装置；13—低盐耗次氯酸钠发生器和投加装置；14—pH 值调整剂投加装置；15—倒流防止器；16—水位控制器；17—反冲洗水排水；18—溢流回水沟；19—池底给水口；20—泳池泄水口；21—均衡水池泄水管；22—均衡水池溢流管；23—臭氧尾气消除器；24—热媒供给管；25—热媒回水管

25.4.6 改造升级后的运行效果

1. 循环水泵运行节能效果高达 30%，而且消除了水锤现象。

2. 池水中尿素含量在夏季旺季平均不超过 1.0mg/L；其他季节平均不超过 0.5mg/L。

3. 次氯酸钠发生器产生的次氯酸钠溶液浓度为 1%，几乎没有挥发，改善了操作人员的环境条件，安全性好，而且采用计量泵自动投加，池水含氯量稳定，池水的氧化还原电位大幅提高，有效改善了池水水质并节约了运行成本。

4. 池水循环周期在夏季旺季缩短至 3h 以下，进一步降低了池水浑浊度，池水浑浊度不超过 0.2NTU，池水晶莹透澈。

5. 减少了臭氧投加量，臭氧需求量由原 550g/h 降低到 200g/h，用电量降低，臭氧发生器的运行时间大幅缩短。

6. 将均衡水池补水由全自动化改为半自动化，夜间全自动化补水装置出现故障时水淹设备机房的现象得到改善。

7. 改善了热身池池水水质详见表 25.4.5。

"水立方"热身池改造升级后池水卫生指标 **表 25.4.5**

序号	项目	热身池运行时实际控制限值	《游泳池水质标准》CJ/T 244—2016 限值
1	浑浊度（NTU）	＜0.2	≤0.5
2	pH 值	7.2～7.6	7.2～7.8
3	游离性余氯（mg/L）	0.3～0.6	0.3～1.0
4	化合性余氯（mg/L）	＜0.4	＜0.4
5	氧化还原电位（*ORP*）（mV）	＞700	≥700
6	尿素（mg/L）	＜1.0	≤3.5
7	池水温度（℃）	27～28	20～30

25.5 温泉水浴池池水循环净化处理工程实例

（运水高（广州）水处理设备有限公司提供）

25.5.1 工程概况

长春恒友公司携手长春国信集团奢岭总公司打造“国信南山温泉度假酒店”，负责温泉区温泉水处理设备供应及安装工程施工工作，该项目于2015年4月18日开工，已于2015年7月30日完工。

国信南山温泉酒店地处长春市东南，净月大街南延线16公里处，北临净月潭国家森林公园，南接小天鹅湖，西抵新立城水库，立于群山环抱之中。

国信南山温泉属于医疗级复合型碳酸氢钠泉，富含偏硅酸等多种对人体有益的矿物质及微量元素，是国际公认的“美人汤”。地热资源丰富，日出泉水量约7000t，出水温泉约60℃，水质优良并富含多种对人体有益的矿物质及微量元素。温泉区室内外面积达20000m²，建有室内温泉区、儿童馆、中医馆、温泉别墅等，沿着山体的自然起伏，90余个特色温泉泡池散落其中，泉水集天地润泽，休养身心。

25.5.2 水质标准

要求经处理后的温泉水，其净化质量需达到《公共浴池水质卫生标准》，其中包括：

pH值	6.8～8.0
尿素	3.5mg/L
浑浊	≤1NTU
总大肠菌群	100mL池水中不可检出
菌落总数（36℃±1℃，48h）	≤100CFU/mL
游离余氯	0.4～1.0mg/L
化合性余氯	<0.5mg/L
溶解性总固体原水	TDS+1500mg/L
氧化还原电位（*ORP*）	≥650mV
氰尿酸	≤100mg/L

25.5.3 水处理系统设备特点

1. 玻纤缠绕石英砂过滤器

运水高Micron玻纤缠绕过滤器采用高级防腐材料和航天制造工艺进行设计制造，采用最先进的数控玻纤缠绕技术，由电脑控制。

玻纤缠绕机的速度与方向，保证玻纤在缸体上的均匀分布，从而生产出质量与品质都上乘的无缝一体过滤器。

运水高公司遵循严格的ISO质量控制系统，确保产品在生产的各个环节都达标，保证100%满足最终使用要求，并获得美国NSF认证。

产品有以下特点：①精确的玻纤缠绕；②防紫外线、防腐蚀；③集水器的水压均衡；④耐高温砂缸，最高工作温度75℃；⑤可供选择的透视镜和集水器人孔；⑥可供选择的乙烯酯树脂缸体，可耐臭氧腐蚀。

2. 循环水泵

1）根据水力学原理设计的泵体，噪声小，运转安静；

2）坚固的一体式结构，经久耐用；

3）离心泵，自吸式，全封闭风冷式电机；

4）泵体、隔渣篮的材料为玻纤充填GF/PP，叶轮的材料为玻纤充填聚苯醚；

5）透明的滤篮盖，便于判断是否需要清洗，容量大，大大减少了清洗工作；

6）高效率的导轮结构，提高了水泵性能，加快了注水速度，提高了能源效率；

7）316级不锈钢零件，防止腐蚀。

3. 板式换热器

板式换热器是一种高效节能、结构紧凑、操作简便的换热设备。

板式换热器优点：①占地面积小；②安装调试方便。

4. 池水消毒采用紫外线消毒器。

5. 池水布水口及溢水口

1）布水口

布水口采用ABS工程塑料制造，防腐蚀抗老化，抗氯离子、不变形，不污染水质，给水均匀稳定。出口有调节流量装置。喇叭口面积为连接管截面积的2.5倍，格栅孔隙8mm，设计出口流速小于1.0m/s，流量调节范围5.0～8.0m^3/h。

2）溢水口

溢水口由乳白色ABS工程塑料注塑成型，与管道连接采用承插方式，进口流量可以调节，防紫外线。

25.5.4 自动化程度

1. 电动注水系统

1）直供直排泡池的注水系统：采用手动启动按钮的方式，电动阀启动对温泉泡池形成注水与泄水，温度传感器控制电动阀门对温泉泡池进行实时补温。

2）循环过滤泡池的注水系统：采用手动启动按钮的方式，电动阀启动对温泉泡池形成注水。

2. 液位控制系统

泡池到达高水位时，液位开关反馈信号给控制系统，主供电动阀及恒温电动阀关闭，系统初次给水结束。当因使用及蒸发带走水分，液位低于高水位时，主供电动阀自动打开，补足液位。

3. 恒温控制系统

实时监测温泉泡池内的池水温度，通过温度传感器传输信号到控制器，控制器再控制板换的热媒供水电磁阀的开启大小，有效的调节池水温度，从而对温泉泡池，水温进行恒温控制。

水温调节应符合下列规定：

1）当监测回水温度低于设定温度时，应自动启动板换加热系统；

2）当监测回水温度高于设定温度时，应自动关闭板换加热系统。

4. 温泉废水余热回收系统

温泉废水热回收系统利用水源热泵机组对温泉废水中的热量进行热能回收，回收后的热量用来给常温温泉泡池加热，对于降低加热成本减少环境污染都具有非常重要的作用。

25.5.5 工程投入后的经验或需改进的地方

1. 当电动阀安装在垂直的 PVC 管道上时，应在阀门附近固定，以免执行器向下倾斜。

2. 当机房高度过高时，应多处固定水泵扬程的垂直管道，以免晃动导致连接件损坏。

3. 当管道距离过长时应避免功能水泵频繁启动。

25.5.6 温泉水泡池平面布局及池水循环净化处理流程图

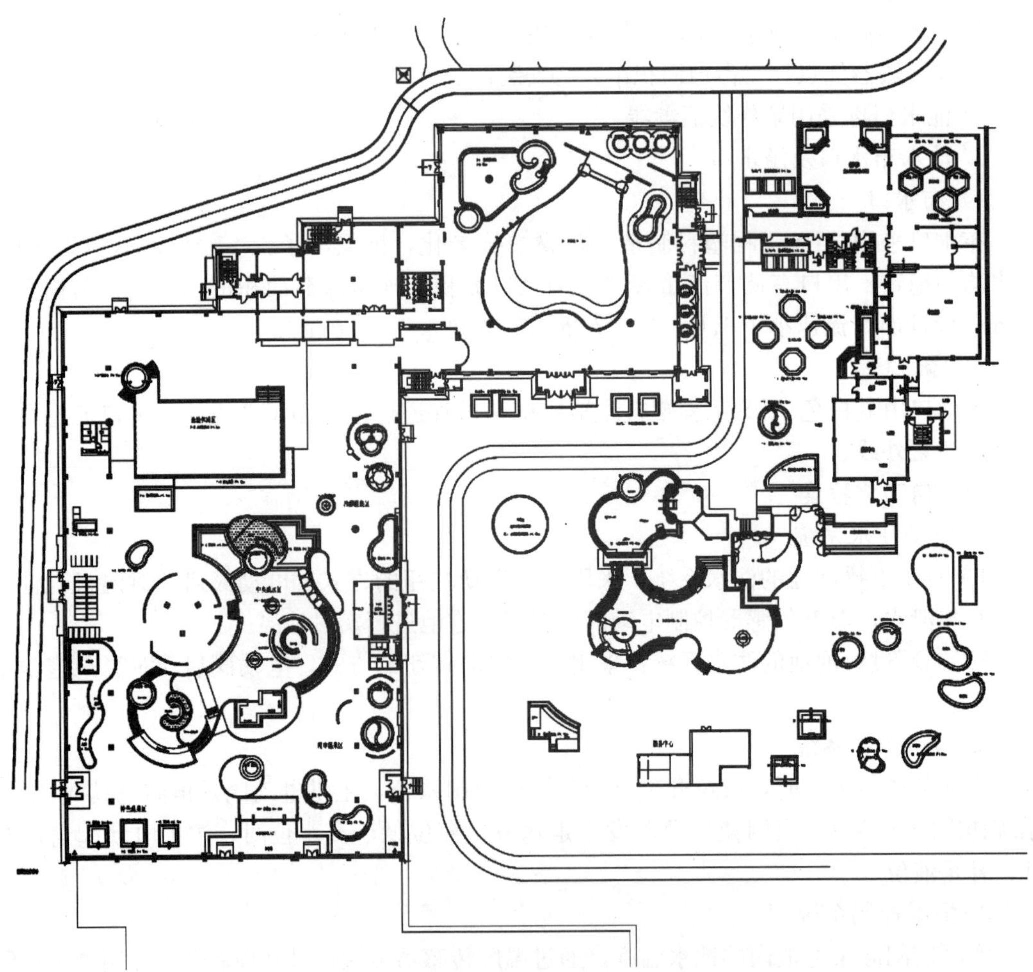

图 25.5.6-1 温泉水泡池平面布局

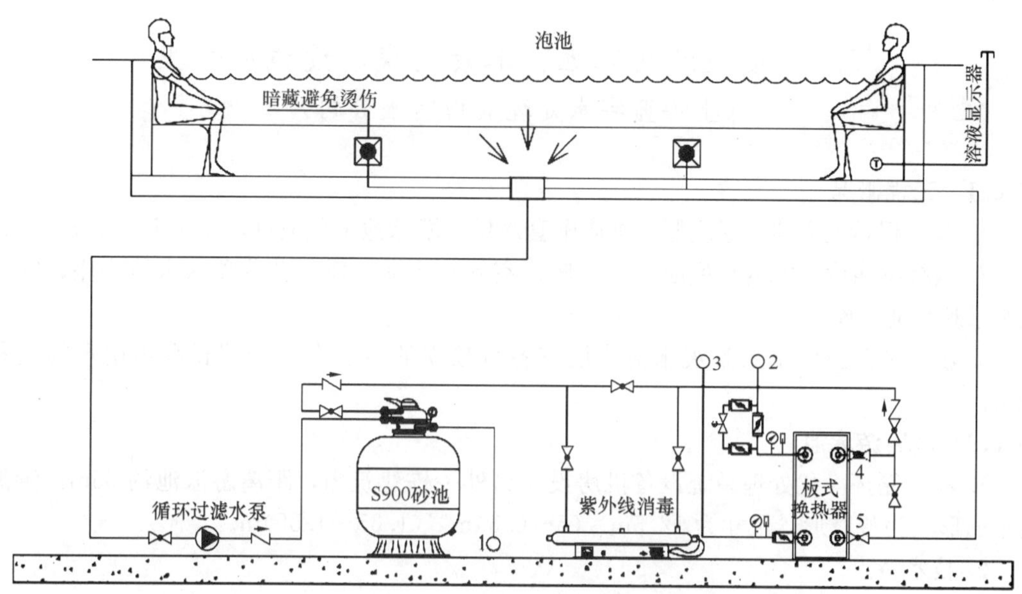

图 25.5.6-2 池水循环净化处理流程示意

25.5.7 工程图片

25.6 度假酒店泳池、水景及戏水设施水处理

（上海蓝宇水处理股份有限公司）

25.6.1 工程概况

1. 本工程是上海迪士尼度假一酒店配套水景、游泳池工程项目，2016 年 1 月建成。

2. 围绕酒店设有室内小型游泳池一座、室外戏水池一座、莲花喷水水池一座、跌落式水景观水池一座。

3. 游泳池及三座水景景观水池均设有各自独立的池水净化处理和水景用水的设备机房。

25.6.2 酒店游泳池

1. 池水循环净化处理系统设备机房设在另外一栋建筑内，距离游泳池约 35m；游泳池平面形状为腰肢形，尺寸为 12.5m×(5～6.5)m×(1.35～1.55)m。

2. 技术特点

1）池水采用非常规池水混流式循环方式：

（1）游泳池采用池壁进水方式；

（2）溢水回水采用撇沫器回水，6.8m^3/h；

（3）池底回水口回水量 27.2m^3/h。

2）池水循环水泵采用立式防阻塞涡轮液下泵。

3）设计参数

（1）水质采用行业标准《游泳池水质标准》CJ 244—2007 规定；

（2）池水循环周期 T=4h；石英砂过滤器过滤速度 18m^3/h；

（3）池水采用全自动臭氧消毒辅以次氯酸钠液体长效消毒，并设在线实时水质监控装置；

（4）池水水温为 28℃±1℃，初次加热时间 24h，池水采用板式水一水换热器；热媒为高温热水，由全自动温度控制仪控制池水“恒温”；

（5）池水原水为城市自来水，通过均衡水池补水和充水，均衡水池设有 4 点开关的电子液位计。

4）游泳池池水净化处理工艺流程详见图 25.6.2。

25.6.3 水景景观水池

1. 水质标准按《地表水环境质量标准》GB 3838—2002 执行。

2. 景观水池设有池水循环净化处理系统和景观造景用水功能循环给水系统。

1）原水为园区灌溉用水：水景造景用水为景观水池池水；

2）净化水设备采用生物过滤器，造景功能循环用水增设旋转过滤器对造景用水进行再次净化；

3）池水采用吸流式循环方式，池壁进水口为特色进水口（补充这种进水口的作用），池水循环周期 T=2h。

4）生物过滤器内置紫外灭菌装置，pH 值调整剂投加装置单独设置。

3. 跌水、喷水景观水池（位于酒店入口处）池水净化处理及造景用水工艺流程图，

详见图 25.6.3-1。

4. 莲花水景池

1）水质按行业标准《游泳池水质标准》CJ 244—2007 设计；

2）池水采用顺流式循环方式，池水循环周期 $T=2h$；

3）池水过滤采用石英砂过滤器，过滤速度为 $5m^3/h$；水景采用 $5m^3/h$ 旋转过滤器；

4）池水原水为城市自来水，池水采用全自动次氯酸钠溶液消毒系统，设有在线实时水质监测，水景用水为池水；

5）戏水区池水循环净化处理工艺流程图详见图 25.6.3-2。

6）水景循环给水管详图，详图 25.6.3-3。

25.6.4 戏水区

1. 戏水区为互动水景，包括：①20 座地面跳泉；②一个小猪造型喷泉；③2 座蚂蚁山组合互动喷泉等组成。

2. 由以下系统组成：

1）池水循环净化处理系统包括：①循环水泵；②石英砂过滤器；③中压紫外线消毒；④自动化学药品溶液投加装置；⑤水质自动监测；⑥系统控制。

2）互动水景喷泉循环水系统包括：①流量分配调节及流量仪；②压力调节阀组；③流量、压力超限保护系统。

3）互动喷水系统包括：①喷水喷头；②喷射效调节阀组；③喷头开关；④喷头回水管和喷射程序控制系统。

4）互动水景循环管系统包括：①设备机房内管道；②室外埋地管道；③戏水区内供水总管及末端喷头和组件。

5）互动水景给水排水系统包括：①平衡水箱和水箱液位仪；②水箱自动补水和溢流系统；③水箱排水泵和控制系统；④机房内管道系统和排水系统。

3. 设计技术参数：

1）池水原水和使用过程中的补充水采用城市自来水，水质应符合现行国家标准《生活饮用水卫生标准》GB 5749 要求。

2）池水循环周期 $T=15min$；循环水泵采用立式防阻塞涡轮液下泵，并配变频控制装置；水泵为一用一备，互为备用。

3）过滤器采用玻璃纤维外壳，过滤速度不大于 25m/h；反冲洗强度为 $13\sim15L/(s\cdot m^2)$。

4）紫外线消毒器为进口产品，照射强度不应小于 $40mJ/cm^2$，配带紫外线灯管自动冲洗及照射强度监控仪，设备应具有 NSF 和 UL 认证。

5）长效消毒剂为次氯酸钠溶液，水景喷头余氯量控制在 0.5～1.0mg/L 范围内。

6）pH 值调整剂采用稀盐酸，池水 pH 值控制在 7.2～7.6 之间。

7）池水净化处理系统的水质、水流和水压均采用全自动监控，运行参数、报警信号均上传至 BAS 系统。

8）喷头喷水均为程序控制器控制，但每个喷头应能实现独立控制，且相互不干扰，喷头控制阀应具有 UL 认证。

9）机房内循环水管采用耐压 1.60MPa 的 UPVC 塑料管；室外埋地管采用耐压 1.25MPa 的 HDPE 塑料管；冷雾系统采用耐压为 12MPa 的不锈钢管。

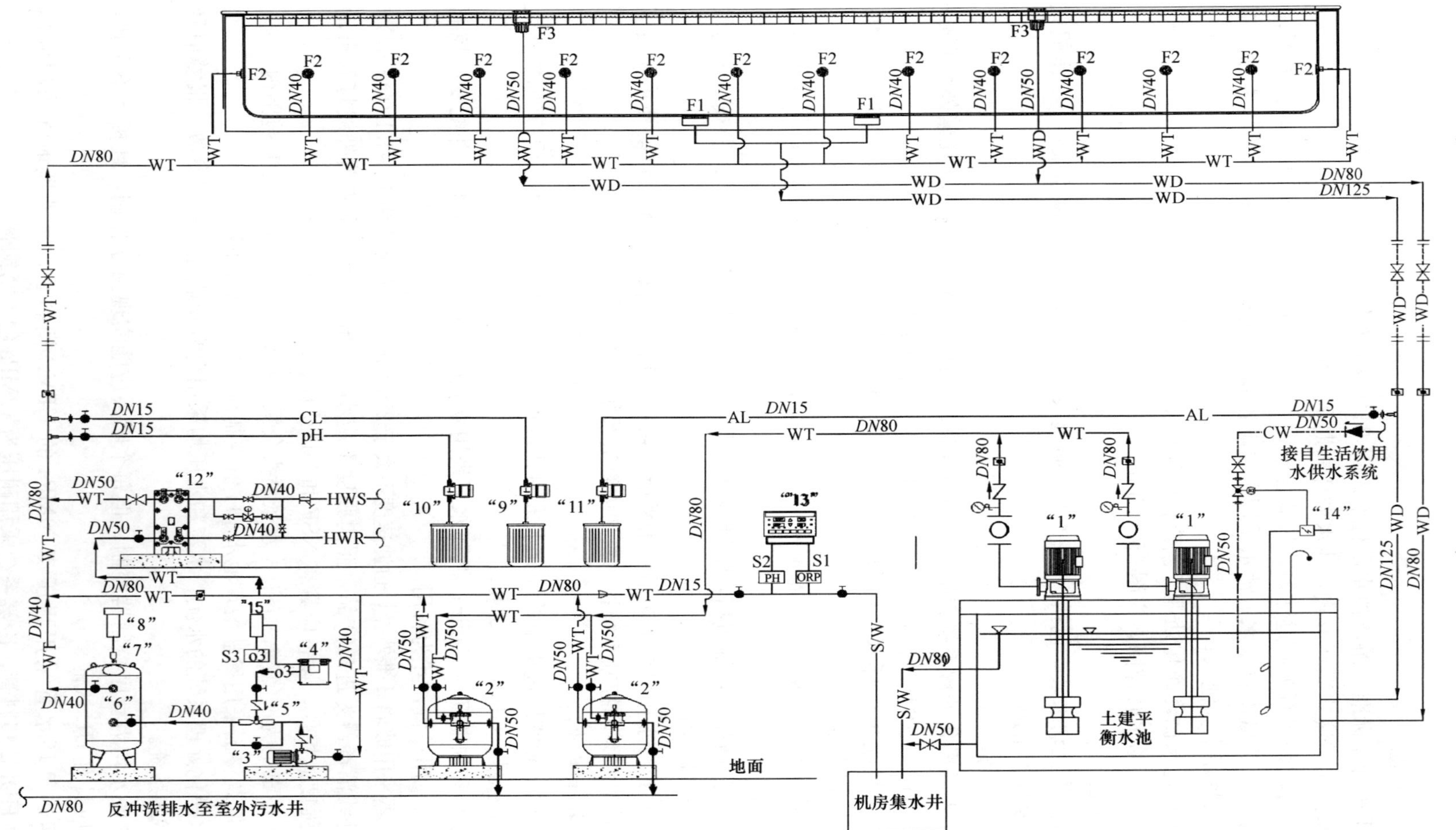

图 25.6.2　游泳池池水净化处理工艺流程示意

说明：1—池水循环水泵；2—石英砂过滤器；3—投加臭氧增压泵；4—臭氧发生器；5—水射器；6—臭氧接触反应塔；7—臭氧尾气脱气组件；8—臭氧尾气分解吸附装置；9—长效消毒剂投加装置；10—pH 值调整剂投加装置；11—混凝剂投加装置；12—板式水—水换热器；13—水质监控仪；14—电子液位计；15—臭氧泄漏警报仪；16—机房集水泵坑

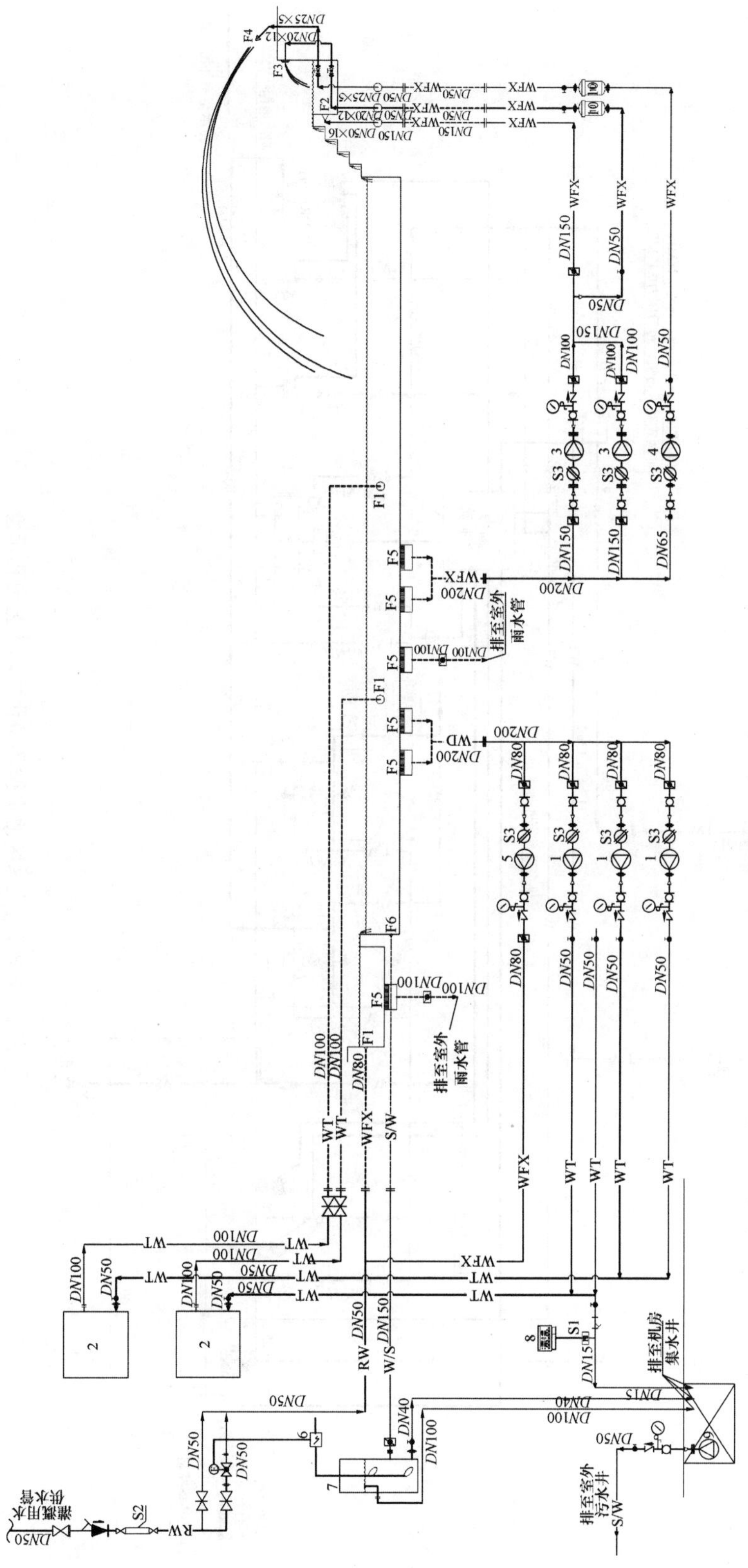

图 25.6.3-1 跌水、喷水景观水池水净化及造景用水工艺流程示意

说明：1—池水循环水泵；2—生物过滤器；3—跌水造景循环水泵；4—喷水造景循环水泵；5—跌水造景循环水泵；6—电子液位仪；7—平衡水箱；8—pH值检测仪；9—排水泵；10—旋转过滤器；F1—特色池壁进水口；F2—出水口；F3—池壁喷水口；F4—直流喷水口；F5—主排水口；F6—特色池壁进水口；S1—pH值探头；S2—水表；S3—毛发聚集器

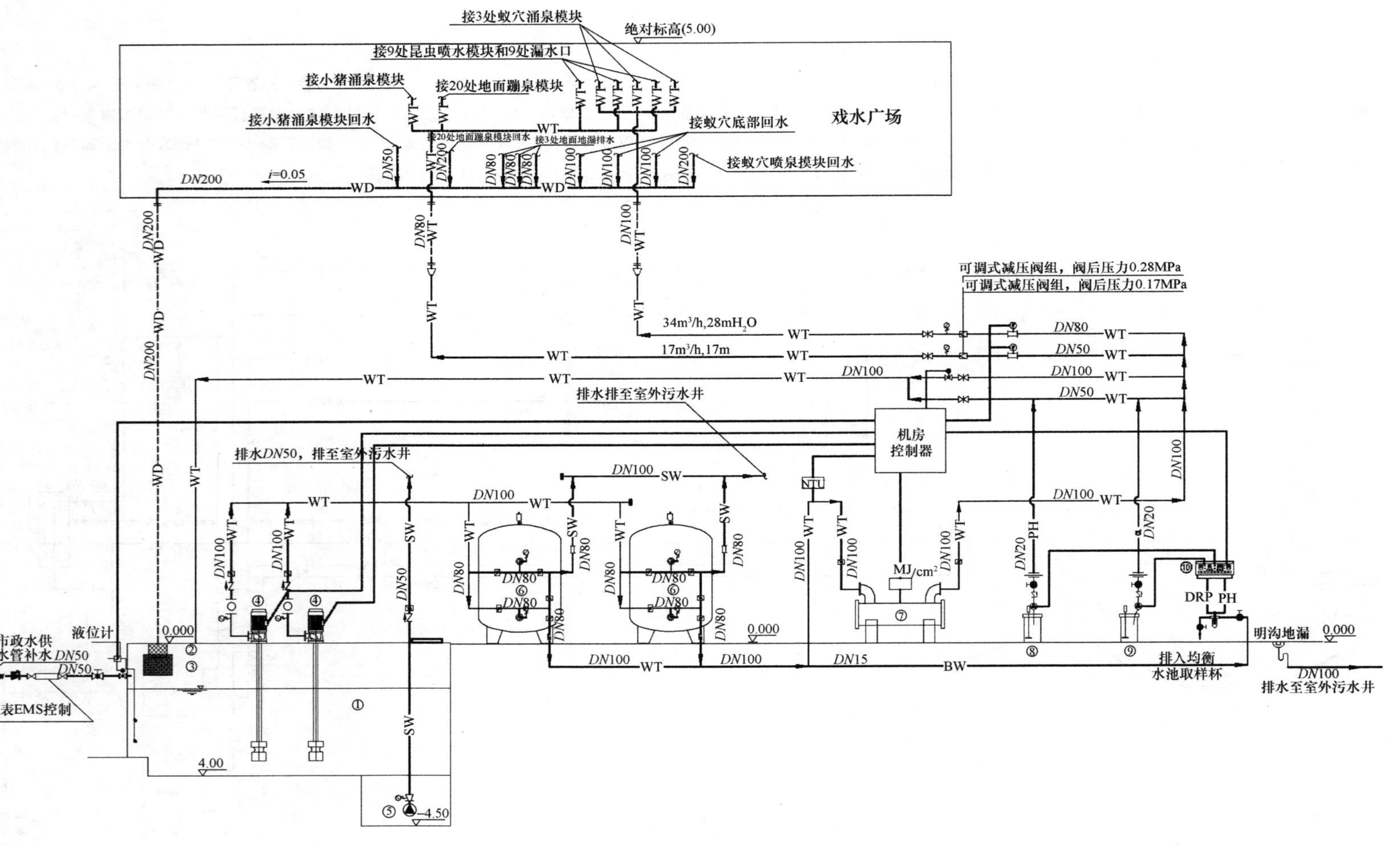

图 25.6.3-2 戏水区池水循环净化处理工艺流程示意

说明：1—均衡水箱；2—初级不锈钢滤网；3—次级不锈钢滤网；4—水景循环水泵；5—水箱排水泵；6—石英砂过滤器；7—中压紫外线消毒器；8—变频控制消毒装置；9—变频控制 pH 值调整剂投加装置；10—水质监测仪

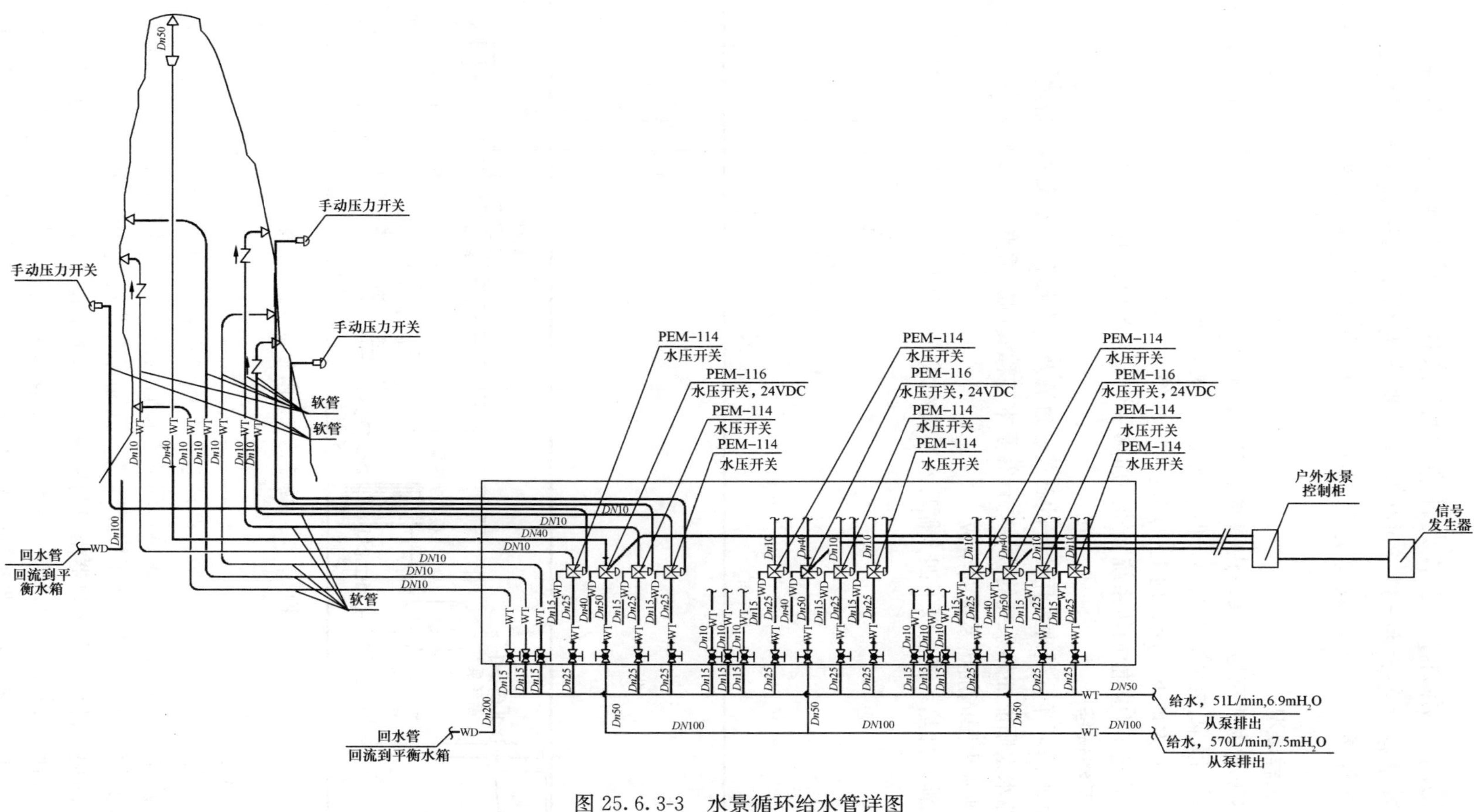

图 25.6.3-3 水景循环给水管详图

25.7 游泳池池水太阳能加热系统设计与计算工程实例

（本实例摘自《给水排水》2009 年第 3 期水浩然“游泳池水太阳能加热系统设计与计算”一文，编者为了与手册很好的融合，对该文进行重新编排）

25.7.1 工程概况

1. 本工程为北京地区某室内温水游泳池。游泳池基本尺寸为 50m×12.5m×(1.2～1.8)m，采用太阳能对池水加热，但应满足春、夏、秋三个季节的用热需要。

2. 本工程为地下一层、地上一层的两层建筑，太阳能集热器放在屋面上，池水循环净化处理系统和太阳能加热系统、辅助加热系统等设备放在地下一层。

25.7.2 系统选择

1. 池水循环净化处理采用传统的石英砂过滤及消毒设备，本文不再赘述。

2. 池水太阳能加热系统的设计与计算是本工程实例的重点。

1）池水太阳能加热系统的组成。

太阳池水加热系统由以下四个循环水系统组成，详见图 25.7.2。

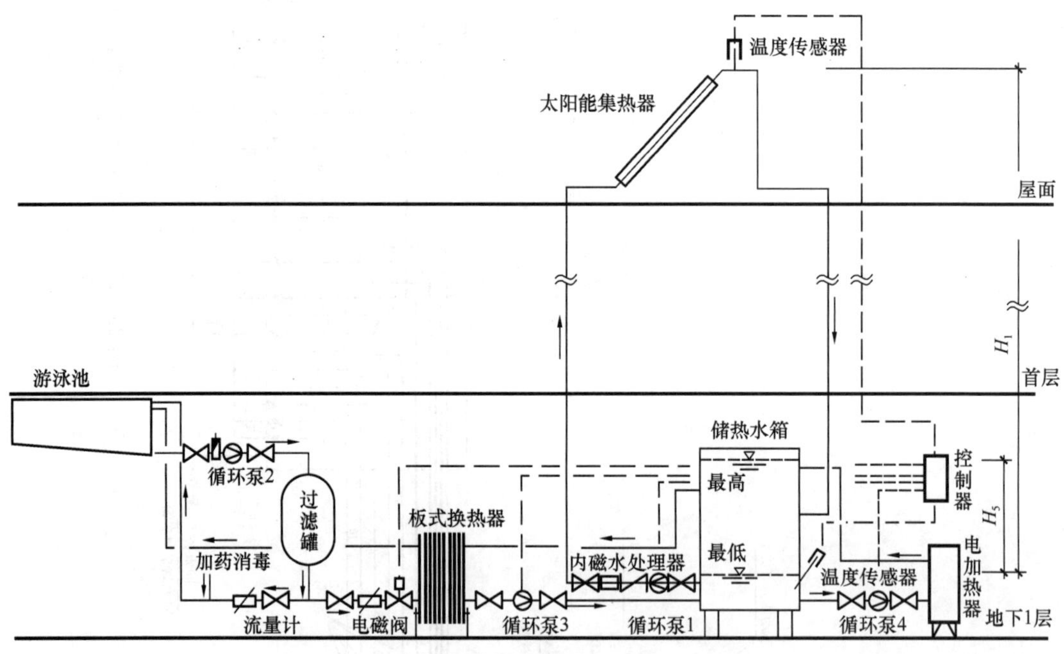

图 25.7.2 游泳池水太阳能加热系统示意

(1) 循环一：

由太阳能集热器、储热水箱、循环泵 1 及相应管道、阀门组成。经太阳能集热器加热的水从集热器上部流出，由各集热器间的连接管收集后流入储热水箱的上部，储热水箱下部温度较低的水由循环泵 1 加压后经输送、分配管道进入太阳能集热器再次加热，完成太阳能对水的加热过程。在集热器出口与储热水箱靠下部位分别设置温度控制器，两者的温度信号传送到系统控制器内，当二者温差大于设置值（一般设定为 5～10℃），控制器控制循环泵 1 开启，将集热器收集到的热量传输到水箱；当二者温度差小于设定值时（一般为 2～5℃），循环泵 1 停止工作，从而保持储热水箱内的水温。

（2）循环二：

由游泳池负责水质处理的循环泵 2、过滤罐、板式换热器、电磁阀及相应管道、阀门组成，游泳池需要循环处理的水先通过毛发聚集器去掉毛发，由循环泵 2 加压后通过过滤罐去除悬浮固体颗粒与杂质后，分两部分前行，其中 75%～80%的水再经过加药消毒后流回游泳池，而 25%～20%的水则通过板式换热器加热后流入游泳池与未加热的水混合，被加热部分循环水的水温不宜超过 40℃。在过滤罐出口分别至游泳池与板式换热器的管道上均设置流量计或水表，以方便控制与调节两管道内的流量比例。

（3）循环三：

由储热水箱、板式换热器、循环泵 3 及相应管道、阀门组成。它是将太阳能系统产生的 50～55℃的热水作为热媒对游泳池水进行加热。系统控制器同时也对循环泵 3 和循环二中的电磁阀进行控制，一旦温度控制器测到储热水箱的水温低值 45℃时，由于换热效果已很差，会自动关闭循环泵 3 与电磁阀，停止对游泳池水的加热，当储热水箱内水温恢复到 50℃以上时，再恢复对游泳池水加热。

（4）循环四：

辅助热源加热时使用的循环，当冬天及阴雨天气、太阳能热水系统能效较差时才使用。它是由储热水箱、循环泵 4、电加热器（亦可为其他热源）及相应管道、阀门组成。在采用辅助热源加热时，当储热水箱内的水温已达到设定水温时，水温通过控制器使循环泵 4 和电加热器停止运转，待储热水箱水温降到设定的低水温时，再自动开启电加热器和循环泵 4。

25.7.3 设计计算

1. 基本参数

1）池水采用顺流式循环方式，每日开放 12h（10：00～22：00）。

2）池水设计水温 t_r=26℃，冷水计算温度 t_r=10℃，室内计算温度 25℃，相对湿度 60%，泳池表面风速 v_w=0.3m/s。

3）池水循环周期 T_ρ=6h，水的比热 C=4.187k/(kg·℃)，水的密度取 ρ=1kg/L。

4）新鲜水补水量取池容积 5%，补充新鲜水水温 t_1=12℃，则 q_b=46.88m³/d。

5）北京地区：P_b=3359.7Pa、P_q=1893.1Pa、B=101325Pa、B'=102000Pa。

2. 池水循环流量（q_c）按本手册第 13 章规定的公式进行计算：

池水容积：50×12.5×(1.2+1.8)/2=937.5m³

池水循环周期：T_p=6h

容积附加系数 α_{ad} 取 1.05。

则 $q_c=\dfrac{1.05\times937.5}{6}=164\text{m}^3/\text{h}$

3. 池水总需热量计算：

1）池水表面蒸发热量按本手册第 13 章规定的公式计算得：

$$Q_s=\frac{1}{133.32}\times1\times2438.9(0.0174\times0.3+0.0229)(3359.7-1893.1)(50\times12.5)\frac{101325}{102000}$$
$$=468072\text{kJ/h}$$

2）池壁、底、表面管道和设备等传导热损失按《游泳池给水排水水技术规程》CJJ 122—2008 第 7.2.3 条规定计算：

$$Q_2=0.2Q_s=0.2\times468072=93614\text{kJ/h}$$

3）补充新鲜加热所需热量按本手册第 15 章规定的公式计算得：

$$Q_b=\frac{4.187\times46.88\times1\times(26-12)}{12}=114305\text{kJ/h}$$

4）泳池正常运行所需总热量为：

$Q=Q_s+Q_c+Q_b=468072+93614+114305=675991\text{kJ/h}$

4. 间接式加热设备计算

1）从换热效率和节约建筑面积考虑，本设计选用板式换热器。

2）本工程采用分流量加热方式，被加热水量取循环水量的 20%，则被加热量水量为：

$$q_b=0.2\times164=32.8\text{m}^3/\text{h}=32800\text{L/h}$$

3）被加热循环水量在换热器进、出口的温度差按本手册第 15 章规定的公式计算：

$$\Delta T_h=\frac{678991}{4.178\times1\times32800}=4.92℃$$

4）加热后的水温 $t'_r=26+4.92=30.92℃$，满足《游泳池给水排水工程技术规程》CJ 1122—2008 的要求，本工程取 $t'_r=31℃$。

5）太阳能集热器集热取得的太阳能热水进、出换热器的温差，取决于太阳能集热器的集热效率，据有关资料介绍，一般取 $t_{max}=55℃$ 与 $t_{min}=45℃$，则间接加热换热器的计算温度为：

$$\Delta T_1=\frac{55+45}{2}-\frac{26+31}{2}=21.54℃$$

6）计算换热器面积按第 15 章规定的公式计算：

取 $K=2500\text{W}/(\text{m}^2\cdot℃)$，$\varepsilon=0.75$，附加系数取 1.1

$$F=1.2\frac{675991}{3.6\times0.75\times2500\times21.54}=5.11\text{m}^2$$

25.7.4 间接式太阳能加热系统计算

1. 太阳能集热器面积按下式计算：

$$F_{in}=F_c\left(1+\frac{\delta F_c}{KF_{gx}}\right) \tag{25.7.4-1}$$

$$F_c=\frac{W_d f}{J_T\eta_{cd}(10\eta_L)} \tag{25.7.4-2}$$

$$W_d=24Q$$

式中：F_{in}——采用间接加热时，太阳能集热器所需面积，m^2；

δ——太阳能集热器总热损系数，$\text{W}/(\text{m}^2\cdot℃)$；具体取值要根据集热器产品的实测结果而定，无资料时可参考如下取值：平板型集热器取 4～6 $\text{W}/(\text{m}^2\cdot℃)$；真空管集热器取 1～2 $\text{W}/(\text{m}^2\cdot℃)$；本工程选用真空管集热器，取 $\delta=1.5$；

F_c——直接加热的太阳能集器面积（m^2）按公式（25.7.4-2）计算；

K——传热系数，取 $K=2500\delta$；

F_{h1}——板式换热器面积，由前知，F 为 5.11m^2。

W_d——游泳池水加热全日所需热量，(kJ/d)；

f——太阳能保证率，（%），根据本手册表北京为太阳能资源较高地区，取 $f=55\%$；

J_T——太阳能集热器采光表面平均日太阳辐照量，kJ/(m^2·d)；

η——管路及储水箱的热损失率，一般取 0.2～0.3，对于管路短，保温好的系统，可取 0.2。本工程取 $\eta_c=0.2$；

η_{cd}——太阳能集热器全日集热效率，具体取值根据集热器产品的实际测试而定，一般取值范围 0.25、0.5；对于质量好的产品可达 0.1、0.15。本工程取 $\eta_{cd}=0.45$。

由附录知北京地区春、秋季 4、5、9、10 月份纬度倾角度时，月平均日辐照量（J_T）见表 25.7.4。

北京地区月平均日照量（MJ/(m^2·d)） **表 25.7.4**

月份	4	5	9	10
J_T	18.205	18.416	17.481	17.006

4 个月的平均日辐照量：$J_T=17777$kJ(m^2·d)

则：$F_C=\dfrac{24\times675991\times0.6}{17777\times0.45\times(1-0.2)}=1394\text{m}^2$

∴ $F_m=1394\left(1\times\dfrac{1.5\times17777}{2500\times5.11}\right)=1622\text{m}^2$

2. 换热器平面布置。

1）某厂每组太阳能集热器面积为 3.2m^2。集热器分两大片并联设置，每片 17 行，每行 15 组，共 510 组真空管集热器，总采光面积 $F_{总}=510\times3.2=1632\text{m}^2$，大于计算值，可满足使用要求。

2）每组集热器尺寸为 2.16m×1.74m，安装倾角采用 40°，根据集热器高度，采用前后排间距为 2.1m，则需占用屋面面积约 4220m^2。

3）集热器布置方案如图 25.7.4 所示。

3. 储热水箱有效容积 V_E 按下式计算：

$$V_E=\frac{W_T}{C\rho\Delta t_m} \tag{25.7.4-3}$$

$$W_T=QT_T \tag{25.7.4-4}$$

式中：V_E——储热水箱的有效容积（L）；

W_T——储热水箱的储热量（kJ）；

Δt_m——太阳能热水温度与游泳池水温的温差（℃），储热水箱水温取 55℃，游泳池水温为 26℃，$\Delta t_m=55-26=29$℃；

T_T——储热水箱的储热时间，h。根据《民用建筑太阳能热水系统应用技术规范》，公共建筑以高温水为热媒时，太阳能间接加热系统储热水箱的储热量可取 60min 的 Q，这对于游泳池水加热而言显然储热量偏少。考虑到游泳池水需持续加热，但在白天可以为边辐照边加热池水的情况时，建议将无阳光辐

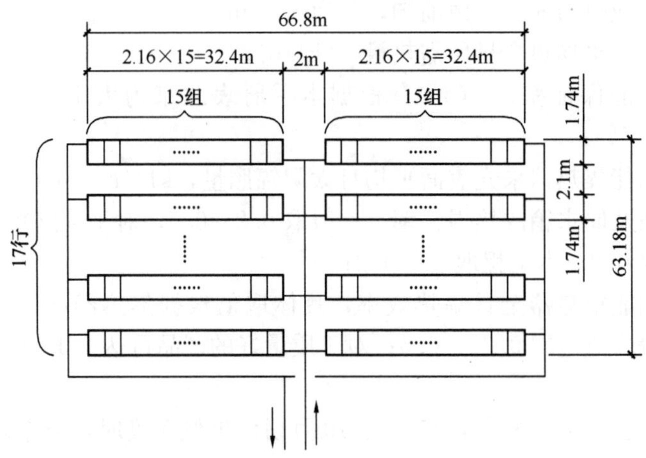

图 25.7.4 太阳能集热器平面布置示意

照时游泳池散热量储存于储热水箱内，即 T_T 可取一天中无阳光辐射的时间。查气象资料，北京地区春秋季的阳光平均日辐照时间为：4 月：8.66h，5 月：9.41h，9 月：8.00h，10 月：8.34h，故取 $T_T=24-8.5=15.5(h)$。

其他符号意义同前。

则：$W_T=15.5\times657991=10198860.5$

$$V_E=\frac{10198860.5}{4.178\times1\times29}=84175$$

储热水箱选用不锈钢材质，尺寸为 10m×4m×2.5m，水深 2.2m，实际有效容积 88m³。

25.7.5 太阳能集热循环水泵的选用

1. 循环水泵流量按下式计算：

$$q_{cc}=0.015F_m \tag{25.7.5-1}$$

式中：q_{cc}——循环水泵流量（L/s）；

F_m——间接换热系统集热器面积（m²），由上计算知：$F_m=1622m^2$

$$q_{cc}=0.015\times1622=24.33L/s=87.6m^3/h$$

2. 循环泵 1 扬程按下式计算：

$$H_{sc}=1.1\times0.0098(H_1+H_2+H_3+H_4) \tag{25.7.5-2}$$

式中：H_{sc}——循环泵 1 扬程，（MPa）；

H_1——储热水箱最低水位至太阳能集热器出口最高点的高差，m，$H_1=12.3m$。由图 25.7.5 曲线，当流量为 $0.015\times3.2=0.048$(L/s) 时，水流经每组集热器的阻力损失为 1.3kPa，每行 15 组集热器的总阻力损失 $H_2=19.5kPa\approx1.95m$；

H_2——水通过太阳能集热器时的水头损失，（m）；集热器的阻力应按照产品厂家提供的压力降测试曲线确定；在厂家未提供实测数据时，单组集热器的水头损失可依据图 25.7.5 曲线取得；

H_3——循环管道内沿程水头损失（m）；

H_4——循环管道内局部水头损失(m)，一般取 $H_4=0.2H$。

从储热水箱至集热器的管道采用PP-R给水塑料管，通过水力计算得 $H_3+H_4=20.5$m。

则 $H_{sc}=1.1\times0.0098(12.3+1.95+20.5)=0.375$MPa

3. 间接加热换热器热媒部分循环泵3的流量按下式计算：

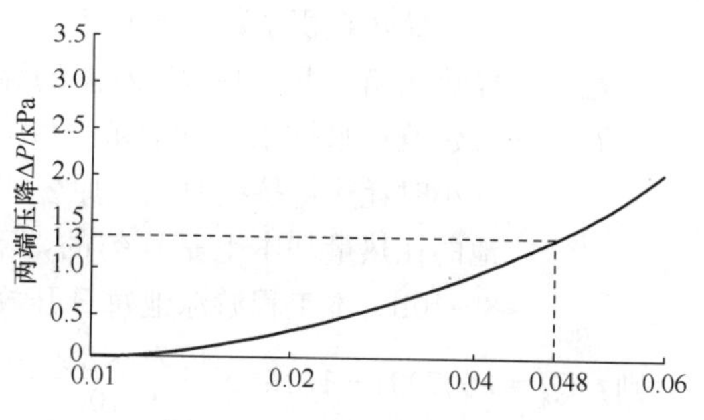

图25.7.5 集热器阻力曲线

$$q_{hc}=\frac{Q}{3600\Delta t_n\rho c} \tag{25.7.5-3}$$

式中：q_{hc}——热媒（太阳能热水）循环流量（L/s）；

Q——游泳池水加热所需热量（kJ/h）；

Δt_n——换热器热媒进、出口的初温与终温的温差，一般取值5～10℃，换热器性能高取高值，本工程取 $\Delta t_n=10$℃；

其余符号意义同前。

$$q_{hc}=\frac{675991}{3600\times10\times1\times4.178}=4.48\text{L/s}=16.14\text{m}^3/\text{h}$$

4. 循环泵3扬程按下式计算：

$$H_{hc}=1.1\times0.0098(H_5+H_6+H_7+H_8) \tag{25.7.5-4}$$

式中：H_{hc}——循环泵3扬程，(MPa)；

H_5——储热水箱最高、最低水位的高差（m），根据所选定的水箱，$H_5=2$m；

H_6——水通过换热器时的水头损失（m），对于水-水交换的板式换热器可取0.03～0.05MPa，本工程取 $H_6=5$m；

H_7——循环管道沿程水头损失，(m)；

H_8——循环管道局部水头损失，(m)，一般取 $H_8=0.2H_7$。

板式换热器与储热水箱同在设备间，管道短，取 $H_6+H_7=2$m。

则：$H_{hc}=1.1\times0.0098\ (2+5+2)=0.0972$MPa

25.7.6 辅助热源的选用与计算

太阳能热水系统常用的辅助热源种类有蒸汽或热水、燃油或燃气、电、热泵等。由于游泳池的循环水处理加上太阳能加热设备系统比较庞大，故对中、小型游泳池，在电源供应充足的地方，建议采用新型电能水加热装置（旋转电磁热机、光电供热炉、液流热能发生器），对于减少投资、节省占地来说是合理的。此时，辅助加热设备的供热水箱仍利用太阳能系统的储热水箱。

1. 辅助热源的设计小时供热量下式计算：

$$Q_g=\left(Q-1.163\times\eta\frac{V_E}{T_f}\Delta t_m\rho\right)\frac{1}{3.6} \tag{25.7.6-1}$$

式中：Q_g——辅助热源设计小时供热量（W）；

Q——游泳池水加热所需热量（kJ/h）；

V_E——储热水箱有效容积（L），由前计算知 $V_E=88\text{m}^3$；

η——有效储热容积系数，取 0.75～0.85；

Δt_m——储热水箱水温与游泳池水温的温差，℃，由前计算知 $\Delta t_m=29$℃；

T_f——《建筑给水排水设计规范》GB 50015—2003，对于生活热水而言，T_f为设计小时耗热量持续时间，原公式一般取值 2～4h。用于游泳池后，由于游泳池的耗热量基本上是均匀的，不应是 2～4h，宜取游泳池的开放时间，即 8～10h。本工程游泳池每日开放 10h。

则：$Q_g=\left(657991-1.163\times\frac{0.75\times88000}{10}\times29\times1\right)\frac{1}{3.6}=125942\text{W}$

2. 本工程选用旋转电磁热机电能水加热器所需功率按下式计算：

$$P=\frac{Q_g}{1000\eta'} \tag{25.7.6-2}$$

式中：P——电能水加热装置所需功率（kW）；

η'——电能水加热装置的热效率，可取 95%～97%，本工程取 $\eta'=96\%$。

$\therefore\quad P=\frac{125942}{1000\times96\%}=131.2\text{kW}$

3. 辅助热源加热循环泵 4 选用

1）循环泵 4 流量

$$q_{EC}=\frac{Q_g}{3600\Delta t_m\rho c} \tag{25.7.6-3}$$

式中：q_{EC}——辅助加热装置循环泵流量（L/s）；

Q_g——辅助热源设计小时供热量（kJ/h），注意单位换算 1W=3.6kJ/h；

其他符号意义同前。

循环泵 4 在运行中，除去水箱的最高、最低水位高差 H_5外，克服的水流通过电能水加热装置与管道的阻力都较小，循环泵 4 的扬程可控制在 5～10m 范围内。

$$q_{EC}=\frac{125942\times3.6}{3600\times29\times1\times4.187}=1.04\text{L/s}=3.74\text{m}^3/\text{h}$$

2）扬程取值与循环泵 3 相近，取 0.1MPa 即可满足要求。

4. 在上述算例中，室内游泳池要达到在春、秋季加热效果而需采用的太阳能系统集热器面积 1622m²是根据公式计算出来的，占地面积将达到 4220m²。现场屋面要解决这样大的摆放面积困难很大，往往无法满足。另外，算例中要配置的太阳能热水系统设备估算约为 237 万元，也是不小的投资。虽然这笔投资大致在 8～10 年得到回收，但作为初期投资还是很大的。鉴于以上原因，最终太阳能热水系统的规模要各专业相互配合，并根据业主的投资能力等综合考虑后才能确定。

25.8 塑料太阳能集热器（板）应用工程实例

（戴思乐科技集团有限公司提供）

25.8.1 工程概况

南平铝厂位于福建省中部地区南平市工业路65号，厂内游泳馆配置有一个标准游泳池及一个戏水池。标准游泳池：长50m，宽25m，泳池浅水区水深为1.4m，泳池深水区水深为2.2m，池水面积为1250m²，池水体积为2250m³；戏水池：长25m，宽7.5m，戏水池池水均深为0.6m，池水面积为187.5m²，池水体积为112.5m³。两池连通，则池水总面积为1437.5m²，池水总体积为2362.5m³。

该游泳馆一面靠山。游泳馆室内主体结构采用钢架结构，靠山面为砖砌围护结构，屋顶采用轻质彩板钢瓦弧形结构，屋面设有多处自然通风孔，游泳馆的层高自地面至屋顶平均为13m。该游泳馆四周无高大建筑。该游泳馆不仅对厂内职工和家属开放，也对公众开放并承接市级比赛及培训。馆内设有大型更衣室、洗脚池、淋浴等设施。该馆建成投入使用后，极大地满足了地区比赛和体育锻炼的需要。考虑到游泳池年使用时间延长的要求，厂领导决定增加池水加热设备。经技术考察和研究，确定用美国希力克泳池专用太阳能加热方案，一方面可以满足使用要求，另一方面又达到节能减排目的，以便收到较好的经济效益和社会效益。

25.8.2 方案设计

1. 当地气象参数

南平市地处：北纬26.6°，东经118.2°，海拔高度84.0m，当地年平均大气压为100450Pa，其气象参数见表25.8.2-1、表25.8.2-2。根据本手册附录B附表B我国太阳能资源分区及分区特征可知，南平属于太阳能资源一般区。

南平区近几年年平均气温（℃） **表25.8.2-1**

月份	1	2	3	4	5	6	7	8	9	10	11	12
平均气温	9.70	12.80	15.20	20.30	24.00	26.70	29.70	29.00	26.50	21.50	16.80	11.20
注：本表数据由南平市气象服务中心提供。												

南平区近几年年平均日照时数（h） **表25.8.2-2**

月份	1	2	3	4	5	6	7	8	9	10	11	12
平均日照时数	96.0	96.0	110.0	132.0	135.0	166.0	265.0	209.0	179.0	189.0	132.0	127.0
注：本表数据由南平市气象服务中心提供。												

2. 游泳池设计参数

游泳池设计参数：池水温度为26℃±1℃，补水温度为13℃，每天补水量为泳池的5%；室内环境计算参数为：室内温度为28℃，相对湿度65%。

25.8.3 太阳能设备选型要求

要求系统采用自动控制，因屋面结构、面积和承重荷载所限（为3～8kg/m²），以及泳池水具有较强腐蚀性的特点，而且南平地区处于台风地带。为此，太阳能集热板必须满足质轻且防腐抗风等特殊要求。经综合评价，采用国际通用的无盖型非光滑材质泳池专用太阳能集热板。

游泳池总需热量计算

根据《游泳池给水排水工程技术规程》CJJ 122—2017 的要求，游泳池热损失包括水面蒸发热损失 Q_s，池水表面、池底、池壁、管道和设备等传导所损失的热量 Q_c，以及补水加热所需要的热量 Q_b。经计算，热损失数据如表 25.8.3 所示：

1）水面蒸发热损失：

$$Q_s = \frac{\rho\gamma(0.0174v_w + 0.0229)(P_b - p_q)A_s B/B'}{\beta} \tag{25.8.3-1}$$

式中：Q_s ——游泳池池水表面蒸发损失的热量（kJ/kg）；

β——压力换算系数，取 133.32Pa；

ρ——水的密度，取 1000kg/m^3（1kg/L）；

γ——与游泳池池水温度 26℃相等的饱和蒸汽的蒸发气化潜热（2438.93kcal/kg）；

v_w ——游泳池池水表面上的风速（m/s），按下列规定采用：（取 0.2m/s）室内游泳池：0.2～0.5m/s；室外游泳池：2～3m/s；

P_b——与游泳池池水温度 26℃相等时的饱和空气的水蒸气分压力（取 3356.64Pa）；

P_q——游泳池的环境空气（28℃）的水蒸气分压力（取 2453.1Pa）；

A_s——游泳池的水表面面积（1250+187.5=1437.5m^2）；

B——标准大气压力（100000Pa）；

B'——当地大气压力（101380Pa）。

所以：Q_s =620352kJ/h=620352/3600=172.32kW

2）池水水表面、池底、池壁、管道和设备等传导所损失的热量：

$$Q_c = 0.15Q_s = 0.15\times620352 = 93052.8\text{kW}$$

根据 CJJ 122—2017 池水水表面、池底、池壁、管道和设备等传导所损失的热量，按游泳池水表面蒸发损失热量的 20%计算，根据当地气候条件，本工程取 Q_c=0.15Q_s。

3）游泳池补水加热所需要的热量：

$$Q_b = \frac{\rho V_b c(T_d - T_f)}{t_h} \tag{25.8.3-2}$$

式中：Q_b ——游泳池补水加热所需要的热量（kJ/h）

ρ ——水的密度，取 1000kg/m^3（1kg/L）；

V_b ——游泳池新鲜水补充量（2362.5×5%=118.125m^3/d）；

c ——水的比热（4.187kJ/(℃·kg)）；

T_d ——游泳池的池水设计温度（26℃）；

T_f ——游泳池补充新鲜水的温度（13℃）；

t_h——加热时间（按10h计算）。

所以：Q_b＝267902.5kJ/h＝267902.5/3600＝74.4kW

4）游泳池总能耗如表25.8.3-3所示

游泳池能耗分析　　　　**表25.8.3**

热量项目	Q_s	Q_c	Q_b	总计
能耗（kJ/h）	620352	93052.8	267902.5	981307.3

根据计算得知：在室内满足温度为28℃，相对湿度65％的参数时，要维持游泳池一天24h基本处于26℃的状态，需要消耗约Q_1＝981307.3×24/1000＝23551.3752MJ＝272.6kW。

25.8.4　太阳能供热系统集热板热效率计算

根据无盖型太阳能原理和技术参数，考虑游泳池在春夏秋三季使用太阳能，则泳池专用太阳能集热条用黑色，根据该型号太阳能集热板生产厂家提供的如下计算公式进行集热效率计算：

$$\eta_{集热板} = 0.83 \sim 15.82\frac{T_i - T_a}{I} \tag{25.8.4}$$

式中：$\eta_{集热板}$——泳池专用太阳能集热板集热效率；

T_i——泳池池水设计温度（26℃）；

T_a——月平均白天温度（℃），详见表25.8.2-1；

I——平均日照小时强度（W/m²），详见表25.8.5。

不同月份太阳能集热板集热效率，计算结果见表25.8.4。

泳池专用太阳能集热板效率　　　　**表25.8.4**

月份	1	2	3	4	5	6	7	8	9	10	11	12
希力克集热板集热效率	−0.26	−0.01	0.23	0.28	0.75	0.86	0.94	0.93	0.85	0.62	0.33	−0.06

25.8.5　太阳能供热系统集热板配置计算

1. 由于所得参数均为平均参数，但是实际运行过程中要考虑不利天气时候的加热，所以本计算中，室内泳池月平均日照强度取平均日照小时强度的85％计算，则希力克集热板不同月份所需数量见表25.8.5。

不同月份太阳能集热板数量　　　　**表25.8.5**

月份	泳池池水理想温度（℃T_i）	月平均白天温度（℃T_a）	实际计算月平均日照强度[kWh/(m²·d)]×85％	平均日照小时强度（W/m²）	希力克集热板集热效率	维持池水温度之热量（kWh/h）	希力克集热板面积（m²）	希力克集热板HC-50数量（块）
1	26	9.7	1.77	236	−0.45	272.60	—	—
2	26	12.8	1.86	248	−0.16	272.60	—	—

续表

月份	泳池池水理想温度（℃ T_i）	月平均白天温度（℃ T_a）	实际计算月平均日照强度[kWh/(m² · d)]×85%	平均日照小时强度（W/m²）	希力克集热板集热效率	维持池水温度之热量（kWh/h）	希力克集热板面积（m²）	希力克集热板 HC-50 数量（块）
3	26	15.2	2.13	284	0.13	272.60	8490.64	1838
4	26	20.3	2.82	353	0.53	272.60	1617.62	350
5	26	24	3.03	379	0.73	272.60	1091.80	236
6	26	26.7	3.52	440	0.86	272.60	801.01	173
7	26	29.7	4.41	551	0.95	272.60	575.62	125
8	26	29	3.78	473	0.95	272.60	675.96	146
9	26	26.5	3.24	405	0.85	272.60	876.05	190
10	26	21.5	2.72	341	0.59	272.60	1519.9	329
11	26	16.8	2.18	290	0.24	272.60	4296.0	930
12	26	11.2	1.97	262	−0.22	272.60	—	—

注：1. 月平均温度参考南平气象局所提供数据；
2. 月平均日照强度参考中国气象科学数据共享服务网的数据；
3. 平均日照时数 4～10 月为 8h，11～3 月为 7.5h；
4. 由于气候条件的变化和当地周围环境的不确定性，以上数据仅供参考。
5. 根据理论计算、集热板模块的排布以及初投资等综合考虑，本工程泳池太阳能加热系统采用 HC-50 集热板 352 块（集热板面积为 1626.24m²）。可在 4 月到 10 月之间阳光充足时对泳池进行加热。在阳光不充足期间则用其他辅助加热设施进行加热。

2. 集热板布置

考虑该项目流量较大，为降低水泵能耗，采用两个循环回路，每一个循环回路的集热板采用串并联的连接方式，在满足温升要求的前提下尽量减小循环水量，从而降低水泵的能耗。具体布置见图 25.8.5 所示。

25.8.6 太阳能系统的组成和工作原理

本太阳能系统由：集热板、温控装置、循环水泵、沿程管道和真空吸气阀组成，详见图 25.8.6 所示。

集热板为无盖型非光滑塑料材质，其作用是吸收太阳光辐射热量，并将热量传递给毛细管中的循环水。由于循环水流量较快，其温升只有 2～4℃，瞬间池水与泳池池体混凝土结构不会产生大的温差，所以不会使泳池池体结构及衬贴材料因温升过快而受到损坏。温控装置是控制太阳能起停的自动控制装置，当太阳能辐射探头感应到有足够的太阳辐射时，温控装置发出启动信号给控制器，而当水温探头也感应到水温未达到设计温度时，也给控制器开机信号，此时循环水泵开机把泳池水抽到屋面集热板中进行循环吸热，以加热泳池池水。当太阳能辐射探头感应不到足够的太阳辐射时，给停机信号，此时循环水泵停机；当水温探头感应到水温已达到设计温度时，同样可以发出信号给控制器停机信号，此时循环水泵也停机。

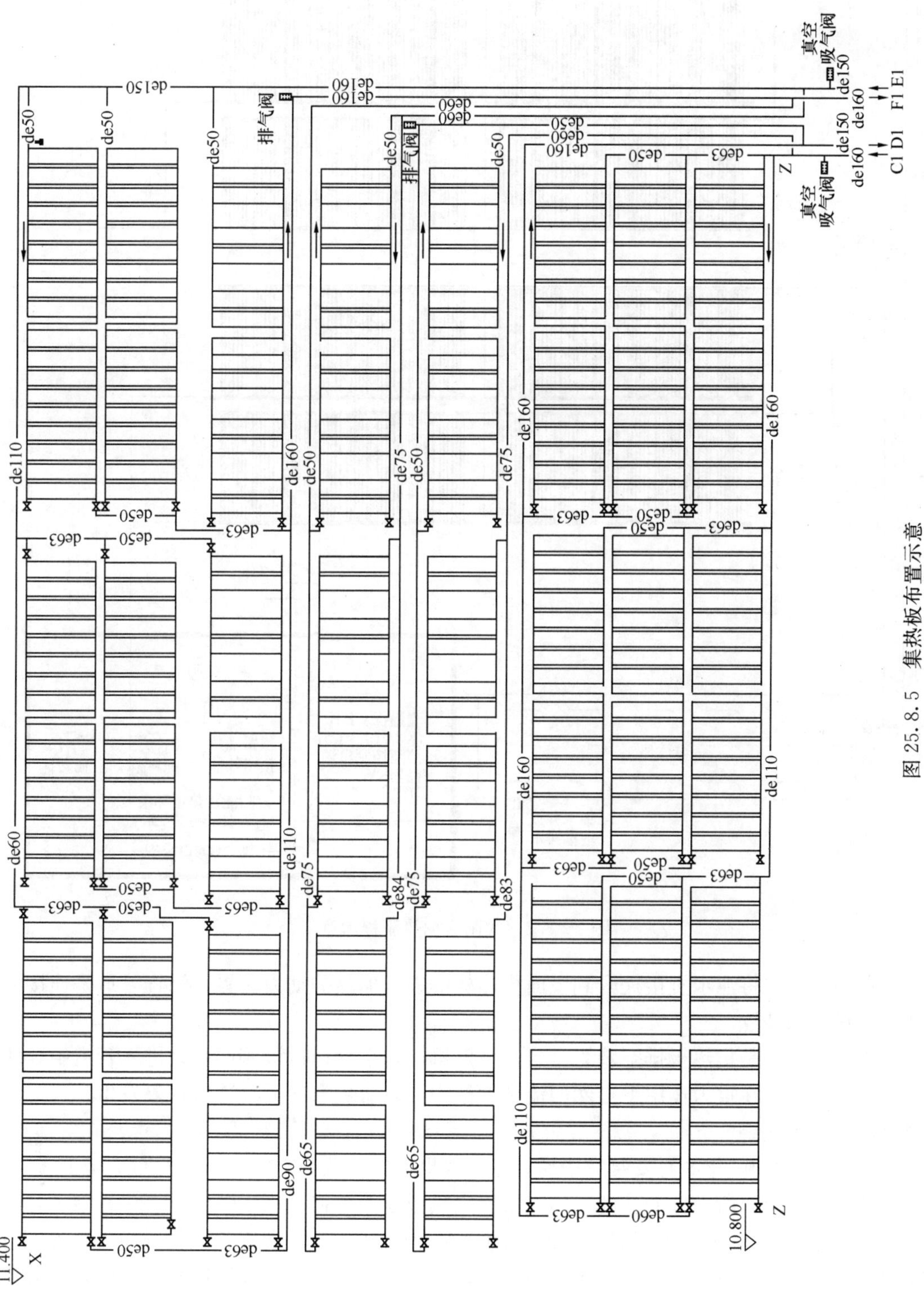

图 25.8.5 集热板布置示意

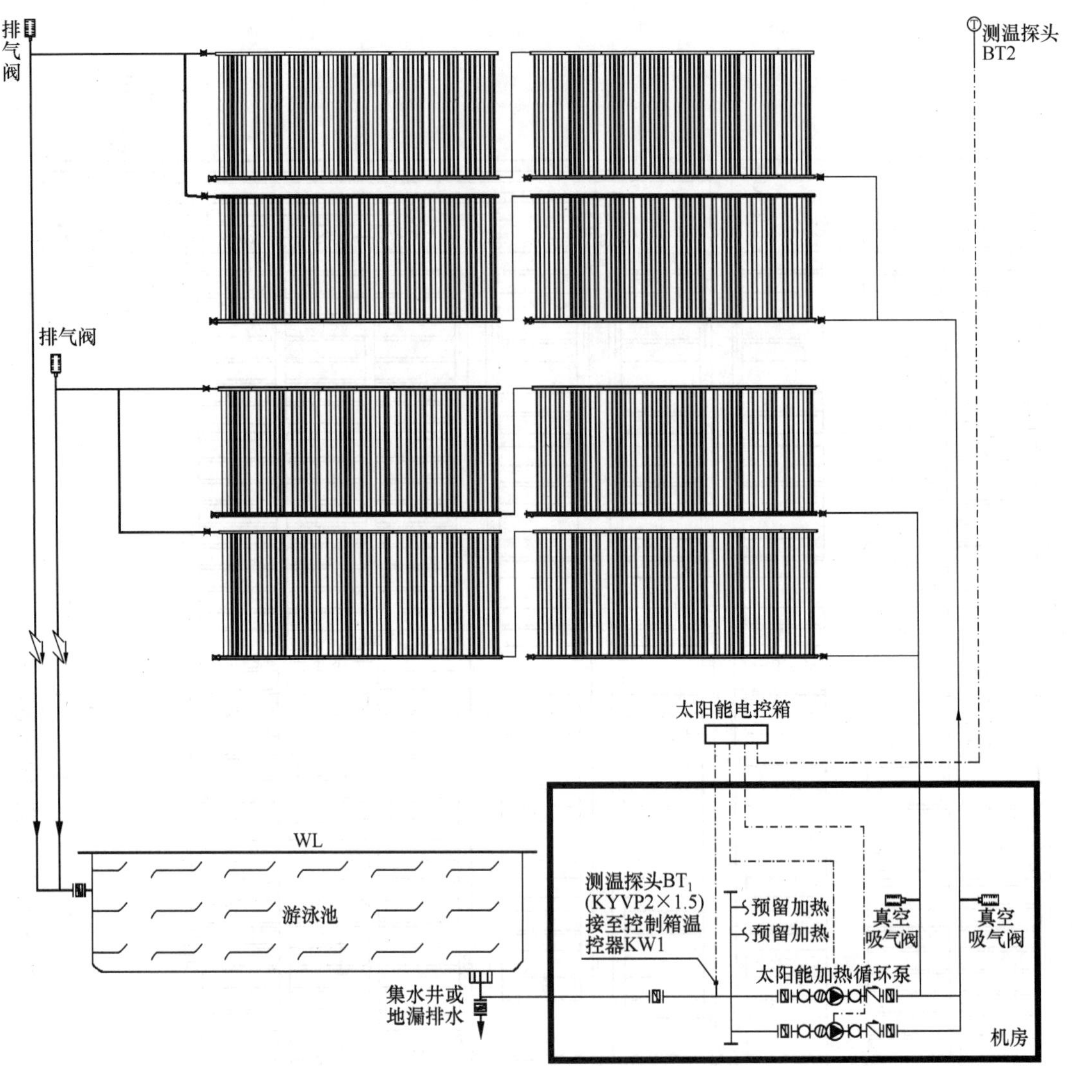

图 25.8.6　太阳能加热流程示意

循环水泵是将池水直接提升到屋面集热板中进行加热的动力装置，沿程管道是连接泳池和集热板的装置。

真空吸气阀是集热板排空装置。当水泵停机时，空气通过该阀门自动进入管道中，使得集热板中的水在重力作用下自然回流到泳池中，以避免寒冷天气冻管现象发生。

25.8.7　使用效果

该工程于 2007 年 8 月安装完毕后，运行效果良好。从 2007 年 8 月至 2007 年 11 月中旬，泳池水温只靠所配置的泳池专用太阳能集热板就能维持 26℃以上；从 2008 年 4 月中旬至 2008 年 8 月，泳池水温只靠所配置的泳池专用太阳能集热板完全能维持 26℃以上；超出原预算的使用时间，并且冬季室内温度较低，也没有使用其他辅助加热设施，大大节约了能耗。

1. 实际运行参数见表 25.8.7。

泳池实际运行参数　　表 25.8.7

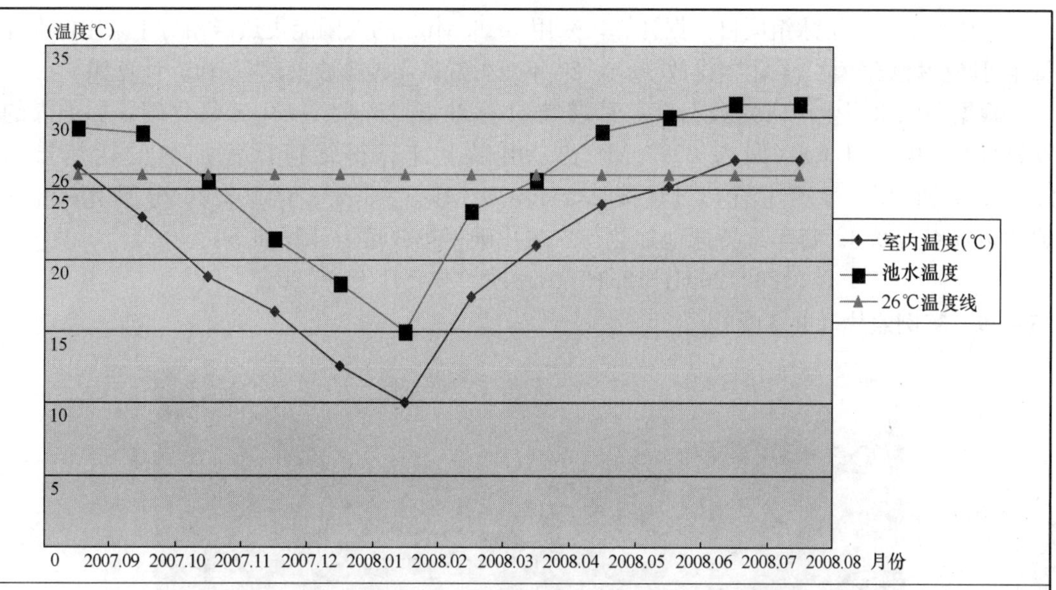

备注：本项目得设计参数为池水温度为 26℃±1℃，补水温度为 13℃，每天补水量为泳池的 5%；室内环境计算参数为：室内温度为 28℃，相对湿度 65%。但是室内实际的运行参数为常温，室内空气也没有除湿处理，从而实际池水散热量比设计散热量大。且实际运行过程中，也没有采用其他辅助加热设备。所以从表七所示，从 11 月至次年的 4 月份，实际池水温度低于 26℃，但是池水温度均高于室内温度 2℃以上。

2. 存在问题

由于该工程当时在泳池设计时未同时考虑恒温加热，故本次的太阳能恒温加热设计无法使过滤系统和加热系统合并使用循环水泵，使得能耗稍微偏大。现通过集热板的混联（串并联）调整，已使加热用循环水泵的能耗降为最低，而且可根据实际水温情况启停任意一循环回路，达到既满足水温要求又达到降低能耗的目的。

25.8.8 经济效益和社会效益分析

1. 经济效益

根据表 25.8.3 游泳池能耗分析的结果，经计算得采用太阳能加热的能源耗费为：

本太阳能加热系统采用的水泵功率为 2 台功率为 11kW 的水泵，每日运行时间约为 8h，电费为 0.65 元/kWh，所以采用太阳能加热系统每日的运行费用见表 25.8.8。

每日维持泳池加热不同能源耗费比较　　表 25.8.8

加热方式	能源耗费
采用太阳能恒温系统	0.65×11×2×8=114.4 元
电锅炉+换热器恒温系统	23551.3752×0.65/(3.6×90%×85%)=5559 元
燃油锅炉+换热器恒温系统	24295.8×3.2/(39.02×80%×85%)=2930 元
燃气锅炉+换热器恒温系统	24295.8×4.0/(35.59×85%×85%)=3779 元

注：1. 电单价按 0.65 元/kWh，电发热值为 3.6MJ/度，电锅炉热效率为 90%，换热器热效率为 85%；

2. 燃油单价费按 3.2 元/L，燃油的发热值为 9320kcal/L(39.02MJ/L)，燃油锅炉热效率为 80%，换热器热效率为 85%；

3. 燃气单价费按 4.0 元/m^3，燃气的发热值为 8500kcal/m^3(35.59MJ/m^3)，燃气锅炉热效率为 85%，换热器热效率为 85%；

4. 采用泳池专用太阳能集热板维持泳池水温则只有加热循环泵的电费耗费（见以上计算）。

2. 社会效益

福建南平铝厂游泳馆项目，据计算，采用1626.34m^{2}的太阳能集热器相对于采用标准煤每年可减少燃煤产生二氧化碳排放390t，20年减少二氧化碳排放量达7800t。计算如下：

根据中国水泥生产研究数据有：每燃烧1t标准煤，产生2.13t二氧化碳。标准煤的发热量为29270kJ/kg（即为29270MJ/t）。由以上计算得维持泳池加热的耗热量为23551.3752MJ/d；每年总耗热量量按23551.3752MJ/d×365/2＝4298126MJ计算；煤锅炉的热效率为0.8；每年维持泳池加热得二氧化碳得排放量为计算如下：

$$4298126\text{MJ}\times 2.13/(0.8\times 29270\text{MJ/t})=390\text{t}$$

25.8.9 实例照片（共3幅）

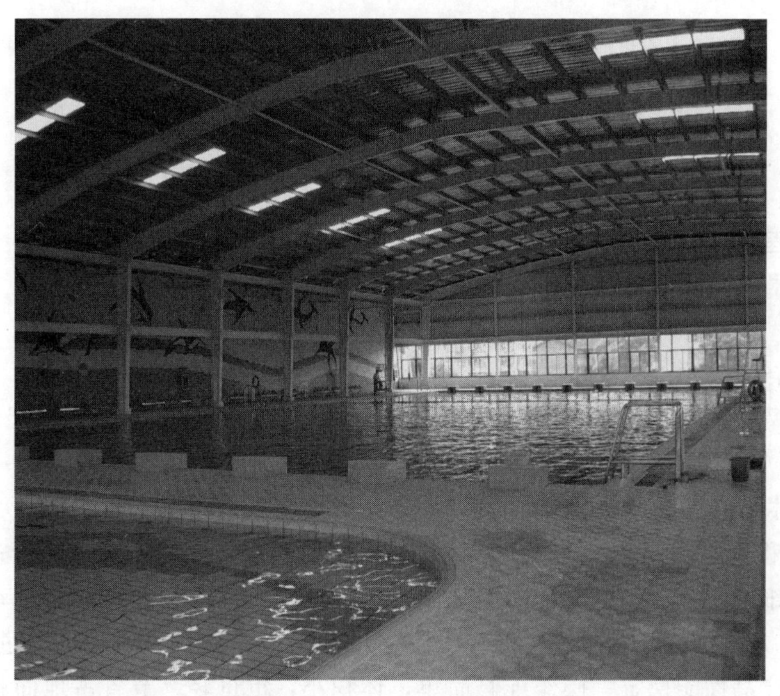

25.9 游泳池除湿热回收热泵应用工程实例

（贵阳市建筑设计院有限公司，天津太平洋机电技术及设备有限公司提供）

25.9.1 工程概况

1. 本工程为贵州双龙生态体育中心（公园）综合训练馆游泳池，于 2018 年 6 月竣工并投入使用。

2. 工程内容

本工程仅设有 50m×21m×(1.3～1.8)m（8 条泳道）游泳池一座，为配套性全功能游泳馆。

25.9.2 技术特点

1. 本工程过滤系统采用全自动 A-1 可逆式板框型硅藻土过滤机组进行过滤，属于游泳池水精细过滤范畴。该设备采用硅藻土作助滤剂，用结构独特的全自动阀组完成涂膜、过滤、冲洗转换。该设备与传统过滤器相比，具有过滤技术先进，过滤精度高，产品节能及产品性能稳定，操作维修简单，体积小，重量轻，节省占地面积和空间等优点。

2. 本工程积极响应国家提倡的节能减排保护环境战略措施，采用全自动可逆式板框型硅藻土过滤机组反冲洗回收系统装置，该设备可实现使用单位过滤设备反冲洗水量零排放，在节约水资源的同时为客户节省大量运营场馆资金投入。

3. 本工程消毒采用分流量全程式臭氧消毒另辅以次氯酸钠长效消毒方式，技术核心采用热再生气源处理方式，干燥效率高、气源质量好，更适合游泳池潮湿的环境。其水质符合卫生要求。

4. 池水水质采用泳池水质监控集成系统智能监控，在监控过程中通过自带的监控器及软件程序获得信息，使用模糊逻辑调整控制参数，管理人员只需设定泳池水需要达到并保持的 pH 值以及消毒等级即可，剩余的工作将由监控仪自动执行。

5. 本工程热源采用游泳场馆专用热泵型恒温除湿系统，通过主机及合理的系统设计，可以使室内空间的恒温、除湿和泳池恒温得以实现，同时根据室外空气质量智能补充室外新风，确保空气质量；利用回收的游泳池表面蒸发的水蒸气免费进行加热；热泵型恒温除湿设备通过全自动微电脑控制，采用一种称作露点温度控制的新的先进控制技术进行工作，比传统的相对湿度控制更为精确，其除湿系统的主要目的就是使游泳池区的水分保持在不对建筑造成破坏的湿度；机组本身的防腐蚀设计可以确保不被含氯的空气腐蚀；游泳馆专用热泵型恒温除湿设备不仅解决了传统室内游泳馆普遍存在的健康、能耗、感官等问题，从而达到恒温、除湿、节能、节水、环保的效果，同时大大延长了建筑物的使用寿命，为游泳馆经营者降低了运行成本。

25.9.3 池水循环净化处理系统设计

1. 池水水质：本工程按《游泳池给水排水工程技术规程》CJJ 122—2017 及国际游泳

联合会（FINA）2017～2021 年关于游泳池水质卫生要求与《游泳池水质标准》CJ/T 244—2016 的规定进行设计。

2. 池水采用逆流式循环方式。这种方式是将全部循环水量，经由设置在池底的给水口送入池内，再由设在池壁外侧的溢流槽内溢流回水口取回，通过回水管重力流至均衡水池，再由循环水泵从均衡水池送至过滤器过滤水中的杂质，降低回水浑浊度，经过消毒杀菌、加热、水质平衡等工序处理后，经设在池底的给水口送入游泳池继续使用的水流组织方式，此种循环方式能快速及时地将池水表面脏污悬浮物清除，保持水面洁净。均衡水箱为 304 不锈钢材质。

3. 臭氧采用臭氧发生器及配套产品，包括臭氧投加混合单元、反应罐进行全自动控制投加系统，并与循环水泵联锁。

4. 池水循环净化处理系统的设计技术参数，详见表 25.9.3。

5. 池水循环净化处理工艺流程图，详见图 25.9.3-1。

6. 泳池专用热泵型恒温除湿机系统图，详见图 25.9.3-2。

泳池水循环净化处理系统设计技术参数　　表 25.9.3

序号	技术参数项目		设计参数
1	泳池规格	泳池尺寸（$L\times B\times H$）（m×m×m）	50×21×(1.3～1.8)
		泳池面积（m^2）	1050
		泳池容积（m^3）	1790
2	泳池水循环	循环方式	逆流式
		循环周期（h）	4
		循环流量（m^3/h）	470
		均衡水箱容积（m^3）	100
		管材	给水管 UPVC
3	泳池水过滤设备	过滤器形式	全自动可逆式板框型
		过滤器材质	过滤器两端封头材质为 304 不锈钢，板框材质为耐腐蚀、高强度工程塑料
		过滤介质	硅藻土
		过滤介质用量（kg/m^2）	0.2
		配水系统形式	均匀水道布置
		配套设备	毛发捕捉器、自动助剂罐、循环水泵、板框式硅藻土过滤器、自动阀组、双向压力传感器、专用智能 PLC 触摸电控柜
		过滤速度（$m^3/(h\cdot m^2)$）	10

续表

序号	技术参数项目		设计参数
4	泳池水消毒设施	消毒剂	臭氧＋氯
		消毒方式	分流量全程式臭氧消毒并辅以氯消毒
		臭氧投加量（mg/L）	0.8～1.2
		长效消毒剂名称	次氯酸钠
		长效消毒剂投加量（mg/L）	3（以有效氯计）
		长效消毒剂投加方式	均采用精密计量泵定比湿式投加
		臭氧制备方式	负压氧气法
		所产臭氧浓度（mg/L）	20
		臭氧投加量（mg/L）	0.4～0.6
		臭氧投加方式	负压投加
		臭氧投加装置	增压泵＋水射器＋防倒流装置＋尾气分解装置＋自动排气装置
		反应罐容积（m^3）	9.5
		反应罐材质	316L 不锈钢
		pH 值调整剂名称	稀盐酸［HCl］
		pH 值调整剂投加量（mg/L）	3
		药剂投加方式	均采用精密计量泵定比湿式投加
		输送药剂管材	UPVC 给水管
5	泳池水加热设备	热源及加热方式	高温热水，间接加热
		加热方式	分流量
		分流加热的分流量（m^3/h）	141
		加热器形式及材质	水-水板式换热器　316L 不锈钢
		池水初次加热时间（h）	48
		池水设计温度（℃）	27
6	泳池水循环净化系统划分		独立系统
7	水质监测方式		全自动水质监控系统
8	系统设备控制方式		采用智能 PLC 全自动控制，一键完成过滤系统的所有操作程序（包括过滤、反冲洗，涂膜等）实现全程智能化工作状态
9	每日泳池开放时间（h）		16
10	泳池补水量（m^3/d）/（m^3/h）		89.5/5.6
			—

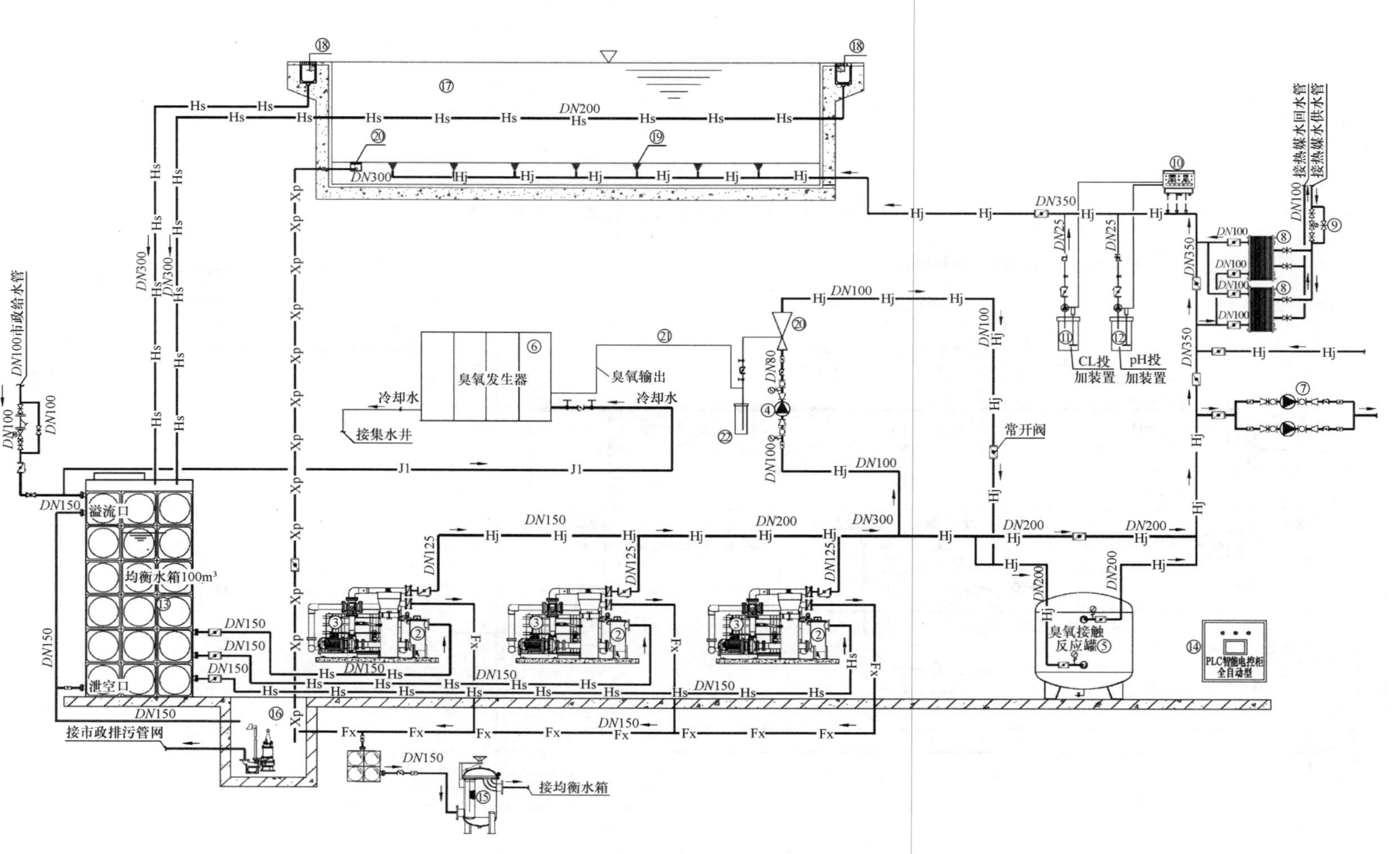

图 25.9.3-1　池水循环净化处理工艺流程示意

说明：1—循环水泵；2—毛发过滤器；3—可逆式硅藻土过滤器；4—臭氧增压泵；5—臭氧反应罐；6—臭氧发生器；7—恒温除湿机增压泵；8—板式换热器；9—全自动温控调节装置；10—水质监控器；11—长效消毒剂投加装置；12—pH值调整剂投加装置；13—组装型均衡水箱；14—电控箱；15—反冲洗硅藻土回收装置；16—潜水系统；17—游泳池；18—溢流回水沟；19—池底给水口；20—泄水口；21—输臭氧管；22—水封罐

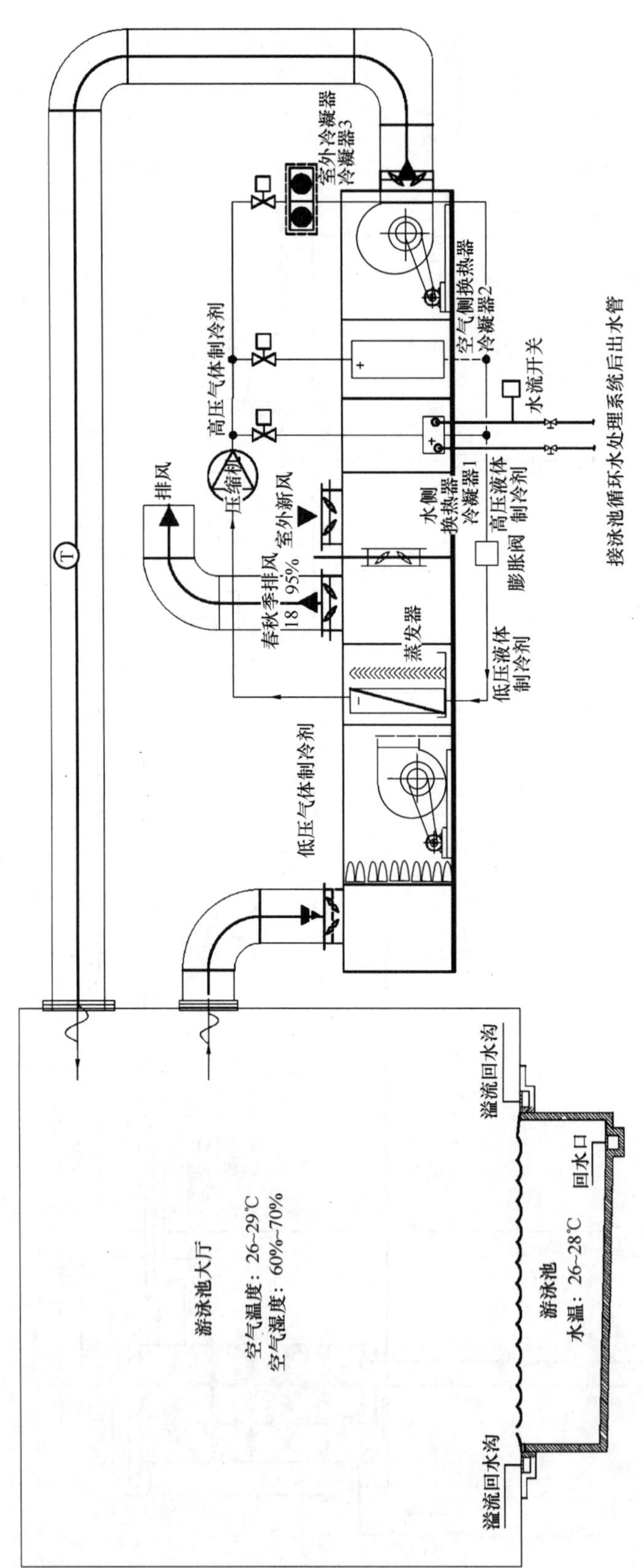

图 25.9.3-2　泳池专用热泵型恒温除湿机系统示意

25.10 游泳池除湿热回收热泵及空气源热泵综合应用工程实例

（陕西富锐泳池环境科技有限公司提供）

25.10.1 工程概况

1. 本工程为延安小学游泳池池水净化处理系统工程。

2. 该校游泳池规格：50m×25m×2m，完全适用于中小学校游泳教学课、游泳教学训练及小学校游泳竞赛活动，深受师生们的欢迎。

25.10.2 工程特点

1. 池水过滤设备采用可逆全自动板框式硅藻土过滤机，过滤精度高达0.10NTU，并能滤除95%以上的细菌、病毒。

2. 不需要投加混凝剂，不仅节约了投资费用，而且简化了管理。

3. 采用游泳池专用除湿热回收热泵，即三集一除湿热泵（除湿、热回收及空调）节约了能源。

4. 池水加热方式：空气源热泵＋锅炉高温热水，以适应延安地区的寒冷与严寒气候交汇区的特点。

5. 池水循环为顺流式，游泳池浅水端池壁进水，深水端池底端壁回水。

25.10.3 设计参数

1. 游泳池规格：50m×25m×2.0m。

2. 游泳池有效容积：2500m^3。

3. 池水循环：①池水为逆流式循环，设有100m^3均衡水池；②池水循环周期：5h；③池水循环流量：550m^3/h。

4. 池水过滤，采用可逆式硅藻土过滤机：①过滤速度：10m/h；②过滤器出水浑浊度：0.1NTU；③反冲洗持续时间2min。

5. 池水消毒及水质平衡：①消毒剂为臭氧＋次氯酸钠溶液，后者投加量0.4mg/L；②pH值调整剂为碳酸钠溶液，自动投加。

6. 池水加热：①采用板式加热器加热；②加热方式：分流量加热；③西门子全自动温控；④池水初次加热时间：30h；⑤池水初次加热所需热量：310kW；⑥池水维持“恒温”（26℃）所需热量：100kW。

7. 热源：

1）空气源热泵：①进水温度26℃；②出水温度31℃；

2）锅炉热水：①热媒进水温度60℃；②热媒出水温度：80℃；③锅炉热水供水量：15.5m^3/h。

8. 游泳池给水及泄水：①初次充水时间：24h；②泄空时间：8h。

25.10.4 游泳池池水循环净化处理工艺流程图（详见图25.10.4）

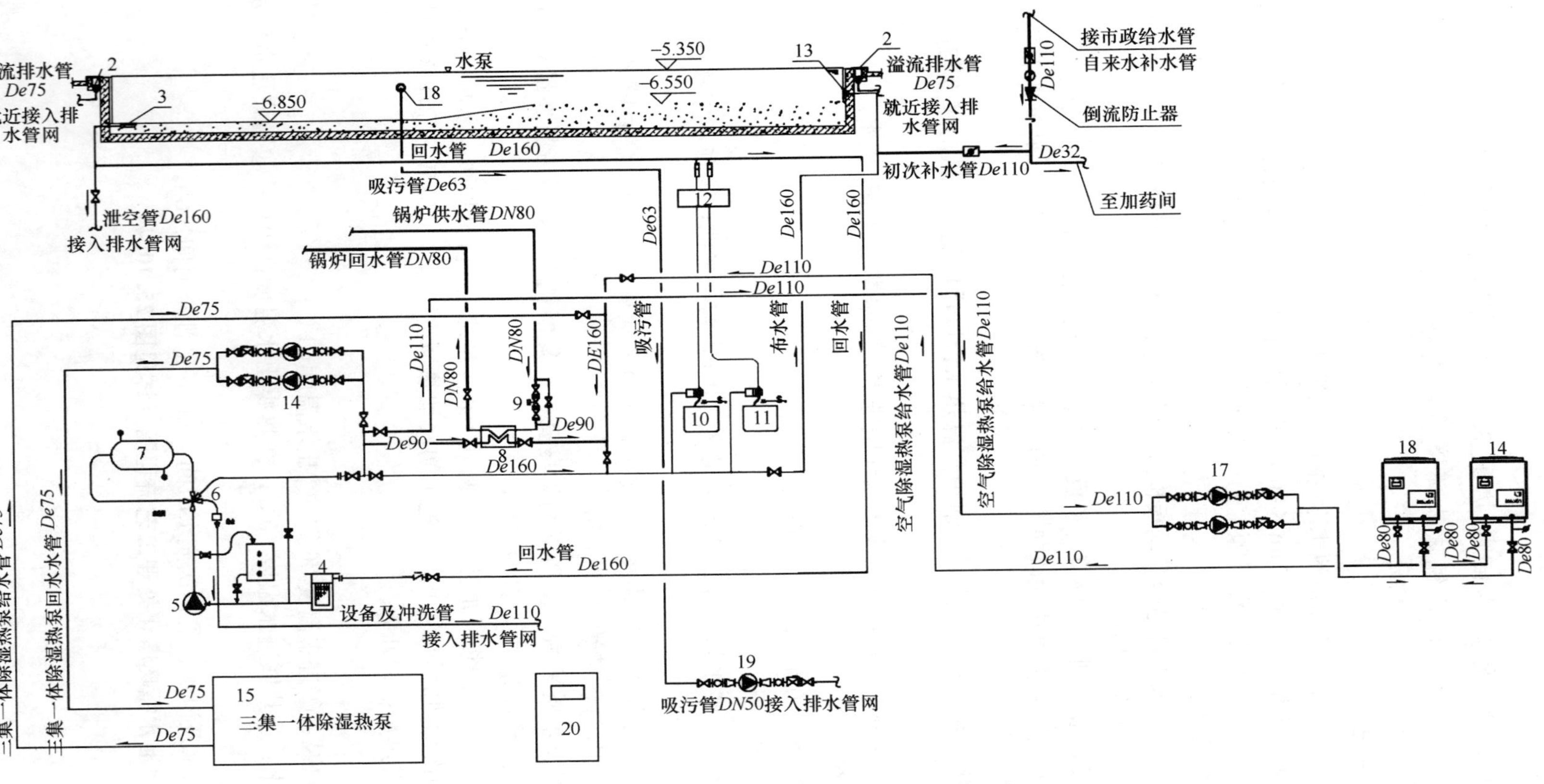

图 25.10.4 游泳池池水循环净化处理工艺流程示意

说明：1—游泳池；2—带格栅溢流排水沟；3—池底回水口泄空排水口；4—毛发聚集器；5—池水循环水泵；6—五通阀；7—可逆式板框硅藻土过滤器；8—板式换热器；9—温控装置；10—pH 值调节剂投加装置；11—消毒剂投加装置；12—水质监测仪；13—池壁给水口；14—三集一除湿热泵增压泵；15—三集一除湿热泵机组；16—空气源热泵；17—空气源热泵增压水泵；18—吸污接口；19—吸污排水泵；20—电控箱。

25.10.5 设备选型

1. 池水循环水泵：

①型号 NBG100-80-125/144；②数量：2 组（一用一备）③性能参数：$Q=100m^3/h$；$H=24m$；$N=11kW$；④材质 304 不锈钢。

2. 水过滤设备：

1）可逆式全自动板框式硅藻土过滤机设有 $F=15m^2$ 三台，$F=10m^2$ 一台；

2）过滤能力：$q=150\times3m^3/h+100m^3/h$；配套水泵（池水循环水泵）三台＋一台；

3）反冲洗：①进水与出水压力差达到 1.0MPa 时进行反冲洗；②反冲洗持续时间：2min；③反冲洗水源为池水，反冲洗强度 $1.4L/(s\cdot m^2)$。

3. 三集一除温热泵：

1）型号 TCW750；

2）数量 1 台；

3）技术参数：热量 135.0kW，冷量 114.1kW，风量 $18000m^3$，除湿量 75kg/h，功率 38.2kW；

4）增压水泵：型号 ZS65-50-125/3.0；

5）数量：2 组（一用一备），性能参数：$Q=30m^3/h$，$H=16m$，$N=3.0kW$；

6）材质：304 不锈钢。

4. 空气源热泵：

1）型号 DE-180W/DY；数量：2 组（一用一备）；

2）性能参数：（包括气象参数）名义工况消耗功率：13.4kW；名义工况制热量 78kW；低温工况 1：消耗功率：12.1kW，低温工况 1：制热量 42.9kW，低温工况 2：消耗功率：12.3kW；低温工况 2：制热量 38.2kW，（名义工况：空气侧干球温度 20℃，湿球温度 15℃，热水侧初始温度 15℃，终止温度 28℃；低温工况 1：空气侧干球温度 −15℃，热水侧初始温度 15℃，终止温度 28℃；低温工况 2：空气侧干球温度 −20℃，热水侧初始温度 15℃，终止温度 28℃）；

3）增压水泵：①型号：ZS65-40-125/4.0；②数量：2 组（一用一备）；③性能参数：$Q=35m^3/h$；$H=24.5m$；$N=4.0kW$。

5. 板式换热器：①材质 304 不锈钢；②面积：$12m^2$/台；③配增压水泵一台。

6. 主消毒剂为 350g/h 的臭氧，投加量为 0.55mg/L，长效消毒剂为次硫酸钠。

7. pH 值调节剂投加设备：

1）计量投加泵 $Q=20m^3/h$；$H=30m$；$N=200W$ ；

2）溶液桶容积 $V=120L$；

3）每日配制一次浓度 5%消毒溶液。

8. 水质监测仪：自动监测 *ORP* 值和 pH 值、余氯、臭氧含量和池水温度等并与加药泵联动。

9. 温度控制器：采用西门子 *DN*150 电动控制阀一套（含传感器、电动阀及执行器）。

10. 池水吸污排水泵：①型号 2hp；②数量：1 台（无备用）；③性能参数：$Q=20m^3/h$，$H=16m$，$N=1.5kW$。

25.10.6 运行效果

1. 水质：详见表 25.10.6-1。

2. 业主意见：详见表 25.10.6-2。

水质

表 25.10.6-1

西安市疾病预防控制中心

检 测 报 告

发文号：西疾控检（2016）第 3567 号　　共 2 页 第 2 页

样品受理编号：XACDC（水）16-1676

样品名称（批号）	采样地点	检 验 项 目	单位	技术要求	检测结果
2 游泳池水		浑浊度	度	≤1	<1
		△尿素	mg/L	≤3.5	$<1.0\times10^{-1}$
		细菌总数	个/mL	≤1000	<1
		大肠菌群	个/100mL	<1	<1

以下空白

西安市疾病预防控制中心 检验机构检验章 2016 年 12 月 27 日 业务专用章

编制：刘萍　审核：[illegible]　批准：陈志军　职务：中心副主任

业主意见

表 25.10.6-2

陕西富锐泳池客户满意度调查表				
项目名称	延安新区第一小学项目游泳池安装工程			
设备及工程质量和使用方面				
1、设备及工程质量	☑非常满意	□满意	□一般	□不满意
2、设备及工程稳定性、兼容性	☑非常满意	□满意	□一般	□不满意
3、设备及工程包装、外观造型	☑非常满意	□满意	□一般	□不满意
服务方面				
1、业务人员的态度	☑非常满意	□满意	□一般	□不满意
2、为解决问题回复的及时率	☑非常满意	□满意	□一般	□不满意
3、问题投诉的回复质量	☑非常满意	□满意	□一般	□不满意
4、产品交付的及时性	☑非常满意	□满意	□一般	□不满意
5、产品出现问题后的处理流程	☑非常满意	□满意	□一般	□不满意
6、维修品的修复质量	☑非常满意	□满意	□一般	□不满意
7、维修产品的返回速度	☑非常满意	□满意	□一般	□不满意
对产品、服务及公司的意见或建议				
设备运行稳定、水质清澈，[illegible]　2018.9.12				
感谢您的大力支持！				
注：满意度量化指标--非常满意（80分以上）满意（70-80分）一般（60-70分）不满意（60分一下）				

3. 存在问题

1）应增加一个补水水箱，以便控制游泳池的补水量和实现间接补水，防止直接补水造成池内水温的不均匀；

2）可逆式板框硅藻土过滤机的反冲洗排水，应设一个集水池，使反冲洗水中的硅藻土不进入小区排水管网；

3）游泳池逆流排水沟的溢流排水，应予以回收，将其回收到所增加的补水水箱内，以节约水资源。

4. 延安小学案例照片

25.11 一体化过滤消毒设备应用

（戴思乐科技集团有限公司提供）

25.11.1 工程概况

1. 北方地区别墅私用游泳池和水疗（SPA）池。

2. 游泳池规格为 32m×4.5m×(1.2～1.6)m，分深水区和浅水区。

3. 水疗（SPA）池规格为 3.5m×3.5m×0.9m。

25.11.2 设计参数

1. 游泳池水容积 V=201.6m^3、水面面积 F=144m^2。

2. 游泳池循环周期 T=4.6h；循环流量 q_c=36m^3/h。

3. 游泳池池水温度 t=30℃±1℃。

25.11.3 技术特点

1. 池水过滤设备为壁挂式进口法国罗马梯，Q=18 m^3/h、N=0.45kW。

2. 池水消毒采用美国进口的 APEX-Ⅲ型一体化微臭氧发生器和加拿大进口的 UV-MAX-K 紫外线消毒器（Q=18.8 m^3/h）各一台。

3. 池水加热及恒温采用金阔美国 AWV3500 型游泳池专用热泵型除湿机组一台，池水维温加热辅助热源采用进口美国 coate 型浴池专用电加热器 2 台（一用一备）N=60kW，V=380L。

4. 池水加热用循环水泵、热泵加热循环水泵采用格兰富品牌。

5. 热泵采用游泳池电控箱施耐德元器件，按系统控制。

25.11.4 游泳池恒温恒湿系统组成（详见图 25.11.4）

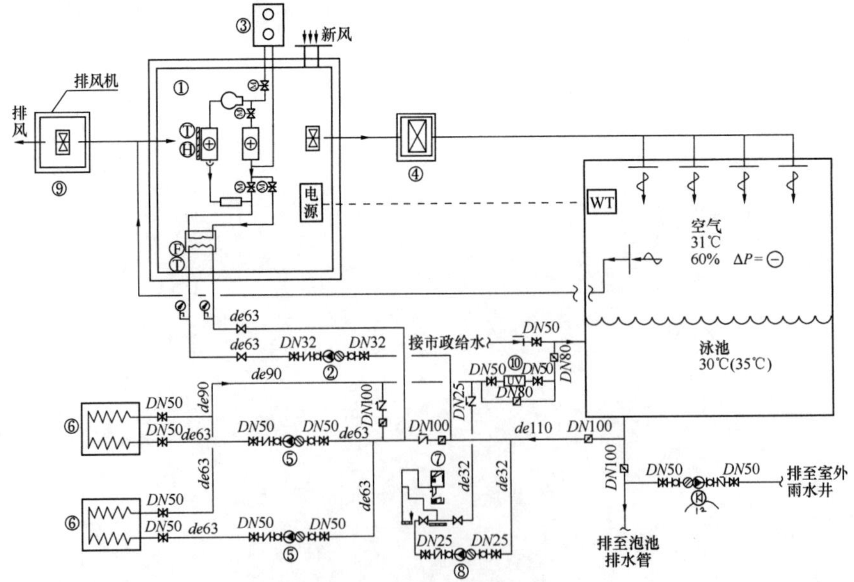

图 25.11.4 恒温恒湿系统组成示意

说明：1—游泳池专用除湿热泵；2—热泵加热循环水泵；3—风冷冷凝器；4—风管式电加热器；5—游泳池池水加热循环泵；6—游泳池专用电加热器；7—一体化臭氧；8—臭氧增加泵；9—排风机；10—紫外线消毒器；11—电控箱；12—池水泄空排水泵

25.12 三亚亚特兰蒂斯水世界

（广东联盛水环境工程有限公司提供）

25.12.1 工程概况

1. 三亚亚特兰蒂斯酒店坐落于海南省三亚市海棠湾镇海棠北路。它是中国首家亚特兰蒂斯度假酒店，并继迪拜、巴哈马之后的“全球第三座亚特兰蒂斯”。项目集合了七星级酒店、海洋公园、娱乐、购物、特色美食、演艺、国际会展及特色海洋文化、丰富的海洋乐园体验于一体，占地约 30 公顷。

2. 工程内容

1）三亚亚特兰蒂斯水世界占地约 8.5 万 m^2，为酒店住客和日间外来访客提供恣意畅游的水上乐园。该水世界于 2016 年 5 月 10 日开始施工，2018 年 3 月 30 日竣工，随后对外营业。

2）水世界包括：造浪池、2 个漂流河、水寨、儿童水寨、儿童戏水池、急速竞速（3 组）、家庭滑道塔、水磁过山车、模拟冲浪池等共 10 个池水处理机房、5 个动力机房。

25.12.2 技术特点

1. 本项目分为 11 套独立循环系统，每套循环系统均采用“压力式石英砂”的过滤方式，“分流量全程式臭气＋长效氯”消毒方式、板式换热器间接加热。

2. “压力式石英砂”为水上乐园水处理中最传统、最稳定之一的一种过滤方式。设计砂层厚度均符合规范规定（≥700mm），保证过滤效果。

3. 臭氧浓度高、成本低、安全可靠、稳定性好：每个系统均采用了先进的“英国奥宗尼亚”氧气法制备臭氧的臭氧发生器，该臭气发生器需要配备专门的制氧设备，使其制备出臭氧的浓度达 80mg/L 以上，大大提高了臭气与水的溶解能力，而且制备臭氧的成本远低于纯氧制备臭氧的成本。设计中设置了监测臭氧在机房空气中浓度的仪表装置，实现了对臭氧空气浓度的全程监测，从而增加了臭氧消毒系统的安全性。制氧系统与臭氧系统设备均采用“一用一备”方式，保证消毒系统的稳定性。

25.12.3 池水循环净化处理系统设计概述

1. 游乐池水质

为了满足酒店住客和日间外来访客游玩要求，设计按《游泳池给水排水技术规程》CJJ 122—2008 的规定，采用了《游泳池水质标准》CJT 244—2016 关于游泳池水质卫生要求的规定，详见该标准第 4.2.4 条的表 1 和第 4.2.5 条表 2。

2. 池水循环净化处理系统技术参数，由于系统比较多，因此仅选取以下造浪池与漂流两个系统作介绍，详见表 25.12.3。

3. 池水净化处理系统的设置原则：

1）各个游乐池池水净化处理系统均为各自独立的系统。

2）各个系统设置 2 套（1 用 1 备）臭气消毒系统，并设置多余臭氧脱除系统。

3）各个系统均采用板式换热器间接加热。

4）各个系统设置独立的长效氯化学药剂消毒系统。

池水循环净化处理系统技术参数　　表 25.12.3

<table>
<tr><th rowspan="2">序号</th><th colspan="2" rowspan="2">项目</th><th colspan="2">性能参数</th></tr>
<tr><th>造浪池</th><th>漂流河</th></tr>
<tr><td rowspan="2">1</td><td rowspan="2">水池规格</td><td>池水面积（m^2）</td><td>6800</td><td>13300</td></tr>
<tr><td>池水容积（m^3）</td><td>3700</td><td>13300</td></tr>
<tr><td rowspan="4">2</td><td rowspan="4">池水循环</td><td>循环方式</td><td>混流式</td><td>顺流式</td></tr>
<tr><td>循环周期（h）</td><td>2</td><td>3</td></tr>
<tr><td>循环流量（m^3/h）</td><td>1850</td><td>4440</td></tr>
<tr><td>均衡池容积（m^3）</td><td>195</td><td>—</td></tr>
<tr><td rowspan="6">3</td><td rowspan="6">池水过滤设备</td><td>过滤器形式</td><td>卧式过滤罐</td><td>卧式过滤罐</td></tr>
<tr><td>过滤器壳体材质</td><td>缠绕式玻璃钢</td><td>缠绕式玻璃钢</td></tr>
<tr><td>过滤介质材质及粒径</td><td colspan="2">石英砂、均质滤料</td></tr>
<tr><td>过滤介质有效厚度</td><td>900</td><td>900</td></tr>
<tr><td>配水系统形式</td><td>大阻力</td><td>大阻力</td></tr>
<tr><td>过滤速度（m/h）</td><td>24.64</td><td>25</td></tr>
<tr><td rowspan="7">4</td><td rowspan="7">池水消毒设施</td><td>消毒方式</td><td colspan="2">分流量全程式臭氧消毒，并辅以氯消毒</td></tr>
<tr><td>臭氧投加量</td><td colspan="2">0.5mg/L</td></tr>
<tr><td>次氯酸钠溶液</td><td colspan="2">成品次氯酸钠溶液，投加量 3mg/L</td></tr>
<tr><td>臭氧制备方式</td><td colspan="2">氧气法制备，臭气浓度≥80mg/L</td></tr>
<tr><td>臭氧投加装置</td><td colspan="2">加压水泵＋水射器＋在线混合器</td></tr>
<tr><td>反应罐容积（m^3）</td><td>8.3×3 台</td><td>10.6×6 台</td></tr>
<tr><td>反应罐材质</td><td>缠绕式玻璃钢</td><td>缠绕式玻璃钢</td></tr>
<tr><td rowspan="5">5</td><td rowspan="5">池水加药装置</td><td>混凝剂名称</td><td>明矾［$KAl(SO_4)_2$］</td><td>明矾［$KAl(SO_4)_2$］</td></tr>
<tr><td>混凝剂投加量（mg/L）</td><td>5</td><td>5</td></tr>
<tr><td>pH 值调整剂名称</td><td>稀盐酸［HCl］</td><td>稀盐酸［HCl］</td></tr>
<tr><td>pH 调整剂投加量（mg/L）</td><td>3</td><td>3</td></tr>
<tr><td>投加方式</td><td colspan="2">均采用精密计量泵定比湿式投加</td></tr>
<tr><td rowspan="7">6</td><td rowspan="7">池水加热设备</td><td>热源及换热方式</td><td colspan="2">进回水温度为 45℃/40℃热水，由空气源热泵统一提供</td></tr>
<tr><td>初次加热耗热量</td><td>5363.20</td><td>12895.73</td></tr>
<tr><td>加热方式</td><td colspan="2">分流量</td></tr>
<tr><td>分流加热的分流量（m^3/h）</td><td>153.7×3</td><td>184.87×6</td></tr>
<tr><td>加热器形式及材质</td><td>板式换热器 316L 不锈钢</td><td>板式换热器 316L 不锈钢</td></tr>
<tr><td>池水初次加热时间（h）</td><td>48</td><td>48</td></tr>
<tr><td>池水设计温度（℃）</td><td>27</td><td>27</td></tr>
<tr><td>7</td><td colspan="2">池水循环净化系统划分</td><td>独立系统</td><td>独立系统</td></tr>
<tr><td>8</td><td colspan="2">水质监测方式</td><td colspan="2">全自动水质监测控制系统</td></tr>
<tr><td>9</td><td colspan="2">系统设备控制方式</td><td colspan="2">手动控制</td></tr>
<tr><td>10</td><td colspan="2">池子补水量</td><td>370</td><td>1330</td></tr>
</table>

25.12.4 造浪池水处理工艺流程图，详见图 25.12.4

25.12.5 漂流河水处理工艺流程图，详见图 25.12.5-1、25.12.5-2

25.12.6 贯彻节能、环保、方便管理理念

1. 造浪池人流量非常大、停留时间比较长，该池子采用混流式，使常见水乐园中造浪池水表面游客的油脂、皮屑等漂流物以及池底的沉淀物得到最大程度的处理。

2. 漂流河推流泵/提升泵均采用的是立式轴流泵。轴流泵众所周知，大流量、低扬程，相对于离心泵的小流量、高扬程，选用电机功率更有节能的优势。漂流河提升泵体积大、重量重、出水量大、用电功率大（该泵总长 6.34m，总重 7.4t，出水量 8510m^3/h，用电功率达 160kW）。选用立式轴流泵的电机在上方，泵体在下方，机房内设有起重桁车，对水泵的安装与检修更方便。

3. 造浪池、漂流河均单独设置一套板式换热器，余热进行回收使用，合理利用资源，达到节能环保效果。

4. 板式换热器选用 316L 不锈钢材质，且水头损失不超过 0.02MPa，并配有自动调节出水温度的比例式温控装置，具有换热效率高、运行费用低、耐热密封性能优异、使用寿命长等优点。

25.12.7 池水净化处理系统优化后的方案

1. 原方案设计中过滤砂缸为堆叠式，堆叠式过滤砂缸虽然能减少平面上的空间，但对机房高度要求比较大，而且堆叠式过滤砂缸不便于日常运行中阀门的切换，因此，在施工图深化设计时，复核原土建提基础资料的机房面积以及砂缸过滤面积不变的情况下，将堆叠式过滤砂缸平铺下来，检修通道以及阀门切换问题得到完美解决。

2. 由于漂流河全长约 1800m，河宽 4～30m，分为激流河段与懒人河段。激流河段利用重力漂流落差 3.0m，水流速度 1.5m/s，懒人河段采用水泵标准推流方式漂流，河宽约 6.0m，水流速度 0.5m/s，由于水流时间比较长及回水格栅回水阻力，使得原设计中四台提升泵无法同时启动。根据水流情况，调试时采取单台逐一地开启，最终确定正常运行三台，备用一台，则能满足运行的流量要求，系统运行正常。

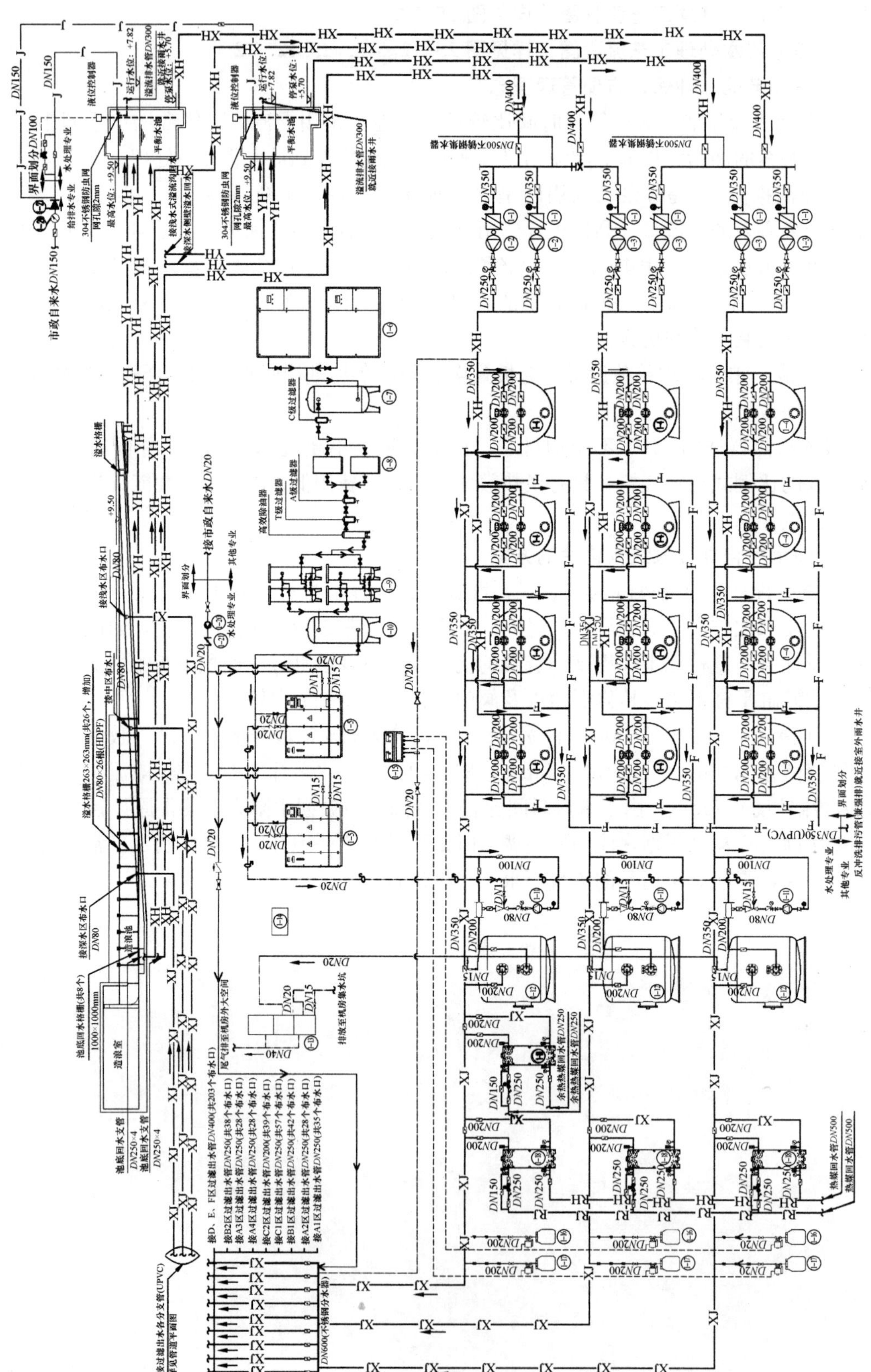

图 25.12.4 造浪池水处理工艺流程示意

造浪池水处理主设备

表 25.12.4-1

序号	名称	规　　格	数量	单位	备注
1-1	篮式粗滤器	进口 $DN350$；出口 $DN300$	6	台	304 不锈钢材质
1-2	过滤泵	$Q=308m^3/h$，$H=23m$，$P=30kW/380V$；进 $DN200$，出 $DN150$	2	台	2 用
1-3	过滤泵	$Q=308m^3/h$，$H=18m$，$P=22kW/380V$；进 $DN150$，出 $DN125$	4	台	4 用
1-4	砂滤器	$\phi=1800\times4000$（L），过滤面积 $6.25m^2$	12	台	缠绕式玻璃纤维材质
1-5	臭氧发生器	$Q=800g/h$；8.6kW/380V；$L1300\times W670\times H1450mm$	2	台	1 用 1 备
1-6	空压机	配套臭氧发生器：15kW/380V	2	台	
1-7	空气储气罐	配套臭氧发生器：$\phi500\times H1900mm$；重量 130kg；	1	台	
1-8	冷干机	配套臭氧发生器：0.15kW/220V	2	台	
1-9	制氧机	配套臭氧发生器：制氧机 0.1kW/220V；干燥机 2kW/220V	2	台	
1-10	氧气储气罐	配套臭氧发生器：$\phi8000\times H2350mm$；重量 280kg；	1	台	
1-11	臭氧射流泵	配套臭氧发生器	3	台	配文丘里注入器
1-12	臭氧接触反应罐	$\phi=2000\times3000$（H），有效容积 $8.3m^3$	3	台	缠绕式玻璃纤维材质
1-13	臭氧尾气处理器	配套臭氧发生器	1	台	UPVC 材质
1-14	臭氧泄漏报警仪	配套臭氧发生器	1	台	
1-15	水质监控仪	自动检测 ORP、pH 值	1	台	
1-16	消毒剂投药泵	投加量 0～54L/h	3	台	
1-17	pH 值调整剂投药泵	投加量 0～54L/h	3	台	
1-18	板式换热器	单台换热量 1788kW/h；一次侧进回水 45/40℃；二次侧进回水 22/32℃。	3	台	优化增加
1-19	板式换热器（余热）	单台换热量 3000kW/h；一次侧进回水 37/32℃；二次侧进回水 22/32℃。	1	台	优化增加
1-20	臭氧注射器		2	台	（增加）
1-21	在线混合器		2	台	（增加）

设计参数

表 25.12.4-2

参数 / 系统名称	水体面积	水体均深	水体容积	循环方式	循环周期	循环流量	初次充水时间	泄空时间	运行方式			
	(m^2)	(m)	(m^3)	—	(h)	(m^3/h)	(h)	(h)	反冲洗	投药泵	日常补水	泄空
造浪池	6800	0.55	3700	混流	2	1850	40	7	手动	自动	自动	循环泵强排

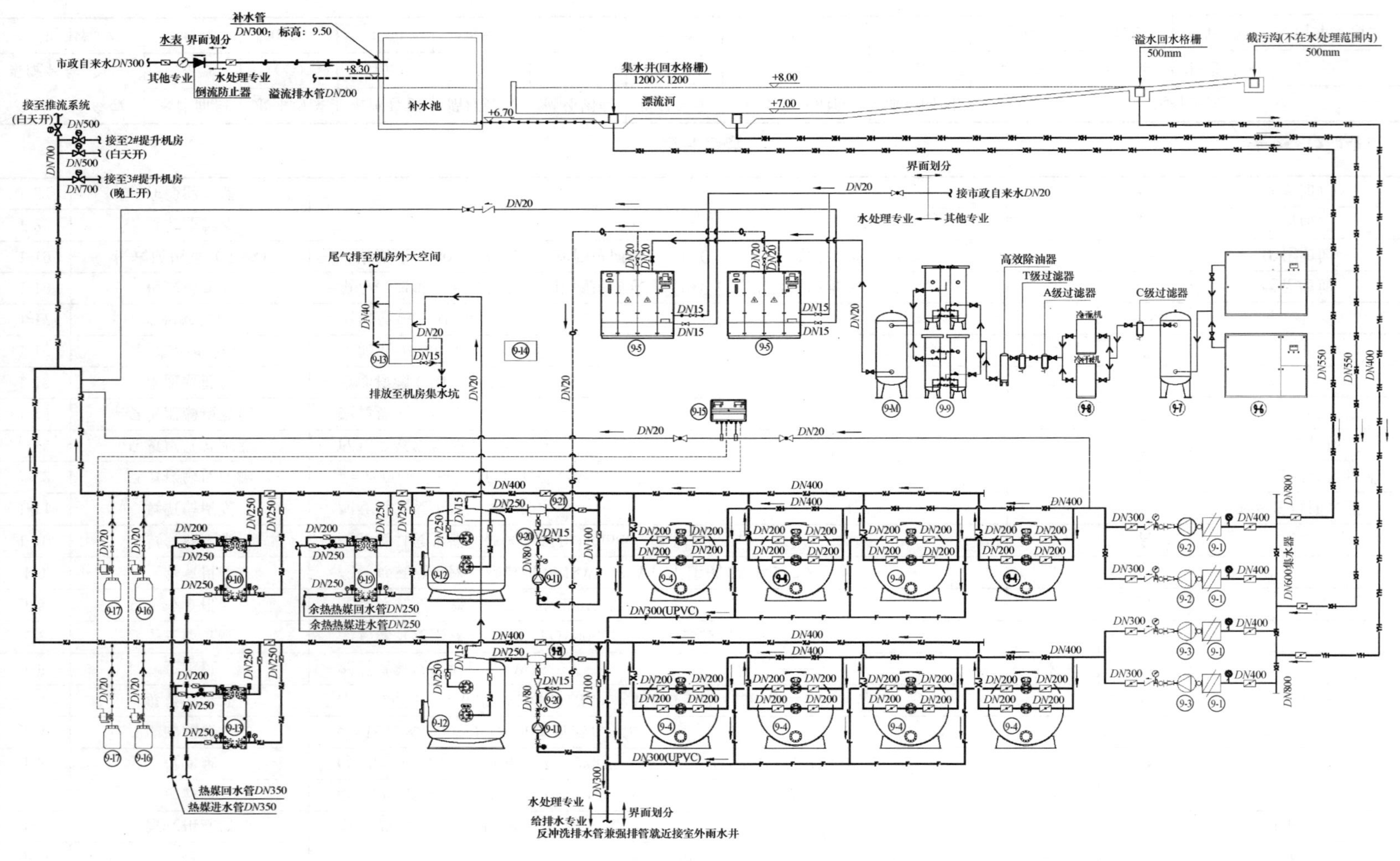

图 25.12.5-1 漂流河 01 水处理工艺流程示意

漂流河 01 水处理主设备 **表 25.12.5-1**

序号	名称	型号/规格	数量	单位	备注
9-1	篮式粗滤器	进口 $DN400$；出口 $DN300$	4	台	304 不锈钢材质
9-2	过滤泵 1	$Q=370m^3/h$，$H=23m$，$P=37kW/380V$；进 $DN200$，出 $DN150$	2	台	2 用
9-3	过滤泵 2	$Q=370m^3/h$，$H=18m$，$P=30kW/380V$；进 $DN200$，出 $DN150$	2	台	2 用
9-4	砂滤器	$\phi=2000\times4000$（L），过滤面积 $7.21m^2$，卧式侧出	8	台	缠绕式玻璃纤维材质
9-5	臭氧发生器	$Q=800g/h$；8.6kW/380V	2	台	1 用 1 备
9-6	空压机	配套臭氧发生器；15kW/380V	2	台	
9-7	空气储气罐	配套臭氧发生器；$\phi500\times H1900mm$；	1	台	
9-8	冷干机	配套臭氧发生器；0.75kW/220V	2	台	
9-9	制氧机	配套臭氧发生器；制氧机 0.1kW/220V；干燥机 2kW/220V	2	台	
9-10	氧气储气罐	配套臭氧发生器；$\phi8000\times H2350mm$	1	台	
9-11	臭氧射流泵	配套臭氧发生器；	2	台	配文丘里注入器
9-12	臭氧接触反应罐	$\phi=2350\times2800$（H），有效容积 $10.6m^3$	2	台	缠绕式玻璃纤维材质
9-13	臭氧尾气处理器	配套臭氧发生器	1	台	UPVC 材质
9-14	臭氧泄漏报警仪	配套臭氧发生器	1	台	
9-15	水质监控仪	自动检测 ORP、pH 值	1	台	
9-16	消毒剂投药泵	投加量 0～54L/h	2	台	
9-17	pH 值调整剂投药泵	投加量 0～54L/h	2	台	
9-18	板式换热器	单台换热量 2149kW/h；一次侧进回水 45/40℃；二次侧进回水 22/32℃；接口 $DN150$	2	台	优化增加
9-19	板式换热器（余热）	单台换热量 2625kW/h；一次侧进回水 37/32℃；二次侧进回水 22/32℃；接口 $DN150$	1	台	优化增加
9-20	臭氧注射器		2	台	
9-21	在线混合器		2	台	

设计参考表 **表 25.12.5-2**

参数 / 系统名称	水体面积	水体均深	水体容积	循环方式	循环周期	循环流量	初次充水时间	泄空时间	运行方式			
	(m^2)	(m)	(m^3)	—	(h)	(m^3/h)	(h)	(h)	反冲洗	投药泵	日常补水	泄空
漂流河 01	3715	1	3715	顺流	3	1480	24	8	手动	自动	自动	循环泵强排

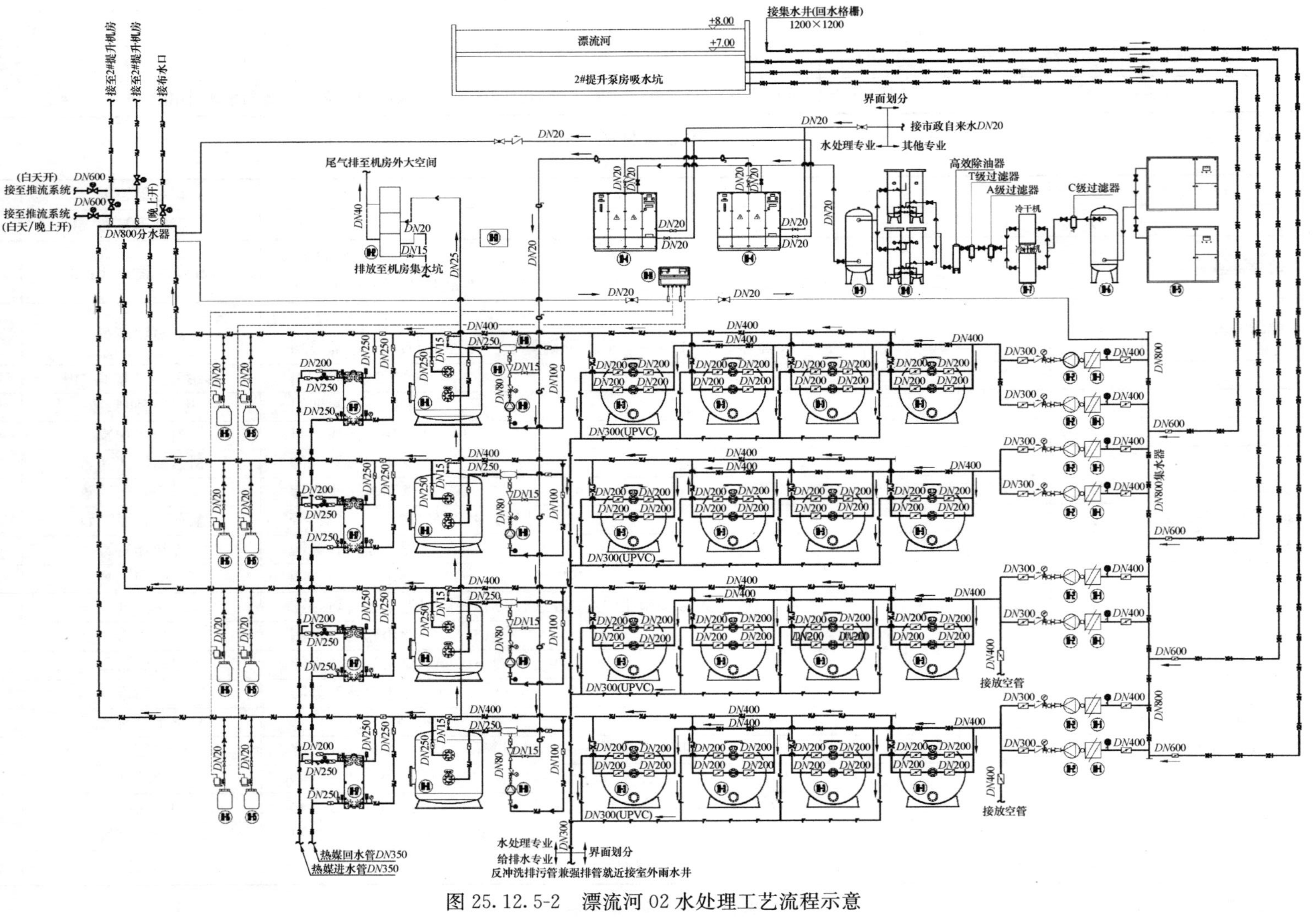

图 25.12.5-2　漂流河 02 水处理工艺流程示意

漂流河 02 水处理主设备 **表 25.12.5-2A**

序号	名称	型号/规格	数量	单位	备注
10-1	篮式粗滤器	进口 DN400；出口 DN300	8	台	304 不锈钢材质
10-2	过滤泵	Q=370m³/h，H=18m，P=30kW/380V；进 DN200，出 DN150	8	台	8 用
10-3	砂滤器	ϕ=2000×4000（L），过滤面积 7.21m²，卧式侧出	16	台	缠绕式玻璃纤维材质
10-4	臭氧发生器	Q=1200g/h；功率 15kW/380V	2	台	1 用 1 备
10-5	空压机	配套臭氧发生器：15kW/380V	2	台	
10-6	空气储气罐	配套臭氧发生器：ϕ500×H1900mm	1	台	
10-7	冷干机	配套臭氧发生器：0.75kW/220V	2	台	
10-8	制氧机	配套臭氧发生器；制氧机 0.1kW/220V；干燥机 2kW/220V	2	台	
10-9	氧气储气罐	配套臭氧发生器：ϕ800×H2350mm	1	台	
10-10	臭氧射流泵	配套臭氧发生器；	2	台	配文丘里注入器
10-11	臭氧接触反应罐	ϕ=2350×2800（H），有效容积 10.6m³	4	台	缠绕式玻璃纤维材质
10-12	臭氧尾气处理器	配套臭氧发生器	1	台	UPVC 材质
10-13	臭氧泄漏报警仪	配套臭氧发生器	1	台	
10-14	水质监控仪	自动检测 ORP、pH 值	1	台	
10-15	消毒剂投药泵	投加量 0～54L/h	4	台	
10-16	pH 值调整剂投药泵	投加量 0～54L/h	4	台	
10-17	板式换热器	单台换热量 2149kW/h；一次侧进回水 45/40℃；二次侧进回水 22/32℃；接口 DN150	4	台	（增加）
10-18	臭氧注射器		2	台	
10-19	在线混合器		2	台	

设计参数表 **表 25.12.5-2B**

参数 / 系统名称	水体面积	水体均深	水体容积	循环方式	循环周期	循环流量	初次充水时间	泄空时间	运行方式			
	（m²）	（m）	（m³）	—	（h）	（m³/h）	（h）	（h）	反冲洗	投药泵	日常补水	泄空
漂流河 02	9585	1	9585	顺流	3	2960	28	8	手动	自动	自动	循环泵强排

25.13 负压过滤器在池水净化处理中的应用

（戴思乐科技集团有限公司提供）

25.13.1 工程概况

1. 本工程为安徽省芜湖市室外水上世界工程，即芜湖市室外水上乐园。

2. 本工程主要水处理工程包括：造浪池、环流河、大喇叭、飞天梭、螺旋组合、儿童戏水池、大水寨、游泳池、六条并列滑道及单回环滑道池等。

3. 各种游乐池的功能用水循环水系统系根据游乐设备、设施供应商提供设计图纸，本公司进行深化设计。

25.13.2 池水净化系统设置

1. 各种游乐水池池水水质按照行业标准《游泳池水质标准》CJJ 244—2007 规定设计。

2. 造浪池和海啸池的池水过滤设备采用美国 NATARE 真空过滤设备，及国内称谓的负压过滤设备。

3. 其他游乐池的水过滤设备采用石英砂压力过滤器。

4. 各种游乐池均设有混凝剂投加系统，用以促进水中杂质的絮凝和提高过滤效果。混凝剂采用聚合氯化铝，自动投加。

5. 各种游乐池的池水消毒均为全流量中压紫外线+氯制品长效消毒。长效消毒剂采用次氯酸钠溶液。为保证消毒效果，设有 pH 值调整剂投加系统，以确保池水 pH 值保持在 7.0～7.8 范围内。

25.13.3 造浪池池水净化处理工艺说明

1. 形状为不规则扇形，池水面积：$6317m^2$；水深为 0～2.0m；池体容积为 $5992.91m^3$；池水循环周期采用 $T=3h$；池水循环流量 $Q=2064.3m^3/h$。初次充水时间和泄空时间均按 24h 设计。池水采用混流式池水循环方式：即在造浪池设有回水井，容积为循环水量的 65%，经设在沿池壁外侧的溢流回水槽取回；另外 35%的循环水量，经设在池底回水口取回。

2. 真空过滤器参数：

过滤面积 $F=14.12m^2$；过滤流量 $q=517.5m^3/h$。

造浪池和海啸池合用，共设 4 套。

25.13.4 造浪池、海啸池的池水循环净化处理系统组成，详见图 25.13.4

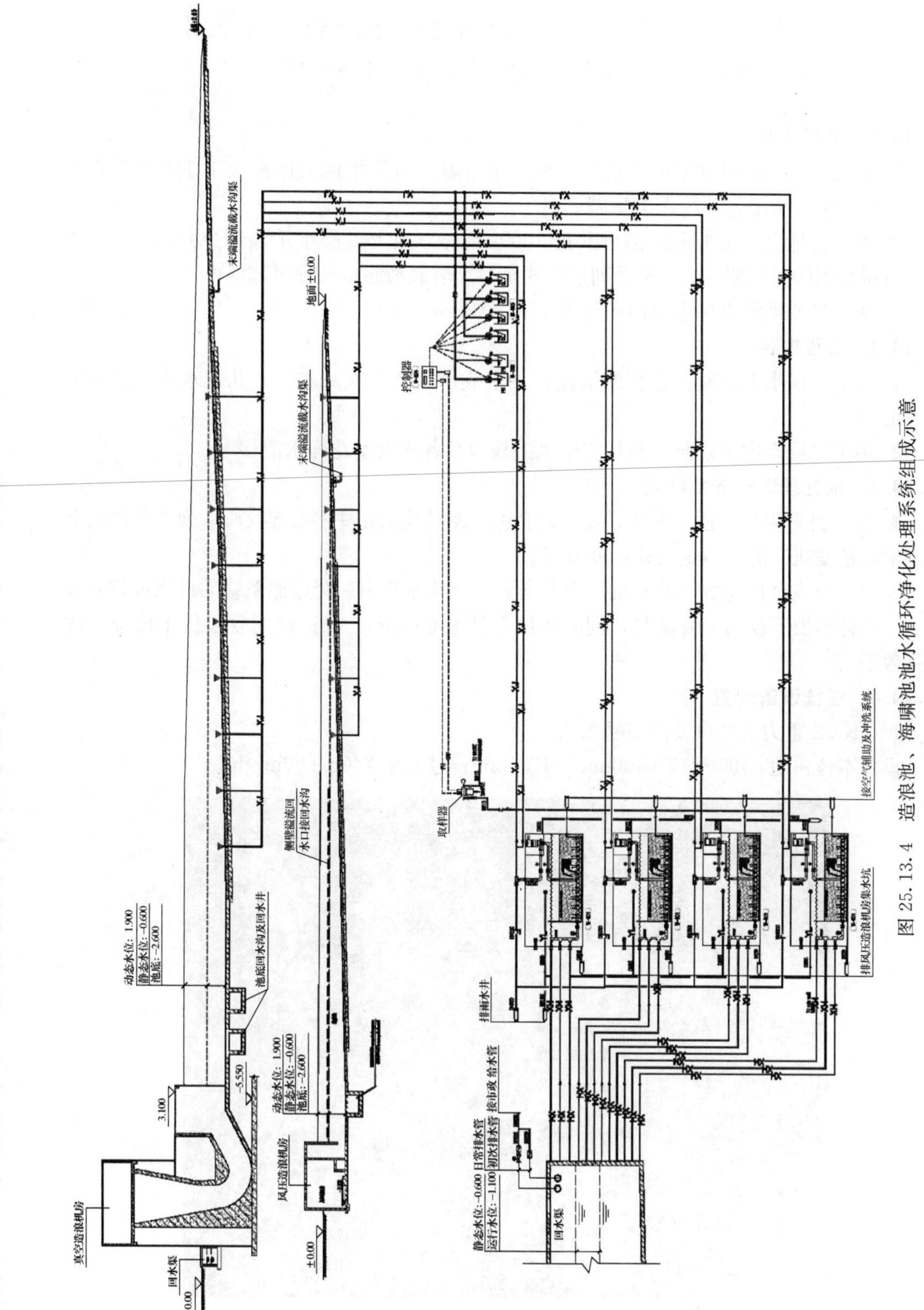

图 25.13.4 造浪池、海啸池池水循环净化处理系统组成示意

25.14 重力式过滤器在游乐池池水处理中的应用

（中科佳洁（北京）水处理设备有限公司提供）

25.14.1 工程概况

1. 石家庄天山海世界室内水上乐园坐落于石家庄市裕华区天山南大街 116 号，它是河北省第一个大型综合室内水上乐园。

2. 本项目地上一层水乐园部分共近 7000t 水体，地上二层水乐园部分共近 2000t 水体，每层水乐园只需要一套 ZK 系列重力式全自动溶氧精滤机处理过滤即可。

3. 两套过滤系统机房占地面积仅为 $12m \times 12m = 144m^2$。

25.14.2 工程内容

1. 地上一层水上乐园：包括海浪池、儿童戏水区、成人戏水区、儿童水寨、按摩池及漂流河。

2. 地上二层空中水乐园：包括空中水上栈道及各式大型花样水滑梯。

25.14.3 水处理部分技术特点

1. 本项目采用 2 套独立循环系统，每套循环系统均采用中科佳洁 ZK 系列“重力式全自动溶氧精滤机”的无压重力式过滤方式。

2. “重力式全自动溶氧精滤机”为大型、多个泳池共用一套过滤系统的最优过滤方式之一。设计砂层不仅为复合滤料，同时滤层厚度为 600mm，保证过滤效果优于传统过滤设备效果。

25.14.4 过滤设备配置

1. ZK-12 重力式全自动溶氧精滤机

设备本体占地 6400mm×6400mm×4200mm；过滤量 740～860m^3/h。

2. ZK-10 重力式全自动溶氧精滤机

设备本体占地 5200mm×5200mm×4200mm；过滤量 540～620m³/h。

25.14.5 池水循环净化处理系统设计概述

池水循环净化处理系统技术参数　　表 25.14.5

序号	项目		性能参数	
			一层水体	二层水体
1	水池规格	池水面积（m^2）	3500	1100
		池水容积（m^3）	6800	1800
2	池水循环	循环方式	顺流式	顺流式
		循环周期（h）	8	3
		循环流量（m^3/h）	840	600
3	池水过滤设备	过滤器形式	重力式全自动溶氧精滤机	重力式全自动溶氧精滤机
		过滤器壳体材质	UPVC 材质	UPVC 材质
		过滤介质材质及粒径	无烟煤、磁铁矿、石英砂等	
		过滤介质有效厚度（mm）	600	
		配水系统形式	快速过滤	
		过滤速度（m/h）	35	
4	池水消毒设施	消毒方式	次氯酸钠为主	
5	池水加药装置	混凝剂名称	无须使用	无须使用
		pH 值调整剂名称	稀盐酸［HCl］	稀盐酸［HCl］
		投加方式	次氯酸钠计量泵投加方式	
6	池水循环净化系统划分		共用两套独立水处理过滤系统	
7	水质监测方式		全自动水质监测控制系统	
8	系统设备控制方式		水力自控控制	
9	池子补水量		204t	54t

25.15 大型游泳场馆除湿热回收系统工程案例

（贵州大学勘察设计研究院，广东联盛水环境工程有限公司提供）

25.15.1 工程概况

1. 本工程为贵州省兴义市体育中心游泳馆游泳池，于2016年竣工并投入使用。

2. 工程内容

游泳馆为“2016年国际山地旅游暨户外运动大会”及“黔西南州首届游泳竞技系列赛”比赛馆，且能举办花样游泳和跳水等各类游泳比赛。游泳馆按照国际游泳竞赛馆标准建设，配套有国际比赛标准的恒温恒湿系统、水下救生系统、智能化控制系统、能量回收系统等高科技设备。游泳馆由竞赛池、跳水池、热身池、放松池、泡池等组成。

1）竞赛池为50m×26m×3m（10条泳道）国际标准规格的综合比赛池一座。竞赛池设置有移动池底，可调整泳池活动高度，以满足花样游泳水深要求。

2）跳水池为21m×26m×5.4m国际标准规格比赛池一座，并配置2.74m×2.33m×0.8m成品泡池（放松池）一套。

3）热身池为50m×12.5m×1.6m（5条泳道），可进行赛前热身和平时对公众开放的游泳、休闲之用，并配置直径3.8m×0.9m的圆形泡池一座。

25.15.2 技术特点

1. 本工程将游泳馆通过风幕进行干湿分区。干区以观众席为主，空气相对湿度为60%左右，温度在22～24℃之间，气流速度不大于0.5m/s；湿区以泳池区为主，空气相对湿度在55%～65%之间，温度在28～30℃之间，气流速度不大于0.2m/s。干区采用空调进行通风，湿区采用带热回收、新排风功能的多功能除湿热泵进行恒温、恒湿处理。多功能除湿热泵是集除湿、空气调节、热回收、池水加热、处理新风多项功能于一体的专为室内游泳池开发的高端产品，在进行除湿空气调节过程中，大量回收热量并整合利用，完美攻克室内游泳馆高湿、高氯空气环境等诸多问题的同时大大降低室内游泳池的运行成本，通过春夏秋冬各季节不同运行模式的改变，达到高效节能运行。

2. 本工程除湿热泵系统风管材质为双面彩钢酚醛复合风管，防火等级B1级。双面彩钢酚醛复合风管具有绝热性好、消声性好、重量轻、使用寿命长等优点。

3. 本工程多功能除湿热泵风系统的布置方式是以保证室内游泳池空间的送风均匀为前提，风系统循环处理可以将室内空气相对湿度精确地控制在55%～65%，泳池空间恒温为设定值的±2℃，控制水温在设定值的±2℃，为泳池提供一个舒适的环境，也将结露的可能性控制到了最低的程度。

4. 本工程竞赛池、跳水池、放松池共用一套除湿系统，其回收的热量用于竞赛池池水的加热。该部分除湿系统选用2台LAS210-D的多功能除湿热泵，总除湿量为426kg/h。

5. 本工程热身池、泡池共用一套除湿系统，其回收的热量用于热身池池水的加热。该部分除湿系统选用1台LAS140-D的多功能除湿热泵，总除湿量为145kg/h。

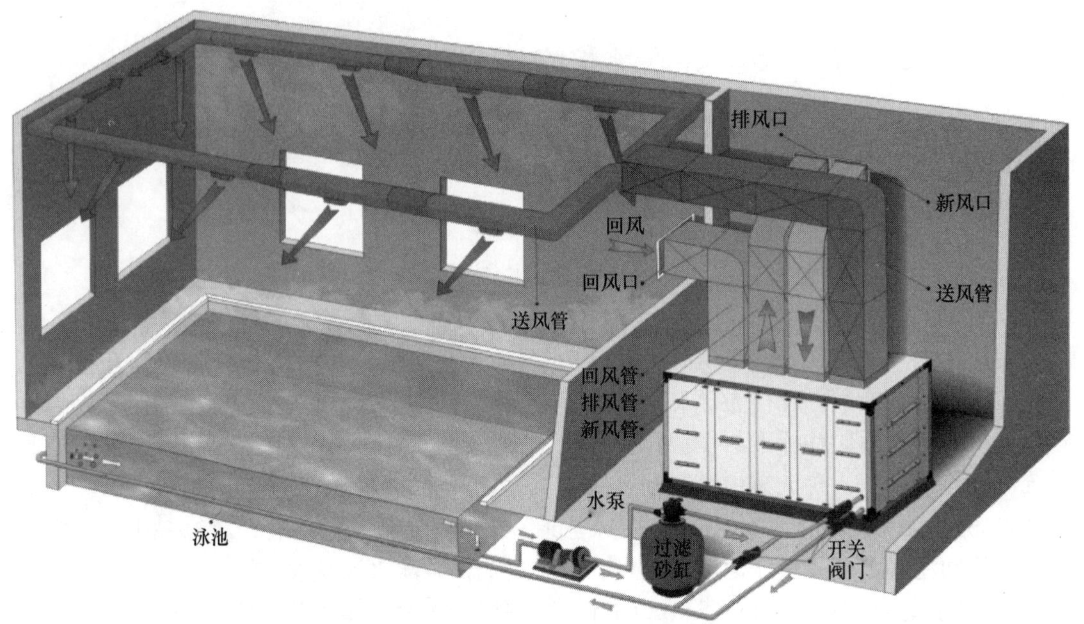

图 25.15.2-1 多功能除湿热泵系统示意

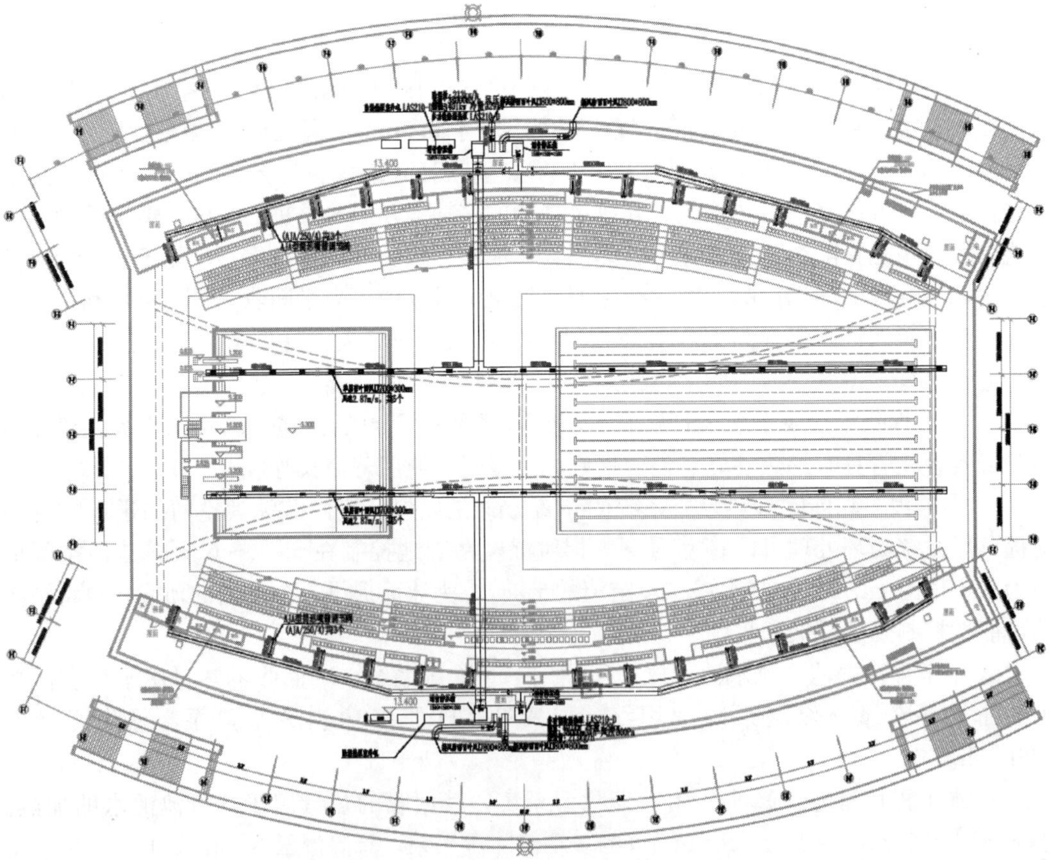

图 25.15.2-2 竞赛池、跳水池风系统布置示意

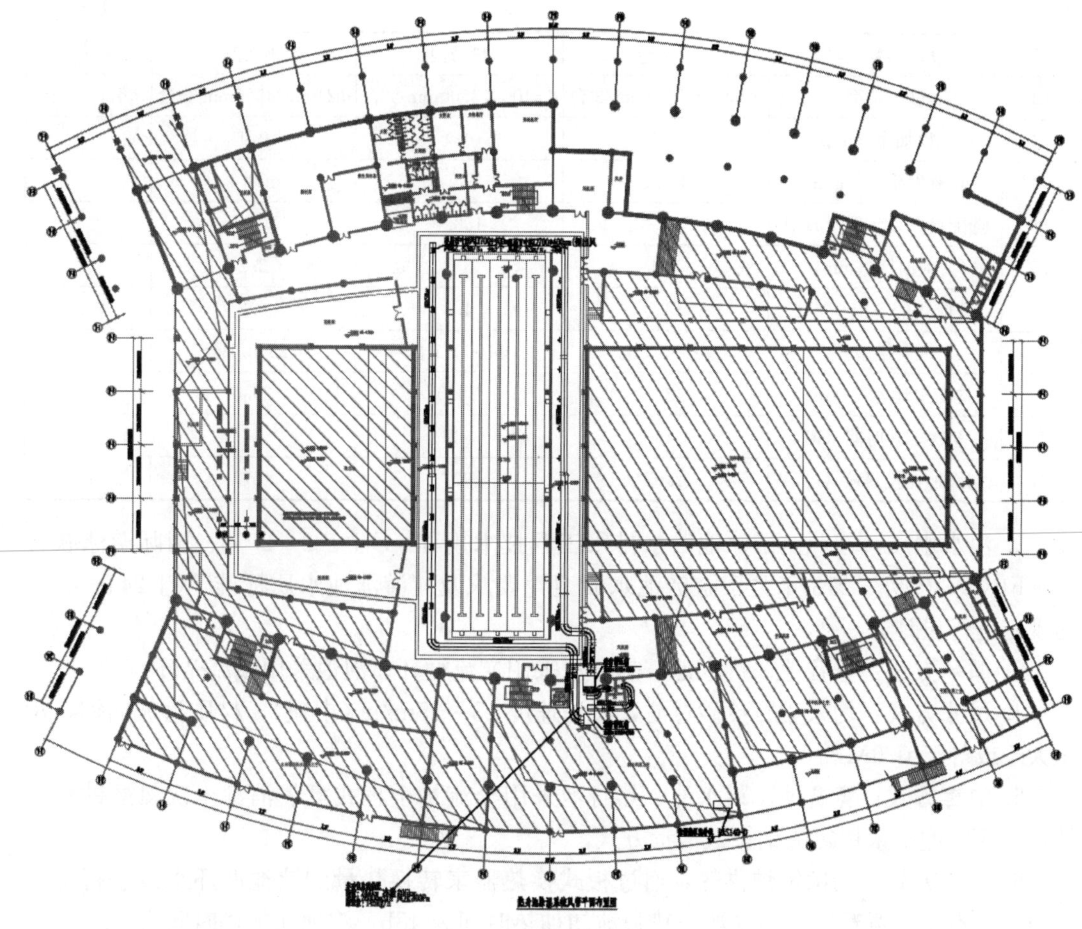

图 25.15.2-3 训练池风系统布置示意

25.15.3 池水循环处理设计

1. 设计参数

序号	设计参数项目	竞赛池	热身池	跳水池	放松池
1	池体面积（m^2）	1300	625	546	11.7
2	池体深度（m）	3～3.2	1.4～1.8	4.5～5.5	0.9
3	池水容积（m^3）	4030	1187.5	2948	10.53
4	循环周期（h）	5	4	8	0.5
5	循环流量（m^3/h）	858.0	312.0	396.0	22.0
6	水泵流量/单台（m^3/h）	300.0	160.0	210.0	22.0
7	功率（kW）	22.0	15.0	18.5	2.2
8	水泵台数	3	2	2	2
9	过滤介质	石英砂	石英砂	石英砂	石英砂
10	设计滤速（m/h）	≤25	≤25	≤25	≤25
11	过滤面积（m^2）	34.32	12.48	15.84	0.88

续表

序号	设计参数项目	竞赛池	热身池	跳水池	放松池
12	砂缸选型	Φ2600×5000mm/3 台	Φ2400×3500mm/2 台	Φ2400×4500mm/2 台	Φ1200/1 台
13	臭氧投加率（mg/L）	0.4	0.4	0.4	
14	臭氧发生量（g/h）	343.2	124.8	158.4	
15	选配臭氧发生器（g/h）	400.0	150.0	200.0	
16	反应时间（min）	3.4	3.3	3.2	
17	反应罐的容积（m^3）	12.3	4.3	5.2	
18	反应罐型号	Φ2350/2 台	Φ1800/1 台	Φ2500/1 台	
19	均衡水池容积（m^3）	43.1	28.0	25.0	
20	初次加热时间（h）	48	48	48	24
21	初次加热换热量（kW）	2907	907	1977	41

2. 池水水质：按照《游泳池给水排水工程技术规程》CJJ 122—2008、国际游泳联合会（FINA）2009～2013 年关于游泳池水质卫生要求及《游泳池水质标准》CJ 244—2007 的规定进行设计。

3. 循环方式：竞赛池、跳水池、热身池采用逆流循环；泡池采用顺流循环。

4. 过滤方式：均采用石英砂过滤，过滤速度 15～25m/h（中速），材质为玻璃钢，承压大于或等于 0.6MPa。

5. 消毒方式：竞赛池、跳水池、热身池采用分流量全程式臭氧消毒＋次氯酸钠长效消毒方式，泡池采用氯酸钠长效消毒方式。

6. 加热方式：均由锅炉供热，通过板式换热器来转换热量到泳池循环水以进行加热及恒温。本工程竞赛池、跳水池、热身池初加热时间为 48h，泡池初加热时间为 24h。

7. 控制系统：竞赛池、跳水池、热身池均采用 PLC 智能控制，砂缸自动反冲洗，自动控温等。泡池采用常规控制，配置自动控温。

8. 本工程跳水池设置池底喷气水面制波和池岸喷水水面制波装置。

附录A 我国主要城市太阳能系统设计用气象参数

符号说明：

T_a——月平均室外气温,℃；

H_t——水平面太阳总辐射月平均日辐照量，MJ/(m^2·d)；

H_d——水平面太阳散射辐射月平均日辐照量，MJ/(m^2·d)；

H_b——水平面太阳直射辐射月平均日辐照量，MJ/(m^2·d)；

H——倾角等于当地纬度倾斜表面上的太阳总辐射月平均日辐照量，MJ/(m^2·d)；

H_0——大气层上界面上太阳总辐射月平均日辐照量，MJ/(m^2·d)；

S_m——月日照小时数；

K_t——大气晴朗指数。

北京 **纬度39°48′，经度116°28′，高度31.3m**

月份	1	2	3	4	5	6	7	8	9	10	11	12
T_a	−4.6	−2.2	4.5	13.1	19.8	24.0	25.8	24.4	19.4	12.4	4.1	−2.7
H_t	9.143	12.185	16.126	18.787	22.297	22.049	18.701	17.365	16.542	12.730	9.206	7.889
H_d	3.936	5.253	7.152	9.114	9.952	9.192	9.364	8.086	6.362	4.926	4.004	3.515
H_b	5.208	6.931	8.974	9.673	12.345	12.856	9.336	9.279	10.180	7.805	5.201	4.374
H	15.081	17.141	19.155	18.714	20.175	18.672	16.215	16.430	18.686	17.510	15.112	13.709
H_0	15.422	20.464	27.604	34.740	39.725	41.742	40.596	36.420	29.881	22.478	16.508	13.857
S_m	200.8	201.5	239.7	259.9	291.8	268.8	217.9	227.8	239.9	229.5	191.2	186.7
K_t	0.593	0.595	0.584	0.541	0.561	0.528	0.461	0.477	0.554	0.566	0.558	0.569

天津 **纬度39°05′，经度117°04′，高度2.5m**

月份	1	2	3	4	5	6	7	8	9	10	11	12
T_a	−4.0	−1.6	5.0	13.2	20.0	24.1	26.4	25.5	20.8	13.6	5.2	−1.6
H_t	8.269	11.242	15.361	17.715	21.570	21.283	17.494	16.806	15.472	12.030	8.500	7.328
H_d	3.440	4.804	6.591	8.459	9.320	8.487	8.497	7.649	5.957	4.556	3.555	3.132
H_b	4.829	6.438	8.770	9.256	12.249	12.796	8.997	9.157	9.515	7.474	4.945	4.197
H	14.725	16.491	18.226	17.628	19.501	17.981	15.495	15.891	17.378	16.413	13.806	12.610
H_0	15.853	20.865	27.922	34.924	39.778	41.726	40.612	36.551	30.150	22.853	16.931	14.291
S_m	184.8	183.3	213	238.3	275.3	260.2	225.3	231.1	231.3	218.7	179.2	172.2
K_t	0.522	0.539	0.550	0.507	0.542	0.510	0.431	0.460	0.513	0.526	0.502	0.513

沈阳 **纬度41°44′，经度123°27′，高度44.7m**

月份	1	2	3	4	5	6	7	8	9	10	11	12
T_a	−12.0	−8.4	0.1	9.3	16.9	21.5	24.6	23.5	17.2	9.4	0.0	−8.5
H_t	7.087	10.795	14.858	17.942	20.494	19.575	17.178	16.383	15.636	11.544	7.735	6.186
H_d	3.231	4.514	5.996	7.572	8.441	8.649	8.635	7.502	5.782	4.204	3.191	2.847
H_b	3.856	6.280	8.862	10.370	12.053	10.926	8.543	8.881	9.853	7.340	4.544	3.339
H	12.165	15.915	18.333	18.214	18.587	16.629	14.890	15.574	18.035	16.682	13.934	11.437
H_0	14.206	19.323	26.688	34.195	39.554	41.764	40.530	36.025	29.099	21.410	15.313	12.638
S_m	168.6	185.9	229.5	244.5	264.9	246.9	214	226.2	236.3	219.7	166.8	151.7
K_t	0.499	0.559	0.557	0.525	0.518	0.469	0.424	0.455	0.537	0.539	0.505	0.490

长春 **纬度43°54′，经度125°13′，高度236.8m**

月份	1	2	3	4	5	6	7	8	9	10	11	12
T_a	−16.4	−12.7	−3.5	6.7	15.0	20.1	23.0	21.3	15.0	6.8	−3.8	−12.8
H_t	7.558	10.911	14.762	17.265	19.527	19.855	17.032	15.936	15.202	11.004	7.623	6.112
H_d	2.980	4.172	5.558	7.310	8.287	8.990	8.492	7.133	5.392	3.916	2.890	2.543
H_b	4.578	6.739	9.026	9.955	11.276	10.829	8.540	8.804	9.810	7.088	4.734	3.569
H	14.890	17.342	18.683	17.707	17.340	16.863	14.761	15.255	17.995	16.753	13.985	13.166
H_0	12.891	18.071	25.662	33.564	39.329	41.753	40.420	35.556	28.215	20.229	14.016	11.326
S_m	195.5	202.5	247.8	249.8	270.3	256.1	227.6	242.9	243.1	222.1	180.9	170.6
K_t	0.586	0.604	0.575	0.514	0.497	0.476	0.421	0.448	0.539	0.544	0.544	0.540

哈尔滨 **纬度45°45′，经度126°46′，高度142.3m**

月份	1	2	3	4	5	6	7	8	9	10	11	12
T_a	−19.8	−15.4	−4.8	6.0	14.3	20.0	22.8	21.1	14.4	5.6	−5.7	−15.6
H_t	6.221	9.501	13.464	16.452	18.405	19.860	17.806	16.303	14.147	10.099	6.668	5.162
H_d	2.861	4.028	5.565	7.197	8.134	8.487	8.327	6.974	5.150	3.686	2.756	2.403
H_b	3.360	5.473	7.899	9.255	10.271	11.373	9.478	9.328	8.997	6.413	3.912	2.759
H	12.543	15.364	17.391	16.980	16.367	16.602	15.425	15.743	17.003	15.995	12.717	10.522
H_0	12.928	17.010	24.776	33.003	39.112	41.719	40.302	35.132	27.446	19.223	41.128	10.236
S_m	163.3	187.9	240.4	240.8	274.1	269.7	262.7	256.1	239.3	215	177.2	146.4
K_t	0.515	0.558	0.543	0.498	0.470	0.476	0.442	0.464	0.515	0.525		0.504

佳木斯　　　　**纬度46°49′，经度130°17′，高度81.2m**

月份	1	2	3	4	5	6	7	8	9	10	11	12
T_a	−20.0	−15.7	−5.9	5.0	13.1	18.5	21.7	20.8	14.0	5.2	−6.6	−15.5
H_t	6.086	9.707	13.325	15.835	17.295	18.400	16.964	14.880	13.144	9.510	6.266	4.847
H_d	2.632	3.862	5.232	7.101	7.764	7.764	7.456	5.924	4.637	3.323	2.460	2.228
H_b	3.454	5.844	8.093	8.734	9.531	10.635	9.508	8.957	8.507	6.187	3.806	2.619
H	13.408	16.522	17.676	16.390	15.409	15.387	14.704	14.502	16.061	15.684	12.738	10.481
H_0	11.096	16.329	24.200	32.631	38.960	41.686	40.214	34.847	26.942	18.575	12.236	9.548
S_m	160	184.8	232.4	225.6	254.7	243.7	247.7	234.1	224.9	204	172	142.5
K_t	0.548	0.594	0.551	0.485	0.444	0.441	0.422	0.427	0.488	0.512	0.512	0.508

阿勒泰　　　　**纬度47°44′，经度88°05′，高度735.3m**

月份	1	2	3	4	5	6	7	8	9	10	11	12
T_a	−17.0	−15.1	−6.1	7.0	14.9	20.4	22.1	20.5	14.5	5.8	−5.2	−14.1
H_t	6.305	10.336	15.324	19.594	23.208	24.763	23.646	20.619	16.252	10.318	6.272	4.822
H_d	2.773	4.234	6.996	7.236	7.904	7.713	7.208	5.815	4.664	3.652	2.621	2.190
H_b	3.533	6.102	8.327	12.358	15.304	17.050	16.437	14.804	11.587	6.666	3.651	2.632
H	14.650	17.923	19.846	20.862	20.817	20.571	20.508	20.604	20.667	17.429	12.974	11.030
H_0	10.537	15.778	23.730	32.324	38.830	41.654	40.137	34.610	26.529	18.049	11.679	8.997
S_m	169	188.4	256.1	291.4	336.2	349.3	354.5	337.4	288.1	228.4	158.5	135.3
K_t	0.598	0.655	0.646	0.606	0.598	0.594	0.589	0.596	0.613	0.572	0.537	0.536

伊宁　　　　**纬度43°57′，经度81°20′，高度662.5m**

月份	1	2	3	4	5	6	7	8	9	10	11	12
T_a	−10.0	−7.0	2.6	12.1	16.9	20.5	22.6	21.6	16.9	9.3	0.9	−5.8
H_t	7.131	10.451	13.846	18.190	22.688	24.338	24.112	21.847	17.024	11.627	7.711	5.774
H_d	3.004	4.364	6.037	7.617	8.742	8.091	7.073	6.326	5.361	4.101	2.799	2.518
H_b	4.127	6.087	7.809	10.589	13.946	16.247	17.040	15.520	11.663	7.526	4.912	3.256
H	13.736	16.215	17.268	18.698	20.107	20.500	20.672	21.336	20.470	17.758	14.359	12.225
H_0	12.860	18.041	25.637	33.549	39.324	41.753	40.418	35.544	28.194	20.201	13.985	11.295
S_m	165.8	177.4	222.1	261.6	302.3	310.1	338.4	326.8	284.5	240.5	174.8	150.8
K_t	0.554	0.579	0.540	0.542	0.577	0.583	0.596	0.615	0.604	0.576	0.551	0.511

吐鲁番 **纬度42°56′，经度89°12′，高度34.5m**

月份	1	2	3	4	5	6	7	8	9	10	11	12
T_a	−9.5	−2.1	9.3	18.9	25.7	30.9	32.7	30.4	23.3	12.6	4.8	−7.2
H_t	7.553	11.280	15.266	18.975	22.753	23.996	23.387	21.391	17.576	13.232	8.795	6.443
H_d	3.996	5.599	8.116	10.261	10.486	9.623	8.059	7.104	6.443	5.123	3.933	3.375
H_b	3.593	5.630	7.096	8.613	12.093	14.423	15.248	14.222	11.224	8.047	4.852	3.010
H	12.712	16.042	17.859	18.769	20.491	20.352	19.998	20.622	20.640	19.214	14.742	11.623
H_0	13.490	18.644	26.134	33.857	39.436	41.762	40.475	35.775	28.622	20.770	14.607	11.922
S_m	165.7	195.5	248	266	309.8	311.2	322.1	316.2	288.5	259.6	191.8	140.5
K_t	0.560	0.605	0.584	0.560	0.577	0.574	0.578	0.598	0.614	0.637	0.602	0.540

库车 **纬度41°43′，经度82°57′，高度1099.0m**

月份	1	2	3	4	5	6	7	8	9	10	11	12
T_a	−8.4	−2.2	7.4	15.2	20.8	24.5	25.9	24.9	20.3	12.2	2.5	−6.1
H_t	8.918	12.018	14.993	18.250	22.243	23.875	23.112	20.941	17.674	13.776	9.822	7.779
H_d	4.225	6.501	9.803	12.084	12.606	11.245	9.629	9.148	8.452	6.472	4.394	3.640
H_b	4.693	5.517	5.190	6.165	9.637	12.631	13.483	11.793	9.221	7.304	5.429	4.139
H	15.066	16.266	16.405	17.658	20.135	20.346	19.901	19.948	19.617	18.660	17.165	14.272
H_0	14.239	19.354	26.713	34.210	39.559	41.764	40.532	36.036	29.121	21.439	15.346	12.671
S_m	190	185.6	205.9	227.8	261.5	275	290.5	277.6	263.8	245.7	204.5	176.1
K_t	0.626	0.621	0.561	0.533	0.562	0.572	0.570	0.581	0.607	0.642	0.640	0.614

喀什 **纬度39°28′，经度75°59′，高度1288.7m**

月份	1	2	3	4	5	6	7	8	9	10	11	12
T_a	−6.6	−1.6	7.7	15.4	19.9	23.8	25.9	24.5	19.8	12.3	3.4	−4.2
H_t	8.222	10.495	14.050	17.302	21.458	25.348	23.876	20.876	17.731	14.023	9.865	7.529
H_d	4.738	6.273	8.595	10.121	10.488	9.634	9.484	9.657	7.925	5.918	4.451	4.027
H_b	3.484	4.222	5.456	7.181	10.970	15.714	14.391	11.220	9.806	8.104	5.414	3.502
H	12.891	13.775	15.479	16.935	19.420	21.364	20.490	19.745	19.591	18.809	15.818	11.957
H_0	15.625	20.654	27.754	34.827	39.751	41.735	40.604	36.482	30.008	22.655	16.708	14.062
S_m	161.4	166.2	191.4	221.9	264.7	314.7	323	297.6	268.6	248.3	203.4	164.5
K_t	0.526	0.508	0.506	0.497	0.540	0.607	0.588	0.572	0.591	0.619	0.590	0.535

若羌　　纬度39°02′，经度88°10′，高度888.3m

月份	1	2	3	4	5	6	7	8	9	10	11	12
T_a	−8.5	−2.3	7.1	15.4	20.9	25.3	27.4	26.0	20.1	11.1	1.6	−6.2
H_t	9.313	12.328	15.755	18.825	22.578	23.992	22.878	21.566	18.957	15.377	10.916	8.506
H_d	4.803	6.620	9.818	12.235	12.872	11.780	10.671	9.304	8.115	5.652	4.525	4.110
H_b	4.510	5.708	5.937	6.590	9.707	12.212	12.207	12.262	10.842	9.724	6.390	4.396
H	15.174	16.759	17.224	18.220	20.460	20.518	20.241	20.421	21.007	21.084	17.750	13.945
H_0	15.896	20.905	27.954	34.942	39.783	41.724	40.614	36.564	30.177	22.890	16.973	14.334
S_m	213.5	209.2	238.9	264.5	303.8	310.2	313.7	317	302.1	294	235.5	200.2
K_t	0.586	0.590	0.564	0.539	0.568	0.575	0.563	0.590	0.628	0.672	0.643	0.593

和田　　纬度37°08′，经度79°56′，高度1374.5m

月份	1	2	3	4	5	6	7	8	9	10	11	12
T_a	−5.6	−0.3	9.0	16.5	20.4	23.9	25.5	24.1	19.7	12.4	3.8	−3.2
H_t	9.695	11.635	15.483	18.018	21.071	22.969	21.278	19.425	17.920	15.842	11.886	9.206
H_d	5.132	6.905	9.927	12.079	13.044	13.127	12.260	11.910	9.602	6.393	4.704	4.246
H_b	4.563	4.730	5.556	5.940	8.027	9.842	9.018	7.514	8.319	9.448	7.182	4.960
H	14.583	14.681	16.638	17.374	19.149	19.905	18.989	18.357	19.030	20.683	18.521	14.512
H_0	17.063	21.981	28.794	35.416	39.900	41.660	40.633	36.895	30.884	23.889	18.114	15.512
S_m	173.5	169.4	191.8	215.1	242.3	262.1	251	239	248.1	269.2	228.4	184.2
K_t	0.568	0.529	0.538	0.509	0.528	0.551	0.524	0.526	0.580	0.663	0.656	0.593

哈密　　纬度42°49′，经度93°31′，高度737.2m

月份	1	2	3	4	5	6	7	8	9	10	11	12
T_a	−12.2	−5.8	4.5	13.2	20.2	25.1	27.2	25.9	19.1	9.9	−0.6	−9.0
H_t	9.004	12.827	16.656	21.048	24.977	25.907	24.364	22.285	19.030	14.379	9.816	7.748
H_d	3.700	4.956	7.360	9.365	9.349	8.808	7.532	6.441	6.651	5.552	4.587	3.353
H_b	5.304	7.862	9.596	11.683	15.628	17.099	16.832	15.848	13.292	9.940	6.350	4.660
H	16.721	19.784	20.887	21.373	22.715	21.799	20.851	21.648	23.540	22.984	18.726	16.222
H_0	13.560	18.708	26.188	33.890	39.448	41.763	40.480	35.800	28.670	20.833	14.676	11.992
S_m	210	220.7	270.3	288.8	334.1	327.6	327.3	321.4	300.6	277	224.9	197.4
K_t	0.664	0.686	0.636	0.621	0.633	0.620	0.602	0.622	0.664	0.690	0.669	0.646

敦煌　　　　纬度40°09′，经度94°41′，高度1139m

月份	1	2	3	4	5	6	7	8	9	10	11	12
T_a	−9.3	−4.1	4.5	12.4	18.3	22.7	24.7	23.5	17.0	8.7	0.2	−7.0
H_t	9.698	13.144	16.777	20.884	24.380	25.420	23.868	22.375	18.991	15.254	10.757	8.747
H_d	4.198	5.720	8.807	10.871	10.867	9.441	8.475	7.322	6.690	5.022	4.102	3.581
H_b	5.499	7.424	7.970	10.013	13.513	15.978	15.393	15.053	12.300	10.232	6.654	5.166
H	16.131	18.568	19.301	20.698	22.066	21.408	20.412	21.411	21.738	21.793	18.640	15.879
H_0	15.206	20.263	27.444	34.646	39.697	41.748	40.587	36.352	29.744	22.290	16.296	13.640
S_m	227	226.4	264.2	292.5	331.5	324.8	330	326.9	306.2	290.4	238.6	214.6
K_t	0.638	0.649	0.611	0.603	0.614	0.609	0.588	0.616	0.638	0.684	0.660	0.641

民勤　　　　纬度38°38′，经度103°05′，高度1367m

月份	1	2	3	4	5	6	7	8	9	10	11	12
T_a	−9.6	−5.6	2.1	10.0	16.4	21.0	23.2	21.7	15.7	7.8	−0.9	−7.9
H_t	9.958	12.850	15.695	18.340	21.163	22.240	20.197	18.889	15.838	13.401	10.295	9.112
H_d	3.773	5.465	8.042	10.259	10.674	9.616	8.362	7.337	6.305	4.857	3.698	3.282
H_b	6.185	7.384	7.665	8.080	10.489	12.624	11.835	11.551	9.533	8.544	6.597	5.829
H	17.895	18.657	17.948	17.997	19.155	18.874	17.811	17.915	17.661	18.298	17.206	16.272
H_0	16.142	21.133	28.133	35.045	39.810	41.713	40.620	36.637	30.329	23.102	17.214	14.582
S_m	240	223	254.1	270.5	300.3	296.5	297.5	289.5	261.9	257.2	244.8	237.3
K_t	0.617	0.608	0.558	0.523	0.532	0.533	0.497	0.516	0.522	0.580	0.598	0.625

格尔木　　　　纬度36°25′，经度94°54′，高度2807.6m

月份	1	2	3	4	5	6	7	8	9	10	11	12
T_a	−10.7	−6.6	−0.1	6.4	11.5	15.3	17.6	16.8	11.5	4.0	−4.4	−9.6
H_t	11.642	14.704	18.731	23.089	25.525	25.724	24.565	23.468	20.285	17.413	13.393	11.016
H_d	4.234	5.937	8.517	10.643	11.365	10.845	9.872	8.426	7.323	4.869	3.661	3.404
H_b	7.408	8.766	10.214	12.446	14.160	14.879	14.693	15.042	12.962	12.544	9.732	7.612
H	19.393	20.564	21.491	22.848	23.051	22.366	21.634	22.503	22.497	23.828	22.114	20.910
H_0	17.499	22.379	29.101	35.585	39.935	41.627	40.631	37.010	31.141	24.258	18.540	15.953
S_m	227.2	217.7	255.1	282.3	304.1	282.1	285.2	293.1	268.4	285.1	255.2	234.6
K_t	0.665	0.657	0.644	0.649	0.639	0.618	0.604	0.634	0.651	0.718	0.722	0.690

西宁 **纬度 36°43′，经度 101°45′，高度 2295.2m**

月份	1	2	3	4	5	6	7	8	9	10	11	12
T_a	−8.4	−4.9	1.9	7.9	12.0	15.2	17.2	16.5	12.1	6.4	−0.8	−6.7
H_t	10.950	14.083	17.166	20.260	21.982	22.955	21.618	20.547	15.856	13.697	11.695	10.105
H_d	4.239	6.004	8.587	10.071	10.274	9.510	8.438	7.449	6.831	5.219	4.282	3.753
H_b	6.712	8.078	8.579	10.189	11.708	13.445	13.179	13.098	9.025	8.748	7.413	6.352
H	18.130	19.564	19.419	19.974	19.870	19.442	19.021	19.715	17.297	18.388	18.376	16.816
H_0	17.387	22.277	29.023	35.542	39.927	41.636	40.632	36.981	31.075	24.164	18.431	15.84
S_m	217.9	212.6	231	249.8	263	244.8	252.5	253.4	204.4	216.3	221.1	209.2
K_t	0.630	0.632	0.591	0.570	0.550	0.551	0.532	0.556	0.510	0.578	0.634	0.638

玉树 **纬度 33°01′，经度 97°01′，高度 3681.2m**

月份	1	2	3	4	5	6	7	8	9	10	11	12
T_a	−7.8	−5.0	−0.5	4.0	7.7	10.6	12.5	11.6	8.7	3.3	−3.0	−7.2
H_t	12.544	14.274	17.702	20.480	21.568	20.843	21.326	20.455	17.112	15.170	14.076	11.997
H_d	4.586	6.880	8.582	9.925	10.329	10.532	10.102	9.327	7.574	6.172	4.139	3.541
H_b	7.958	7.394	9.120	10.554	11.239	10.311	11.223	11.128	9.538	8.998	9.937	8.457
H	18.871	18.036	19.618	20.055	19.519	18.363	18.936	19.416	18.240	18.711	21.011	19.926
H_0	19.573	24.249	30.511	36.320	40.034	41.408	40.559	37.489	32.304	25.977	20.558	18.060
S_m	193.8	184.3	221.5	235.7	245.9	218	235.2	233.5	195.3	211	215.3	201.1
K_t	0.641	0.589	0.580	0.564	0.539	0.503	0.526	0.546	0.530	0.584	0.685	0.664

兰州 **纬度 36°03′，经度 103°53′，高度 1517.2m**

月份	1	2	3	4	5	6	7	8	9	10	11	12
T_a	−6.9	−2.3	5.2	11.8	16.6	20.3	22.2	21.0	15.8	9.4	1.7	−5.5
H_t	8.178	11.655	14.831	18.563	21.208	22.389	20.406	18.994	14.378	12.282	9.214	7.326
H_d	4.874	6.496	8.780	10.458	11.072	10.303	8.811	7.704	7.064	5.916	5.040	4.439
H_b	3.305	5.158	6.051	8.105	10.136	12.086	11.595	11.290	7.314	6.365	4.174	2.886
H	11.312	14.789	16.152	18.128	19.216	19.553	18.016	18.151	15.376	15.207	12.600	10.696
H_0	17.723	22.583	29.258	35.670	39.952	41.609	40.629	37.067	31.271	24.447	18.759	16.18
S_m	162.2	185.5	202	232	253.8	242.3	252.8	248.9	197.7	192.6	180.8	157.7
K_t	0.461	0.516	0.506	0.520	0.531	0.538	0.502	0.515	0.460	0.502	0.491	0.453

二连浩特 **纬度43°39′，经度111°58′，高度964.7m**

月份	1	2	3	4	5	6	7	8	9	10	11	12
T_a	−18.6	−15.9	−4.6	6.0	14.3	20.4	22.9	20.7	13.4	4.3	−6.9	−16.2
H_t	8.970	13.344	17.950	21.508	24.164	24.579	22.354	20.481	18.069	13.825	9.672	7.824
H_d	2.869	4.230	5.948	8.129	9.029	8.812	8.044	6.729	5.346	3.678	3.022	2.522
H_b	6.101	9.115	12.002	13.380	15.144	15.767	14.311	13.752	12.722	10.147	6.650	5.302
H	18.647	22.048	23.474	22.256	21.407	20.740	19.222	19.878	21.810	22.124	18.548	18.150
H_0	13.045	18.219	25.784	33.640	39.358	41.756	40.435	35.613	28.321	20.369	14.168	11.480
S_m	228.1	234.7	288	300.5	331.7	331.9	318.2	301.5	284.9	261.2	223	212.4
K_t	0.688	0.732	0.696	0.639	0.614	0.589	0.553	0.575	0.638	0.679	0.683	0.682

大同 **纬度40°06′，经度113°20′，高度1067.2m**

月份	1	2	3	4	5	6	7	8	9	10	11	12
T_a	−11.3	−7.7	−0.1	8.3	15.4	19.9	21.8	20.1	14.3	7.5	−1.4	−8.9
H_t	9.019	12.481	16.282	19.011	22.268	23.168	20.588	19.176	16.908	13.498	9.576	7.977
H_d	3.461	4.584	6.335	8.305	8.960	8.448	8.219	7.095	5.670	4.261	3.557	3.139
H_b	5.558	7.897	9.947	10.706	13.309	14.720	12.369	12.081	11.238	9.236	6.018	4.838
H	15.568	18.367	19.848	19.114	20.150	19.495	17.680	18.287	19.447	19.405	16.688	14.647
H_0	15.237	20.292	27.467	34.659	39.702	41.747	40.588	36.362	29.764	22.317	16.326	13.671
S_m	191.5	196.7	231	252.8	282.5	275.5	253.8	242.6	243.1	235.3	193	174.7
K_t	0.592	0.615	0.593	0.548	0.561	0.555	0.507	0.527	0.568	0.605	0.586	0.583

伊金霍洛旗 **纬度39°34′，经度109°44′，高度1329.3m**

月份	1	2	3	4	5	6	7	8	9	10	11	12
T_a	−11.4	−7.7	0.0	8.0	14.8	19.6	21.5	19.7	13.8	6.7	−2.1	−9.6
H_t	10.068	12.957	15.968	18.601	21.369	22.300	20.148	18.235	15.743	13.327	10.150	8.839
H_d	3.206	4.602	6.792	8.541	8.988	8.285	7.695	6.490	5.382	3.967	3.201	2.738
H_b	6.861	8.356	9.176	10.060	12.381	14.015	12.454	11.745	10.361	9.361	6.950	6.101
H	17.926	18.998	19.068	18.595	19.326	18.775	17.267	17.379	17.988	19.147	18.080	16.991
H_0	15.687	20.711	27.800	34.853	39.758	41.733	40.607	36.501	30.047	22.709	16.768	14.124
S_m	233.1	215.8	254.1	274.7	314.6	307.9	306.8	275.9	270.1	255.9	233.3	219.3
K_t	0.642	0.626	0.574	0.534	0.537	0.534	0.496	0.500	0.524	0.587	0.605	0.626

银川　　纬度38°29′，经度106°13′，高度1111.4m

月份	1	2	3	4	5	6	7	8	9	10	11	12
T_a	−9.0	−4.8	2.8	10.6	16.9	21.4	23.4	21.6	16.0	9.1	0.9	−6.7
H_t	10.066	13.343	16.229	19.727	22.447	24.043	21.695	20.371	16.874	13.782	10.818	9.095
H_d	3.814	5.256	7.801	10.149	10.393	9.370	8.865	7.415	6.335	4.808	3.828	3.436
H_b	6.251	8.087	8.428	9.578	12.054	14.674	12.829	12.956	10.538	8.973	6.990	5.658
H	17.965	19.689	18.758	19.486	20.298	20.287	19.124	19.644	18.920	18.900	18.060	15.941
H_0	16.234	21.218	28.200	35.083	39.820	41.709	40.622	36.664	30.385	23.182	17.304	14.675
S_m	213.6	208.6	240.9	264.7	297.5	295.4	291.7	276.8	249	240.3	222.2	210.7
K_t	0.620	0.629	0.575	0.562	0.564	0.576	0.534	0.556	0.555	0.594	0.625	0.620

太原　　纬度37°47′，经度112°33′，高度778.3m

月份	1	2	3	4	5	6	7	8	9	10	11	12
T_a	−6.6	−3.1	3.7	11.4	17.7	21.7	23.5	21.8	16.1	9.9	2.1	−4.9
H_t	9.367	11.943	15.418	17.871	21.698	22.146	18.992	17.743	15.017	12.611	9.532	8.234
H_d	3.852	4.965	7.180	8.658	9.148	8.450	8.009	7.341	5.969	4.732	3.850	3.423
H_b	5.515	6.978	8.239	9.213	12.550	13.696	10.983	10.402	9.048	7.879	5.682	4.810
H	15.836	17.693	17.820	17.697	19.592	18.663	16.754	17.013	16.648	16.868	15.042	13.701
H_0	16.663	21.613	28.509	35.257	39.864	41.685	40.630	36.786	30.645	23.548	17.723	15.107
S_m	179.8	179.8	209	237.6	274	259.4	236.6	231.5	216.7	213.8	180.9	168.6
K_t	0.562	0.552	0.540	0.507	0.544	0.531	0.467	0.482	0.490	0.536	0.538	0.545

侯马　　纬度35°39′，经度111°22′，高度433.8m

月份	1	2	3	4	5	6	7	8	9	10	11	12
T_a	−4.4	−0.2	6.9	13.8	19.8	24.9	26.3	24.8	18.9	12.4	4.5	−2.3
H_t	9.197	10.838	13.617	15.549	19.572	21.399	19.517	18.757	13.315	11.384	9.168	8.262
H_d	4.178	5.241	7.283	8.174	9.016	8.897	8.107	7.461	5.707	4.702	3.950	3.661
H_b	5.019	5.597	6.334	7.375	10.556	12.502	11.410	11.296	7.608	6.682	5.218	4.601
H	14.023	14.271	15.101	15.242	17.684	18.600	17.208	17.916	14.441	14.487	13.443	13.649
H_0	17.967	22.805	29.427	35.760	39.968	41.587	40.625	37.128	31.412	24.651	18.997	16.427
S_m	163.8	178.6	189.1	238.2	262	247.4	251.5	238.1	200	181.6	157.5	147.8
K_t	0.512	0.475	0.463	0.435	0.490	0.514	0.480	0.505	0.424	0.462	0.483	0.503

烟台 **纬度37°32′，经度121°24′，高度46.7m**

月份	1	2	3	4	5	6	7	8	9	10	11	12
T_a	-1.9	-0.5	4.1	11.1	18.0	21.7	24.7	25.2	21.3	15.6	8.4	1.5
H_t	6.855	10.093	14.215	16.574	19.285	19.422	15.625	15.243	14.345	11.432	7.641	5.960
H_d	2.842	4.022	5.608	6.742	6.979	6.991	6.725	6.093	4.888	4.031	3.105	2.550
H_b	4.013	6.071	8.606	9.832	12.306	12.431	8.900	9.150	9.456	7.401	4.537	3.410
H	11.449	14.512	16.835	16.576	17.378	16.315	13.792	14.621	16.127	15.401	11.954	9.752
H_0	16.816	21.754	28.619	35.619	39.878	41.676	40.631	36.828	30.737	23.679	17.873	15.262
S_m	174	183.9	244.2	264	294.2	276.6	244.5	243.5	252.8	235.8	182.1	160.8
K_t	0.408	0.464	0.497	0.469	0.484	0.466	0.384	0.414	0.467	0.483	0.428	0.390

济南 **纬度36°41′，经度116°59′，高度51.6m**

月份	1	2	3	4	5	6	7	8	9	10	11	12
T_a	-1.4	1.1	7.6	15.2	21.8	26.3	27.4	26.2	21.7	15.8	7.9	1.1
H_t	8.376	10.930	14.423	16.679	20.770	21.055	16.776	15.663	14.884	12.093	9.089	7.657
H_d	3.425	4.592	6.434	7.643	8.059	7.734	7.285	6.505	5.503	4.371	3.430	2.982
H_b	4.951	6.337	7.988	9.036	12.711	13.337	9.490	9.158	9.380	7.722	5.659	4.676
H	13.630	15.225	16.634	16.523	18.716	18.212	14.812	14.979	16.498	16.003	14.162	13.854
H_0	17.338	22.233	28.988	35.523	39.923	41.640	40.632	36.968	31.047	24.122	18.383	15.79
S_m	175	177.3	217.7	248.8	280.3	263.1	216.9	224.3	224.4	216.4	181.2	171.9
K_t	0.483	0.492	0.498	0.470	0.520	0.506	0.413	0.424	0.479	0.501	0.494	0.485

那曲 **纬度31°29′，经度92°04′，高度4507m**

月份	1	2	3	4	5	6	7	8	9	10	11	12
T_a	-13.8	-10.6	-6.3	-1.3	3.2	7.2	8.8	8.0	5.2	-1.0	-8.4	-13.2
H_t	14.354	15.701	18.677	20.982	22.442	21.266	20.972	18.997	18.334	17.478	15.571	13.626
H_d	4.722	6.929	9.129	10.791	10.460	9.680	9.820	9.589	8.045	6.103	4.543	4.087
H_b	9.631	8.773	9.548	10.190	11.982	11.586	11.149	9.408	10.288	11.375	11.028	9.539
H	21.215	19.781	20.479	20.450	20.306	18.650	18.638	17.998	19.415	21.626	22.479	21.486
H_0	20.484	25.057	31.104	36.607	40.041	41.275	40.491	37.663	32.784	26.715	21.441	18.990
S_m	236.8	212.3	236.4	250.7	272.5	251.4	235.3	226.8	223.1	259.2	260.4	246.9
K_t	0.701	0.627	0.600	0.573	0.560	0.515	0.518	0.504	0.559	0.654	0.726	0.718

拉萨 **纬度29°40′，经度91°08′，高度3648.7m**

月份	1	2	3	4	5	6	7	8	9	10	11	12
T_a	−2.2	1.0	4.4	8.3	12.3	15.3	15.1	14.3	12.7	8.3	2.3	−1.7
H_t	16.556	18.809	21.328	23.137	26.188	26.623	24.628	22.695	21.285	20.713	17.803	15.725
H_d	3.452	5.236	7.139	8.713	8.392	8.651	9.808	9.581	7.282	4.282	3.157	2.871
H_b	13.105	13.574	14.190	14.424	17.796	17.972	14.820	13.114	14.003	16.431	14.645	12.854
H	24.871	24.650	24.015	22.649	23.786	22.963	21.747	21.478	22.732	26.260	26.023	25.025
H_0	21.558	26.000	31.781	36.917	40.018	41.089	40.380	37.839	33.327	27.571	22.480	20.091
S_m	262.4	237.5	258.4	261.8	289.9	269.3	237.8	229.1	240	294.3	279.4	270.5
K_t	2.768	0.723	0.671	0.627	0.654	0.648	0.610	0.599	0.639	0.751	0.792	0.783

昌都 **纬度31°09′，经度97°10′，高度3306m**

月份	1	2	3	4	5	6	7	8	9	10	11	12
T_a	−2.6	0.5	4.3	8.4	12.3	14.9	16.1	15.3	13.0	8.1	2.3	−2.0
H_t	12.798	14.267	16.551	18.991	19.763	20.078	19.991	19.520	17.410	15.077	13.645	12.593
H_d	3.915	5.601	7.433	8.856	9.066	9.304	9.184	8.394	7.067	5.551	3.909	3.292
H_b	8.894	8.665	9.118	10.135	10.696	10.774	10.806	11.126	10.343	9.525	9.736	9.301
H	19.016	18.272	18.304	18.558	17.874	17.636	17.756	18.499	18.524	18.452	19.609	20.092
H_0	20.681	25.231	31.230	36.666	40.039	41.244	40.473	37.698	32.886	26.873	21.632	19.192
S_m	207.6	188.1	206.9	211.1	233	209.6	206.9	207	193.7	207.5	213.4	217.6
K_t	0.619	0.565	0.530	0.518	0.494	0.487	0.494	0.518	0.529	0.561	0.631	0.656

成都 **纬度30°40′，经度104°01′，高度506.1m**

月份	1	2	3	4	5	6	7	8	9	10	11	12
T_a	5.5	7.5	12.1	17.0	20.9	23.7	25.6	25.1	21.2	16.8	11.9	7.3
H_t	5.911	7.191	10.326	12.505	14.034	14.916	15.506	14.789	10.112	7.534	6.227	5.419
H_d	4.349	5.453	7.186	8.664	9.548	9.630	9.306	8.631	7.298	5.707	4.537	4.042
H_b	1.562	1.738	3.140	3.840	4.485	5.286	6.199	6.158	2.814	1.827	1.690	1.377
H	6.773	7.740	10.664	12.049	12.933	13.450	14.011	14.005	10.117	7.917	7.027	6.302
H_0	20.966	25.482	31.411	36.750	40.035	41.196	40.445	37.746	33.031	27.101	21.908	19.484
S_m	55.3	53.1	85.8	117.7	125.5	120.8	136.5	160.3	80	61.3	59.1	53.7
K_t	0.282	0.282	0.329	0.340	0.350	0.362	0.383	0.392	0.306	0.278	0.284	0.278

西安 **纬度34°18′，经度108°56′，高度397.5m**

月份	1	2	3	4	5	6	7	8	9	10	11	12
T_a	−1.0	2.1	8.1	14.1	19.1	25.2	26.6	25.5	19.4	13.7	6.6	0.7
H_t	7.884	9.513	11.796	14.359	16.756	19.363	18.232	18.213	11.816	9.822	8.075	7.214
H_d	4.585	5.734	7.352	8.743	9.011	9.315	8.573	7.628	6.137	5.201	4.527	4.199
H_b	3.299	3.823	4.454	5.616	7.744	10.048	9.659	10.593	5.686	4.643	3.548	3.021
H	10.605	11.541	12.612	13.928	15.209	16.980	16.167	17.345	12.458	11.693	10.587	10.200
H_0	18.788	23.546	29.987	36.054	40.010	41.504	40.600	37.321	31.874	25.333	19.795	17.26
S_m	105.3	107.5	125.5	153.8	178.1	192	198.7	202.3	132	115.7	102.8	97.4
K_t	0.420	0.404	0.393	0.398	0.419	0.466	0.449	0.488	0.371	0.388	0.408	0.418

郑州 **纬度34°43′，经度113°39′，高度110.4m**

月份	1	2	3	4	5	6	7	8	9	10	11	12
T_a	−0.3	2.2	7.8	14.9	21.0	26.2	27.3	25.8	20.9	15.1	7.8	1.7
H_t	8.679	10.531	13.125	15.144	18.694	19.604	16.874	16.100	13.168	11.297	8.820	7.781
H_d	4.226	5.374	7.371	8.578	9.014	8.605	8.033	7.353	5.981	4.754	3.895	3.555
H_b	4.453	5.156	5.754	6.567	9.680	10.998	8.841	8.746	7.188	6.542	4.925	4.226
H	12.611	13.450	14.342	14.759	16.911	17.096	14.966	15.313	14.121	14.148	12.577	12.277
H_0	18.535	23.319	19.817	35.966	39.999	41.531	40.609	37.264	31.734	25.124	19.550	17.004
S_m	149.8	143.7	170.2	209.5	241.4	236.7	206.8	206.6	184.9	188.3	163.9	153.9
K_t	0.468	0.452	0.440	0.421	0.467	0.472	0.416	0.432	0.415	0.450	0.451	0.458

万县 **纬度30°46′，经度108°24′，高度186.7m**

月份	1	2	3	4	5	6	7	8	9	10	11	12
T_a	6.7	8.7	13.4	18.4	22.2	25.4	28.6	28.5	23.9	18.7	13.5	9.1
H_t	4.454	6.403	8.813	11.760	12.097	14.248	17.943	16.267	11.247	7.848	5.585	4.015
H_d	3.497	4.748	5.874	7.057	7.340	8.014	7.558	6.765	5.693	4.792	3.760	3.102
H_b	0.957	1.656	2.940	4.730	4.756	6.235	10.358	10.718	5.554	3.076	1.825	0.913
H	4.942	6.955	9.179	11.394	11.078	12.699	15.849	16.564	11.725	8.772	6.515	4.583
H_0	20.907	25.430	31.374	36.733	40.036	41.206	40.451	37.737	33.001	27.054	21.850	19.423
S_m	34.8	45.4	79.3	120.6	137.6	136.7	204.1	225.6	131.3	88.1	63.7	35.1
K_t	0.213	0.252	0.281	0.320	0.302	0.346	0.444	0.431	0.341	0.290	0.256	0.207

宜昌 **纬度30°42′，经度111°18′，高度133.1m**

月份	1	2	3	4	5	6	7	8	9	10	11	12
T_a	4.7	6.4	11.0	16.8	21.3	25.6	28.2	27.7	23.3	18.1	12.3	6.7
H_t	6.656	7.934	9.462	11.713	13.450	16.029	17.663	16.978	12.245	10.064	7.651	6.167
H_d	4.229	5.031	6.128	7.104	7.923	8.777	8.014	7.463	6.478	5.397	4.428	3.824
H_b	2.427	2.913	3.334	4.609	5.528	7.252	9.649	9.515	5.766	4.667	3.223	2.343
H	8.130	9.083	9.902	11.343	12.302	14.257	15.686	16.082	12.707	11.529	9.401	7.833
H_0	29.949	25.466	31.400	36.745	40.035	41.199	40.447	37.744	33.022	27.087	21.890	19.466
S_m	79.7	81.2	99.6	137.3	158.7	157.7	192.1	207.7	148.1	136.6	117.2	100.6
K_t	0.318	0.312	0.301	0.319	0.336	0.389	0.437	0.449	0.371	0.372	0.349	0.317

南京 **纬度32°00′，经度118°48′，高度8.9m**

月份	1	2	3	4	5	6	7	8	9	10	11	12
T_a	2.0	3.8	8.4	14.8	19.9	24.5	28.0	27.8	22.7	16.9	10.5	4.4
H_t	8.406	9.970	12.339	14.271	16.359	16.863	17.652	17.850	13.381	12.171	9.515	8.163
H_d	3.991	4.810	6.166	7.620	8.290	8.429	7.809	7.465	6.478	5.072	4.091	3.540
H_b	4.415	5.160	6.173	6.651	8.069	8.434	9.843	10.386	6.903	7.099	5.424	4.622
H	11.572	12.415	13.530	13.900	14.843	14.868	15.636	16.935	14.075	14.775	12.933	12.047
H_0	20.173	24.782	30.904	36.511	40.041	41.323	40.516	37.607	32.622	26.465	21.140	18.673
S_m	133.5	127.4	140.8	174	200.5	177.6	212.2	221.5	172.9	174.9	158.8	155.2
K_t	0.417	0.402	0.399	0.391	0.408	0.408	0.436	0.475	0.410	0.460	0.450	0.437

合肥 **纬度31°51′，经度117°14′，高度27.9m**

月份	1	2	3	4	5	6	7	8	9	10	11	12
T_a	2.1	4.2	9.2	15.5	20.6	25.0	28.3	28.0	22.9	17.0	10.6	4.5
H_t	8.107	9.322	11.624	13.423	15.965	17.348	17.180	16.637	12.492	11.450	8.944	7.565
H_d	3.849	4.666	6.151	7.554	8.257	8.618	7.406	7.389	6.225	4.966	4.016	3.494
H_b	4.258	4.656	5.472	5.869	7.708	8.731	9.774	9.248	6.268	6.484	4.928	4.070
H	11.131	11.490	12.630	13.046	14.499	15.293	15.200	15.776	13.097	13.790	12.004	10.927
H_0	20.263	24.862	30.962	36.539	40.042	41.310	40.509	37.623	32.669	26.537	21.227	18.764
S_m	126	119.4	132.7	168.9	194.6	177.2	204	210.3	163.4	167.5	158.3	149
K_t	0.400	0.375	0.375	0.367	0.399	0.420	0.424	0.442	0.382	0.431	0.421	0.403

上海 纬度31°24′，经度121°29′，高度6m

月份	1	2	3	4	5	6	7	8	9	10	11	12
T_a	3.5	4.6	8.3	14.0	18.8	23.3	27.8	27.7	23.6	18.0	12.3	6.2
H_t	8.371	9.730	11.772	13.725	15.335	15.111	18.673	18.180	12.963	11.518	9.411	8.047
H_d	4.091	4.869	6.179	7.372	8.197	8.664	8.262	7.450	6.883	5.544	4.509	3.776
H_b	4.280	4.860	5.593	6.353	7.154	6.447	10.412	10.730	6.080	5.974	4.903	4.271
H	11.293	11.919	12.775	13.356	13.965	13.471	16.550	17.236	13.479	13.555	12.330	11.437
H_0	20.669	25.220	31.222	36.663	40.040	41.246	40.474	37.696	32.880	26.864	21.620	19.180
S_m	126.2	146.7	123.3	163.6	191.5	148.8	220.5	205.9	196.2	179.4	148.4	147
K_t	0.405	0.386	0.377	0.374	0.383	0.366	0.461	0.482	0.394	0.429	0.435	0.420

杭州 纬度30°14′，经度120°10′，高度41.7m

月份	1	2	3	4	5	6	7	8	9	10	11	12
T_a	4.3	5.6	9.5	15.8	20.7	24.3	28.4	27.9	23.4	18.3	12.4	6.8
H_t	6.813	7.753	9.021	12.542	14.468	13.218	17.405	16.463	12.013	10.276	8.388	7.303
H_d	3.583	4.170	5.131	7.124	7.871	7.872	7.806	7.615	6.244	5.181	4.246	3.680
H_b	3.405	3.120	3.832	5.201	6.050	4.822	9.245	8.949	5.220	4.846	4.269	3.922
H	9.103	8.534	9.552	11.953	12.715	11.417	15.158	15.684	11.846	11.524	10.839	10.425
S_m	112.2	103.3	114.1	145.8	168.9	146.6	222.2	215.3	151.9	153.9	143.2	142.5

慈溪 纬度30°12′，经度121°16′，高度3.5m

月份	1	2	3	4	5	6	7	8	9	10	11	12
T_a	4.3	5.5	9.1	14.9	20	24.1	28.2	27.6	23.5	18.4	12.6	6.6
H_t	7.135	8.098	10.113	13.166	14.692	13.938	17.917	17.025	12.333	10.794	9.198	8.301
H_d	3.944	4.717	5.759	7.478	8.215	7.973	8.013	7.512	6.485	5.448	4.404	3.806
H_b	3.634	3.886	4.649	6.128	7.010	6.226	10.297	10.038	6.195	5.497	4.773	4.340
H	9.824	10.173	11.144	13.215	13.875	12.666	16.238	16.617	13.181	12.661	11.787	11.276
S_m	118	113.3	126.7	162.6	184.7	164.3	247.8	243.6	174.8	166.6	153.2	147.9

漠河 纬度52°58′，经度122°31′，高度433.0m

月份	1	2	3	4	5	6	7	8	9	10	11	12
T_a	−29.8	−24.8	−14	−0.2	9.1	16	18.4	15.4	7.9	−3	−18.5	−28
H_t	4.309	8.744	14.448	17.104	20.099	22.649	19.373	18.202	13.130	8.666	5.241	3.258
H_d	1.991	3.005	5.111	6.916	8.512	9.230	8.827	7.504	4.646	3.052	1.918	1.337
H_b	2.318	5.738	9.337	10.188	11.587	13.420	10.546	10.698	8.484	5.614	3.323	1.921
H	12.105	20.117	21.902	18.437	17.924	18.589	16.682	17.726	17.364	16.103	13.943	10.361
S_m	144.1	188	254.6	225	261.1	261.6	236.5	217	190.8	189.5	141	125.5

黑河 **纬度50°15′，经度127°27′，高度166.4m**

月份	1	2	3	4	5	6	7	8	9	10	11	12
T_a	−23.2	−18	−8.3	3.5	11.9	18.2	20.8	18.3	11.6	1.9	−11.2	−20.9
H_t	5.203	9.399	14.349	16.612	19.288	20.696	18.683	16.173	12.658	9.050	5.713	4.072
H_d	2.155	3.434	5.324	7.142	8.308	8.205	7.987	6.423	4.776	3.372	2.174	1.754
H_b	3.125	6.067	9.276	9.524	11.110	12.732	10.615	9.691	7.886	5.883	3.522	2.296
H	13.018	18.819	20.836	17.461	17.469	17.566	15.939	15.965	15.934	15.703	14.116	11.340
S_m	184.9	220	264.5	241.8	276.2	284.9	267.2	249.4	219.3	211.1	176.1	166.4

乌鲁木齐 **纬度43°47′，经度87°37′，高度917.9m**

月份	1	2	3	4	5	6	7	8	9	10	11	12
T_a	−12.6	−9.7	−1.7	9.9	16.7	21.5	23.7	22.4	16.7	7.7	−2.5	−9.3
H_t	5.315	7.984	11.929	17.666	21.371	22.496	22.038	20.262	16.206	11.062	6.104	4.174
H_d	2.895	4.302	5.978	7.511	8.444	8.115	7.336	6.498	5.254	3.962	2.952	2.316
H_b	2.420	3.682	5.951	10.156	12.926	14.382	14.702	13.764	10.952	7.101	3.153	1.858
H	9.010	11.251	14.360	18.101	18.934	18.990	18.926	19.696	19.383	16.772	10.193	7.692
S_m	116.9	141.5	194.5	256.5	295.1	292.7	311.6	309.7	271.5	236.1	140.5	95.5

固原 **纬度36°00′，经度106°16′，高度1753.0m**

月份	1	2	3	4	5	6	7	8	9	10	11	12
T_a	−8.1	−4.9	1	8.2	13.4	17	18.9	17.8	12.8	6.6	−0.3	−6
H_t	10.342	12.281	14.120	17.999	20.137	20.121	19.845	18.090	14.969	12.171	10.860	9.806
H_d	4.203	5.738	7.373	9.369	9.241	9.142	8.253	7.248	6.560	5.103	4.195	3.649
H_b	5.865	6.171	5.339	8.089	9.547	9.699	10.915	10.581	8.089	6.779	6.784	6.219
H	15.926	15.795	13.901	17.102	17.000	16.500	16.922	17.035	15.841	15.076	16.752	17.521
S_m	219.9	193.4	208.9	232.6	257.3	251	252.8	239.5	196.8	200.4	214.6	224.2

狮泉河 **纬度32°30′，经度80°05′，高度4278.0m**

月份	1	2	3	4	5	6	7	8	9	10	11	12
T_a	−12.4	−10.1	−5.4	−0.3	4.5	10.3	13.8	13.3	8.8	0.3	−6.4	−11.1
H_t	13.487	16.536	20.487	24.011	25.956	26.996	23.521	22.354	21.952	19.595	15.768	12.827
H_d	3.047	3.994	5.339	5.682	6.064	5.625	6.450	5.525	3.674	2.543	2.181	2.593
H_b	9.765	11.381	13.613	16.826	18.024	19.410	15.265	15.403	17.250	16.084	12.897	9.524
H	20.426	21.352	22.164	22.413	21.446	21.255	18.922	19.922	23.483	25.254	23.942	20.741
S_m	255.2	251	299.4	318.2	348.6	356.5	322.6	315.3	314.4	320.6	286.8	267.6

绵阳　　纬度31°28′，经度104°41′，高度470.8m

月份	1	2	3	4	5	6	7	8	9	10	11	12
T_a	5.3	7.3	11.4	16.8	21.4	24.3	25.7	25.4	21.4	17	11.8	6.7
H_t	5.481	6.653	8.889	12.745	14.251	14.163	14.678	14.172	9.580	7.385	5.829	4.771
H_d	4.311	5.200	7.122	9.006	9.528	9.909	9.453	8.451	7.015	5.529	4.407	3.850
H_b	1.454	1.609	2.095	3.947	4.968	4.497	5.397	5.516	2.540	1.984	1.560	1.246
H	6.603	7.338	9.325	12.474	13.315	13.041	13.454	13.221	9.540	7.988	6.737	5.940
S_m	64.3	60.2	86.1	123.1	131.8	126.7	146.2	163.3	82.2	72	65.7	60.6

峨眉山　　纬度29°31′，经度103°20′，高度3047.4m

月份	1	2	3	4	5	6	7	8	9	10	11	12
T_a	−5.7	−4.9	−1.3	2.9	6.3	9.3	11.6	11.2	7.7	3.5	−0.3	−3.5
H_t	11.145	12.390	14.624	15.083	13.583	12.419	13.280	12.657	10.436	9.355	9.945	10.736
H_d	4.062	5.337	6.498	7.891	8.355	8.157	8.784	7.902	6.751	5.689	4.591	3.695
H_b	6.880	7.076	7.764	6.798	4.676	3.648	4.181	4.390	2.841	3.370	4.753	6.992
H	15.151	15.299	15.589	14.267	12.094	10.743	11.852	11.650	9.622	9.951	11.813	15.584
S_m	153.4	124.9	146.4	133.8	105.5	90.1	120.3	129.3	81.2	78.5	116	158.2

乐山　　纬度29°34′，经度103°45′，高度424.2m

月份	1	2	3	4	5	6	7	8	9	10	11	12
T_a	7.1	8.8	12.9	18	21.8	24.1	25.9	25.8	21.9	17.8	13.4	8.7
H_t	4.688	6.376	9.048	12.363	13.223	13.056	14.308	14.463	9.150	7.148	5.301	4.253
H_d	3.714	4.800	6.385	8.026	8.697	8.702	8.863	8.262	6.576	5.389	3.974	3.411
H_b	0.974	1.576	2.663	4.337	4.526	4.355	5.444	6.201	2.574	1.759	1.327	0.842
H	5.134	6.845	9.300	11.945	12.285	11.839	12.986	13.700	9.155	7.497	5.863	4.702
S_m	44.3	50.3	83.6	119.9	125.2	112.8	146	166.1	78.5	54.5	54	45.3

南充　　纬度30°47′，经度106°06′，高度309.3m

月份	1	2	3	4	5	6	7	8	9	10	11	12
T_a	6.4	8.5	12.5	17.7	21.9	24.7	27.2	27.5	22.6	17.7	12.9	8
H_t	4.461	6.229	9.207	12.508	13.949	14.083	15.930	16.896	9.761	7.132	5.131	4.069
H_d	3.542	4.725	6.598	8.075	8.814	8.675	8.720	8.379	6.076	4.915	3.745	3.244
H_b	0.920	1.504	2.609	4.433	5.135	5.408	7.210	8.517	3.685	2.217	1.387	0.824
H	4.922	6.707	9.457	12.086	12.801	12.644	14.303	16.003	9.955	7.707	5.793	4.558
S_m	33.1	45.3	84.8	122.8	135.3	127	174.7	200.6	100	70	55.4	28.2

重庆 **纬度29°31′，经度106°29′，高度351.1m**

月份	1	2	3	4	5	6	7	8	9	10	11	12
T_a	7.8	9.5	13.6	18.4	22.3	25.1	28.1	28.4	23.6	18.6	14	9.3
H_t	3.505	4.848	7.677	10.441	11.492	11.847	15.447	15.655	9.576	6.107	4.404	3.210
H_d	3.054	4.028	5.999	7.142	7.838	7.796	8.276	8.144	5.944	4.365	3.336	2.806
H_b	0.465	0.743	1.915	3.218	3.567	4.056	7.189	7.733	3.275	1.733	0.901	0.498
H	3.670	4.905	8.025	9.992	10.617	10.735	13.893	15.034	9.345	6.487	4.587	3.531
S_m	24.6	34.3	76.8	105.1	112.8	109.9	190	213.4	94.9	70.5	42.7	26.6

泸州 **纬度28°53′，经度105°26′，高度334.8m**

月份	1	2	3	4	5	6	7	8	9	10	11	12
T_a	7.6	9.4	13.5	18.4	21.9	24.3	26.8	27	22.6	18	13.7	9.1
H_t	3.805	5.039	7.818	11.290	12.668	12.390	15.465	15.529	9.916	5.882	4.904	3.358
H_d	3.229	3.776	5.657	7.677	8.219	8.030	9.023	8.793	6.226	4.389	3.424	2.659
H_b	0.647	0.809	2.004	2.975	4.268	4.803	6.502	6.937	2.681	1.324	1.000	0.636
H	4.123	4.753	7.801	10.264	11.615	11.587	14.043	14.902	8.939	5.949	4.922	3.612
S_m	35.9	43.8	85.7	120	128	117.2	186.7	204.8	103.3	64.7	54.5	38.5

威宁 **纬度26°55′，经度104°17′，高度2237.5m**

月份	1	2	3	4	5	6	7	8	9	10	11	12
T_a	2	3.8	7.8	11.5	14.1	16.1	17.4	17	14.3	10.8	6.9	3.4
H_t	9.756	12.142	15.270	16.235	15.475	13.939	15.396	15.252	11.328	10.493	9.501	9.214
H_d	3.763	4.455	5.320	7.676	8.661	9.375	9.503	8.739	7.170	5.796	4.350	3.767
H_b	5.993	7.687	9.684	8.558	6.814	4.564	5.893	6.513	4.158	4.696	4.934	5.448
H	12.769	14.804	16.488	15.762	14.331	12.735	14.048	14.466	11.461	11.622	11.829	12.293
S_m	150.9	145.5	202.2	216.7	167.3	126.9	153.7	148.4	118.3	110.9	129.8	167.3

腾冲 **纬度25°01′，经度98°30′，高度1654.6m**

月份	1	2	3	4	5	6	7	8	9	10	11	12
T_a	8.1	9.7	12.9	15.8	18.2	19.6	19.5	19.9	19	16.7	12.5	9
H_t	14.847	15.850	17.176	17.543	16.945	13.625	12.269	14.395	14.816	14.974	14.316	14.352
H_d	4.059	4.982	6.814	8.325	9.013	9.119	8.638	9.216	8.432	5.970	4.422	3.694
H_b	10.815	11.138	10.512	8.758	7.849	4.094	3.053	5.193	6.302	8.923	9.737	10.466
H	20.691	19.554	18.692	16.554	15.621	12.161	10.953	13.717	14.982	16.960	18.609	19.416
S_m	248.4	209.7	229	204.3	175.4	92.2	72.2	108.5	125.9	180.5	211.2	249.9

昆明 纬度25°01′，经度102°41′，高度1892.4m

月份	1	2	3	4	5	6	7	8	9	10	11	12
T_a	8.1	9.9	13.2	16.6	19	19.9	19.8	19.4	17.8	15.4	11.6	8.2
H_t	13.322	15.928	18.368	19.423	17.655	14.565	13.571	14.681	12.950	11.638	11.590	11.884
H_d	4.040	4.724	6.356	8.023	8.382	9.222	8.967	9.047	7.872	5.896	4.844	4.121
H_b	9.283	11.204	12.012	11.400	9.273	5.343	4.604	5.634	5.095	5.742	6.746	7.763
H	18.297	19.392	19.919	18.834	16.269	13.287	12.601	13.963	13.130	12.898	14.612	15.736
S_m	231.5	227.2	264	252.8	219.6	140.2	128.4	149.5	127.8	149	175.7	206.6

景洪 纬度22°00′，经度100°47′，高度582m

月份	1	2	3	4	5	6	7	8	9	10	11	12
T_a	16.5	18.7	21.7	24.5	25.8	26.1	25.6	25.4	24.7	22.9	19.7	16.5
H_t	13.152	16.129	16.694	18.106	18.211	16.512	14.593	15.450	16.064	14.435	12.113	11.433
H_d	4.679	5.446	7.449	8.542	9.301	10.408	9.683	9.016	8.597	7.038	5.786	5.100
H_b	7.873	10.896	9.408	9.329	8.917	6.028	4.894	6.505	7.385	7.418	6.007	6.332
H	15.746	19.018	17.785	17.288	16.915	15.228	13.632	14.781	16.222	15.784	13.860	14.356
S_m	197.6	225.3	241.4	231.4	209.6	159.5	133.8	155.6	170.9	164.4	148.8	158.9

蒙自 纬度23°23′，经度103°23′，高度1300.7m

月份	1	2	3	4	5	6	7	8	9	10	11	12
T_a	12.4	14.3	18	21	22.4	23.1	22.7	22.2	21	18.6	15.3	12.3
H_t	13.002	15.068	16.650	18.521	18.084	15.874	15.486	14.566	14.060	13.200	11.965	12.128
H_d	4.675	5.394	6.863	8.472	9.060	10.109	9.796	9.088	8.517	6.672	5.464	4.525
H_b	8.050	9.827	9.327	9.189	8.609	5.815	5.477	5.959	5.887	5.850	5.845	6.983
H	16.412	17.881	17.233	17.097	16.374	14.708	14.200	14.327	14.578	13.646	13.563	15.230
S_m	216	212.3	237.6	231.8	207	144.2	143.4	153.2	153.5	159.2	169.3	200.1

武汉 纬度30°37′，经度114°08′，高度23.1m

月份	1	2	3	4	5	6	7	8	9	10	11	12
T_a	3.7	5.8	10.1	16.8	21.9	25.6	28.7	28.2	23.4	17.7	11.4	6
H_t	6.524	7.808	8.830	12.407	14.098	14.756	17.308	16.960	13.294	10.248	8.333	7.022
H_d	4.074	5.001	5.723	7.651	8.309	8.536	8.170	8.388	7.022	5.345	4.377	3.765
H_b	2.450	2.807	3.107	4.755	5.788	6.220	9.137	8.572	6.272	4.903	3.955	3.257
H	8.013	8.892	9.237	12.007	12.895	13.184	15.405	16.063	13.795	11.796	10.522	9.404
S_m	110	105.8	119.2	156	187.3	185.3	239.6	248.7	182.4	166.3	148.9	140.7

长沙　　纬度 28°12′，经度 113°05′，高度 44.9m

月份	1	2	3	4	5	6	7	8	9	10	11	12
T_a	4.6	6.1	10.7	17	21.8	25.6	29	28.5	23.7	18.2	12.4	6.7
H_t	5.397	6.230	7.135	10.184	13.065	14.443	18.613	17.344	13.407	10.086	8.014	6.811
H_d	3.499	4.032	4.874	6.584	7.886	8.645	8.632	8.701	7.116	5.290	4.436	3.838
H_b	1.874	1.909	2.274	3.471	4.777	5.921	10.273	8.793	6.262	4.756	3.691	3.045
H	6.310	6.537	7.369	9.717	11.762	13.109	16.848	16.559	13.775	11.322	10.213	8.712
S_m	81.6	64.6	73.7	96.2	136.2	150.5	252.9	239.4	165.1	142	120.2	113.6

遵义　　纬度 27°42′，经度 106°53′，高度 843.9m

月份	1	2	3	4	5	6	7	8	9	10	11	12
T_a	4.5	6	10.2	15.8	19.7	22.7	25.1	24.6	21	16.1	11.3	6.7
H_t	3.791	4.634	7.364	10.550	10.806	11.798	15.186	14.824	9.906	7.594	5.312	4.252
H_d	3.076	3.785	5.336	7.429	8.068	8.371	9.723	8.972	6.671	4.952	3.637	3.135
H_b	0.715	0.850	1.761	3.121	2.739	3.427	5.463	5.852	3.235	2.642	1.492	1.117
H	4.063	4.807	7.195	10.181	10.141	10.815	13.874	14.063	9.973	8.194	5.857	4.825
S_m	29.5	31.2	58.3	94	106.5	107	177.1	188.4	117.7	80.7	57.1	45.6

贵阳　　纬度 26°35′，经度 106°43′，高度 1074.3m

月份	1	2	3	4	5	6	7	8	9	10	11	12
T_a	5.1	6.6	11	16.1	19.6	22.2	23.9	23.6	20.6	16.3	11.8	7.4
H_t	4.752	6.213	9.246	11.217	12.004	11.971	14.453	14.648	11.462	8.425	6.699	5.514
H_d	3.421	4.302	6.306	7.337	8.066	7.902	8.632	8.062	6.558	4.931	4.075	3.600
H_b	1.277	1.938	3.099	3.908	3.607	3.792	5.633	6.174	4.365	3.448	2.272	1.874
H	5.381	6.774	9.688	10.874	10.931	10.696	13.003	13.502	11.097	9.167	7.410	6.421
S_m	42.8	47.6	84.5	106.1	114.3	108.2	160.1	171	123.4	94.1	73.2	64.6

赣州　　纬度 25°51′，经度 114°57′，高度 123.8m

月份	1	2	3	4	5	6	7	8	9	10	11	12
T_a	8.1	9.8	13.6	19.6	23.8	27.1	29.3	28.8	25.8	21.2	15.4	10.3
H_t	6.923	7.347	7.840	10.860	13.759	16.119	19.741	18.398	15.139	12.496	10.080	8.807
H_d	4.294	4.547	5.320	7.099	8.143	9.247	8.566	8.519	7.629	6.209	5.128	4.489
H_b	2.636	2.659	2.407	3.314	5.088	6.760	11.049	9.823	7.284	6.253	4.974	4.586
H	8.342	7.953	7.920	10.068	12.328	14.448	17.723	17.346	15.305	13.922	12.430	11.425
S_m	89.7	75.3	74.3	103.4	141.9	178.2	269.1	242.4	186.8	169.5	150.8	145.5

南昌 **纬度28°36′，经度115°55′，高度46.7m**

月份	1	2	3	4	5	6	7	8	9	10	11	12
T_a	5.3	6.9	10.9	17.3	22.3	25.7	29.2	28.8	24.6	19.4	13.3	7.8
H_t	6.340	7.341	8.141	10.972	13.721	14.456	18.924	18.082	14.559	11.909	9.291	8.027
H_d	3.827	4.383	5.243	6.868	7.826	8.249	7.847	7.882	7.230	5.822	4.636	4.149
H_b	2.535	2.693	2.805	3.941	5.378	6.338	11.477	10.575	7.013	6.021	4.800	3.966
H	7.708	8.000	8.364	10.452	12.230	13.062	17.100	17.454	14.739	13.542	12.301	10.609
S_m	96.2	87.5	89.1	119.2	156.2	164.8	256.8	251.1	191.9	172.8	152.6	147

福州 **纬度26°05′，经度119°17′，高度84.0m**

月份	1	2	3	4	5	6	7	8	9	10	11	12
T_a	10.9	11	13.5	18.2	22.2	26	28.9	28.4	25.9	22.1	17.7	13.2
H_t	7.504	7.869	9.020	11.953	12.837	14.907	18.683	16.610	13.736	11.537	9.219	8.324
H_d	3.978	4.547	5.576	7.115	7.599	8.016	8.213	8.197	6.917	5.780	4.848	4.149
H_b	3.492	3.163	3.577	4.670	4.658	6.680	10.720	8.638	6.254	5.630	4.437	4.407
H	9.446	8.645	9.533	11.408	11.421	13.191	17.095	15.932	13.501	12.738	11.392	10.860
S_m	105.3	82.3	92.2	115	119.3	147.1	232.9	206.1	160	149.7	124.3	131.3

韶关 **纬度24°41′，经度113°36′，高度60.7m**

月份	1	2	3	4	5	6	7	8	9	10	11	12
T_a	10.2	11.8	15.1	20.5	24.4	27.4	29	28.5	26.4	22.4	16.8	12.1
H_t	7.495	6.682	6.658	8.526	11.968	15.398	18.338	17.606	14.728	12.642	10.718	9.366
H_d	4.452	4.211	4.728	6.044	7.684	9.171	8.417	8.622	7.679	6.326	5.078	4.442
H_b	3.043	2.470	1.930	2.483	4.284	6.227	9.922	8.985	7.049	6.317	5.640	4.925
H	8.972	7.321	6.785	8.250	11.200	13.976	16.643	16.669	15.054	14.002	13.141	11.689
S_m	92.1	69.2	59.1	77.6	117.3	155	233.6	213.2	183.1	169	151.6	145

广州 **纬度23°10′，经度113°20′，高度41.7m**

月份	1	2	3	4	5	6	7	8	9	10	11	12
T_a	13.6	14.5	17.9	22.1	25.5	27.6	28.6	28.4	27.1	24.2	19.6	15.3
H_t	8.857	7.611	7.393	8.712	11.160	12.841	14.931	13.895	13.794	13.113	11.796	10.528
H_d	5.106	5.002	5.473	6.822	8.086	8.530	8.451	8.566	8.002	6.695	5.445	5.030
H_b	3.751	2.609	1.920	1.890	3.074	4.312	6.480	5.293	5.792	6.418	6.351	5.498
H	10.459	8.203	7.484	8.444	10.554	11.914	13.763	13.207	13.972	14.346	14.218	13.355
S_m	122.3	73.9	64.5	67.6	108.4	145.6	209.4	180.3	176.6	188.3	178.8	171.7

汕头 **纬度23°24′，经度116°41′，高度1.1m**

月份	1	2	3	4	5	6	7	8	9	10	11	12
T_a	13.7	14.1	16.6	20.7	24.2	26.9	28.3	28.1	26.8	23.8	19.6	15.5
H_t	10.192	9.588	10.366	12.319	13.634	15.142	17.880	16.910	15.675	14.521	12.354	10.959
H_d	5.221	5.766	6.577	7.950	8.160	7.918	7.353	8.188	7.348	6.472	5.559	5.091
H_b	4.648	3.670	3.442	3.755	4.756	6.592	10.208	8.611	7.770	7.651	6.429	5.917
H	11.927	10.319	10.282	11.337	12.104	13.238	15.894	15.909	15.465	15.662	14.484	14.131
S_m	147.8	99.4	105.1	116.6	139.4	176.7	247.6	225.8	207.2	214.2	187.1	177.2

南宁 **纬度22°49′，经度108°21′，高度73.1m**

月份	1	2	3	4	5	6	7	8	9	10	11	12
T_a	12.8	14.1	17.6	22.5	25.9	27.9	28.4	28.2	26.9	23.5	18.9	14.9
H_t	6.882	7.217	8.166	11.289	14.925	16.026	17.020	16.752	16.551	13.634	11.208	9.368
H_d	4.745	5.333	6.250	8.204	9.863	10.191	9.371	9.703	8.885	7.588	6.185	5.702
H_b	2.330	1.996	2.325	3.162	5.462	6.420	8.224	7.156	8.059	5.998	5.213	3.918
H	7.996	7.729	8.694	11.017	14.393	15.318	16.165	16.039	17.246	14.673	13.282	11.507
S_m	72	58.5	63.9	94.6	149.6	167	203.7	192.7	191.9	169.3	149	127.9

桂林 **纬度25°19′，经度110°18′，高度164.4m**

月份	1	2	3	4	5	6	7	8	9	10	11	12
T_a	7.9	9.3	12.9	18.7	23	26.3	28	27.9	25.3	20.7	15.4	10.5
H_t	6.060	6.147	6.711	8.663	11.649	12.736	16.285	16.515	15.809	12.306	9.832	8.050
H_d	3.863	4.184	4.790	6.004	7.386	8.701	8.481	8.377	7.730	6.134	4.909	4.333
H_b	2.139	1.653	1.837	2.611	3.892	4.345	7.875	7.775	7.818	5.836	4.803	3.593
H	7.078	6.237	6.743	8.332	10.554	11.955	14.931	15.304	15.963	13.272	11.865	9.667
S_m	68.9	51.6	53.5	75.1	113.1	135.3	205.5	210.9	199.6	162.1	138.6	120.8

海口 **纬度20°02′，经度110°21′，高度13.9m**

月份	1	2	3	4	5	6	7	8	9	10	11	12
T_a	17.7	18.7	21.7	25.1	27.4	28.4	28.6	28.1	27.1	25.3	22.2	19
H_t	8.093	8.900	11.492	14.481	16.950	17.556	18.637	16.412	15.046	12.142	10.464	8.937
H_d	4.686	5.193	6.701	7.900	7.411	7.644	6.903	7.152	6.943	6.116	5.742	5.133
H_b	3.068	3.348	4.221	6.045	9.205	9.357	11.518	8.519	8.039	5.460	4.524	4.115
H	8.744	9.174	11.203	13.680	15.377	15.427	16.690	14.844	15.239	12.557	11.563	10.792
S_m	113.1	102	141.5	173.3	225	230.1	259.7	224.7	199.9	183	150.3	136.4

附录 B 我国太阳能资源区划及相关指标

我国太阳能资源区划及相关指标 **表 B**

分区	太阳辐照量 [MJ/(m^2·a)]	主要地区	月平均气温≥10℃、日照时数≥6h 的天数
资源丰富区	≥6700	新疆南部、甘肃西北一角	275 左右
		新疆南部、西藏北部、青海西部	275～325
		甘肃西部、内蒙古巴彦淖尔盟西部、青海一部分	275～325
		青海南部	250～300
		青海西南部	250～275
		西藏大部分	250～300
		内蒙古乌兰察布盟、巴彦淖尔盟及鄂尔多斯市一部分	＞300
资源较丰富区	5400～6700	新疆北部	275 左右
		内蒙古呼伦贝尔市	225～275
		内蒙古锡林郭勒盟，乌兰察布盟，河北北部一隅	＞275
		山西北部、河北北部、辽宁部分	250～275
		北京、天津、山东西北部	250～275
		内蒙古鄂尔多斯市大部分	275～300
		陕北及甘肃东部一部分	225～275
		青海东部、甘肃南部	200～300
		四川南部、云南北部一部分	200～250
		西藏东部、四川西部和云南北部一部分	＜250
		福建、广东沿海一带	175～200
		海南	225 左右
资源一般区	4200～5400	山西南部、河南大部分及安徽、山东、江苏部分	200～250
		黑龙江、吉林大部分	225～275
		辽宁、长白山地区	＜225
		湖南、安徽、江苏南部、浙江、江西、福建、广东北部、湖南东部和广西大部分	150～200
		湖南西部、广西北部一部分	125～150
		陕西南部	125～175
		湖北、河南西部	150～175
		四川西部	125～175

续表

分区	太阳辐照量 [MJ/(m²·a)]	主要地区	月平均气温≥10℃、日照时数≥6h的天数
资源贫乏区	<4200	云南西南一部分	175～200
		云南东南一部分	175左右
		贵州西部、云南东部一隅	150～175
		广西西部	150～175
		四川、贵州大部分	<125
		成都平原	<100

注：1. 本表摘自《民用建筑太阳能热水系统工程技术手册》。
2. 表中资源丰富区、资源较丰富区及资源一般区所属地方均宜利用太阳能热源。

附录C　世界卫生组织(WHO)《游泳池、按摩池和类似水环境安全指导准则》实施纲要(2006年版)(摘译)

C.0.1 《准则》主要目的

1.《准则》讨论了有关游泳池、按摩池以及类似休闲水环境使用中需注意的危害，特别是人为伤害、微生物污染和化学药品的暴露。提出了与健康相关的物理、化学、微生物学的参数，以减少娱乐水环境所造成的危害。

2.《准则》主要目的是对公众的健康保护，使休闲娱乐水处理设备尽可能安全地使用，以使最多的人得到最大利益。

3.《准则》指定作为讨论休闲娱乐水环境中遇到的控制危害问题的基础。所提供的信息适用于室内、室外公共和半公共的新鲜水、海水和温泉水的游泳池，所含信息也与公共、半公共和家庭热水浴池以及天然温泉和矿泉按摩池有关。

4. 如果决定采用本《准则》还应根据所在国家和地区因地制宜的作出相应的变化。

5.《准则》主要内容如图C-1所示。

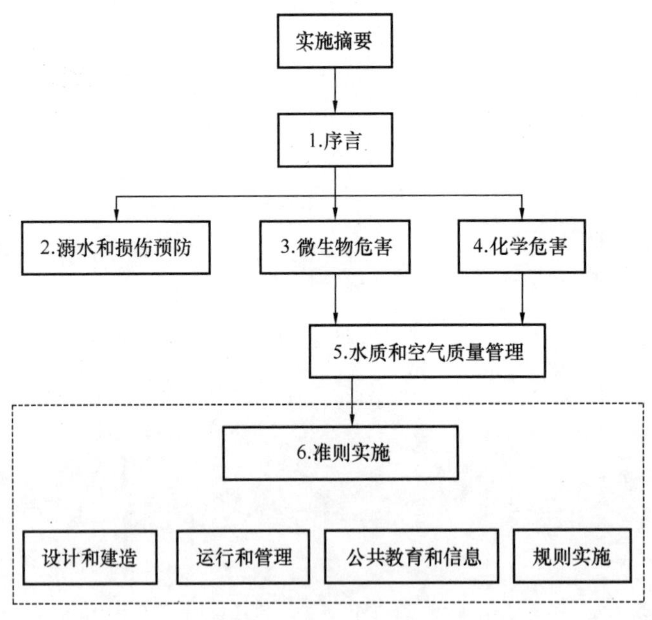

图C-1　准则主要内容

C.0.2 微生物危害

1. 微生物危害的来源构成如图C-2所示。

2. 游泳池与类似休闲娱乐水环境中的疾病的风险主要是与水中的粪便污染有关。这可能是由洗浴者粪便的排泄或者是受污染的水源所引起的。以室外游泳池为例，可能是动物直接的污染造成的（如：鸟和啮齿动物）。

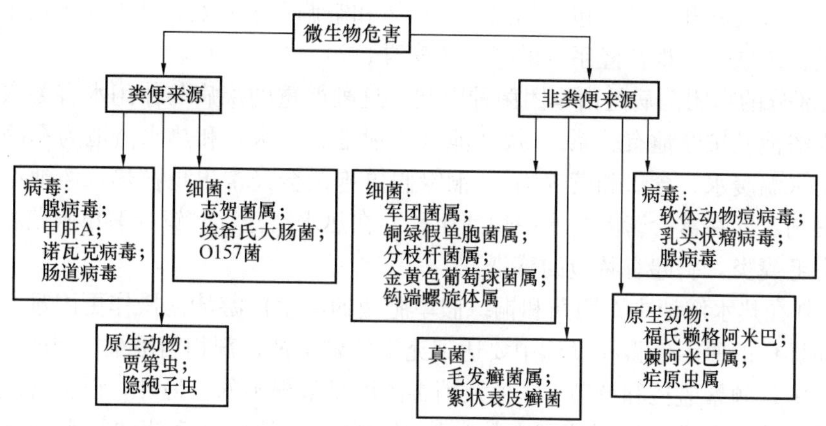

图C-2 微生物危害来源构成

3. 已经发生的许多暴发疾病均与游泳池和类似环境相关联，原因是没有消毒或消毒不够充分所造成。非人类粪便落入池水中或池周边也都是致病菌有机物的潜在污染源。

4. 游泳池暴发的疾病相对来说是不频繁的，但大多与病毒、细菌、原生动物和真菌有关。所暴发的病毒常归因于腺病毒和甲肝病毒A，与游泳池相关暴发的疾病也出现为诺瓦克病毒和埃可病毒（肠型流感致病因子病毒）。应注意：在正常情况下从水中查出与病毒暴发原因是很少的。

5. 志贺菌和大肠菌O157是两种与游泳池中游泳时暴发疾病相关的细菌。感染埃氏大肠杆菌O157病症有带血的腹泻（出血性结肠炎）和出血性肾功能衰竭综合征（HUS）以及呕吐和发烧。多发生幼儿、儿童和上年纪的人。与志贺菌相关的症状表现是腹泻、发烧和恶心。

6. 游泳池中疾病的危险，与粪便来源有关的原生动物，主要包括两种寄生虫：贾第虫和隐孢子虫。这两种有机物具有孢囊和卵囊形式，对环境和消毒剂有很强的抵抗力。两者都有高度的传染性，并通过受感染者排出高密度的病源。贾第虫病症表现为腹泻、腹部绞痛、难闻的大便、食欲减退、身体虚弱、呕吐。隐孢子虫病症表现为腹泻、呕吐、发烧、腹部绞痛。

7. 控制游泳池池水中的细菌和病毒通常采用适当的处理，包括过滤和正确地应用氯或其他消毒剂来完成。怀疑池水受到意外粪便排泄的严重污染，通过正常的处理和消毒浓度都不能有效的控制两虫。在泳池和按摩池没有消毒，意外粪便排泄时存在严重问题，只有唯一的途径，在意外粪便排泄情况下，为维护公共健康，应禁止使用游泳池，直到灭活潜在污染物。

8. 游泳池管理人员应鼓励游泳者泳前淋浴和使用卫生间，阻止小孩意外粪便排泄，可防止排泄物污染。建议感染肠胃病者不使用公共和半公共设施，至少病愈后一星期再使用。

9. 除了致病肠道有机体外：一些有感染的非肠道有机物可能通过池水和人体散落而传播。受感染者能够直接污染池水和设施表面，主要为致病菌（可能是病毒或真菌），使用者与污染物或表面接触能导致皮肤病或其他传染病。机会病原体也可能来自人体散落、池表面和污染水。还有易存活的水生细菌和阿米巴原虫可在游泳池、按摩池或热水浴池水中滋生，在一些设施和设备（包括加热器、通风和空调系统）及其他湿润表面生长，可引起多种呼吸、皮肤和中枢神经系统的感染式病毒。

10. 大部分的军团菌病是由军团菌种引起，这种严重的疾病与休闲水有关（与公共和半公共热水浴池及按摩池有关系）。按摩池（特别是温泉水）和热水浴池为军团菌形成一个理想场所（温暖水、含氧和营养物）。铜绿假单胞菌会经常出现在热水浴池中，可承受高温和消毒剂，并在富含营养的水中快速生长。在热水浴池，与铜绿假单胞菌相关的主要健康问题有毛囊炎，引起有脓包的感染。

11. 控制在热水浴池中军团菌和铜绿假单胞菌的滋生比游泳池操作更困难，因为热水浴池设计和操作的原因使得在设施中要达到充足的剩余消毒剂相当困难。因此，在公共和半公共设施中，频繁监控和调节 pH 值及消毒浓度是最根本的。另外，设施管理人员应要求使用者进浴池前淋浴，控制使用人数和使用时间。建议应彻底清洗热水浴池周边地面（每天）、全部泄空清洗热水浴池和管道（每周）、经常反洗和检查过滤器、良好通风等控制措施。

12. 软体动物痘病毒会引起传染性软疣，乳头瘤病毒可引发皮肤良性疣肿瘤。絮状表皮癣菌和毛发癣菌属能引起毛发、手指甲和皮肤表面真菌感染，这些都是通过人与人的直接接触或通过接触的污染表面而传播的。因为游泳池和类似水环境中这些病毒和真菌的主要来源是受感染的游泳者。因此，控制传染病传播的最重要的方式是阻止受感染的人群和非感染人群接触，经常彻底地清洗易于污染的设备表面和维护表面卫生也能够减少疾病的传播。

C.0.3 化学危害

1. 游泳池和类似水环境中池水可能的污染物如图 C-3 所示。

2. 在游泳池池水中发现的化学物质来自多种途径（见构成图），也就是原水中含有的消毒剂和游泳池使用者自身代人的如汗、尿、洗浴液、化妆品和防晒油等物质。

3. 在游泳池和类似水环境中接触到化学物质有三种途径：直接吞咽水、吸入挥发性气溶质和通过皮肤吸收、接触。游泳者的吞咽量取决于锻炼、年龄、活动类型和游泳的熟练程度。根据实践证明，成年女性吞咽量最小，未成年男孩吞咽量最多。游泳者吸入水面上空气的量是与活动的强度和时间有关的。吸入的气体大多是从池水面散失的挥发性物质，但也包括一些吸入的气溶剂，例如在热水浴池和有喷水之处。皮肤的暴露取决于与水接触的时间、水的温度和化学药剂的浓度。

4. 化学药剂主要是消毒剂，应将投加到微生物污染的游泳池中的消毒剂对使用者的危害性最小化。混凝剂的加入是水处理过程的一部分，可加强溶解的、胶状物和悬浮物质的去除。为了保证最佳的水处理效果和洗浴的舒适性，可通过投加酸碱维持适当的 pH 值。

5. 最常用的化学消毒剂包括氯（例如：氯气、次氯酸盐或者室内游泳池常用氯化异氰尿酸盐）、二氧化氯、溴氯海因（BCDMH）、臭氧、紫外线（臭氧和 UV 通常与氯基和溴基结合使用）。世界各国有不同的实践经验，对于化学药剂的浓度，现今公认：在满足消毒要求的情况下，尽可能保证使用者的最舒适性。所以，建议游离性余氯的允许浓度继

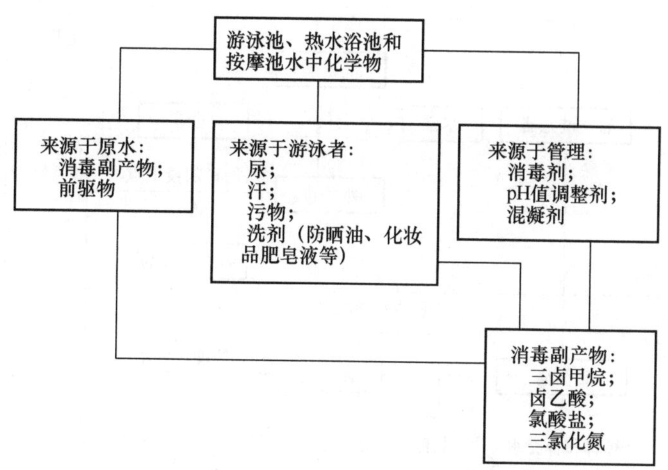

图 C-3 游泳池和类似水环境中池水可能的污染物

续执行地方标准。但是在公共和半公共游泳池不应超过 3mg/L;在公共和半公共游泳池总溴浓度不超过 4mg/L:在热水浴池中为 5mg/L。在使用臭氧的场所,臭氧的空气质量浓度指导值建议为 0.12mg/m^3,以便保护游泳池内的游泳者和工作人员。

6. 多数消毒剂能与水中的其他化学物质发生反应,出现有害的消毒副产物。已知大部分的消毒副产物是由氯与腐殖酸和灰黄霉酸反应生成的。研究表明,与其他有机物质氨基酸也能出现类似的副产物。虽然存在有大量的潜在的副产物,但数量最多的还是三卤甲烷和卤乙酸,其中,在水中浓度最大的二氯乙酸和三氯乙酸。氯和溴两者与水中阿莫尼亚(由尿存在而形成)反应生成氯仿(一氯胺、二氯胺和三氯化氮)和溴仿。

7. 三卤甲烷被认为是最大量的氯的副产物,其具有实用的信息。由于前驱化合物浓度、氯投加量、温度和 pH 值的存在,使得浓度大不相同。三卤甲烷在自然界中具有挥发性,可能从水面上溢出,因此它在游泳池上方空气中也能被检测到。

8. 在形成的副产物的量远低于吞咽量、暴露的时间短或没有吞咽和暴露的情况下,WHO 生活饮用水质检测中消毒副产物浓度的指导值可以用来判断游泳池和类似水环境出现的潜在危险。

事实证明,只要合理管理游泳池,副产物浓度完全可以小于生活饮用水指导值。如果游泳池良好地管理氯的消毒副产物,与有氧锻炼和缺少消毒时微生物疾病的危害的比较就会认为副产物的危害是很少的。尽管如此,比赛运动员和救生员通过吸入和皮肤吸收的消毒副产物氯胺和溴胺实际上是三氯化氮和三溴化氮,两者均为挥发性的,对游泳者和救生员的眼睛有很强的刺激。在游泳池和类似水环境空气中,对于氯消毒而言,暂定指导值(以三氯化氮计)为 0.5mg/m^3。

C.0.4 水和空气质量的管理

游泳池典型水处理流程如图 C-4 所示。

1. 在公共健康的重点中,水和空气质量最基本要求是:控制清晰度,使损伤和伤害降到最低;控制水质防止传染疾病的传播以及控制来自消毒副产物的潜在危害。所有这些要求可通过以下方式能给予满足:处理(去除颗粒、污染物和微生物),包括消毒和过滤;池水水力分配(确保整池消毒剂有效分配以及受污染的水);频繁间断加入新鲜水(稀释

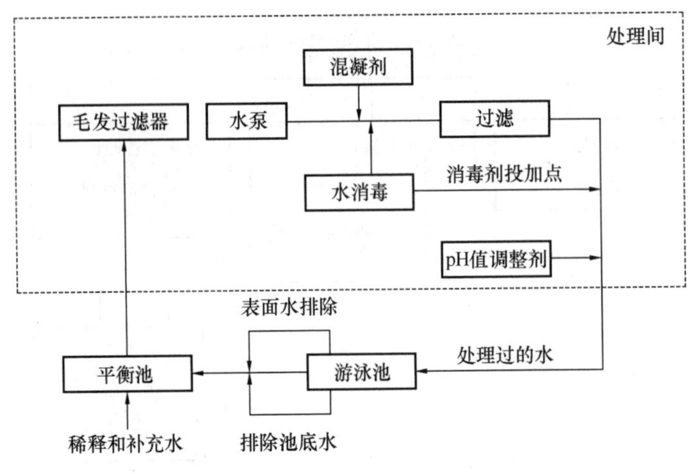

图 C-4 标准池水处理工艺

水处理不能去除的物质);清洗(清除表面的生物膜,池底的沉淀物和被过滤器滤料吸附的颗粒);室内设施的适当通风。

2. 泳前淋浴有助于去除汗液、尿、粪便、化妆品、防晒油和其他潜在水污染物。泳前通常使用淋浴之处,可以用洁净和带有少量化学消毒药品的池水为游泳者提供最舒适的水质。应提示所有的使用者浴前应使用卫生间,使池水排尿和意外粪便排泄降低最小。

3. 消毒是水处理的一部分,而且应用化学药剂(如氯消毒)和物理方法(UV)灭活致病菌微生物,以致无重大的传染疾病的出现。在水处理期间进行池水循环消毒,应保持一定的消毒剂浓度。消毒剂的选择取决于:安全、水源的比较,池子设置位置,游泳负荷和池水的管理。

4. 选择前驱物最低的水源、良好的卫生习惯(浴前淋浴),应用管理较好的水处理和用新鲜水的置换都能将消毒副产物控制到一定范围。但不可避免的是一些挥发性消毒副产物(例如氯仿和三氯化氮)可能在池水产生,而逸至空气,可以通过设置良好的通风,将这种危害控制到一定程度。

5. 保证游泳池的安全,过滤很重要。如果过滤效果差,池水澄清下降,可增加损伤危害。由于浊度与颗粒有关,在其周围有害的微生物会影响消毒作用。通过混凝和过滤去除颗粒,对于去除隐孢子虫卵囊和贾第虫包囊也是很重要的。因为这些原生动物特别抵抗化学消毒剂。为了鉴别池底的人体,通用的浊度值被认为是不适宜的,应取决于池子的类型。有些标准是根据每个池子的相关危险而制定的。但是也要建议一个最小值,就是要求在池水面波动,从救生员位置处能看到池底小孩的可能性。通过有效的消毒是有帮助的,但也不是绝对的,浊度的最高指导值定为0.5NTU。

6. 混凝、过滤和消毒不能去除所有的污染物,所以游泳池设计应能实现用新鲜水进行池水的稀释。稀释可以阻止来自洗浴者(形成的汗液和尿)、消毒副产物和其他不同的非溶解的化学药剂积累的污染物。操作人员应将置换池水作为水处理管理的一部分。正如一般规则,新鲜水添加到消毒游泳池中每一游泳者不应少于30L。

7. 在游泳池中良好的循环和分配的保证才能使过滤和消毒后的水起到充分的作用。处理过的水应到达游泳池的每一个角落,同时应迁移出被污染的水,特别是在游泳人数最多和被污染最厉害的地方。所以，建议从池表面去除75%～80%（最大污染地方），其余从池底去除。

8. 尽管大多数未被检出意外粪便排泄，相对来说仍可能是频繁发生的。游泳池管理人员面对池水中意外粪便排泄和呕吐应立即清除，清除工具使用后，应清洗和消毒。如果剩余消毒剂浓度令人满意，没有必要进一步处理。粪便软而黏（腹泻）或有呕吐，这些地方可能是最危险的。在小型游泳池和热水浴池最安全的措施是禁止使用者洗浴、池子泄空、清洗、再充水。当不可能排除，应立即清除一些污染物，将消毒浓度维持到建议的最高限值或使用冲击浓度；或者使用适当的混凝剂进行6次循环周期的过滤。同时，过滤器应进行反冲洗。

9. 在游泳池和类似水环境中，对于室内池管理室内空气和水同样的重要。它的重要不仅仅是为管理人员和使用者健康，还应达到舒适。同时防止对建筑结构产生副作用，所以通风速率应符合建筑规范要求。

10. 检测的参数一是易于操作，二是价廉。与健康相关的项目（例如浊度、剩余消毒剂和pH值）应频繁进行监控（在所有游泳池）。

11. 对于具有良好水力条件和过滤的普通的公共游泳池和半公共游泳池，在设计游泳负荷运行时，实践经验表明，在整个池子游离性余氯保持1mg/L能达到常规适当消毒要求的。低的游离性余氯浓度（0.5mg/L或以下）在氯与臭氧和UV联合消毒也是适当的。热水浴池因洗浴负荷大且水温较高，需要较高的浓度（2～3mg/L以上）。在公共和半公共游泳池总溴浓度不应超过4mg/L；热水浴池为5mg/L。

12. 公共和半公共游泳池在营业前或当营业期间（理想是在游泳高负荷期间）从池中取水样检查剩余消毒浓度，并建议在家庭游泳池中使用前测定剩余消毒浓度。如果常规检查结果在建议范围之外，这种情况应进行评定和采取措施。

13. 应控制游泳池水和类似环境的pH值，保证有效的消毒和混凝以防止对池结构的破坏，同时确保使用者的舒适性。对于氯消毒，pH值应保持在7.2～7.8之间；对溴基和其他非氯处理时，pH值应在7.2～8.0之间。

14. 将游泳池和类似水环境中保持在适当剩余消毒浓度，可防止微生物污染和疾病。将pH值维持在适当的水平，并很好操作过滤器也应频繁监控非微生物的参数。尽管如此，对公共游泳池和半公共游泳池应适当定期监控微生物参数，包括异养菌平皿总细菌数、耐热大肠杆菌或埃氏大肠杆菌、铜绿假单孢菌和军团菌。监控频率和指导值应与微生物参数和池子类型相对应。

附录D 国际泳联关于游泳设施的规定（2017～2021）（涉水条文摘录）

FR 1 总则

FR 1.4 为了确保以健康、训练、比赛为目的的游泳设施使用者的健康、安全，公共游泳池及仅供训练、比赛用游泳池的所有者必须遵循游泳池所在地法律和卫生机构的相关设置要求。

FR 2 游泳池

FR 2.4.3 溢流排水沟的布置应与所有四面游泳池墙体相邻。若安装了结束端排水沟，应保证竞技者在水面上方 0.3 米内对触摸感应板的有效接触。排水沟应以隔板或格栅网做适当遮盖。

FR 2.12 水温及水体流动

△ 水温应为 25℃～28℃。

△ 赛事中，池内水应处于恒定水位，并无明显水体流动。

△ 为了维持恒定水位、水体透明度，并考虑大部分国家相关的卫生标准，游泳池内进水和出水必须按以下规定管理：

- 50m 游泳池：220m^3/h～250m^3/h。
- 33.33m 游泳池：150m^3/h～180m^3/h。
- 25m 游泳池：120m^3/h～150m^3/h。

△ 在此周转率下，水的输送分配必须不能产生明显的水流和扰动。

△"明显的水流"定义：可以移动一个篮球（内充 6 升水以获得恰好的浮力）在任意方向内 60s 移动 1.25m。

△ 此测试的实践方式：在两条赛道线间安装两条浮线（形成一个边长 2.5m 的方形区域，见图 1），然后将篮球置于此区域中心。如果在 60s 内，篮球未触及四条浮线中的任意一条，则视为干扰测试通过。

- 测试应在赛道 1、3、6、8 的两侧距端墙（壁）5.0m 处重复进行。

FR 2.15 隔离墙（活动池岸—译者注）

当使用隔离墙作为赛道端墙时，隔离墙必须延伸覆盖整个赛道，并应具备坚硬、平顺、防滑的垂直面，触摸感应板置于其上并延伸至水面上 03m 和水面下 0.8m，而且需保证避免游泳者手、手指、脚、脚趾从中穿入的风险。

隔离墙的设计必须确保官方人员可沿其自由活动而不会产生任何明显的水体扰动。

奥运会及世锦赛游泳池

FR 3.13 水温参见 FR 2.12。

FR 5 跳水设施

图1　边长2.5m方形区域示意

FR 5.3.9　水温不应低于26℃。

FR 5.3.10　水面制波装置安装于跳水设施下，以帮助跳水运动员感知水面。在装有水下气泡机的跳水池中，只有当机器在非常低的压力下工作时产生足够的水搅动时，该机器才能用于此目的，否则，只能使用水平喷水系统。

FR 6　奥运会及世锦赛用跳水设施

FR 6.4　主场馆必须提供1个配有固定装置的蹦床及热水浴池。若配备2个蹦床及落入海绵颗粒中的旱地跳板、跳台更佳。

FR 7　水球池

FR 7.2　比赛场地

△　水深应一直保持在2.00m以上。

FR 7.3　水温应为26℃±1℃。

FR 8　奥运会及世锦赛用水球池

FR 8.2　水温参见FR 7.3。

FR 8.4　在奥运会及世锦赛中，只可使用含盐量小于3g/L的水。

FR 10　花样游泳池

FR 10.6　水温应为27℃±1℃。

FR 11　奥运会及世锦赛用花样游泳池

FR 11.1.1　奥运会及世锦赛的常规比赛需要的场地尺寸为12.0m×30.0m。其中一个12.0m×12.0m范围最小水深为3.0m，其他部分最小水深为2.5m。

从3.0m水深至2.5m水深的坡度最短距离为8.0m。

FR 11.2　水温参见FR 10.7。

附录E　游泳池循环水泵运行能耗调查表

游泳池循环水泵运行能耗调查　　表E

序号	场馆名称	泳池容积	净化设备	设计循环水泵工况	水泵运行工况
1	“××”游泳馆（公共型）	50m×30m×1.8m V=2700m^3	1.ϕ2200mm立式石英砂过滤器：3台 2.系统配毛发聚集器及板式换热器	ISG200-250型：2台 Q_a=400m^3/h H_a=20m N_a=30kW	H_b=9m Q_b=600m^3/h η=67.5%
2	“××”游泳馆（训练馆）	25m×17m×1.6m V=680m^3	1.ϕ1600mm立式石英砂过滤器：2台 2.系统配毛发聚集器及板式换热器	BYG100-32-14型水泵：2台 Q_a=100m^3/h H_a=32m N_a=15kW	H_b=7m Q_b=150m^3/h η=32.8%
3	北京某体育中心游泳馆	1.50m×25m×1.8m V=2250m^3； 2.50m×25m×1.4m V=1750m^3；	1.ϕ2200mm立式聚苯乙烯塑料珠过滤器：8台 2.系统配毛发聚集器	IS150-125-315型：2台 Q_a=200m^3/h H_a=32m N_a=30kW	H_b=8m Q_b=320m^3/h η=40%
4	北京某游泳馆	50m×21.5m×1.58m V=1700m^3	1.ϕ1600mm立式聚苯乙烯塑料珠过滤器：4台 2.系统配毛发聚集器和板式换热器	IS150-125-250型：2台 Q_a=200m^3/h H_a=20m N_a=18.5kW	H_b=6m Q_b=300m^3/h η=45%
5	河北某游泳池	50m×25m×2m V=2500m^3	1.ϕ2600mm立式聚苯乙烯塑料珠过滤器：2台 2.系统配毛发聚集器	8BA-18型：2台 Q_a=285m^3/h H_a=18m N_a=22kW	H_b=8m Q_b=385m^3/h η=60%
6	某公司游泳馆	1.50m×25m×1.9m V=2375m^3 2.50m×25m×1.3m V=1625m^3	1.ϕ3400mm立式石英砂过滤器：3台 2.系统配有毛发聚集器和容积式换热器	10SH-13型：3台 Q_a=486m^3/h H_a=23.5m N_a=45kW	H_b=9m Q_b=730m^3/h η=57.5%
7	辽宁某游泳馆	1.50m×25m×1.9m V=2375m^3 2.戏水池：600m^3	1.ϕ3000mm立式石英砂过滤器：3台 2.系统配有毛发聚集器和容积式换热器	ISG150-315型：5台 Q_a=200m^3/h H_a=32m N_a=37kW	H_b=7m Q_b=320m^3/h η=35%

续表

序号	场馆名称	泳池容积	净化设备	设计循环水泵工况	水泵运行工况
8	新疆某游泳馆	50m×25m×1.68m $V=2100m^3$	1. ϕ2500mm 立式石英砂过滤器：3台 2. 系统配有毛发聚集器和管式换热器	1. 型号不详 2. 参数：$Q_a=250m^3/h$ $H_a=32m$ $N_a=37kW$	$H_a=9m$ $Q_a=400m^3/h$ $\eta=45\%$
9	河北某游泳馆	1. 大池：50m×15m×1.5m $V=1125m^3$ 2. 小池：25m×12.5m×1.25m $V=390m^3$	1. ϕ2000mm 立式聚苯乙烯塑料珠过滤器：2台 2. 系统配有毛发聚集器和容积式换热器	IS150-125-250型：2台 $Q_a=200m^3/h$ $H_a=20m$ $N_a=18.5kW$	$H_b=8m$ $Q_b=300m^3/h$ $\eta=40\%$

附录 F　温泉水的医疗适应症

温矿（泉）水医疗适应症及禁忌症，目前尚无国家及行业标准。下面仅将相关资料列出，仅供参考。

F.1　1982 年青岛召开的全国疗养学术会议，对不同矿泉水的医疗适应症及其水质特征共分为 12 种，现将其摘录于表 F.1。

矿泉水的医疗适应症及水质特征　　**表 F.1**

分类	泉水名称	矿化度（mg/L）	主要成分		特殊成分	浴用疗法适应症举例
			阴离子	阳离子		
1	氡泉	—	—	—	$Rn \geqslant 30\times10^{-10}$（Ci/L）	高血压、冠心病、关节炎、皮炎等
2	碳酸泉	—	—	—	$CO_2 \geqslant 1000mg/L$	轻度冠心病、心肌炎、坐骨神经痛等
3	硫化氢泉	—	—	—	总硫量≥2mg/L	早期脑血管硬化、关节炎、糖尿病等
4	铁泉	—	—	—	$(Fe^{2+}+Fe^{3+}) \geqslant 10mg/L$	慢性皮肤病、贫血、各种疾病恢复等
5	碘泉	—	—	—	$I^- \geqslant 5mg/L$	动脉硬化、甲状腺功能亢进、风湿关节炎等
6	溴泉	—	—	—	$Br^- \geqslant 25mg/L$	神经官能症、植物神经紊乱、神经病、失眠等
7	砷泉	—	—	—	As>0.7mg/L	—
8	硅酸泉	—	—	—	$H_2SiO_3 \geqslant 50mg/L$	湿疹、牛皮癣、瘙痒症、阴道炎等
9	重碳酸盐泉	>1	HCO_3^{-2}	Na^+、Ca^+、Mg^{2+}	碳酸盐类固体总量≥1000mg/L	软化净化皮肤作用及湿疹、瘙痒症、溃疡等
10	硫酸盐泉	>1	SO_4^{-2}	Na^+、Ca^+、Mg^{2+}	硫酸盐类固体总量≥1000mg/L	离子不同适应症不同
11	氯化物泉	<1	Cl^-	Na^+、Ca^+、Mg^{2+}	弱：1～5g/L 中：5～15g/L	湿疹、皮炎、慢性胃炎、不孕症、老年综合征等
12	淡泉	<1	—	—	≤15g/L 水温≥34℃	水温不同、适应症不同

F.2 不同泉质的适应症详见表F.2。

不同泉质的适应症 **表F.2**

序号	泉质	对应适应症
1	酸性碳酸盐泉	火成岩温泉形成灰色泉泥。敷脸可美白肌肤。
2	酸性硫配盐氯化物泉	对皮肤病具有疗效
3	酸性硫化泉	皮肤病、风湿、妇女病及脚气
4	酸性硫酸岩泉	慢性皮肤病
5	碱性碳酸氢泉	神经痛、风湿、关节炎
6	弱酸性单纯泉	风湿症及皮肤病
7	弱碱性碳酸盐泉	神经痛、皮肤病、关节炎
8	弱碱性碳酸盐泉	神经痛、皮肤病、关节炎。无色无味可饮用
9	弱碱性硫磺泉	神经痛、贫血症、慢性中毒症具有改善作用
10	硫酸盐泉	火山地热温泉、硫黄味浓、治疗皮肤病
11	硫酸盐氯化物泉	关节炎、筋肉酸痛、神经痛、痛风
12	硫（黄）碳酸泉	慢性疾病如神经痛、皮肤病、关节炎
13	碳酸氢盐泉	神经痛、皮肤病、关节炎、香港脚
14	碳酸硫磺泉	神经痛、贫血症
15	低温中性碳酸氢盐泉	慢性皮肤病
16	中性碳酸温泉	皮肤病、风湿、妇女病及脚气
17	氯化物泉	水质滑腻、可治皮肤病、风湿痛、神经痛
注：引自“中国泳池温泉沐浴SPA行业资讯大全”2018年总第10期《关于温泉开发和利用综述》一文。		

F.3 不同温泉水对人体不同作用和适应症。详见表F.3。

不同温度级的泉水对人体的不同作用和适应症 **表F.3**

泉水温度级	作用	适应症	治疗时间
34℃～36℃	解热及强化作用对神经系统有明显的镇静作用	高血压、早起动脉硬化、轻度冠心病、神经功能症、脑血管外伤后遗症、神经衰弱、植物神经失调、更年期综合征等	➢每次8min～15min一次不超过20min； ➢12次～21次为一疗程
37℃～38℃	镇静催眠、缓解血管痉挛作用，能兴奋副交感神经	心血管疾病、高血压、神经衰弱、关节炎、脑溢血后遗症、失眠神经病（康复期）、烧伤等	➢每次10min～20min一次不超过30min； ➢12次～24次为一疗程
39℃～42℃	增进全身新陈代谢，兴奋神经	牛皮癣、神经性皮炎、慢性湿疹、肥胖、糖尿病、各种慢性类风湿性关节炎、慢性盆腔炎	➢每次5min～15min一次不超过20min； ➢12次～18次为一疗程
	短时间引起兴奋，时间长有明显镇静作用，解痒	关节僵直、神经痛、风湿痛、肠胃病、皮肤病	➢每次5min～15min，6次～12次为一疗程； ➢大于9℃对老年人血管功能不全者慎用
注：引自“中国泳池温泉沐浴SPA行业资讯大全”2018年总第10期《关于温泉开发和利用综述》一文。			

F.4 矿泉水禁忌病详见表 F.4。

矿泉水禁忌病 **表 F.4**

序号	禁忌病举例	序号	禁忌病举例
1	急性疾病，尤其是发烧病人	5	恶性肿瘤
2	严重心脏病病人	6	出血性疾病
3	活动性结核病病人	7	怀孕期，尤其是怀孕初期和末期
4	肾病病人	8	一般疾病的患病期间
注：摘自李文昌编著的《温泉管理实务》一书。			

主 要 参 考 文 献

[1] 中华人民共和国住房和城乡建设部. 游泳池给水排水工程技术规程：CJJ 122—2017[S]. 北京：中国建筑工业出版社，2017.

[2] 中华人民共和国住房和城乡建设部. 公共浴场给水排水工程技术规程：CJJ 160—2011[S]. 北京：中国建筑工业出版社，2011.

[3] 中华人民共和国住房和城乡建设部. 游泳池水质标准：CJ/T 244—2016[S]. 北京：中国标准出版社，2016.

[4] 中华人民共和国住房和城乡建设部. 公共浴池水质标准：CJ/T 325—2010[S]. 北京：中国标准出版社，2010.

[5] 中华人民共和国住房和城乡建设部. 体育建筑设计规范：JGJ 31—2003[S]. 北京：中国建筑工业出版社，2003.

[6] 中华人民共和国住房和城乡建设部. 游泳池用压力容器：CJ/T 405—2012[S]. 北京：中国标准出版社，2012.

[7] 中华人民共和国住房和城乡建设部. 水处理用原料：CJ/T 43—2005[S]. 北京：中国标准出版社，2005.

[8] 全国国土资源标准化技术委员会. 地热资源地质勘查规范：GB/T 11615—2010[S]. 北京：中国标准出版社，2010.

[9] 全国国土资源标准化技术委员会. 天然矿泉水资源地质勘查规范：GB/T 13727—2016[S]. 北京：中国标准出版社，2016.

[10] 中华人民共和国住房和城乡建设部. 地源热泵系统工程技术规范：GB 50366—2005(2009 年版)[S]. 北京：中国建筑工业出版社，2009.

[11] 中华人民共和国工业和信息化部. 游泳池用空气源热泵热水机：JB/T 11969—2014[S]. 北京：机械工业出版社，2014.

[12] 中华人民共和国住房和城乡建设部. 游泳池除湿热回收热泵：CJ/T 528—2018[S]. 北京：中国标准出版社，2018.

[13] 中华人民共和国住房和城乡建设部. 游泳池及水疗池用循环水泵：CJ/T 534—2018[S]. 北京：中标准出版社，2018.

[14] 全国能源基础与管理标准化技术委员会. 热泵热水机(器)能效限定值及能效等级：GB 29541—2013[S]. 北京：中国标准出版社，2013.

[15] 中华人民共和国住房和城乡建设部. 建筑工程施工质量验收统一标准：GB 50300—2013[S]. 北京：中国建筑工业出版社，2013.

[16] 中华人民共和国住房和城乡建设部. 建筑给水排水及采暖工程施工质量验收规范：GB 50242—2002[S]. 北京：中国建筑工业出版社，2002.

[17] 中华人民共和国住房和城乡建设部. 风机、压缩机、泵安装工程施工及验收规范：GB 50275—2010[S]. 北京：中国计划出版社，2010.

[18] 中华人民共和国住房和城乡建设部. 机械设备安装工程施工质量验收规范：GB 50231—2009[S]. 北京：中国计划出版社，2009.

[19] 中华人民共和国住房和城乡建设部. 民用建筑太阳能热水系统应用技术标准：GB 50364—2018[S]. 北京：中国建筑工业出版社，2018.

[20] 国家标准化管理委员会. 太阳热水系统设计、安装及工程验收技术规范：GB/T 18713—2003[S]. 北京：中国标准出版社，2003.

[21] 中华人民共和国卫生部. 生活饮用水输配水设备及防护材料的安全性评价标准：GB/T 17219—1998[S]. 北京：中国标准出版社，1998.

[22] 中华人民共和国环境保护总局. 环境保护产品技术要求　臭氧发生器：HJ/T 264—2006[S]. 北京：中国环境科学出版社，2006.

[23] 中华人民共和国建设部. 城市给排水紫外线消毒设备：GB/T 19837—2005[S]. 北京：中国标准出版社，2005.

[24] 中华人民共和国国家旅游局. 温泉旅游企业星级划分与评定：LB/T 016—2017[S]. 北京：中国标准出版社，2017.

[25] 中国机械工业联合会. 水（地）源热泵机组：GB/T 19409—2013[S]. 北京：中国标准出版社，2013.

[26] 《中华人民共和国监控化学药品管理条例》国务院令第 190 号(2011 年版)

[27] 中华人民共和国国家旅游局. 温泉旅游泉质等级划分：LB/T 070—2017[S]. 北京：中国标准出版社，2017.

[28] 《游泳池、按摩池和类似水环境安全指导准则》(2006 年版)，世界卫生组织(WHO).

[29] 《游泳池水处理和质量标准》(1999 年版)，英国.

[30] 《游泳池和沐浴池水消毒和水处理规范》(DIN 19643—4)，德国.

[31] 《公共游泳池国家标准》(ANSI/NSTI-1)(2003 年版)，美国.

[32] 《健康游泳池及 SPA 水疗池的水质与经营准则》(2004 年版)，澳大利亚昆士兰州.

[33] 《温泉池和游泳池池水中过氧化氢的安全使用》(2015 年版)，澳大利亚.

[34] 《游泳池和温泉疗养池经营标准》(2013 年版)，南澳大利亚州.

[35] 《游泳池、儿童池、按摩池、热水浴池和集水池避免吸住标准》(ANSI/APSP-7)(2006 年版)，美国.

[36] 刘春生，黄春波译. 不列颠哥伦比亚游泳池操作准则(第二版)：2014. 6.

[37] 黄春波，刘春生译. 不列颠哥伦比亚游泳池设计准则(第二版)：2014. 6.

[38] 郑瑞澄. 太阳能热水系统工程技术手册(第二版)[M]. 北京：化学工业出版社，2011.

[39] 赵锂等主编. 建筑给水排水设计手册(第二版)[M]. 北京：中国建筑工业出版社，2018.

[40] 李文昌. 游泳池与按摩池水中管理[M]. 中国台湾，2003.

[41] 李文昌. 温泉管理实务[M]. 中国台湾，2014.

[42] 《给水排水》，2018 年第 1 期～第 12 期.

[43] 《建筑给水排水》2018 年第 1 期～第 6 期.

[44] 易商资讯《泳池、温泉 SPA 洗浴》第 1 期～第 12 期.